제대로 배우는

수학적 최적화

최적화 모델링부터 알고리즘까지

제대로 배우는 수학적 최적화

최적화 모델링부터 알고리즘까지

초판 1쇄 발행 2021년 9월 30일
초판 2쇄 발행 2024년 2월 29일

지은이 우메타니 슌지 / **옮긴이** 김모세 / **펴낸이** 전태호
펴낸곳 한빛미디어(주) / **주소** 서울시 서대문구 연희로2길 62 한빛미디어(주) IT출판2부
전화 02-325-5544 / **팩스** 02-336-7124
등록 1999년 6월 24일 제25100-2017-000058호 / **ISBN** 979-11-6224-466-1 93410

총괄 송경석 / **책임편집** 홍성신 / **기획 · 편집** 김대현
디자인 박정우 / **전산편집** 백지선
영업 김형진, 장경환, 조유미 / **마케팅** 박상용, 한종진, 이행은, 김선아, 고광일, 성화정, 김한솔 / **제작** 박성우, 김정우

이 책에 대한 의견이나 오탈자 및 잘못된 내용에 대한 수정 정보는 한빛미디어(주)의 홈페이지나 아래 이메일로 알려주십시오. 잘못된 책은 구입하신 서점에서 교환해드립니다. 책값은 뒤표지에 표시되어 있습니다.

한빛미디어 홈페이지 www.hanbit.co.kr / 이메일 ask@hanbit.co.kr

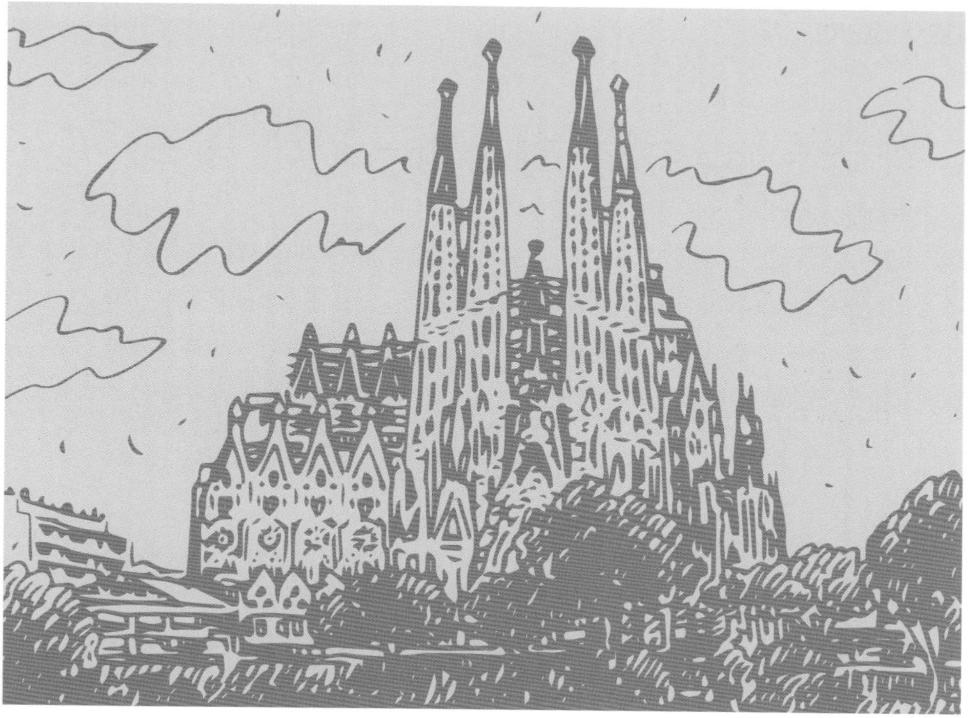

최적화 모델링부터
알고리즘까지

제대로 배우는 수학적 최적화

지은이 **우메타니 슌지**
옮긴이 **김모세**

한빛미디어
Hanbit Media, Inc.

지은이·옮긴이 소개

지은이 **우메타니 슌지**(梅谷俊治/うめたに・しゅんじ)

1974년생. 정보학 박사. 2002년 교토대학교 대학원 정보학 연구과 박사 후기 과정을 수료한 뒤 연구 지도 인정을 받고 자퇴하였다. 현재 오사카대학교 대학원 정보과 수학적 최적화 기부 강좌 교수이며 수학적 최적화와 알고리즘 운영 부문에 종사하고 있다. 특히 규모가 크면서 계산이 난해한 조합 최적화 문제에 대한 실용적 알고리즘 개발, 수학적 최적화 모델 및 알고리즘 구현 문제가 주요 연구 분야다.

옮긴이 **김모세** creatinov.kim@gmail.com

대학 졸업 후 소프트웨어 엔지니어, 소프트웨어 품질 엔지니어, 애자일 코치 등 다양한 부문에서 소프트웨어 개발에 참여했다. 스스로를 끊임없이 변화시키고 새로운 지식을 전달하기 위해 번역을 시작했다.

지은이의 말

수학적 최적화는 주어진 제약조건 아래 목적 함숫값을 최소(또는 최대)로 만드는 최적화 문제를 이용하여 현실 사회에서 의사결정이나 문제 해결을 실현하는 수단이다. 최근에는 산업이나 학술의 폭넓은 분야에서 많은 문제를 최적화 문제로 모델화할 수 있음이 재인식되었다. 특히 지금은 상용 · 비상용을 포함해 많은 수학적 최적화 솔버solver(최적화 문제를 푸는 소프트웨어)가 공개되어 있으며, 현실 문제를 해결하기 위한 유용한 도구로 수학적 최적화 이외의 분야에서도 급속히 보급되고 있다. 한편, 현실 세계에서 수집된 대규모의 다양한 데이터에 근거한 최적화 문제에 대응하기 위해서는 보다 효율적인 알고리즘의 개발이 요구된다. 이 책은 대학 혹은 대학원에서 수학적 최적화를 처음 학습하는 학생이나 수학적 최적화를 다룰 기회를 가질 가능성이 있는 실무자가 현실 문제를 최적화 문제로 모델링하는 방법과 선형 계획 문제, 비선형 계획 문제, 정수 계획 문제와 같은 대표적 최적화 문제에 대한 기본적인 알고리즘과 그 사고방식을 학습하는 것을 목적으로 한다.

이 책의 특징은 다음과 같다.

수학적 최적화에서는 매우 다양한 최적화 문제를 다루며, 각 문제에 대한 효율적인 알고리즘이 발견되었다. 그렇기 때문에 대표적인 최적화 문제와 알고리즘만으로 범위를 제한해도 입문서 한 권으로 이를 모두 다루기는 쉽지 않다. 하지만 수학적 최적화에 관한 기본 지식을 두루 습득할 수 있는 입문서는 많은 사람들에게 유용할 것이라 판단해 가능한 많은 최적화 문제와 알고리즘을 소개했다. 처음 수학적 최적화를 학습한다면 수준이 다소 높게 느껴질 수 있겠지만, 충분히 시간을 들여 집중해서 읽어나가기를 권한다. 사실 6개월 정도의 진도를 기준으로 적당히 진행하기에는 이 책에 담긴 내용이 너무 많을 수 있으니 주의하는 것이 좋다. 이 책을 수업 교과서로 활용하고자 한다면 1.4절의 학습 순서를 참조해 커리큘럼을 잘 구성하는 것이 좋다. 다만, 수학적 최적화 분야에서 연구가 진행되고 있는 최첨단의 최적화 문제 및 그 알고리즘에 관한 설명은 생략했다. 이에 대한 최적화 문제 또는 알고리즘은 각 장 마지막에 소개하는 참고 문헌을 참조하기 바란다.

현실에서의 문제를 해결하기 위해서는 그것을 최적화 문제로 모델링하기 위한 구체적인 기법이나 효율적인 알고리즘으로 알려져 있는 최적화 문제를 다양하게 알아야 한다. 실제로 현실에서 주어지는 문제들이 몇 가지 대표적인 최적화 문제와 일치한다고 알려져 있으며, 현실 문제를 최적화 문제로 모델링할 때는 기존의 최적화 문제를 잘 변형하거나 조합해야 한다. 이 구체적인 기법을 체계적으로 설명하는 것은 쉽지 않지만 가능한 많은 기법을 소개했다. 특히 독자들이 현실 문제와 최적화 문제의 연관성을 느낄 수 있도록 하는 구체적인 예도 포함되어 있다.

수학적 최적화에만 국한된 것이 아니지만 알고리즘을 개발하는 입장과 이용하는 입장에서 배워야 할 학습 내용이 적잖이 다른 것 역시 사실이다. 알고리즘을 이용하는 입장에서는 범용적인 수학적 최적화 솔버의 이용법만 알면 충분한데, 알고리즘까지 깊이 알 필요는 없다고 생각할 수도 있다. 하지만 정확성을 잃지 않고 현실 문제를 최적화 문제로 모델링했더라도 그 문제를 푸는 효율적인 알고리즘이 없다면 현실 문제의 해결은 기대할 수 없다. 정확성은 다소 잃을지라도 효율적인 알고리즘이 알려져 있는 최적화 문제로 모델링한다면 현실 문제를 해결할 수 있을 것이라 기대할 수 있다. 현실 문제에 관해 적절한 최적화 문제, 그리고 그 알고리즘의 조합을 선택하는 것은 쉽지 않으며, 알고리즘에 대한 지식이 현실 문제를 최적화 문제로 모델링하기 위한 중요한 지침을 주는 일도 적지 않다. 이러한 관점에서 이 책은 모델에서 알고리즘까지 수학적 최적화를 현실 문제 해결에 활용하기 위해 필요한 지식을 균형 있게 담았다.

이 책은 '알고리즘과 데이터 구조', '미적분', '선형대수'의 기본적인 지식을 전제로 한다. 이 책에서는 가능한 직관적으로 이해할 수 있도록 구체적인 예를 이용해 알고리즘을 설명하고, 수학적으로 높은 수준의 논의가 필요한 정리의 증명은 생략했다. 이 정리들의 증명에 관해서는 각 장의 마지막에 소개한 참고 문헌을 참조하기 바란다.

책을 집필하는 과정에서 중요한 조언을 해준 단 히로시게檀寛成, 마스야마 히로유키增山博之, 다나카 미라이田中未来, 야마구치 유타로山口勇太郎, 시라이 게이치로白井啓一郎 님께 깊은 감사를 드린다.

이 책의 초고를 정독하고 많은 잘못과 개선점을 지적해준 오사카대학교 학생들에게도 깊은 감사를 전한다.[1] 또한 책 발간에 맞춰 추천사를 써주신 이바라키 도시히데茨木俊秀 님께 깊은 감사를 드린다. 마지막으로 이 책의 기획과 편집을 담당해주신 고단샤 사이언티픽의 요코야마 신고橫山真吾 님께도 깊은 감사를 드린다.

2020년 8월
우메타니 슌지

1 여담이지만 표지의 모티브는 사그라다 파밀리아Templo Expiatorio de la Sagrada Familia로, 이 책의 집필이 한없이 늦어지는 것에 대해 어떤 학생이 던진 '사그라다 파밀리아 같아요!'라는 야유에서 비롯했다.

옮긴이의 말

수학적 최적화는 주어진 제약조건 아래에서 목적 함숫값을 최소(또는 최대)로 만드는 최적화 문제를 이용하여 현실 사회에서의 의사결정이나 문제 해결을 실현하는 수단이며, 최근에는 산업계는 물론 학술계의 여러 분야에서 다양한 문제를 최적화 문제로 모델화할 수 있는 것으로 알려졌습니다.

하늘 아래 새로운 것이 없다는 말이 있듯 실제 우리가 현실에서 마주하는 문제들은 기존의 최적화 문제를 잘 변형하거나 조합하는 최적화 과정을 통해 풀어낼 수 있습니다. 그저 당면한 문제를 해결하거나 동작하는 프로그램을 작성해야 하는 입장이라면, 이런 최적화 배경을 잘 적용해서 구현한 라이브러리나 솔버 등을 사용하는 것으로도 충분합니다. 그러나 그 배경이 되는 본질적인 해결책에 관해 궁금하거나 그 본질적인 해결책을 이용해 새로운 설루션을 만들어내고자 한다면 많은 도움이 될 것입니다.

이 책은 현실에서의 문제를 수학적 최적화 문제로 모델링하기 위한 다양한 기법을 수식으로 풀어가며 함께 설명합니다. 또한 '알고리즘과 데이터 구조', '미적분', '선형대수'와 같은 컴퓨터 과학과 수학적 지식을 전제로 하고 있으며, 한 번 읽어서 이해할 수 있을 만큼 쉬운 책은 아니지만 오랫동안 옆에 두고 계속 참고하면 새로운 인사이트를 얻을 수 있는 지침서가 될 것입니다.

책을 번역하는 과정에서 많은 분의 도움을 받았습니다. 먼저 한빛미디어 김태헌 대표님께 감사드립니다. 또한 편집을 담당해주신 전정아 님, 홍성신 님, 김대현 님께도 감사드리며 한 분 한 분 언급하지는 못하지만 책이 나오기까지 수고해주신 모든 분께 감사드립니다. 마지막으로 책을 번역하는 동안 전폭적인 응원과 지지를 보내준 아내와 세 아이에게 감사와 사랑을 전합니다. 고맙습니다.

2021년 9월

경기도에서 김모세

기호 목록

구분	
$\mathbb{R}, \mathbb{R}_+$	실수 전체 집합, 음이 아닌 실수 전체 집합
$\mathbb{Z}, \mathbb{Z}_+$	정수 전체 집합, 음이 아닌 정수 전체 집합
$\lvert S \rvert$	집합 S의 위수(집합 S에 포함된 요소 수)
$\boldsymbol{x}^\top, \boldsymbol{A}^\top$	벡터 $\boldsymbol{x}$의 전치 벡터, 행렬 $\boldsymbol{A}$의 전치행렬
$\det \boldsymbol{A}$	정방 행렬 $\boldsymbol{A}$의 행렬식
$\boldsymbol{I}$	단위행렬
$\widetilde{\boldsymbol{A}}$	정방 행렬 $\boldsymbol{A}$의 여인자행렬
$\lVert \boldsymbol{x} \rVert$	벡터 $\boldsymbol{x}$의 유클리드 노름(Euclidean norm)
$o(x)$	란다우의 o 표기법
$O(x)$	오더 표기법(란다우의 O 표기법)
$\lceil x \rceil$	x의 올림(x 이상의 최소 정수)
$\lfloor x \rfloor$	x의 버림(x 이하의 최대 정수)
$\log x$	네이피어 수 e를 밑으로 하는 x의 대수(로그)
$\delta(x,y)$	크로네커 델타(Kronecker delta)
$G=(V,E)$	꼭짓점 집합을 V, 변 집합을 E로 하는 그래프
$e=(u,v)$	꼭짓점 u, v를 연결하는 유향 변
$e=\{u,v\}$	꼭짓점 u, v를 연결하는 무향 변
$\delta^+(v)$	꼭짓점 v를 시작점으로 하는 변 집합
$\delta^-(v)$	꼭짓점 v를 종료점으로 하는 변 집합
$\delta(v,S)$	꼭짓점 $v \in V \setminus S$ 와 꼭짓점 집합 S를 연결하는 변 집합
$\delta(S)$	컷(cut) (꼭짓점 집합 S와 $V \setminus S$ 를 연결하는 변 집합)
$E(S)$	양끝점 u, v가 함께 꼭짓점 집합 S에 포함되는 변 (u, v)의 집합

CONTENTS

CONTENTS

CHAPTER 4 정수 계획과 조합 최적화

CONTENTS

APPENDIX 연습 문제 정답 및 해설

Chapter 1

수학적 최적화 입문

수학적 최적화mathematical optimization[1]는 주어진 제약조건하에서 목적 함숫값을 최소(또는 최대)로 하는 설루션을 구하는 최적화 문제를 말하며, 현실 사회에서의 의사결정이나 문제 해결을 실현하는 수단이다. 이번 장에서는 몇 가지 예와 함께 수학적 최적화의 개요에 관해 설명한다.

> 계산기의 속도가 세 자리, 알고리즘의 속도가 세 자리, 설루션을 구하는 속도는 도합 여섯 자리가 향상됨에 따라, 10년 전에는 1년이나 걸려서 설루션을 구했던 문제를 이제 30초 만에 구할 수 있게 되었다. 물론, 문제 해결을 위해 1년이나 기다리는 사람은 없을 것이며 적어도 내 주위에는 그렇다. 이런 진보를 통해서 얻을 수 있는 진정한 가치를 실제로 측정하기는 어려우나, 그렇다 해도 사실이다. 최적화 알고리즘을 이용해서 과거에는 해결하기 난해하다고 여겨지던 현실 세계의 문제를 해결할 수 있게 됨으로써 완전히 새로운 분야에 응용할 수 있게 되었음은 틀림없는 사실이다.
>
> R. E. Bixby, Solving real–world linear programs: A decade and more of progress, *Operations Research* 50 (2001), 3–15.

1 **수리 계획**(mathematical programming)이라고도 부른다.

1.1 수학적 최적화란

최적화 문제optimization problem는 주어진 제약조건하에서 목적 함숫값을 최소(또는 최대)로 하는 설루션을 구하는 문제다. 산업이나 학술을 시작으로 폭넓은 분야에서 다양한 문제를 최적화 문제로 정식화할 수 있다. 수학적 최적화는 최적화 문제를 통해 현실 사회에서의 의사결정이나 문제 해결을 실현하는 수단으로 [그림 1.1]과 같이 (1) 최적화 문제의 정식화, (2) 알고리즘을 이용한 설루션 구하기, (3) 계산 결과의 분석과 검증, (4) 최적화 문제와 알고리즘 재검토라는 일련의 절차로 이루어진다.[2]

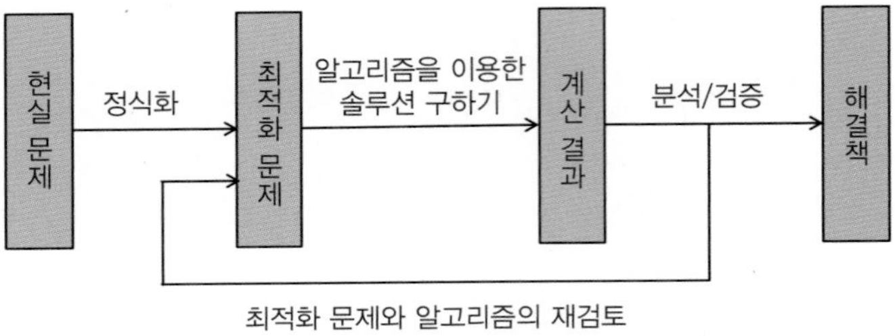

그림 1.1 수학적 최적화 절차

수학적 최적화를 이용해 현실 문제를 해결하기 위해서는 먼저 현실 문제를 최적화 문제로 정식화해야 한다. 최적화 문제는 상수, 변수, 제약조건, 목적 함수라는 요소로 이루어진다. 최적화 함수를 푸는 알고리즘을 시스템으로 보면 입력 데이터(이미 알고 있는 것)는 상수, 출력 데이터(아직 모르는 것)는 변수에 해당한다. 제약조건은 시스템 내부에서의 변수 사이의 관계를 의미하며, 목적 함수는 상태의 좋고 나쁨을 의미한다. 구체적인 예를 통해 최적화 문제를 설명하고자 한다. 어떤 식재료 제조사에서는 토마토, 당근, 시금치를 재료로 야채주스를 제조한다. [표 1.1]에 나타낸 것처럼 야채 1kg에 포함되는 영양소 단위 수, 야채 1kg당 가격(원), 야채주스 2L에 포함되는 영양소의 필요량(단위)이 주어져 있다. 이때 야채주스에 포함된 식이섬유, 비타민 C, 철분, 베타카로틴의 필요량을 만족시키면서 제조에 필요한 원재료를 최소로 하기 위해서는 어떤 야채를 얼마큼 구매하면 좋겠는가?

2 이런 절차들이 한 번에 완료되는 경우는 없으며, 타당한 해결책을 얻을 때까지 반복해서 검토를 수행하는 경우가 많다.

표 1.1 야채주스 원료

	토마토	당근	시금치	필요량(단위)
식이섬유	10	25	30	50
비타민C	15	5	35	60
철분	2	2	20	10
베타카로틴	5	80	40	40
가격(원)	400	250	1000	

이 문제를 최적화 문제로 정식화해본다. 토마토, 당근, 시금치의 구입량(kg)을 각각 변수 x_1, x_2, x_3으로 나타내면 원재료(원)는 $400x_1 + 250x_2 + 1000x_3$으로 나타낼 수 있다. 그리고 야채주스에 포함된 식이 섬유의 필요량을 만족하는 조건은 $10x_1 + 25x_2 + 30x_3 \geq 50$으로 나타낼 수 있다. 비타민 C, 철분, 베타카로틴의 필요량을 만족하는 조건도 마찬가지로 나타낼 수 있다. 이들을 종합하면 야채주스 제조에 필요한 원재료를 최소화하는 야채의 구입량을 구하는 문제는 다음 최적화 문제로 정식화할 수 있다.[3]

$$
\begin{aligned}
\text{최소화} \quad & 400x_1 + 250x_2 + 1000x_3 \\
\text{조건} \quad & 10x_1 + 25x_2 + 30x_3 \geq 50, \\
& 15x_1 + 5x_2 + 35x_3 \geq 60, \\
& 2x_1 + 2x_2 + 20x_3 \geq 10, \\
& 5x_1 + 80x_2 + 40x_3 \geq 40, \\
& x_1, x_2, x_3 \geq 0.
\end{aligned}
\tag{1.1}
$$

첫 번째는 목적 함수, 두 번째는 제약조건을 의미한다. 마지막 제약조건은 야채 구입량이 음의 값이 될 수 없음을 의미한다. 다른 예를 생각해보자. n쌍의 데이터 $(x_1, y_1), (x_2, y_2), \ldots, (x_n, y_n)$이 주어졌을 때, x와 y의 관계를 근사적으로 나타내는 함수를 구하고자 한다. 이것을 **회귀 문제**regression problem라 한다. 예를 들어 x와 y의 관계를 직선 $y = ax + b$로 나타낼 때, 그 기울기 a와 절편 b를 어떻게 결정하면 좋겠는가?

---

3 영어로 최소화는 'minimize' 혹은 줄여서 'min.'이라고 쓴다. 최대화라면 'maximum' 혹은 줄여서 'max.'로 쓴다. 그리고 조건은 'subject to' 혹은 줄여서 's.t.'로 쓴다.

[그림 1.2]에 나타낸 것처럼 점 $(x_1, y_1), (x_2, y_2), \ldots, (x_n, y_n)$이 동일 직선상에 놓여 있다고 단정할 수는 없으므로, 각 데이터 (x_i, y_j)에 대한 오차 $z_i = |y_i - (ax_i + b)|$를 가능한 작게 해야 한다.

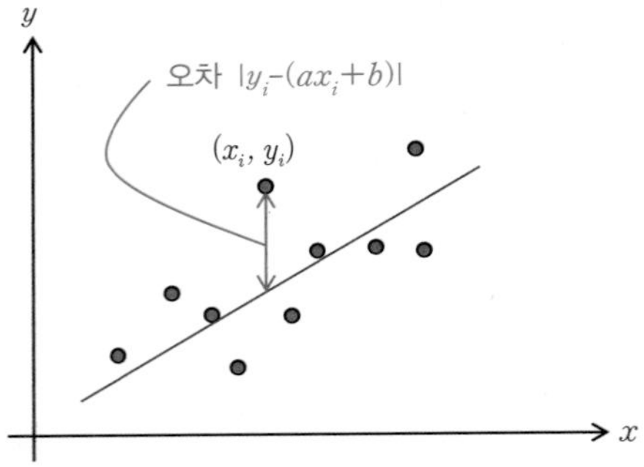

그림 1.2 회귀 문제 예

이때 직선의 기울기 a와 절편 b를 변수로 하면 평균제곱오차 $\frac{1}{n}\Sigma_{i=1}^{n} z_i^2$ 를 최소한으로 하는 직선을 구하는 문제는 다음 최적화 문제로 정식화할 수 있다.[4]

$$\frac{1}{n}\sum_{i=1}^{n}(y_i - ax_i - b)^2 \tag{1.2}$$

이와 같이 평균제곱오차를 최소화하는 것으로 x와 y의 관계를 근사적으로 나타내는 함수를 구하는 방법을 **최소제곱법**least squares method이라 한다.

다음으로 정식화한 최적화 문제를 푸는 방법을 생각해보자. 식 (1.2)는 a, b를 변수로 하는 함수이므로 $f(a, b)$라 나타낸다. 함수 f의 값이 최소가 되기 위해서는 변수 a, b에 관한 편미분계수

$$\frac{\partial f(a,b)}{\partial a} = -\frac{2}{n}\sum_{i=1}^{n}(y_i - ax_i - b), \tag{1.3}$$

4 각 데이터 (x_i, y_j)는 상수임에 주의한다.

$$\frac{\partial f(a,b)}{\partial b} = -\frac{2}{n}\sum_{i=1}^{n}(y_i - ax_i - b) \tag{1.4}$$

가 동시에 0이 되어야 한다. 그러므로 1차 연립방정식

$$\begin{pmatrix} \sum_{i=1}^{n} x_i^2 & \sum_{i=1}^{n} x_i \\ \sum_{i=1}^{n} x_i & n \end{pmatrix} \begin{pmatrix} a \\ b \end{pmatrix} = \begin{pmatrix} \sum_{i=1}^{n} x_i y_i \\ \sum_{i=1}^{n} y_i \end{pmatrix} \tag{1.5}$$

를 풀면 변수 a, b의 값은

$$a = \frac{n\sum_{i=1}^{n} x_i y_i - (\sum_{i=1}^{n} x_i)(\sum_{i=1}^{n} y_i)}{n\sum_{i=1}^{n} x_i^2 - (\sum_{i=1}^{n} x_i)}, \tag{1.6}$$

$$b = \frac{\sum_{i=1}^{n} y_i - a\sum_{i=1}^{n} x_i}{n} \tag{1.7}$$

를 구할 수 있다.[5, 6]

최소제곱법의 예에서는 2개 변수로 이루어진 1차 연립방정식을 풀어 오차 제곱의 합이 최소가 되는 변수 a, b의 값을 구할 수 있었다. 그러나 야채주스 제조를 비롯한 다양한 예에서는 최적화 문제의 설루션을 직접 구할 수 있는 일반적인 식을 적용하는 것은 쉽지 않다. 그렇기 때문에 수학적 최적화에서는 수치 계산을 반복해 최적화 문제의 설루션을 구하는 일반적인 절차, 이른바 알고리즘을 부여하는 것이 주요한 목적이 된다.

---

5 $f(a, b)$가 볼록 함수(3.1.2절)인 것을 표시해야 하지만 여기에서는 생략한다.

6 $\bar{x} = (1/n)\Sigma_{i=1}^{n} x_i$, $\bar{y} = (1/n)\Sigma_{i=1}^{n} y_i$ 라고 하면, $a = \Sigma_{i=1}^{n}(x_i - \bar{x})(y_i - \bar{y}) / \Sigma_{i=1}^{n}(x_i - \bar{x})^2$, $b = \bar{y} - a\bar{x}$ 로 나타낼 수 있다.

1.2 최적화 문제

수학적 최적화에서 다루는 최적화 문제는 다음과 같은 일반적인 형태로 나타낼 수 있다.

$$\begin{aligned} &\text{최소화} \quad f(\boldsymbol{x}) \\ &\text{조건} \quad\;\; \boldsymbol{x} \in S \end{aligned} \tag{1.8}$$

$\boldsymbol{x}$를 **변수**variable 혹은 **결정 변수**decision variable, 변수에 할당된 값을 **설루션**solution이라 한다. 변수는 실수 혹은 정수 벡터로 주어지는 경우가 많다. **제약조건**constraint을 만족하는 설루션을 **실행 가능 설루션**feasible solution, 그 집합인 S를 **실행 가능 영역**feasible region이라 한다. 제약조건은 부등식 또는 등식으로 주어지는 경우가 많다. 이렇게 제약조건을 가진 최적화 문제를 **제약이 있는 최적화 문제**constrained optimization problem라 한다. 또한 제약조건을 가지지 않은 최적화 문제를 **제약이 없는 최적화 문제**unconstrained optimization problem라 한다.

함수 f를 **목적 함수**objective function라 한다. 목적 함숫값이 최소가 되는 실행 가능 설루션을 구하는 문제를 **최소화 문제**minimization problem, 최대가 되는 실행 가능 설루션을 구하는 문제를 **최대화 문제**maximization problem라 한다. 최소화 문제에서는 목적 함수 f의 값이 최소가 되는 실행 가능 설루션 $\boldsymbol{x}^* \in S$, 즉 임의의 실행 가능 설루션 $\boldsymbol{x} \in S$에 대해 $f(\boldsymbol{x}^*) \leq f(\boldsymbol{x})$를 만족하는 실행 가능 설루션 $\boldsymbol{x}^* \in S$를 **최적 설루션**optimal solution이라 한다. 그리고 최대화 문제에서는 목적 함수 f의 값이 최대가 되는 실행 가능 설루션 $\boldsymbol{x}^* \in S$, 다시 말해 임의의 실행 가능 설루션 $\boldsymbol{x} \in S$에 대해 $f(\boldsymbol{x}^*) \geq f(\boldsymbol{x})$를 만족하는 실행 가능 설루션 $\boldsymbol{x}^* \in S$를 최적 설루션이라 한다. 최적 설루션 $\boldsymbol{x}^*$에서 목적 함숫값 $f(\boldsymbol{x}^*)$를 **최적값**optimal value이라 한다. 최적화 문제의 예를 [그림 1.3]에 나타냈다.

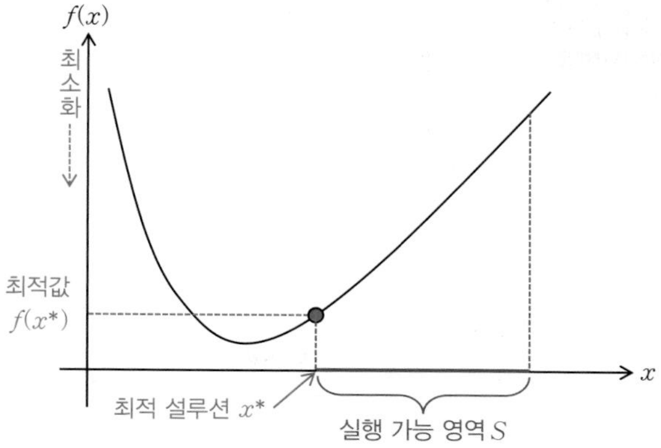

그림 1.3 최적화 문제 예

특별한 언급이 없다면 '최적화 문제를 푼다'는 표현은 '최적 설루션 하나를 구한다'는 것을 의미한다. 일반적으로 최적화 문제에는 여러 최적 설루션이 존재할 가능성이 있으며, 모든 최적 설루션을 구하는 문제는 **열거 문제**enumeration problem로 다룬다. 한편, 최적화 문제에 반드시 최적 설루션이 존재한다고 단정할 수는 없다. 최적화 문제는 다음 네 가지로 분류된다.

(1) **실행 불능**infeasible : 제약조건을 만족하는 설루션이 존재하지 않는다. 즉, 실행 가능 영역이 공집합 $S = \emptyset$이다.

(2) **한계가 없음(유한하지 않음)**unbounded : 목적 함숫값을 한없이 개선할 수 있으므로 최적 설루션이 존재하지 않는다.

(3) **한계가 있지만(유한하지만) 최적 설루션이 존재하지 않음**: 목적 함숫값은 유한하지만 최적 설루션이 존재하지 않는다.

(4) **최적 설루션이 존재함**: 유한한 최적값과 최적 설루션이 존재한다.

예를 들어 다음 최적화 문제를 생각해보자.

$$
\begin{array}{ll}
\textbf{최대화} & x_1 + x_2 \\
\textbf{조건} & 2x_1 + x_2 \geq 1, \\
 & x_1 + 2x_2 \geq 1, \\
 & x_1,\ x_2 \geq 0.
\end{array}
\tag{1.9}
$$

이 문제에서는 변수 x_1, x_2의 값을 증가시키면 목적 함숫값을 한없이 증가시킬 수 있으므로 유한하지 않다(그림 1.4).

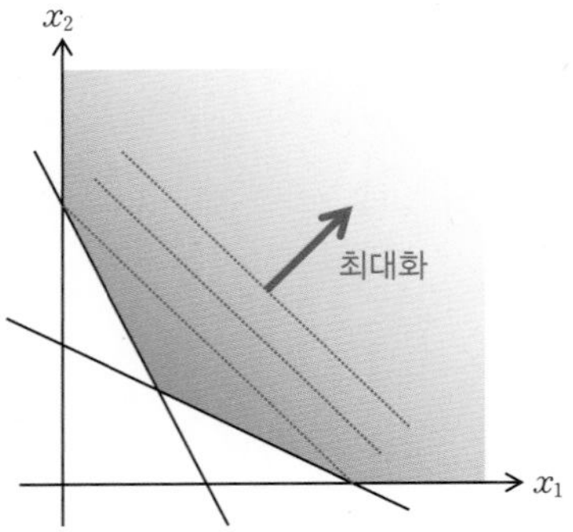

그림 1.4 유한하지 않은 최적화 문제 예

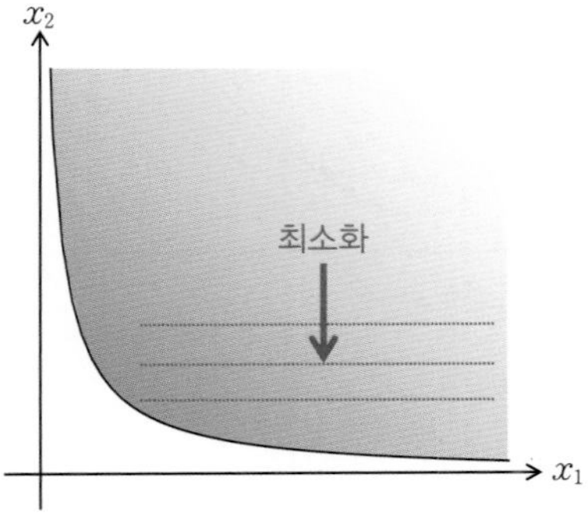

그림 1.5 유한하지만 최적 설루션이 존재하지 않는 최적화 문제 예

다른 최적화 예를 생각해보자.

$$
\begin{aligned}
&\textbf{최소화} \quad && x_2 \\
&\textbf{조건} && x_1 x_2 \geq 1, \\
& && x_1, x_2 \geq 0.
\end{aligned}
\tag{1.10}
$$

이 문제에서는 x_1의 값을 충분히 크게 하면 목적 함숫값은 0에 가까워진다. 그러나 목적 함숫값이 0이 되는 실행 가능 설루션은 존재하지 않으므로, 유한하지만 최적 설루션은 존재하지 않는다(그림 1.5).

수학적 최적화의 주요한 목적은 최적화 문제의 최적 설루션을 하나 구하는 것이지만, 반드시 최적 설루션이 존재한다고 단정할 수는 없으므로, 그런 경우에는 최적 설루션이 존재하지 않음을 나타내야 한다. 또한 최적 설루션이 존재하더라도 실제 최적 설루션을 구하기 난해한 최적화 문제도 적지 않다. 그런 최적화 문제에서는 충분히 작은 영역 안에서 목적 함수 f의 값이 최소(혹은 최대)가 되는 실행 가능 설루션 $\boldsymbol{x}^* \in S$, 다시 말해 **근방**neighborhood $N(\boldsymbol{x}^*)$에 속하는 임의의 실행 가능 설루션 $\boldsymbol{x} \in S \cap N(\boldsymbol{x}^*)$에 대해 $f(\boldsymbol{x}^*) \leq f(\boldsymbol{x})$를 만족하는 **국소 최적 설루션**locally optimal solution을 구하는 경우도 많다. 국소 최적 설루션과 구별하기 위해 원래의 최적 설루션을 **전역 최적 설루션**globally optimal solution이라고 부르는 경우도 많다. 전역 최적 설루션은 국소 최적 설루션이지만, 국소 최적 설루션이 반드시 전역 최적 설루션이 되지는 않는다. 국소 최적 설루션과 전역 최적 설루션의 예를 [그림 1.6]에 나타냈다.

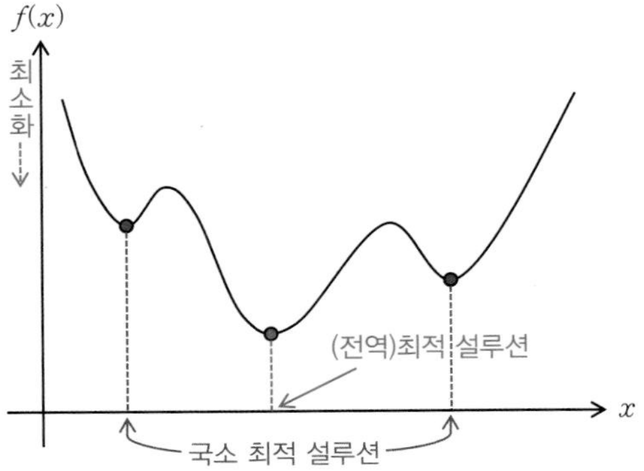

그림 1.6 전역 최적 설루션과 국소 최적 설루션 예

1.3 대표적인 최적화 문제

최적화 문제는 다양한 관점에 기반해서 분류할 수 있지만 변수, 목적 함수, 제약조건의 종류에 따라 분류하는 경우가 많다. 대표적인 최적화 문제를 [그림 1.7]에 나타냈다.

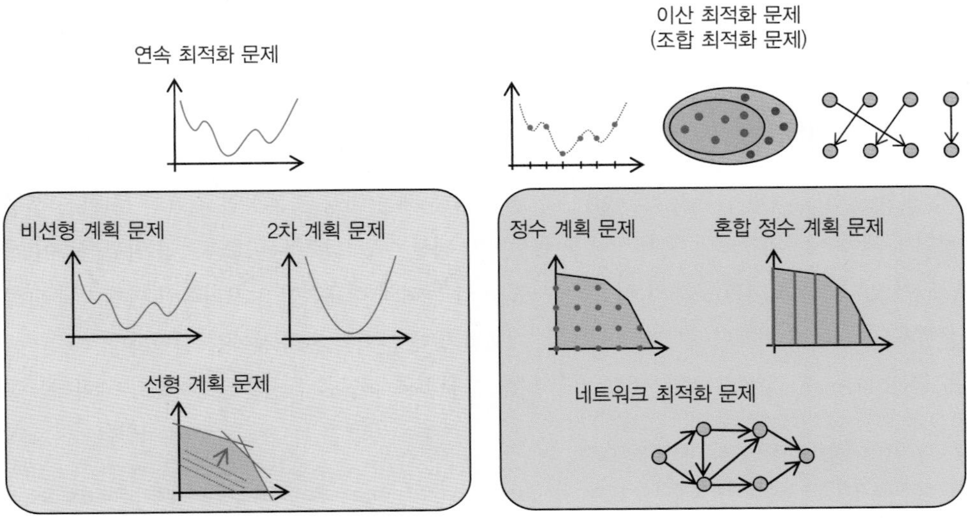

그림 1.7 대표적인 최적화 문제

지금까지 설명한 것처럼 변수가 실숫값과 같은 연속값을 갖는 최적화 문제를 **연속 최적화 문제**continuous optimization problem라 한다. 실숫값을 갖는 변수를 **실수 변수**real variable라 한다. 목적 함수가 선형 함수이고, 모든 제약조건이 선형 등식 혹은 부등식으로 나타낼 수 있는 최적화 문제를 **선형 계획 문제**linear programming problem(LP)[7]라 한다. 비선형 함수로 나타낸 목적 함수나 제약조건을 포함하는 최적화 문제를 **비선형 계획 문제**nonlinear programming problem(NLP)라 한다. 특히 목적 함수가 2차 함수이고 모든 제약조건이 선형 등식 혹은 부등식으로 나타낼 수 있는 비선형 계획 문제를 **2차 계획 문제**quadratic programming problem(QP)라 한다.

변수가 정숫값 혹은 {0, 1}이라는 두 가지 값과 같이 이산적인 값을 갖는 최적화 문제 및 최적화 설루션을 포함하는 설루션의 집합이 순열이나 네트워크 등 조합된 구조를 가진 최적화 문제를 **이산 최적화 문제**discrete optimization problem 혹은 **조합 최적화 문제**combinational optimization problem라 한다. 여기에서 정숫값만 갖는 변수를 **정수 변수**integer variable, {0, 1}의 2개 값만 갖는 변수를 **이진 변수**binary variable라 한다. 특히 모든 변수가 정숫값만 갖는 선형 계획 문제를 **정수 계획 문제**integer programming problem(IP), 일부 변수가 정숫값만 갖는 선형 계획 문제를 **혼합 정수 계획 문제**mixed integer programming problem(MIP)[8]라 한다. 그리고 모든 변수가 이진값만 갖는 정수 계획 문제를 **이진 정수 계획 문제**binary integer programming problem(BIP) 혹은 **0-1 정수 계획 문제**0-1 integer programming problem라 한다. 또한 네트워크나 그래프로 나타나는 최적화 문제를 **네트워크 최적화 문제**network optimization problem라 한다.

1.4 이 책의 구성

이 책에서 소개할 최적화 문제와 알고리즘을 [그림 1.8]에 나타냈다.

2장에서는 선형 계획 문제를 소개한다. 선형 계획 문제는 가장 기본적인 최적화 문제다. 선형 계획 문제에서는 대규모의 문제 사례를 현실적인 계산 수단으로 푸는 효과적인 알고리즘이 개발되어 있다. 선형 계획 문제의 정식화, 선형 계획 문제의 대표적인 알고리즘인 단체법에 관해 설명하고, 수학적 최적화에서 가장 중요한 개념인 쌍대 문제와 완화 문제를 설명한다.

---

7 여기서 programming은 '계획을 세운다'는 의미다.

8 최근에는 **혼합 정수 비선형 계획 문제**(mixed integer nonlinear programming problem; MINLP)와 구별하기 위해 **혼합 정수 선형 계획 문제**(mixed integer linear programming problem; MILP)라 부르는 경우도 많다.

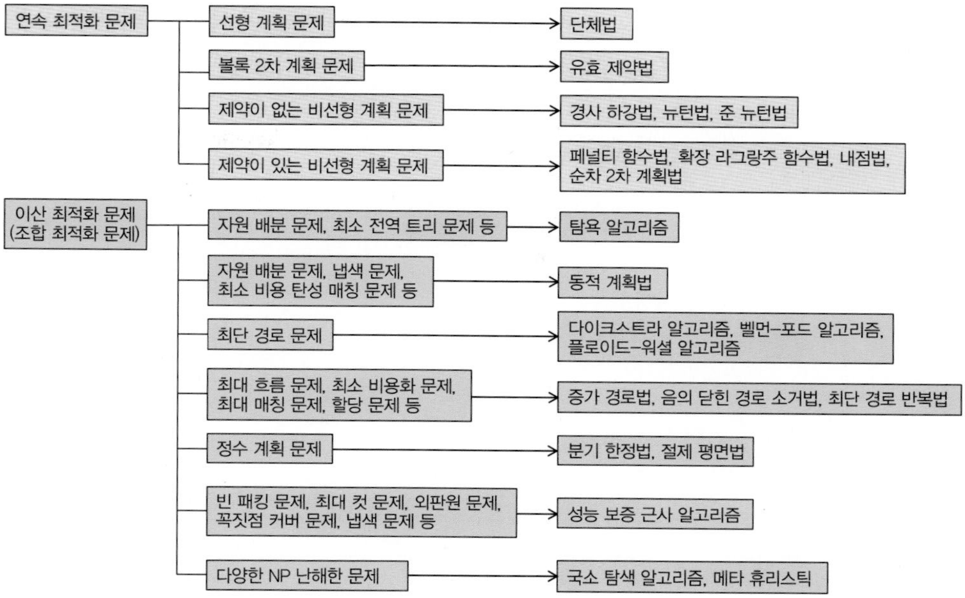

그림 1.8 이 책에서 소개할 최적화 문제와 알고리즘

3장에서는 비선형 계획 문제를 소개한다. 비선형 계획 문제는 적용 범위가 매우 넓다. 다채로운 비선형 계획 문제를 효율적으로 푸는 범용적인 알고리즘을 개발하기는 어렵다. 비선형 계획 문제의 정식화, 효율적으로 풀 수 있는 비선형 계획 문제의 특징을 설명한 뒤 제약이 없는 최적화 문제와 제약이 있는 최적화 문제의 대표적인 알고리즘을 설명한다.

4장에서는 정수 계획 문제와 조합 최적화 문제를 소개한다. 선형 계획 문제에서 변수가 정숫값만 갖는 정수 계획 문제는 산업이나 학술 등 폭넓은 분야에서 현실 문제를 정식화할 수 있는 범용적인 최적화 문제의 하나다. 정수 계획 문제의 정식화, 조합 최적화 문제의 어려움을 평가하는 계산 복잡성 이론의 기본적인 사고방식을 설명한다. 몇 가지 특수한 정수 계획 문제의 효율적인 알고리즘과 정수 계획 문제의 대표적인 알고리즘인 분기 한정법과 절제 평면법을 설명한 뒤, 임의의 문제를 예로 들어 근사 성능을 보증하는 실행 가능 설루션을 구할 수 있는 근사 알고리즘과 많은 문제 사례에 대해 높은 품질의 실행 가능 설루션을 구할 수 있는 국소 탐색 알고리즘 및 메타 휴리스틱에 대해 설명한다.

이 책의 학습 순서 예를 [그림 1.9]에 나타냈다. 2장 '선형 계획'과 3장 '비선형 계획'의 내용은 거의 독립적이므로, 반드시 순서대로 읽을 필요는 없다. 특히 미적분과 선형 대수를 학습하지 않은 대학생이라면 3장 '비선형 학습' 쪽이 수학적 최적화 입문에는 더 나을 수도 있다. 한편, 4장 '정수 계획과 조합 최적화'는 2장 '선형 계획'의 내용을 전제로 하고 있으므로 먼저 2장을 학습하는 것이 좋다.

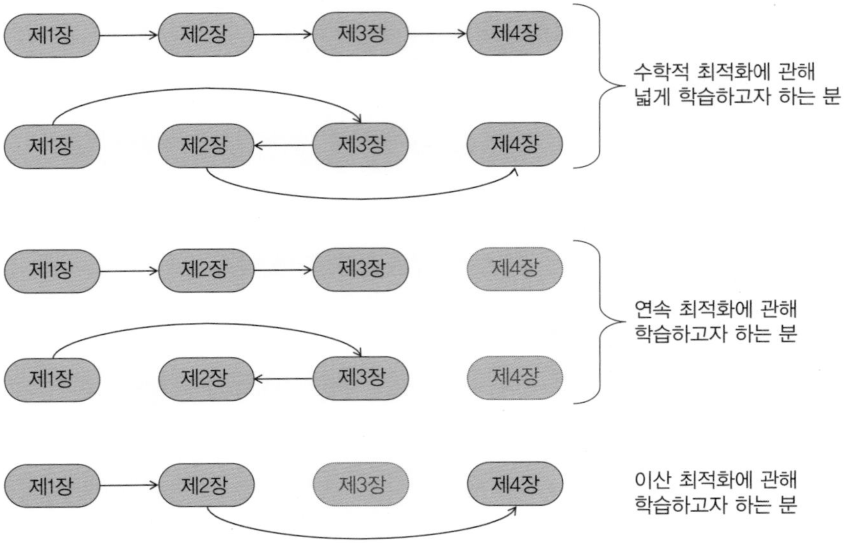

그림 1.9 이 책의 학습 순서 예

1.5 정리

- **최적화 문제**: 주어진 제약조건하에서 목적 함숫값을 최소로 하는 설루션을 1개 구하는 문제.[9]
- **실행 가능 설루션**: 제약조건을 만족하는 설루션.
- **실행 불능**: 제약조건을 만족하는 설루션이 존재하지 않음.
- **유한하지 않음**: 목적 함숫값을 한없이 개선할 수 있으므로 최적 설루션이 존재하지 않음.
- **전역 최적 설루션**: 실행 가능 영역 안에서 목적 함숫값이 최소가 되는 설루션.
- **국소 최적 설루션**: 실행 가능 영역 안에서 목적 함숫값이 그 근방 안에서 최소가 되는 설루션.
- **연속 최적화 문제**: 변수가 실숫값과 같은 연속적인 값을 갖는 최적 설루션 문제.

9 여기에서는 최소화 문제를 생각한다.

- **선형 계획 문제**: 목적 함수가 선형 함수로 모든 제약조건이 선형 등식 혹은 부등식으로 나타낼 수 있는 최적화 문제.
- **비선형 계획 문제**: 비선형 문제로 나타나는 목적 함수나 제약조건을 포함하는 최적화 문제.
- **2차 계획 문제**: 목적 함수가 2차 함수로, 모든 제약조건이 선형의 등식 또는 부등식으로 나타나는 최적화 문제.
- **이산 최적화 문제(조합 최적화 문제)**: 변수가 정숫값이나 이진값과 같은 이산값을 갖는 최적화 문제 또는, 최적 설루션을 포함한 설루션 집합이 순열이나 네트워크 등의 조합 구조를 갖는 최적화 문제.
- **정수 계획 문제**: 모든 변수가 정숫값만 갖는 선형 계획 문제.
- **혼합 정수 계획 문제**: 일부 변수가 정숫값만 갖는 선형 계획 문제.
- **네트워크 최적화 문제**: 네트워크나 그래프로 나타나는 최적화 문제.

참고 문헌

이 책에서는 각 장의 마지막에 관련된 문헌을 소개한다. 그 장에서 설명한 내용에 관해, 보다 자세한 설명이나 발전된 주제에 관해 알고 싶다면 소개된 문헌을 참조하기 바란다. 이번 장에서는 수학적 최적화 전반에 관한 문헌을 몇 가지 소개한다.

수학적 최적화를 처음 학습하는 이들에게 도움이 되는 입문서

- 福島雅夫, 新版 数理計画入門, 朝倉書店, 2011.
- 久野誉人, 繁野麻衣子, 後藤順哉, 数理最適化, オーム社, 2012.
- 加藤直樹, 数理計画法, コロナ社, 2008.
- 山下信雄, 福島雅夫, 数理計画法, コロナ社, 2008.
- 山本芳嗣(編著), 基礎数学 − IV. 最適化理論, 東京化学同人, 2019.

수학적 최적화 문제의 정식화에 관한 추천 도서

- H. P. Williams, *Model Building in Mathematical Programming* (5th edition), John Wiley & Sons, Ltd., 2013. (前田英次郎(監訳), 小林英三(訳), 数理計画モデルの作成法 (3版), 産業図書, 1995.)

수학적 최적화 이론 입문서

- 茨木俊秀, 最適化の数学, 共立出版, 2011.

수학적 최적화에 관한 전문적인 주제를 다루고 있는 핸드북

- 久保幹雄, 田村明久, 松井知己(編), 応用数理計画ハンドブック 普及版, 朝倉書店, 2012.
- G. L. Nemhauser, A. H. G. Rinnooy Kan and M. J. Todd (eds.), *Optimization*, Elsevier, 1989. (伊理正夫, 今野浩, 刀根薫(監訳), 最適化ハンドブック, 朝倉書店, 1995.)

Chapter 2

선형 계획

선형 계획 문제는 목적 함수가 선형 함수이며, 모든 제약조건이 선형 등식 또는 부등식으로 나타나는 최적화 문제다. 선형 계획 문제에서는 대규모의 문제 사례를 실전적인 계산 수단으로 푸는 효과적인 알고리즘이 개발되어 있다. 이번 장에서는 먼저 선형 계획 문제 정식화와 선형 계획 문제의 대표적인 알고리즘인 단체법에 관해 설명한 뒤, 수학적 최적화에서 가장 중요한 개념인 완화 문제와 쌍대 문제를 설명한다.

> 내가 강연을 마치자 의장이 토론을 촉구했다. 잠깐의 정적이 흐른 뒤 손이 하나 올라왔다. 호테링이었다. 마치 고래처럼 덩치 큰 남자가 일어서더니 '그렇지만 우리 모두는 세계가 비선형적이라고 알고 있다'고 말하고는 당당히 앉았다. 적절한 대답을 짜내려 필사적으로 노력하고 있는데 누군가 손을 들었다. 폰 노이만(Von Neuman)이었다. '의장, 강연자가 대답을 하지 못한다면 제가 대신 대답을 하겠습니다. 강연자는 이 강연을 선형 계획법이라 이름 붙였고, 그 전제를 신중하게 설명했습니다. 만약 그 전제를 만족하는 응용 분야에서는 그것을 이용하면 되고, 그렇지 않으면 이용하지 않으면 될 것입니다.'
>
> G. B. Dantzig and M. N. Thapa,
> *Linear Programming 1: Introduction, Springer, 1997.*

2.1 선형 계획 문제의 정식화

선형 계획 문제는 목적 함수가 선형 함수이며, 모든 제약조건이 선형 등식 또는 부등식으로 주어진 기본적인 최적화 문제다. 1.1절에서 소개한 야채주스 제조 사례를 일반화해보자. 한 음료 제조사에서는 n 종류의 야채를 원료로 하는 야채주스를 만든다. 이때 야채주스에 포함되는 m 종류의 영양소의 필요량을 만족하면서 제조에 필요한 원재료를 최소화하기 위해서는 어떤 야채를 얼마큼 구입하면 좋겠는가? 이것을 **영양 문제**diet problem라 한다.

야채 k의 단위량당 포함되는 영양소 i의 양을 a_{ik}, 야채 j의 단위량당 가격을 c_j, 영양소 i의 필요량을 b_i라고 하자. 이때 야채 j의 구입량을 변수 x_j로 나타내면 원료비 합계를 최소로 하는 야채의 구입량을 구하는 문제는 다음 선형 계획 문제로 정식화할 수 있다.

$$
\begin{array}{ll}
\text{최소화} & c_1x_1 + c_2x_2 + \cdots + c_nx_n \\
\text{조건} & a_{11}x_1 + a_{12}x_2 + \cdots + a_{1n}x_n \geq b_1, \\
& a_{21}x_1 + a_{22}x_2 + \cdots + a_{2n}x_n \geq b_2, \\
& \qquad\qquad \vdots \\
& a_{m1}x_1 + a_{m2}x_2 + \cdots + a_{mn}x_n \geq b_m, \\
& x_1, x_2, \ldots, x_n \geq 0.
\end{array}
\tag{2.1}
$$

목적 함수는 원료비 합계를 나타내며, 제약조건의 i번째 행은 영양소 i의 필요량 b_i를 만족하는 조건을 나타낸다. 제약조건의 가장 마지막 행은 야채 j의 구입량 x_j가 음의 값을 가지지 못함을 나타내며, 이를 **비부 조건**(비부 제약)nonnegative constraint이라 한다.

선형 계획 문제는 다음과 같이 변수와 제약조건을 함께 나타내는 경우가 많다.

$$
\begin{array}{lll}
\text{최소화} & \displaystyle\sum_{j=1}^{n} c_j x_j & \\
\text{조건} & \displaystyle\sum_{j=1}^{n} a_{ij} x_j \geq b_i, & i = 1, \ldots, m, \\
& x_j \geq 0, & j = 1, \ldots, n.
\end{array}
\tag{2.2}
$$

그리고 행렬과 벡터를 이용해 $\min\{\boldsymbol{c}^\top \boldsymbol{x} \mid \boldsymbol{A}\boldsymbol{x} \geq \boldsymbol{b},\ \boldsymbol{x} \geq \boldsymbol{0}\}$ 또는 다음과 같이 나타내는 때도 많다.[1]

$$
\begin{array}{ll}
\text{최소화} & \boldsymbol{c}^\top \boldsymbol{x} \\
\text{조건} & \boldsymbol{A}\boldsymbol{x} \geq \boldsymbol{b}, \\
 & \boldsymbol{x} \geq 0
\end{array}
\tag{2.3}
$$

여기에서

$$
\begin{array}{l}
\boldsymbol{A} = \begin{pmatrix} a_{11} & \cdots & a_{1n} \\ \vdots & \ddots & \vdots \\ a_{m1} & \cdots & a_{mn} \end{pmatrix} \in \mathbb{R}^{m \times n},\ \boldsymbol{b} = \begin{pmatrix} b_1 \\ \vdots \\ b_m \end{pmatrix} \in \mathbb{R}^m, \\
\boldsymbol{c} = \begin{pmatrix} c_1 \\ \vdots \\ c_n \end{pmatrix} \in \mathbb{R}^n,\ \boldsymbol{x} = \begin{pmatrix} x_1 \\ \vdots \\ x_n \end{pmatrix} \in \mathbb{R}^n
\end{array}
\tag{2.4}
$$

이다.[2]

선형 계획 문제에서는 선형 함수만 이용해 목적 함수와 제약조건을 나타내야 하므로, 현실 문제를 선형 계획 문제로 정식화하기는 쉽지 않다. 하지만 정확함을 잃지 않으면서 현실 문제를 비선형 계획 문제로 정식화하더라도 최적 설루션을 구하기 어려운 경우가 많다. 한편, 정확함은 다소 잃어버릴지라도 선형 계획 문제로 정식화하면 최적 설루션을 효율적으로 구할 수 있는 경우가 많다. 또한 얼핏 비선형으로 보이는 최적화 문제라도 변수를 추가하거나 식을 변형함으로써 등가의 선형 계획 문제로 변형할 수 있는 것도 적지 않다(2.1.3절, 2.1.4절). 현실 문제를 선형 계획 문제로 정식화할 때는 주어진 현실 문제를 선형 계획 문제로 정확하게 나타낼 수 있는지, 또는 만족할 수 있을 만큼 근사화할 수 있는지 확인해야 한다. 이번 절에서는 우선 선형 계획 문제의 사례로 운송 계획 문제, 일정 계획 문제, 생산 계획 문제를 소개한다. 그다음에는 얼핏 비선형으로 보이는 최적화 문제를 선형 계획 문제로 정식화하는 몇 가지 방법을 소개한다.

---

1 $\boldsymbol{c}^\top$은 벡터 $\boldsymbol{c}$의 전치를 의미한다.

2 $\mathbb{R}$ 은 실수 전체의 집합을 나타낸다.

2.1.1 선형 계획 문제 응용 예

운송 계획 문제transportation problem : 한 기업에서는 제품을 m개 공장에서 n개 고객에게 납입하고 있다.[3] 각 공장의 생산량을 넘지 않는 범위에서 고객의 수요를 만족시키도록 제품을 운송하고자 한다. 이때 운송비 합계를 최소화하기 위해서는 어느 공장에서 어느 고객에게 얼마나 많은 양의 제품을 운송하는 것이 좋은가? 공장 i의 생산량 상한을 a_i, 고객 j의 수요량을 b_j, 공장 i에서 고객 j로의 단위량당 운송비를 c_{ij}로 한다(그림 2.1).

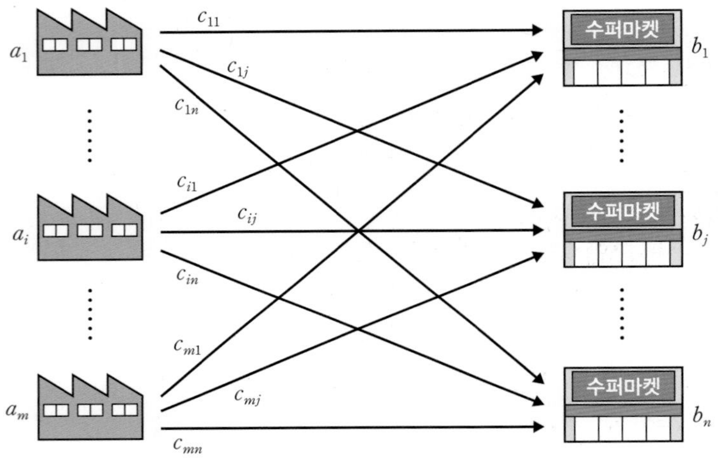

그림 2.1 운송 계획 문제 사례

이때 공장 i에서 고객 j로의 운송량을 변수 x_{ij}로 나타내면 운송비 합계를 최소로 하는 운송비를 구하는 문제는 다음 선형 계획 문제로 정식화할 수 있다.

$$
\begin{aligned}
\text{최소화} \quad & \sum_{i=1}^{m}\sum_{j=1}^{n} c_{ij}x_{ij} \\
\text{조건} \quad & \sum_{i=1}^{n} x_{ij} \le a_i, \quad i=1, \ldots, m, \\
& \sum_{i=1}^{m} x_{ij} = b_j, \quad j=1, \ldots, n, \\
& x_{ij} \ge 0, \qquad i=1, \ldots, m,\ j=1, \ldots, n.
\end{aligned}
\tag{2.5}
$$

3 여기에서는 간단하게 설명하기 위해 제품을 한 종류로 한다.

첫 번째 제약조건은 공장 i에서 출하되는 제품량이 생산량 a_i를 넘지 않음을 의미한다. 두 번째 제약조건은 고객 j에 납입되는 제품량이 수요량 b_j와 일치함을 의미한다.

일정 계획 문제project scheduling problem: 한 기업에서는 n개의 작업으로 이루어지는 프로젝트를 다루고 있다. [그림 2.2]에 표시한 것처럼 각 작업의 처리 순서를 나타내는 네트워크가 주어지고, 각 작업은 앞에서 진행된 작업이 모두 완료된 후에만 시작한다. 또한 각 작업은 비용을 추가해 어느 정도까지 처리 날짜를 단축할 수 있다. 이때 프로젝트 전체를 T일 이내에 완료하는 조건으로 비용 합계를 최소화하기 위해서 각 작업의 시작일과 처리 일수를 어떻게 정해야 할까? 이렇게 프로젝트의 각 작업 처리 순서를 나타내는 네트워크를 이용해 일정 계획을 수립, 관리하는 방법을 **PERT**Program Evaluation and Review Technique라 한다.

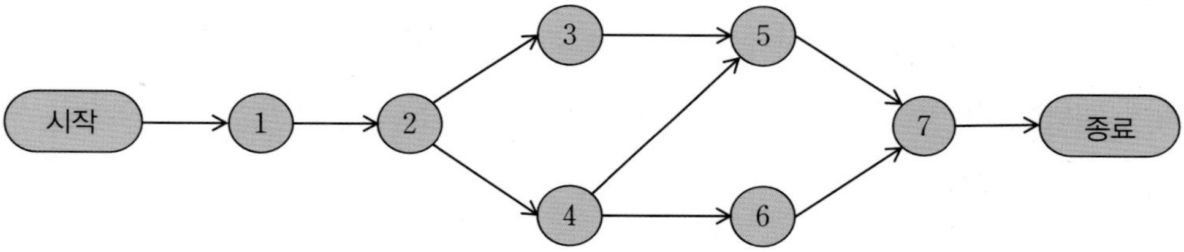

그림 2.2 프로젝트 처리 순서를 나타내는 네트워크

작업 i의 표준 처리 일수를 u_i, 그 비용을 c_i라고 하자. 작업 i의 실제 처리 일수를 변수 p_i로 나타낸다. 작업 i의 처리 일수를 표준 대비 1일 단축할 때 발생하는 추가 비용을 g_i라고 하면, 작업 i의 비용은 $c_i + g_i(u_i - p_i)$가 된다. 그러나 작업 i의 처리 일수는 l_i보다 줄어들 수는 없는 것으로 한다. 그리고 프로젝트 시작에 작업 1, 가장 마지막에 작업 n이 처리된다. 이때 작업 i의 시작일을 변수 s_i로 나타내면, 비용 합계를 최소로 하는 작업 시작일과 처리 일수를 구하는 문제는 다음 선형 계획 문제로 정식화할 수 있다.[4]

4 여기에서는 간단하게 하기 위해 변수는 실숫값을 갖는 것으로 한다.

$$\begin{aligned} &\text{최소화} && \sum_{i=1}^{n}\{c_i + g_i(u_i - p_i)\} && \\ &\text{조건} && s_i + p_i \le s_j, && i=1, \ldots, n,\ j=1, \ldots, n,\ i \prec j, \\ & && l_i \le p_i \le u_i, && i=1, \ldots, n, \\ & && s_i \ge 0, && \\ & && s_n + p_n \le T. && \end{aligned} \tag{2.6}$$

여기에서 $i \prec j$는 작업 i가 작업 j보다 선행함을 나타낸다. 첫 번째 제약조건은 선행하는 작업 i의 완료일이 작업 j의 시작일보다 빠르다는 것이다. 두 번째 제약조건은 작업 i의 처리 일수가 l_i 이상 u_i 이하임을 나타낸다.

생산 계획 문제production planning problem **:** 한 공장에서는 m 종류의 원료를 이용해 n 종류의 제품을 생산한다. 고객의 수요와 생산비가 시기에 따라 변하기 때문에 공장 생산과 창고의 재고를 조합해 고객에게 제품을 전달한다. 이때 생산비와 재고비의 합계를 최소화하기 위해서는 어느 시기에 얼마나 많은 제품을 생산해서 창고의 재고로 비축해야 할 것인가?

제품 j를 1단위 생산하기 위해 필요한 원료 i의 양을 a_{ij}로 한다. 계획 기간을 T, 각 시기 t의 원료 i 공급량을 b_{it}, 제품 j의 고객 수요량을 d_{jt}, 제품 j의 단위량당 생산비를 c_{jt}, 재고비를 f_{jt}로 한다. 그리고 제품 j의 최초 기간 $t = 0$에서의 재고량을 0으로 한다. 이때 각 기간 t의 제품 j의 생산량을 x_{jt}, 재고량을 s_{jt}로 나타내면 생산비와 재고비의 합계를 최소로 하는 생산량과 재고량을 구하는 문제는 다음 선형 계획 문제로 정식화할 수 있다.

$$\begin{aligned} &\text{최소화} && \sum_{j=1}^{n}\sum_{t=1}^{T}(c_{jt}x_{jt} + f_{jt}s_{jt}) && \\ &\text{조건} && \sum_{j=1}^{n} a_{ij}x_{jt} \le b_{it}, && i=1, \ldots, m,\ t=1, \ldots, T, \\ & && s_{jt-1} + x_{jt} - s_{jt} = d_{jt} && j=1, \ldots, n,\ t=1, \ldots, T, \\ & && s_{j0} = 0, && j=1, \ldots, n, \\ & && z_{jt}, s_{jt} \ge 0, && j=1, \ldots, n,\ t=1, \ldots, T \end{aligned} \tag{2.7}$$

첫 번째 제약조건은 각 시기 t에서 원료 i의 소비량이 공급량을 넘지 않음을 나타낸다. 두 번째 제약조건은 제품 j의 이전 시기에서 넘어온 재고량 s_{jt-1}에 이번 기간의 생산량 x_{jt}을 더해 이번 기간의 수요량 d_{jt}를 뺀 것이 다음 기간으로 넘길 재고량 s_{jt}임을 나타낸다(그림 2.3).

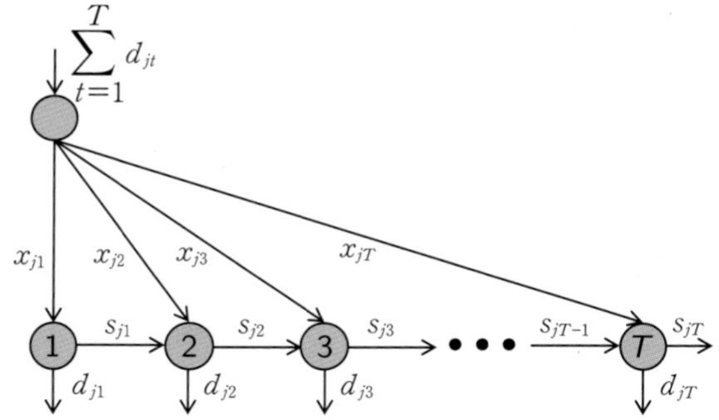

그림 2.3 생산 계획 문제에서 각 기간의 수요량, 생산량, 재고량의 관계

2.1.2 볼록한 비선형 함수의 근사

분리 가능한 볼록한 비선형 함수의 최소화 문제는 선형 계획 문제로 근사화할 수 있다.[5] 다음과 같이 변수 한 개를 갖는 볼록 함수 $f_j(x_j)$의 합을 최소화하는 문제를 생각해본다.[6]

$$\text{최소화} \quad \sum_{j=1}^{n} f_j(x_j). \tag{2.8}$$

이와 같이 변수 하나를 갖는 함수의 합으로 주어지는 목적 함수를 **분리 가능**separable 하다고 부른다.[7] 이 문제는 변수 하나를 갖는 볼록 함수 $f_j(x_j)$의 최소화 문제로 분해할 수 있다. [그림 2.4]에 표시한 것처럼 변수를 하나 갖는 볼록 함수 $f(x)$를 구분 선형 함수 $g(x)$로 근사하는 것을 생각해보자.

---

5 분리 가능하고 볼록하지 않은 선형 함수의 최소화 문제는 정수 계획 문제로 근사화 할 수 있다(4.1.5항 참조).

6 볼록 함수의 정의는 3.1.2절을 참조한다.

7 가령, x_1x_2는 분리 가능하지 않지만 $y_1 = \frac{1}{2}(x_1 + x_2)$, $y_2 = \frac{1}{2}(x_1 - x_2)$인 경우, $x_1y_1 = y_1^2 - y_2^2$로 분리 가능한 함수로 변형할 수 있다. 이처럼 얼핏 보면 분리 가능하지 않은 함수로 보이더라도 분리 가능한 함수로 변경할 수 있는 경우도 적지 않다.

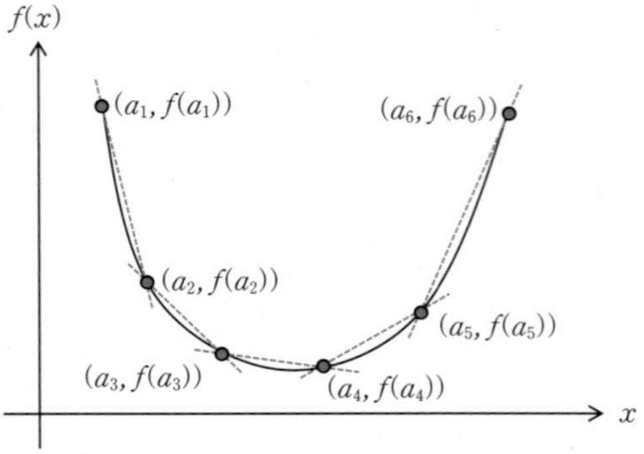

그림 2.4 볼록 함수의 구분 선형 함수를 이용한 근사화

볼록 함수 $f(x)$ 위의 m개의 점 $(a_1, f(a_1)), \ldots, (a_m, f(a_m))$을 적당히 선택하고 선분으로 연결하면 구분 선형 함수 $g(x)$를 얻을 수 있다. 이 구분 선형 함수 $g(x)$는 볼록 함수이므로 각 선분을 나타내는 선형 함수를 이용해서 나타낼 수 있다.

$$g(x) = \max_{i=1, \ldots, m-1} \left\{ \frac{f(a_{i+1}) - f(a_i)}{a_{i+1} - a_i}(x - a_i) + f(a_i) \right\}, \ a_1 \leq x \leq a_m \tag{2.9}$$

이때 각 선분에 대응하는 선형 함수의 최댓값을 변수 z로 나타내면, $a_1 \leq x \leq a_m$ 구간에서 구분 선형 함수 $g(x)$의 값을 최소로 하는 변수 x의 값을 구하는 문제는 다음 선형 계획 문제로 정식화할 수 있다.

$$\begin{aligned} &\textbf{최소화} \quad z \\ &\textbf{조건} \quad \frac{f(a_{i+1}) - f(a_i)}{a_{i+1} - a_i}(x - a_i) + f(a_i) \leq z, \quad i = 1, \ldots, m-1, \\ &\qquad\quad a_1 \leq x \leq a_m. \end{aligned} \tag{2.10}$$

2.1.3 1차 연립방정식의 근사 설루션

모든 제약조건을 동시에는 만족하지 않는 1차 연립방정식에 대해, 가능한 많은 제약조건을 만족하는 근사 설루션을 구하는 문제를 생각해보자. 다음 1차 연립방정식

$$\sum_{j=1}^{n} a_{ij} x_j = b_i, \quad i = 1, \ldots, m \tag{2.11}$$

에 대해 각 제약조건의 오차 $z_i = |\Sigma_{j=1}^{n} a_{ij} x_j - b_i|$을 가능한 작게 하는 근사 설루션 $\boldsymbol{x} = (x_1, \ldots, x_n)^{\top}$를 구하는 문제를 생각해보자. 이때 평균제곱오차 $\frac{1}{m}\Sigma_{i=1}^{m} z_i^2$, 평균오차 $\frac{1}{m}\Sigma_{i=1}^{m} z_i$, 최악오차 $\max_{i=1,\ldots,m} z_i$ 등을 평가 기준으로 고려할 수 있다.

평균오차를 최소로 하는 근사 설루션 $\boldsymbol{x}$를 구하는 문제는 다음과 같이 제약이 없는 최적화 문제로 정식화할 수 있다.

$$\text{최소화} \quad \sum_{i=1}^{m} \left| \sum_{j=1}^{n} a_{ij} x_j - b_i \right|. \tag{2.12}$$

이 식은 얼핏 보면 선형 계획 문제로 보이지 않지만, 각 제약조건에 대한 오차를 의미하는 변수 z_i를 도입해 다음과 같이 선형 계획 문제로 변경할 수 있다.[8]

$$\begin{aligned} \text{최소화} \quad & \sum_{i=1}^{m} z_i \\ \text{조건} \quad & \sum_{j=1}^{n} a_{ij} x_j - b_i \geq -z_i, \quad i = 1, \ldots, m, \\ & \sum_{j=1}^{n} a_{ij} x_j - b_i \leq z_i, \quad i = 1, \ldots, m, \\ & z_i \geq 0, \quad i = 1, \ldots, m. \end{aligned} \tag{2.13}$$

이 방법으로 1.1절의 회귀분석도 구현할 수 있다. m쌍의 데이터 $(x_1, y_1), \ldots, (x_m, y_m)$이 주어졌을 때, 이들을 다음 n차 다항식 함수로 근사화해서 나타내는 것을 생각해보자.

$$y(x) = w_0 + w_1 x + w_2 x^2 + \ldots + w_n x^n \tag{2.14}$$

각 데이터 (x_i, y_i)에 대한 평균오차를 최소로 하는 파라미터 $w_0, \ldots, w_n$의 값을 구하는 문제는

---

8 절댓값 함수는 선형 함수가 아니다.

다음과 같이 제약이 없는 최적화 문제로 정식화할 수 있다.[9]

$$\frac{1}{m}\sum_{i=1}^{m} |y_i - (w_0 + w_1 x_i + w_2 x_i^2 + \cdots + w_n x_i^n)|. \tag{2.15}$$

데이터 (x_i, y_i)에 대한 오차를 나타내는 변수 z_i를 도입하면 다음 선형 계획 문제로 변형할 수 있다.

$$\begin{array}{lll} \textbf{최소화} & \sum_{i=1}^{m} z_i & \\ \textbf{조건} & y_i - (w_0 + w_1 x_i + \cdots + w_n x_i^n) \geq -z_i, & i = 1, \ldots, m, \\ & y_i - (w_0 + w_1 x_i + \cdots + w_n x_i^n) \leq z_i, & i = 1, \ldots, m, \\ & z_i \geq 0, & i = 1, \ldots, m. \end{array} \tag{2.16}$$

최악오차를 최소로 하는 근사 설루션 $\boldsymbol{x}$를 구하는 문제 또한 다음과 같이 제약이 없는 최적화 문제로 정식화할 수 있다.

$$\textbf{최소화} \quad \max_{i=1, \ldots, m} \left| \sum_{j=1}^{n} a_{ij} x_j - b_i \right|. \tag{2.17}$$

이 식도 얼핏 보면 선형 계획 문제로 보이지 않지만. 오차의 최댓값을 나타내는 변수 z를 도입하면 다음 선형 계획 문제로 변형할 수 있다.

$$\begin{array}{lll} \textbf{최소화} & z & \\ \textbf{조건} & \sum_{j=1}^{n} a_{ij} x_j - b_i \geq -z, & i = 1, \ldots, m, \\ & \sum_{j=1}^{n} a_{ij} x_j - b_i \leq z, & i = 1, \ldots, m, \\ & z \geq 0. & \end{array} \tag{2.18}$$

이 방법을 이용해 주어진 조건 아래서 한정된 예산을 n개의 사업에 가능한 공평하게 배분하는

9 각 데이터 (x_i, y_i)는 상수임에 주의한다.

문제도 선형 계획 문제로 정식화할 수 있다. 예산 총액을 B라고 하자. 이때 사업 j에 대한 배분액을 변수 x_j로 나타내면, 배분액의 최솟값을 최대화하는 예산 배분을 구하는 문제는 다음 최적화 문제로 정식화할 수 있다.

$$
\begin{aligned}
\text{최대화} \quad & \min_{j=1,\ldots,n} x_j \\
\text{조건} \quad & \sum_{j=1}^{n} a_{ij} x_j = b_i, \quad i = 1, \ldots, m, \\
& \sum_{j=1}^{n} x_j = B, \\
& x_j \geq 0, \qquad j = 1, \ldots, n.
\end{aligned}
\tag{2.19}
$$

여기에서 첫 번째 제약조건은 주어진 조건을, 두 번째 제약조건은 배분액의 합계가 예산 총액 B와 같다는 것을 나타낸다. 배분액의 최솟값을 의미하는 변수 z를 도입하면 다음 선형 계획 문제로 변형할 수 있다.

$$
\begin{aligned}
\text{최대화} \quad & z \\
\text{조건} \quad & \sum_{j=1}^{n} a_{ij} x_j = b_i, \quad i = 1, \ldots, m, \\
& \sum_{j=1}^{n} x_j = B, \\
& x_j \geq z, \qquad j = 1, \ldots, n. \\
& z \geq 0.
\end{aligned}
\tag{2.20}
$$

그리고 이 방법으로 k개의 목적 함수

$$
\sum_{j=1}^{n} c_{1j} x_j, \ \sum_{j=1}^{n} c_{2j} x_j, \ \ldots, \ \sum_{j=1}^{n} c_{kj} x_j \tag{2.21}
$$

를 동시에 최소화하는 다음의 **다목적 최적화 문제**multi-objective optimization problem [10]도 선형 계획 문제로 정식화할 수 있다.

---

10 다목적 계획 문제multi-objective programming problem라고도 한다.

$$
\begin{aligned}
\text{최소화} \quad & \sum_{j=1}^{n} c_{1j} x_j, \ \ldots, \ \sum_{j=1}^{n} c_{kj} x_j \\
\text{조건} \quad & \sum_{j=1}^{n} a_{ij} x_j \le b_i, \qquad i = 1, \ldots, m, \\
& x_j \ge 0, \qquad j = 1, \ldots, n.
\end{aligned} \tag{2.22}
$$

일반적으로 다목적 최적화 문제에서는 어떤 목적 함숫값을 최소화하고자 할 때 다른 목적 함숫값이 커지는 트레이드 오프가 발생한다. 그래서 극단적으로 큰 값을 갖는 목적 함수가 나타나지 않도록 모든 목적 함수를 균형을 맞춰 최소화하는 것을 생각해본다. 모든 목적 함수의 최댓값을 의미하는 변수 z를 도입하고, 그 값을 최소화하면 다음 선형 계획 문제로 정식화할 수 있다.

$$
\begin{aligned}
\text{최소화} \quad & z \\
\text{조건} \quad & \sum_{j=1}^{n} c_{hj} x_j \le z, \quad h = 1, \ldots, k, \\
& \sum_{j=1}^{n} a_{ij} x_j \ge b_i, \quad i = 1, \ldots, m, \\
& x_j \ge 0, \qquad j = 1, \ldots, n.
\end{aligned} \tag{2.23}
$$

2.1.4 비율 최소화

2개 함수의 비율을 목적 함수로 갖는 최적화 문제를 **분수 계획 문제**fractional programming problem라 한다. 다음 2개 선형 함수의 비율을 목적 함수로 갖는 분수 계획 문제를 생각해본다.

$$
\begin{aligned}
\text{최소화} \quad & \sum_{j=1}^{n} c_j x_j \Big/ \sum_{j=1}^{n} d_j x_j \\
\text{조건} \quad & \sum_{j=1}^{n} a_{ij} x_j = b_i, \qquad i = 1, \ldots, m, \\
& x_j \ge 0, \qquad j = 1, \ldots, n.
\end{aligned} \tag{2.24}
$$

단, $\Sigma_{j=1}^{n} d_j x_j > 0$ 을 만족한다. 여기에서 새로운 변수 $t = \frac{1}{\Sigma_{j=1}^{n} d_j x_j}$ 과 $y_j = tx_j (j = 1, \ldots, n)$ 을 도입하면 다음 선형 계획 문제로 변형할 수 있다.

$$
\begin{aligned}
\text{최소화} \quad & \sum_{j=1}^{n} c_j y_j \\
\text{조건} \quad & \sum_{j=1}^{n} a_{ij} y_j - b_i t = 0, \quad i = 1, \ldots, m, \\
& \sum_{j=1}^{n} d_j y_j = 1, \\
& y_j \geq 0, \qquad\qquad j = 1, \ldots, n.
\end{aligned}
\tag{2.25}
$$

다음은 두 개의 선형 함수의 비율을 목적 함수로 갖는 선형 계획 문제의 예로 사업 효율의 평가를 소개한다.

사업 효율 평가: 한 기업에서는 n개의 사업 경영 효과를 상대적으로 평가하는 방법을 모색하고 있다. 예를 들어 지출은 수입을 발생시키기 위한 입력이고 수입은 지출에서 발생한 출력이라고 하면, '수입/지출' 값이 클수록 경영 효율이 좋다고 평가할 수 있다. 이처럼 '같은 입력(지출)으로 보다 많은 출력(수입)을 얻는다' 혹은 '보다 적은 입력(지출)으로 같은 출력(수입)을 얻는다'면 그 사업은 효율적이라고 생각할 수 있다. 그리고 각 사업은 여러 입력과 출력을 가지므로, 각 입력과 각 출력에 적당한 가중치weight를 곱해서 더한 것을 가상의 입력과 출력으로 생각할 수 있다. 이때 모든 사업을 공정하게 평가하기 위해 각 입력과 출력의 가중치를 어떻게 정하는 것이 좋을까? 이와 같이 여러 사업의 상대적인 효율을 평가하는 기법을 **자료포락분석**data envelopment analysis(DEA)이라 한다. 자료포락분석은 1978년에 찬즈Charnes, 쿠퍼Cooper, 로데즈Rhodes가 제안했다.

자료포락분석에서는 모든 사업에 대해 동일한 가중치를 붙이지 않고, 각 사업 k의 효과가 최대가 되는 가중치를 붙인 상태에서 얻어진 '가상적인 출력/가상적인 입력'값을 비교한다.

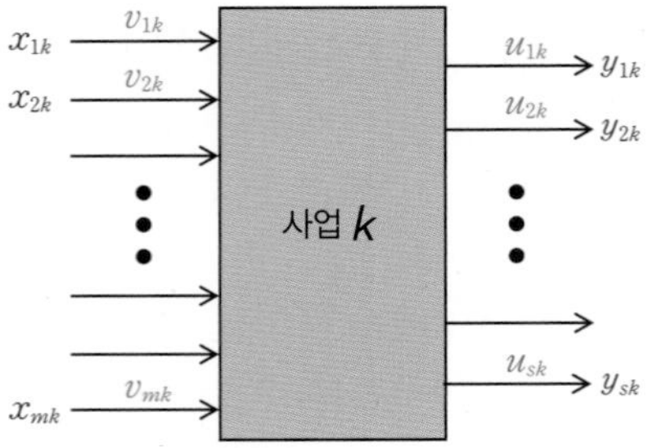

그림 2.5 여러 입력과 출력을 가진 사업

[그림 2.5]에 표시한 것처럼 사업 k는 m개의 입력 $x_{1k}, \ldots, x_{mk}$와 s개의 출력 $y_{1k}, \ldots, y_{sk}$를 갖는다고 가정한다. 이때 사업 k의 입력 x_{ij}에 대한 가중치를 변수 v_{ik}, 출력 y_{rk}에 대한 가중치를 변수 u_{rk}로 나타내면, 사업 k의 효율을 최대로 하는 입력과 출력의 가중치를 구하는 문제는 다음의 분수 계획 문제로 정식화할 수 있다.[11]

$$
\begin{aligned}
\text{최대화} \quad & \sum_{r=1}^{s} u_{rk} y_{rk} \Big/ \sum_{i=1}^{m} v_{ik} x_{ik} \\
\text{조건} \quad & \sum_{r=1}^{s} u_{rk} y_{rj} \Big/ \sum_{i=1}^{m} v_{ik} x_{ij} \leq 1, \quad && j = 1, \ldots, n, \\
& v_{ik} \geq 0, && i = 1, \ldots, m, \\
& u_{rk} \geq 0, && r = 1, \ldots, s.
\end{aligned}
\tag{2.26}
$$

단 $\Sigma_{i=1}^{m} v_{ik} x_{ij} > 0 \ (j = 1, \ldots, n)$으로 한다. 이 문제는 각 사업 k에 대해 정의되므로, n개의 사업의 효율을 비교하기 위해서는 n개의 선형 계획 문제를 풀어야 한다. 목적 함수는 사업 k의 효율을 나타낸다. 첫 번째 제약조건은 사업 k의 입력 x_{ik}에 대한 가중치 v_{ik}와 출력 y_{rk}에 대한 가중치 u_{rk}를 어느 사업에 적용하더라도 목적 함숫값이 1 이하인 것을 나타낸다. 목적 함숫값이 1이면 사업 k는 효율적, 목적 함숫값이 1보다 작으면 사업 k는 비효율적이라 한다. 여기에서 $\lambda = 1 / \Sigma_{i=1}^{m} v_{ik} x_{ik}$로 하고, 새로운 변수 $v_{ik} = \lambda v_{ik}$와 $\mu_{rk} = \lambda u_{rk}$를 도입하면 다음 선형 계획 문제로 변형할 수 있다.

11 사업 j의 입력 $x_{1j}, \ldots, x_{mj}$와 출력 $y_{1j}, \ldots, y_{sj}$는 상수임에 주의한다.

$$
\begin{aligned}
\text{최대화} \quad & \sum_{r=1}^{s} \mu_{rk} y_{rk} \\
\text{조건} \quad & \sum_{r=1}^{s} \mu_{rk} y_{rj} \le \sum_{i=1}^{m} \nu_{ik} x_{ij}, \quad j = 1, \ldots, n, \\
& \sum_{i=1}^{m} \nu_{ik} x_{ik} = 1, \\
& \mu_{rk} \ge 0, \qquad r = 1, \ldots, s, \\
& \nu_{ik} \ge 0, \qquad i = 1, \ldots, m.
\end{aligned} \tag{2.27}
$$

2.2 단체법

선형 계획 문제에서는 큰 규모의 문제 사례를 현실적인 계산 시간에 푸는 효율적인 알고리즘이 개발되어 있다. 1947년에 단지크Dantzig가 **단체법**simplex method[12]을 제창했다. 단체법은 실용적으로는 우수한 성능을 갖고 있지만 이론적으로 다항식 시간 알고리즘[13]은 아니다. 1979년에는 카치얀Khachiyan이 처음으로 다항식 시간 알고리즘인 **타원체법**ellipsoid method, 1984년에는 카마카Karmarkar가 실용적이면서도 우수한 성능을 가진 **내점법**interior point method을 제창했다. 성능면에서는 내점법이 우수하지만 단체법은 변수나 제약조건을 추가해 문제를 바꿔 해결하는 재최적화(2.3.4절)를 효율적으로 할 수 있기 때문에, 현재는 단체법과 내점법이 함께 실용적인 알고리즘으로 넓게 이용되고 있다. 이번 절에서는 단체법의 사고방식과 절차에 관해 몇 가지 예와 함께 설명한다.

2.2.1 표준형

설명을 간단히 하기 위해 이후에는 **표준형**standard form[14]이라 불리는 다음 선형 문제를 고려한다.

---

12 1965년에 넬더Nelder와 미드Mead가 비선형 계획 문제에 대해 단체법이라고 불리는 알고리즘을 제안했다. 이름은 같지만 완전히 다른 알고리즘이다.

13 계산에 필요한 요소를 변수 및 제약조건 등 입력 데이터의 길이를 의미하는 파라미터의 다항식 함수로 나타낼 수 있는 것을 가리킨다(4.2.1절).

14 **기준형**canonical form이라 부르기도 한다.

$$\begin{aligned}
\text{최대화} \quad & \sum_{j=1}^{n} c_j x_j \\
\text{조건} \quad & \sum_{j=1}^{n} a_{ij} x_j \le b_i, \quad i = 1, \ldots, m, \\
& x_j \ge 0, \qquad\quad j = 1, \ldots, n.
\end{aligned} \tag{2.28}$$

표준형은 다음과 같은 특징을 가진 선형 계획 문제다.

(1) 목적 함숫값을 최대화한다.

(2) 모든 변수는 음의 값을 갖지 않는다(비부 조건).

(3) 모든 변수가 음의 값을 갖지 않는다는 제약을 제외하고, 모든 제약조건에서 좌변값이 우변값보다 작거나 같다.[15]

어떤 형태의 선형 계획 문제라도 다음 절차를 적용하면 표준형으로 변경할 수 있다.

- 목적 함수 $\Sigma_{j=1}^{n} c_j x_j$의 최소화라면 목적 함수를 -1배 한다.[16]

$$\text{최대화} \quad \sum_{j=1}^{n} (-c_j) x_j. \tag{2.29}$$

- 비부 조건이 없는 변수 x_j는, 비부 조건을 받는 2개의 변수 x_j^+, x_j^-를 새롭게 도입해 다음과 같이 치환할 수 있다.

$$x_j = x_j^+ - x_j^- \tag{2.30}$$

- 등식 제약 $\Sigma_{j=1}^{n} a_{ij} x_j = b_i$를 2개 부등식 제약으로 치환할 수 있다.

$$\sum_{j=1}^{n} a_{ij} x_j \le b_i, \ \sum_{j=1}^{n} a_{ij} x_j \ge b_i. \tag{2.31}$$

---

15 '비부 조건을 제외한 모든 제약조건에서 좌변과 우변의 값이 같다'고 정의하는 경우도 적지 않다.

16 목적 함숫값의 +/−가 반전되는 것에 주의한다.

- 부등호가 반대 방향인 제약조건 $\Sigma_{j=1}^{n} a_{ij} x_j \geq b_i$이면 양변에 -1배 한다.

$$\sum_{j=1}^{n} (-a_{ij}) x_j \leq -b_i \tag{2.32}$$

얻어진 표준형 문제와 원래 문제에서는 변수나 제약조건 수가 같다고 단정할 수는 없지만, 실행 가능 설루션이나 최적 설루션에는 일대일로 대응하므로, 등가의 문제로 생각해도 문제없다.

예로 다음 선형 계획 문제를 생각해본다.

$$\begin{aligned} \text{최소화} \quad & 3x_1 + 4x_2 - 2x_3 \\ \text{조건} \quad & 2x_1 + x_2 = 4, \\ & x_1 - 2x_3 \leq 8, \\ & 3x_2 + x_3 \geq 6, \\ & x_1,\ x_2 \geq 0. \end{aligned} \tag{2.33}$$

이 문제는 다음 표준형으로 변형할 수 있다.

$$\begin{aligned} \text{최대화} \quad & -3x_1 - 4x_2 + 2x_3^+ - 2x_3^- \\ \text{조건} \quad & 2x_1 + x_2 \leq 4, \\ & -2x_1 - x_2 \leq -4, \\ & x_1 - 2x_3^+ + 2x_3^- \leq 8, \\ & -3x_2 - x_3^+ + x_3^- \leq -6, \\ & x_1,\ x_2,\ x_3^+,\ x_3^- \geq 0. \end{aligned} \tag{2.34}$$

2.2.2 단체법 개요

단체법에 관해 설명하기 전에 먼저 선형 계획 문제의 특징을 살펴본다. 다음 선형 계획 문제를 예로 들어보자.

$$
\begin{aligned}
&\text{최대화} && x_1 + 2x_2 && \\
&\text{조건} && x_1 \geq 0, && \rightarrow ① \\
& && x_2 \geq 0, && \rightarrow ② \\
& && x_1 + x_2 \leq 6, && \rightarrow ③ \\
& && x_1 + 3x_2 \leq 12, && \rightarrow ④ \\
& && 2x_1 + x_2 \leq 10. && \rightarrow ⑤
\end{aligned}
\tag{2.35}
$$

이 문제의 실행 가능 영역을 [그림 2.6]에 표시했다. 그림에서 실행 가능 영역은 두 개의 직선으로 둘러싸인 볼록 다각형이 된다. 그리고 목적 함수의 등고선은 직선이 되므로, 실행 가능 영역의 볼록 다각형의 꼭짓점 위에 최적 설루션이 존재함을 알 수 있다. 이러한 특징에서 실행 가능 영역의 볼록 다각형의 모든 꼭짓점을 열거해 최적 설루션을 구할 수 있다.

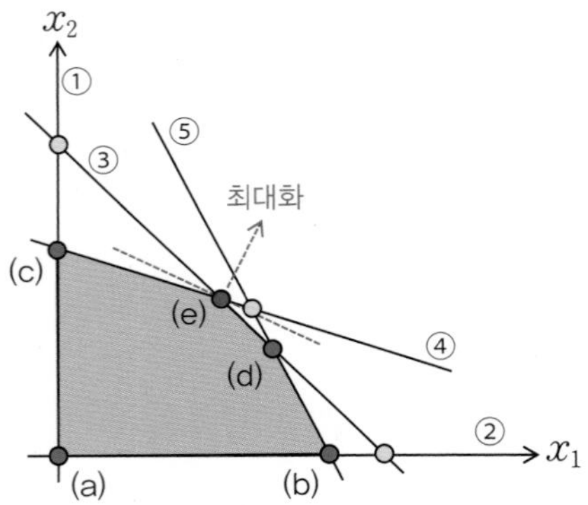

그림 2.6 선형 계획 문제 예

[그림 2.6]의 직선 ③은 제약조건 $x_1+x_2 \leq 6$을 등호로 만족하는 설루션의 집합을 의미한다. 2차원 공간 안의 볼록 다각형의 꼭짓점에서는 적어도 두 개의 직선이 교차하므로, 예를 들어 직선 ③과 직선 ④가 교차하는 점 (e)에 대응하는 설루션을 구하고자 하는 경우, 1차 연립방정식 $x_1+x_2=6, x_1+3x_2=12$를 풀면 되는 것을 알 수 있다. 5개의 제약조건에서 2개를 선택 조합하는 방법은 10가지이므로 각각에 관해 1차 연립방정식을 풀면 선형 계획 문제의 설루션을 구할 수 있다. 단, 이 설루션들이 실행 가능 설루션이라고 단정할 수는 없으므로 다른 제약조건의 만족 여부를 확인해야 한다. [그림 2.6]의 예에서는 10개의 설루션 중 5개가 실행 가능한 설

루션임을 알 수 있다.

일반적인 선형 계획 문제의 설루션도 같은 절차로 열거할 수 있다. 비부 조건 이외의 제약조건이 m개, 변수가 n개인 표준형 선형 계획 문제에서 실행 가능 영역은 n차원 공간 내의 볼록 다면체가 된다. 그리고 최적 설루션이 존재한다면 적어도 하나의 최적 설루션은 실행 가능 영역의 볼록 다면체의 꼭짓점이 된다.[17] n차원 공간 안의 볼록 다면체의 꼭짓점에서는 적어도 n개의 초평면이 교차하고 있으므로, 비부 조건을 포함한 $m+n$개의 제약조건으로부터 n개를 선택해, 제약조건의 부등호를 등호로 치환해 얻어지는 1차 연립방정식을 풀면 선형 계획 문제의 설루션을 구할 수 있다. 단, $m+n$개의 제약조건으로부터 n개를 선택하는 조합의 수는

$$\binom{m+n}{n} = \frac{(m+n)!}{m!n!} \tag{2.36}$$

이므로[18] 제약조건이나 변수의 수가 증가하면 급격하게 커지게 되어 모든 설루션을 조사하는 방법은 실용적이지 않다. 그래서 극히 일부의 설루션만 탐색해서 최적 설루션을 구하는 효율적인 알고리즘이 필요하다.

단체법은 실행 가능 영역의 볼록 다면체의 한 꼭짓점부터 출발해, 목적 함숫값이 인접한 꼭짓점으로의 이동을 반복함으로써 최적 설루션을 구하는 알고리즘이다(그림 2.7). 볼록 다면체의 각 꼭짓점에서는 n개의 초평면이 교차하므로, 단체법은 n개의 제약조건으로 만들어지는 1차 연립방정식을 풀어서 꼭짓점에 대응하는 실행 가능 설루션을 구할 수 있다. 이때 인접한 꼭짓점에서는 단 한 개의 제약조건만 치환하는 것을 이용해서 이 1차 연립방정식을 효율적으로 풀 수 있다.

17 단, 실행 가능 영역이 유효하지 않다면 $\max\{x_1+x_2 \mid x_1+x_2 \leq 1\}$와 같이 볼록 다면체가 꼭짓점을 갖지 않는 경우도 있으므로 주의한다.

18 $\binom{n}{k}$은 주어진 n개의 요소로부터 k개의 요소를 선택해 조합하는 수를 나타낸다.

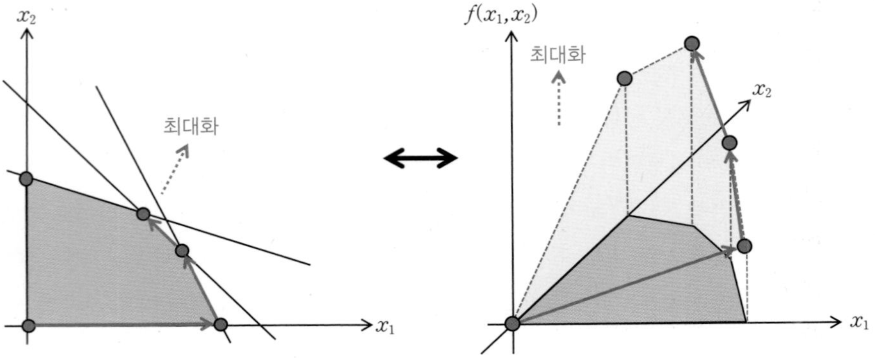

그림 2.7 단체법 개요

2.2.3 단체법 예

식 (2.35)를 이용해 단체법 절차를 설명한다. 먼저 비부 조건이 있는 변수 x_3, x_4, x_5를 도입해 제약조건을 등식으로 변형한다.

$$\begin{aligned}
&\text{최대화} \quad && x_1 + 2x_2 && \\
&\text{조건} && x_1 \geq 0, && \rightarrow ① \\
& && x_2 \geq 0, && \rightarrow ② \\
& && x_1 + x_2 + x_3 = 6, && \rightarrow ③ \\
& && x_1 + 3x_2 + x_4 = 12, && \rightarrow ④ \\
& && 2x_1 + x_2 + x_5 = 10, && \rightarrow ⑤ \\
& && x_3,\ x_4,\ x_5 \geq 0. &&
\end{aligned} \tag{2.37}$$

변수 $x_1, \ldots, x_5$가 제약조건 ①, …, ⑤에 각각 대응하는 것에 주의한다. 새롭게 도입한 변수 x_3, x_4, x_5는 각각 제약조건 ③, ④, ⑤에 대한 여유margin를 나타내며, 이들을 **여유 변수**slack variable 라 한다. 앞 절에서 표시한 것처럼 2차원 공간 안에 있는 볼록 다각형의 꼭짓점에서는 적어도 두 개의 직선이 교차하는 것을 알 수 있다. 예를 들어 직선 ③, ④가 교차하는 꼭짓점에 대응하는 설루션을 구하려면, 대응하는 여유 변수의 값을 $x_3 = 0, x_4 = 0$으로 고정하고 제약조건을 만족하는 변수 x_1, x_2, x_5를 구하면 된다.

비부 조건 이외의 제약조건이 m개, 변수가 n개인 표준형 선형 계획 문제에서 비부 조건을 포함한 $m+n$개의 제약조건으로부터 n개를 선택해서 부등호를 등호로 치환한다. 이것은 여유 변수를 도입해 제약조건을 등식으로 변형한 선형 계획 문제에서는 여유 변수를 포함하는 $m+n$개의 제약조건에서 n개의 변수를 선택해 값을 0으로 고정하는 절차에 해당한다. n차원 공간 안에서 n장의 초평면이 교차하는 점을 **기저 설루션**basic solution이라 한다. 특히 실행 가능 영역의 볼록 다면체의 꼭짓점을 **실행 가능 기저 설루션**basic feasible solution이라 한다. 그리고 기저 설루션을 고정할 때 값을 0으로 고정한 변수를 **비기저 변수**nonbasic variable, 그 외의 변수를 **기저 변수**basic variable라 한다.

또한 목적 함숫값을 나타내는 변수 z를 새롭게 도입해

$$z = x_1 + 2x_2 \tag{2.38}$$

로 정의한다. 이를 이용해서 문제 (2.37)과 등가의 선형 계획 문제를 정의한다.

$$\begin{aligned}
\textbf{최대화} \quad & z = x_1 + 2x_2 \\
\textbf{조건} \quad & x_3 = 6 - x_1 - x_2, \\
& x_4 = 12 - x_1 - 3x_2, \\
& x_5 = 10 - 2x_1 - x_2, \\
& x_1,\ x_2,\ x_3,\ x_4,\ x_5 \ge 0.
\end{aligned} \tag{2.39}$$

이 문제로에서 단체법 절차에 필요한 부분을 추출한 것을 **사전**dictionary[19]이라 한다.

$$\begin{aligned}
z &= x_1 + 2x_2 \\
x_3 &= 6 - x_1 - x_2, \\
x_4 &= 12 - x_1 - 3x_2, \\
x_5 &= 10 - 2x_1 - x_2.
\end{aligned} \tag{2.40}$$

사전에서는 기저 변수를 좌편에 비기저 변수를 우변에 나타낸다. 이 예에서 $x_1 = x_2 = 0$으로 고정하면 $x_3 = 6, x_4 = 12, x_5 = 10$, 목적 함숫값 $z = 0$을 얻을 수 있다. [그림 2.6]에 이 실행 가능

19 실제로는 각 변수의 관계 및 우변의 상수를 추출한 **단체표**simplex tableau를 자주 이용한다.

기저 설루션은 직선 ①, ②가 교차하는 왼쪽 아래 끝의 꼭짓점 (a)에 대응한다.

다음으로 꼭짓점 (a)로부터 목적 함수 z의 값이 개선하는 인접 꼭짓점으로 이동하는 절차를 살펴보자. [그림 2.6]에서는 꼭짓점 (b), (c)가 꼭짓점 (a)의 인접 꼭짓점이 된다. 꼭짓점 (b)는 직선 ②, ⑤가 교차하는 꼭짓점, 꼭짓점 (c)는 ①, ④가 교차하는 꼭짓점이며, 볼록 다각형의 꼭짓점을 고정하는 직선에 대응하는 제약조건 하나를 치환하면 인접 꼭짓점을 얻을 수 있다. 이는 사전상에서는 기저 변수와 비기저 변수 하나를 치환하는 절차에 해당하며, 이를 **피벗 작업**pivot operation이라 한다. 예를 들어 비기저 변수의 집합 $\{x_1, x_2\}$를 $\{x_2, x_5\}$로 치환하면 꼭짓점 (b), $\{x_1, x_4\}$로 치환하면 꼭짓점 (c)로 이동할 수 있다. 여기에서 치환한 기저 변수와 비기저 변수의 조합은 모든 경우에 좋은 것만은 아니기 때문에 제약조건을 만족하면서 목적 함수 z의 값을 개선하는 변수의 조합을 찾아내야 한다.

목적 함수 z에서 변수 x_1, x_2의 관계는 모두 양이므로 임의의 변숫값을 증가시키면 목적 함수 z의 값을 개선할 수 있다. 예를 들어 $x_1 = 0$을 유지하면서 x_2의 값을 증가시키면 목적 함수와 기저 변수의 값은 다음과 같이 된다.

$$\begin{aligned} z &= 2x_2, \\ x_3 &= 6 - x_2, \\ x_4 &= 12 - 3x_2, \\ x_5 &= 10 - x_2 \end{aligned} \tag{2.41}$$

여기에서 변수 x_3, x_4, x_5는 비부 조건을 만족해야 하므로 변수 x_2의 값은 4까지만 증가할 수 있다. $x_2 = 4$로 하면 동시에 $x_4 = 0$이 되어 기저 변수 x_4와 비기저 변수 x_2가 치환된다. 이때 $x_3 = 2$, $x_5 = 6$, $z = 8$이 되며 [그림 2.8]에 표시한 것처럼 꼭짓점 (a)에서 인접하는 꼭짓점 (c)로 이동을 실현할 수 있다.

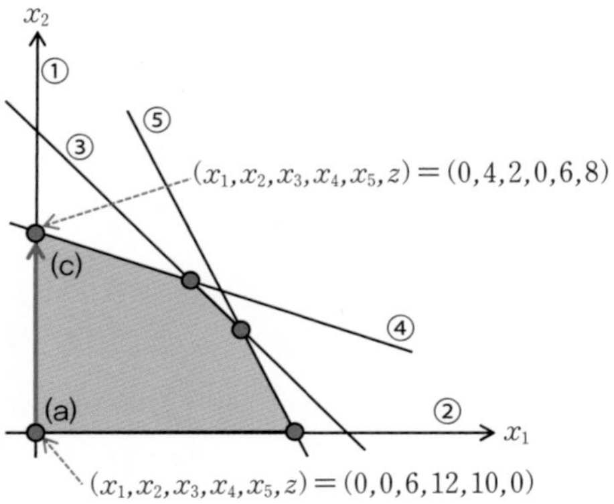

그림 2.8 단체법의 절차

비기저 변수 $\{x_1, x_4\}$, 기저 변수 $\{x_2, x_3, x_5\}$로 치환했으므로 기저 변수가 좌변에, 비기저 변수가 우변에 나타나도록 사전을 업데이트해야 한다. 새롭게 기저 변수가 된 x_2를 x_1, x_4를 이용해 나타낸 식은 사전의 세 번째 행에서 간단하게 얻을 수 있다.

$$x_2 = 4 - \frac{1}{3}x_1 - \frac{1}{3}x_4 \tag{2.42}$$

이 식을 사전의 우변의 x_2에 대입하면 사전을 업데이트할 수 있다.

$$\begin{aligned} z &= 8 + \frac{1}{3}x_1 - \frac{2}{3}x_4, \\ x_3 &= 2 - \frac{2}{3}x_1 + \frac{1}{3}x_4, \\ x_2 &= 4 - \frac{1}{3}x_1 - \frac{1}{3}x_4, \\ x_5 &= 6 - \frac{5}{3}x_1 + \frac{1}{3}x_4. \end{aligned} \tag{2.43}$$

사전은 비기저 변수의 값을 0으로 고정해서 얻어지는 1차 연립방정식의 해를 나타내며, 사전을 업데이트하는 절차는 제약조건을 한 개 추가하고 1차 연립방정식을 푸는 절차에 대응한다.

앞의 예에서는 대입법을 이용했지만 소거법[20]을 이용해 사전을 업데이트해도 좋다.

업데이트한 사전에서는 목적 함수 z의 변수 x_4의 관계는 마이너스이므로 그 값을 증가시켜도 목적 함수 z의 값은 개선되지 않는다. 한편 변수 x_1의 관계는 플러스이므로 그 값을 증가시키면 목적 함수 z의 값을 개선할 수 있다. 그래서 $x_4 = 0$으로 저장한 상태로 x_1의 값을 증가시키면 목적 함수와 기저 변수의 값은 다음과 같다.

$$\begin{aligned} z &= 8 + \frac{1}{3}x_1, \\ x_3 &= 2 - \frac{2}{3}x_1, \\ x_2 &= 4 - \frac{1}{3}x_1, \\ x_5 &= 6 - \frac{5}{3}x_1 \end{aligned} \tag{2.44}$$

변수 x_2, x_3, x_5의 비부 조건을 만족해야 하므로 변수 x_1의 값은 3까지만 증가시킬 수 있다. $x_1 = 3$이면 동시에 $x_3 = 0$이 되어, 기저 변수 x_3과 비기저 변수 x_1이 치환된다. 이때 $z_2 = 3$, $x_5 = 1$, $z = 9$가 되며 [그림 2.9]에 표시한 것처럼 꼭짓점 (c)에서 인접하는 꼭짓점 (e)로 이동할 수 있다.

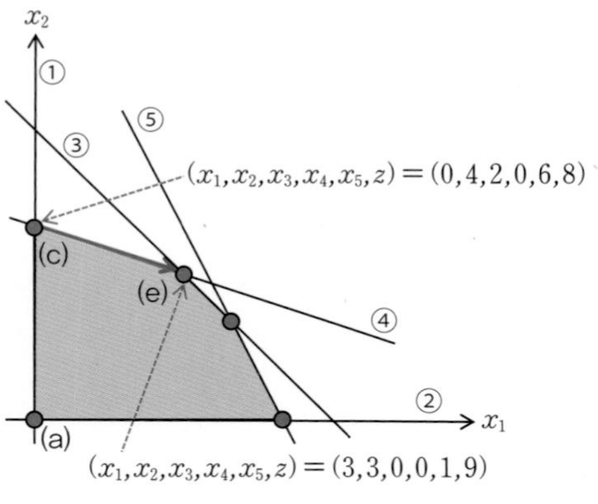

그림 2.9 단체법의 절차

20 가우스 소거법이라고도 부른다.

새롭게 기저 변수가 된 x_1을 x_3, x_4로 나타낸 식은 사전의 두 번째 행에서 간단하게 얻을 수 있다.

$$x_1 = 3 - \frac{2}{3}x_3 + \frac{1}{2}x_4 \tag{2.45}$$

이 식을 사전의 우변에 나타난 x_1에 대입하면 사전을 다음과 같이 업데이트할 수 있다.

$$\begin{aligned} z &= 9 - \frac{1}{2}x_3 - \frac{1}{2}x_4, \\ x_1 &= 3 - \frac{3}{2}x_3 + \frac{1}{2}x_4, \\ x_2 &= 3 + \frac{1}{2}x_3 - \frac{1}{2}x_4, \\ x_5 &= 1 + \frac{5}{2}x_3 - \frac{1}{2}x_4. \end{aligned} \tag{2.46}$$

업데이트한 사전에서는 목적 함수 z의 변수 x_3, x_4의 관계가 모두 0 이하이므로 이 값들을 증가시켜도 목적 함수 z의 값은 개선되지 않는다. 그러므로 이 실행 가능 기저 설루션은 최적 설루션임을 알 수 있다. 따라서 최적 설루션 $(x_1, x_2) = (3, 3)$ 및 최적값 $z = 9$를 얻을 수 있다. 다른 예로 다음 선형 계획 문제를 생각해보자.

$$\begin{array}{lll} \textbf{최대화} & 2x_1 + x_2 & \\ \textbf{조건} & x_1 \geq 0, & \rightarrow ① \\ & x_2 \geq 0, & \rightarrow ② \\ & x_1 - 2x_2 \leq 4, & \rightarrow ③ \\ & -x_1 + x_2 \leq 2. & \rightarrow ④ \end{array} \tag{2.47}$$

이 문제의 실행 가능 영역을 [그림 2.10]에 표시했다.

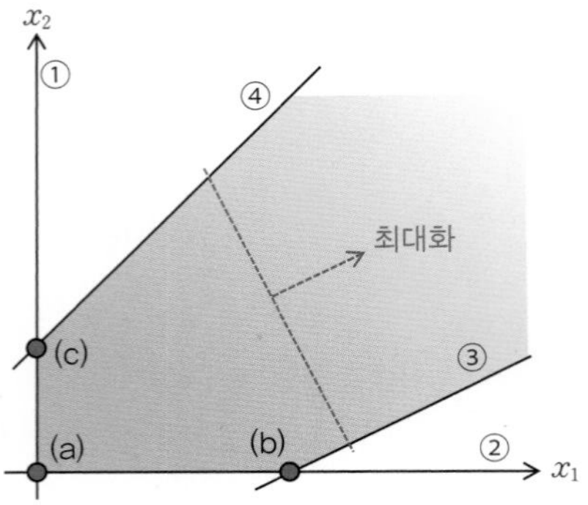

그림 2.10 선형 계획 문제 사례

여유 변수 x_3, x_4와 목적 함숫값을 나타내는 변수 z를 도입해 사전을 만들면 다음과 같다.

$$\begin{aligned} z &= 2x_1 + x_2, \\ x_3 &= 4 - x_1 + 2x_2, \\ x_4 &= 2 + x_1 - x_2 \end{aligned} \tag{2.48}$$

$x_1 = x_2 = 0$으로 고정하면 $x_3 = 4$, $x_4 = 2$, 목적 함숫값 $z = 0$을 얻을 수 있다. [그림 2.10]에서 이 실행 가능 기저 설루션은 직선 ①, ②가 교차하는 왼쪽 아래의 꼭짓점 (a)에 대응한다.

목적 함수 z에 대해 변수 x_1, x_2의 관계는 모두 플러스이므로, 어떤 변숫값을 증가시키더라도 목적 함수 z의 값을 개선할 수 있다. 예를 들어 $x_2 = 0$을 유지하면서 x_1의 값을 증가시키면 목적 함수와 기저 변수의 값은 다음과 같다.

$$\begin{aligned} z &= 2x_1, \\ x_3 &= 4 - x_1, \\ x_4 &= 2 + x_1 \end{aligned} \tag{2.49}$$

여기에서 변수 x_3, x_4는 비부 조건을 만족해야 하므로 변수 x_1의 값은 4까지만 증가할 수 있다. $x_1 = 4$이면 동시에 $x_3 = 0$이 되어 기저 변수 x_3과 비기저 변수 x_1이 치환된다. 이때 $x_4 = 6$, $z = 8$이 되어 [그림 2.11]에 표시한 것처럼 꼭짓점 (a)에서 인접하는 꼭짓점 (b)로 이동할 수 있다.

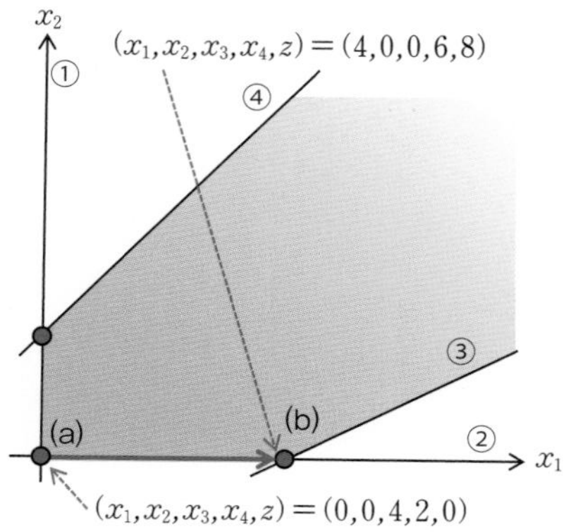

그림 2.11 단체법의 절차

새롭게 기저 변수가 된 x_1을 x_2, x_3에 관해 나타낸 식은 사전의 두 번째 행에서 쉽게 얻을 수 있다.

$$x_1 = 4 + 2x_2 - x_3 \tag{2.50}$$

이 식을 사전의 오른쪽에 나타난 x_1에 대입하면 사전을 업데이트할 수 있다.

$$\begin{aligned} z &= 8 + 5x_2 - 2x_3, \\ x_1 &= 4 + 2x_2 - x_3, \\ x_4 &= 6 + x_2 - x_3 \end{aligned} \tag{2.51}$$

업데이트한 사전에서는 목적 함수 z의 변수 x_2의 관계는 플러스이므로 그 값을 증가시키면 목적 함수 z의 값을 개선할 수 있다. 여기에서 $x_3 = 0$을 유지하면서 x_2의 값을 증가시키면 목적 함수와 기저 변수의 값은 다음과 같다.

$$\begin{aligned} z &= 8 + 5x_2, \\ x_1 &= 4 + 2x_2, \\ x_4 &= 6 + x_2 \end{aligned} \tag{2.52}$$

여기에서 변수 x_1, x_4의 비부 조건을 만족하면서 변수 x_2의 값을 증가시키면 목적 함숫값을 한없이 증가시킬 수 있으므로 유한한 최적 설루션이 존재하지 않는다. 즉, 한계가 없음을 알 수 있다. [그림 2.12]에 표시한 것처럼 꼭짓점 (b)에서 직선 ③을 따라 무한히 이동할 수 있다.

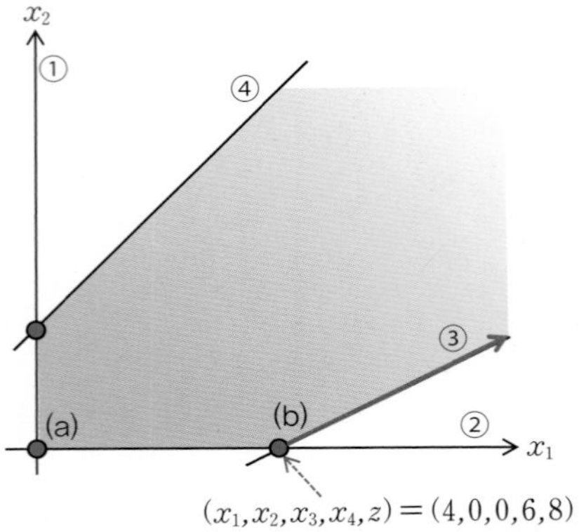

그림 2.12 단체법의 절차

2.2.4 단체법의 원리

선형 계획 문제에 대한 단체법의 절차를 생각해본다. 여기에서는 표준형 선형 계획 문제(2.28)의 제약조건에 여유 변수를 도입해 등식으로 변형한 다음 선형 계획 문제를 생각한다.

$$
\begin{array}{ll}
\text{최대화} & \boldsymbol{c}^\top \boldsymbol{x} \\
\text{조건} & \boldsymbol{A}\boldsymbol{x} = \boldsymbol{b}, \\
& \boldsymbol{x} \geq \boldsymbol{0}.
\end{array}
\tag{2.53}
$$

여기에서 $\boldsymbol{A} \in \mathbb{R}^{m \times n}$, $\boldsymbol{b} \in \mathbb{R}^m$, $\boldsymbol{c} \in \mathbb{R}^n$, $\boldsymbol{x} \in \mathbb{R}^n$으로 한다. 단, $n > m$ 및 $\boldsymbol{A}$의 모든 행벡터가 1차 독립이라고 가정한다.

단체법에서는 n개의 변수로부터 $n - m$개의 변수를 선택해 값을 0으로 고정하므로 기저 변수 m개, 비기저 변수 $n - m$개가 된다. 기저 변수 x_i의 첨자 i의 집합을 B라고 하고, 대응하는 변수 벡터를 $\boldsymbol{x}_B \in \mathbb{R}^m$, 목적 변수의 계수 벡터를 $\boldsymbol{c}_B \in \mathbb{R}^m$, 부분행렬을 $\boldsymbol{B} \in \mathbb{R}^{m \times n}$으로 나타낸다. 마찬가지로 비기저 변수 x_j의 첨자 j의 집합을 N으로 하고, 대응하는 변수 벡터를 $\boldsymbol{x}_N \in \mathbb{R}^{n-m}$, 목적 함수의 계수 벡터를 $\boldsymbol{c}_N \in \mathbb{R}^{(n-m)}$, 부분행렬을 $\boldsymbol{N} \in \mathbb{R}^{m\times(n-m)}$으로 나타낸다. 특히 $\boldsymbol{B}$가 정칙 행렬일 때(즉, 역행렬을 가질 때) $\boldsymbol{B}$를 **기저행렬**basic matrix, $\boldsymbol{N}$을 **비기저행렬**nonbasic matrix라 한다. 예를 들어 문제 (2.37)의 초기 실행 가능 기저 설루션 $\boldsymbol{x}_B = (x_3, x_4, x_5)^\top$, $\boldsymbol{x}_N = (x_1, x_2)^\top$에 대응하는 기저행렬과 비기저행렬은 각각,

$$\boldsymbol{B} = \begin{pmatrix} 1 & 0 & 0 \\ 0 & 1 & 0 \\ 0 & 0 & 1 \end{pmatrix}, \quad \boldsymbol{N} = \begin{pmatrix} 1 & 1 \\ 1 & 3 \\ 2 & 1 \end{pmatrix} \tag{2.54}$$

이며, 최적 기저 설루션 $\boldsymbol{x}_B^* = (x_1^*, x_2^*, x_5^*)^\top$, $\boldsymbol{x}_N^* = (x_3^*, x_4^*)^\top$에 대응하는 기저행렬과 비기저행렬은 각각,

$$\boldsymbol{B} = \begin{pmatrix} 1 & 1 & 0 \\ 1 & 3 & 0 \\ 2 & 1 & 1 \end{pmatrix}, \quad \boldsymbol{N} = \begin{pmatrix} 1 & 0 \\ 0 & 1 \\ 0 & 0 \end{pmatrix} \tag{2.55}$$

이 된다.

제약조건 $\boldsymbol{Ax} = \boldsymbol{b}$는

$$\boldsymbol{Ax} = \begin{pmatrix} \boldsymbol{B} & \boldsymbol{N} \end{pmatrix} \begin{pmatrix} \boldsymbol{x}_B \\ \boldsymbol{x}_N \end{pmatrix} = B\boldsymbol{x}_B + N\boldsymbol{x}_N = \boldsymbol{b} \tag{2.56}$$

로 변경할 수 있다. 마찬가지로 목적 함수는

$$z = \boldsymbol{c}^\top \boldsymbol{x} = \begin{pmatrix} \boldsymbol{c}_B^\top & \boldsymbol{c}_N^\top \end{pmatrix}^\top \begin{pmatrix} \boldsymbol{x}_B \\ \boldsymbol{x}_N \end{pmatrix} = \boldsymbol{c}_B^\top \boldsymbol{x}_B + \boldsymbol{c}_N^\top \boldsymbol{x}_N \tag{2.57}$$

으로 변경할 수 있다. 정칙 행렬(가역 행렬)이라면 제약조건 양변의 왼쪽에서 $\boldsymbol{B}^{-1}$을 곱하면,

$$\boldsymbol{x}_B = \boldsymbol{B}^{-1}\boldsymbol{b} - \boldsymbol{B}^{-1}\boldsymbol{N}\boldsymbol{x}_N \tag{2.58}$$

을 얻을 수 있다. 또한 식 (2.58)을 식 (2.57)에 대입하면

$$\begin{aligned} z &= \boldsymbol{c}_B^\top(\boldsymbol{B}^{-1}\boldsymbol{b} - \boldsymbol{B}^{-1}\boldsymbol{N}\boldsymbol{x}_N) + \boldsymbol{c}_N^\top \boldsymbol{x}_N \\ & \boldsymbol{c}_B^\top \boldsymbol{B}^{-1}\boldsymbol{b} + (\boldsymbol{c}_N^\top - \boldsymbol{c}_B^\top \boldsymbol{B}^{-1}\boldsymbol{N})\boldsymbol{x}_N \end{aligned} \tag{2.59}$$

으로 변형할 수 있다. 이상에서 기저 설루션 $(\boldsymbol{x}_B, \boldsymbol{x}_N)$에 대응하는 사전은

$$\begin{aligned} z &= \boldsymbol{c}_B^\top \boldsymbol{B}^{-1}\boldsymbol{b} + (\boldsymbol{c}_N - \boldsymbol{N}^\top(\boldsymbol{B}^{-1})^\top \boldsymbol{c}_B)^\top \boldsymbol{x}_N, \\ \boldsymbol{x}_B &= \boldsymbol{B}^{-1}\boldsymbol{b} - \boldsymbol{B}^{-1}\boldsymbol{N}\boldsymbol{x}_N \end{aligned} \tag{2.60}$$

으로 나타낼 수 있다. $\boldsymbol{x}_N = \boldsymbol{0}$으로 고정하면, $\boldsymbol{x}_B = \boldsymbol{B}^{-1}\boldsymbol{b}$를 얻을 수 있다.[21] 특히, $\boldsymbol{B}^{-1}\boldsymbol{b} \geq \boldsymbol{0}$이면, $(\boldsymbol{x}_B, \boldsymbol{x}_N) = (\boldsymbol{B}^{-1}\boldsymbol{b}, \boldsymbol{0})$이 실행 가능 기저 설루션이 된다.

실행 가능 기저 설루션 $(\boldsymbol{x}_B, \boldsymbol{x}_N) = (\boldsymbol{B}^{-1}\boldsymbol{b}, \boldsymbol{0})$이 최적 설루션인지를 확인하기 위해서는 목적 함수 z에 대해 비기저 변수 벡터 $\boldsymbol{x}_N$의 계수를 확인하면 된다. $\bar{b} = \boldsymbol{B}^{-1}\boldsymbol{b}$, $\bar{\boldsymbol{c}}_N = \boldsymbol{c}_N - \boldsymbol{N}^\top(\boldsymbol{B}^{-1})^\top \boldsymbol{c}_B$, $\overline{\boldsymbol{N}} = \boldsymbol{B}^{-1}\boldsymbol{N}$ 을 도입하면, 사전은

$$\begin{aligned} z &= \boldsymbol{c}_B^\top \bar{\boldsymbol{b}} + \bar{\boldsymbol{c}}_N^\top \boldsymbol{x}_N, \\ \boldsymbol{x}_B &= \bar{\boldsymbol{b}} - \overline{\boldsymbol{N}}\boldsymbol{x}_N \end{aligned} \tag{2.61}$$

으로 나타낼 수 있다. $\bar{\boldsymbol{c}}_N$ 을 **감소 비용**reduced cost[22]이라 한다. 감소 비용 $\bar{c}_j$ 는 대응하는 비기저 변수 x_j의 값을 1 증가시켰을 때 목적 함수 z의 값의 개선양을 나타낸다. $\bar{\boldsymbol{c}}_N \leq \boldsymbol{0}$이면, 비기저 변수 $x_j (j \in N)$의 감소 비용 $\bar{c}_j$ 는 모두 0 이하이므로, 그 변수들의 값을 증가시켜도 목적 함수 z의 값은 개선되지 않는다. 따라서 실행 가능 기저 설루션 $(\boldsymbol{x}_B, \boldsymbol{x}_N) = (\bar{\boldsymbol{b}}, \boldsymbol{0})$은 최적 설루션임을 알 수 있다. 역으로 $\bar{c}_k > 0$이 되는 비기저 변수 x_k가 존재한다면, 그 변숫값을 증가시켜 목적 함수 z의 값을 개선할 수 있다. 여기에서 다른 비기저 변숫값을 0으로 유지한 채 x_k의 값을 증가시킨다. $\bar{\boldsymbol{a}}_k \in \mathbb{R}^m$ 을 비기저 변수 x_k에 대응하는 $\overline{\boldsymbol{N}}$ 의 열을 취하면, 목적 함수와 기저 변수의 값은

21 역행렬 $\boldsymbol{B}^{-1}$의 계산은 1차 연립방정식 $\boldsymbol{B}\boldsymbol{x}_B = \boldsymbol{b}$를 푸는 절차에 해당한다.

22 상대 비용relative cost 이라고도 한다.

$$z = \boldsymbol{c}_B^\top \bar{\boldsymbol{b}} + \bar{c}_k \theta,$$
$$\boldsymbol{x}_B = \bar{\boldsymbol{b}} - \theta \bar{\boldsymbol{a}}_k \tag{2.62}$$

가 된다. $\boldsymbol{x}_B \geq \boldsymbol{0}$을 만족해야 하므로, 비기저 변수 x_k의 값은

$$\theta = \min\left\{ \frac{\bar{b}_i}{\bar{a}_{ik}} \;\middle|\; \bar{a}_{ik} > 0,\ i \in B \right\} \tag{2.63}$$

까지만 증가할 수 있음을 알 수 있다. $x_k = \theta$로 하면 동시에 $\frac{\bar{b}_i}{\bar{a}_{ik}} = \theta$ 를 만족하는 기저 변수 x_i의 값은 0이 되어, 기저 변수 x_i와 비기저 변수 x_k가 치환된다. 그리고 $\bar{\boldsymbol{a}}_k \leq 0$이면 $\boldsymbol{x}_B \geq \boldsymbol{0}$을 만족하게 되어 비기저 변수 x_k의 값을 한없이 증가할 수 있으므로 유한한 최적 설루션이 존재하지 않는다. 다시 말해 한계가 없음을 알 수 있다.

단체법의 절차를 다음과 같이 정리했다.

알고리즘 2.1 | 단체법

단계 1: 초기 실행 가능 기저 설루션 $(\boldsymbol{x}_B,\ \boldsymbol{x}_N) = (\boldsymbol{B}^{-1}\boldsymbol{b},\ \boldsymbol{0})$ 을 구한다. $\bar{\boldsymbol{b}} = \boldsymbol{B}^{-1}\boldsymbol{b}$ 로 한다.

단계 2: 감소 비용 $\bar{\boldsymbol{c}}_N = \boldsymbol{c}_N - \boldsymbol{N}^\top(\boldsymbol{B}^{-1})^\top \boldsymbol{c}_B$ 를 계산한다.

단계 3: $\bar{\boldsymbol{c}}_N \leq \boldsymbol{0}$ 이면 최적 설루션을 얻었으므로 종료한다. 그렇지 않으면 $\bar{c}_k > 0$ 이 되는 비기저 변수 x_k를 하나 선택한다.

단계 4: $\bar{\boldsymbol{a}}_k$ 를 계산한다. $\bar{\boldsymbol{a}}_k \leq 0$이면 한계가 없는 것이므로 종료한다. 그렇지 않으면 식 (2.63)을 이용해 θ를 계산한다.

단계 5: $x_k = \theta,\ \boldsymbol{x}_B = \bar{\boldsymbol{b}} - \theta \bar{\boldsymbol{a}}_k$ 로 한다. $\frac{\bar{b}_i}{\bar{a}_{ik}} = \theta$ 를 만족하는 기저 변수 x_i를 비기저 변수 x_k와 치환해 사전을 업데이트하고, [단계 2]로 돌아간다.

[그림 2.13]에 표시한 것처럼 단체법 실행에 필요한 사전의 정보는 $\bar{\boldsymbol{b}} = \boldsymbol{B}^{-1}\boldsymbol{b}, \bar{\boldsymbol{c}}_N = \boldsymbol{c}_N - \boldsymbol{N}^\top(\boldsymbol{B}^{-1})^\top \boldsymbol{c}_B$ 와 $\bar{c}_k > 0$를 만족하는 비기저 변수 x_k에 대응하는 열 $\bar{\boldsymbol{a}}_k$뿐이며 사전 전체를 계산할 필요가 없다. 그래서 먼저 $\boldsymbol{y} = (\boldsymbol{B}^{-1})^\top \boldsymbol{c}_B$ 를 계산한 뒤, $\bar{\boldsymbol{c}}_N = \boldsymbol{c}_N - \boldsymbol{N}^\top \boldsymbol{y}$를 계산한다.[23] 이렇게 계산을 효율화한 단체법을 **개정 단체법** revised simplex method 이라 한다. 개정 단체법은 사전 전

23 $\bar{\boldsymbol{N}} = \boldsymbol{B}^{-1}\boldsymbol{N}$ 을 계산할 필요가 없음에 주의한다.

체를 업데이트하지 않으므로, 계산에 의한 수치 오차가 사전 전체에 영향을 미치기 어렵고, 변수의 수 n이 제약조건의 수 m에 비해 큰 문제에서는 1회 반복에 필요한 계산 복잡도가 적다는 장점을 갖는다.

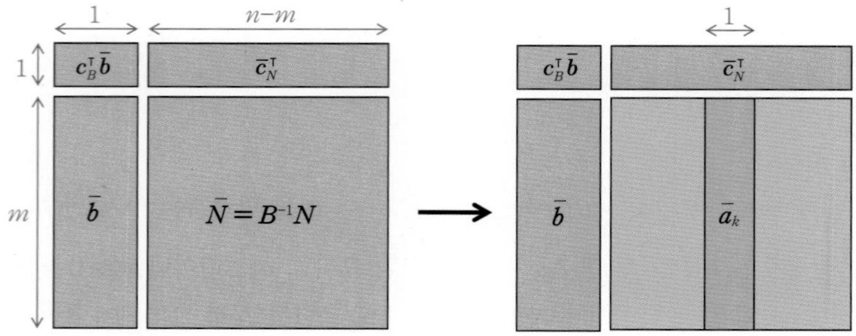

그림 2.13 단체법 실행에 필요한 사전의 정보

2.2.5 퇴화와 순회

앞 절에서 단체법은 감소 비용 $\bar{c}_k > 0$이 되는 비기저 변수 x_k와 $\frac{\bar{b}_i}{\bar{a}_{ik}} = \theta$ 가 되는 기저 변수 x_i를 치환할 수 있다고 설명했다. 그러나 이 조건에서는 치환한 기저 변수와 비기저 변수의 조합이 한 가지로 정해지지는 않으며, 이 조합을 선택하기 위한 몇 가지 규칙이 제공되고 있다. 지금까지의 예에서는 감소 비용 $\bar{c}_k$의 값, 즉, 변숫값을 1 단위 증가했을 때의 목적 함수 z의 개선양이 최대가 되는 비기저 변수 x_k를 항상 선택한다. 이 규칙을 **최대 계수 규칙**[largest coefficient rule]이라 한다.

실제 최대 계수 규칙을 이용하면 단체법이 무한 루프에 빠져 최적 설루션에 이르지 못하는 경우가 있다. 그 예로 다음 선형 계획 문제를 생각해보자.

$$
\begin{array}{lll}
\text{최대화} & 3x_1 + 2x_2 & \\
\text{조건} & x_1 \geq 0, & \rightarrow ① \\
& x_2 \geq 0, & \rightarrow ② \\
& 2x_1 + x_2 \leq 6, & \rightarrow ③ \\
& x_1 + x_2 \leq 3. & \rightarrow ④
\end{array}
\tag{2.64}
$$

여유 변수 x_3, x_4를 도입해 제약조건을 등식으로 변형하면

$$\begin{aligned}
&\textbf{최대화} \quad 3x_1 + 2x_2 \\
&\textbf{조건} \quad x_1 \ge 0, && \to ① \\
&\quad x_2 \ge 0, && \to ② \\
&\quad 2x_1 + x_2 + x_3 = 6, && \to ③ \\
&\quad x_1 + x_2 + x_4 = 3, && \to ④ \\
&\quad x_3,\ x_4 \ge 0
\end{aligned} \tag{2.65}$$

이 된다. 이 문제의 실행 가능 영역을 [그림 2.14]에 표시했다.

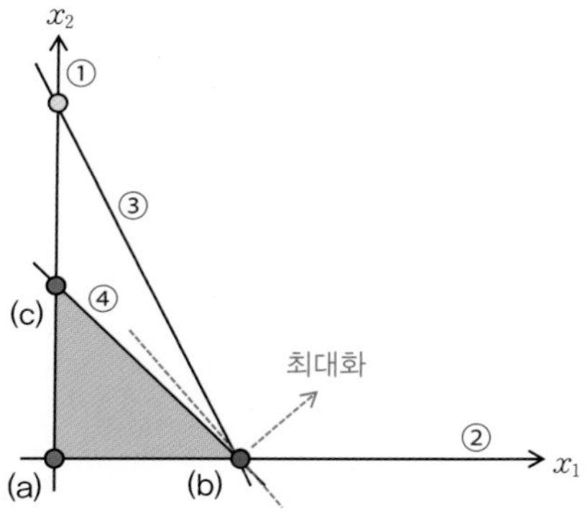

그림 2.14 선형 계획 문제 예

[그림 2.14]에 표시한 것처럼 꼭짓점 (b)에서 세 개의 직선 ②, ③, ④가 교차하고 있다. 그렇기 때문에 꼭짓점 (b)에 다음 세 개의 실행 가능 기저 설루션이 존재하고, 실행 가능 영역의 꼭짓점과 실행 가능 기저 설루션이 일대일로 대응하지 않음을 알 수 있다.

$$\begin{aligned}
&\boldsymbol{x} = (3, 0, 0, 0)^{\top}, \quad \textbf{기저 변수} \ \{x_1,\ x_2\}, \quad \textbf{비기저 변수} \ \{x_3,\ x_4\}, \\
&\boldsymbol{x} = (3, 0, 0, 0)^{\top}, \quad \textbf{기저 변수} \ \{x_1,\ x_4\}, \quad \textbf{비기저 변수} \ \{x_2,\ x_3\}, \\
&\boldsymbol{x} = (3, 0, 0, 0)^{\top}, \quad \textbf{기저 변수} \ \{x_1,\ x_3\}, \quad \textbf{비기저 변수} \ \{x_2,\ x_4\}.
\end{aligned}$$

또한 이 실행 가능 기저 설루션에서는 값이 0이 되는 기저 변수가 존재한다. 이런 기저 설루션을 **퇴화** degenerate [24] 하고 있다고 부른다.

이 문제에 단체법을 적용해보자. 목적 함숫값을 의미하는 변수 z를 도입해서 사전을 만들면

$$\begin{aligned} z &= 3x_1 + 2x_2, \\ x_3 &= 6 - 2x_1 - x_2, \\ x_4 &= 3 - x_1 - x_2 \end{aligned} \tag{2.66}$$

가 되며, $x_1 = x_2 = 0$으로 고정하면 $x_3 = 6, x_4 = 3$, 목적 함숫값 $z = 0$을 얻을 수 있다. [그림 2.14]에서 이 실행 가능 기저 설루션은 ①, ②가 교차하는 왼쪽 아래 끝의 꼭짓점 (a)에 대응한다.

목적 함수 z에서 변수 x_1, x_2의 관계는 모두 플러스이므로 두 변수의 값을 증가시키면 목적 함수 z의 값을 개선할 수 있다. 최대 계수 규칙에 따라 $x_2 = 0$을 유지하면서 x_1의 값을 증가시키면 목적 함수와 기저 변수의 값은

$$\begin{aligned} z &= 3x_1, \\ x_3 &= 6 - 2x_1, \\ x_4 &= 3 - x_1 \end{aligned} \tag{2.67}$$

이 된다. 변수 x_3, x_4의 비부 조건을 만족해야 하므로 변수 x_1의 값은 3까지만 증가시킬 수 있다. $x_1 = 3$이면 동시에 $x_3 = x_4 = 0$이 된다. 이때 $z = 9$가 되어 [그림 2.15]에 표시한 것처럼 꼭짓점 (a)에서 인접하는 꼭짓점 (b)로 이동할 수 있다.

24 축퇴라고도 한다.

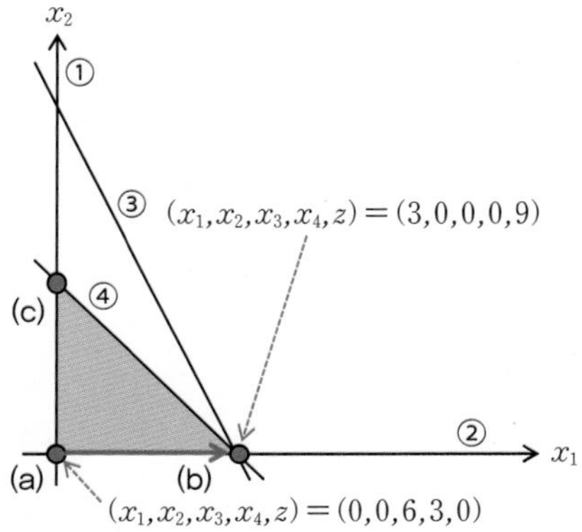

그림 2.15 단체법의 절차

기저 함수 x_3, x_4의 값은 모두 0이 되므로 어느 쪽을 비기저 변수 x_1과 치환해도 문제없다. 기저 변수 x_3과 비기저 변수 x_1을 치환하면 다음 사전을 얻을 수 있다.

$$\begin{aligned} z &= 9 + \frac{1}{2}x_2 - \frac{3}{2}x_3, \\ x_1 &= 3 - \frac{1}{2}x_2 - \frac{1}{2}x_3, \\ x_4 &= 0 - \frac{1}{2}x_2 + \frac{1}{2}x_3. \end{aligned} \tag{2.68}$$

목적 함수 z에 대해 변수 x_2의 관계는 플러스이므로, 변수 x_2의 값을 증가시키면 목적 함수 z의 값을 개선할 수 있게 된다. 여기에서 $x_3 = 0$을 유지하면서 x_2의 값을 증가시키면 목적 함수와 비기저 변수의 값은

$$\begin{aligned} z &= 9 + \frac{1}{2}x_2, \\ x_1 &= 3 - \frac{1}{2}x_2, \\ x_4 &= 0 - \frac{1}{2}x_2 \end{aligned} \tag{2.69}$$

가 된다. 그런데 변수 x_1, x_4의 비부 조건을 만족해야 하므로 변수 x_2의 값은 0 이상이 될 수 없

음을 알 수 있다. 기저 변수 x_4와 비기저 변수 x_2를 치환하면 다음 사전을 얻을 수 있다.

$$\begin{aligned} z &= 9 - x_3 - x_4, \\ x_1 &= 3 - x_3 + x_4, \\ x_2 &= 0 + x_3 - 2x_4. \end{aligned} \tag{2.70}$$

하지만 [그림 2.15]에 표시한 것처럼 꼭짓점 (b)에 머무르며 인접하는 꼭짓점으로 이동하지 않음을 확인할 수 있다.

일반적으로 단체법의 어떤 반복에서 $\frac{\bar{b}}{\bar{a}_{ik}} = \theta$를 만족하는 기저 변수 x_i가 여럿 존재할 때가 있다. 그 때는 새로운 실행 가능 기저 설루션에서는 값이 0이 되는 기저 변수가 나타난다. 즉, 퇴화한 실행 가능 기저 설루션이 된다. 업데이트된 사전에서는 $\bar{b}_i = 0$이 되는 생이 나타나며 $\theta = 0$이 될 가능성이 생긴다. 만약 $\theta = 0$이 되면 기저 변수와 비기저 변수를 치환해도 실제로는 변수의 값이 변하지 않고, 목적 함숫값 또한 개선되지 않는다.

퇴화가 나타나면 실행 가능 영역의 같은 꼭짓점에 머문 채로 기저 변수와 비기저 변수의 치환을 반복한 뒤, 동일한 실행 가능 기저 설루션(동일한 기저 변수와 비기저 변수의 조합)으로 돌아가는 **순회**cycling라고 불리는 현상이 나타날 때가 있다. 순회가 발생하면 단체법은 무한 루프에 갇히며, 종료 조건을 만족하는 사전에 도달하지 못하게 된다. 한편 퇴화가 발생하지 않으면, 기저 변수와 비기저 변수를 치환할 때마다 실행 가능 영역의 인접한 꼭짓점으로 이동하고, 목적 함숫값이 개선되므로 유한한 반복 횟수로 종료 조건을 만족하는 사전에 도달할 수 있다.

최대 계수 규칙에서는 순회를 일으켜 단체법이 종료하지 않는 몇 가지 예가 알려져 있다. 순회를 피하기 위한 규칙도 몇 가지 제안되어 있으며, 감소 비용 $\bar{c}_k \geq 0$을 만족하는 기저 변수 x_k가 복수 존재하는 경우에는 첨자 k가 최소가 되는 비기저 변수 x_k를 선택하고, $\frac{\bar{b}_i}{\bar{a}_{ik}} = \theta$ 를 만족하는 기저 변수 x_i가 복수 존재하는 경우에는 첨자 i가 최소가 되는 기저 변수 x_i를 선택하는 규칙이 널리 알려져 있다. 이 규칙을 **최소 첨자 규칙**smallest subscript rule 또는 **블랜드의 규칙**Bland's rule이라 한다.[25]

25 최소 첨자 규칙은 반드시 종료 조건을 만족하는 사전에 도달할 수 있지만, 퇴화가 발생하지 않는 사전에서는 최대 계수 규칙보다 많은 반복 수를 필요로 하는 경우가 많음이 경험적으로 알려져 있다. 그래서 퇴화가 발생한 사전에서만 최소 첨자 규칙을 적용하고, 그 이외의 사전에서는 그 외의 규칙들을 적용해야 한다.

많은 문제 사례에서는 단체법은 모든 실행 가능 기저 설루션을 조사하지 않고, 종료 조건을 만족하는 사전에 도달한다. 하지만 단체법이 모든 실행 가능 기저 설루션을 조사해버리게 되는 다음 선형 계획 문제가 알려져 있다.

$$\begin{aligned} \text{최대화} \quad & \sum_{j=1}^{n} 10^{n-j} x_j \\ \text{조건} \quad & 2\sum_{j=1}^{i-1} 10^{i-j} x_j + x_i \le 100^{i-1}, \quad i = 1, \dots, n, \\ & x_j \ge 0, \qquad\qquad\qquad\qquad j = 1, \dots, n. \end{aligned} \tag{2.71}$$

이 문제의 실행 가능 영역은 n차원 공간의 초입방체를 교묘하게 뒤튼 볼록 다면체로 2^n개의 꼭짓점을 가진다. 클리[Klee]와 민티[Minty]는 원점에서 단체법을 시작하면 최적 설루션을 얻을 때까지 볼록 다면체의 모든 꼭짓점을 도는 2^n-1번의 반복이 필요하다는 것을 밝혔다.

2.2.6 2단계 단체법

2.2.3절에서 보인 예에서는 실행 가능 기저 설루션을 간단하게 구할 수 있었다. 그러나 일반적으로 실행 가능 기저 설루션을 찾아내는 것은 간단하지 않을 뿐만 아니라 애초에 실행 가능 설루션을 가지지 않은 문제가 주어지는 경우도 있다. 예로 다음 선형 계획 문제를 생각해보자.

$$\begin{aligned} \text{최대화} \quad & x_1 + 2x_2 \\ \text{조건} \quad & x_1 \ge 0, & \to ① \\ & x_2 \ge 0, & \to ② \\ & x_1 + x_2 \le 6, & \to ③ \\ & x_1 + 3x_2 \le 12, & \to ④ \\ & -3x_1 - 2x_2 \le -6. & \to ⑤ \end{aligned} \tag{2.72}$$

이 문제의 실행 가능 영역을 [그림 2.16]에 표시했다.

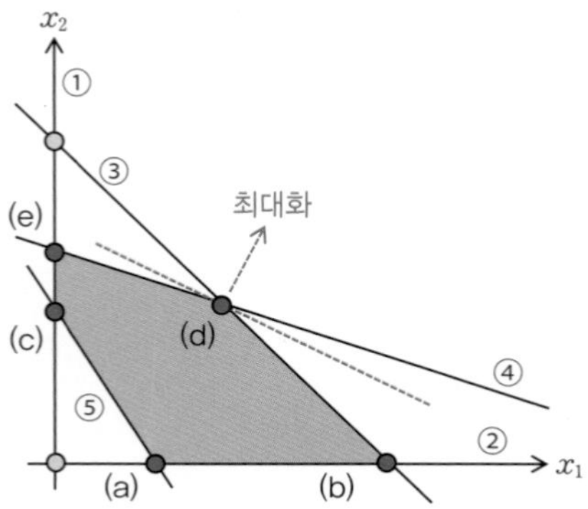

그림 2.16 운송 계획 문제 사례

제약조건 우변의 일부 상수가 마이너스이므로, 2.2.3항과 같이 여유 변수 x_3, x_4, x_5와 목적 함숫값을 의미하는 변수 z를 도입해 사전을 만들면

$$\begin{aligned} z &= x_1 + 2x_2, \\ x_3 &= 6 - x_1 - x_2, \\ x_4 &= 12 - x_1 - 3x_2, \\ x_5 &= -6 + 3x_1 + 2x_2 \end{aligned} \tag{2.73}$$

가 되어 실행 가능 기저 설루션을 얻을 수 없다. 그래서 주어진 문제를 풀기 전에 실행 가능 기저 설루션을 하나 구하는 **보조 문제**auxiliary problem을 만든다. 변수 x_0를 새롭게 도입해서

$$\begin{aligned} \textbf{최소화} \quad & x_0 \\ \textbf{조건} \quad & x_1 + x_2 - x_0 \le 6, \\ & x_1 + 3x_2 - x_0 \le 12, \\ & -3x_1 - 2x_2 - x_0 \le -6, \\ & x_0,\ x_1,\ x_2 \ge 0 \end{aligned} \tag{2.74}$$

을 정의한다. 변수 x_0은 제약조건의 최대 위반량을 의미하며 이를 **인공 변수**artificial variable라 한다. 이 보조 문제의 최적 설루션이 $0(x_0 = 0)$이면 원래 문제에 실행 가능한 해가 존재하며, 최적값이 양수$(x_0 > 0)$이면 원래 함수에 실행 가능 설루션이 존재하지 않음을 알 수 있다. 여유

변수 x_3, x_4, x_5와 목적 함숫값을 나타내는 변수 w를 도입하면 실행 가능하지 않은 사전을 얻을 수 있다.

$$\begin{aligned} w &= x_0, \\ x_3 &= 6 - x_1 - x_2 + x_0, \\ x_4 &= 12 - x_1 - 3x_2 + x_0, \\ x_5 &= -6 + 3x_1 + 2x_2 + x_0. \end{aligned} \tag{2.75}$$

하지만 제약조건의 위반량이 최대가 되는 기저 변수 x_5와 비기저 변수 x_0을 치환함으로써 실행 가능한 사전으로 업데이트할 수 있다.

$$\begin{aligned} w &= 6 - 3x_1 - 2x_2 + x_5, \\ x_3 &= 12 - 4x_1 - 3x_2 + x_5, \\ x_4 &= 18 - 4x_1 - 5x_2 + x_5, \\ x_0 &= 6 - 3x_1 - 2x_2 + x_5 \end{aligned} \tag{2.76}$$

목적 함수 w에서 변수 x_1, x_2의 관계는 모두 마이너스이므로 양쪽 변숫값을 증가시키면 목적 함수 w의 값을 개선할 수 있다.[26] 최대 계수 규칙에 따라 $x_2 = 0, x_5 = 0$을 유지한 채 x_1의 값을 증가시키면 변수 x_1은 2까지만 증가시킬 수 있다. $x_1 = 2$이면 동시에 $x_0 = 0$이 되며 최저 변수 x_0과 비기저 변수 x_1을 치환하면 다음 사전을 얻을 수 있다.

$$\begin{aligned} w &= x_0, \\ x_3 &= 4 + \frac{4}{3}x_0 - \frac{1}{3}x_2 - \frac{1}{3}x_5, \\ x_4 &= 10 + \frac{4}{3}x_0 - \frac{7}{3}x_2 - \frac{1}{3}x_5, \\ x_1 &= 2 - \frac{1}{3}x_0 - \frac{2}{3}x_2 + \frac{1}{3}x_5. \end{aligned} \tag{2.77}$$

26 보조 문제에서는 목적 함수 w를 최소화하는 것에 주의한다.

이때 목적 함수 w의 최댓값은 $0(x_0 = 0)$이 되어 원래 문제의 실행 가능 기저 설루션 $(x_1, x_2) = (2, 0)$을 얻을 수 있다. [그림 2.17]에 표시한 것처럼 원점으로부터 꼭짓점 (a)로 이동할 수 있다.

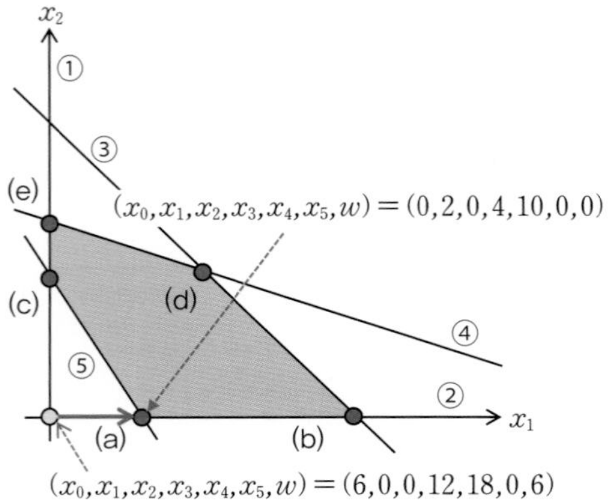

그림 2.17 단체법 절차

이 사전의 변수 x_0항을 소거하고, 목적 함수 w를 원래 문제의 목적 함수 z로 치환하면 원래 문제의 실행 가능한 사전을 얻을 수 있다. 여기에서 목적 함수 $z = x_1 + 2x_2$는 사전의 네 번째 행을 x_1에 대입하면,

$$\begin{aligned} z &= (2 - \frac{2}{3}x_2 + \frac{1}{3}x_5) + 2x_2 \\ &= 2 + \frac{4}{3}x_2 + \frac{1}{3}x_5 \end{aligned} \tag{2.78}$$

가 되어 비기저 변수 x_2, x_5 만으로 나타낼 수 있다.

$$
\begin{aligned}
z &= 2 + \frac{4}{3}x_2 + \frac{1}{3}x_5, \\
x_3 &= 4 - \frac{1}{3}x_2 - \frac{1}{3}x_5, \\
x_4 &= 10 - \frac{7}{3}x_2 - \frac{1}{3}x_5, \\
x_1 &= 2 - \frac{2}{3}x_2 + \frac{1}{3}x_5.
\end{aligned} \tag{2.79}
$$

이 사전에 계속해서 단체법을 적용하면 원래 문제에 대한 최적 설루션을 얻을 수 있다.

이와 같이 1단계에서 실행 가능 설루션 하나를 구하는 보조 문제를 만들어 풀고, 원래 문제의 실행 가능 기저 설루션이 요구되면 2단계에서 그것을 초기 설루션 삼아 원래 문제를 푸는데, 그렇지 않으면 실행 불능이라고 판단하여 종료하는 알고리즘을 **2단계 단체법** two-phase simplex method 이라 한다.

일반적인 표준형의 선형 계획 문제

$$
\begin{aligned}
\text{최대화} \quad & \sum_{j=1}^{n} c_j x_j \\
\text{조건} \quad & \sum_{j=1}^{n} a_{ij} x_j \le b_i, \quad i = 1, \ldots, m, \\
& x_j \ge 0, \qquad\quad j = 1, \ldots, n.
\end{aligned} \tag{2.80}
$$

이 주어졌을 때, 여유 변수와 목적 함숫값을 나타내는 변수를 도입해서 사전을 만들면

$$
\begin{aligned}
z &= \sum_{j=1}^{n} c_j x_j \\
x_{n+i} &= b_i - \sum_{j=1}^{n} a_{ij} x_j, \quad i = 1, \ldots, m
\end{aligned} \tag{2.81}
$$

이 된다. 이 사전이 실행 가능이 되기 위한 필요충분조건은 제약조건 우변의 정의 b_i의 모두가 음수가 되지 않는 것이다. 즉, 원점 $\boldsymbol{x} = 0$이 실행 가능 기저 설루션인 것과 등가가 된다.

우변의 상수 b_i가 음이 되는 제약조건이 존재하는 문제에서는 원점은 실행 가능 기서 설루션이 아니므로, 실행 가능 기저 설루션을 하나 구하는 보조 문제를 만든다.

$$\begin{aligned} &\textbf{최소화} \quad x_0 \\ &\textbf{조건} \quad \sum_{j=1}^{n} a_{ij}x_j - x_0 \le b_i, \quad i = 1, \dots, m, \\ &\qquad\quad x_j \ge 0, \qquad\qquad\quad j = 0, \dots, n. \end{aligned} \tag{2.82}$$

여유 변수 $x_{n+1}, \dots, x_{n+m}$과 목적 함숫값을 나타내는 변수 w를 도입해서 사전을 만들면

$$\begin{aligned} w &= x_0 \\ x_{n+i} &= b_i - \sum_{j=1}^{n} a_{ij}x_j + x_0, \quad i = 1, \dots, m \end{aligned} \tag{2.83}$$

이 된다. 우변의 상수 b_i의 최솟값을 $b_k(<0)$로 한다. 대응하는 기저 변수 x_{n+k}와 비기저 변수 x_0로 치환해서 사전을 업데이트하면

$$\begin{aligned} w &= -b_k + \sum_{j=1}^{n} a_{kj}x_j + x_{n+k}, \\ x_0 &= -b_k + \sum_{j=1}^{n} a_{kj}x_j + x_{n+k}, \\ x_{n+i} &= (b_i - b_k) - \sum_{j=1}^{n} (a_{ij} - a_{kj})x_j + x_{n+k}, \quad i \ne k \end{aligned} \tag{2.84}$$

가 된다. 이때 $x_0 = -b_k > 0$, $x_{n+k} = 0$이 된다. 이대 기저 변수도 $x_{n+i} = b_i - b_k \ge 0$이 되어 실행 가능한 사전을 얻을 수 있다.

2.3 완화 문제와 쌍대 정리

수학적 최적화의 주요한 목적은 최적화 문제의 최적 설루션을 구하는 것이지만 실제로는 최적 설루션을 구하는 데 어려운 문제도 적지 않다. 그런 문제에서는 최적값의 **상한**upper bound과 **하한**lower bound을 구하는 것이 중요한 과제가 된다. 또한 최적 설루션을 구하는 것이 가능한 문제라 하더라도 얻어진 실행 가능 설루션이 최적인지 아닌지를 확인해야 한다. 이럴 때 최대화 문제에서는 얻어진 실행 가능 설루션의 목적 함숫값이 상한과 일치하면 그것이 최적 설루션임을 알 수 있다.

[그림 2.18]에 표시한 것처럼 최대화 문제에서는 실행 가능 설루션을 한 개 구하면, 그 목적 함숫값은 최적값 이하이므로 하한을 구할 수 있다.[27] 하지만 목적 함숫값이 최적값보다 큰 실행 가능 설루션은 존재하지 않으므로 상한을 구하기 위해서는 노력이 필요하다. 여기에서는 선형 계획 문제를 예로 최적값의 좋은 상한을 구하는 방법에 관해 설명한다.

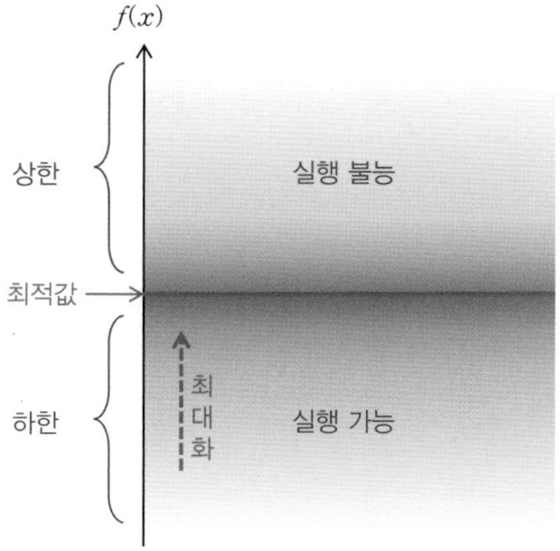

그림 2.18 최적화 문제의 상한과 하한

27 물론 실행 가능 설루션을 한 개 구하는 것이 어려운 최적화 문제도 있으므로 하한을 구하는 것이 간단하다고는 단정할 수 없다.

2.3.1 쌍대 문제

먼저 다음 선형 계획 문제를 생각해보자.

$$
\begin{aligned}
\text{최대화} \quad & 20x_1 + 10x_2 \\
\text{조건} \quad & x_1 + x_2 \le 6, \quad \rightarrow ① \\
& 3x_1 + x_2 \le 12, \quad \rightarrow ② \\
& x_1 + 2x_2 \le 10, \quad \rightarrow ③ \\
& x_1,\ x_2 \ge 0.
\end{aligned}
\tag{2.85}
$$

이 문제를 푸는 것보다 먼저 목적 함수의 최적값 z^*을 얻는 범위를 구하는 것을 생각해본다. 예를 들어 $(x_1, x_2) = (3, 3)$과 같이 실행 가능 설루션이 하나 주어지면, 그 목적 함숫값은 최적값 이하이므로 $z^* \ge 90$과 같이 하한을 구할 수 있다. 그럼 최적값 z^*의 상한을 구하려면 어떻게 하는 것이 좋을까? 예를 들어 제약조건 ②, ③을 각각 6배, 2배해서 더하면

$$
\begin{array}{rl}
 & 6 \times (3x_1 + x_2 \le 12) \\
+ \big) & 2 \times (x_1 + 2x_2 \le 10) \\
\hline
 & 20x_1 + 10x_2 \le 92
\end{array}
\tag{2.86}
$$

와 같이 새로운 부등식을 얻을 수 있다. 최적 설루션 (x_1^*, x_2^*)는 이 부등식을 만족하므로 $z^* = 20x_1^* + 10x_2^* \le 92$로 최적값의 상한을 구할 수 있다. 다음으로 제약조건 ①, ②를 함께 5배해서 더하면

$$
\begin{array}{rl}
 & 5 \times (x_1 + x_2 \le 6) \\
+ \big) & 5 \times (3x_1 + x_2 \le 12) \\
\hline
 & 20x_1 + 10x_2 \le 90
\end{array}
\tag{2.87}
$$

과 같이 다른 부등식을 얻을 수 있다. 최적 설루션 (x_1^*, x_2^*)는 이 부등식도 만족하므로 $z^* = 20x_1^* + 10x_2^* \le 90$으로 최적값의 보다 나은 상한을 구할 수 있다. 이때 최적값의 하한과 상한값이 일치하므로 최적값이 $z^* = 90$으로, 앞에서 주어진 실행 가능 설루션 $(x_1, x_2) = (3, 3)$이 최적 설루션임을 알 수 있다.

위 예에서는 낙하산적으로 최적값의 상한을 구했으므로, 이 선형 계획 문제의 최적값의 좋은 상한을 구하는 일반적인 절치를 생각해보자. 제약조건 ①, ②, ③을 각각 y_1배, y_2배, y_3배해서 더하면

$$(y_1 + 3y_2 + y_3)x_1 + (y_1 + y_2 + 2y_3)x_2 \le 6y_1 + 12y_2 + 10y_3 \tag{2.88}$$

과 같이 새로운 부등식을 얻을 수 있다. 이때 y_1, y_2, y_3은 모두 음수가 아닌 값이어야 한다(그렇지 않으면 부등식이 성립하지 않는다). 최적 설루션에서는 x_1^*, x_2^*는 음의 값이 아니므로 좌변의 x_1, x_2의 계수가 각각 $y_1 + 3y_2 + y_3 \ge 20, y_1 + y_2 + 2y_3 \ge 10$을 만족하면

$$\begin{aligned} 20x_1^* + 10x_2^* &\le (y_1 + 3y_2 + y_3)x_1^* + (y_1 + y_2 + 2y_3)x_2^* \\ &\le 6y_1 + 12y_2 + 10y_3 \end{aligned} \tag{2.89}$$

에서 최적값 z^*의 상한을 얻을 수 있다. 이들을 종합하면 최적값 z^*의 좋은 상한을 만드는 계수 y_1, y_2, y_3을 구하는 문제는 다음 선형 계획 문제로 정식화할 수 있다.

$$\begin{aligned} \textbf{최소화} \quad & 6y_1 + 12y_2 + 10y_3 \\ \textbf{조건} \quad & y_1 + 3y_2 + y_3 \ge 20, \\ & y_1 + y_2 + 2y_3 \ge 10, \\ & y_1,\ y_2,\ y_3 \ge 0. \end{aligned} \tag{2.90}$$

이처럼 어떤 최적화 문제의 최적값의 좋은 상한[28]을 구하는 문제를 **쌍대 문제**dual problem라고 부르며, 원래 문제를 **주 문제**primal problem라 한다.

일반적인 표준형 선형 계획 문제의 최적값의 좋은 상한을 구하는 절차를 살펴보자.

$$\begin{aligned} \textbf{최대화} \quad & \sum_{j=1}^{n} c_j x_j \\ \textbf{조건} \quad & \sum_{j=1}^{n} a_{ij} x_j \le b_i, \quad i = 1, \ldots, m, \\ & x_j \ge 0, \qquad\qquad j = 1, \ldots, n. \end{aligned} \tag{2.28}$$

28 최대화 문제의 경우라면 상한, 최소화 문제의 경우라면 하한이다.

먼저 각 제약조건에 음이 아닌 계수 y_i를 곱해서 더하면

$$\sum_{i=1}^{m}\left(\sum_{j=1}^{n}a_{ij}x_j\right)\le\sum_{i=1}^{m}y_ib_i \tag{2.91}$$

와 같이 새로운 부등식을 얻을 수 있다. 좌변을 x_j에 대해 모으면 식을 다음과 같이 변형할 수 있다.

$$\sum_{j=1}^{n}x_j\left(\sum_{i=1}^{m}a_{ij}y_j\right)\le\sum_{i=1}^{m}y_ib_i. \tag{2.92}$$

최적 설루션을 포함하는 임의의 실행 가능 설루션은 $x_j\ge 0$ $(j=1,\ldots,n)$을 만족하므로, 좌변의 x_j의 계수가 $\Sigma_{i=1}^{m}a_{ij}y_i\ge c_j$을 만족하면

$$\sum_{j=1}^{n}c_jx_j\le\sum_{j=1}^{n}x_j\left(\sum_{i=1}^{m}a_{ij}y_i\right)\le\sum_{i=1}^{m}y_ib_i \tag{2.93}$$

에서 상한을 구할 수 있다. 이를 종합하면 최적값의 좋은 상한을 구하는 쌍대 문제는 다음 성형 계획 문제로 정식화할 수 있다.

$$\begin{array}{lll}\textbf{최소화} & \displaystyle\sum_{i=1}^{m}b_iy_i & \\ \textbf{조건} & \displaystyle\sum_{i=1}^{m}a_{ij}y_i\ge c_j, & j=1,\ldots,n, \\ & y_i\ge 0, & i=1,\ldots,m.\end{array} \tag{2.94}$$

또한 같은 절차로 쌍대 문제의 최적값이 좋은 하한을 구하는 문제(즉, 쌍대 문제의 쌍대 문제)를 구하면 원래 문제를 얻을 수 있다.

이제까지의 예에서는 주 문제와 쌍대 문제는 대칭인 형태를 가졌지만, 일반적으로 주 문제와 쌍대 문제가 그런 관계에 있는 것이 아니다. 다음으로 변수에 비부 조건이 없는 선형 계획 문제를 살펴보자.

$$\begin{aligned} \text{최대화} \quad & \sum_{j=1}^{n} c_j x_j \\ \text{조건} \quad & \sum_{j=1}^{n} a_{ij} x_j \le b_i, \quad i = 1, \ldots, m. \end{aligned} \tag{2.95}$$

각 제약조건에 음이 아닌 계수 y_i를 곱해서 더한 뒤, 좌변을 x_j에 대해 모으면 다음 부등식을 얻을 수 있다.

$$\sum_{j=1}^{n} x_j \left(\sum_{i=1}^{m} a_{ij} y_i \right) \le \sum_{i=1}^{m} y_i b_i \tag{2.96}$$

이때 좌변의 x_j의 계수가 $\Sigma_{i=1}^{m} a_{ij} y_i \ge c_j$를 만족해도, x_j가 음의 값을 가지면

$$\sum_{j=1}^{n} x_j \left(\sum_{i=1}^{m} a_{ij} y_i \right) \ge \sum_{j=1}^{n} c_j x_j \tag{2.97}$$

가 성립하지 않는다. 여기에서 이 조건을 $\Sigma_{i=1}^{m} a_{ij} y_i = c_j$로 변경하면

$$\sum_{j=1}^{n} c_j x_j = \sum_{j=1}^{n} \left(\sum_{i=1}^{m} a_{ij} y_i \right) \le \sum_{i=1}^{m} y_i b_i \tag{2.98}$$

에서 상한을 구할 수 있다. 이를 종합하면 최적 설루션의 좋은 상한을 구하는 쌍대 문제는 다음 선형 계획 문제로 정식화할 수 있다.

$$\begin{aligned} \text{최소화} \quad & \sum_{i=1}^{m} b_i y_i \\ \text{조건} \quad & \sum_{i=1}^{m} a_{ij} y_i = c_j, \quad j = 1, \ldots, n, \\ & y_i \ge 0, \qquad\qquad i = 1, \ldots, m. \end{aligned} \tag{2.99}$$

이처럼 변수에 비부 조건이 없는 선형 계획 문제에서는 쌍대 문제의 제약조건은 등식이 된다.

마지막으로 등식 제약으로 이루어진 선형 계획 문제를 살펴보자.

$$\begin{aligned} \text{최대화} \quad & \sum_{j=1}^{n} c_j x_j \\ \text{조건} \quad & \sum_{j=1}^{n} a_{ij} x_j = b_i, \quad i = 1, \ldots, m, \\ & x_j \geq 0, \qquad\quad j = 1, \ldots, n. \end{aligned} \tag{2.100}$$

각 제약조건에 계수 y_i를 곱해서 더한 뒤, 좌변을 x_j에 대해 모으면 다음 등식을 얻을 수 있다.

$$\sum_{j=1}^{n} x_j \left(\sum_{i=1}^{m} a_{ij} y_i \right) = \sum_{i=1}^{m} y_i b_i. \tag{2.101}$$

여기에서 제약조건은 등식이므로 계수 y_i는 음의 값을 가져도 문제없다. 실행 가능 설루션에는 x_k는 음이 아닌 값을 가지므로 좌변의 x_j의 관계가 $\Sigma_{i=1}^{m} a_{ij} y_i \geq c_j$를 만족하면

$$\sum_{j=1}^{n} c_j x_j \leq \sum_{j=1}^{n} x_j \left(\sum_{i=1}^{m} a_{ij} y_i \right) = \sum_{i=1}^{m} y_i b_i \tag{2.102}$$

에서 상한을 구할 수 있다. 이를 종합하면 최적값의 좋은 상한을 구하는 쌍대 문제는 다음 선형 계획 문제로 정식화할 수 있다.

$$\begin{aligned} \text{최소화} \quad & \sum_{i=1}^{m} b_i y_y \\ \text{조건} \quad & \sum_{i=1}^{m} a_{ij} y_i \geq c_j, \quad j = 1, \ldots, n. \end{aligned} \tag{2.103}$$

이처럼 등식 제약으로 이루어진 선형 계획 문제에서는 쌍대 문제의 변수에 비부 조건이 없다.

2.3.2 완화 문제

앞 절에서는 제약조건의 1차 결합을 이용해 선형 계획 문제의 최적값이 좋은 상한을 구했다. 한편 비선형 계획 문제를 포함하는 보다 넓은 범위의 최적화 문제에서는 완화 문제를 이용해 최적값이 좋은 상한을 구하는 것이 많다. 여기에서는 라그랑주 완화 문제를 이용해 선형 계획 문제의 쌍대 문제를 도출하는 절차를 설명한다.

일반적인 형태의 최적화 문제를 생각해보자.

$$\begin{array}{ll} \text{최대화} & f(\boldsymbol{x}) \\ \text{조건} & \boldsymbol{x} \in S. \end{array} \tag{2.104}$$

이 문제의 최적 설루션을 $\boldsymbol{x}^*$라고 한다. 이 최적화 문제에 대한 **완화 문제**relaxation problem는 다음과 같이 정의된다.

$$\begin{array}{ll} \text{최대화} & \bar{f}(\boldsymbol{x}) \\ \text{조건} & \boldsymbol{x} \in \bar{S} \end{array} \tag{2.105}$$

단, $\bar{f}(\boldsymbol{x}) \geq f(\boldsymbol{x}) (\boldsymbol{x} \in S)$, $\bar{S} \supseteq S$ 를 만족한다(그림 2.19). 완화 문제의 최적 설루션을 $\bar{\boldsymbol{x}}$ 라고 하면, $f(\boldsymbol{x}^*) \leq \bar{f}(\boldsymbol{x}^*) \leq \bar{f}(\bar{\boldsymbol{x}})$ 에 따라 $f(\boldsymbol{x}^*) \leq \bar{f}(\bar{\boldsymbol{x}})$ 가 성립하며, 완화 문제를 풀면 원래 최적화 문제의 최적값의 상한을 구할 수 있다. 그리고 $\bar{\boldsymbol{x}} \in S$와 $\bar{f}(\bar{\boldsymbol{x}}) = f(\bar{\boldsymbol{x}})$ 이면 $\bar{\boldsymbol{x}}$ 는 원래 최적화 문제의 최적 설루션이다.

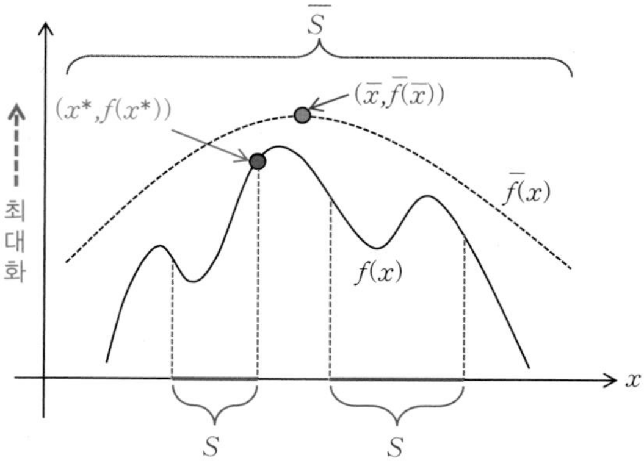

그림 2.19 완화 문제의 개념

원래 문제의 최적 설루션을 구하는 것이 어렵더라도 제약조건이나 목적 함수를 치환해 최적 설루션을 구하기 쉬운 문제로 변형할 수 있는 것이 완화 문제의 큰 장점이다. 예를 들어 원래 최적화 문제의 실행 가능 영역 S가 볼록하지 않은 집합이면 $\bar{S} \supseteq S$를 만족하는 볼록 집합 $\bar{S}$ 에, 목적 함수 $f(\boldsymbol{x})$가 볼록하지 않는 함수이면 $\bar{f}(\boldsymbol{x}) \geq f(\boldsymbol{x}) (\boldsymbol{x} \in S)$ 를 만족하는 볼록 함수 $\bar{f}(\boldsymbol{x})$로 치환해 최적 설루션을 구하기 용이한 완화 문제로 변형할 수 있다.

라그랑주 완화 문제 Lagrangian relaxation problem은 일부 제약조건을 제거한 상태에서 그 제약조건들의 위반 양에 계수[29]를 곱해서 목적 함수에 포함시켜 얻을 수 있다. 앞 절에서의 예를 다시 한번 살펴보자.

$$
\begin{array}{lll}
\text{최대화} & 20x_1 + 10x_2 & \\
\text{조건} & x_1 + x_2 \leq 6, & \rightarrow ① \\
& 3x_1 + x_2 \leq 12, & \rightarrow ② \\
& x_1 + 2x_2 \leq 10, & \rightarrow ③ \\
& x_1,\ x_2 \geq 0. &
\end{array} \tag{2.85}
$$

제약조건 ①, ②, ③을 제거한 상태에서 그 제약조건들의 위반 양에 각각 음이 아닌 계수 y_1, y_2, y_3을 곱해 목적 함수에 포함시키면 다음 라그랑주 완화 문제를 얻을 수 있다.

$$
\begin{array}{ll}
\text{최대화} & \bar{z}(\boldsymbol{x}) = 20x_1 + 10x_2 - y_1(x_1 + x_2 - 6) - y_2(3x_1 + x_2 - 12) \\
& \qquad - y_3(x_1 + 2x_2 - 10) \\
\text{조건} & x_1,\ x_2 \geq 0.
\end{array} \tag{2.106}
$$

선형 계획 문제의 실행 가능 설루션 $\boldsymbol{x} = (x_1, x_2)^\top$은 $x_1 + x_2 - 6 \leq 0, 3x_1 + x_2 - 12 \leq 0, x_1 + 2x_2 - 10 \leq 0$으로부터 $\bar{z}(\boldsymbol{x}) \geq z(\boldsymbol{x})$를 만족하므로, 이 문제는 선형 계획 문제의 완화 문제가 되는 것을 확인할 수 있다.

이때 제약조건의 계수 y_1, y_2, y_3의 값을 적절하게 조정하면, 선형 계획 문제의 최적값이 좋은 상한을 얻을 수 있다. 목적 함수 $\bar{z}(\boldsymbol{x})$ 를 x_j에 대해 모으면 다음과 같이 변형할 수 있다.

---

29 라그랑주 제곱수 Lagrangian multiplier 라고도 한다.

$$\bar{z}(\boldsymbol{x}) = (20 - y_1 - 3y_2 - y_3)x_1 + (10 - y_1 - y_2 - 2y_3)x_2 + 6y_1 + 12y_2 + 10y_3. \quad (2.107)$$

계수 y_1, y_2, y_3이 $20 - y_1 - 3y_2 - y_3 > 0$ 또는 $10 - y_1 - y_2 - 2y_3 > 0$을 만족하면 x_1, x_2의 값을 증가시켜 목적 함수 $\bar{z}(\boldsymbol{x})$의 값을 끝없이 증가시킬 수 있으므로, 선형 계획 문제의 최적값이 유한한 상한을 얻을 수 없다. 반대로 계수 y_1, y_2, y_3이 $20 - y_1 - 3y_2 - y_3 \le 0$, $10 - y_1 - y_2 - 2y_3 \le 0$을 만족하면 $x_1 = x_2 = 0$이 라그랑주 완화 문제의 최적 설루션이 되며 최적값 $6y_1 + 12y_2 + 10y_3$을 얻을 수 있다. 이를 종합해볼 때 선형 계획 문제에서 최적값의 좋은 상한을 만드는 계수 y_1, y_2, y_3을 구하는 쌍대 문제는 다음 선형 계획 문제로 정식화할 수 있다.

$$\begin{array}{ll} \textbf{최소화} & 6y_1 + 12y_2 + 10y_3 \\ \textbf{조건} & 20 - y_1 - 3y_2 - y_3 \le 0, \\ & 10 - y_1 - y_2 - 2y_3 \le 0, \\ & y_1,\ y_2,\ y_3 \ge 0. \end{array} \quad (2.108)$$

라그랑주 완화 문제를 이용해 일반적인 표준형의 선형 계획에 대한 쌍대 문제를 구하는 절차를 살펴보자.

$$\begin{array}{lll} \textbf{최대화} & z(\boldsymbol{x}) = \sum_{j=1}^{n} c_j x_j & \\ \textbf{조건} & \sum_{j=1}^{n} a_{ij} x_j \le b_i, & i = 1, \ldots, m, \\ & x_j \ge 0, & j = 1, \ldots, n. \end{array} \quad (2.28)$$

각 제약조건에 대응하는 음이 아닌 계수 y_i를 도입하면 다음 라그랑주 완화 문제를 얻을 수 있다.

$$\begin{array}{ll} \textbf{최대화} & \bar{z}(\boldsymbol{x}) = \sum_{j=1}^{n} c_j x_j - \sum_{i=1}^{m} y_j \left(\sum_{j=1}^{n} a_{ij} x_j - b_i \right) \\ \textbf{조건} & x_j \ge 0,\ j = 1, \ldots, n. \end{array} \quad (2.109)$$

목적 함수 $\bar{z}(\boldsymbol{x})$를 x_j에 대해 모으면 식을 다음과 같이 변형할 수 있다.

$$\overline{z}(\boldsymbol{x}) = \sum_{j=1}^{n} x_j \left(c_j - \sum_{i=1}^{m} a_{ij} y_i \right) + \sum_{i=1}^{m} b_i y_i. \tag{2.110}$$

x_j는 음의 값을 갖지 않으므로 원래 선형 계획 문제의 최적값에 대한 유한한 상한을 얻기 위해서는 x_j의 계수가 $c_j - \Sigma_{i=1}^{m} a_{ij} y_i \leq 0$을 만족해야 한다. 이때 $\boldsymbol{x} = \mathbf{0}$이 라그랑주 완화 문제의 최적 설루션이 되어 최적값 $\Sigma_{i=1}^{m} b_j y_i$를 얻을 수 있다. 이를 종합하면 선형 계획 문제의 최적값의 좋은 상한을 얻을 수 있는 쌍대 문제는 다음 선형 계획 문제로 정식화할 수 있다.

$$\begin{aligned} \text{최소화} \quad & \sum_{i=1}^{m} b_i y_i \\ \text{조건} \quad & c_j - \sum_{i=1}^{m} a_{ij} y_i \leq 0, \quad j = 1, \ldots, n, \\ & y_i \geq 0, \qquad\qquad\quad i = 1, \ldots, m. \end{aligned} \tag{2.111}$$

이제 앞 절과 마찬가지로 변수에 비부 조건이 없는 선형 계획 문제를 생각할 수 있다.

$$\begin{aligned} \text{최대화} \quad & z(\boldsymbol{x}) = \sum_{j=1}^{n} c_j x_j \\ \text{조건} \quad & \sum_{j=1}^{n} a_{ij} x_j \leq b_i, \quad i = 1, \ldots, m. \end{aligned} \tag{2.95}$$

각 제약조건에 대응하는 음이 아닌 계수 y_i를 도입하면, 다음 라그랑주 완화 문제를 얻을 수 있다.

$$\text{최대화} \quad \overline{z}(\boldsymbol{x}) = \sum_{j=1}^{n} c_j x_j - \sum_{i=1}^{m} y_i \left(\sum_{j=1}^{n} a_{ij} x_j - b_i \right). \tag{2.112}$$

목적 함수를 x_j에 대해 모으면 다음과 같이 변형할 수 있다.

$$\overline{z}(\boldsymbol{x}) = \sum_{j=1}^{n} x_j \left(c_j - \sum_{i=1}^{m} a_{ij} y_i \right) + \sum_{i=1}^{m} b_i y_i. \tag{2.113}$$

x_j는 양음에 관계없이 모든 값을 가질 수 있으므로 원래 선형 계획 문제의 최적값에 대한 유한

한 상한을 얻기 위해서는 x_j의 계수가 $c_j - \Sigma_{i=1}^{m} a_{ij} y_i = 0$을 만족해야 한다. 이때 임의의 x가 라그랑주 완화 문제의 최적 설루션이 되어 최적값 $\Sigma_{i=1}^{m} b_i y_i$를 얻을 수 있다. 이를 종합하면, 선형 계획 문제의 최적값의 좋은 상한을 구하는 쌍대 문제는 다음 선형 계획 문제로 정식화할 수 있다.

$$\begin{aligned} &\text{최소화} \quad \sum_{i=1}^{m} b_i y_i \\ &\text{조건} \quad c_j - \sum_{i=1}^{m} a_{ij} y_i = 0, \quad j = 1, \ldots, n, \\ &\qquad\quad y_i \geq 0, \qquad\qquad\quad i = 1, \ldots, m. \end{aligned} \tag{2.114}$$

마지막으로 등식 제약으로 만들어지는 선형 계획 문제를 생각해보자.

$$\begin{aligned} &\text{최대화} \quad z(\boldsymbol{x}) = \sum_{j=1}^{n} c_j x_j \\ &\text{조건} \quad \sum_{j=1}^{n} a_{ij} x_j = b_i, \quad i = 1, \ldots, m, \\ &\qquad\quad x_j \geq 0, \qquad\quad j = 1, \ldots, n. \end{aligned} \tag{2.100}$$

등식 제약 $\Sigma_{j=1}^{n} a_{ij} x_j = b_i$를 두 개의 부등식 제약 $\Sigma_{j=1}^{n} a_{ij} x_j \leq b_i$, $\Sigma_{j=1}^{n} a_{ij} x_j \geq b_i$로 치환해 각 부등 제약에 대한 음이 아닌 계수 y_i^+, y_i^-를 도입하면 다음 라그랑주 완화 문제를 얻을 수 있다.

$$\begin{aligned} &\text{최대화} \quad \overline{x}(\boldsymbol{x}) = \sum_{j=1}^{n} c_j x_j - \sum_{i=1}^{m} y_i^+ \left(\sum_{j=1}^{n} a_{ij} x_j - b_i \right) - \sum_{i=1}^{m} y_i^- \left(b_i - \sum_{j=1}^{n} a_{ij} x_j \right) \\ &\text{조건} \quad x_j \geq 0, \ j = 1, \ldots, n. \end{aligned} \tag{2.115}$$

목적 함수를 x_j에 대해 모으면 다음과 같이 변형할 수 있다.

$$\overline{z}(\boldsymbol{x}) = \sum_{j=1}^{n} x_j \left\{ c_j - \sum_{i=1}^{m} a_{ij} (y_i^+ - y_i^-) \right\} + \sum_{i=1}^{m} b_i (y_i^+ - y_i^-). \tag{2.116}$$

여기에서 새로운 계수 y_i를 도입해 $y_i = y_i^+ - y_i^-$로 치환하면

$$\overline{z}(\boldsymbol{x}) = \sum_{j=1}^{n} x_j \left(c_j - \sum_{j=1}^{m} a_{ij} y_i \right) + \sum_{i=1}^{m} b_i y_i \tag{2.117}$$

로 변형할 수 있다. 이때 새로운 계수 y_i는 음의 값도 가질 수 있음에 주의한다. x_j는 음숫값을 가지므로 원래 선형 계획 문제의 최적값의 유한한 상한을 얻기 위해서는 x_j의 계수가 $c_j - \Sigma_{i=1}^{m} a_{ij} y_i \leq 0$을 만족해야 한다. 이때 $\boldsymbol{x} = \boldsymbol{0}$이 라그랑주 완화 문제의 최적 설루션이 되어 최적값 $\Sigma_{i=1}^{m} b_i y_i$를 얻을 수 있다. 이를 종합하면 선형 계획 문제의 최적값의 좋은 상한을 구하는 쌍대 문제는 다음 선형 계획 문제로 정식화할 수 있다.

$$\begin{array}{ll} \textbf{최소화} & \displaystyle\sum_{i=1}^{m} b_i y_i \\ \textbf{조건} & c_j - \displaystyle\sum_{i=1}^{m} a_{ij} y_i \leq 0, \quad j = 1, \ldots, n. \end{array} \tag{2.118}$$

2.3.3 쌍대 정리

지금까지 목적 함수를 최대화하는 선형 계획 문제의 최적값의 좋은 상한을 구하는 쌍대 문제는 목적 함수를 최소화하는 선형 계획 문제로 정식화할 수 있음을 보였다. 또한 쌍대 문제의 쌍대 문제는 원래 문제가 되는 것을 보였다. 여기에서는 선형 계획 문제에서의 주 문제 (P)와 쌍대 문제 (D)의 관계에 관해 살펴보기로 한다.[30]

최적값의 좋은 상한

$$\begin{array}{llll} (\mathrm{P}) \ \textbf{최대화} & \boldsymbol{c}^\top \boldsymbol{x} & \Rightarrow & (\mathrm{D}) \ \textbf{최소화} \ \ \boldsymbol{b}^\top \boldsymbol{y} \\ \quad\ \ \textbf{조건} & \boldsymbol{A}\boldsymbol{x} = \boldsymbol{b}, & \Leftarrow & \quad\ \ \textbf{조건} \ \ \boldsymbol{A}^\top \boldsymbol{y} \geq \boldsymbol{c}. \\ & \boldsymbol{x} \geq 0 & & \end{array} \tag{2.119}$$

최적값의 좋은 하한

30 여기에서는 주 문제 (P)와 등식 제약으로 이루어지는 선형 계획 문제로 한다.

여기에서 $\boldsymbol{A} \in \mathbb{R}^{m \times n}, \boldsymbol{b} \in \mathbb{R}^m, \boldsymbol{c} \in \mathbb{R}^n, \boldsymbol{x} \in \mathbb{R}^n, \boldsymbol{y} \in \mathbb{R}^m$으로 한다. 단, $n > m$ 및 $\boldsymbol{A}$의 모든 행 벡터가 1차 독립이라고 가정한다. 주 문제 (P)와 쌍대 문제 (D) 사이에는 다음 **약쌍대 정리**weak duality theorem이 성립한다.

정리 2.1 약쌍대 정리

$\boldsymbol{x}$와 $\boldsymbol{y}$가 각각 주 문제 (P)와 쌍대 문제 (D)의 실행 가능 설루션이면

$$\boldsymbol{c}^\top \boldsymbol{x} \leq \boldsymbol{b}^\top \boldsymbol{y} \tag{2.120}$$

가 성립한다.

증명 주 문제 (P)와 쌍대 문제(D)의 제약조건으로부터

$$\boldsymbol{c}^\top \boldsymbol{x} \leq (\boldsymbol{A}^\top \boldsymbol{y})^\top \boldsymbol{x} = \boldsymbol{y}^\top (\boldsymbol{A}\boldsymbol{x}) = \boldsymbol{y}^\top \boldsymbol{b} \tag{2.121}$$

가 성립한다. □

따름정리 2.1

주 문제(P)와 쌍대 문제 (D)중 어느 한 쪽이 한계가 없다면 다른 쪽은 실행 불가능하다.

증명 귀류법을 이용한다. 주 문제 (P)가 한계가 없을 때, 쌍대 문제 (D)에 실행 가능 설루션 $\boldsymbol{y}$가 존재한다고 가정한다. [정리 2.1]에 따라 주 문제 (P)의 임의의 실행 가능 설루션 $\boldsymbol{x}$에 대해

$$\boldsymbol{c}^\top \boldsymbol{x} \leq \boldsymbol{b}^\top \boldsymbol{y} \tag{2.122}$$

가 성립한다. 이것은 주 문제 (P)가 한계를 가지고 있음에 반하므로 쌍대 문제 (D)에 실행 가능 설루션은 존재하지 않는다. 쌍대 문제 (D)에 한계가 없는 경우에도 동일하다. □

선형 계획 문제에서는 주 문제 (P)와 쌍대 문제 (D) 사이에 다음 **강쌍대 정리**strong duality theorem 가 성립한다.[31]

정리 2.2 강쌍대 정리

주 문제 (P)에 최적 설루션 $\boldsymbol{x}^*$가 존재하면, 쌍대 문제 (D)에도 최적 설루션 $\boldsymbol{y}^*$가 존재하며

$$\boldsymbol{c}^\top \boldsymbol{x}^* = \boldsymbol{b}^\top \boldsymbol{y}^* \tag{2.123}$$

가 성립한다.

증명 주 문제 (P)에 단체법을 적용해서 얻어진 최적 기저 설루션을 $\boldsymbol{x}^* = (\boldsymbol{x}_B^*, \boldsymbol{x}_N^*)$라고 한다. 2.2.4절의 논의에 따라 최적값은 다음과 같이 나타낼 수 있다.

$$\boldsymbol{c}^\top \boldsymbol{x}^* = \boldsymbol{c}_B^\top \boldsymbol{B}^{-1}\boldsymbol{b} + (\boldsymbol{c}_N - \boldsymbol{N}^\top (\boldsymbol{B}^{-1})^\top \boldsymbol{c}_B)^\top \boldsymbol{x}_N^*. \tag{2.124}$$

$\boldsymbol{x}^*$는 최적 기저 설루션이므로 $\boldsymbol{c}_N - \boldsymbol{N}^\top (\boldsymbol{B}^{-1})^\top \boldsymbol{c}_B \leq \boldsymbol{0}$이 성립한다.[32] 여기에서 $\boldsymbol{y} = (\boldsymbol{B}^{-1})^\top \boldsymbol{c}_B$라고 하면, $\boldsymbol{c} - \boldsymbol{A}^\top \boldsymbol{y} \leq \boldsymbol{0}$을 만족하므로 $\boldsymbol{y}$는 쌍대 문제 (D)의 실행 가능 설루션이다. 또한

$$\boldsymbol{b}^\top \boldsymbol{y} = \boldsymbol{b}^\top (\boldsymbol{B}^{-1})^\top \boldsymbol{c}_B = (\boldsymbol{B}^{-1}\boldsymbol{b})^\top \boldsymbol{c}_B = (\boldsymbol{x}_B^*)^\top \boldsymbol{c}_B = \boldsymbol{c}^\top \boldsymbol{x}^* \tag{2.125}$$

가 성립한다. 즉, $\boldsymbol{y}$는 쌍대 문제 (D)의 최적 설루션이다. □

이 정리는 주 문제 (P)와 쌍대 문제 (D)가 실질적으로 등가임을 나타낸다. 한편, 단체법의 반복 횟수는 제약조건의 수에 비례하고, 변수의 수에는 비교적 둔감한 경우가 많으므로 제약조건의 수가 변수의 수보다 많은 문제에서는 그 쌍대 문제를 풀면 최적 설루션을 보다 효율적으로 구할 수 있다.

마지막으로 주 문제 (P)의 실행 가능 설루션 $\boldsymbol{x}$과 쌍대 문제 (D)의 실행 가능 설루션 $\boldsymbol{y}$가 동시에 최적 설루션이기 위한 필요충분조건을 의미하는 **상보성 정리**complementarity theorem 를 설명한다.

31 '쌍대 문제 (D)에 최적 설루션 $\boldsymbol{y}^*$가 존재한다면, 주 문제 (P)에도 최적 설루션 $\boldsymbol{x}^*$가 존재하고, $\boldsymbol{b}^\top \boldsymbol{y}^* = \boldsymbol{c}^\top \boldsymbol{x}^*$가 성립한다'고도 쓸 수 있다.

32 $\boldsymbol{c}_B - \boldsymbol{B}^\top (\boldsymbol{B}^{-1})^\top \boldsymbol{c}_B = 0$이 되는 것에 주의한다.

정리 2.3 상보성 정리

주 문제 (P)의 실행 가능 설루션 $\boldsymbol{x}$와 쌍대 문제 (D)의 실행 가능 설루션 $\boldsymbol{y}$가 동시에 최적 설루션이기 위한 필요충분조건은

$$x_j\left(\sum_{i=1}^{m}a_{ij}y_i - c_j\right)=0,\quad j=1,\ \dots,\ n \tag{2.126}$$

이 성립하는 것이다.

증명 $\boldsymbol{x}^*, \boldsymbol{y}^*$가 각각 주 문제 (P)와 쌍대 문제 (D)의 최적 설루션이라면 [정리 2.2]에 따라

$$\boldsymbol{c}^{\top}\boldsymbol{x}^* = \boldsymbol{b}^{\top}\boldsymbol{y}^* \tag{2.127}$$

가 성립한다. 그리고 $\boldsymbol{x}^*$는 주 문제 (P)의 실행 가능 설루션이므로 $\boldsymbol{A}\boldsymbol{x}^*=\boldsymbol{b}$가 성립한다. 이를 위 식에 대입하면,

$$\boldsymbol{c}^{\top}\boldsymbol{x}^* = (\boldsymbol{A}\boldsymbol{x}^*)^{\top}\boldsymbol{y}^* \tag{2.128}$$

를 얻을 수 있다. 이 식을 정리하면

$$(\boldsymbol{x}^*)^{\top}(\boldsymbol{A}^{\top}\boldsymbol{y}^* - \boldsymbol{c}) = 0 \tag{2.129}$$

이 된다. 여기에서 $\boldsymbol{x}^* \geq \boldsymbol{0}, \boldsymbol{A}^{\top}\boldsymbol{y}^* \geq \boldsymbol{c}$이므로 위 식은

$$x_j^*\left(\sum_{i=1}^{m}a_{ij}y_i^* - c_j\right)=0,\quad j=1,\ \dots,\ n \tag{2.130}$$

과 동치이다. 역으로 조건 (2.126)이 성립한다면 여기에서 식 (2.127)을 얻을 수 있다.[33] □

33 주 문제가 실행 가능 설루션 $\boldsymbol{x}=\boldsymbol{0}$을 가진 경우는, 제약조건 $\boldsymbol{A}\boldsymbol{x}=\boldsymbol{b}$로부터 $\boldsymbol{b}=\boldsymbol{0}$이 된다. 쌍대 문제가 실행 가능 설루션 $\boldsymbol{y}^*$를 가지면, [정리 2.1]로부터 $\boldsymbol{c}^{\top}\boldsymbol{x}^* \leq \boldsymbol{b}^{\top}\boldsymbol{y} = 0$이 성립한다. $\boldsymbol{x}=\boldsymbol{0}$에서 주 문제의 최적 설루션임을 알 수 있다.

조건 (2.126)을 **상보성 조건**complementarity condition이라 한다. 여기에서 주 문제의 제약조건이 부등식 제약 $\boldsymbol{Ax} \le \boldsymbol{b}$인 경우에는 조건 (2.126)과

$$y_i\left(b_i - \sum_{j=1}^{n} a_{ij}x_j\right) = 0, \quad i = 1, \ldots, m \tag{2.131}$$

을 합쳐서 상보성 조건이라고 하고, 조건 (2.126)을 주 상보성 조건, 조건 (2,131)을 쌍대 상보성 조건이라 한다.[34]

일반적으로 선형 계획 문제는 다음 세 가지 경우로 나눌 수 있다. (1) 최적 설루션이 존재한다, (2) 한계가 없다, (3) 실행 가능하다. [정리 2.2]로부터 주 문제 (P)에 최적 설루션이 존재하면, 쌍대 문제 (D)에도 최적 설루션이 존재한다. [따름정리 2.1]로부터 주 문제 (P)와 쌍대 문제 (D) 중 어느 한 쪽이 한계가 없으면 다른 쪽은 실행 불가능하다. 또한 주 문제 (P)와 쌍대 문제 (D)가 동시에 실행 불가능하게 되는 다음과 같은 예도 존재한다.

$$\begin{array}{llll} \text{(P) 최대화} & 2x_1 - x_2 & \text{(D) 최소화} & y_1 - 2y_2 \\ \text{조건} & x_1 - x_2 \le 1, & \text{조건} & y_1 - y_2 \ge 2, \\ & -x_1 + x_2 \le -2, & & -y_1 + y_2 \ge -1, \\ & x_1,\ x_2 \ge 0. & & y_1,\ y_2 \ge 0. \end{array} \tag{2.132}$$

위 내용을 [표 2.1]에 정리했다.

표 2.1 주 문제와 쌍대 문제의 관계

		쌍대 문제		
		최적 설루션이 존재	한계가 없음	실행 불능
주 문제	최적 설루션이 존재	V	–	–
	한계가 없음	–	–	V
	실행 불능	–	V	V

34 주 문제의 제약조건이 등식 제약 $\boldsymbol{Ax} = \boldsymbol{b}$인 경우는 쌍대 상보성 조건을 이미 만족한 것임에 주의한다.

2.3.4 감도 분석

앞 절에서는 쌍대 문제를 제약조건에 곱한 계수를 이용해 설명했지만, 쌍대 문제는 응용에서도 중요한 정보를 제공한다. 현실 문제에서는 입력 데이터의 정확한 수치나 조건을 사전에 파악할 수 있다고 단정할 수 없으므로, 입력 데이터의 변화에 따른 최적 설루션의 변화를 분석하는 것이 의사결정에서 중요하다. 이런 분석을 **감도 분석**sensitivity analysis[35]라 한다.

2.1절의 야채주스 제조에 필요한 야채의 구입량을 결정하는 영양 문제를 생각해보자. 여기에서는 등식 제약으로 만들어지는 다음 선형 계획 문제를 생각한다.

$$\begin{aligned} \text{최소화} \quad & \boldsymbol{c}^\top \boldsymbol{x} \\ \text{조건} \quad & \boldsymbol{A}\boldsymbol{x} = \boldsymbol{b}, \\ & \boldsymbol{x} \geq 0. \end{aligned} \tag{2.133}$$

여기에서, $\boldsymbol{A} \in \mathbb{R}^{m \times n}$, $\boldsymbol{b} \in \mathbb{R}^m$, $\boldsymbol{c} \in \mathbb{R}^n$, $\boldsymbol{x} \in \mathbb{R}^n$으로 한다. 단, $n > m$과 $\boldsymbol{A}$의 모든 행에서 벡터가 1차 연립인 것으로 가정한다. 이 문제에 단체법을 적용해서 얻어진 최적 기저 설루션을 $(\boldsymbol{x}_B^*, \boldsymbol{x}_N^*) = (\boldsymbol{B}^{-1}\boldsymbol{b}, \boldsymbol{0})$으로 한다. 2.2.4절의 논의에서 최적 기저 설루션 $(\boldsymbol{x}_B^*, \boldsymbol{x}_N^*)$은 실행 가능 설루션이기 위한 조건

$$\boldsymbol{B}^{-1}\boldsymbol{b} \geq 0 \tag{2.134}$$

과 더 나은 최적 설루션이기 위한 조건

$$\boldsymbol{c}_N - \boldsymbol{N}^\top (\boldsymbol{B}^{-1})^\top \boldsymbol{c}_B \geq 0 \tag{2.135}$$

을 만족한다.[36]

먼저 야채의 단위당 가격 $\boldsymbol{c}$를 $\boldsymbol{c} + \Delta\boldsymbol{c}$로 바꾼 문제를 생각해보자. 이때

$$(\boldsymbol{c}_N + \Delta\boldsymbol{c}_N) - \boldsymbol{N}^\top (\boldsymbol{B}^{-1})^\top (\boldsymbol{c}_B + \Delta\boldsymbol{c}_B) \geq 0 \tag{2.136}$$

---

35 사후 분석post optimality analysis 이라고도 한다.

36 여기에서는 목적 함수 최소화를 위해 부등호의 방향이 반대로 되어 있음에 주의한다.

이 성립한다면, 야채의 단위당 가격에 대한 $\boldsymbol{c}$를 $\boldsymbol{c} + \Delta\boldsymbol{c}$로 바꾼 문제의 최적 기저 설루션은 $(\boldsymbol{B}^{-1}\boldsymbol{b}, 0)$, 최적값의 변화량은 $\Delta\,\boldsymbol{c}_B\boldsymbol{B}^{-1}\boldsymbol{b}$가 된다.

다음으로 영양소의 필요량 $\boldsymbol{b}$를 $\boldsymbol{b} + \Delta\boldsymbol{b}$로 바꾼 문제를 생각해보자. 이때

$$\boldsymbol{B}^{-1}(\boldsymbol{b} + \Delta\boldsymbol{b}) \geq 0 \tag{2.137}$$

이 성립한다면, 영양소의 필요량을 $\boldsymbol{b} + \Delta\boldsymbol{b}$로 바꾼 문제의 최적 기저 설루션은 $(\boldsymbol{B}^{-1}(\boldsymbol{b} + \Delta\boldsymbol{b}), 0)$, 최적값의 변화량은 $\boldsymbol{c}_B{}^{\top}\boldsymbol{B}^{-1}\,\Delta\boldsymbol{b}$가 된다. [정리 2.2]의 설명에 따라 원래 문제의 쌍대 문제의 최적 설루션이 $\boldsymbol{y}^* = (\boldsymbol{B}^{-1})^{\top}\boldsymbol{c}_B$로 나타내는 것에 주의하면, 최적값의 변화량은 $(\boldsymbol{y}^*)^{\top}\Delta\boldsymbol{b}$로 바꿔 쓸 수 있다. 따라서 영양소 i의 필요량을 Δb_i만으로 변화시킨다면 원재료의 합계는 $y_i^*\Delta b_i$만으로 변화시킬 수 있음을 알 수 있다. 쌍대 문제의 최적 설루션 $\boldsymbol{y}^*$의 각 변수 y_i^*는, 영양소 i의 필요량을 1단위 변화시켰을 때의 원재료의 합계 변화량을 나타내므로 이를 **한계 가격** marginal price[37]이라 한다.

쌍대 문제의 최적 설루션 $\boldsymbol{y}^*$는 새로운 야채 k의 구입을 검토할 때도 도움이 된다. 새로운 야채 k의 단위량에 포함된 영양소 i의 양을 a_{ik}, 단위량당 가격을 c_k, 구입량을 x_k라 하자. 이때 영양 문제에 새로운 변수 x_k를 추가하는 것은 그 쌍대 문제에 새로운 제약조건

$$\sum_{i=1}^{m} a_{ik} y_i \leq c_k \tag{2.138}$$

를 추가하는 것에 대응한다. 만약 쌍대 문제의 최적 설루션 $\boldsymbol{y}^*$가 이 제약조건을 만족한다면 이것을 새로운 제약조건으로서 추가해도 쌍대 문제의 최적값은 변하지 않는다. [정리 2.2]에서 영양 문제에 새로운 변수 x_k를 추가해도 주 문제의 최적값은 변화하지 않음을 알 수 있다. 반대로 쌍대 문제의 최적 설루션 $\boldsymbol{y}^*$가 이 제약조건을 만족하지 않는다면, 이것을 새로운 제약조건으로 추가했을 때 쌍대 문제의 최적값은 감소한다(그림 2.20). [정리 2.2]에서 영양 문제에서 새로운 변수 x_k를 추가하면 주 문제의 최적값은 개선되는 것을 알 수 있다. 이는 야채 k를 새롭게 1단위만큼 구입함으로써 얻을 수 있는 한계 가격의 합계 $\Sigma_{i=1}^{m} a_{ik}\, y_i^*$와 이때 필요한 원재료 c_k를 비교하는 것으로 해석할 수 있다.

37 **잠재 가격** shadow price 혹은 **균등 가격** equilibrium price 이라고도 한다.

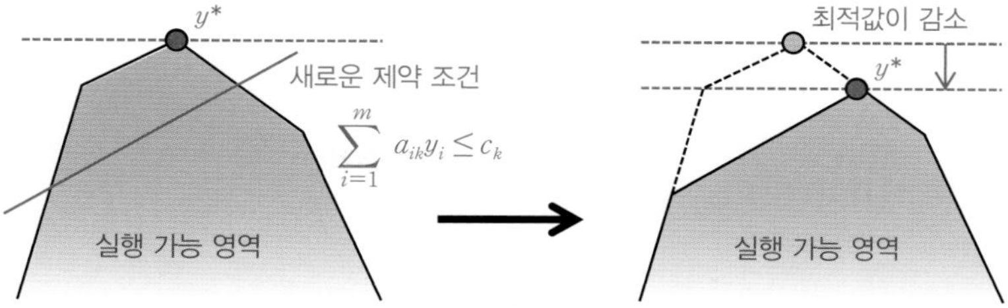

그림 2.20 새로운 제약조건의 추가에 따른 쌍대 문제의 최적 설루션의 변화

2.3.5 쌍대 단체법

성분 분석에서 변경 전 문제의 최적 기저 설루션으로부터 변경 후의 문제의 최적 기저 설루션을 즉시 얻을 수 없다 하더라도, 변경 전의 문제의 최적 설루션을 출발점으로 해서 변경 후의 문제의 최적 설루션을 효율적으로 구할 수 있는 경우가 많다. 이런 절차를 **재최적화**reoptimization 라 한다.

단체법에서는 목적 함수의 계수 $\boldsymbol{c}$가 변경되거나 새로운 변수가 추가되어도 변경 전 문제의 최적 기저 설루션 $(\boldsymbol{x}_B^*, \boldsymbol{x}_N^*)$은 여전히 실행 가능하므로, 사전을 업데이트한 뒤에 단체법을 계속 실행하면 변경 후 문제의 최적 기저 설루션을 구할 수 있다. 그러나 제약조건의 우변의 상수 $\boldsymbol{B}$가 변경되면 변경 전 문제의 최적 기저 설루션 $(\boldsymbol{x}_B^*, \boldsymbol{x}_N^*)$은 제약조건을 만족하지 못하는 경우가 있어 그대로 단체법을 계속해서 실행하기는 어렵다. 이러한 쌍대 문제의 사전을 살펴보자.

먼저 2.2.4절의 등식 제약으로 만들어진 선형 계획 문제 (2.53)을 보자.

$$\begin{array}{ll} \text{최대화} & \boldsymbol{c}^\top \boldsymbol{x} \\ \text{조건} & \boldsymbol{A}\boldsymbol{x} = \boldsymbol{b}, \\ & \boldsymbol{x} \ge 0. \end{array} \tag{2.53}$$

한 기저 설루션을 $(\boldsymbol{x}_B^*, \boldsymbol{x}_N^*)$이라고 하면 이 선형 계획 문제는

$$\begin{array}{ll} \text{최대화} & \boldsymbol{c}_B^\top \boldsymbol{x}_B + \boldsymbol{c}_N^\top \boldsymbol{x}_N \\ \text{조건} & \boldsymbol{B}\boldsymbol{x}_B + \boldsymbol{N}\boldsymbol{x}_N = \boldsymbol{b}, \\ & \boldsymbol{x}_B \ge 0, \\ & \boldsymbol{x}_N \ge 0 \end{array} \tag{2.139}$$

으로 변형할 수 있다. 목적 함숫값을 나타내는 변수 z_P를 도입하면, 2.2.4절에서 이 기저 설루션 $(\boldsymbol{x}_B, \boldsymbol{x}_N)$에 대응하는 사전은

$$\begin{aligned} z_P &= \boldsymbol{c}_B^\top \boldsymbol{B}^{-1}\boldsymbol{b} + (\boldsymbol{c}_N - \boldsymbol{N}^\top (\boldsymbol{B}^{-1})^\top \boldsymbol{c}_B)^\top \boldsymbol{x}_N, \\ \boldsymbol{x}_B &= \boldsymbol{B}^{-1}\boldsymbol{b} - \boldsymbol{B}^{-1}\boldsymbol{N}\boldsymbol{x}_N \end{aligned} \tag{2.140}$$

으로 나타낼 수 있다. $\bar{\boldsymbol{c}}_N = \boldsymbol{c}_N - \boldsymbol{N}^\top (\boldsymbol{B}^{-1})^\top \boldsymbol{c}_B$, $\bar{\boldsymbol{b}} = \boldsymbol{B}^{-1}\boldsymbol{b}$, $\overline{\boldsymbol{N}} = \boldsymbol{B}^{-1}\boldsymbol{N}$을 도입하면, 이 사전은

$$\begin{aligned} z_P &= \boldsymbol{c}_B^\top \bar{\boldsymbol{b}} + \bar{\boldsymbol{c}}_N^\top \boldsymbol{x}_N, \\ \boldsymbol{x}_B &= \bar{\boldsymbol{b}} - \overline{\boldsymbol{N}}\boldsymbol{x}_N \end{aligned} \tag{2.141}$$

으로 나타낼 수 있다.

한편, 이 선형 계획 문제의 쌍대 문제는

$$\begin{array}{ll} \text{최소화} & \boldsymbol{b}^\top \boldsymbol{y} \\ \text{조건} & \boldsymbol{A}^\top \boldsymbol{y} \geq \boldsymbol{c} \end{array} \tag{2.142}$$

이다. 여유 변수 $\boldsymbol{s}_B \in \mathbb{R}^m$, $\boldsymbol{s}_N \in \mathbb{R}^n$을 도입하면, 이 쌍대 문제는

$$\begin{array}{ll} \text{최대화} & -\boldsymbol{b}^\top \boldsymbol{y} \\ \text{조건} & \boldsymbol{B}^\top \boldsymbol{y} - \boldsymbol{s}_B = \boldsymbol{c}_B, \\ & \boldsymbol{N}^\top - \boldsymbol{s}_N = \boldsymbol{c}_N, \\ & \boldsymbol{s}_B \geq 0, \\ & \boldsymbol{s}_N \geq 0 \end{array} \tag{2.143}$$

으로 변형할 수 있다.[38] 목적 함숫값을 나타내는 변수 z_D를 도입하고, 이 쌍대 문제에서 변수 $\boldsymbol{y}$를 소거하면

38 여기에서는 목적 함수를 최대화하는 것에 주의한다.

$$z_D = -\boldsymbol{c}_B^\top \boldsymbol{B}^{-1}\boldsymbol{b} - (\boldsymbol{B}^{-1}\boldsymbol{b})^\top \boldsymbol{s}_B,$$
$$\boldsymbol{s}_N = -(\boldsymbol{c}_N - \boldsymbol{N}^\top (\boldsymbol{B}^{-1})^\top \boldsymbol{c}_B) + \boldsymbol{N}^\top (\boldsymbol{B}^{-1})^\top \boldsymbol{s}_B \tag{2.144}$$

로 기저 설루션 $(\boldsymbol{s}_N, \boldsymbol{s}_B)$에 대응하는 사전을 얻을 수 있다.[39] $\bar{\boldsymbol{c}}_N$, $\bar{\boldsymbol{b}}$, $\overline{\boldsymbol{N}}$ 을 도입하면 이 사전은

$$z_D = -\boldsymbol{c}_B^\top \bar{\boldsymbol{b}} - \bar{\boldsymbol{b}}^\top \boldsymbol{s}_B,$$
$$\boldsymbol{s}_N = -\bar{\boldsymbol{c}}_N + \overline{\boldsymbol{N}}^\top \boldsymbol{s}_B \tag{2.145}$$

로 나타낼 수 있다. 주 문제의 최적 기저 설루션 $(\boldsymbol{x}_B^*, \boldsymbol{x}_N^*)$에 대응하는 사전에서는 $\boldsymbol{x}_B^* = \bar{\boldsymbol{b}} \geq \boldsymbol{0}$, $\bar{\boldsymbol{c}}_N \leq \boldsymbol{0}$이 성립하므로, 여기에서 쌍대 문제의 최적 기저 설루션 $(\boldsymbol{s}_N^*, \boldsymbol{s}_B^*) = (-\bar{\boldsymbol{c}}_N, \boldsymbol{0})$을 구할 수 있다. 여기에서, 주 문제의 사전 (2.141)과 쌍대 문제의 사전 (2.145)는 각각

$$\begin{pmatrix} z_P \\ \boldsymbol{x}_B \end{pmatrix} = \begin{pmatrix} \boldsymbol{c}_B^\top \bar{\boldsymbol{b}} & \bar{\boldsymbol{c}}_N^\top \\ \bar{\boldsymbol{b}} & -\overline{\boldsymbol{N}} \end{pmatrix} \begin{pmatrix} 1 \\ \boldsymbol{x}_N \end{pmatrix}, \tag{2.146}$$

$$\begin{pmatrix} z_D \\ \boldsymbol{s}_N \end{pmatrix} = -\begin{pmatrix} \boldsymbol{c}_B^\top \bar{\boldsymbol{b}} & \bar{\boldsymbol{b}}^\top \\ \bar{\boldsymbol{c}}_N & -\overline{\boldsymbol{N}}^\top \end{pmatrix} \begin{pmatrix} 1 \\ \boldsymbol{s}_B \end{pmatrix} \tag{2.147}$$

와 같이 쓸 수 있으므로 주 문제의 최적의 사전 (2.141)을 전치하면, 쌍대 문제의 최적의 사전 (2.145)를 얻을 수 있다. 이때 주 문제의 기저 변수 벡터 $\boldsymbol{x}_B$는 쌍대 문제의 비기저 변수 벡터 $\boldsymbol{s}_B$에, 주 문제의 비기저 변수 벡터 $\boldsymbol{x}_N$은 쌍대 문제의 기저 변수 벡터 $\boldsymbol{s}_N$에 각각 대응된다. 그리고 주 문제에 대한 최적성의 조건 $\bar{\boldsymbol{c}}_N \leq \boldsymbol{0}$가 쌍대 문제에서의 제약조건 $\boldsymbol{s}_N \geq \boldsymbol{0}$에, 주 문제에서의 제약조건 $\boldsymbol{x}_B \geq \boldsymbol{0}$이 쌍대 문제에서의 최적성 조건 $\bar{\boldsymbol{b}} \geq \boldsymbol{0}$에 각각 대응된다.

주 문제에서의 제약조건 $\boldsymbol{A}\boldsymbol{x} = \boldsymbol{b}$의 우변의 상수 $\boldsymbol{b}$의 변경은 쌍대 문제에서는 목적 함수 $z_D = -\boldsymbol{b}^\top \boldsymbol{y}$의 계수 $-\boldsymbol{b}$의 변경으로 치환된다. 쌍대 문제의 최적 기저 설루션 $(\boldsymbol{s}_N^*, \boldsymbol{s}_B^*)$는 변경 후에도 여전히 실행 가능하므로 사전을 업데이트한 뒤에 쌍대 문제의 제약조건을 만족하면서 그 목적 함수 z_D를 최대화하는 피벗 조작을 적용하면 된다. 이런 사고에 기반한 단체법의 변형을 **쌍대 단체법** dual simplex method 이라 한다.

39 쌍대 문제에서는 $\boldsymbol{s}_N$이 기저 변수 벡터, $\boldsymbol{s}_B$가 비기저 변수 벡터가 되는 것에 주의한다.

2.2.3절의 예를 들어 제약조건 우변의 상수 $\boldsymbol{b}$에 변경을 가했을 때 최적의 사전에서 쌍대 단체법을 실행하는 절차를 살펴보자. 문제 (2.35)에 여유 변수 x_3, x_4, x_5를 도입해 제약조건을 등식으로 변경하면

$$
\begin{array}{lll}
\text{최대화} & x_1 + 2x_2 & \\
\text{조건} & x_1 \geq 0, & \rightarrow ① \\
& x_2 \geq 0, & \rightarrow ② \\
& x_1 + x_2 + x_3 = 6, & \rightarrow ③ \\
& x_1 + 3x_2 + x_4 = 12, & \rightarrow ④ \\
& 2x_1 + x_2 + x_5 = 10, & \rightarrow ⑤ \\
& x_3,\ x_4,\ x_5 \geq 0 &
\end{array}
\tag{2.37}
$$

이 된다. 목적 함숫값을 나타내는 변수 z_P를 도입해 초기 사전을 만들면

$$
\begin{aligned}
z_P &= x_1 + 2x_2, \\
x_3 &= 6 - x_1 - x_2, \\
x_4 &= 12 - x_1 - 3x_2, \\
x_5 &= 10 - 2x_1 - x_2
\end{aligned}
\tag{2.40}
$$

가 된다. 이 사전에 단체법을 적용하면 다음과 같이 최적의 사전을 얻을 수 있다.

$$
\begin{aligned}
z_P &= 9 - \frac{1}{2}x_3 - \frac{1}{2}x_4, \\
x_1 &= 3 - \frac{3}{2}x_3 + \frac{1}{2}x_4, \\
x_2 &= 3 + \frac{1}{2}x_3 - \frac{1}{2}x_4, \\
x_5 &= 1 + \frac{5}{2}x_3 - \frac{1}{2}x_4.
\end{aligned}
\tag{2.46}
$$

이처럼 최적 설루션 $(x_1, x_2) = (3, 3)$과 최적값 $z_P = 9$를 얻을 수 있다. 한편 이 선형 계획 문제의 쌍대 문제는

$$
\begin{aligned}
\text{최대화} \quad & -6y_1 - 12y_2 - 10y_3 \\
\text{조건} \quad & y_1 + y_2 + 2y_3 \geq 1, \\
& y_1 + 3y_2 + y_3 \geq 2, \\
& y_1 \geq 0, \\
& y_2 \geq 0, \\
& y_3 \geq 0
\end{aligned} \tag{2.148}
$$

이 된다. 여기에서 여유 변수 s_1, s_2, s_3, s_4, s_5를 도입해 제약조건을 등식으로 변형하면

$$
\begin{aligned}
\text{최대화} \quad & -6y_1 - 12y_2 - 10y_3 \\
\text{조건} \quad & y_1 + y_2 + 2y_3 - s_1 = 1, \\
& y_1 + 3y_2 + y_3 - s_2 = 2, \\
& y_1 - s_3 = 0, \\
& y_2 - s_4 = 0, \\
& y_3 - s_5 = 0 \\
& s_1,\ s_2,\ s_3,\ s_4,\ s_5 \geq 0
\end{aligned} \tag{2.149}
$$

이 된다. 목적 함숫값을 나타내는 변수 z_D를 도입해, 이 쌍대 문제에서 변수 y_1, y_2, y_3을 소거하면 초기 사전을 얻을 수 있다.

$$
\begin{aligned}
z_D &= -6s_3 - 12s_4 - 10s_5, \\
s_1 &= -1 + s_3 + s_4 + 2s_5, \\
s_2 &= -2 + s_3 + 3s_4 + s_5.
\end{aligned} \tag{2.150}
$$

그리고 주 문제의 최적의 사전 (2.46)을 전치하면 다음과 같이 쌍대 문제의 최적의 사전을 얻을 수 있다.

$$
\begin{aligned}
z_D &= -9 - 3s_1 - 3s_2 - s_5, \\
s_3 &= \frac{1}{2} + \frac{3}{2}s_1 - \frac{1}{2}s_2 - \frac{5}{2}s_5, \\
s_4 &= \frac{1}{2} - \frac{1}{2}s_1 + \frac{1}{s}s_2 + \frac{1}{2}s_5.
\end{aligned} \tag{2.151}
$$

[그림 2.21]에 표시한 것처럼, 주 문제의 제약조건 ④의 우변의 상수를 12에서 9로 변경한 문제의 최적 설루션을 구해보자.

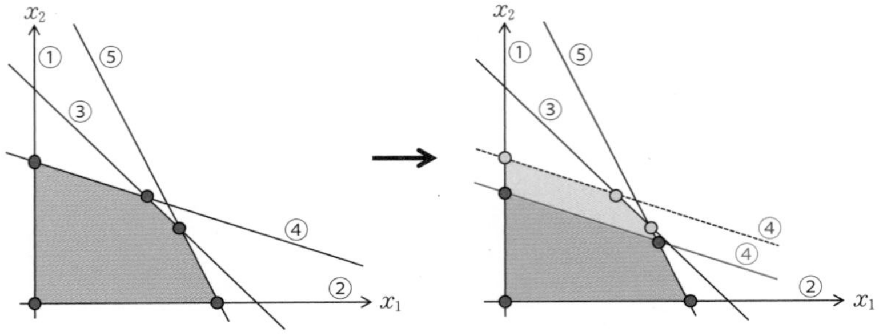

그림 2.21 제약조건에 변경을 가한 선형 계획 문제 예

주 문제의 제약조건 ④의 우변 상수를 12에서 9로 변경하면, 쌍대 문제에 대한 초기 사전의 목적 함수는 $z_D = -6s_3 - 9s_4 - 10s_5$로 변경된다. 쌍대 문제에 대한 최적 사전의 목적 함수를 $z_D = -6s_3 - 9s_4 - 10s_5$로 치환한 뒤, 비기저 변수만 이용해 바꿔 쓰면

$$\begin{aligned} z_D &= -6\left(\frac{1}{2} + \frac{3}{2}s_1 - \frac{1}{2}s_2 - \frac{5}{2}s_5\right) - 9\left(\frac{1}{2} - \frac{1}{2}s_1 + \frac{1}{2}s_2 + \frac{1}{2}s_5\right) - 10s_5 \\ &= -\frac{15}{2} - \frac{9}{2}s_1 - \frac{3}{2}s_2 + \frac{1}{2}s_5 \end{aligned} \tag{2.152}$$

가 된다. 목적 함수 z_D에서의 변수 s_5의 계수는 양의 값이므로, 변수 s_5의 값을 증가시키면 목적 함수 z_D의 값을 개선할 수 있다. 여기에서 $s_1 = s_2 = 0$을 유지한 채 s_5의 값을 증가시키면 목적 함수와 기저 변수의 값은

$$\begin{aligned} z_D &= -\frac{15}{2} + \frac{1}{2}s_5, \\ s_3 &= \frac{1}{2} - \frac{5}{2}s_5, \\ s_4 &= \frac{1}{2} + \frac{1}{2}s_5 \end{aligned} \tag{2.153}$$

가 된다. 변수 s_3, s_4는 비부 조건을 만족해야 하므로, 변수 s_5의 값은 $\frac{1}{5}$ 까지만 증가할 수 있다. $s_5 = \frac{1}{5}$ 로 하면 동시에 $s_3 = 0$이 되어, 기저 변수 s_3과 비기저 변수 s_5를 넣으면 다음과 같은 사전을 얻을 수 있다.

$$
\begin{aligned}
z_D &= -\frac{37}{5} - \frac{21}{5}s_1 - \frac{8}{5}s_2 - \frac{1}{5}s_3, \\
s_5 &= \frac{1}{5} + \frac{3}{5}s_1 - \frac{1}{5}s_2 - \frac{2}{5}s_3, \\
s_4 &= \frac{3}{5} - \frac{1}{5}s_1 + \frac{2}{5}s_2 - \frac{1}{5}s_3.
\end{aligned}
\tag{2.154}
$$

업데이트한 사전에서는 목적 함수 z_D의 변수 s_1, s_2, s_3의 계수는 모두 0 이하이므로, 각 값들을 증가시켜도 목적 함수 z_D의 값을 개선할 수 없다. 그러므로 이 기저 설루션은 변경된 쌍대 문제의 최적 설루션임을 알 수 있다.

이 사전을 전치하면 다음과 같이 주 문제의 최적의 사전을 얻을 수 있다.

$$
\begin{aligned}
z_P &= \frac{37}{5} - \frac{1}{5}x_5 - \frac{3}{5}x_4, \\
x_1 &= \frac{21}{5} - \frac{3}{5}x_5 + \frac{1}{5}x_4, \\
x_2 &= \frac{8}{5} + \frac{1}{5}x_5 - \frac{2}{5}x_4, \\
x_3 &= \frac{1}{5} + \frac{2}{5}x_5 + \frac{1}{5}x_4.
\end{aligned}
\tag{2.155}
$$

이상에서, 변경 후의 문제에 대한 최적 설루션 $(x_1, x_2) = \left(\frac{21}{5}, \frac{8}{5}\right)$과 최적값 $z_P = \frac{37}{5}$ 을 얻을 수 있다.

마지막으로 쌍대 단체법과 앞 절에서 소개한 상보성 조건 (2.126)의 관계에 관해 설명한다. 다음 주 문제 (P)와 쌍대 문제 (D)를 생각해보자.[40]

40 여기에서는 쌍대 문제 (D)의 목적 함수를 최소화하는 것에 주의한다.

$$
\begin{array}{llll}
\text{(P) 최대화} & \boldsymbol{c}^\top \boldsymbol{x} & \text{(D) 최소화} & \boldsymbol{b}^\top \boldsymbol{y} \\
\text{조건} & \boldsymbol{A}\boldsymbol{x} = \boldsymbol{b} & \text{조건} & \boldsymbol{A}^\top \boldsymbol{y} - \boldsymbol{s} = \boldsymbol{c}, \\
& \boldsymbol{x} \geq 0. & & \boldsymbol{s} \geq 0.
\end{array} \tag{2.156}
$$

이때 주 문제 (P)의 실행 가능 설루션 $\boldsymbol{x}$와 쌍대 문제 (D)의 실행 가능 설루션 $(\boldsymbol{y}, \boldsymbol{s})$의 목적 함수의 차는

$$
z_D - z_P = \boldsymbol{b}^\top \boldsymbol{y} - \boldsymbol{c}^\top \boldsymbol{x} = \boldsymbol{b}^\top \boldsymbol{y} - (\boldsymbol{A}^\top \boldsymbol{y} - \boldsymbol{s})^\top \boldsymbol{x} = \boldsymbol{s}^\top \boldsymbol{x} \tag{2.157}
$$

가 된다. 이것을 **쌍대 차**[duality gap]라 한다. 그러므로 주 문제 (P)의 최적 설루션을 $\boldsymbol{x}^*$, 쌍대 문제 (D)의 최적 설루션을 $(\boldsymbol{y}^*, \boldsymbol{s}^*)$라고 하면, 선형 계획 문제의 최적성 조건은 다음과 같이 나타낼 수 있다.

$$
\begin{array}{ll}
\boldsymbol{A}\boldsymbol{x}^* = \boldsymbol{b}, & \boldsymbol{x}^* \geq 0, \\
\boldsymbol{A}^\top \boldsymbol{y}^* - \boldsymbol{s}^* = \boldsymbol{c}, & \boldsymbol{s}^* \geq 0, \\
(\boldsymbol{s}^*)^\top \boldsymbol{x}^* = 0. &
\end{array} \tag{2.158}
$$

여기에서 첫 번째 조건은 주 문제 (P)의 제약조건, 두 번째 조건은 쌍대 문제 (D)의 제약조건, 세 번째 조건은 상보성 조건 (2.126)을 나타낸다. 다시 말해, 상보성 조건 (2.126)은 최적 설루션의 조합 $(\boldsymbol{x}^*, \boldsymbol{y}^*, \boldsymbol{s}^*)$에 대해 쌍대 차가 0이 되는 것을 나타낸다.

[표 2.2]에 나타낸 것처럼 선형 계획 문제의 최적성 조건으로부터 알고리즘을 분류할 수 있다. 2.2절에서 소개한 단체법은 주 문제 (P)의 제약조건과 상보성 조건을 만족하면서, 쌍대 문제 (D)의 제약조건을 만족하는 설루션을 탐색하는 알고리즘이라고 해석할 수 있다. 한편 쌍대 단체법은 쌍대 문제 (D)의 제약조건과 상보성 조건을 만족하면서, 주 문제 (P)의 제약조건을 만족하는 설루션을 탐색하는 알고리즘이라고 해석할 수 있다. 그리고 3.3.7절에서 소개할 내점법은 주 문제 (P)의 제약조건과 쌍대 문제 (D)의 제약조건을 만족하면서, 상보성 조건을 만족하는 설루션을 탐색하는 알고리즘이라고 해석할 수 있다.

표 2.2 선형 계획 문제의 최적성 조건과 알고리즘의 관계

	주 문제 제약조건	쌍대 문제 제약조건	쌍보성 조건
단체법	V	–	V
쌍대 단체법	–	V	V
내점법	V	V	–

2.4 정리

- **선형 계획 문제의 특징**: 선형 계획 문제에서는 실행 가능 영역은 공간 안의 볼록 다면체가 된다. 또한 최적 설루션이 존재하면 적어도 하나의 최적 설루션은 실행 가능 영역인 볼록 다면체의 꼭짓점 위에 있다.
- **단체법**: 실행 가능 영역인 볼록 다면체의 한 꼭짓점에서 출발해 목적 함숫값을 개선하는 인접 꼭짓점으로의 이동을 반복함으로써 최적 설루션을 구하는 알고리즘이다.
- **2단계 단체법**: 1단계에서 실행 가능 설루션을 하나 구하는 보조 문제를 풀고, 원래 문제의 실행 가능 기저 설루션이 구해지면 2단계에서 그것을 초기 설루션으로 하여 원래 문제를 푼다.
- **쌍대 문제**: 최대화 문제라면 그 최적값의 좋은 상한을 구하고, 최소화 문제라면 그 최적값의 좋은 하한을 구하는 문제이다.
- **쌍대 정리**: 선형 계획 문제에 최적 설루션이 존재한다면 그 쌍대 문제에도 최적 설루션이 존재하며 그 최적값은 일치한다.
- **감도 분석**: 입력 데이터의 변화로 인한 최적 설루션의 변화를 분석한다.
- **쌍대 단체법**: 쌍대 문제의 제약조건과 상보성 조건을 만족하면서, 주 문제의 제약조건을 만족하는 설루션을 탐색하는 단체법의 변형이다.

참고 문헌

선형 계획법에 관한 참고할 만한 도서로는 다음 세 권을 들 수 있다.

- V. Chvátal, *Linear Programming*, W. H. Freeman and Company, 1983. (阪田省二郎, 藤野和建, 田口東(訳), 線形計画法(上・下), 啓学出版, 1986, 1988.)
- 今野浩, 線形計画法, 日科技連, 1987.
- 並木誠, 線形計画法, 朝倉書店, 2008.

이번 장에서는 소개하지 않았던 내점법에 관해서는 다음 책을 참고하기 바란다. 선형 계획 문제뿐만 아니라 반정정값 계획 문제를 시작으로 보다 일반적인 연속 최적화 문제들이 소개되어 있다.

- 小島政和, 土谷隆, 水野眞治, 矢部博, 内点法, 朝倉書店, 2001.

연습 문제

2.1[41] 한 정육공장에서는 매일 돼지 넓적다리살 480단위, 돼지 삼겹살 400단위, 돼지 앞다리살 230단위를 제조한다. 이 제품은 모두 생고기 또는 훈제로 판매한다. 보통 근무에서 훈제할 수 있는 넓적다리살, 삼겹살, 앞다리살의 합계는 420단위다. 또한 보다 높은 비용으로 초과 근무를 하면 추가로 250단위까지 훈제할 수 있다. 단위량당 이익은 다음과 같다.

		훈제	
	생고기	보통	초과
넓적다리살	\$8	\$14	\$11
삼겹살	\$4	\$12	\$7
앞다리살	\$4	\$13	\$9

이때 이익을 최대화하는 일일 제조 계획을 구하는 선형 계획 문제를 정식화하라.

41 J. H. Greene, K. Chatto, C. R. Hicks and C. B. Cox, Linear programming in the packing industry, *Journal of Industrial Engineering 10* (1959), 364–372.

2.2 [42] 한 정유소에서는 알키레이트, 분해 가솔린, 직류 가솔린, 이소펜탄 등 네 가지 종류의 가솔린을 제조하고 있다. 각 가솔린의 중요한 성분은 (노크 방지성을 의미하는) 성능 지수 PN과 (휘발성을 의미하는) 증기압 RPV다. 이 두 개의 특징과 1일당 제조량(배럴)은 다음과 같다.

	PN	RVP	제조량
알키레이트	107.5	5.0	3800
분해 가솔린	93	8.0	2653
직류 가솔린	87	4.0	4081
이소펜탄	108	20.5	1300

이 가솔린들은 그대로 1배럴당 4.83달러에 판매되며, 혼합해서 항공 가솔린으로도 판매된다. 이 항공 가솔린은 일정 조건을 만족하며, 그 조건과 1배럴당 판매가는 다음과 같다.

혼합 가솔린	PN	RVP	판매가
M	80 이상	7.0 이하	$4.96
N	91 이상	7.0 이하	$5.85
Q	100 이상	7.0 이하	$6.45

혼합 가솔린의 PN 및 RVP는 해당 성분의 PN과 RVP의 평균값이다. 이때 매출을 최대화하는 일일 제조 계획을 구하는 선형 계획 문제를 정식화하라.

2.3 다음 최적화 문제를 표준형 선형 계획 문제로 변형하라.

(1) **최소화** $16x_1 + 2x_2 - 3x_3$

조건 $x_1 - 6x_2 \geq 4,$

$3x_2 + 7x_3 \leq -5,$

$x_1 + x_2 + x_3 = 10,$

$x_1,\ x_2,\ x_3 \geq 0.$

42 A. Chanes, W. W. Cooper and B. Mellon, Blending aviation gasolines — A study in programming interdependent activities in an integrated oil company, *Econometrica 20* (1952), 135–159.

(2) 최대화 $5x_1 + 6x_2 + 3x_3$

조건 $|x_1 - x_3| \le 10,$

$10x_1 + 7x_2 + 4x_3 \le 50,$

$2x_1 - 11x_3 \ge 15,$

$x_1,\ x_2 \ge 0.$

2.4 다음 선형 계획 문제를 단체법으로 풀어라.

(1) 최대화 $4x_1 + 8x_2 + 10x_3$

조건 $x_1 + x_2 + x_3 \le 20,$

$3x_1 + 4x_2 + 6x_3 \le 100,$

$4x_1 + 5x_2 + 3x_3 \le 100,$

$x_1,\ x_2,\ x_3 \ge 0.$

(2) 최대화 $x_1 + 3x_2 - x_3$

조건 $2x_1 + 2x_2 - x_3 \le 10,$

$3x_1 - 2x_2 + x_3 \le 10,$

$x_1 - 3x_2 + x_3 \le 10,$

$x_1,\ x_2,\ x_3 \ge 0.$

(3) 최대화 $10x_1 + x_2$

조건 $x_1 \le 1,$

$20x_1 + x_2 \le 100,$

$x_1,\ x_2 \ge 0.$

2.5 다음 선형 계획 문제를 2단계 단체법으로 풀어라.

(1) 최대화 $2x_1 + 3x_2 + x_3$

조건 $x_1 + 4x_2 + 2x_3 \ge 8,$

$3x_1 + 2x_2 \ge 6,$

$x_1,\ x_2 \ge 0.$

(2) 최대화 $x_1 - x_2 + x_3$

조건 $2x_1 - x_2 + 2x_3 \le 4,$

$2x_1 - 3x_2 + x_3 \le -5,$

$-x_1 + x_2 - 2x_3 \le -1,$

$x_1,\ x_2,\ x_3 \ge 0.$

(3) 최대화 $3x_1 + x_2$

조건 $-x_1 + x_2 \ge 1,$

$x_1 + x_2 \ge 3,$

$2x_1 + x_2 \le 2,$

$x_1,\ x_2 \ge 0.$

2.6 다음 선형 계획 문제의 쌍대 문제를 도출하라.

(1) 최대화 $x_1 + 4x_2 + 3x_3$

조건 $2x_1 + 2x_2 + x_3 \le 4,$

$x_1 + 2x_2 + 2x_3 \le 6,$

$x_1,\ x_2,\ x_3 \ge 0.$

(2) 최대화 $x_1 + x_2$

조건 $-2x_1 + 3x_2 - x_3 + x_4 \le 0,$

$-3x_1 + x_2 + 4x_3 - 2x_4 \ge 3,$

$x_1 - x_2 + 2x_3 + x_4 = 6,$

$x_1,\ x_2,\ x_3 \ge 0.$

2.7 다음 선형 계획 문제를 풀어라.

최대화 $\sum_{j=1}^{n} c_j x_j$

조건 $\sum_{j=1}^{n} a_j x_j \le b, \quad x_j \ge 0, \quad j = 1, \ldots, n$

여기에서 $a_j > 0, c_j > 0\ (j = 1, \ldots, n),\ b > 0$이다.

2.8 행렬 $\boldsymbol{A} \in \mathbb{R}^{m \times n}$과 벡터 $\boldsymbol{B} \in \mathbb{R}^{m}$이 주어졌다. 이때 [정리 2.2]의 강쌍대 정리를 이용해 다음 중 어느 한쪽 조건만 성립하는 것을 나타내라.

(1) $\boldsymbol{Ax} = \boldsymbol{B}, \boldsymbol{x} \geq \mathbf{0}$을 만족하는 설루션 $\boldsymbol{x} \in \mathbb{R}^{n}$이 존재한다.

(2) $\boldsymbol{A}^{\top} \boldsymbol{y} \geq \mathbf{0}, \boldsymbol{B}^{\top} \boldsymbol{y} < 0$을 만족하는 설루션 $\boldsymbol{y} \in \mathbb{R}^{m}$이 존재한다.

이 정리를 **퍼르커시 보조정리**Farkas' lemma라 한다. 퍼르커시 보조정리와 같이 두 개의 조건 중 어느 하나만 설립하는 정리에는 몇 가지 변형이 있으며, 이들을 **양자택일의 정리**theorem of the alternative라 한다.

2.9 퍼르커시 보조정리를 이용해 [정리 2.2] 강쌍대 정리를 나타내라.

2.10 다음 주 문제 (P)와 쌍대 문제 (D)를 살펴보자.

$$\begin{array}{llll} \text{(P) 최대화} & \boldsymbol{c}^{\top}\boldsymbol{x} & \text{(D) 최소화} & \boldsymbol{b}^{\top}\boldsymbol{y} \\ \text{조건} & \boldsymbol{Ax} \leq \boldsymbol{b}, & \text{조건} & \boldsymbol{A}^{\top}\boldsymbol{y} \geq \boldsymbol{c}, \\ & \boldsymbol{x} \geq 0. & & \boldsymbol{y} \geq 0. \end{array}$$

이때 다음 상보성 정리를 나타내라.

정리 2.4 상보성 정리

주 문제 (P)의 실행 가능 설루션 $\boldsymbol{x}$와 쌍대 문제 (D)의 실행 가능 설루션 $\boldsymbol{y}$가 모두 최적 설루션이기 위한 필요충분조건은

$$x_j \left(\sum_{i=1}^{m} a_{ij} y_i - c_j \right) = 0, \quad j = 1, \ldots, n,$$

$$y_i \left(b_i - \sum_{j=1}^{n} a_{ij} x_j \right) = 0, \quad i = 1, \ldots, m$$

가 성립하는 것이다.

Chapter 3

비선형 계획

비선형 계획 문제는 비선형 함수로 나타난 목적 함수나 제약조건을 포함한 최적화 문제이며 적용 범위가 매우 넓지만, 다양한 비선형 계획 문제를 효율적으로 푸는 범용적인 알고리즘을 개발하는 것은 어렵다. 이번 장에서는 먼저 비선형 계획 문제의 정식화와 효율적으로 풀 수 있는 비선형 계획 문제의 특징을 설명한다. 이후 제약이 없는 최적화 문제와 제약이 있는 최적화 문제의 대표적인 알고리즘을 설명한다.

스탠포드대학교의 터커와 프린스턴대학교의 나는 편지를 주고 받으며 이 일을 진행했다. 편지라고 해도 이메일이 아니다. 지금의 복사기 같은 것은 없었던, 먹지를 이용해 복사를 하던 시대를 떠올려주길 바란다. 터커는 2차 계획 문제의 정식화에서 시작했지만, 나는 곧바로 비선형 계획 문제의 일반형에 집중하기로 했다. '비선형 계획'이라는 용어는 분명히 터커와 내가 1950년 봄에 쓴 논문 제목에서 처음 사용되었을 것이다. 우리는 선형 계획법의 쌍대 정리의 필요조건을 비선형 계획의 경우로 확장하는 것, 그리고 희소 자원을 이용하는 기업의 이익을 최대화하는 단순한 경제 모델에 중심적인 역할을 하는 것을 원했다.

H. W. Kuhn, Being in the right place at the right time,
Operations Research 50 (2002), 132–134.

3.1 비선형 계획 문제의 정식화

비선형 계획 문제는 비선형 함수로 나타난 목적 함수나 제약조건을 포함한 최적화 문제로 다음과 같이 나타낼 수 있다.

$$
\begin{aligned}
& f(\boldsymbol{x}) \\
& g_i(\boldsymbol{x}) \leq 0, \quad i = 1, \ldots, l, \\
& g_i(\boldsymbol{x}) = 0, \quad i = l+1, \ldots, m, \\
& \boldsymbol{x} \in \mathbb{R}^n.
\end{aligned}
\tag{3.1}
$$

제약조건을 나타내는 함수 $g_1, \ldots, g_m$을 **제약 함수**constraint function라 한다. 이번 절에서는 우선, 비선형 계획 문제의 예로 시설 배치 문제, 원 채우기 문제, 포트폴리오 선택 문제, 분류 문제를 소개한 뒤 국소 최적 설루션이 전역 최적 설루션이 되는 볼록 계획 문제에 대해 설명한다.

3.1.1 비선형 계획 문제 응용 예

시설 배치 문제facility location problem : 어떤 기업은 n곳의 점포 개점에 맞춰, 배송 센터 설치를 검토하고 있다(그림 3.1). 이때 어떤 장소에 배송 센터를 배치하면 좋을 것인가?

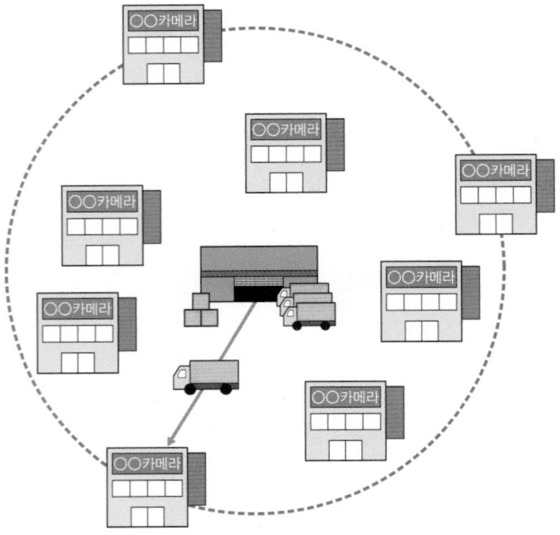

그림 3.1 시설 배치 문제 예

점포 i의 좌표를 (x_i, y_i)라고 한다. 배송 센터의 좌표를 변수 (x, y)로 나타내면 배송 센터와 점포 i의 직선 거리는 $\sqrt{(x_i - x)^2 + (y_i - y)^2}$ 가 된다. 이때 배송 센터에서 가장 먼 점포까지의 직선 거리를 최소로 하는 배송 센터의 배치를 구하는 문제는 다음 최적화 문제로 정식화할 수 있다.[1]

$$\text{최소화} \quad \min_{i=1, \ldots, n} \sqrt{(x_i - x)^2 + (y_i - y)^2}. \tag{3.2}$$

여기에서 배송 센터에서 가장 먼 점포까지의 직선 거리를 변수 r로 나타내면 다음 최적화 문제로 변형할 수 있다.

$$\begin{aligned} \text{최소화} \quad & r^2 \\ \text{조건} \quad & (x_i - x)^2 + (y_i - y)^2 \le r^2, \quad i = 1, \ldots, n, \\ & r \ge 0. \end{aligned} \tag{3.3}$$

또한 새로운 변수 $s = x^2 + y^2 - r^2$를 도입하면 다음 최적화 문제로 변경할 수 있다.

$$\begin{aligned} \text{최소화} \quad & x^2 + y^2 - s \\ \text{조건} \quad & s - 2x_i x - 2y_i y + x_i^2 + y_i^2 \le 0, \quad i = 1, \ldots, n. \end{aligned} \tag{3.4}$$

이 문제는 목적 함수가 2차원 함수, 모든 제약조건이 선형의 부등식이므로 2차원 계획 문제로 분류할 수 있다.

원 채우기 문제circle packing problem : 한 기업은 n 종류의 타이어를 가로로 쌓아 컨테이너에 저장하고 있다. 같은 종류의 타이어를 쌓아올리므로, 다른 종류의 타이어를 가로 방향의 컨테이너에 배치하는 상황을 생각할 수 있다(그림 3.2). 이때 모든 종류의 타이어를 보관하는 컨테이너의 바닥 면적을 최소화하기 위해서는 어떻게 배치하는 것이 좋겠는가?

---

1 이렇게 평면상에 분포하는 n개의 포인트를 포함하는 가장 작은 원을 구하는 문제를 **최소 포위 원 문제**smallest enclosing circle problem 라 한다.

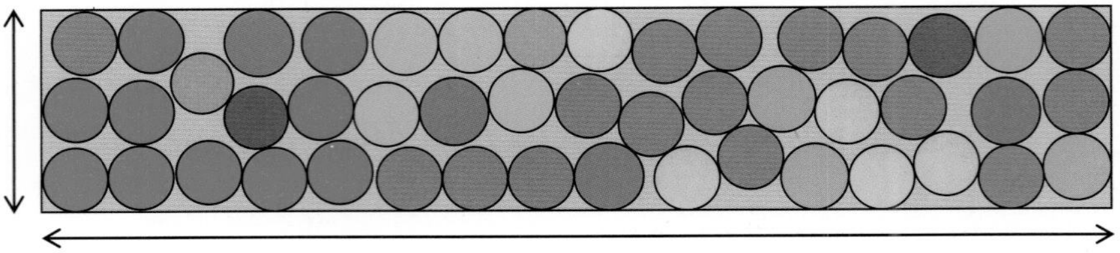

그림 3.2 원 채우기 문제 예

타이어 i의 반지름을 r_i로 한다. 타이어 i의 중심 좌표를 변수 (x_i, y_i)로 나타낸다. 이때 컨테이너의 폭 W를 고정한 상태에서, 컨테이너의 길이 L을 최소로 하는 타이어의 배치를 구하는 문제는 다음 최적화 문제로 정식화할 수 있다.

$$
\begin{array}{lll}
\text{최소화} & L & \\
\text{조건} & (x_i - x_j)^2 + (y_i - y_j)^2 \geq (r_i + r_j)^2, & 1 \leq i < j \leq n, \\
 & r_i \leq x_i \leq L - r_i, & i = 1, \ldots, n, \\
 & r_i \leq y_i \leq W - r_i, & i = 1, \ldots, n.
\end{array}
\tag{3.5}
$$

첫 번째 제약조건은 다른 종류의 타이어 i, j가 서로 중복되지 않음을 의미한다. 두세 번째의 제약조건은 타이어 i가 컨테이너 안에 들어있음을 의미한다.

포트폴리오 선택 문제portfolio selection problem: n 종류의 자산에 보유한 자금을 투자하는 상황을 생각한다. 이때 각 자산 i에 배분할 자금의 비율을 결정하는 문제를 포트폴리오 선택 문제라 한다.[2] 여기에서는 어떤 기간을 시작으로 자금을 투자해서 자산을 구입하고, 마지막에 모든 자산을 매각한다고 생각할 수 있다. 자산 i를 통해 얻은 1시기당 수익률을 R_i로 한다. 일반적으로 수익률은 불명확하므로 R_i는 확률 변수가 된다. 자산 i에 배분하는 자금의 비율을 변수 x_i로 나타내면 전체 수익률은 $R(\boldsymbol{x}) = \sum_{i=1}^{n} R_i x_i$라고 나타낼 수 있다. 여기에서 $\boldsymbol{x} = (x_1, \ldots, x_n)^\top \in \mathbb{R}^n$이다. 투자에서는 이익이 크고, 손실의 위험이 적도록 자산을 배분하는 것이 바람직하다. 여기에서 이익률의 기댓값 $\mathrm{E}[R(\boldsymbol{x})]$를 어떤 일정값 ρ에 고정한 상태에서, 분산 $\mathrm{V}[R(\boldsymbol{x})]$를 최소로

2 포트폴리오는 서류 모음을 가리키는 용어지만, 투자자가 보유 자산을 기재한 서류를 넣는 것에서 기인해 이런 의미로 사용된 것으로 알려져 있다.

하는 자금 배분을 구하는 문제는 다음 최적화 문제로 정식화할 수 있다.

$$
\begin{aligned}
\text{최소화} \quad & \mathrm{V}[R(\boldsymbol{x})] \\
\text{조건} \quad & \mathrm{E}[R(\boldsymbol{x})] = \rho \\
& \sum_{i=1}^{n} x_i = 1, \\
& x_i \geq 0, \qquad i = 1, \ldots, n.
\end{aligned} \tag{3.6}
$$

이익률 R_i의 기댓값을 $r_i = \mathrm{E}[R_i]$, R_i와 R_j의 공분산을 $\sigma_{ij} = \mathrm{E}[(R_i - r_i)(R_j - r_j)]$라고 하면,

$$
\mathrm{E}[R(\boldsymbol{x}) = \mathrm{E}\left[\sum_{i=1}^{n} R_i x_i\right] = \sum_{i=1}^{n} \mathrm{E}[R_i] x_i = \sum_{i=1}^{n} r_i x_i, \tag{3.7}
$$

$$
\begin{aligned}
\mathrm{V}[R(\boldsymbol{x})] &= \mathrm{E}[(R(\boldsymbol{x}) - \mathrm{E}[R(\boldsymbol{x})])^2] \\
&= \mathrm{E}\left[\left(\sum_{i=1}^{n} R_i x_i - \sum_{i=1}^{n} r_i x_i\right)^2\right] \\
&= \mathrm{E}\left[\sum_{i=1}^{n}\sum_{j=1}^{n} (R_i - r_i)(R_j - r_j) x_i x_j\right] \\
&= \sum_{i=1}^{n}\sum_{j=1}^{n} \mathrm{E}[(R_i - r_i)(R_j - r_j)] x_i x_j \\
&= \sum_{i=1}^{n}\sum_{j=1}^{n} \sigma_{ij} x_i x_j
\end{aligned} \tag{3.8}
$$

에서 다음 2차 계획 문제로 변형할 수 있다.

$$
\begin{aligned}
\text{최소화} \quad & \sum_{i=1}^{n}\sum_{j=1}^{n} \sigma_{ij} x_i x_j \\
\text{조건} \quad & \sum_{i=1}^{n} r_i x_i = \rho, \\
& \sum_{i=1}^{n} x_i = 1 \\
& x_i \geq 0, \qquad i = 1, \ldots, n.
\end{aligned} \tag{3.9}
$$

분류 문제classification problem : 이미지, 음성, 문서 등의 데이터를 여러 카테고리(구분) 중 하나로 분류하는 문제를 분류 문제라 한다. 예를 들어 전자 메일을 스팸 메일과 그 외의 메일로 분류하는 처리에서 문서 안에 나타나는 각 단어의 빈도를 벡터 $\boldsymbol{x} = (x_1, \ldots, x_m)^\top \in \mathbb{R}^m$로 나타내고 문서가 스팸 메일이라면 $y = +1$, 그렇지 않으면 $y = -1$로 표시한다. n쌍의 데이터 $(\boldsymbol{x}^{(1)}, y^{(1)}), \ldots, (\boldsymbol{x}^{(n)}, y^{(n)})$이 주어졌을 때, 새로운 데이터 $\boldsymbol{x}$의 카테고리 $y \in \{+1, -1\}$을 추정하고 싶다.

각 데이터 $(\boldsymbol{x}^{(i)}, y^{(j)})$에 대해,

$$\begin{cases} f(\boldsymbol{x}^{(i)}) = \boldsymbol{w}^\top \boldsymbol{x}^{(i)} + b > 0 & y^{(i)} = +1 \\ f(\boldsymbol{x}^{(i)}) = \boldsymbol{w}^\top \boldsymbol{x}^{(i)} + b < 0 & y^{(i)} = -1 \end{cases} \tag{3.10}$$

을 만족하는 함수 $f(\boldsymbol{x}) = \boldsymbol{w}^\top \boldsymbol{x} + b$를 구하면, 새로운 데이터 $\boldsymbol{x}$의 카테고리 y를 추정할 수 있다. 여기에서는 [그림 3.3]에 표시한 것처럼 이 특징을 만족하는 $\boldsymbol{w} = (w_1, \ldots, w_m)^\top \in \mathbb{R}^m \setminus \{\boldsymbol{0}\}$과 $b \in \mathbb{R}$이 존재하는 상황을 생각한다. 이런 상황을 **선형 분리 가능**linearly separable 이라 한다.

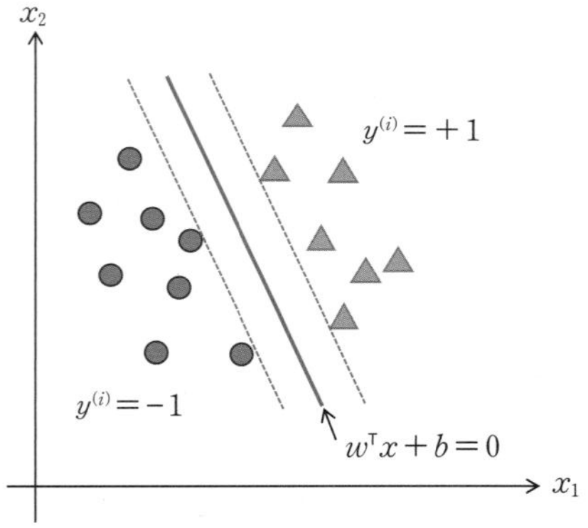

그림 3.3 선형 함수 $f(\boldsymbol{x}) = \boldsymbol{w}^\top \boldsymbol{x} + b$를 이용한 데이터 분류

일반적으로 주어진 데이터 $(\boldsymbol{x}^{(1)}, y^{(1)}), \ldots, (\boldsymbol{x}^{(n)}, y^{(n)})$가 선형 분리 가능하다면, 이러한 특징을 만족하는 파라미터 $(\boldsymbol{w}, b)$의 값은 무수히 존재한다. 여기에서 초평면 $\{\boldsymbol{x} \mid \boldsymbol{w}^\top \boldsymbol{x} + b = 0\}$에서 가장 가까운 데이터 포인트 $\boldsymbol{x}^{(i)}$까지의 거리를 가능한 크게 하면, 새로운 데이터 $\boldsymbol{x}$의 카테고리 y를 올바르게 추론할 것으로 기대할 수 있다. 이렇게 가장 가까운 데이터 포인트와의 거리가 최대가 되는 초평면을 구하는 기법을 **서포트 벡터 머신**support vector machine (SVM)이라 한다.

다음에 주어진 데이터는 선형 분리 가능하다고 가정한다. 포인트 $\boldsymbol{x}^{(i)}$에서 초평면 $\{\boldsymbol{x} \mid \boldsymbol{w}^\top\boldsymbol{x}+b=0\}$까지의 거리는

$$\frac{\left|\boldsymbol{w}^\top\boldsymbol{x}^{(i)}+b\right|}{\|\boldsymbol{w}\|}=\frac{y^{(i)}(\boldsymbol{w}^\top\boldsymbol{x}^{(i)}+b)}{\|\boldsymbol{x}\|} \tag{3.11}$$

라고 쓸 수 있다.[3] 초평면 $\{\boldsymbol{x} \mid \boldsymbol{w}^\top\boldsymbol{x}+b=0\}$에서 가장 가까운 데이터 포인트 $\boldsymbol{x}^{(i)}$까지의 거리를 최대로 하는 파라미터 $(\boldsymbol{w}, b)$의 값을 구하는 문제는 다음 최적화 문제로 정식화할 수 있다.[4]

$$\begin{aligned} &\textbf{최대화} && \frac{z}{\|w\|} \\ &\textbf{조건} && y^{(i)}(\boldsymbol{w}^\top\boldsymbol{x}^{(i)}+b)\ge z, \quad i=1, \ldots, n, \\ & && \boldsymbol{w}\in\mathbb{R}^m\setminus\{0\}, \\ & && b,\ z\in\mathbb{R}. \end{aligned} \tag{3.12}$$

주어진 데이터가 선형 분리 가능하다면 최적값은 양수이므로, $\dfrac{\boldsymbol{w}}{z}$를 $\boldsymbol{w}$, $\dfrac{b}{z}$를 b로 치환하면 다음 2차 계획 문제로 변형할 수 있다.[5]

$$\begin{aligned} &\textbf{최소화} && \frac{1}{2}\|\boldsymbol{w}\|^2 \\ &\textbf{조건} && y^{(i)}(\boldsymbol{w}^\top\boldsymbol{x}^{(i)}+b)\ge 1, \quad i=1, \ldots, n, \\ & && \boldsymbol{w}\in\mathbb{R}^m,\ b\in\mathbb{R}. \end{aligned} \tag{3.13}$$

다음으로 확률을 이용해 문제를 정식화하는 **로지스틱 회귀**logistic regression를 소개한다. 카테고리 y는 $\{0, 1\}$의 두 개 값을 가진다고 가정해보자. 새로운 데이터 $\boldsymbol{x}$의 카테고리가 $y=1$이 될 확률은

3 $\|\boldsymbol{x}\|$은 벡터 $\boldsymbol{x}$의 우클리드 놈norm $\sqrt{\boldsymbol{x}^\top\boldsymbol{x}}$를 나타낸다.

4 $(\boldsymbol{x}^{(1)},y^{(1)}),\cdots,(\boldsymbol{x}^{(n)},y^{(n)})$은 정의인 것에 주의한다.

5 목적 함수 $\frac{1}{2}\|\boldsymbol{x}\|^2$은 3.3.3절에서 쌍대 문제를 도출할 때 식을 보기 쉽게 하기 위한 것이다.

$$P(y=1 \mid \boldsymbol{x}) = \frac{\mathrm{e}^{\boldsymbol{w}^\top \boldsymbol{x}+b}}{1+\mathrm{e}^{\boldsymbol{w}^\top \boldsymbol{x}+b}} \tag{3.14}$$

로 나타낼 수 있다고 가정한다(그림 3.4). 이 함수를 **로지스틱 함수**logistic function [6]라 한다.

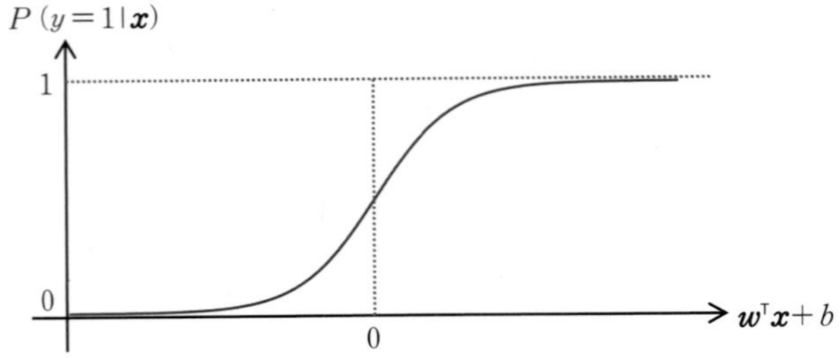

그림 3.4 로지스틱 함수 예

n쌍의 데이터 $(\boldsymbol{x}^{(1)}, y^{(1)}), (\boldsymbol{x}^{(2)}, y^{(2)}), \ldots, (\boldsymbol{x}^{(n)}, y^{(n)})$가 주어졌을 때, 다음에 정의한 **가능도 함수**likelihood function의 값이 최대가 되는 파라미터 $(\boldsymbol{w}, b)$의 값을 결정하는 최적화 문제를 풀면 식 (3.14)를 이용해 새로운 데이터 $\boldsymbol{x}$의 카테고리가 $y=1$이 될 확률을 추정할 수 있다.

$$L(\boldsymbol{w}, b) = \prod_{i=1}^{n} p_i(\boldsymbol{w}, b)^{y^{(i)}} (1 - p_i(\boldsymbol{w}, b))^{1-y^{(i)}}. \tag{3.15}$$

단, $p_i(\boldsymbol{w}, b) = P(y^{(i)} = 1 \mid \boldsymbol{x}^{(i)})$는 데이터 $\boldsymbol{x}^{(i)} = 1$이 되는 확률이다. 일반적으로 가능도 함수 L 대신 가능도 함수의 로그를 취한 로그 가능도 함수

$$\log L(\boldsymbol{w}, b) = \sum_{i=1}^{n} \left\{ y^{(i)} (\boldsymbol{w}^\top \boldsymbol{x}^{(i)} + b) - \log(1 + \mathrm{e}^{\boldsymbol{w}^\top \boldsymbol{x}^{(i)} + b}) \right\} \tag{3.16}$$

를 생각한다.[7] 이처럼 주어진 데이터로부터 가능도 함숫값이 최대가 되는 분포의 파라미터 값을 추정하는 방법을 **최대 가능도 추정**maximum likelihood estimation이라 한다.

---

6 **시그모이드 함수**sigmoid function라 부르기도 한다.

7 $\log x$는 네이피어 상수 e를 밑으로 하는 x의 로그를 의미한다.

3.1.2 볼록 계획 문제

일반적으로 비선형 문제에서는 전역 최적 설루션 외에 여러 국소 최적 설루션이 존재할 가능성이 있다. 그러나 [그림 3.5]에 표시한 것처럼 목적 함수가 볼록 함수면서 실행 가능 영역이 볼록 집합이 되는 최적화 문제에서는 국소 최적 설루션이 전역 최적 설루션이 된다고 알려져 있다. 이런 문제를 **볼록 계획 문제**convex programming problem라 한다. 볼록 계획 문제를 푸는 많은 효율적인 알고리즘이 개발되어 있다. 그렇기 때문에 현실 문제를 비선형 계획 문제로 정식화할 때는 가능한 볼록 계획 문제로 정식화하는 것이 좋다. 이번 절에서는 먼저 볼록 집합과 볼록 함수를 정의하고, 그들의 특징에 관해 설명한다.

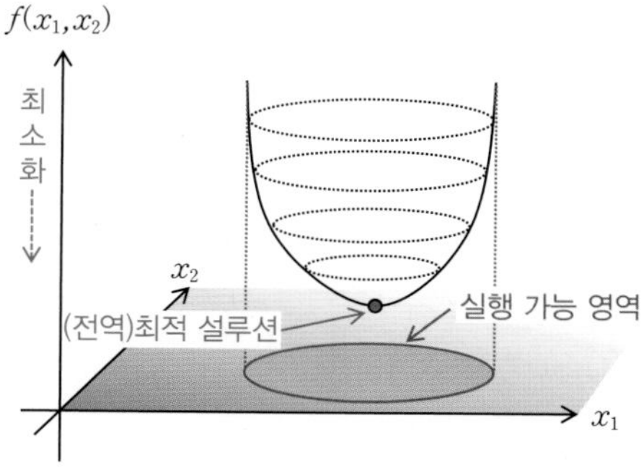

그림 3.5 볼록 계획 문제 예

집합 $S \subseteq \mathbb{R}^n$ 안의 임의의 두 점 $\boldsymbol{x}, \boldsymbol{y} \in S$에 대해

$$(1-\alpha)\boldsymbol{x} + \alpha\boldsymbol{y} \in S, \quad 0 \le \alpha \le 1 \tag{3.17}$$

이 성립할 때, 즉 집합 S에 포함된 임의의 두 점 $\boldsymbol{x}, \boldsymbol{y}$를 연결한 선분이 집합 S에 포함되었을 때, 집합 S를 **볼록 집합**convex set이라고 부르며, 볼록 집합과 비볼록 집합의 예를 [그림 3.6]에 표시했다.

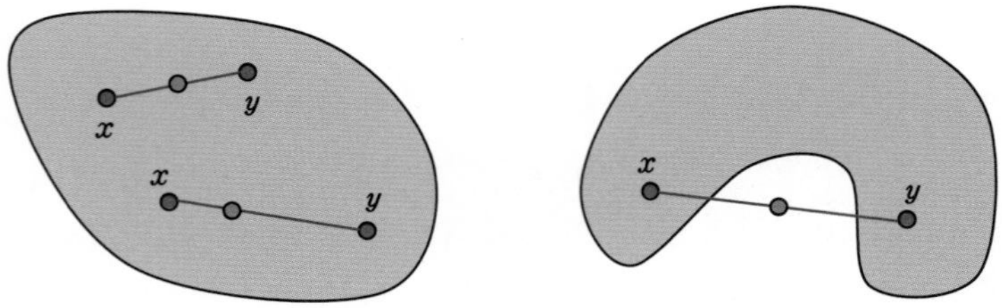

그림 3.6 볼록 집합(좌)과 비볼록 집합(우) 예

볼록 집합에 관해 다음과 같은 특징이 알려져 있다.

정리 3.1

집합 $S_1, S_2 \subseteq \mathbb{R}^n$이 볼록 집합이면 $S_1 \cap S_2$도 볼록 집합이다.

(증명 생략)

볼록 집합 $S \subseteq \mathbb{R}^n$ 위에서 정의된 함수 f가 임의의 두 점 $\boldsymbol{x}, \boldsymbol{y} \in S$에 대해,

$$f((1-\alpha)\boldsymbol{x}+\alpha\boldsymbol{y}) \leq (1-\alpha)f(\boldsymbol{x})+\alpha f(\boldsymbol{y}), \quad 0 \leq \alpha \leq 1 \tag{3.18}$$

을 만족할 때, 다시 말해 집합 S에 포함된 임의의 두 점 $(\boldsymbol{x}, f(\boldsymbol{x})), (\boldsymbol{y}, f(\boldsymbol{y})) \in S \times \mathbb{R}$을 연결하는 선분이 함수 f 위쪽에 있을 때, 함수 f를 **볼록 함수**convex function라 한다.[8] 또한 함수 f가 $\boldsymbol{x} \neq \boldsymbol{y}$인 임의의 두 점 $\boldsymbol{x}, \boldsymbol{y} \in S$에 대해

$$f((1-\alpha)\boldsymbol{x}+\alpha\boldsymbol{y}) < (1-\alpha)f(\boldsymbol{x})+\alpha f(\boldsymbol{y}), \quad 0 < \alpha < 1 \tag{3.19}$$

을 만족할 때, 함수 f를 **좁은 의미의 볼록 함수**strictly convex function라 한다.[9] 볼록 함수와 비볼록 함수의 예를 [그림 3.7]에 표시했다.

8 $-f$가 볼록 함수일 때, 함수 f를 **오목 함수**concave function라 한다.

9 $-f$가 좁은 의미의 볼록 함수일 때, 함수 f를 **좁은 의미의 오목 함수**strictly concave function라 한다.

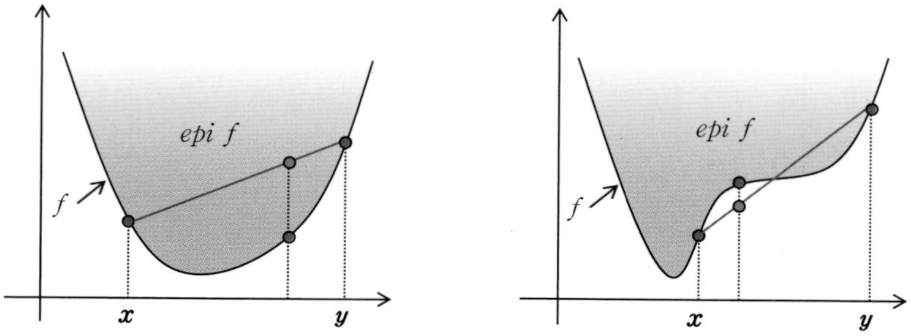

그림 3.7 볼록 함수(좌)와 비볼록 함수(우) 예

또다른 볼록 함수의 정의를 소개한다. 볼록 집합 $S \subseteq \mathbb{R}^n$상에 정의된 함수 f에 대해, 집합 $\mathrm{epi}\, f = \{(\boldsymbol{x}, \lambda) \mid \boldsymbol{x} \in S, \lambda \geq f(\boldsymbol{x})\}$, 다시 말해 함수 f에서 위로 넓어지는 영역을 함수 f의 **에피그래프**epigraph라고 부른다(그림 3.7). 함수 f가 볼록 함수인 것은 에피그래프 $\mathrm{epi} f$가 볼록 집합인 것과 등가이다.

볼록 함수는 다음과 같은 특징(정리 3.2 ~ 정리 3.4)이 있다.

정리 3.2

함수 f_1, f_2를 볼록 집합 $S \subseteq \mathbb{R}^n$ 상에서 정의된 볼록 함수라 한다. 이때 임의의 $u_1, u_2 \geq 0$에 대해 함수 $u_1 f_1 + u_2 f_2$는 S 상의 볼록 함수다.

증명 $f(x) = u_1 f_1(\boldsymbol{x}) + u_2 f_2(\boldsymbol{x})$라 하자. 함수 f_1, f_2는 집합 S의 볼록 함수이므로, 집합 S의 임의의 두 점 $\boldsymbol{x}, \boldsymbol{y} \in S$에 대해

$$
\begin{aligned}
f((1-\alpha)\boldsymbol{x} + \alpha\boldsymbol{y} &= u_1 f_1((1-\alpha)\boldsymbol{x} + \alpha\boldsymbol{y}) + u_2 f_2((a-\alpha)\boldsymbol{x} + \alpha\boldsymbol{y}) \\
&\leq u_1((1-\alpha)f_1(\boldsymbol{x}) + \alpha f_1(\boldsymbol{y})) + u_2((1-\alpha)f_2(\boldsymbol{x}) + \alpha f_2(\boldsymbol{y})) \\
&= (1-\alpha)(u_1 f_1(\boldsymbol{x}) + u_2 f_2(\boldsymbol{x})) + \alpha(u_1 f_1(\boldsymbol{y}) + u_2 f_2(\boldsymbol{y})) \\
&= (1-\alpha)f(\boldsymbol{x}) + \alpha f(\boldsymbol{y})
\end{aligned}
\tag{3.20}
$$

가 성립하므로, 함수 $u_1 f_1 + u_2 f_2$는 볼록 함수이다. □

정리 3.3

함수 f_1, f_2를 볼록 집합 $S \subseteq \mathbb{R}^n$에서 정의된 볼록 함수라 하자. 이때 함수 $\max\{f_1, f_2\}$는 S의 볼록 함수이다.

증명 $f(\boldsymbol{x}) = \max\{f_x(\boldsymbol{x}), f_2(\boldsymbol{x})\}$라 하자. 함수 f_1, f_2는 집합 S의 볼록 함수이므로, 집합 S의 임의의 두 점 $\boldsymbol{x}, \boldsymbol{y} \in S$에 대해

$$\begin{aligned} f((1-\alpha)\boldsymbol{x}+\alpha\boldsymbol{y} &= \max\{f_1((1-\alpha)\boldsymbol{x}+\alpha\boldsymbol{y}),\ f_2((1-\alpha)\boldsymbol{x}+\alpha\boldsymbol{y})\} \\ &\leq \max\{(1-\alpha)f_1(\boldsymbol{x})+\alpha f_1(\boldsymbol{y}),\ (1-\alpha)f_2(\boldsymbol{x})+\alpha f_2(\boldsymbol{y})) \\ &\leq (1-\alpha)\max\{f_1(\boldsymbol{x}),\ f_2(\boldsymbol{x})\}+\alpha\max\{f_1(\boldsymbol{y}),\ f_2(\boldsymbol{y})\} \\ &= (1-\alpha)f(\boldsymbol{x})+\alpha f(\boldsymbol{y}) \end{aligned} \tag{3.21}$$

가 성립하므로, $\max\{f_1, f_2\}$는 볼록 함수이다. □

정리 3.4

$\mathbb{R}^n$ 위에서 정의된 함수 $g_1, \ldots, g_l$이 볼록 함수이면 집합 $S = \{\boldsymbol{x} \in \mathbb{R}^n \mid g_i(\boldsymbol{x}) \leq 0, i = 1, \ldots, l\}$은 볼록 집합이다.

증명 함수 $g_i(i=1, \ldots, l)$은 $\mathbb{R}^n$ 위의 볼록 함수이므로, 집합 S의 임의의 두 점 $\boldsymbol{x}, \boldsymbol{y} \in S$에 대해

$$g_i((1-\alpha)\boldsymbol{x}+\alpha\boldsymbol{y}) \leq (1-\alpha)g_i(\boldsymbol{x})+\alpha g_i(\boldsymbol{y}) \leq 0, \quad 0 \leq \alpha \leq 1 \tag{3.22}$$

이 성립한다. 따라서 $(1-\alpha)\boldsymbol{x}+\alpha\boldsymbol{y} \in S$가 성립하므로, 집합 S는 볼록 집합이다. □

목적 함수 f와 부등식 제약 함수 $g_1, \ldots, g_l$이 볼록 함수이고, 등식 제약 함수 $g_{l+1}, \ldots, g_m$이 선형 함수일 때, 문제 (3.1)은 볼록 계획 문제가 된다. 선형 함수는 볼록 함수이므로, 2장에서 설명한 선형 계획 문제는 볼록 계획 문제에 포함된다. 볼록 계획 문제에 관해 다음과 같은 특징이 있다.

정리 3.5

볼록 계획 문제에서는 임의의 국소 최적 설루션이 전역 최적 설루션이다.

증명 귀류법을 이용한다. 국소 최적 설루션 $\boldsymbol{x}'$는 전역 최적 설루션이 아니며, 전역 최적 설루션 $f(\boldsymbol{x}^*) < f(\boldsymbol{x}')$를 만족시키면 실행 가능한 $\boldsymbol{x}^*(\neq \boldsymbol{x}')$가 존재한다고 가정한다. 두 점 $\boldsymbol{x}', \boldsymbol{x}^*$를 연결한 선분 위의 점 $\boldsymbol{x}_\alpha = (1-\alpha)\boldsymbol{x}' + \alpha\boldsymbol{x}^*$ $(0 < \alpha < 1)$을 생각한다. 실행 가능 영역 S는 볼록 집합이므로 임의의 $\alpha \in (0, 1)$에 대해 점 $\boldsymbol{x}_\alpha$는 실행 가능 설루션으로, 충분히 작은 α에서는 점 $\boldsymbol{x}_\alpha$는 국소 최적 설루션 $\boldsymbol{x}'$의 근방 $N(\boldsymbol{x}')$에 포함된다. 또한 목적 함수 f는 볼록 함수이므로,

$$f(\boldsymbol{x}_\alpha) \leq (1-\alpha)f(\boldsymbol{x}') + \alpha f(\boldsymbol{x}^*) < f(\boldsymbol{x}') \tag{3.23}$$

가 성립한다. 이것은 점 $\boldsymbol{x}'$가 국소 최적 설루션인 것에 반한다. □

비선형 계획 문제에서는 다변수 함수의 미분이 중요한 역할을 한다. $\boldsymbol{x} = (x_1, \dots, x_n)^\top \in \mathbb{R}^n$을 변수로 하는 연속적인 함수 $f(\boldsymbol{x})$를 생각한다. 이때 함수 f의 각 변수 x_i에 관한 편미분 계수 $\partial f(\boldsymbol{x}) / \partial x_i$를 요소로 하는 벡터

$$\nabla f(\boldsymbol{x}) = \left(\frac{\partial f(\boldsymbol{x})}{\partial x_1}, \frac{\partial f(\boldsymbol{x})}{\partial x_2}, \dots, \frac{\partial f(\boldsymbol{x})}{\partial x_n} \right)^\top \in \mathbb{R}^n \tag{3.24}$$

에 대해

$$f(\boldsymbol{x}+\boldsymbol{d}) = f(\boldsymbol{x}) + \nabla f(\boldsymbol{x})^\top \boldsymbol{d} + \mathrm{o}(\|\boldsymbol{d}\|), \quad \boldsymbol{d} \in \mathbb{R}^n \tag{3.25}$$

이 성립할 때, 함수 f와 점 $\boldsymbol{x}$에 대해 (전)미분 가능하다고 한다.[10] 또한 $\nabla f(\boldsymbol{x})$가 연속이라면, 함수 f는 점 $\boldsymbol{x}$에 대해 연속적 미분 가능이라 한다.

벡터 $\nabla f(\boldsymbol{x})$를 점 $\boldsymbol{x}$에 대한 함수 f의 **기울기 벡터**gradient라 한다. 예를 들어 함수 $f(\boldsymbol{x}) = 3x_1^2 - 2x_1x_2 + 3x_2^2 - 4x_1 - 4x_2$의 기울기 벡터는

10 함수 g: $\mathbb{R} \to \mathbb{R}$에 대해 $\lim_{x\to 0}\left|\frac{g(x)}{x}\right| = 0$이 성립할 때, $g(x) = \mathrm{o}(x)$로 나타낸다. 이것을 **란다우의 o-표기법**Landau o-notation이라 한다.

$$\nabla f(\boldsymbol{x}) = \begin{pmatrix} 6x_1 - 2x_2 - 4 \\ -3x_1 + 6x_2 - 4 \end{pmatrix} \tag{3.26}$$

가 된다. 점 $\boldsymbol{a} = (0, 0)^\top$, $\boldsymbol{b} = (2, 0)^\top$, $\boldsymbol{c} = (3, 1)^\top$에 대한 함수 f의 기울기 벡터는 각각 $\nabla f(\boldsymbol{A}) = (-4, -4)^\top$, $\nabla f(\boldsymbol{b}) = (8, -8)^\top$, $\nabla f(\boldsymbol{c}) = (12, -4)^\top$이 된다. 기울기 벡터는 점 $\boldsymbol{x}$에 대해 함수 f의 증가율, 다시 말해 기울기가 최대가 되는 방향을 가리키는 벡터로 [그림 3.8]에 표시한 것처럼, 함수 f의 등고선에 대해 수직 방향이 된다.

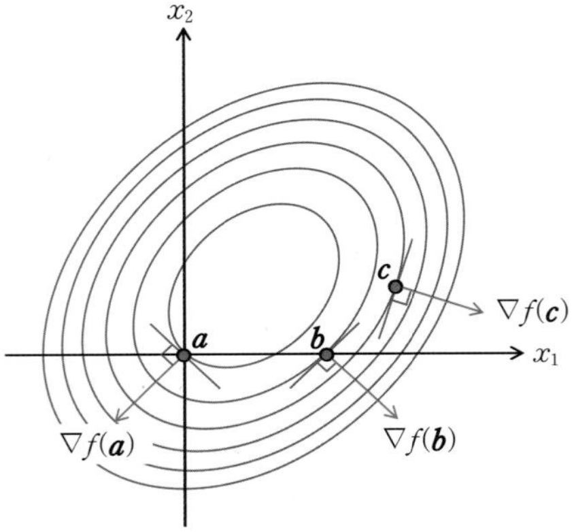

그림 3.8 기울기 벡터의 예

함수 f가 미분 가능하면 식 (3.25)에서 점 $\boldsymbol{x}$의 주변에서 함수 f를 선형 함수로 근사할 수 있다. 미분 가능한 볼록 함수는 다음과 같은 특징이 있다.

정리 3.6

함수 f는 미분 가능하다고 하자. 이때 함수 f가 볼록 함수이기 위한 필요충분조건은 임의의 두 점 $\boldsymbol{x}, \boldsymbol{y} \in \mathbb{R}^n$에 대해,

$$f(\boldsymbol{y}) \geq \nabla f(\boldsymbol{x})^\top (\boldsymbol{y} - \boldsymbol{x}) + f(\boldsymbol{x}) \tag{3.27}$$

이 성립하는 것이다.

증명 먼저 필요조건인 것을 보인다. 식 (3.18)을 변형하면

$$f(\boldsymbol{y})-f(\boldsymbol{x}) \geq \frac{1}{\alpha}\{f(\boldsymbol{x}+\alpha(\boldsymbol{y}-\boldsymbol{x}))-f(\boldsymbol{x})\} \tag{3.28}$$

가 된다. 여기서 $g(\alpha)=f(\boldsymbol{x}+\alpha(\boldsymbol{y}-\boldsymbol{x}))$라고 하면

$$\lim_{\alpha\to 0}\frac{f(\boldsymbol{x}+\alpha(\boldsymbol{y}-\boldsymbol{x}))-f(\boldsymbol{x})}{\alpha}=\lim_{\alpha\to 0}\frac{g(\alpha)-g(0)}{\alpha}=\frac{dg(0)}{d\alpha} \tag{3.29}$$

가 된다. $x(\alpha) = \boldsymbol{x}+\alpha(\boldsymbol{y}-\boldsymbol{x})$라고 하면 합성함수의 미분보다

$$\frac{dg(0)}{d\alpha}=\sum_{j=1}^{n}\frac{\partial f(\boldsymbol{x}(0))}{\partial x_j}\frac{dx_j(0)}{d\alpha}=\nabla f(\boldsymbol{x})^{\top}(\boldsymbol{y}-\boldsymbol{x}) \tag{3.30}$$

가 되고 식(3.27)이 성립한다.

다음으로 충분조건인 것을 보인다. 두 점 $\boldsymbol{x}, \boldsymbol{y}$를 연결한 선분 위의 점 $\boldsymbol{x}_\alpha = (1-\alpha)\boldsymbol{x} + \alpha\boldsymbol{y}$ $(0<\alpha<1)$를 생각한다. 두 점 $\boldsymbol{x}, \boldsymbol{x}_\alpha$ 및 두 점 $\boldsymbol{y}, \boldsymbol{x}_\alpha$에 각각 식 (3.27)을 적용하면

$$\begin{aligned} f(\boldsymbol{x})-f(\boldsymbol{x}_\alpha) &\geq \nabla f(\boldsymbol{x}_\alpha)^{\top}(\boldsymbol{x}-\boldsymbol{x}_\alpha), \\ f(\boldsymbol{y})-f(\boldsymbol{x}_\alpha) &\geq \nabla f(\boldsymbol{x}_\alpha)^{\top}(\boldsymbol{y}-\boldsymbol{x}_\alpha) \end{aligned} \tag{3.31}$$

가 된다. 이 식들을 각각 $1-\alpha$배, α배 한 뒤 더하면

$$(1-\alpha)f(\boldsymbol{x})+\alpha f(\boldsymbol{y})-f(\boldsymbol{x}_\alpha) \geq \nabla f(\boldsymbol{x}_\alpha)^{\top}\{(1-\alpha)\boldsymbol{x}+\alpha\boldsymbol{y}-\boldsymbol{x}_\alpha\}=0 \tag{3.32}$$

이 되어, 식 (3.18)을 얻을 수 있다. □

식 (3.27)은 함수 f가 항상 그 접평면의 위쪽에 있음을 의미한다(그림 3.9).

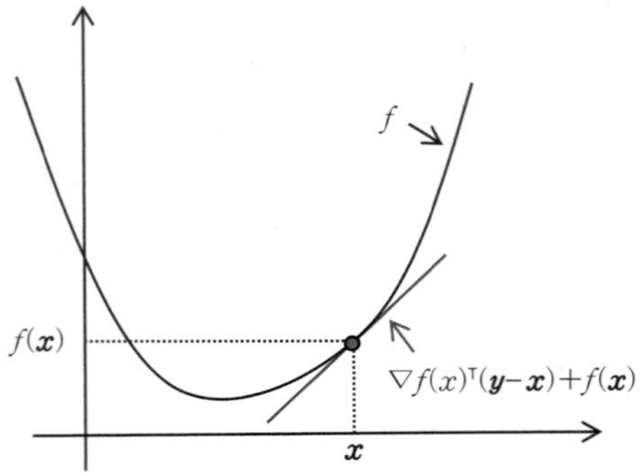

그림 3.9 볼록 함수와 접선

[정리 3.6]에서 다음과 같은 특징도 알 수 있다.

따름정리 3.1

함수 f는 연속적 미분 가능하다고 하자. 이때 함수 f가 볼록 함수이기 위한 필요충분조건은 임의의 두 점 $\boldsymbol{x}, \boldsymbol{y} \in \mathbb{R}^n$에 대해,

$$(\nabla f(\boldsymbol{y}) - \nabla f(\boldsymbol{x}))^\top (\boldsymbol{y} - \boldsymbol{x}) \geq 0 \tag{3.33}$$

이 성립하는 것이다.

증명 먼저 필요조건임을 보인다. 식 (3.27)에서,

$$\begin{aligned} f(\boldsymbol{y}) &\geq \nabla f(\boldsymbol{x})^\top (\boldsymbol{y} - \boldsymbol{x}) + f(\boldsymbol{x}), \\ f(\boldsymbol{x}) &\geq \nabla f(\boldsymbol{y})^\top (\boldsymbol{x} - \boldsymbol{y}) + f(\boldsymbol{y}) \end{aligned} \tag{3.34}$$

를 얻을 수 있다. 이 두 식을 더하면 식 (3.33)을 얻을 수 있다.

다음으로 충분조건임을 보인다. 함수 f는 연속적으로 미분 가능하므로, 평균값의 정리에 따라

$$f(\boldsymbol{y}) = f(\boldsymbol{x}) + \nabla f(\boldsymbol{x}_\alpha)^\top (\boldsymbol{y} - \boldsymbol{x}) \tag{3.35}$$

를 만족하는 점 $\boldsymbol{x}_\alpha = (1-\alpha)\boldsymbol{x} + \alpha\boldsymbol{y}\ (0 < \alpha < 1)$이 존재한다.

두 점 $\boldsymbol{x}_\alpha, \boldsymbol{x}$에 식 (3.33)을 적용하면

$$(\nabla f(\boldsymbol{x}_\alpha) - \nabla f(\boldsymbol{x}))^\top (\boldsymbol{x}_\alpha - \boldsymbol{x}) \geq 0 \tag{3.36}$$

이 된다. 여기에 $\boldsymbol{x}_\alpha = (1-\alpha)\boldsymbol{x} + \alpha\boldsymbol{y}$를 대입해서 변형하면

$$\nabla f(\boldsymbol{x}_\alpha)^\top (\boldsymbol{y} - \boldsymbol{x}) \geq \nabla f(\boldsymbol{x})^\top (\boldsymbol{y} - \boldsymbol{x}) \tag{3.37}$$

가 된다. 여기에 식 (3.35)를 대입하면 식 (3.27)을 얻을 수 있다. □

식 (3.33)은 1변수 함수 $f(x)$ $(x \in \mathbb{R})$에서는

$$(f'(y) - f'(x))(y - x) \geq 0 \tag{3.38}$$

이 되므로 1차 도함수 f'가 단조 비감소[11]인 것은 함수 f가 볼록 함수인 것과 등가이다.

또한 기울기 벡터를 편미분하면 함수 f에 대해 보다 자세한 정보를 얻을 수 있다. $\boldsymbol{x} = (x_1, \dots, x_n)^\top \in \mathbb{R}^n$을 변수로 하는 연속적으로 미분 가능한 함수 $f(\boldsymbol{x})$를 생각한다. 함수 f의 각 변수 x_i, x_j에 관한 2차 편미분 계수 $\partial^2 f(\boldsymbol{x}) / \partial x_i \partial x_j$를 요소로 하는 행렬

$$\nabla^2 df(\boldsymbol{x}) = \begin{pmatrix} \dfrac{\partial^2 f(\boldsymbol{x})}{\partial x_1^2} & \dfrac{\partial^2 f(\boldsymbol{x})}{\partial x_1 \partial x_2} & \cdots & \dfrac{\partial^2 f(\boldsymbol{x})}{\partial x_1 \partial x_n} \\ \dfrac{\partial^2 f(\boldsymbol{x})}{\partial x_1 \partial x_2} & \dfrac{\partial^2 f(\boldsymbol{x})}{\partial x_2^2} & \cdots & \dfrac{\partial^2 f(\boldsymbol{x})}{\partial x_2 \partial x_n} \\ \vdots & \vdots & \ddots & \vdots \\ \dfrac{\partial^2 f(\boldsymbol{x})}{\partial x_n \partial x_1} & \dfrac{\partial^2 f(\boldsymbol{x})}{\partial x_n \partial x_2} & \cdots & \dfrac{\partial^2 f(\boldsymbol{x})}{\partial x_n^2} \end{pmatrix} \in \mathbb{R}^{n \times n} \tag{3.39}$$

에 대해

11 임의의 $x < y$에 대해 $f(x) \leq f(y)$가 성립한다는 것이다.

$$f(\boldsymbol{x}+\boldsymbol{d}) = f(\boldsymbol{x}) + \nabla f(\boldsymbol{x})^\top \boldsymbol{d} + \frac{1}{2}\boldsymbol{d}^\top \nabla^2 f(\boldsymbol{x})\boldsymbol{d} + \mathrm{o}(\|\boldsymbol{d}\|^2), \quad \boldsymbol{d} \in \mathbb{R}^n \tag{3.40}$$

이 성립할 때, 함수 f는 점 $\boldsymbol{x}$에 대해 2회 미분 가능하다고 부른다. 또한 $\nabla^2 f(\boldsymbol{x})$가 연속이라면, 함수 f는 점 $\boldsymbol{x}$에 2회 연속적으로 미분 가능하다고 부른다.

행렬 $\nabla^2 f(\boldsymbol{x})$를 점 $\boldsymbol{x}$에 대한 함수 f의 **헤세 행렬**Hessian matrix이라 한다. 함수 f가 점 $\boldsymbol{x}$에 대해 2회 연속적으로 미분 가능하면, 헤세 행렬 $\nabla^2 f(\boldsymbol{x})$는 n차 대칭 행렬이 된다. 예를 들어 함수 $f(\boldsymbol{x}) = 3x_1^2 - 2x_1x_2 + 3x_2^2 - 4x_1 - 4x_2$의 헤세 행렬은

$$\nabla^2 f(\boldsymbol{x}) = \begin{pmatrix} 6 & -2 \\ -2 & 6 \end{pmatrix} \tag{3.41}$$

이 된다.

n차 정방 행렬 $\boldsymbol{A} \in \mathbb{R}^{n\times n}$이 임의의 $\boldsymbol{x} \in \mathbb{R}^n$에 대해

$$\boldsymbol{x}^\top \boldsymbol{A}\boldsymbol{x} = \sum_{i=1}^{n} a_{ii}x_i^2 + \sum_{i\neq j} a_{ij}x_i x_j \geq 0 \tag{3.42}$$

을 만족할 때, 행렬 $\boldsymbol{A}$는 **반정정값**positive semidefinite이라 한다. 또한 임의의 $\boldsymbol{x} \in \mathbb{R}^n$ $(\boldsymbol{x} \neq \boldsymbol{0})$에 대해 $\boldsymbol{x}^\top \boldsymbol{A}\boldsymbol{x} > 0$을 만족할 때, 행렬 $\boldsymbol{A}$는 **정정값**positive definite이라 한다.

n차 대칭 행렬의 고윳값[12]은 모두 실수다. n차 대칭 행렬 $\boldsymbol{A}$는 그 고윳값 $\lambda_1, \ldots, \lambda_n$에 대응하는 고유 벡터 $\boldsymbol{p}_1, \ldots, \boldsymbol{p}_n$으로 만들어지는 교차 행렬[13] $\boldsymbol{P} = (\boldsymbol{p}_1, \ldots, \boldsymbol{p}_n)$을 이용해

$$\boldsymbol{P}^\top \boldsymbol{A}\boldsymbol{P} = \begin{pmatrix} \lambda_1 & & 0 \\ & \ddots & \\ 0 & & \lambda_n \end{pmatrix} \tag{3.43}$$

으로 대각화할 수 있다. 여기에서 $\boldsymbol{x} = \boldsymbol{P}\boldsymbol{y}$라고 하면

---

12 n차 정방 행렬 $\boldsymbol{A}$에 대해 $\boldsymbol{A}\boldsymbol{x} = \lambda\boldsymbol{x}$를 만족하는 λ와 $\boldsymbol{x}$를, 각각 $\boldsymbol{A}$의 **고윳값**eigen value 및 **고유 벡터**eigen vector라 한다.

13 n차 정방 행렬 $\boldsymbol{P} \in \mathbb{R}^{n\times n}$이 $\boldsymbol{P}^\top\boldsymbol{P} = \boldsymbol{I}$를 만족할 때, 행렬 $\boldsymbol{P}$를 **직교 행렬**orthogonal matrix이라 한다. 여기에서 $\boldsymbol{I}$는 **단위 행렬**identity matrix이다.

$$\boldsymbol{x}^\top \boldsymbol{A}\boldsymbol{x} = \boldsymbol{y}^\top(\boldsymbol{P}^\top \boldsymbol{A}\boldsymbol{P})\boldsymbol{y} = \sum_{i=1}^{n} \lambda_i y_i^2 \tag{3.44}$$

이 되어, 행렬 $\boldsymbol{A}$의 모든 고윳값이 음이 아니라면, 행렬 $\boldsymbol{A}$는 반정정값임을 알 수 있다. 예를 들어 식 (3.41)의 헤세 행렬의 고유 방정식

$$\begin{vmatrix} 6-\lambda & -2 \\ -2 & 6-\lambda \end{vmatrix} = (\lambda-4)(\lambda-8) = 0 \tag{3.45}$$

을 풀면 고윳값 $\lambda = 4, 8$을 얻을 수 있으므로 이 헤세 행렬은 정정값임을 알 수 있다. 대칭 행렬 $\boldsymbol{A}$가 반정정값이기 위한 필요충분조건은 그 모든 고윳값이 음이 아니라는 것, 그리고 대칭 행렬 $\boldsymbol{A}$가 정정값이기 위한 필요충분조건은 그 모든 고윳값이 양수여야 한다.

다음과 같은 2차 함수의 특징을 살펴보자.

$$\begin{aligned} f(\boldsymbol{x}) &= \frac{1}{2}\sum_{i=1}^{n}\sum_{j=1}^{n} a_{ij}x_i x_j + \sum_{i=1}^{n} b_i x_i \\ &= \frac{1}{2}\boldsymbol{x}^\top \boldsymbol{A}\boldsymbol{x} + \boldsymbol{b}^\top \boldsymbol{x} \end{aligned} \tag{3.46}$$

여기에서 $\boldsymbol{A} \in \mathbb{R}^{n\times n}, \boldsymbol{b} \in \mathbb{R}^n$이다. $\boldsymbol{A}$가 대칭 행렬이 아닌 경우는

$$\boldsymbol{x}^\top \boldsymbol{A}\boldsymbol{x} = \boldsymbol{x}^\top\left(\frac{\boldsymbol{A}+\boldsymbol{A}^\top}{2} + \frac{\boldsymbol{A}-\boldsymbol{A}^\top}{2}\right)\boldsymbol{x} = \boldsymbol{x}^\top\left(\frac{\boldsymbol{A}+\boldsymbol{A}^\top}{2}\right)\boldsymbol{x} \tag{3.47}$$

에서 행렬 $\boldsymbol{A}$를 대칭 행렬 $\frac{A+A^\top}{2}$로 치환할 수 있으므로, 일반성을 잃지 않고 $\boldsymbol{A}$는 대칭 행렬로 할 수 있다.[14] 이 함수의 기울기 벡터와 헤세 행렬은

$$\nabla f(\boldsymbol{x}) = \boldsymbol{A}\boldsymbol{x} + \boldsymbol{b}, \quad \nabla^2 f(\boldsymbol{x}) = \boldsymbol{A} \tag{3.48}$$

가 된다. 이때 임의의 $\boldsymbol{x}, \boldsymbol{x}' \in \mathbb{R}^n$에 대해

---

14 $\boldsymbol{x}^\top\left(\frac{\boldsymbol{A}-\boldsymbol{A}^\top}{2}\right)\boldsymbol{x} = 0$ 이 되는 것에 주의한다.

$$(\nabla f(\boldsymbol{x}) - \nabla f(\boldsymbol{x}'))^\top (\boldsymbol{x} - \boldsymbol{x}') = (\boldsymbol{x} - \boldsymbol{x}')^\top \boldsymbol{A}(\boldsymbol{x} - \boldsymbol{x}') \tag{3.49}$$

가 성립한다. 따라서 [따름정리 3.1]로부터 행렬 $\boldsymbol{A}$가 반정정값인 것은 식 (3.46)의 2차 함수가 볼록 함수라는 것과 등가이다. [그림 3.8]에 표시한 것처럼 헤세 행렬이 반정정값이 되는 2차 함수는 볼록 함수이며 그 등고선은 타원을 그린다.

함수 f가 2회 미분 가능하다면 식 (3.40)을 이용해 점 $\boldsymbol{x}$ 주변에서 함수 f를 2차 함수로 근사할 수 있다. 이처럼 헤세 행렬은 비선형 함수의 국소적인 특징을 아는 데 있어 중요한 정보를 제공한다.

정리 3.7

함수 f를 2회 연속적으로 미분 가능하다고 하자. 이때 함수 f가 볼록 함수이기 위한 필요충분조건은 임의의 점 $\boldsymbol{x} \in \mathbb{R}^n$에 대해 헤세 행렬 $\nabla^2 f(\boldsymbol{x})$가 반정정값이 되는 것이다.

증명 먼저 필요조건인 것을 보인다. 점 $\boldsymbol{x}$에서 어떤 방향 $\boldsymbol{d} \in \mathbb{R}^n (\|\boldsymbol{d}\| = 1)$에 걸쳐 $\alpha(>0)$만큼 이동한 점을 생각한다. 함수 f는 2회 미분 가능하므로

$$f(\boldsymbol{x} + \alpha \boldsymbol{d}) = f(\boldsymbol{x}) + \alpha \nabla f(\boldsymbol{x})^\top \boldsymbol{d} + \frac{\alpha^2}{2} \boldsymbol{d}^\top \nabla^2 f(\boldsymbol{x}) \boldsymbol{d} + \mathrm{o}(\alpha^2) \tag{3.50}$$

으로 나타낼 수 있다. 함수 f는 볼록 함수이므로

$$f(\boldsymbol{x} + \alpha \boldsymbol{d}) \geq f(\boldsymbol{x}) + \alpha \nabla f(\boldsymbol{x})^\top \boldsymbol{d} \tag{3.51}$$

가 성립한다. 이 식에서

$$\frac{1}{2} \boldsymbol{d}^\top \nabla^2 f(\boldsymbol{x}) \boldsymbol{d} + \frac{\mathrm{o}(\alpha^2)}{\alpha^2} \geq 0 \tag{3.52}$$

이 성립한다. 여기에서 $\alpha \to 0$으로 하면 $\mathrm{o}(\alpha^2)/\alpha^2$은 0에 수렴하므로, $\boldsymbol{d}^\top \nabla^2 f(\boldsymbol{x}) \boldsymbol{d} \geq 0$이 성립

한다.[15]

다음은 충분조건임을 보인다. 함수 f는 2회 연속적으로 미분 가능하므로 테일러 정리에 의해

$$f(\boldsymbol{y}) = f(\boldsymbol{x}) + \nabla f(\boldsymbol{x})^\top(\boldsymbol{y}-\boldsymbol{x}) + \frac{1}{2}(\boldsymbol{y}-\boldsymbol{x})^\top \nabla^2 f(\boldsymbol{x}_\alpha)(\boldsymbol{y}-\boldsymbol{x}) \tag{3.53}$$

를 만족하는 점 $\boldsymbol{x}_\alpha = (1-\alpha)\boldsymbol{x} + \alpha\boldsymbol{y}\ (0 < \alpha < 1)$이 존재한다. 임의의 $\boldsymbol{x} \in \mathbb{R}^n$에 대해 헤세 행렬 $\nabla^2 f(\boldsymbol{x})$는 반정정값이므로

$$\frac{1}{2}(\boldsymbol{y}-\boldsymbol{x})^\top \nabla^2 f(\boldsymbol{x}_\alpha)(\boldsymbol{y}-\boldsymbol{x}) = f(\boldsymbol{y}) - f(\boldsymbol{x}) - \nabla f(\boldsymbol{x})^\top(\boldsymbol{y}-\boldsymbol{x}) \geq 0 \tag{3.54}$$

이 성립하며, 식 (3.27)을 얻을 수 있다. □

[정리 3.7]을 바탕으로 다음과 같은 특징도 나타낼 수 있다.

따름정리 3.2

함수 f를 2회 연속적으로 미분 가능하다고 하자. 이때 임의의 점 $\boldsymbol{x} \in \mathbb{R}^n$에 대해 헤세 행렬 $\nabla^2 f(\boldsymbol{x})$가 정정값이라면 함수 f는 좁은 의미의 볼록 함수이다.

(증명 생략)

3.2 제약이 없는 최적화 문제

일반적으로 제약이 없는 최적화 문제는 다음 형태로 나타낼 수 있다.

15 $\boldsymbol{d}^\top \nabla^2 f(\boldsymbol{x})\boldsymbol{d} < 0$이면, 충분히 작은 α에 대해 식 (3.52)가 성립하지 않는 것에 주의한다.

$$\begin{array}{ll} \text{최소화} & f(\boldsymbol{x}) \\ \text{조건} & \boldsymbol{x} \in \mathbb{R}^n. \end{array} \tag{3.55}$$

이번 절에서는 제약이 없는 최적화 문제의 최적성 조건과 국소 최적 설루션을 구하는 알고리즘을 설명한다.[16]

3.2.1 제약이 없는 최적화 문제의 최적성 조건

일반적으로 비선형 계획 문제에서는 전역 최적 설루션 외에 다수의 국소 최적 설루션이 존재할 가능성이 있다. 그러므로 비선형 계획 문제에서는 국소 최적 설루션을 구하는 것이 당면한 목표가 된다. 먼저 제약이 없는 최적화 문제의 최적성 조건을 생각한다.

정리 3.8 제약이 없는 최적화 문제: 최적성의 1차 필요조건

제약이 없는 최적화 문제 (3.55)의 목적 함수 f는 미분 가능하다고 하자. 이때 점 $\boldsymbol{x}^*$가 국소 최적 설루션이라면

$$\nabla f(\boldsymbol{x}^*) = \mathbf{0} \tag{3.56}$$

이 성립한다.

증명 국소 최적 설루션 $\boldsymbol{x}^*$에서 어떤 방향 $\boldsymbol{d} \in \mathbb{R}^n$ ($\|\boldsymbol{d}\| = 1$)에 대해 충분히 작은 α (≥ 0)만큼 이동한 점을 생각한다. 목적 함수 f는 미분 가능하므로

$$f(\boldsymbol{x}^* + \alpha \boldsymbol{d}) = f(\boldsymbol{x}^*) + \alpha \nabla f(\boldsymbol{x}^*)^\top \boldsymbol{d} + \mathrm{o}(\alpha) \tag{3.57}$$

로 나타낼 수 있다. 국소 최적 설루션 $\boldsymbol{x}^*$는 $f(\boldsymbol{x}^* + \alpha \boldsymbol{d}) - f(\boldsymbol{x}^*) \leq 0$을 만족하므로

$$\nabla f(\boldsymbol{x}^*)^\top \boldsymbol{d} + \frac{\mathrm{o}(\alpha)}{\alpha} \geq 0 \tag{3.58}$$

16 정확히는 임계점critical point(3.2.1절)을 구하는 알고리즘이다.

이 성립한다. 여기에서 $\alpha \rightarrow 0$이라면 $o(\alpha) / \alpha$는 0에 수렴하므로

$$\nabla f(\boldsymbol{x}^*)^\top \boldsymbol{d} \geq 0 \tag{3.59}$$

이 성립한다.[17] 이 부등식은 임의의 방향 $\boldsymbol{d} \in \mathbb{R}^n$ ($\|\boldsymbol{d}\| = 1$)에 대해 성립하므로, $\nabla f(\boldsymbol{x}^*) = \mathbf{0}$이다. □

[정리 3.8]은 점 $\boldsymbol{x}^*$가 국소 최적 설루션이 되기 위한 필요조건이다. 한편, 목적 함수 f의 값이 극대가 되는 점과 [그림 3.10]에 표시한 것과 같은 **안장점** saddle point[18]이라 불리는 점도 식 (3.56)을 만족하므로, [정리 3.8]은 충분조건이 아님을 알 수 있다. 일반적으로 $\nabla f(\boldsymbol{x}) = \mathbf{0}$을 만족하는 점 $\boldsymbol{x}$를 제약이 없는 최적화 문제 (3.55)의 **정류점** stationary point라 한다.

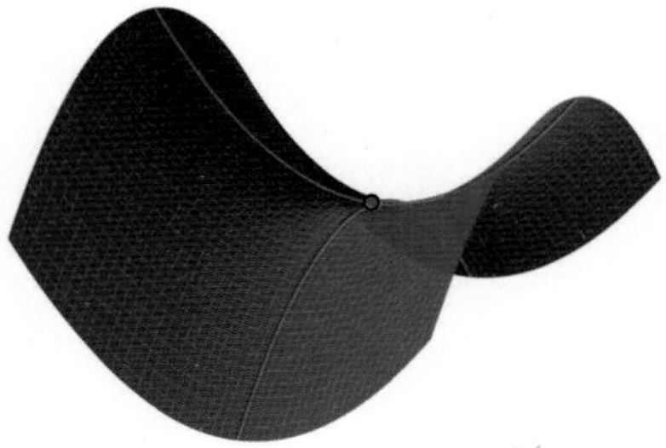

그림 3.10 안장점 예

목적 함수 f가 볼록 함수이면 제약이 없는 최적화 문제 (3.55)의 정류점 $\boldsymbol{x}^*$는 전역 최적 설루션이 된다. 이것은 [정리 3.6]의 식 (3.27)에 $\boldsymbol{x} = \boldsymbol{x}^*$, $\nabla f(\boldsymbol{x}^*) = \mathbf{0}$을 대입하면, 임의의 $\boldsymbol{y} \in \mathbb{R}^n$에 대해 $f(\boldsymbol{y}) \geq f(\boldsymbol{x}^*)$가 성립하는 것에서 확인할 수 있다.

17 $\nabla f(\boldsymbol{x}^*)^\top \boldsymbol{d} < 0$이면, 충분히 작은 α에 대해 식 (3.58)이 성립하지 않는 것에 주의한다.

18 마치 말 등에 올린 안장과 같은 형태로 함숫값이 어떤 방향에서 보면 극대가 되고 다른 방향에서 보면 극소가 되는 점을 안장점이라 한다.

정리 3.9 제약이 없는 최적화 문제: 최적성의 2차 필요조건

제약이 없는 최적화 문제 (3.55)의 목적 함수 f가 2회 미분 가능하다고 하자. 이때 점 $\boldsymbol{x}^*$가 국소 최적 설루션이라면 헤세 행렬 $\nabla^2 f(\boldsymbol{x}^*)$는 반정정값이다.

증명 국소 최적 설루션 $\boldsymbol{x}^*$에서 어떤 방향 $\boldsymbol{d} \in \mathbb{R}^n$ ($\|\boldsymbol{d}\| = 1$)에 대해 충분히 작은 α (≥ 0)만큼 이동한 점을 생각한다. 목적 함수 f는 2회 미분 가능하므로

$$f(\boldsymbol{x}^* + \alpha\boldsymbol{d}) = f(\boldsymbol{x}^*) + \alpha\nabla f(\boldsymbol{x}^*)^\top \boldsymbol{d} + \frac{\alpha^2}{2}\boldsymbol{d}^\top \nabla^2 f(\boldsymbol{x}^*)\boldsymbol{d} + \mathrm{o}(\alpha^2) \tag{3.60}$$

으로 나타낼 수 있다. 국소 최적 설루션 $\boldsymbol{x}^*$는 $f(\boldsymbol{x}^* + \alpha\boldsymbol{d}) - f(\boldsymbol{x}^*) \geq 0$과 $\nabla f(\boldsymbol{x}^*) = \boldsymbol{0}$을 만족하므로

$$\frac{1}{2}\boldsymbol{d}^\top \nabla^2 f(\boldsymbol{x}^*)\boldsymbol{d} + \frac{\mathrm{o}(\alpha^2)}{\alpha^2} \geq 0 \tag{3.61}$$

이 성립한다. 여기에서 $\alpha \to 0$으로 하면 $\mathrm{o}(\alpha^2) / \alpha^2$는 0에 수렴하므로

$$\boldsymbol{d}^\top \nabla^2 f(\boldsymbol{x}^*)\boldsymbol{d} \geq 0 \tag{3.62}$$

이 성립한다.[19] 이 부등식은 임의의 방향 $\boldsymbol{d} \in \mathbb{R}^n$ ($\|\boldsymbol{d}\| = 1$)에 대해 성립하므로, 헤세 행렬 $\nabla^2 f(\boldsymbol{x}^*)$는 반정정값이다. □

정리 3.10 제약이 없는 최적화 문제: 최적성의 2차 충분조건

제약이 없는 최적화 문제 (3.55)의 목적 함수 f는 2회 미분 가능하다고 하자. 이때 점 $\boldsymbol{x}^*$가 정류점에서 헤세 행렬 $\nabla^2 f(\boldsymbol{x}^*)$가 정정값이면, 점 $\boldsymbol{x}^*$는 국소 최적 설루션이다.

증명 정류점 $\boldsymbol{x}^*$에서 어떤 방향 $\boldsymbol{d} \in \mathbb{R}^n$ ($\|\boldsymbol{d}\| = 1$)에 대해 충분히 작은 α (≥ 0)만큼 이동한 점을 생각한다. 목적 함수 f는 미분 가능하므로

19 $\boldsymbol{d}^\top \nabla^2 f(\boldsymbol{x}^*)\boldsymbol{d} < 0$이면, 충분히 작은 α에 대해 식 (3.61)은 성립하지 않는 것에 주의한다.

$$f(\boldsymbol{x}^* + \alpha \boldsymbol{d}) = f(\boldsymbol{x}^*) + \alpha \nabla f(\boldsymbol{x}^*)^\top \boldsymbol{d} + \frac{\alpha^2}{2} \boldsymbol{d}^\top \nabla^2 f(\boldsymbol{x}^*) \boldsymbol{d} + \mathrm{o}(\alpha^2) \tag{3.63}$$

으로 나타낼 수 있다. 정류점 $\boldsymbol{x}^*$는 $\nabla f(\boldsymbol{x}^*) = \boldsymbol{0}$을 만족하므로

$$f(\boldsymbol{x}^* + \alpha \boldsymbol{d}) - f(\boldsymbol{x}^*) = \frac{\alpha^2}{2} \boldsymbol{d}^\top \nabla^2 f(\boldsymbol{x}^*) \boldsymbol{d} + \mathrm{o}(\alpha^2) \tag{3.64}$$

이 된다. 여기에서 $\boldsymbol{d}^\top \nabla^2 f(\boldsymbol{x}^*) \boldsymbol{d} \geq 0$이며, $\alpha \to 0$이면 $\mathrm{o}(\alpha^2) / \alpha^2$는 0에 수렴하므로, 충분히 작은 α에 대해

$$f(\boldsymbol{x}^* + \alpha \boldsymbol{d}) - f(\boldsymbol{x}^*) > 0 \tag{3.65}$$

이 성립한다. 이 부등식은 임의의 방향 $\boldsymbol{d} \in \mathbb{R}^n$ ($\|\boldsymbol{d}\| = 1$)에 대해 성립하므로, 정류점 $\boldsymbol{x}^*$는 국소 최적 설루션이다.

예를 들어 다음의 제약이 없는 최적화 문제를 생각한다.

$$\begin{array}{ll} \textbf{최소화} & f(\boldsymbol{x}) = 3x_1^2 - 2x_1x_2 + 3x_2^2 - 4x_1 - 4x_2 \\ \textbf{조건} & \boldsymbol{x} = (x_1, x_2)^\top \in \mathbb{R}^2. \end{array} \tag{3.66}$$

이 목적 함수 f의 기울기 벡터는 식 (3.26)과 같으므로, 방정식 $\nabla f(\boldsymbol{x}) = \boldsymbol{0}$을 풀면 정류점 $\boldsymbol{x} = (1, 1)^\top$을 얻을 수 있다. 또한 목적 함수 f의 헤세 행렬은 식 (3.41)과 같으며 그 고윳값은 $\lambda = 4, 8$로 모두 양수이므로, 임의의 점 $\boldsymbol{x} \in \mathbb{R}^2$에 대한 헤세 행렬 $\nabla^2 f(\boldsymbol{x})$는 정정값이다. 그러므로 [정리 3.10]에 따라, 정류점 $\boldsymbol{x} = (1, 1)^\top$은 국소 최적 설루션이다.[20]

다음으로 목적 함수 $f_1(\boldsymbol{x}) = x_1^2 + 3x_2^4$와 $f_2(\boldsymbol{x}) = x_1^2 + 3x_2^3$의 경우를 생각한다. 이들의 목적 함수 f_1, f_2의 기울기 벡터는

$$\nabla f_1(\boldsymbol{x}) = \begin{pmatrix} 2x_1 \\ 12x_2^3 \end{pmatrix}, \quad \nabla f_2(\boldsymbol{x}) = \begin{pmatrix} 2x_1 \\ 9x_2^2 \end{pmatrix} \tag{3.67}$$

20 또한 목적 함수 f는 볼록 함수이므로 정류점 $\boldsymbol{x} = (1, 1)^\top$은 전역 최적 설루션이다.

이 된다. 두 벡터 모두 같은 정류점 $\boldsymbol{x}^* = (0, 0)^\top$을 가지며, $f(\boldsymbol{x}^*) = 0$이다. 정류점 $\boldsymbol{x}^*$에 대해 헤세 행렬 $\nabla^2 f_1(\boldsymbol{x}^*)$, $\nabla^2 f_2(\boldsymbol{x}^*)$는

$$\nabla^2 f_1(\boldsymbol{x}^*) = \begin{pmatrix} 2 & 0 \\ 0 & 0 \end{pmatrix}, \quad \nabla^2 f_2(\boldsymbol{x}^*) = \begin{pmatrix} 2 & 0 \\ 0 & 0 \end{pmatrix} \tag{3.68}$$

이 되어, 모두 반정정값이 된다.

목적 함수 f_1과 f_2의 등고선을 [그림 3.11]에 표시했다.

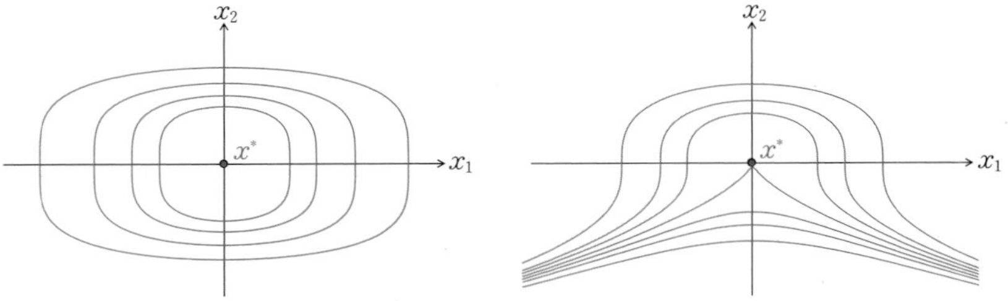

그림 3.11 목적 함수 $f_1(\boldsymbol{x})$(좌)와 $f_2(\boldsymbol{x})$(우)의 등고선

그림에서 알 수 있듯이 $\boldsymbol{x}^* = (0, 0)^\top$은 목적 함수 f_1에서는 국소 최적 설루션이지만, 목적 함수 f_2에서는 국소 최적 설루션이 아니다. 실제로 충분히 작은 $\varepsilon > 0$에 대해, 점 $\boldsymbol{x} = (0, -\varepsilon)^\top$에서의 목적 함수 f_2의 값은 $-3\varepsilon^3 < 0$이 되어, 점 $\boldsymbol{x}^*$가 국소 최적 설루션이 아님을 알 수 있다. 이렇게 최적성의 2차 필요조건과 2차 충분조건 사이에는 차이가 있다. 다시 말해서 최적성의 2차 필요조건을 만족해도 국소 최적 설루션이라고 단정할 수는 없으며, 2차 충분조건을 만족하지 않는 국소 최적 설루션이 존재하는 문제 사례도 있다.

이제 제약이 없는 최적화 문제 (3.55)의 최적성의 1차 필요조건을 만족하는 정류점 $\boldsymbol{x}^*$를 한 개 구하는 대표적인 알고리즘을 설명한다.[21]

21 특별한 언급이 없는 한, 제약이 없는 최적화 문제 (3.55)의 목적 함수 f는 2번 연속적 미분 가능하다.

3.2.2 경사 하강법

일반적으로 방정식 $\nabla f(\boldsymbol{x}) = \mathbf{0}$을 직접 푸는 것은 어려우므로 정류점 $\boldsymbol{x}^*$에 수렴하는 점의 열 $\{\boldsymbol{x}^{(k)} \mid k = 0, 1, 2, \ldots\}$를 만들고 정류점 $\boldsymbol{x}^*$에 충분히 가깝다고 판단한 시점에서의 점 $\boldsymbol{x}^{(k)}$를 근사 설루션으로 출력하는 **반복법**iterative method을 이용한다.

반복법은 적당한 초기점 $\boldsymbol{x}^{(0)}$에서 출발해서 반복식

$$\boldsymbol{x}^{(k+1)} = \boldsymbol{x}^{(k)} + \alpha_k \boldsymbol{d}(\boldsymbol{x}^{(k)}) \tag{3.69}$$

로부터 점의 열 $\{\boldsymbol{x}^{(k)}\}$를 생성한다. 여기에서 점 $\boldsymbol{x}^{(k)}$는 k번째의 반복에서의 정류점 $\boldsymbol{x}^*$의 근사 설루션으로, $\boldsymbol{d}(\boldsymbol{x}^{(k)}) \in \mathbb{R}^n$을 **탐색 방향**search direction, $\alpha_k\ (\geq 0)$를 **스텝 폭**step size이라 한다.

반복법에서는 각 반복에 대해 $f(\boldsymbol{x}^{(k)} + \alpha_k \boldsymbol{d}(\boldsymbol{x}^{(k)})) < f(\boldsymbol{x}^{(k)})$를 만족하는 방향 α_k가 존재하는 탐색 방향 $\boldsymbol{d}(\boldsymbol{x}^{(k)})$를 결정하게 된다. 목적 함수 f는 미분 가능하며

$$f(\boldsymbol{x}^{(k)} + \alpha_k \boldsymbol{d}(\boldsymbol{x}^{(k)})) \approx f(\boldsymbol{x}^{(k)}) + \alpha_k \nabla f(\boldsymbol{x}^{(k)})^\top \boldsymbol{d}(\boldsymbol{x}^{(k)}) \tag{3.70}$$

로 근사할 수 있으므로, $\nabla f(\boldsymbol{x}^{(k)})^\top \boldsymbol{d}(\boldsymbol{x}^{(k)}) < 0$이라면, 충분히 작은 스텝 폭 α_k에 대해 $f(\boldsymbol{x}^{(k)} + \alpha_k \boldsymbol{d}(\boldsymbol{x}^{(k)})) < f(\boldsymbol{x}^{(k)})$가 성립한다. $\nabla f(\boldsymbol{x}^{(k)})^\top \boldsymbol{d}(\boldsymbol{x}^{(k)}) < 0$을 만족하는 탐색 방향 $\boldsymbol{d}(\boldsymbol{x}^{(k)})$를 **하강 방향**descent direction이라 한다. [그림 3.12]에 표시한 것처럼 기울기 벡터 $\nabla f(\boldsymbol{x}^{(k)})$는 점 $\boldsymbol{x}^{(k)}$에 대해 기울기가 최대가 되는 방향을 나타내고, 기울기 벡터 $\nabla f(\boldsymbol{x}^{(k)})$와 예각을 이루는 방향이 기울기 방향이 된다.

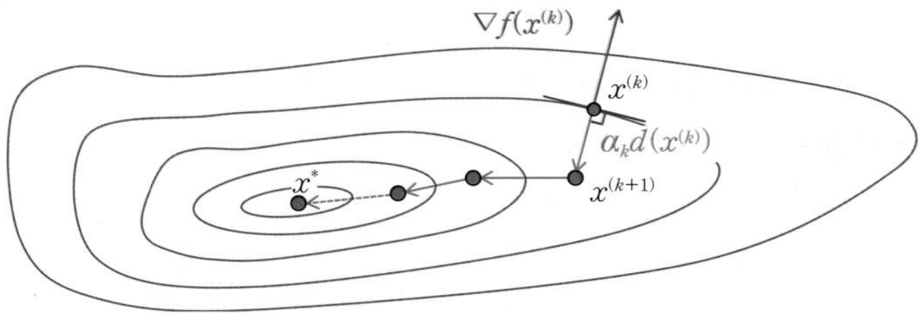

그림 3.12 경사 하강법

탐색 방향을 기울기 벡터 $\nabla f(\boldsymbol{x}^{(k)})$의 역방향, 즉 가장 급하게 내려가는 방향

$$\boldsymbol{d}(\boldsymbol{x}^{(k)}) = -\nabla f(\boldsymbol{x}^{(k)}) \tag{3.71}$$

로 고정하면 $\nabla f(\boldsymbol{x}^{(k)})^\top \boldsymbol{d}(\boldsymbol{x}^{(k)}) = -\|\nabla f(\boldsymbol{x}^{(k)}\|^2 < 0$에서 탐색 방향 $\boldsymbol{d}(\boldsymbol{x}^{(k)})$는 항상 내려가는 방향이 된다. 이 반복법을 **경사 하강법**steepest descent method이라 한다.

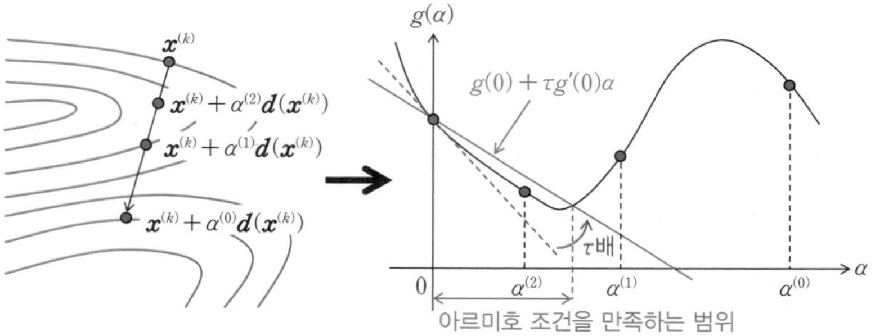

그림 3.13 직선 탐색(좌)와 아르미호(Armijo) 조건(우)

[그림 3.13](좌)에 표시한 것처럼 점 $\boldsymbol{x}^{(k)}$에서 탐색 방향 $\boldsymbol{d}(\boldsymbol{x}^{(k)})$에 걸쳐 진행하면, 목적 함수 f의 값이 처음에는 감소하지만, 그 후에는 증가로 바뀌는 경우가 적지 않다. 여기에서 $\alpha(>0)$을 변수로 하는 함수

$$g(\alpha) = f(\boldsymbol{x}^{(k)} + \alpha \boldsymbol{d}(\boldsymbol{x}^{(k)})) \tag{3.72}$$

의 값을 최소화하는 최적화 문제를 풀고, 그 최적 설루션을 스텝 폭 α_k로 하는 것이 바람직하다. 이 절차를 **직선 탐색**line search이라 한다.

일반적으로 직선 탐색에서 함수 g의 값이 최소가 되는 α를 효율적으로 구하기는 쉽지 않다. 여기에서 다음 **아르미호 조건**Armijo condition 또는 **울프 조건**Wolfe condition을 만족하는 α의 값을 구해 이를 스텝 폭 α_k로 하는 경우가 많다.

아르미호 조건: 어떤 상수 $0<\tau<1$에 대해

$$g(\alpha) \leq g(0) + \tau g'(0)\alpha \tag{3.73}$$

를 만족하는 α의 값을 선택한다.

울프 조건: 어떤 상수 $0 < \tau_1 < \tau_2 < 1$에 대해

$$\begin{aligned} g(\alpha) &\le g(0) + \tau_1 g'(0)\alpha, \\ g'(\alpha) &\ge \tau_2 g'(0) \end{aligned} \tag{3.74}$$

을 만족하는 α의 값을 선택한다.

함수 f는 미분 가능하므로, 함수 g의 기울기는

$$g'(\alpha) = \nabla f(\boldsymbol{x}^{(k)} + \alpha \boldsymbol{d}(\boldsymbol{x}^{(k)}))^\top \boldsymbol{d}(\boldsymbol{x}^{(k)}) \tag{3.75}$$

로 나타낼 수 있다. 이때 $\alpha = 0$에 대해 함수 g의 접선은 $g(0) + g'(0)\alpha$가 된다. 아르미호 조건에서는 이 접선의 기울기를 τ배해서 얻어지는 직선 $g(0) + \tau g'(0)\alpha$보다도 함수 $g(\alpha)$가 아래쪽에 있는 α의 값을 선택한다(그림 3.13(우)). 단, 아르미호 조건에서는 매우 작은 α의 값이 선택될 가능성이 있으므로, 기울기 $g'(\alpha)$가 $\tau_2 g'(0)$보다도 충분히 0에 가까운 것을 조건으로 추가한 것이 울프 조건이다. $\alpha = 0$에서는 울프 조건은 성립하지 않지만, α를 크게 하면 기울기 $g'(\alpha)$가 (유한한 최적값이 존재하면) 언젠가 0 이상이 되어 울프 조건이 성립한다.

직선 탐색에서는 **백트래킹 알고리즘**backtracking line search과 **시컨트 알고리즘**secant method 등의 알고리즘이 알려져 있다. 백트래킹 알고리즘은 $\alpha^{(0)} = 1$에서 시작해, 상수 β $(0 < \beta < 1)$를 이용해, 반복할 때마다 $\alpha^{(i+1)} = \beta\alpha^{(i)}$를 한다. 시컨트 알고리즘은 α에 대해 함수 g의 기울기 $g'(\alpha)$를 간단히 계산할 수 있는 경우에 이용된다. 함수 g를 2차 함수

$$g(\alpha) \approx a(\alpha - b)^2 + c \tag{3.76}$$

에 근사한다. 만약 위 식의 좌변과 우변의 값이 같다면 $\alpha^{(i-1)}$, $\alpha^{(i)}$에 대한 함수 g의 기울기는

$$g'(\alpha^{(i-1)}) = 2a(\alpha^{(i-1)} - b), \quad g'(\alpha^{(i)}) = 2a(\alpha^{(i)} - b) \tag{3.77}$$

로 나타낼 수 있다. 이 식을 풀면

$$b = \frac{g'(\alpha^{(i)})\alpha^{(i-1)} - g'(\alpha^{(i-1)})\alpha^{(i)}}{g'(\alpha^{(i)}) - g'(\alpha^{(i-1)})} \tag{3.78}$$

가 된다. 식 (3.76)의 우변의 값은 $\alpha = b$일 때 최소가 되므로, 이 값을 $\alpha^{(i+1)}$로 한다. 모든 식이 현재 $\alpha^{(i)}$가 아르미호 조건 또는 울프 조건을 만족할 때까지 탐색을 계속한다.

경사 하강법의 절차를 다음과 같이 정리했다.

알고리즘 3.1 | 경사 하강법

단계 1: 초기점 $\boldsymbol{x}^{(0)}$을 고정한다. $k=0$으로 한다.

단계 2: $\|\nabla f(\boldsymbol{x}^{(k)})\|$이 충분히 작다면 종료한다.

단계 3: 탐색 방향 $\boldsymbol{d}(\boldsymbol{x}^{(k)}) = -\nabla f(\boldsymbol{x}^{(k)})$에 걸쳐 직선 탐색을 수행해 스텝 폭 α_k를 구한다.

단계 4: $\boldsymbol{x}^{(k+1)} = \boldsymbol{x}^{(k)} + \alpha_k \boldsymbol{d}(\boldsymbol{x}^{(k)})$로 한다. $k = k+1$로 하고 단계 2로 돌아간다.

경사 하강법의 [단계 2]에서는 현재의 점 $\boldsymbol{x}^{(k)}$가 $\nabla f(\boldsymbol{x}^{(k)}) = \boldsymbol{0}$을 엄밀히 만족한다고는 기대할 수 없으므로, 기울기 벡터의 크기 $\|\nabla f(\boldsymbol{x}^{(k)})\|$과와 설루션의 변동 $\|\boldsymbol{x}^{(k+1)} - \boldsymbol{x}^{(k)}\|$이 충분히 작은 시점에서 알고리즘을 종료하는 경우가 많다.

경사 하강법의 실행 예를 [그림 3.14]에 표시했다.

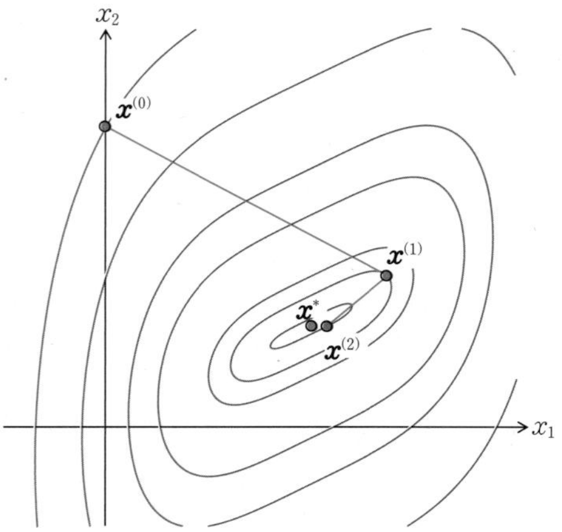

그림 3.14 경사 하강법의 실행 예

여기에서는 다음의 제약이 없는 최적화 문제를 생각한다.

$$\begin{array}{ll} \textbf{최소화} & f(\boldsymbol{x}) = (x_1 - 2)^4 + (x_1 - 2x_2)^2 \\ \textbf{조건} & \boldsymbol{x} = (x_1,\ x_2)^\top \in \mathbb{R}^2. \end{array} \tag{3.79}$$

이 문제의 최적 설루션은 $\boldsymbol{x}^* = (2, 1)^\top$이다. 목적 함수 f의 기울기 벡터는

$$\nabla f(\boldsymbol{x}) = \begin{pmatrix} 4(x_1 - 2)^3 + 2(x_1 - 2x_2) \\ -4(x_1 - 2x_2) \end{pmatrix} \tag{3.80}$$

이 된다. 초기점을 $\boldsymbol{x}^{(0)} = (0, 3)^\top$로 한다. 경사 하강법을 적용하면 초기의 탐색 방향은 $\boldsymbol{d}(\boldsymbol{x}^{(0)}) = (44, -24)^\top$이 된다. 직선 탐색을 적용하면 스텝 폭 $\alpha_0 = -0.0625$를 얻을 수 있고, 반복 후의 점은 $\boldsymbol{x}^{(1)} = (2.75, 1.5)^\top$이 된다. 절차를 반복하면 $\boldsymbol{x}^{(2)} = (2.15625, 1)^\top$이 되어, 최적 설루션 $\boldsymbol{x}^*$에 가까워지는 것을 알 수 있다.

3.2.3 뉴턴법

제약이 없는 최적화 문제의 1차 최적성 필요조건은 $\nabla f(\boldsymbol{x}) = \mathbf{0}$이라는 연립 비선형 방정식으로 나타난다. 여기에서 연립 비선형 방정식을 푸는 대표적인 알고리즘의 하나인 **뉴턴법**Newton's method를 적용해 이 조건을 만족하는 정류점 $\boldsymbol{x}^*$를 구한다.

뉴턴법은 적당한 초기점 $\boldsymbol{x}^{(0)}$에서 출발해, 반복식

$$\boldsymbol{x}^{(k+1)} = \boldsymbol{x}^{(k)} + \boldsymbol{d}(\boldsymbol{x}^{(k)}) \tag{3.81}$$

에 의해 점렬 $\{\boldsymbol{x}^{(k)}\}$를 생성한다.

목적 함수 f는 2회 미분 가능하므로,

$$\nabla f(\boldsymbol{x}^{(k)} + \boldsymbol{d}) \approx \nabla f(\boldsymbol{x}^{(k)}) + \nabla^2 f(\boldsymbol{x}^{(k)})\boldsymbol{d} \tag{3.82}$$

로 근사할 수 있다. 여기에서

$$\nabla f(\boldsymbol{x}^{(k)}) + \nabla^2 f(\boldsymbol{x}^{(k)})\boldsymbol{d} = \boldsymbol{0} \tag{3.83}$$

을 $\boldsymbol{d}$에 관해 풀면

$$\boldsymbol{d} = -\nabla^2 f(\boldsymbol{x}^{(k)})^{-1} \nabla f(\boldsymbol{x}^{(k)}) \tag{3.84}$$

가 된다. 이 $\boldsymbol{d}$의 값을 $\boldsymbol{d}(\boldsymbol{x}^{(k)})$로 하고 반복식 (3.81)을 이용해 점렬 $\{\boldsymbol{x}^{(k)}\}$를 생성한다.

여기에서 목적 함수 f는 2회 미분 가능하므로,

$$f(\boldsymbol{x}^{(k)} + \boldsymbol{d}) \approx f(\boldsymbol{x}^{(k)}) + \nabla f(\boldsymbol{x}^{(k)})^\top \boldsymbol{d} + \frac{1}{2}\boldsymbol{d}^\top \nabla^2 f(\boldsymbol{x}^{(k)})\boldsymbol{d} \tag{3.85}$$

로 근사할 수 있다. 여기에서 $\boldsymbol{d}$를 변수로 하는 2차 함수

$$q(\boldsymbol{x}^{(k)}, \boldsymbol{d}) = f(\boldsymbol{x}^{(k)}) + \nabla f(\boldsymbol{x}^{(k)})^\top \boldsymbol{d} + \frac{1}{2}\boldsymbol{d}^\top \nabla^2 f(\boldsymbol{x}^{(k)})\boldsymbol{d} \tag{3.86}$$

의 값을 최소화하는 최적화 문제를 푸는 것을 생각한다. 이 문제의 최적성의 1차 필요조건은 식 (3.83)이 되며, 마찬가지로 $\boldsymbol{d}(\boldsymbol{x}^{(k)})$를 도출할 수 있다. 다시 말해, 뉴턴법은 목적 함수 f를 점 $\boldsymbol{x}^{(k)}$의 주변으로 근사한 2차 함수 $q(\boldsymbol{x}^{(k)}, \boldsymbol{d})$의 정류점을 구하는 절차를 반복하는 알고리즘으로 볼 수 있다.

뉴턴법의 각 반복에 대해 헤세 행렬 $\nabla^2 f(\boldsymbol{x}^{(k)})$가 반정정값이라면, 2차 함수 $q(\boldsymbol{x}^{(k)}, \boldsymbol{d})$는 볼록 함수가 된다. 이때 최적성의 1차 필요조건을 만족하는 $\boldsymbol{d}(\boldsymbol{x}^{(k)})$에서 함수 $q(\boldsymbol{x}^{(k)}, \boldsymbol{d})$의 값은 최소가 된다. 그러나 헤세 행렬 $\nabla^2 f(\boldsymbol{x}^{(k)})$가 반정정값이 아니면 $\boldsymbol{d}(\boldsymbol{x}^{(k)})$에서 함수 $q(\boldsymbol{x}^{(k)}, \boldsymbol{d})$의 값은 최소가 된다고 단정할 수 없다. [그림 3.15]에 표시한 것처럼 헤세 행렬 $\nabla^2 f(\boldsymbol{x}^{(k)})$가 음수(부정값)[22]라면, 함수 $q(\boldsymbol{x}^{(k)}, \boldsymbol{d})$(빨간 점선)는 오목 함수가 되며, $\boldsymbol{d}(\boldsymbol{x}^{(k)})$에서 함수 $q(\boldsymbol{x}^{(k)}, \boldsymbol{d})$의 값은 최대가 된다.

---

22 n차 정방 행렬 $\boldsymbol{A} \in \mathbb{R}^{n \times n}$이 임의의 $\boldsymbol{x} \in \mathbb{R}^n$에 대해 $\boldsymbol{x}^\top \boldsymbol{A}\boldsymbol{x} < 0$을 만족할 때, 행렬 $\boldsymbol{A}$는 **부정값** negative definite 상태라 한다.

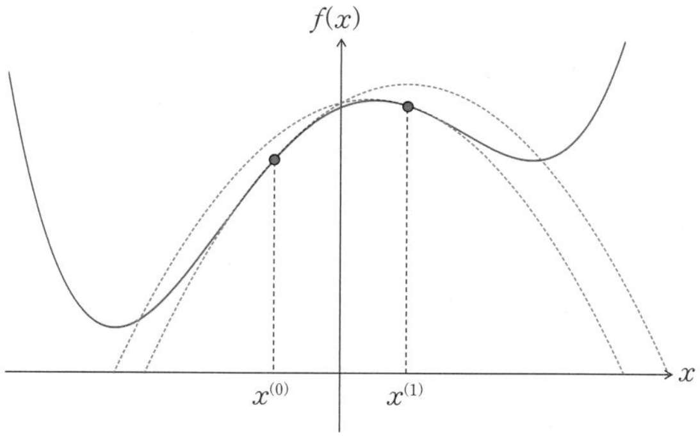

그림 3.15 뉴턴법의 탐색 방향 $\boldsymbol{d}(\boldsymbol{x}^{(k)})$가 내리막 방향이 되지 않는 예

뉴턴법의 절차를 다음과 같이 정리한다.

알고리즘 3.2 | 뉴턴법

단계 1: 초깃값 $\boldsymbol{x}^{(0)}$을 정한다. $k=0$으로 한다.

단계 2: $\|\nabla f(\boldsymbol{x}^{(k)})\|$이 충분히 작다면 종료한다.

단계 3: $\boldsymbol{x}^{(k+1)}=\boldsymbol{x}^{(k)}-\nabla^2 f(\boldsymbol{x}^{(k)})^{-1}\nabla f(\boldsymbol{x}^{(k)})$로 한다. $k=k+1$로 하고 단계 2로 돌아간다.

뉴턴법의 실행 예를 [그림 3.16]에 표시했다.

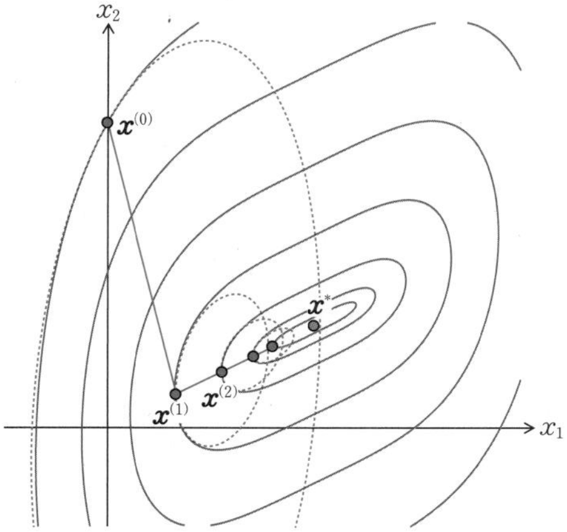

그림 3.16 뉴턴법 실행 예

여기에서는 경사 하강법의 실행 예와 마찬가지로 제약이 없는 최적화 문제 (3.79)를 생각한다. 목적 함수 f의 헤세 행렬은

$$\nabla^2 f(\boldsymbol{x}) = \begin{pmatrix} 12(x_1-2)^2+2 & -4 \\ -4 & 8 \end{pmatrix} \tag{3.87}$$

이 된다. 초기점을 $\boldsymbol{x}^{(0)} = (0, 3)^\top$이 된다. 뉴턴법을 적용하면 $\boldsymbol{d}(\boldsymbol{x}^{(0)}) = (0.667, -2.667)^\top$에서 반복 후의 점은 $\boldsymbol{x}^{(1)} = (0.667, 0.333)^\top$이 된다. 절차를 더 반복하면 $\boldsymbol{x}^{(2)} = (1.111, 0.556)^\top$, $\boldsymbol{x}^{(3)} = (1.407, 0.703)^\top$, $\boldsymbol{x}^{(4)} = (1.605, 0.802)^\top$이 되어 최적 설루션 $\boldsymbol{x}^*$에 가까지는 것을 알 수 있다. 그리고 [그림 3.16]의 타원(빨간 점선)은 점 $\boldsymbol{x}^{(k)}$에서의 2차원 함수 $q(\boldsymbol{x}^{(k)}, \boldsymbol{d})$의 등고선으로 뉴턴법으로는 함수 $q(\boldsymbol{x}^{(k)}, \boldsymbol{d})$의 정류점을 구하는 절차를 반복하고 있음을 알 수 있다.

뉴턴법은 각 반복에서 스텝 폭 α_k를 구하는 직선 탐색의 필요가 없다는 점이 특징이다. 그러나 초기점 $\boldsymbol{x}^{(0)}$이 정류점 $\boldsymbol{x}^*$에서 떨어져 있으면 수렴하지 않는 경우가 있다. 예를 들어 다음 1변수의 좁은 의미의 볼록 함수를 생각한다.

$$f(x) = (1+|x|)\log(1+|x|) - (1+|x|). \tag{3.88}$$

이 함수의 1차 도함수, 2차 도함수는

$$\begin{aligned} f'(x) &= \begin{cases} \log(1+|x|) & x \geq 0 \\ -\log(1+|x|) & x < 0, \end{cases} \\ f''(x) &= 1/(1+|x|) \end{aligned} \tag{3.89}$$

가 된다. [그림 3.17]에서 명확하게 최적 설루션은 $\boldsymbol{x}^* = 0$이다. 그러나 뉴턴법을 $x^{(0)} = e^2 - 1$부터 시작하면 $d(x^{(0)}) = -2e^2$, $x^{(1)} = -e^2 - 1$이 된다. 또한 반복을 진행하면 $|x^{(0)}| < |x^{(1)}| < |x^{(2)}| < \cdots$로 최적 설루션에서 멀어지며 점렬 $\{\boldsymbol{x}^{(k)}\}$는 수렴하지 않는다.

뉴턴법의 각 반복에 대해 헤세 행렬 $\nabla^2 f(\boldsymbol{x}^{(k)})$가 정정값이라면,

$$\nabla f(\boldsymbol{x}^{(k)})^\top \boldsymbol{d}(\boldsymbol{x}^{(k)}) = -\nabla(\boldsymbol{x}^{(k)})^\top \nabla^2(\boldsymbol{x}^{(k)})^{-1} \nabla(\boldsymbol{x}^{(k)}) < 0 \tag{3.90}$$

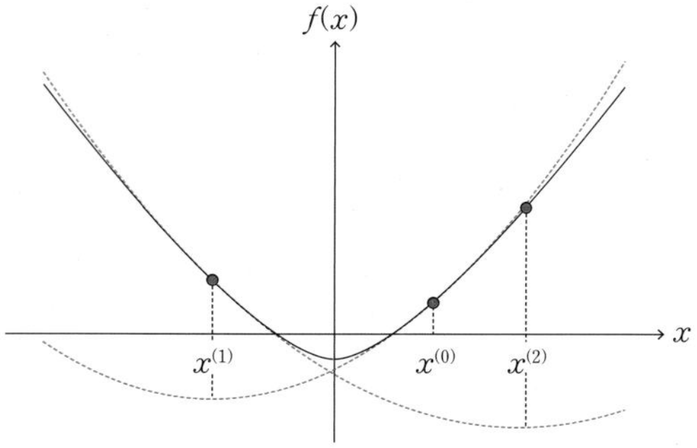

그림 3.17 뉴턴법이 수렴하지 않는 예

에서 $\boldsymbol{d}(\boldsymbol{x}^{(k)})$는 내리막 방향이 된다. 여기에서 $\boldsymbol{d}(\boldsymbol{x}^{(k)})$에 걸쳐 직선 탐색을 하고, $f(\boldsymbol{x}^{(k)} + \alpha_k \boldsymbol{d}(\boldsymbol{x}^{(k)})) < f(\boldsymbol{x}^{(k)})$를 만족하는 적절한 스텝 폭 α_k를 구하는 방법을 생각할 수 있다. 이 예에서는 직선 탐색에 의해 최적 설루션 $x^* = 0$에 수렴하는 점렬 $\{\boldsymbol{x}^{(k)}\}$를 생성할 수 있다. 이런 뉴턴법을 **직선 탐색 뉴턴법**Newton's method with line search이라 한다.

3.2.4 준뉴턴법

직선 탐색 뉴턴법에서는 각 반복에 대한 헤세 행렬 $\nabla^2 f(\boldsymbol{x}^{(k)})$가 반드시 정정값이라고 단정할 수 없기 때문에 $\boldsymbol{d}(\boldsymbol{x}^{(k)})$가 내리막 방향이 되는 것을 보증할 수 없다. 그리고 헤세 행렬이 정칙이 아니며 역행렬을 가지지 않는 일도 있다. **준뉴턴법**quasi-Newton method에서는 헤세 행렬 $\nabla^2 f(\boldsymbol{x}^{(k)})$를 근사하는 정정값 대칭 행렬 $\boldsymbol{B}_k$를 이용해 이 문제점들을 극복한다. 탐색 방향을

$$\boldsymbol{d}(\boldsymbol{x}^{(k)}) = -\boldsymbol{B}_k^{-1} \nabla f(\boldsymbol{x}^{(k)}) \tag{3.91}$$

로 고정하면 $\nabla f(\boldsymbol{x}^{(k)})^\top \boldsymbol{d}(\boldsymbol{x}^{(k)}) = -\nabla f(\boldsymbol{x}^{(k)})^\top \boldsymbol{B}_k^{-1} \nabla f(\boldsymbol{x}^{(k)}) < 0$에서 탐색 방향 $\boldsymbol{d}(\boldsymbol{x}^{(k)})$는 항상 내리막 방향이 된다. 목적 함수 f는 2회 미분 가능하므로,

$$\nabla f(\boldsymbol{x}^{(k)}) \approx \nabla f(\boldsymbol{x}^{(k+1)}) + \nabla^2 f(\boldsymbol{x}^{(k+1)})(\boldsymbol{x}^{(k)} - \boldsymbol{x}^{(k+1)}) \tag{3.92}$$

로 근사할 수 있다. 여기에서 헤세 행렬 $\nabla^2 f(\boldsymbol{x}^{(k+1)})$ 대신, 이 식을 만족하는 정정값 대칭 행렬 $\boldsymbol{B}_{k+1}$을 구한다.

$$\boldsymbol{B}_{k+1}(\boldsymbol{x}^{(k+1)} - \boldsymbol{x}^{(k)}) = \nabla f(\boldsymbol{x}^{(k+1)}) - \nabla f(\boldsymbol{x}^{(k)}). \tag{3.93}$$

이를 **시컨트 조건**secant condition이라 한다.

준뉴턴법에서는 직전의 반복에서 얻은 근사 행렬 $\boldsymbol{B}_k$를 업데이트해서 시컨트 조건을 만족하는 정정값 대칭 행렬 $\boldsymbol{B}_{k+1}$을 구한다. 다음 BFGS **공식**BFGS update[23]은 근사 행렬 $\boldsymbol{B}_k$의 업데이트 공식으로 잘 알려져 있다.

$$\boldsymbol{B}_{k+1} = \boldsymbol{B}_k - \frac{\boldsymbol{B}_k \boldsymbol{s}^{(k)} (\boldsymbol{B}_k \boldsymbol{s}^{(k)})^\top}{(\boldsymbol{s}^{(k)})^\top \boldsymbol{B}_k \boldsymbol{s}^{(k)}} + \frac{\boldsymbol{y}^{(k)} (\boldsymbol{y}^{(k)})^\top}{(\boldsymbol{s}^{(k)})^\top \boldsymbol{y}^{(k)}}. \tag{3.94}$$

여기에서,

$$\begin{aligned} \boldsymbol{s}^{(k)} &= \boldsymbol{x}^{(k+1)} - \boldsymbol{x}^{(k)}, \\ \boldsymbol{y}^{(k)} &= \nabla f(\boldsymbol{x}^{(k+1)}) - \nabla f(\boldsymbol{x}^{(k)}) \end{aligned} \tag{3.95}$$

이다.

BFGS 공식으로 업데이트된 $\boldsymbol{B}_{k+1}$이 대칭 행렬이 되는 것은 식 (3.94)에서 쉽게 알 수 있다. 그리고

$$\begin{aligned} \boldsymbol{B}_{k+1} \boldsymbol{s}^{(k)} &= \boldsymbol{B}_k \boldsymbol{s}^{(k)} - \frac{\boldsymbol{B}_k \boldsymbol{s}^{(k)} (\boldsymbol{B}_k \boldsymbol{s}^{(k)})^\top \boldsymbol{s}^{(k)}}{(\boldsymbol{s}^{(k)})^\top \boldsymbol{B}_k \boldsymbol{s}^{(k)}} + \frac{\boldsymbol{y}^{(k)} (\boldsymbol{y}^{(k)})^\top \boldsymbol{s}^{(k)}}{(\boldsymbol{s}^{(k)})^\top \boldsymbol{y}^{(k)}} \\ &= \boldsymbol{B}_k \boldsymbol{s}^{(k)} - \boldsymbol{B}_k \boldsymbol{s}^{(k)} + \boldsymbol{y}^{(k)} \\ &= \boldsymbol{y}^{(k)} \end{aligned} \tag{3.96}$$

에서 시컨트 조건이 성립함을 알 수 있다.

마지막으로 $\boldsymbol{B}_{k+1}$이 정정값이 되는 것을 보인다. 먼저 다음 보조정리가 성립함을 보인다.

---

23 이 이름은 업데이트 공식의 제안자들인 브로이덴C. G. Broyden, 플레처R. Fletcher, 골드팝D. Goldfarb, 샤노D. F. Shanno의 머리글자를 연결한 것이다.

보조정리 3.1

근사 행렬 $\boldsymbol{B}_k$가 정정값이면 $(\boldsymbol{s}^{(k)})^\top \boldsymbol{y}^{(k)} > 0$이 성립한다.

증명 준뉴턴법의 직선 탐색에서 $g(\alpha) = f(\boldsymbol{x}^{(k)} + \alpha \boldsymbol{d}(\boldsymbol{x}^{(k)}))$가 최소가 되는 스텝 폭 $\alpha_k\,(> 0)$을 구한다고 하자. 그럼 $dg(\alpha_k) \,/\, d\alpha = 0$이 성립하므로 $\boldsymbol{x}(\alpha) = \boldsymbol{x}^{(k)} + \alpha \boldsymbol{d}(\boldsymbol{x}^{(k)})$라 하면 합성 함수의 미분으로부터

$$\frac{dg(\alpha_k)}{d\alpha} = \sum_{j=1}^{n} \frac{\partial f(\boldsymbol{x}^{(k+1)})}{\partial x_j} \frac{dx_j(\alpha)}{d\alpha} = \nabla f(\boldsymbol{x}^{(k+1)})^\top \boldsymbol{d}(\boldsymbol{x}^{(k)}) = 0 \tag{3.97}$$

이 된다. 이와 함께 역행렬 $\boldsymbol{B}_k^{-1}$이 정정값인 것으로부터

$$\begin{aligned}
(\boldsymbol{s}^{(k)})^\top \boldsymbol{y}^{(k)} &= \alpha_k \boldsymbol{d}(\boldsymbol{x}^{(k)})^\top (\nabla f(\boldsymbol{x}^{(k+1)}) - \nabla f(\boldsymbol{x}^{(k)})) \\
&= \alpha_k \boldsymbol{d}(\boldsymbol{x}^{(k)})^\top (\nabla f(\boldsymbol{x}^{(k+1)}) - \alpha_k \boldsymbol{d}(\boldsymbol{x}^{(k)})^\top \nabla f(\boldsymbol{x}^{(k)}) \\
&= -\alpha_k (-(\boldsymbol{B}_k)^{-1} \nabla f(\boldsymbol{x}^{(k)}))^\top \nabla f(\boldsymbol{x}^{(k)}) \\
&= \alpha_k \nabla f(\boldsymbol{x}^{(k)})^\top (\boldsymbol{B}_k^{-1})^\top \nabla f(\boldsymbol{x}^{(k)}) > 0
\end{aligned} \tag{3.98}$$

이 성립한다. □

정리 3.11

근사 행렬 $\boldsymbol{B}_k$가 정정값이라면 BFGS 공식으로 만들어진 행렬 $\boldsymbol{B}_{k+1}$도 정정값이 된다.

증명 행렬 $\boldsymbol{B}_{k+1}$이 정정값인 것을 보이기 위해서는 $\boldsymbol{u}\ (\neq \boldsymbol{0}) \in \mathbb{R}^n$에 대해

$$\boldsymbol{u}^\top \boldsymbol{B}_{k+1} \boldsymbol{u} = \boldsymbol{u}^\top \boldsymbol{B}_k \boldsymbol{u} - \frac{(\boldsymbol{u}^\top \boldsymbol{B}_k \boldsymbol{s}^{(k)})^2}{(\boldsymbol{s}^{(k)})^\top \boldsymbol{B}_k \boldsymbol{s}^{(k)}} + \frac{((\boldsymbol{y}^{(k)})^\top \boldsymbol{u})^2}{(\boldsymbol{s}^{(k)})^\top \boldsymbol{y}^{(k)}} > 0 \tag{3.99}$$

이 되는 것을 보이면 된다.

행렬 $\boldsymbol{B}_k$는 정정값 대칭이므로 $\boldsymbol{B}_k = \overline{\boldsymbol{P}}^\top \overline{\boldsymbol{P}}$를 만족하는 정칙 행렬 $\overline{\boldsymbol{P}}$가 존재한다.[24] 여기에서 $\bar{\boldsymbol{u}} = \overline{\boldsymbol{P}}^\top \boldsymbol{u}$, $\bar{\boldsymbol{s}} = \overline{\boldsymbol{P}}^\top \boldsymbol{s}^{(k)}$로 하면

$$\boldsymbol{u}^\top \boldsymbol{B}_{k+1} \boldsymbol{u} = \frac{(\bar{\boldsymbol{u}}^\top \bar{\boldsymbol{u}})(\bar{\boldsymbol{s}}^\top \bar{\boldsymbol{s}}) - (\bar{\boldsymbol{u}}^\top \bar{\boldsymbol{s}})^2}{\bar{\boldsymbol{s}}^\top \bar{\boldsymbol{s}}} + \frac{((\boldsymbol{y}^{(k)})^\top \boldsymbol{u})^2}{(\boldsymbol{s}^{(k)})^\top \boldsymbol{y}^{(k)}} \tag{3.100}$$

이 된다. 이때 우변의 1항은 **코시-슈왈츠 부등식**Cauchy-Schwarz inequality $(\bar{\boldsymbol{u}}^\top \bar{\boldsymbol{u}})(\bar{\boldsymbol{s}}^\top \bar{\boldsymbol{s}}) \geq (\bar{\boldsymbol{u}}^\top \bar{\boldsymbol{s}})^2$ [25] 에서 항상 음수가 되지 않으며, 0이 되는 경우는 $\bar{\boldsymbol{u}} - \eta^{\bar{\boldsymbol{s}}}$ 를 만족하는 $\eta \in \mathbb{R}$이 존재할 때에 한한다. 그리고 $(\boldsymbol{s}^{(k)})^\top \boldsymbol{y}^{(k)} > 0$에서, 우변의 2항도 항상 음수가 되지 않는다. 이상에서 $\boldsymbol{u}^\top \boldsymbol{B}_{k+1} \boldsymbol{u} \geq 0$이 성립한다.

다음으로 $\boldsymbol{u}^\top \boldsymbol{B}_{k+1} \boldsymbol{u} > 0$이 성립하는 것을 보인다. 위 식의 1항이 0이 아닌 한 $\boldsymbol{u}^\top \boldsymbol{B}_{k+1} \boldsymbol{u} > 0$은 명확히 성립한다. 위 식의 1항이 0이 되는 것은 $\bar{\boldsymbol{u}} = \eta^{\bar{\boldsymbol{s}}}$ 를 만족하는 경우에 한한다. 이때 $\boldsymbol{u} = \eta \boldsymbol{s}^{(k)}$보다 우변의 2항은 $\eta^2 (\boldsymbol{s}^{(k)})^\top \boldsymbol{y}^{(k)} > 0$이 된다($\boldsymbol{u} \neq \boldsymbol{0}$에서 $\eta \neq 0$이다). 이상에서 $\boldsymbol{u}^\top \boldsymbol{B}_{k+1} \boldsymbol{u} > 0$이 성립한다. □

준뉴턴법의 절차를 정리하면 다음과 같다.

알고리즘 3.3 | 준뉴턴법

단계 1: 초기점 $\boldsymbol{x}^{(0)}$과 초기 근사 행렬 $\boldsymbol{B}_0$을 정한다. $k = 0$이다.

단계 2: $\| \nabla f(\boldsymbol{x})^{(k)} \|$이 충분히 작으면 종료한다.

단계 3: 탐색 방향 $\boldsymbol{d}(\boldsymbol{x}^{(k)}) = -\boldsymbol{B}_k^{-1} \nabla f(\boldsymbol{x}^{(k)})$에 걸쳐 직선 탐색해 스텝 폭 α_k를 구한다.

단계 4: $\boldsymbol{x}^{(k+1)} = \boldsymbol{x}^{(k)} + \alpha_k \boldsymbol{d}(\boldsymbol{x}^{(k)})$로 한다.

단계 5: 식 (3.94)를 이용해 근사 행렬 $\boldsymbol{B}_k$를 업데이트해서 새로운 근사 행렬 $\boldsymbol{B}_{k+1}$를 생성한다. $k = k + 1$로 하고 단계 2로 돌아간다.

---

24 정정값 대칭 행렬 $\boldsymbol{B}$는 $\boldsymbol{A} = \boldsymbol{P}^\top \boldsymbol{B} \boldsymbol{P}$로 대각화할 수 있다. $\boldsymbol{A}$는 $\boldsymbol{B}$의 고윳값 $\lambda_1, \lambda_2, \ldots, \lambda_n$을 대각 요소로 하는 대각 행렬, $\boldsymbol{P}$는 직교 행렬이다. 고윳값 λ_i는 모두 양수이므로 $\sqrt{\lambda_i}$ 를 대각 요소로 하는 행렬을 $\boldsymbol{A}^{1/2}$로 한다. $\overline{\boldsymbol{P}} = \boldsymbol{P}^\top \boldsymbol{A}^{1/2} \boldsymbol{P}$로 하면 $\overline{\boldsymbol{P}}$ 는 정칙인 동시에 대칭이며, $\boldsymbol{B} = \overline{\boldsymbol{P}}^\top \overline{\boldsymbol{P}}$ 를 만족한다.

25 $(\bar{\boldsymbol{u}}^\top \bar{\boldsymbol{u}})(\bar{\boldsymbol{s}}^\top \bar{\boldsymbol{s}}) - (\bar{\boldsymbol{u}}^\top \bar{\boldsymbol{s}})^2 = (\Sigma_{i=1}^n \bar{u}_i^2)(\Sigma_{i=1}^n \bar{s}_i^2) - (\Sigma_{i=1}^n \bar{u}_i \bar{s}_i)^2 = (\Sigma_{i=1}^n \Sigma_{j=1}^n \bar{u}_i{}^2 \bar{s}_i^2) - (\Sigma_{i=1}^n \Sigma_{j=1}^n \bar{u}_i \bar{u}_j \bar{s}_i \bar{s}_j) = \Sigma_{i<j} (\bar{u}_i \bar{s}_j - \bar{u}_j \bar{s}_i)^2 \geq 0$ 로 나타낼 수 있다.

예를 들어 초기 근사 행렬 $\boldsymbol{B}_0$에는 $\boldsymbol{B}_0 = \boldsymbol{I}$를 이용할 수 있다. 다시 말해, 초기의 탐색 방향 $\boldsymbol{d}(\boldsymbol{x}^{(0)})$은 경사 하강 방향이 된다.

준뉴턴법의 실행 예를 [그림 3.18]에 표시했다.

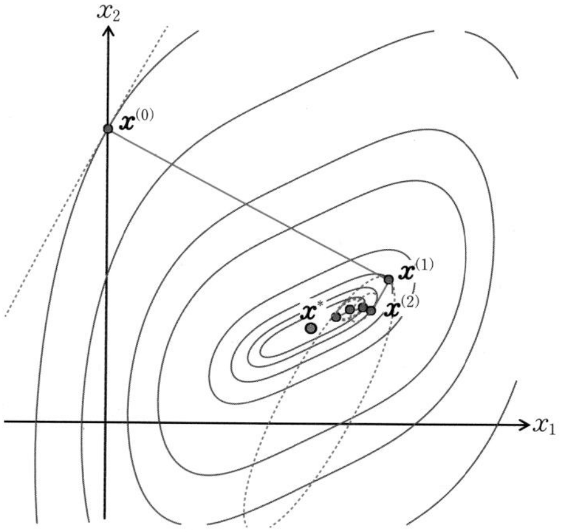

그림 3.18 준뉴턴법 실행 예

여기에서는 경사 하강법의 실행 예와 마찬가지로 제약이 없는 최적화 문제 (3.79)를 생각한다. 초기점을 $\boldsymbol{x}^{(0)} = (0, 3)^\top$, 초기 근사 행렬을 $\boldsymbol{B}_0 = \boldsymbol{I}$로 한다. 준뉴턴법을 적용하면 초기 탐색 방향은 $\boldsymbol{d}(\boldsymbol{x}^{(0)}) = (44, -24)^\top$이 된다. 직선 탐색을 적용하면 스텝 폭 $\alpha_0 = 0.0625$를 얻을 수 있으며, 반복 후의 점은 $\boldsymbol{x}^{(1)} = (2.75, 1.5)^\top$이 된다. 또한 식 (3.94)에서 반복 후의 근사 행렬은

$$\boldsymbol{B}_1 = \begin{pmatrix} 13.090 & -6.126 \\ -6.126 & 4.103 \end{pmatrix} \tag{3.101}$$

이 된다. 절차를 계속 반복하면 $\boldsymbol{x}^{(2)} = (2.580, 1.185)^\top$, $\boldsymbol{x}^{(3)} = (2.501, 1.217)^\top$, $\boldsymbol{x}^{(4)} = (2.375, 1.196)^\top$이 되어, 최적 설루션 $\boldsymbol{x}^*$에 가까워지는 것을 알 수 있다.

3.2.5 반복법의 수렴성

이제까지 설명한 경사 하강법, 뉴턴법, 준뉴턴법 등의 반복법은, 반복을 제한없이 계속하면 무한점렬 $\{\boldsymbol{x}^{(k)}\}$를 생성하므로, 이 점렬이 정류점 $\boldsymbol{x}^*$에 수렴하는 저열 $\{\boldsymbol{x}^{(k)}\}$를 생성하는 반복법은 **전역적 수렴성** global convergence property 을 갖는다고 한다.[26]

각 반복에서 탐색 방향 $\boldsymbol{d}(\boldsymbol{x}^{(k)})$가 내리막 방향인 동시에 직선 탐색을 통해 구한 스텝 폭 α_k가 울프 조건을 만족하는 반복법을 생각해보자. 예를 들어 경사 하강법, 직선 탐색 뉴턴법,[27] 준뉴턴법 등을 생각할 수 있다. 여기에서 탐색 방향 $\boldsymbol{d}(\boldsymbol{x}^{(k)})$와 경사 하강 방향 $-\nabla f(\boldsymbol{x}^{(k)})$가 이루는 각도를 θ_k라고 하자. 다시 말해,

$$\cos\theta_k = -\frac{\nabla f(\boldsymbol{x}^{(k)})^\top \boldsymbol{d}(\boldsymbol{x}^{(k)})}{\|\nabla f(\boldsymbol{x}^{(k)})\| \ \|\boldsymbol{d}(\boldsymbol{x}^{(k)})\|} \tag{3.102}$$

이다. 이때 반복법이 생성하는 점렬 $\{\boldsymbol{x}^{(k)}\}$는 다음 **주텐디크 조건** Zoutendijk condition 을 만족한다.[28]

정리 3.12 주텐디크 조건

반복법이 생성하는 점렬 $\{\boldsymbol{x}^{(k)}\}$에 대해

$$\sum_{k=0}^{\infty} \|\nabla f(\boldsymbol{x}^{(k)})\|^2 \cos^2\theta_k < \infty \tag{3.103}$$

가 성립한다.

(증명 생략)

26 어떤 초기점에서 시작하더라도 수렴한다는 의미에서 전역적이며, 전역 최적 설루션에 수렴한다는 의미는 아니다.

27 단, 각 반복에서 헤세 행렬 $\nabla^2 f(\boldsymbol{x}^{(k)})$는 항상 정정값이라고 가정한다.

28 단, 목적 함수 $f(\boldsymbol{x})$는 아래 한계에서 연속적으로 미분 가능한 것으로 한다. 그리고 초기점 $\boldsymbol{x}^{(0)}$의 **준위 집합** level set $\{\boldsymbol{x} \mid f(\boldsymbol{x} \le f(\boldsymbol{x}^{(0)}))\}$을 포함하는 열린 집합 $S \subset \mathbb{R}^n$에서 기울기 벡터 $\nabla f(\boldsymbol{x})$는 **리프시츠 연속** Lipschitz continuous 이라 한다. 다시 말해서 임의의 $\boldsymbol{x}, \boldsymbol{y} \in S$에 대해 $\|\nabla f(\boldsymbol{x}) - \nabla f(\boldsymbol{y})\| \le L\|\boldsymbol{x} - \boldsymbol{y}\|$을 만족하는 상수 $L \ge 0$이 존재한다.

또한 무한급수가 수렴하기 위한 필요조건에서

$$\lim_{k\to\infty} \| \nabla f(\boldsymbol{x}^{(k)}) \| \cos\theta_k = 0 \tag{3.104}$$

이 성립한다. 어떤 양의 상수 ε이 존재하고, 각 반복에서 항상 $\cos\theta_k \geq \varepsilon$을 만족하는 탐색 방향 $\boldsymbol{d}(\boldsymbol{x}^{(k)})$를 생성할 수 있다면,

$$\lim_{k\to\infty} \| \nabla f(\boldsymbol{x}^{(k)}) \| = 0 \tag{3.105}$$

이 성립하고, 반복법으로 생성한 점렬 $\{\boldsymbol{x}^{(k)}\}$는 정류점 $\boldsymbol{x}^*$에 수렴한다.

그런데 뉴턴법은 [그림 3.17]에 표시한 것처럼 목적 함수 f가 좁은 의미의 볼록 함수라 하더라도 전역적 수렴성을 가지고 있지 않지만, 정류점 $\boldsymbol{x}^*$의 근처에서부터 시작하면 수렴이 매우 빠르다는 특징을 갖는다. 반복법으로 생성되는 점렬 $\{\boldsymbol{x}^{(k)}\}$의 정류점 $\boldsymbol{x}^*$에 충분히 가까운 곳에서의 수렴 속도에 관한 특징을 **국소 수렴성**local convergence이라 부르며 그 척도로 다음 정의를 이용한다.[29]

1차 수렴liniear convergence : 어떤 상수 $0<\beta<1$과 정수 $\bar{k} \geq 0$에 대해

$$\| \boldsymbol{x}^{(k+1)} - \boldsymbol{x}^* \| \leq \beta \| \boldsymbol{x}^{(k)} - \boldsymbol{x}^* \|, \quad \forall k \geq \bar{k} \tag{3.106}$$

가 성립한다. 여기에서 β를 **수렴비**convergence ratio라 한다.

초1차 수렴superlinear convergence :

$$\lim_{k\to\infty} \frac{\| \boldsymbol{x}^{(k+1)} - \boldsymbol{x}^* \|}{\| \boldsymbol{x}^{(k)} - \boldsymbol{x}^* \|} = 0 \tag{3.107}$$

이 성립한다. 아무리 작은 $\beta > 0$을 선택해도 대응하는 정수 $\bar{k} \geq 0$이 존재하고, 식 (3.106)이 성립한다.

---

29 여기에서는 반복법이 생성하는 점렬 $\{\boldsymbol{x}^{(k)}\}$는 정류점 $\boldsymbol{x}^*$에 수렴한다고 가정한다.

2차 수렴quadratic convergence : 어떤 상수 $\beta > 0$과 정수 $\bar{k} \geq 0$에 대해

$$\| \boldsymbol{x}^{(k+1)} - \boldsymbol{x}^* \| \leq \beta \| \boldsymbol{x}^{(k)} - \boldsymbol{x}^* \|^2, \quad \forall k \geq \bar{k} \tag{3.108}$$

가 성립한다.

최적성의 2차 충분조건(정리 3.10)에 따르면, 정류점 $\boldsymbol{x}^*$에서 헤세 행렬 $\nabla^2 f(\boldsymbol{x}^*)^2$가 정정값이면 점 $\boldsymbol{x}^*$는 국소 최적해이다. 이때 식(3.109)에서 국소 최적해 $\boldsymbol{x}^*$의 충분히 가까운 영역에서는 목적함수 f가 좁은 의미의 볼록 2차 함수에 근사할 수 있다. (수식 참고 문서 참조)

$$f(\boldsymbol{x}) = f(\boldsymbol{x}^*) + \nabla f(\boldsymbol{x}^*)^\top (\boldsymbol{x} - \boldsymbol{x}^*) + \frac{1}{2}(\boldsymbol{x} - \boldsymbol{x}^*)^\top \nabla^2 f(\boldsymbol{x}^*)(\boldsymbol{x} - \boldsymbol{x}^*) + \mathrm{o}(\| \boldsymbol{x} - \boldsymbol{x}^* \|^2) \tag{3.109}$$

즉, 다음 제약이 없는 최적화 문제에 대한 경사 하강법의 국소 수렴성을 분석하는 것이 중요하다.

$$\begin{array}{ll} \text{최소화} & f(\boldsymbol{x}) = \boldsymbol{x}^\top \boldsymbol{Q} \boldsymbol{x} \\ \text{조건} & \boldsymbol{x} \in \mathbb{R}^n. \end{array} \tag{3.110}$$

단, 행렬 $\boldsymbol{Q}$는 정정값이다. 이 문제의 최적 설루션은 $\boldsymbol{x}^* = \boldsymbol{0}$, 최적값은 $f(\boldsymbol{x}^*) = 0$이다. 이때 각 반복에 대해 적절한 스텝 폭 α_k를 선택하면, 경사 하강법이 생성하는 점렬 $\{\boldsymbol{x}^{(k)}\}$는 1차 수렴이다.

정리 3.13

제약이 없는 최적화 문제 (3.110)에서 행렬 $\boldsymbol{Q}$의 최소 고윳값을 $\lambda_{\min}$, 최대 고윳값을 $\lambda_{\max}$로 한다. 각 반복에서 적절한 스텝 폭 α_k를 선택하면 경사 하강법이 생성하는 점렬 $\{\boldsymbol{x}^{(k)}\}$에 대해

$$\| \boldsymbol{x}^{(k+1)} - \boldsymbol{x}^* \| \leq \left(\frac{\lambda_{\max} - \lambda_{\min}}{\lambda_{\max} + \lambda_{\min}} \right) \| \boldsymbol{x}^{(k)} - \boldsymbol{x}^* \| \tag{3.111}$$

가 성립한다.

(증명 생략)

행렬 $\boldsymbol{Q}$에 대해 $\dfrac{\lambda_{\text{max}}}{\lambda_{\text{min}}}$를 **조건 수**condition number라 한다. 조건 수가 매우 많으면 [그림 3.19(우)]에 표시된 것처럼 목적 함수 $f(x)$의 등고선은 가늘고 길게 찌그러진 형태로 나타난다.

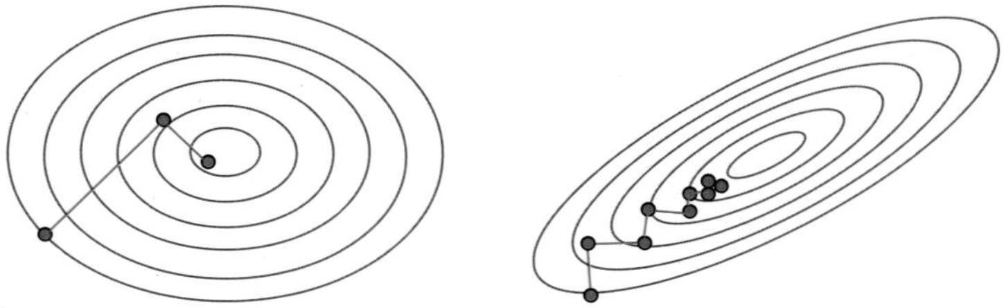

그림 3.19 조건 수가 적을 때(좌)와 조건 수가 많을 때(우)의 경사 하강법의 동작

$$\frac{\lambda_{\text{max}} - \lambda_{\text{min}}}{\lambda_{\text{max}} + \lambda_{\text{min}}} = \frac{\left(\dfrac{\lambda_{\text{max}}}{\lambda_{\text{min}}}\right) - 1}{\left(\dfrac{\lambda_{\text{max}}}{\lambda_{\text{min}}}\right) + 1} \tag{3.112}$$

에서 수렴비는 1에 가까워지며 경사 하강법의 수렴이 매우 느려짐을 알 수 있다.

다음으로 뉴턴법에서 수렴의 빠르기를 살펴보자. 뉴턴법은 목적 함수 f를 점 $\boldsymbol{x}^{(k)}$의 주변으로 근사한 2차 함수의 정류점을 구하는 절차를 반복하므로, 목적 함수가 좁은 의미의 볼록 2차 함수이면 1회 반복으로 최적 설루션으로 수렴한다. 여기에서 보다 일반적인 상황을 생각해보겠다.

정리 3.14

정류점 $\boldsymbol{x}^*$에서의 헤세 행렬 $\nabla^2 f(\boldsymbol{x}^*)$는 정정값으로 한다. 이때 정류점 $\boldsymbol{x}^*$와 충분히 가까이에서 시작한 뉴턴법은 2차 수렴한다.

(증명 생략)

마지막으로 준뉴턴법의 수렴의 빠르기를 보자.

정리 3.15 데니스-모레 조건

정류점 $\boldsymbol{x}^*$에서 헤세 행렬 $\nabla^2 f(\boldsymbol{x}^*)$는 정정값으로 한다. 준뉴턴법에서 스텝 폭을 $\alpha_k = 1$로 하는 반복으로 생성된 점렬 $\{\boldsymbol{x}^{(k)}\}$가 정류점 $\boldsymbol{x}^*$에 수렴한다고 가정한다. 이때 근사 행렬 $\boldsymbol{B}_k$가

$$\lim_{k\to\infty} \frac{\| (\boldsymbol{B}_k - \nabla^2 f(\boldsymbol{x}^*)) \boldsymbol{d}(\boldsymbol{x}^{(k)}) \|}{\| \boldsymbol{d}(\boldsymbol{x}^{(k)}) \|} = 0 \tag{3.113}$$

을 만족한다면, 준뉴턴법은 초1차 수렴이다.

(증명 생략)

이 조건을 **데니스-모레 조건**Dennis-Moré condition이라 한다. 뉴턴법은 2차 수렴하므로 근사 행렬 $\boldsymbol{B}_k$가 헤세 행렬 $\nabla^2 f(\boldsymbol{x})$와 거의 같다면 준뉴턴법은 매우 빠르게 수렴한다. 데니스-모레 조건은 근사 행렬 $\boldsymbol{B}_k$가 헤세 행렬 $\nabla^2 f(\boldsymbol{x})$ 자체에 수렴할 필요는 없으며, 탐색 방향 $\boldsymbol{d}(\boldsymbol{x}^{(k)})$에서 $\boldsymbol{B}_k \boldsymbol{d}(\boldsymbol{x}^{(k)})$가 $\nabla^2 f(\boldsymbol{x}^{(k)})\, \boldsymbol{d}(\boldsymbol{x}^{(k)})$를 근사하고 있다면 충분함을 보이고 있다. 또한 각 반복에서 스텝 폭 α_k가 울프 조건을 만족하는 준뉴턴법을 생각한다. 이때 목적 함수 $f(\boldsymbol{x})$가 충분히 완만하다면 BFGS 공식으로부터 생성된 근사 행렬 $\boldsymbol{B}_k$는 데니스-모레 조건을 만족하는 것으로 알려져 있다.

3.3 제약이 있는 최적화 문제

일반적으로 제약이 있는 최적화 문제는 다음 형태로 나타낸다.

$$\begin{aligned} &\textbf{최소화} && f(\boldsymbol{x}) \\ &\textbf{조건} && g_i(\boldsymbol{x}) \le 0, \quad i = 1, \ldots, l, \\ & && g_i(\boldsymbol{x}) = 0, \quad i = l+1, \ldots, m, \\ & && \boldsymbol{x} \in \mathbb{R}^n. \end{aligned} \tag{3.1}$$

특별히 언급하지 않는 한, 목적 함수 f 및 제약 함수 $g_1, \ldots, g_m$은 2회 연속적으로 미분 가능하다고 가정한다. 이번 절에서는 제약이 있는 최적화 문제의 최적성 조건과 국소 최적 설루션을

구하는 알고리즘을 살펴보기로 한다.

3.3.1 등식 제약이 있는 최적화 문제의 최적성 조건

3.2.1절에서 본 것처럼 제약이 없는 최적화 문제에서는 점 $\boldsymbol{x}^*$가 국소 최적 설루션이라면 $\nabla f(\boldsymbol{x}^*) = \mathbf{0}$이 성립한다. 그러나 제약이 있는 최적화 문제에서는 국소 최적화 설루션이 실행 가능 영역의 경계상에 존재하는 일이 많고, 일반적으로는 점 $\boldsymbol{x}^*$가 국소 최적화 설루션이라 하더라도 $\nabla f(\boldsymbol{x}^*) = \mathbf{0}$은 성립하지 않는다. 제약이 있는 최적화 문제에서는 목적 함수 f뿐만 아니라 제약조건에 포함된 제약 함수 $g_1, \dots, g_m$도 고려해야 한다.

먼저, 다음과 같은 등식 제약만 가진 최적화 문제의 최적성 조건을 생각한다.

$$\begin{aligned} \textbf{최소화} \quad & f(\boldsymbol{x}) \\ \textbf{조건} \quad & g_i(\boldsymbol{x}) = 0, \quad i = 1, \dots, m, \\ & \boldsymbol{x} \in \mathbb{R}^n. \end{aligned} \tag{3.114}$$

여기에서 $n > m$이라고 가정한다.

[그림 3.20]에 표시한 1개의 등식 제약을 가진 최적화 문제를 생각한다.

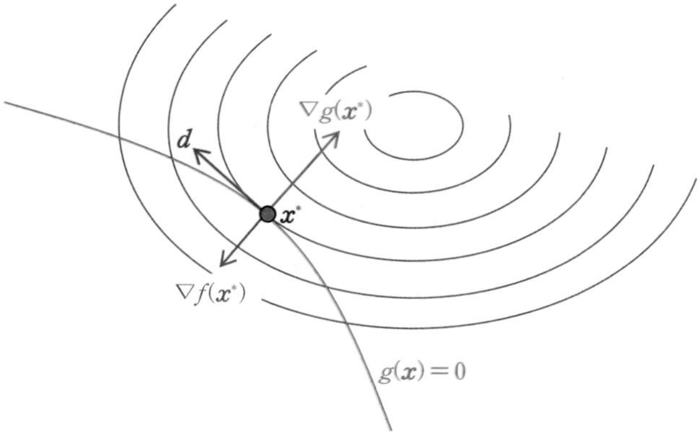

그림 3.20 등식 제약을 가진 최적화 문제의 국소 최적화 설루션 예

여기에서 점 $\boldsymbol{x}^*$는 국소 최적화 설루션이라 한다. 점 $\boldsymbol{x}^*$에 대해 $\nabla g(\boldsymbol{x}^*)^\top \boldsymbol{d} = 0$을 만족하는 방향을 $\boldsymbol{d} \in \mathbb{R}^n$이라 한다. 제약 함수 g는 미분 가능하므로

$$g(\boldsymbol{x}^* + \boldsymbol{d}) \approx g(\boldsymbol{x}^*) + \nabla g(\boldsymbol{x}^*)^\top \boldsymbol{d} \tag{3.115}$$

로 근사할 수 있으므로, 점 $\boldsymbol{x}^*$에서 방향 $\boldsymbol{d}$로 조금 이동해도 여전히 제약조건은 만족된다. 즉, 점 $\boldsymbol{x}^*$ 주변에는 제약조건 $g(\boldsymbol{x}^* + \boldsymbol{d}) = 0$을 $\nabla g(\boldsymbol{x}^*)^\top \boldsymbol{d} = 0$에 근사할 수 있다. 만약 $\nabla f(\boldsymbol{x}^*)$와 $\nabla g(\boldsymbol{x}^*)$가 평행하지 않으면 $\nabla f(\boldsymbol{x}^*)^\top \boldsymbol{d} \neq 0$이 된다. 목적 함수 f는 미분 가능하므로

$$f(\boldsymbol{x}^* + \boldsymbol{d}) \approx f(\boldsymbol{x}^*) + \nabla f(\boldsymbol{x}^*)^\top \boldsymbol{d} \tag{3.116}$$

로 근사할 수 있어, 점 $\boldsymbol{x}^*$에서 방향 $\boldsymbol{d}$ 혹은 $-\boldsymbol{d}$ 중 어느 한쪽으로 조금 이동하면 목적 함숫값 $f(\boldsymbol{x}^*)$보다 작게 할 수 있다. 이는 점 $\boldsymbol{x}^*$가 국소 최적 설루션이라는 것에 반한다. 그러므로 점 $\boldsymbol{x}^*$가 국소 최적 설루션이라면 $\nabla f(\boldsymbol{x}^*)$와 $\nabla g(\boldsymbol{x}^*)$는 평행하다. 즉, $\nabla f(\boldsymbol{x}^*) + u \nabla f(\boldsymbol{x}^*) = \boldsymbol{0}$을 만족하는 $u \in \mathbb{R}$이 존재한다.

이 결과를 등식 제약이 있는 최적화 문제 (3.114)로 확장한다. 점 $\boldsymbol{x}^*$가 국소 최적 설루션이고 동시에 $\nabla g_1(\boldsymbol{x}^*), \ldots, \nabla g_m(\boldsymbol{x}^*)$가 서로 1차 독립이면,[30] $\nabla f(\boldsymbol{x}^*)$는 $\nabla g_1(\boldsymbol{x}^*), \ldots, \nabla g_m(\boldsymbol{x}^*)$의 1차 결합으로 나타낼 수 있다.

정리 3.16 등식 제약이 있는 최적화 문제: 최적성의 1차 필요조건

등식 제약이 있는 최적화 문제 (3.114)의 목적 함수 f 및 제약 함수 $g_1, \ldots, g_m$은 미분 가능하다고 하자. 점 $\boldsymbol{x}^*$는 국소 최적 설루션이며 정칙이라고 하자. 이때 다음 조건을 만족하는 벡터 $\boldsymbol{u}^* \in \mathbb{R}^m$이 존재한다.

$$\nabla f(\boldsymbol{x}^*) + \sum_{i=1}^{m} u_i^* \nabla g_i(\boldsymbol{x}^*) = \boldsymbol{0}. \tag{3.117}$$

(증명 생략)

30 점 $\boldsymbol{x}$에 대해 $\nabla g_1(\boldsymbol{x}), \ldots, \nabla g_m(\boldsymbol{x})$가 서로 1차 연립이면 점 $\boldsymbol{x}$는 **정칙**regular 상태라 한다.

라그랑주 함수 Lagrangian function를

$$L(\boldsymbol{x}, \boldsymbol{u}) = f(\boldsymbol{x}) + \sum_{i=1}^{m} u_i g_i(\boldsymbol{x}) \tag{3.118}$$

로 정의한다. 이때 최적성의 1차 필요조건을 만족하는 $\boldsymbol{x}^* \in \mathbb{R}^n$과 $\boldsymbol{u}^* \in \mathbb{R}^m$은 다음 연립방정식의 해로 볼 수 있다.

$$\begin{aligned} &\nabla_{\boldsymbol{u}} L(\boldsymbol{x}^*, \boldsymbol{u}^*) = \boldsymbol{g}(\boldsymbol{x}^*) = \boldsymbol{0}, \\ &\nabla_{\boldsymbol{x}} L(\boldsymbol{x}^*, \boldsymbol{u}^*) = \nabla f(\boldsymbol{x}^*) + \sum_{i=1}^{m} u_i^* \nabla g_i(\boldsymbol{x}^*) = \boldsymbol{0}. \end{aligned} \tag{3.119}$$

여기에서 $\boldsymbol{g}(\boldsymbol{x}) = (g_1(\boldsymbol{x}), \ldots, g_m(\boldsymbol{x}))^\top$이다. $\boldsymbol{u} = (u_1, \ldots, u_m)^\top \in \mathbb{R}^m$을 **라그랑주 제곱수**Lagrangian multiplier라 한다. 그리고 이 연립방정식을 풀어 국소 최적 설루션의 후보를 얻는 방법을 **라그랑주 미정 승수법**method of indeterminate Lagrangian multipliers이라 한다.

마찬가지로 최적성의 2차 필요조건은 라그랑주 함수 $L(\boldsymbol{x}^*, \boldsymbol{u}^*)$의 헤세 행렬

$$\nabla_{\boldsymbol{xx}}^2 L(\boldsymbol{x}^*, \boldsymbol{u}^*) = \nabla^2 f(\boldsymbol{x}^*) + \sum_{i=1}^{m} u_i^* \nabla^2 g_i(\boldsymbol{x}^*) \tag{3.120}$$

가 반정정값인 것에 대응한다. 단, 등식 제약이 있는 최적화 문제에서는 $\nabla g_i(\boldsymbol{x}^*)^\top \boldsymbol{d} = 0$ $(i = 1, \ldots, m)$을 만족하는 방향 $\boldsymbol{d} \in \mathbb{R}^n$만 고려하면 된다는 점에 주의한다.

이렇게 등식 제약이 있는 최적화 문제의 최적성 조건은 목적 함수 $f(\boldsymbol{x})$를 라그랑주 함수 $L(\boldsymbol{x}, \boldsymbol{u})$로 치환하면 제약이 없는 최적화 문제의 최적성 조건이 된다.

정리 3.17 등식 제약이 있는 최적화 문제: 최적성의 2차 필요조건

등식 제약이 있는 최적화 문제 (3.114)의 목적 함수 f 및 제약 함수 $g_1, \ldots, g_m$은 2회 미분 가능하다고 하자. 점 $\boldsymbol{x}^*$는 국소 최적 설루션 및 정칙으로 한다. 이때 조건 (3.117)에 더해서 다음 조건을 만족하는 벡터 $\boldsymbol{u}^* \in \mathbb{R}^m$이 존재한다.

$$\boldsymbol{d}^{\mathsf{T}}\left(\nabla^2 f(\boldsymbol{x}^*)+\sum_{i=1}^{m}u_i^*\nabla^2 g_i(\boldsymbol{x}^*)\right)\boldsymbol{d}\geq 0,\quad \boldsymbol{d}\in V(\boldsymbol{x}^*). \tag{3.121}$$

여기에서

$$V(\boldsymbol{x}^*)=\{\boldsymbol{d}\in\mathbb{R}^n \mid \nabla g_i(\boldsymbol{x}^*)^{\mathsf{T}}\boldsymbol{d}=0,\ i=1,\ \dots,\ m\} \tag{3.122}$$

이다.

(증명 생략)

정리 3.18 등식 제약이 있는 최적화 문제: 최적성의 2차 충분조건

등식 제약이 있는 최적화 문제 (3.114)의 목적 함수 f 및 제약 함수 $g_1, \dots, g_m$은 2회 미분 가능하다고 하자. 이때 실행 가능 설루션 $\boldsymbol{x}^*\in\mathbb{R}^n$과 벡터 $\boldsymbol{u}^*\in\mathbb{R}^m$이, 조건 (3.117)과 함께 다음 조건을 만족하면, 점 $\boldsymbol{x}^*$는 국소 최적 설루션이다.

$$\boldsymbol{d}^{\mathsf{T}}\left(\nabla^2 f(\boldsymbol{x}^*)+\sum_{i=1}^{m}u_i^*\nabla^2 g_i(\boldsymbol{x}^*)\right)\boldsymbol{d}> 0,\quad \boldsymbol{d}\in V(\boldsymbol{x}^*)\setminus\{\mathbf{0}\}. \tag{3.123}$$

여기에서

$$V(\boldsymbol{x}^*)=\{\boldsymbol{d}\in\mathbb{R}^n \mid \nabla g_i(\boldsymbol{x}^*)^{\mathsf{T}}\boldsymbol{d}=0,\ i=1,\ \dots,\ m\} \tag{3.124}$$

이다.

(증명 생략)

예를 들어 [그림 3.21]에 표시한 등식 제약이 있는 최적화 문제를 살펴보자.

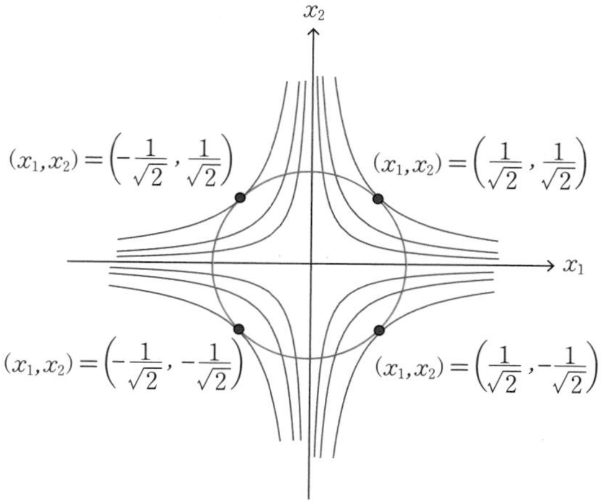

그림 3.21 등식 제약이 있는 최적화 문제의 예

$$
\begin{aligned}
&\textbf{최소화} \quad f(\boldsymbol{x}) = -x_1 x_2 \\
&\textbf{조건} \quad\quad g(\boldsymbol{x}) = x_1^2 + x_2^2 - 1 = 0, \\
&\qquad\qquad\quad \boldsymbol{x} = (x_1, x_2)^\top \in \mathbb{R}^2.
\end{aligned}
\tag{3.125}
$$

목적 함수 f와 제약 함수 g의 기울기 벡터 및 헤세 행렬은

$$
\begin{aligned}
\nabla f(\boldsymbol{x}) &= \begin{pmatrix} -x_2 \\ -x_1 \end{pmatrix}, \quad \nabla^2 f(\boldsymbol{x}) = \begin{pmatrix} 0 & -1 \\ -1 & 0 \end{pmatrix}, \\
\nabla g(\boldsymbol{x}) &= \begin{pmatrix} 2x_1 \\ 2x_2 \end{pmatrix}, \quad \nabla^2 g(\boldsymbol{x}) = \begin{pmatrix} 2 & 0 \\ 0 & 2 \end{pmatrix}.
\end{aligned}
\tag{3.126}
$$

가 된다. 제약조건과 최적성의 1차 필요조건은

$$
\begin{aligned}
&x_1^2 + x_2^2 - 1 = 0, \\
&\begin{pmatrix} -x_2 \\ -x_1 \end{pmatrix} + u \begin{pmatrix} 2x_1 \\ 2x_2 \end{pmatrix} = 0
\end{aligned}
\tag{3.127}
$$

이 된다. 이 연립방정식을 풀면 $(x_1^*, x_2^*, u^*) = \left(\frac{1}{\sqrt{2}}, \frac{1}{\sqrt{2}}, \frac{1}{2}\right), \left(-\frac{1}{\sqrt{2}}, -\frac{1}{\sqrt{2}}, \frac{1}{2}\right), \left(\frac{1}{\sqrt{2}}, -\frac{1}{\sqrt{2}}, -\frac{1}{2}\right),$ $\left(-\frac{1}{\sqrt{2}}, \frac{1}{\sqrt{2}}, -\frac{1}{2}\right)$의 4개 설루션을 얻을 수 있다. 목적 함숫값은 앞의 두 개의 설루션이 $f(\boldsymbol{x}^*) = -\frac{1}{2}$, 뒤의 두 개의 설루션이 $f(\boldsymbol{x}^*) = \frac{1}{2}$이 된다. 앞의 두 개의 설루션에서 라그랑주 함수 $L(\boldsymbol{x}^*, \boldsymbol{u}^*)$의 헤세 행렬은

$$\nabla_{xx}^2 L(\boldsymbol{x}^*, u^*) = \nabla^2 f(\boldsymbol{x}^*) + u^* \nabla^2 g(\boldsymbol{x}^*) = \begin{pmatrix} 1 & -1 \\ -1 & 1 \end{pmatrix} \tag{3.128}$$

이 된다. $\nabla g(\boldsymbol{x}^*)^\top \boldsymbol{d} = 0$을 만족하는 벡터 $\boldsymbol{d}$의 집합은 파라미터 t를 이용해

$$V(\boldsymbol{x}^*) = \{\boldsymbol{d} = (t, -t)^\top \mid t \in \mathbb{R}\} \tag{3.129}$$

로 쓸 수 있다. 이때 $\boldsymbol{d}^\top \nabla_{xx}^2 L(\boldsymbol{x}^*) \boldsymbol{d} = 4t^2$이 되어, $t \neq 0$이라면 양의 값을 가지므로, 앞의 두 개의 설루션은 최적성의 2차 충분조건을 만족한다. 그리고 뒤의 두 개의 설루션에서는 라그랑주 함수 $L(\boldsymbol{x}^*, u^*)$의 헤세 행렬은

$$\nabla_{xx}^2 L(\boldsymbol{x}^*, u^*) = \nabla^2 f(\boldsymbol{x}^*) + u^* \nabla^2 g(\boldsymbol{x}^*) = \begin{pmatrix} -1 & -1 \\ -1 & -1 \end{pmatrix} \tag{3.130}$$

이 된다. $\nabla g(\boldsymbol{x}^*)^\top \boldsymbol{d} = 0$을 만족하는 벡터 $\boldsymbol{d}$의 집합은 파라미터 t를 이용해

$$V(\boldsymbol{x}^*) = \{\boldsymbol{d} = (t, t)^\top \mid t \in \mathbb{R}\} \tag{3.131}$$

로 쓸 수 있다. 이때 $\boldsymbol{d}^\top \nabla_{xx}^2 L(\boldsymbol{x}^*) \boldsymbol{d} = -4t^2$이 되어, $t \neq 0$이면 음의 값을 가지므로, 뒤의 2개 설루션은 최적성의 2차 필요조건을 만족하지 않는다.

3.3.2 부등식 제약이 있는 최적화 문제의 최적성 조건

이번에는 다음과 같은 부등식 제약만 갖는 최적화 문제의 최적성 조건을 생각한다.

$$
\begin{aligned}
&\text{최소화} && f(\boldsymbol{x}) \\
&\text{조건} && g(\boldsymbol{x}) \le 0, \quad i = 1, \ldots, m, \\
& && \boldsymbol{x} \in \mathbb{R}^n.
\end{aligned} \tag{3.132}
$$

부등식 제약이 있는 최적화 문제에서는 국소 최적 설루션 $\boldsymbol{x}^*$가 $g_i(\boldsymbol{x}^*) \le 0$을 등호로 만족하는 경우와 그렇지 않은 경우가 있다. 점 $\boldsymbol{x}$를 부등식 제약이 있는 최적화 문제의 실행 가능 설루션으로 한다. 이때 $g_i(\boldsymbol{x}) = 0$이 되는 제약조건 i를 점 $\boldsymbol{x}$에 대해 **유효**active 하다고 부르며 유효한 제약조건의 첨자 집합을

$$
I(\boldsymbol{x}) = \{i \mid g_i(\boldsymbol{x}) = 0,\ i = 1, \ldots, m\} \tag{3.133}
$$

으로 정의한다.

먼저, [그림 3.22]에 표시한 두 개의 부등식 제약 $g_1(\boldsymbol{x}) \le 0, g_2(\boldsymbol{x}) \le 0$을 가진 최적화 문제를 생각한다.

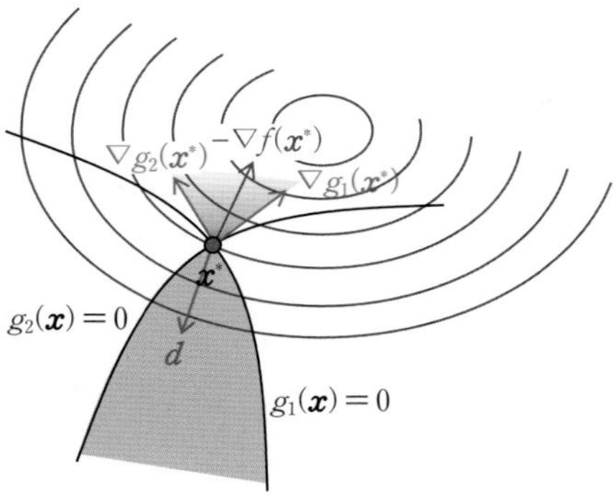

그림 3.22 부등식 제약이 있는 최적화 문제의 국소 최적 설루션의 예

점 $\boldsymbol{x}^*$는 국소 최적 설루션으로 $g_1(\boldsymbol{x}^*) = 0,\ g_2(\boldsymbol{x}^2) = 0$이 된다. 여기에서 점 $\boldsymbol{x}^*$에서 $\nabla g_1(\boldsymbol{x}^*)^\top \boldsymbol{d} \le 0$, $\nabla g_2(\boldsymbol{x}^*)^\top \boldsymbol{d} \le 0$을 만족하는 방향을 $\boldsymbol{d} \in \mathbb{R}^n$으로 한다. 제약 함수 g_i는 미분 가능하므로

$$
g_i(\boldsymbol{x}^* + \boldsymbol{d}) \approx g_i(\boldsymbol{x}^*) + \nabla g_i(\boldsymbol{x}^*)^\top \boldsymbol{d} \tag{3.134}
$$

로 근사할 수 있으므로, 점 $\boldsymbol{x}^*$로부터 방향 $\boldsymbol{d}$로 조금 움직여도 여전히 제약조건은 만족된다. 다시 말해서 점 $\boldsymbol{x}^*$의 주변에는 제약조건 $g_i(\boldsymbol{x}^*+\boldsymbol{d}) \leq 0$은 $\nabla g_i(\boldsymbol{x}^*)^\top \boldsymbol{d} \leq 0$으로 근사할 수 있다. 만약 $-\nabla f(\boldsymbol{x}^*)$가 영역

$$G(\boldsymbol{x}^*) = \{u_1 \nabla g_1(\boldsymbol{x}^*) + u_2 \nabla g_2(\boldsymbol{x}^*) \mid u_1,\ u_2 \geq 0\} \tag{3.135}$$

에 포함시킬 수 없다면 [그림 3.23]에 표시한 것처럼 $\nabla g_1(\boldsymbol{x}^*)^\top \boldsymbol{d} \leq 0$과 $\nabla g_2(\boldsymbol{x}^*)^\top \boldsymbol{d} \leq 0$에 더해, $\nabla f(\boldsymbol{x}^*)^\top \boldsymbol{d} < 0$을 만족하는 방향 $\boldsymbol{d} \in \mathbb{R}^n$이 존재한다.

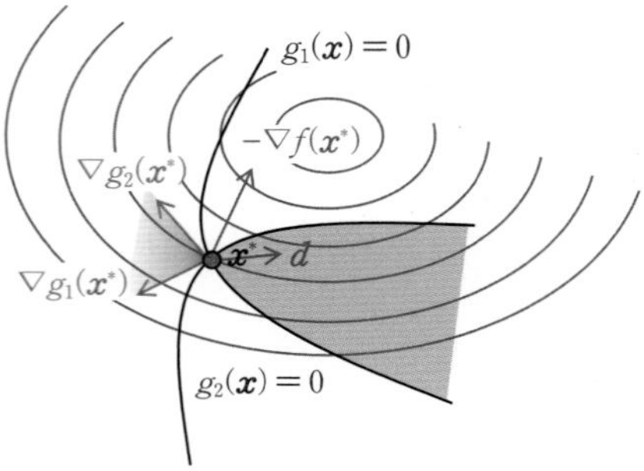

그림 3.23 부등식 제약이 있는 최적화 문제의 국소 최적 설루션이 아닌 예

이것은 점 $\boldsymbol{x}^*$가 국소 최적 설루션인 것에 반한다. 그러므로 점 $\boldsymbol{x}^*$가 국소 최적 설루션이라면 $-\nabla f(\boldsymbol{x}^*)$는 영역 $G(\boldsymbol{x}^*)$에 포함된다. 즉,

$$-\nabla f(\boldsymbol{x}^*) = u_1 \nabla g_1(\boldsymbol{x}^*) + u_2 \nabla g_2(\boldsymbol{x}^*) \tag{3.136}$$

를 만족하는 $u_1, u_2 \geq 0$이 존재한다.

이 결과를 부등식 제약이 있는 최적화 문제 (3.132)로 확장한다. 점 $\boldsymbol{x}^*$가 국소 최적 설루션인 동시에 $\nabla g_i(\boldsymbol{x}^*)\ (i \in I(\boldsymbol{x}^*))$가 서로 1차 독립이라면,[31] $-\nabla f(\boldsymbol{x}^*)$는 $\nabla g_i(\boldsymbol{x}^*)\ (i \in I(\boldsymbol{x}^*))$의 원뿔 결합conical combination[32]

31 점 $\boldsymbol{x}$에 대해 $\nabla g_i(\boldsymbol{x})\ (i \in I(\boldsymbol{x}))$가 서로 1차 독립이라면 점 $\boldsymbol{x}$는 정칙 상태라 한다.

32 비부 계수에 의한 1차 결합을 가리킨다.

$$-\nabla f(\boldsymbol{x}^*) = \sum_{i \in I(\boldsymbol{x}^*)} u_i \nabla g_i(\boldsymbol{x}^*) \tag{3.137}$$

로 나타낼 수 있다. 여기에서 $u_i \geq 0 (i \in I(\boldsymbol{x}^*))$이다.

정리 3.19 부등식 제약이 있는 최적화 문제: 최적성의 1차 필요조건

부등식 제약이 있는 최적화 문제 (3.132)의 목적 함수 f 및 제약 함수 $g_1, \ldots, g_m$은 미분 가능하다고 하자. 점 $\boldsymbol{x}^*$는 국소 최적 설루션이며 정칙이라고 하자. 이때 다음 조건을 만족하는 벡터 $\boldsymbol{u}^* \in \mathbb{R}^m$이 존재한다.

$$\begin{aligned} &\nabla f(\boldsymbol{x}^*) + \sum_{i=1}^{m} u_i^* \nabla g_i(\boldsymbol{x}^*) = \mathbf{0}, \\ &u_i^* g_i(\boldsymbol{x}^*) = 0, \quad i = 1, \ldots, m, \\ &u_i^* \geq 0, \qquad\quad i = 1, \ldots, m. \end{aligned} \tag{3.138}$$

(증명 생략)

이 보건을 **카루시-쿤-터커 조건**Karush–Kuhn–Tucker condition 또는, 줄여서 **KKT 조건**이라 한다. 점 $\boldsymbol{x}^*$에서 유효하지 않은 제약조건 $g_i(\boldsymbol{x}^*) < 0 (i \in I(\boldsymbol{x}^*))$에서는 $u_i^* = 0$이 된다. 이 부등식 제약에 관한 조건 $u_i^* g_i(\boldsymbol{x}^*) = 0 (i = 1, \ldots, m)$을 **상보성 조건**complementarity condition이라 한다.

정리 3.20 부등식 제약이 있는 최적화 문제: 최적성의 2차 필요조건

부등식 제약이 있는 최적화 문제 (3.132)의 목적 함수 f 및 제약 함수 $g_1, \ldots, g_m$이 2회 미분 가능하다고 하자. 점 $\boldsymbol{x}^*$는 국소 최적 설루션이며 동시에 정칙이라고 하자. 이때 조건 (3.138)에 더해서 다음 조건을 만족하는 벡터 $\boldsymbol{u}^* \in \mathbb{R}^m$이 존재한다.

$$\boldsymbol{d}^\top \left(\nabla^2 f(\boldsymbol{x}^*) + \sum_{i=1}^{m} u_i^* \nabla^2 g_i(\boldsymbol{x}^*) \right) \boldsymbol{d} \geq 0, \ \boldsymbol{d} \in V'(\boldsymbol{x}^*). \tag{3.139}$$

여기에서,

$$V'(\boldsymbol{x}^*) = \{\boldsymbol{d} \in \mathbb{R}^n \mid \nabla g_i(\boldsymbol{x}^*)^\top \boldsymbol{d} = 0,\ i \in I(\boldsymbol{x}^*)\} \tag{3.140}$$

이다.

(증명 생략)

정리 3.21 부등식 제약이 있는 최적화 문제: 최적성의 2차 충분조건

부등식 제약이 있는 최적화 문제 (3.132)의 목적 함수 f 및 제약 함수 $g_1, \ldots, g_m$은 2회 미분 가능하다고 하자. 이때 실행 가능 설루션 $\boldsymbol{x}^* \in \mathbb{R}^n$과 벡터 $\boldsymbol{u}^* \in \mathbb{R}^m$이 조건 (3.138)과 함께 다음 조건을 만족하면 점 $\boldsymbol{x}^*$는 국소 최적 설루션이다.

$$\boldsymbol{d}^\top \left(\nabla^2 f(\boldsymbol{x}^*) + \sum_{i=1}^{m} u_i^* \nabla^2 g_i(\boldsymbol{x}^*) \right) \boldsymbol{d} > 0,\ \boldsymbol{d} \in V'(\boldsymbol{x}^*) \setminus \{\boldsymbol{0}\}. \tag{3.141}$$

여기에서,

$$V'(\boldsymbol{x}^*) = \{\boldsymbol{d} \in \mathbb{R}^n \mid \nabla g_i(\boldsymbol{x}^*)^\top \boldsymbol{d} = 0,\ i \in I(\boldsymbol{x}^*)\} \tag{3.142}$$

이다.

(증명 생략)

KKT 조건이 최적성의 필요조건이 되는 것을 보증하기 위한 제약조건에 관한 가정이 필요하다. 이런 가정을 **제약 상정**constraint qualification이라 한다. 점 $\boldsymbol{x}$가 정칙이라는 가정을 **1차 독립 제약 상정**linearly independent constraint qualification이라 한다.

예를 들어 [그림 3.24]에 표시한 부등식 제약이 있는 최적화 문제를 살펴보자.

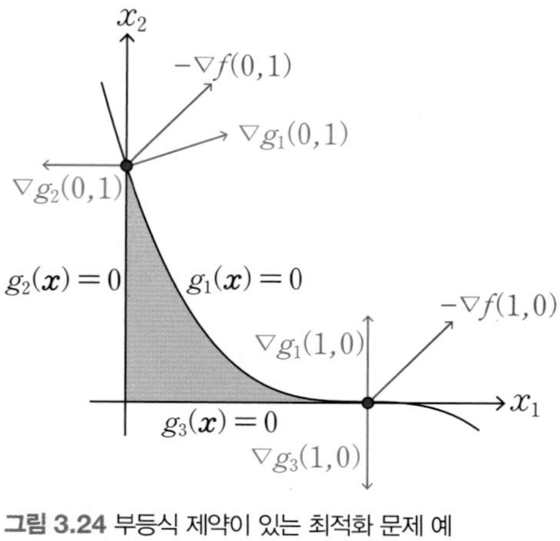

그림 3.24 부등식 제약이 있는 최적화 문제 예

$$
\begin{aligned}
&\textbf{최소화} \quad f(\boldsymbol{x}) = -x_1 - x_2 \\
&\textbf{조건} \quad g_1(\boldsymbol{x}) = (x_1 - 1)^3 + x_2 \le 0, \\
&\qquad\quad g_2(\boldsymbol{x}) = -x_1 \le 0, \\
&\qquad\quad g_3(\boldsymbol{x}) = -x_2 \le 0, \\
&\qquad\quad \boldsymbol{x} = (x_1,\ x_2)^\top \in \mathbb{R}^2.
\end{aligned}
\tag{3.143}
$$

목적 함수 $f(\boldsymbol{x})$와 제약 함수 $g_1(\boldsymbol{x}), g_2(\boldsymbol{x}), g_3(\boldsymbol{x})$의 기울기 벡터는

$$
\begin{aligned}
&\nabla f(\boldsymbol{x}) = \begin{pmatrix} -1 \\ -1 \end{pmatrix}, \quad \nabla g_1(\boldsymbol{x}) = \begin{pmatrix} 3x_1^2 - 6x_1 + 3 \\ 1 \end{pmatrix}, \\
&\nabla g_2(\boldsymbol{x}) = \begin{pmatrix} -1 \\ 0 \end{pmatrix}, \quad \nabla g_3(\boldsymbol{x}) = \begin{pmatrix} 0 \\ -1 \end{pmatrix}
\end{aligned}
\tag{3.144}
$$

이 된다. 이 문제의 국소 최적 설루션은 $\boldsymbol{x}^* = (0, 1)^\top, (1, 0)^\top$ 2개다. 점 $\boldsymbol{x}^* = (0, 1)^\top$에서는 $g_1(\boldsymbol{x}^*) = 0,\ g_2(\boldsymbol{x}^*) = 0$이 되고, $(u_1^*, u_2^*, u_3^*) = (1, 2, 0)$이면 KKT 조건을 만족한다. 한편, 점 $\boldsymbol{x}^* = (1, 0)^\top$에서는 $g_1(\boldsymbol{x}^*) = 0,\ g_3(\boldsymbol{x}^*) = 0$이 되어 KKT 조건을 만족하는 (u_1^*, u_2^*, u_3^*)가 존재하지 않는다.

점 $\boldsymbol{x}^* = (0, 1)^\top$에서는 유효한 제약조건의 기울기 벡터는 $\nabla g_1(0, 1) = (3, 1)^\top$, $g_2(0, 1) = (-1, 0)^\top$

으로 1차 독립이다. 이때 점 $\boldsymbol{x}^* = (0, 1)^\top$ 주변에서 제약조건 $g_1(\boldsymbol{x}^* + \boldsymbol{d}) \le 0$, $g_2(\boldsymbol{x}^* + \boldsymbol{d}) \le 0$을 만족하는 실행 가능 영역은

$$\begin{aligned} \nabla g_1(0, 1)^\top \begin{pmatrix} d_1 \\ d_2 \end{pmatrix} &= 3d_1 + d_2 \le 0, \\ \nabla g_2(0, 1)^\top \begin{pmatrix} d_1 \\ d_2 \end{pmatrix} &= -d_1 \le 0 \end{aligned} \tag{3.145}$$

에 근사할 수 있다. 여기에서 $\boldsymbol{d} = (d_1, d_2)^\top\ \mathbb{R}^2$이다. 한편, 점 $\boldsymbol{x}^* = (1, 0)^\top$에서 유효한 제약조건의 기울기 벡터는 $\nabla g_1(1, 0) = (0, 1)^\top$, $\nabla g_3(1, 0) = (0, -1)^\top$으로 1차 종속이다. 이때 점 $\boldsymbol{x}^* = (1, 0)^\top$의 주위로, 제약조건 $g_1(\boldsymbol{x}^* + \boldsymbol{d}) \le 0$, $g_3(\boldsymbol{x}^* + \boldsymbol{d}) \le 0$을 만족하는 실행 가능 영역은

$$\begin{aligned} \nabla g_1(0, 1)^\top \begin{pmatrix} d_1 \\ d_2 \end{pmatrix} &= d_2 \le 0, \\ \nabla g_3(0, 1)^\top \begin{pmatrix} d_1 \\ d_2 \end{pmatrix} &= -d_2 \le 0 \end{aligned} \tag{3.146}$$

이 되어, 변수 d_1에 관한 제약이 없기 때문에 원활하게 근사를 할 수 없다.

1차 독립 제약 상정은 국소 최적 설루션 $\boldsymbol{x}^*$에 대해 정의되기 때문에, 부등식 제약이 있는 최적화 문제 (3.132)에서 국소 최적 설루션 $\boldsymbol{x}^*$가 1차 독립 상정을 만족하는지 판정할 수 없다. 하지만 다음 **슬레이터 제약 상정** Slater's constraint qualification 과 같이 국소 최적 설루션 $\boldsymbol{x}^*$에 미치지 않는 제약 상정도 알려져 있다.

슬레이터 제약 상정: 제약 함수 $g_i(\boldsymbol{x})\ (i = 1, \ldots, m)$은 볼록 함수로,[33] $g_i(\boldsymbol{x}) < 0\ (i = 1, \ldots, m)$이 되는 실행 가능 설루션 $\boldsymbol{x}$가 존재한다.

마지막으로 부등식 제약이 있는 최적화 문제가 볼록 계획 문제일 때 KKT 조건이 최적성의 충분조건이 되는 것을 알 수 있다.

---

33 정확히 하자면 '제약 함수 $g_i(\boldsymbol{x})\ (i \in I(\boldsymbol{x}^*))$가 볼록 함수'지만, 모든 제약 함수 $g_i(\boldsymbol{x})\ (i = 1, \ldots, m)$이 볼록 함수라면 슬레이터 제약 상정을 만족한다.

정리 3.22 볼록 계획 문제: 최적성의 충분조건

부등식 제약이 있는 최적화 문제 (3.132)의 목적 함수 f 및 제약 함수 $g_1, \dots, g_m$은 미분 가능한 볼록 함수라고 하자. 이때 실행 가능 설루션 $\boldsymbol{x}^* \in \mathbb{R}^n$과 벡터 $\boldsymbol{u}^* \in \mathbb{R}^m$이 조건 (3.138)을 만족하면, 점 $\boldsymbol{x}^*$는 전역 최적 설루션이다.

증명 점 $\boldsymbol{x}$를 임의의 실행 가능 설루션이라고 하자. 목적 함수 $f(\boldsymbol{x})$는 볼록 함수이므로

$$f(\boldsymbol{x}) \geq f(\boldsymbol{x}^*) + \nabla f(\boldsymbol{x}^*)^\top (\boldsymbol{x} - \boldsymbol{x}^*) \tag{3.147}$$

가 성립한다. KKT 조건에서

$$\begin{aligned} f(\boldsymbol{x}) - f(\boldsymbol{x}^*) &\geq \left(-\sum_{i=1}^{m} u_i^* \nabla g_i(\boldsymbol{x}^*) \right)^\top (\boldsymbol{x} - \boldsymbol{x}^*) \\ &= -\sum_{i=1}^{m} u_i^* \nabla g_i(\boldsymbol{x}^*)^\top (\boldsymbol{x} - \boldsymbol{x}^*) \end{aligned} \tag{3.148}$$

가 된다. 제약 함수 $g_i(\boldsymbol{x})$ $(i = 1, \dots, m)$은 볼록 함수이므로

$$g_i(\boldsymbol{x}) \geq g_i(\boldsymbol{x}^*) + \nabla g_i(\boldsymbol{x}^*)^\top (\boldsymbol{x} - \boldsymbol{x}^*), \quad i = 1, \dots, m \tag{3.149}$$

이 성립한다. $u_i^* \geq 0$ $(i = 1, \dots, m)$으로부터

$$\sum_{i=1}^{m} u_i^* \nabla g_i(\boldsymbol{x}^*)^\top (\boldsymbol{x} - \boldsymbol{x}^*) \leq \sum_{i=1}^{m} u_i^* (g_i(\boldsymbol{x}) - g_i(\boldsymbol{x}^*)) \tag{3.150}$$

가 성립한다. 여기에서 점 $\boldsymbol{x}^*$는 $u_i^* g_i(\boldsymbol{x}^*) = 0$ $(i = 1, \dots, m)$, 점 $\boldsymbol{x}$는 $g_i(\boldsymbol{x}) \leq 0$ $(i = 1, \dots, m)$을 만족하므로

$$\sum_{i=1}^{m} u_i^* (g_i(\boldsymbol{x}) - g_i(\boldsymbol{x}^*)) = \sum_{i=1}^{m} u_i^* g_i(\boldsymbol{x}) \leq 0 \tag{3.151}$$

이 된다. 그러므로

$$f(\boldsymbol{x})-f(\boldsymbol{x}^*)\geq -\sum_{i=1}^{m}u_i^*\nabla g_i(\boldsymbol{x}^*)^\top(\boldsymbol{x}-\boldsymbol{x}^*)\geq 0 \tag{3.152}$$

이 성립한다. □

3.3.3 쌍대 문제와 쌍대 정리

2.3절에서는 선형 계획 문제의 쌍대 문제와 쌍대 정리를 설명했다. 이번 절에서는 비선형 계획 문제의 쌍대 문제와 쌍대 정리를 설명한다. 논의를 간단히 하기 위해, 여기에서는 부등식 제약이 있는 최적화 문제 (3.132)를 생각한다.[34]

$$\begin{array}{ll} \text{최소화} & f(\boldsymbol{x}) \\ \text{조건} & g(\boldsymbol{x})\leq 0, \quad i=1,\ldots,m \\ & \boldsymbol{x}\in\mathbb{R}^n. \end{array} \tag{3.132}$$

3.3.1절에서 나타낸 것처럼, 이 부등식 제약이 있는 최적화 문제의 라그랑주 함수는

$$L(\boldsymbol{x},\ \boldsymbol{u})=f(\boldsymbol{x})+\sum_{i=1}^{m}u_i g_i(\boldsymbol{x}) \tag{3.118}$$

가 된다. 여기에서 $\boldsymbol{u}=(u_1,\ldots,u_m)^\top\in\mathbb{R}_+^n$ 이다.

임의의 실행 가능 설루션 $\boldsymbol{x}\in\mathbb{R}^n$과 임의의 라그랑주 제곱수 $\boldsymbol{u}\in\mathbb{R}_+^n$ 에 대해 $f(\boldsymbol{x})\geq L(\boldsymbol{x},\boldsymbol{u})$가 성립한다. 여기에서 라그랑주 제곱수 $\boldsymbol{u}\in\mathbb{R}_+^n$ 의 값을 고정한 상태로, 변수 $\boldsymbol{x}$에 관해 라그랑주 함수 $L(\boldsymbol{x},\boldsymbol{u})$를 최소화하는 라그랑주 완화 문제를 정의한다.

$$\begin{array}{ll} \text{최소화} & L(\boldsymbol{x},\ \boldsymbol{u})=f(\boldsymbol{x})+\sum_{i=1}^{m}u_i g_i(\boldsymbol{x}) \\ \text{조건} & \boldsymbol{x}\in\mathbb{R}^n. \end{array} \tag{3.153}$$

이 라그랑주 완화 문제를 풀면, 부등식 제약이 있는 문제 (3.132)의 최적값 $f(\boldsymbol{x}^*)$에 대한 하한[35]

---

34 이번 절의 논의는 등식 제약이 있는 최적화 문제 (3.114)에 관해서도 성립한다.

35 2.3.2항에서는 최대화 문제의 최적값에 대한 상한을 구했지만, 이번 절에서는 최소화 문제의 최적값에 대한 하한을 구한다.

을 얻을 수 있다. 여기에서 라그랑주 완화 문제의 최적값을 $\theta(\boldsymbol{u}) = \min_{\boldsymbol{x} \in \mathbb{R}^n} L(\boldsymbol{x}, \boldsymbol{u})$ [36]로 하면, 다음과 같은 하한을 구하는 **라그랑주 쌍대 문제**Largrangian dual problem을 정의할 수 있다.

$$
\begin{aligned}
&\text{최대화} \quad \theta(\boldsymbol{u}) \\
&\text{조건} \quad\ \ \boldsymbol{u} \in \mathbb{R}^m_+.
\end{aligned}
\tag{3.154}
$$

정리 3.23 약쌍대 정리

부등식 제약이 있는 문제 (3.132)의 실행 가능 설루션 $\boldsymbol{x}$와 쌍대 문제 (3.154)를 실행 가능 설루션 $\boldsymbol{u}$에 대해 $f(\boldsymbol{x}) \geq \theta(\boldsymbol{u})$가 성립한다.

(증명 생략)

역으로 변수 $\boldsymbol{x}$의 값을 고정하고, 라그랑주 제곱수 $\boldsymbol{u}$에 관해 라그랑주 함수 $L(\boldsymbol{x}, \boldsymbol{u})$를 최대화하는 문제를 생각한다.

$$
\begin{aligned}
&\text{최대화} \quad L(\boldsymbol{x}, \boldsymbol{u}) = f(\boldsymbol{x}) + \sum_{i=1}^{m} u_i g_i(\boldsymbol{x}) \\
&\text{조건} \quad\ \ \boldsymbol{u} \in \mathbb{R}^m_+.
\end{aligned}
\tag{3.155}
$$

만약 $g_i(\boldsymbol{x}) > 0$이 되는 부등식 제약이 하나라도 있으면, 라그랑주 제곱수 u_i의 값을 한없이 증가시킬 수 있으므로 유한한 최적 설루션이 존재하지 않는다. 역으로 모든 부등식 제약에 관해 $g_i(\boldsymbol{x}) \leq 0$을 만족하면 $\boldsymbol{u} = \boldsymbol{0}$이 최적 설루션이 되어 $f(\boldsymbol{x}) = \max_{\boldsymbol{u} \in \mathbb{R}^m_+} L(\boldsymbol{x}, \boldsymbol{u})$ [37]를 얻을 수 있다. 이것은 부등식 제약이 있는 문제 (3.132)의 최적 설루션 $\boldsymbol{x}^*$에 대해서도 성립하므로,

$$
f(\boldsymbol{x}^*) = \min_{\boldsymbol{x} \in \mathbb{R}^n} \max_{\boldsymbol{u} \in \mathbb{R}^m_+} L(\boldsymbol{x}, \boldsymbol{u}) \tag{3.156}
$$

36 비선형 계획 문제에서는 목적 함숫값이 유한하지만 최적 설루션이 존재하지 않는 경우가 있으므로, 엄밀하게는 최솟값minimum(min)이 아니라 최대 하한infimum(inf)을 이용한다.

37 비선형 계획 문제에서는 목적 함숫값이 유한하지만 최적 설루션이 존재하지 않는 경우가 있으므로, 엄밀하게는 최댓값(maximum; max)이 아니라 최소 상한supremum(sup)을 이용한다.

를 얻을 수 있다. 여기에서 라그랑주 쌍대 문제의 최적 설루션을 $\boldsymbol{u}^*$로 하면, 그 결과와 약쌍대 정리에서

$$f(\boldsymbol{x}^*) = \min_{\boldsymbol{x}\in\mathbb{R}^n} \max_{\boldsymbol{u}\in\mathbb{R}^m_+} L(\boldsymbol{x},\ \boldsymbol{u}) \geq \max_{\boldsymbol{u}\in\mathbb{R}^m_+} \min_{\boldsymbol{x}\in\mathbb{R}^n} L(\boldsymbol{x},\ \boldsymbol{u}) = \theta(\boldsymbol{u}^*) \tag{3.157}$$

를 얻을 수 있다. 부등식 제약이 있는 문제 (3.132)에 대해 주 문제와 쌍대 문제의 관계를 [그림 3.25]에 정리했다.

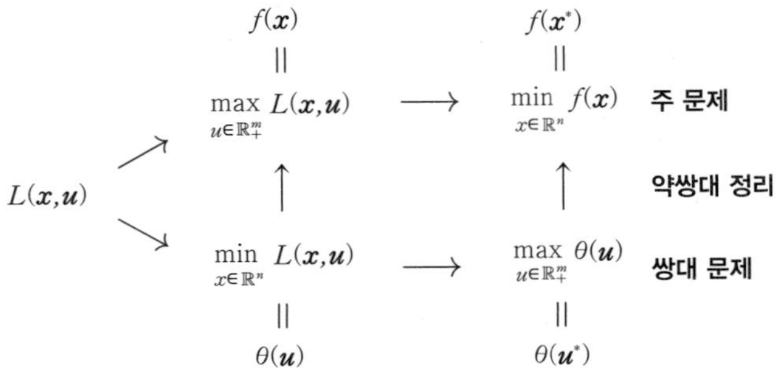

그림 3.25 주 문제와 쌍대 문제의 관계

$f(\boldsymbol{x}^*) - \theta(\boldsymbol{u}^*)$를 **쌍대 차**duality gap라 한다. 일반적으로 비선형 계획 문제에서는 $f(\boldsymbol{x}^*) > \theta(\boldsymbol{u}^*)$가 되는 경우가 많다. 다음 **안장점 정리**saddle point theorem는 쌍대 차가 0이 되기 위한 충분조건을 제공한다.

정리 3.24 안장점 정리

부등식 제약이 있는 문제 (3.132)의 실행 가능 설루션 $\boldsymbol{x}^*$와 쌍대 문제 (3.154)의 $\boldsymbol{u}^*$가 다음 조건을 만족하면, 점 $\boldsymbol{x}^*$와 점 $\boldsymbol{u}^*$는 최적 설루션이다.

$$\min_{\boldsymbol{x}\in\mathbb{R}^n} L(\boldsymbol{x},\ \boldsymbol{u}^*) \geq L(\boldsymbol{x}^*,\ \boldsymbol{u}^*) \geq \max_{\boldsymbol{u}\in\mathbb{R}^m_+} L(\boldsymbol{x}^*,\ \boldsymbol{u}). \tag{3.158}$$

증명 조건에서

$$
\begin{aligned}
\max_{\boldsymbol{u}\in\mathbb{R}_+^m}\min_{\boldsymbol{x}\in\mathbb{R}^n} L(\boldsymbol{x},\ \boldsymbol{u}) &\geq \min_{\boldsymbol{x}\in\mathbb{R}^n} L(\boldsymbol{x},\ \boldsymbol{u}^*) \geq L(\boldsymbol{x}^*,\ \boldsymbol{u}^*) \\
&\geq \max_{\boldsymbol{u}\in\mathbb{R}_+^m} L(\boldsymbol{x}^*,\ \boldsymbol{u}) \geq \min_{\boldsymbol{x}\in\mathbb{R}^n}\max_{\boldsymbol{u}\in\mathbb{R}_+^m} L(\boldsymbol{x},\ \boldsymbol{u})
\end{aligned} \tag{3.159}
$$

가 성립한다. 이 결과와 식 (3.157)에서

$$
\max_{\boldsymbol{u}\in\mathbb{R}_+^m}\min_{\boldsymbol{x}\in\mathbb{R}^n} L(\boldsymbol{x},\ \boldsymbol{u}) = L(\boldsymbol{x}^*,\ \boldsymbol{u}^*) = \min_{\boldsymbol{x}\in\mathbb{R}^n}\max_{\boldsymbol{u}\in\mathbb{R}_+^m} L(\boldsymbol{x},\ \boldsymbol{u}) \tag{3.160}
$$

가 성립한다. 다시 말해 약쌍대 정리에서 $f(\boldsymbol{x}^*) = \theta(\boldsymbol{u}^*)$가 성립하고, $\boldsymbol{x}^*$와 $\boldsymbol{u}^*$가 각각 부등식 제약이 있는 문제 (3.132)와 쌍대 문제 (3.154)의 최적 설루션인 것을 나타냈다. □

라그랑주 함수 $L(\boldsymbol{x}, \boldsymbol{u})$의 값은, 이 조건을 만족하는 점 $(\boldsymbol{x}^*, \boldsymbol{u}^*)$에서 $\boldsymbol{x} \in \mathbb{R}^n$에 관해 최소, $\boldsymbol{u} \in \mathbb{R}_+^n$ 에 관해 최대가 된다. [그림 3.10]에 표시한 것처럼 그 근방에 대해 말의 등에 올린 안장과 같은 형태를 보이기 때문에, 이를 **안장점**saddle point이라 한다. 안장점 정리는 안장점의 존재를 보증하는 것은 아님에 주의한다.

다음 정리는 부등식 제약이 있는 문제 (3.132)가 볼록 계획 문제일 때에 쌍대 차가 0이 되기 위한 충분조건을 제공한다.

정리 3.25 볼록 계획 문제: 강쌍대 정리

부등식 제약이 있는 문제 (3.132)의 목적 함수 f 및 부등식 제약의 제약 함수 $g_1, \ldots, g_m$은 볼록 함수로 슬레이터 제약 상정을 만족한다. 이때 부등식 제약이 있는 문제 (3.132)의 최적값 $f(\boldsymbol{x}^*)$와 쌍대 문제 (3.154)의 최적값 $\theta(\boldsymbol{u}^*)$에 대해 $f(\boldsymbol{x}^*) = \theta(\boldsymbol{u}^*)$가 성립한다.

(증명 생략)

예를 들어 3.1.1항의 분류 문제 (3.13)을 생각해보자.

$$
\begin{aligned}
&\text{최소화} \quad && \frac{1}{2}\|\boldsymbol{w}\|^2 \\
&\text{조건} && y^{(i)}(\boldsymbol{w}^\top \boldsymbol{x}^{(i)} + b) \ge 1, \quad i = 1, \dots, n, \\
& && \boldsymbol{w} \in \mathbb{R}^m,\ b \in \mathbb{R}.
\end{aligned}
\tag{3.13}
$$

이때 라그랑주 완화 문제는

$$
\text{최소화} \quad L(\boldsymbol{w}, b, \boldsymbol{u}) = \frac{1}{2}\boldsymbol{w}^\top \boldsymbol{w} + \sum_{i=1}^{n} u_i \{1 - y^{(i)}(\boldsymbol{w}^\top \boldsymbol{x}^{(i)} + b)\} \tag{3.161}
$$

라고 정의할 수 있다. 여기에서 $\boldsymbol{u} = (u_1, \dots, u_n)^\top \in \mathbb{R}^n_+$ 이다.

이 라그랑주 완화 문제는 제약이 없는 최적화 문제이므로, 그 최적 설루션은 다음 최적성의 1차 필요조건을 만족한다.

$$
\begin{aligned}
\nabla_w L(\boldsymbol{w}, b, \boldsymbol{u}) &= \boldsymbol{w} - \sum_{i=1}^{n} u_i y^{(i)} \boldsymbol{x}^{(i)} = \boldsymbol{0}, \\
\nabla_b L(\boldsymbol{w}, b, \boldsymbol{u}) &= \sum_{i=1}^{n} u_i y^{(i)} = 0.
\end{aligned}
\tag{3.162}
$$

$\boldsymbol{w} = \Sigma_{i=1}^{n}\, u_i y^{(i)} \boldsymbol{x}^{(i)}$를 라그랑주 함수 $L(\boldsymbol{w}, b, \boldsymbol{u})$에 대입하면, 다음 라그랑주 쌍대 문제를 정의할 수 있다.[38]

$$
\begin{aligned}
&\text{최대화} \quad && -\frac{1}{2}\sum_{i=1}^{n}\sum_{j=1}^{n} y^{(i)} y^{(j)} \boldsymbol{x}^{(i)\top} \boldsymbol{x}^{(j)} u_i u_j + \sum_{i=1}^{n} u_i \\
&\text{조건} && \sum_{i=1}^{n} u_i y^{(i)} = 0, \\
& && u_i \ge 0,\ i = 1, \dots, n.
\end{aligned}
\tag{3.163}
$$

분류문제 (3.13)은 볼록 계획 문제로 슬레이터 제약 상정을 만족하므로, 그 최적값은 쌍대 문제 (3.163)의 최적값과 일치한다. 쌍대 문제 (3.163)은 1개의 등식 제약을 가진 다루기 쉬운

38 분류문제 (3.13)에서는 선형함수 $\boldsymbol{w}^\top \boldsymbol{x} + b$ 대신 비선형함수 $\boldsymbol{w}^\top \phi(\boldsymbol{x}) + b$를 이용할 때가 많다. 쌍대 문제에서는 $\boldsymbol{x}^{(i)\top}\boldsymbol{x}^{(j)}$를 $\phi(\boldsymbol{x}^{(i)})^\top \phi(\boldsymbol{x}^{(j)})$로 치환하는 것만으로 대응할 수 있다.

최적화 문제가 되므로, 데이터를 판별하는 함수를 구할 때는 원래 분류 문제 (3.13) 대신 쌍대 문제 (3.163)을 구할 때가 많다.

다음 절부터 제약이 있는 최적화 문제 (3.1)의 최적성의 1차 필요조건(KKT 조건)을 만족하는 설루션 $\boldsymbol{x}^*$를 하나 구하는 대표적인 알고리즘을 설명한다.

3.3.4 유효 제약법

2차 계획 문제는 포트폴리오 선택 문제(3.1.1절) 등 많은 응용 예를 가졌을 뿐만 아니라, 순차 2차 계획법(3.3.8절) 등 제약이 있는 최적화 문제를 푸는 반복법의 부분 문제로도 활용된다. 이번 항에서는 다음 **볼록 2차 계획 문제**convex quadratic programming problem에 대한 **유효 제약법**active set method을 소개한다.

$$\begin{array}{ll} \text{최소화} & f(\boldsymbol{x}) = \dfrac{1}{2}\boldsymbol{x}^\top \boldsymbol{Q}\boldsymbol{x} + \boldsymbol{c}^\top \boldsymbol{x} \\ \text{조건} & \boldsymbol{a}_i^\top \boldsymbol{x} \geq b_i,\ i = 1, \dots, m, \\ & \boldsymbol{x} \in \mathbb{R}^n. \end{array} \tag{3.164}$$

여기에서 $\boldsymbol{Q} \in \mathbb{R}^{n\times n}$는 반정정값, $\boldsymbol{c} = (c_1, \dots, c_n)^\top \in \mathbb{R}^n$, $\boldsymbol{a}_i = (a_{i1}, \dots, a_{in})^\top \in \mathbb{R}^n$, $b_i \in \mathbb{R}$이다.

볼록 계획 문제의 최적성의 충분조건(정리 3.22)에서 $\boldsymbol{x}^* \in \mathbb{R}^n$과 $\boldsymbol{u}^* \in \mathbb{R}^m$이 다음 조건을 만족한다면, 점 $\boldsymbol{x}^*$는 문제 (3.164)의 전역 최적 설루션이다.

$$\begin{array}{ll} \boldsymbol{Q}\boldsymbol{x}^* + \boldsymbol{c} - \displaystyle\sum_{i=1}^{m} u_i^* \boldsymbol{a}_i = \boldsymbol{0}, & \\ \boldsymbol{a}_i^\top \boldsymbol{x}^* \geq b_i, & i = 1, \dots, m, \\ u_i^*(\boldsymbol{a}_i^\top \boldsymbol{x} - b_i) = 0, & i = 1, \dots, m, \\ u_i^* \geq 0, & i = 1, \dots, m. \end{array} \tag{3.165}$$

유효 제약법은 이 최적성의 충분조건의 첫 번째 행부터 세 번째 행까지의 조건을 만족하는 점렬 $\{\boldsymbol{x}^{(k)}\}$를 생성하고, 네 번째 행의 조건을 만족한 시점에서 점 $\boldsymbol{x}^{(k)}$를 최적 설루션으로 출력하는 알고리즘이다.

유효 제약법의 각 반복에 대해, 실행 가능 설루션 $\boldsymbol{x}^{(k)}$에 대해 유효한 제약조건의 첨자 집합을 $I(\boldsymbol{x}^{(k)})$로 한다. 이때 유효한 제약조건을 등식 제약으로 하고, 그 외의 제약조건을 무시한 다음 볼록 2차 계획 문제를 생각한다.

$$\begin{aligned} &\text{최소화} \quad \frac{1}{2}\boldsymbol{x}^\top \boldsymbol{Q}\boldsymbol{x} + \boldsymbol{c}^\top \boldsymbol{x} \\ &\text{조건} \quad \boldsymbol{a}_i^\top \boldsymbol{x} = b_i, \qquad i \in I(\boldsymbol{x}^{(k)}), \\ &\qquad\quad\; \boldsymbol{x} \in \mathbb{R}^n. \end{aligned} \tag{3.166}$$

최적성의 충분조건에 따라 다음 1차 연립방정식을 풀면 이 문제의 최적 설루션 $\bar{\boldsymbol{x}}$와 라그랑주 제곱수 $\bar{u}_i\,(i \in I(\boldsymbol{x}^{(k)}))$를 얻을 수 있다.

$$\begin{aligned} &\boldsymbol{Q}\boldsymbol{x} + \boldsymbol{c} - \sum_{i \in I(\boldsymbol{x}^{(k)})}^{m} u_i \boldsymbol{a}_i = \boldsymbol{0}, \\ &\boldsymbol{a}_i^\top \boldsymbol{x} = b_i, \quad i \in I(\boldsymbol{x}^{(k)}). \end{aligned} \tag{3.167}$$

문제 (3.166)은 원래 문제 (3.164)의 완화 문제이므로 $f(\bar{\boldsymbol{x}}) \leq f(\boldsymbol{x}^{(k)})$가 된다. 단, 점 $\bar{\boldsymbol{x}}$는 무시한 제약조건 $\boldsymbol{a}_i^\top \boldsymbol{x} \geq b_i\,(i \notin I(\boldsymbol{x}^{(k)}))$를 만족한다고 단정할 수는 없음에 주의한다.

먼저 $\bar{\boldsymbol{x}} \neq \boldsymbol{x}^{(k)}$인 경우를 생각해보자. 점 $\bar{\boldsymbol{x}}$가 원래 문제 (3.164)의 실행 가능 설루션이라면 $\boldsymbol{x}^{(k+1)} = \bar{\boldsymbol{x}}$가 된다. 그렇지 않으면 [그림 3.26]에 표시한 것처럼, 점 $\boldsymbol{x}^{(k)}$와 점 $\bar{\boldsymbol{x}}$를 잇는 선분 위의 점을 생각한다. 점 $\boldsymbol{x}^{(k)}$에서 점 $\bar{\boldsymbol{x}}$에 가까울수록 목적 함수 f의 값은 감소하므로, 점 $\boldsymbol{x}^{(k)}$와 점 $\bar{\boldsymbol{x}}$를 잇는 선분 상의 실행 가능 영역에서의 점 $\bar{\boldsymbol{x}}$에 더욱 가까운 점을 $\boldsymbol{x}^{(k+1)}$이라 한다.

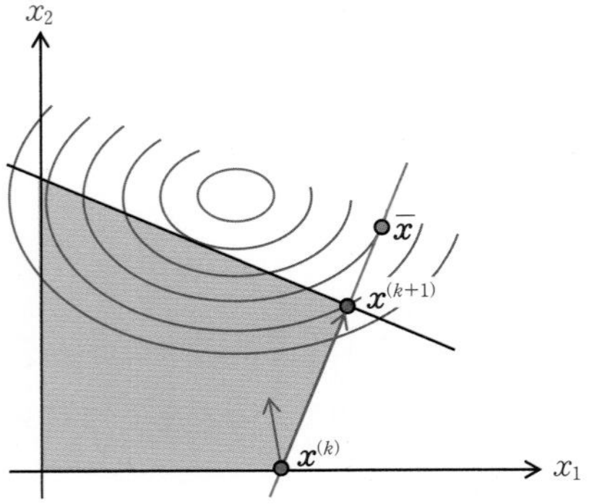

그림 3.26 유효 제약법($\bar{\boldsymbol{x}} \neq \boldsymbol{x}^{(k)}$가 되는 경우)

다음으로 $\bar{\boldsymbol{x}} = \boldsymbol{x}^{(k)}$가 되는 경우를 생각한다. 만약, 유효한 제약조건 $\boldsymbol{a}_i^\top \boldsymbol{x} \geq b_i \ (i \in I(\boldsymbol{x}^{(k)}))$에 대응하는 라그랑주 제곱수의 값이 $\bar{u}_i \geq 0$라면, 점 $\boldsymbol{x}^{(k)}$는 최적성의 충분조건 (3.165)를 만족하므로 원래 문제 (3.164)의 최적 설루션이다. 한편, 라그랑주 제곱수의 값이 $\bar{u}_{i^*} < 0$이 되는 $i^* \in I(\boldsymbol{x}^{(k)})$가 존재한다면, 문제 (3.166)에서 제약조건 $\boldsymbol{a}_{i^*}^\top \boldsymbol{x} = b_{i^*}$를 제외한 볼록 2차 계획 문제의 최적 설루션을 $\boldsymbol{x}^{(k+1)}$로 하면, $f(\boldsymbol{x}^{(k+1)}) < f(\boldsymbol{x}^{(k)})$가 된다(그림 3.27).

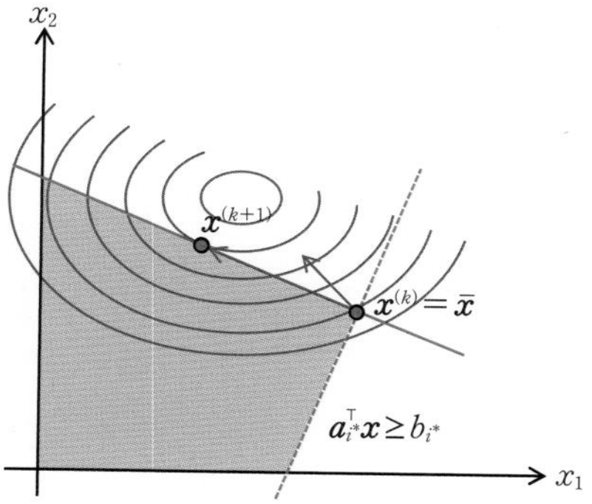

그림 3.27 유효 제약법($\bar{\boldsymbol{x}} = \boldsymbol{x}^{(k)}$가 되는 경우)

유효 제약법의 절차를 정리하면 다음과 같다.

알고리즘 3.4 | 유효 제약법

단계 1: 초기 실행 가능 설루션 $\boldsymbol{x}^{(0)}$을 결정한다. $k = 0$으로 한다.

단계 2: 점 $\boldsymbol{x}^{(k)}$에 대해 유효한 제약조건의 집합을 $I(\boldsymbol{x}^{(k)})$로 한다.

단계 3: 문제 (3.166)을 풀고, 그 최적 설루션 $\bar{\boldsymbol{x}}$와 라그랑주 제곱수 $\bar{\boldsymbol{u}}$를 구한다.

단계 4: $\bar{\boldsymbol{x}} \neq \boldsymbol{x}^{(k)}$이면, $\max\{\alpha \in [0, 1] \mid \boldsymbol{a}_i^\top(\boldsymbol{x}^{(k)}) + \alpha(\bar{\boldsymbol{x}} - \boldsymbol{x}^{(k)})) \geq b_i, \ i = 1, \ldots, m\}$을 달성하는 $\bar{\alpha}$를 구하고, $\boldsymbol{x}^{(k+1)} = \boldsymbol{x}^{(k)} + \bar{\alpha}(\bar{\boldsymbol{x}} - \boldsymbol{x}^{(k)})$, $k = k + 1$로 하고 단계 2로 돌아간다.

단계 5: $\bar{\boldsymbol{u}} \geq \boldsymbol{0}$이면 종료한다.

단계 6: $\min\{\bar{u}_i \mid i \in I(\boldsymbol{x}^{(k)})\}$를 달성하는 첨자 i^*를 구하고, $I(\boldsymbol{x}^{(k+1)}) = I(\boldsymbol{x}^{(k)}) \setminus \{i^*\}$, $k = k + 1$로 하고 단계 3으로 돌아간다.

유효 제약법의 실행 예를 [그림 3.28]에 표시했다.

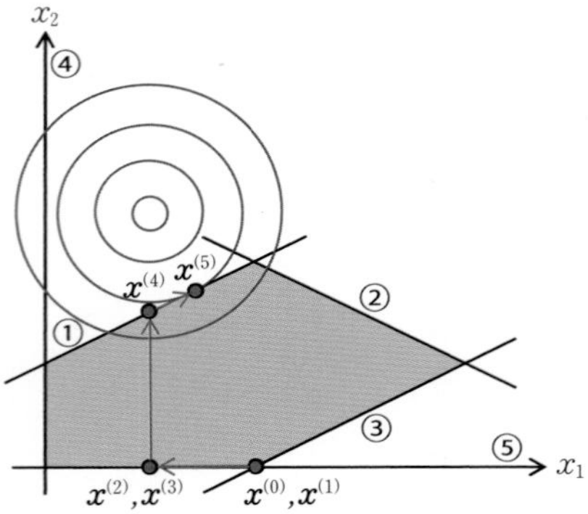

그림 3.28 유효 제약법의 실행 예

여기에서는 다음의 볼록 2차 계획 문제를 생각해보자.

$$
\begin{array}{lll}
\text{최대화} & f(\boldsymbol{x}) = (x_1 - 1)^2 + (x_2 - 2.5)^2 & \\
\text{조건} & x_1 - 2x_2 \geq -2, & \rightarrow ① \\
& -x_1 - 2x_2 \geq -6, & \rightarrow ② \\
& -x_1 + 2x_2 \geq -2, & \rightarrow ③ \\
& x_1 \geq 0, & \rightarrow ④ \\
& x_2 \geq 0. & \rightarrow ⑤
\end{array}
\tag{3.168}
$$

초기 실행 가능 설루션을 $\boldsymbol{x}^{(0)} = (2, 0)^\top$이라 하면, $I(\boldsymbol{x}^{(0)}) = \{3, 5\}$가 된다. 문제 (3.166)을 풀면 $\bar{\boldsymbol{x}} = (2, 0)^\top, (\bar{u}_3), \bar{u}_5) = (=2, -1)$이 된다.

이때 $\bar{\boldsymbol{x}} = \boldsymbol{x}^{(0)}$ 및 $\bar{u}_3 = -2$이므로, $I(\boldsymbol{x}^{(1)}) = \{5\}$, $\boldsymbol{x}^{(1)} = (2, 0)^\top$으로 한다. 문제 (3.166)을 풀면 $\bar{\boldsymbol{x}} = (1, 0)^\top, \bar{u}_5 = -5$가 된다. 이때 $\bar{\boldsymbol{x}} \neq \boldsymbol{x}^{(1)}$ 및 점 $\bar{\boldsymbol{x}}$가 실행 가능 설루션이므로 $\boldsymbol{x}^{(2)} = \bar{\boldsymbol{x}}$가 된다. 절차를 계속 반복하면 $\boldsymbol{x}^{(5)} = (1.4, 1.7)^\top, I(\boldsymbol{x}^{(5)}) = \{1\}$이 된다. 이때 $\bar{\boldsymbol{x}} = \boldsymbol{x}^{(5)}$ 및 $\bar{u}_1 = 0.8$이므로 $\boldsymbol{x}^{(5)}$는 최적 설루션이다.

3.3.5 페널티 함수법과 배리어 함수법

제약이 있는 최적화 문제에서는 목적 함숫값을 최소화하는 것뿐만 아니라, 동시에 제약조건을 만족시켜야 한다. 여기에서 목적 함수에 실행 가능 영역의 경계 부근에서 큰 값을 갖는 페널티 함수를 넣고, 제약이 있는 최적화 문제를 제약이 없는 최적화 문제로 변형하는 방법을 생각할 수 있다. 이번 절에서는 대표적인 방법인 **페널티 함수법**penalty function method과 **배리어 함수법**barrier function method을 소개한다.[39]

페널티 함수penalty function[40]는 제약이 있는 최적화 문제 (3.1)의 제약조건을 만족하는 경우에는 0, 만족하지 않는 경우에는 양수가 되는 함수다. 예를 들어 부등식 제약 $g_i(\boldsymbol{x}) \leq 0$에 대해 $\max\{g_i(\boldsymbol{x}), 0\}^2$, 등식 제약 $g_i(\boldsymbol{x}) = 0$에 대해 $g_i(\boldsymbol{x})^2$를 페널티로 부과하면 페널티 함수는

$$\overline{g}(\boldsymbol{x}) = \sum_{i=1}^{l} \max\{g_i(\boldsymbol{x}),\ 0\}^2 + \sum_{i=l+1}^{m} g_i(\boldsymbol{x})^2 \tag{3.169}$$

이 된다. 페널티 함수법에서는 목적 함수와 페널티 함수를 더한

$$\overline{f}_\rho(\boldsymbol{x}) = f(\boldsymbol{x}) + \rho\overline{g}(\boldsymbol{x}) \tag{3.170}$$

을 최소화하는 제약이 없는 최적화 문제를 푼다. 여기에서 $\rho > 0$은 페널티 함수의 가중치를 의미하는 파라미터다. 제약이 있는 최적화 문제 (3.1)의 실행 가능 설루션을 얻을 수 있다면, 페널티 함수의 가중치 ρ는 가능한 작은 것이 바람직하다. 페널티 함수법은 파라미터 ρ의 초깃값을 비교적 작은 값으로 설정한 상태에서 그 값을 증가시키는 절차와 직전의 반복에서 얻어진 설루션을 초기점으로 $\overline{f}_\rho(\boldsymbol{x})$ 를 최소화하는 제약이 없는 최적화 문제를 푸는 절차를 교대로 반복해서 적용한다.

페널티 함수법의 절차를 다음과 같이 정리했다.

---

39 페널티 함수법과 배리어 함수법을 각각 **외부 페널티 함수법**exterior penalty function method과 **내부 페널티 함수법**interior penalty function method이라 부르기도 한다.

40 벌금 함수라고도 부른다.

알고리즘 3.5 | 페널티 함수

단계 1: 초기점 $\boldsymbol{x}^{(0)}$ 및 파라미터의 초깃값 ρ_0를 정한다. $k=0$으로 한다.

단계 2: $\boldsymbol{x}^{(k)}$를 초기점으로 $\overline{f}_{\rho k}(\boldsymbol{x})$ 를 최소화하는 제약이 없는 최적화 문제를 풀고, 새로운 점 $\boldsymbol{x}^{(k+1)}$을 구한다.

단계 3: $\rho_k \overline{g}(\boldsymbol{x}^{(k)})$가 충분히 작다면 종료한다.

단계 4: $\rho_{k+1} > \rho_k$를 만족하는 파라미터의 값 ρ_{k+1}을 정한다. $k=k+1$로 하고 단계 2로 돌아간다.

예를 들어 다음 제약이 있는 최적화 문제

$$\begin{array}{ll} \text{최소화} & e^x \\ \text{조건} & x \geq 1 \end{array} \tag{3.171}$$

에 대해

$$\overline{f}_\rho(x) = e^x + \rho \max\{1-x,\ 0\}^2 \tag{3.172}$$

으로 정의한다. [그림 3.29](좌)에 표시한 것처럼 파라미터 ρ의 값이 무한대($\rho \to \infty$)라면, 페널티 함수법이 출력하는 점 $\boldsymbol{x}$는 제약이 있는 최적화 문제 (3.1)의 국소 최적 설루션 $\boldsymbol{x}^*$에 수렴한다. 그러나 파라미터 ρ의 값이 유한($\rho < \infty$)하다면, 페널티 함수법이 출력하는 점 $\boldsymbol{x}$는 국소 최적 설루션 $\boldsymbol{x}^*$의 근사에 지나지 않는다. 또한 파라미터 ρ의 값이 크면 함수 $\overline{f}_\rho(\boldsymbol{x})$의 변화가 실행 가능 영역의 경계 근방에서 급격하게 가파르게 되어, 제약이 없는 최적화 문제를 해결하는 것이 수치상으로 어려워지는 경우가 많다.

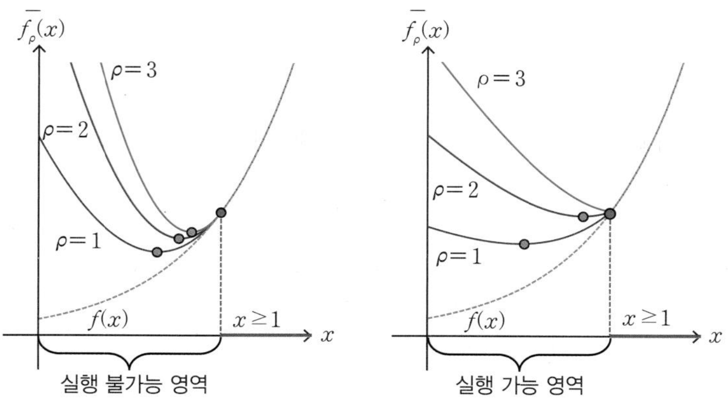

그림 3.29 목적 함수와 두 개의 페널티 함수

이 밖에도 부등식 제약 $g_i(\boldsymbol{x}) \le 0$에 대해 $\max\{g_i(\boldsymbol{x}, 0)\}$, 등식 제약 $g_i(\boldsymbol{x}) = 0$에 대해 $|g_i(\boldsymbol{x})|$를 페널티로 부과해, 페널티 함수를

$$\bar{g}(\boldsymbol{x}) = \sum_{i=1}^{l} \max\{g_i(\boldsymbol{x}), 0\} + \sum_{i=l+1}^{m} |g_i(\boldsymbol{x})| \tag{3.173}$$

로 하는 것도 생각해볼 수 있다. 이때 [그림 3.29](우)에 표시한 것처럼 어떤 상수 ρ^* 이상의 파라미터값 $\rho \ge \rho^*$를 이용하면, 페널티 함수법이 출력하는 점 $\boldsymbol{x}$는 제약이 있는 최적화 문제 (3.1)의 국소 최적 설루션 $\boldsymbol{x}^*$와 일치한다. 이런 특징을 가진 페널티 함수를 **정확 페널티 함수**exact penalty function라 한다. 단, 적절한 파라미터의 값 ρ^*를 사전에 알 수 있는 것은 아니다. 또한 이 페널티 함수는 실행 가능 영역의 경계에서는 미분할 수 없으므로, 3.2절의 제약이 없는 최적화 문제에 대한 알고리즘을 그대로 적용할 수 없다는 문제점도 있다.

배리어 함수는 실행 가능 영역 내부에서는 유한한 값을 가지며, 그 경계에 가까워지면 무한대로 발산하는 함수다. 여기에서는 부등식 제약이 있는 최적화 문제 (3.132)를 생각한다. 예를 들어 부등식 제약 $g_i(\boldsymbol{x}) \le 0$에 대해 $-g_i(\boldsymbol{x})^{-1}$이나 $-\log(-g_i(\boldsymbol{x}))$ 등을 페널티로 부과하면, 배리어 함수는

$$\begin{aligned} \tilde{g}(\boldsymbol{x}) &= -\sum_{i=1}^{m} g_i(\boldsymbol{x})^{-1}, \\ \tilde{g}(\boldsymbol{x}) &= -\sum_{i=1}^{m} \log(-g_i(\boldsymbol{x})) \end{aligned} \tag{3.174}$$

가 된다. 배리어 함수법에서는 목적 함수와 배리어 함수를 서로 더한

$$\tilde{f}_\rho(\boldsymbol{x}) = f(\boldsymbol{x}) + \rho\tilde{g}(\boldsymbol{x}) \tag{3.175}$$

를 최소화하는 제약이 없는 최적화 함수를 푼다. 여기에서 $\rho > 0$은 배리어 함수의 가중치를 의미하는 파라미터다. 배리어 함수법은 적당한 실행 가능 설루션 $\boldsymbol{x}^{(0)}$에서 시작해 파라미터 ρ의 초깃값을 설정한 상태에서 그 값을 감소시키는 방법과 직전의 반복에서 얻은 설루션을 초기점으로 $\tilde{f}_\rho(\boldsymbol{x})$를 최소화하는 제약이 없는 최적화 문제를 푸는 절차를 교대로 반복 적용한다.

배리어 함수법의 절차를 정리하면 다음과 같다.

알고리즘 3.6 | 배리어 함수법

단계 1: 실행 가능한 초기점 $\boldsymbol{x}^{(0)}$ 및 파라미터의 초깃값 ρ_0을 정한다. $k=0$으로 한다.

단계 2: $\boldsymbol{x}^{(k)}$를 초기점으로 $\tilde{f}_{\rho k}(\boldsymbol{x})$를 최소화하는 제약이 없는 최적화 문제를 풀고, 새로운 점 $\boldsymbol{x}^{(k+1)}$을 구한다.

단계 3: $\rho_k\tilde{g}(\boldsymbol{x}^{(k)})$가 충분히 작으면 종료한다.

단계 4: $\rho_{k+1} < \rho_k$를 만족하는 파라미터값 ρ_{k+1}을 정한다. $k=k+1$로 하고 단계 2로 돌아간다.

예를 들어 다음 제약이 있는 최적화 문제

$$\begin{aligned} &\textbf{최소화} \quad 0.1(x-3.5)^2 \\ &\textbf{조건} \quad\;\;\; 0.5 \le x \le 3 \end{aligned} \tag{3.176}$$

에 대해,

$$\tilde{f}_\rho(\boldsymbol{x}) = 0.1(x-3.5)^2 - \frac{\rho}{x-3} - \frac{\rho}{0.5-x} \tag{3.177}$$

로 정의한다. [그림 3.30]에 표시한 것처럼, 배리어 함수법은 함수 $\tilde{f}_\rho(\boldsymbol{x})$의 변화가 실행 가능 영역의 경계 근처에서 급격하게 가파르게 되어, 제약이 없는 최적화 문제를 푸는 것이 수치적

으로 어려운 경우가 많다. 또한 초기점으로서 필요한 실행 가능 영역의 **내점**interior point[41]을 쉽게 구할 수 있다고 단정할 수 없다.

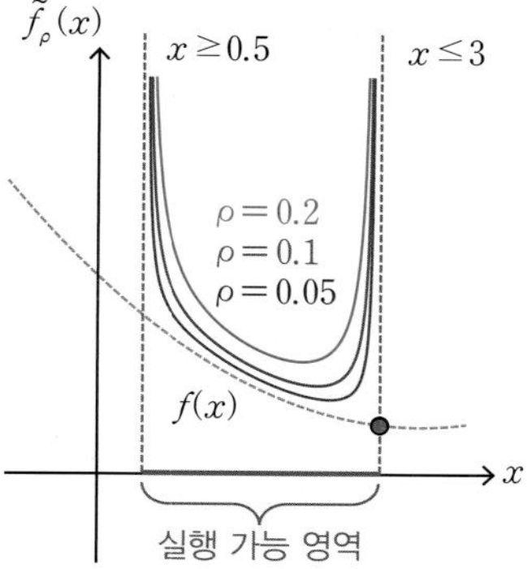

그림 3.30 목적 함수와 배리어 함수

3.3.6 확장 라그랑주 함수법

페널티 함수법에서는 변환된 제약이 없는 문제를 풀어도 제약이 있는 최적화 문제의 국소 최적 설루션을 얻을 수 없으며, 페널티 함수의 가중치를 의미하는 파라미터 ρ의 값이 증가하면 변형해서 얻은 제약이 없는 문제를 푸는 것은 수치적으로 어려워지는 등의 문제점이 있다. **확장 라그랑주 함수법**augmented Lagrangian method[42]에서는 라그랑주 함수와 페널티 함수를 더한 확장 라그랑주 함수를 이용해 제약이 있는 최적화 문제를 제약이 없는 최적화 문제로 변형해서 풀어냄으로써 이 문제점을 극복한다.

논의를 간단하게 하기 위해 등식 제약이 있는 최적화 문제 (3.114)를 생각한다. 부등식 제약을 가진 최적화 문제에서는 부등식 제약 $g_i(\boldsymbol{x}) \leq 0$에 여유 변수 s_i를 도입해, 등식 제약 $g_i(\boldsymbol{x}) + s_i^2 = 0$으로 변환한다. 3.3.1절에서 설명한 것처럼, 점 $\boldsymbol{x}^* \in \mathbb{R}^n$이 국소 최적 설루션이라면, 등식 제약이 있는 최적화 문제의 최적성의 1차 필요조건 (정리 3.16)으로부터

41 여기에서는 모든 부등식 제약에 대해 $g_i(\boldsymbol{x}) < 0$을 만족하는 점 $\boldsymbol{x}$를 가리킨다.

42 제곱수법multiplier method이라 부르기도 한다.

$$\begin{aligned}\nabla_x L(\boldsymbol{x}^*,\ \boldsymbol{u}^*) &= \nabla f(\boldsymbol{x}^*) + \sum_{i=1}^{m} u_i^* \nabla g_i(\boldsymbol{x}^*) = \mathbf{0}, \\ \nabla_u L(\boldsymbol{x}^*,\ \boldsymbol{u}^*) &= g(\boldsymbol{x}^*) = \mathbf{0}\end{aligned} \tag{3.178}$$

을 만족하는 라그랑주 제곱수 $\boldsymbol{u}^* \in \mathbb{R}^m$이 존재한다. 하지만 라그랑주 함수의 헤세 행렬 $\nabla^2_{xx} L(\boldsymbol{x}^*, \boldsymbol{u}^*)$가 반드시 정정값이지는 않으므로, $\boldsymbol{x}$에 대해 라그랑주 함수 $L(\boldsymbol{x}, \boldsymbol{u}^*)$를 얻을 수 있다고 단정할 수 없다. 여기에서 라그랑주 함수 $L(\boldsymbol{x}, \boldsymbol{u})$와 등식 제약 $g_i(\boldsymbol{x}) = 0$에 대한 페널티 함수 $g_i(\boldsymbol{x})^2$을 더한 **확장 라그랑주 함수**augmented Lagrangian function

$$L_\rho(\boldsymbol{x},\ \boldsymbol{u}) = f(\boldsymbol{x}) + \sum_{i=1}^{m} u_i g_i(\boldsymbol{x}) + \frac{\rho}{2} \sum_{i=1}^{m} g_i(\boldsymbol{x})^2 \tag{3.179}$$

을 $\boldsymbol{x}$에 대해 최소화하는 제약이 없는 최적화 문제를 푼다. 여기에서 $\rho > 0$은 페널티 함수의 가중치를 의미하는 파라미터다.

$(\boldsymbol{x}^*, \boldsymbol{u}^*)$를 등식 제약이 있는 최적화 문제 (3.114)의 최적성의 2차 충분조건 (3.123)을 만족하는 점이라 한다. 이때 확장 라그랑주 함수의 $\boldsymbol{x}$에 관한 기울기 벡터를 생각하면,

$$\begin{aligned}\nabla_x L_\rho(\boldsymbol{x}^*,\ \boldsymbol{u}^*) &= \nabla f(\boldsymbol{x}^*) + \sum_{i=1}^{m} u_i^* \nabla g_i(\boldsymbol{x}^*) + \rho \sum_{i=1}^{m} g_i(\boldsymbol{x}^*) \nabla g_i(\boldsymbol{x}^*) \\ &= \nabla_x L(\boldsymbol{x}^*,\ \boldsymbol{u}^*) = \mathbf{0}\end{aligned} \tag{3.180}$$

이 성립한다.[43] 따라서 점 $\boldsymbol{x}^*$는 $\boldsymbol{x}$에 관해 확장 라그랑주 함수 $L_\rho(\boldsymbol{x}, \boldsymbol{u}^*)$를 최소화하는 제약이 없는 최적화 문제의 정류점이 된다.

다음으로 확장 라그랑주 함수의 헤세 행렬을 생각하면

$$\begin{aligned}\nabla^2_{xx} L_\rho(\boldsymbol{x}^*,\ \boldsymbol{u}^*) &= \nabla^2 f(\boldsymbol{x}^*) + \sum_{i=1}^{m} (u_i^* + \rho g_i(\boldsymbol{x}^*))^2 \nabla^2 g_i(\boldsymbol{x}^*) + \rho \sum_{i=1}^{m} \nabla g_i(\boldsymbol{x}^*) \nabla g_i(\boldsymbol{x}^*)^\top \\ &= \nabla^2_{xx} L(\boldsymbol{x}^*, \boldsymbol{u}^*) + \rho \sum_{i=1}^{m} \nabla g_i(\boldsymbol{x}^*) \nabla g_i(\boldsymbol{x}^*)^\top\end{aligned} \tag{3.181}$$

43 $g_i(\boldsymbol{x}^*) = 0\ (i = 1, \ldots, m)$이 성립하는 것에 주의한다.

이 된다. 이때 $\nabla g_i(\boldsymbol{x}^*)^\top \boldsymbol{d} = 0\,(i=1,\dots,\ m)$을 만족하는 임의의 벡터 $\boldsymbol{d} \in \mathbb{R}^n \setminus \{\boldsymbol{0}\}$에 대해,

$$\boldsymbol{d}^\top \nabla^2_{xx} L_\rho(\boldsymbol{x}^*,\ \boldsymbol{u}^*)\boldsymbol{d} = \boldsymbol{d}^\top \nabla^2_{xx} L(\boldsymbol{x}^*,\ \boldsymbol{u}^*)\boldsymbol{d} > 0 \tag{3.182}$$

이 성립한다. 그 외 임의의 벡터 $\boldsymbol{d} \in \mathbb{R}^n \setminus \{\boldsymbol{0}\}$에 관해서도 파라미터 ρ의 값을 충분히 키우면 $\boldsymbol{d}^\top \nabla^2_{xx} L_\rho(\boldsymbol{x}^*,\ \boldsymbol{u}^*)\,\boldsymbol{d} > 0$이 성립한다. 따라서 점 $\boldsymbol{x}^*$는 $\boldsymbol{x}$에 대해 확장 라그랑주 함수 $L_\rho(\boldsymbol{x},\ \boldsymbol{u}^*)$를 최소화하는 제약이 없는 최적화 문제의 최적성의 2차 충분조건을 만족하는 국소 최적 설루션이 된다.

이렇게 라그랑주 제곱수 $\boldsymbol{u}$가 $\boldsymbol{u}^*$에 가까워지면 파라미터 ρ의 값을 유한하게 억제하면 $\boldsymbol{x}$에 관해 확장 라그랑주 함수 $L_\rho(\boldsymbol{x},\ \boldsymbol{u})$를 최소화하는 제약이 없는 최적화 문제를 풀어냄으로써, 등식 제약이 있는 최적화 문제 (3.114)의 국소 최적 설루션 $\boldsymbol{x}^*$의 정도가 높은 근사 설루션을 얻을 수 있다.

확장 라그랑주 함수법에서는 $\boldsymbol{x}$에 대해 확장 라그랑주 함수 $L_\rho(\boldsymbol{x},\ \boldsymbol{u})$를 최소화한 뒤, 라그랑주 제곱수 $\boldsymbol{u}$를 업데이트하는 절차를 반복한다. 각 반복에서 우선 $\boldsymbol{x}$에 대해 확장 라그랑주 함수 $L_\rho(\boldsymbol{x},\ \boldsymbol{u}^{(k)})$를 최소화한다. 이 제약이 없는 최적화 문제의 정류점을 $\boldsymbol{x}^{(k+1)}$로 하면, 최적성의 1차 필요조건(정리 3.8)으로부터

$$\begin{aligned}\nabla_x L_\rho(\boldsymbol{x}^{(k+1)},\ \boldsymbol{u}^{(k)}) &= \nabla f(\boldsymbol{x}^{(k+1)}) + \sum_{i=1}^{m} u_i^{(k)} \nabla g_i(\boldsymbol{x}^{(k+1)}) \\ &\quad + \rho \sum_{i=1}^{m} g_i(\boldsymbol{x}^{(k+1)}) \nabla g_i(\boldsymbol{x}^{(k+1)}) = \boldsymbol{0}\end{aligned} \tag{3.183}$$

이 성립한다. 다음으로 라그랑주 제곱수 $\boldsymbol{u}^{(k)}$를

$$\boldsymbol{u}^{(k+1)} = \boldsymbol{u}^{(k)} + \rho \boldsymbol{g}(\boldsymbol{x}^{(k+1)}) \tag{3.184}$$

로 업데이트하면,

$$
\begin{aligned}
\nabla_{\boldsymbol{x}} L(\boldsymbol{x}^{(k+1)}, \boldsymbol{u}^{(k+1)}) &= \nabla f(\boldsymbol{x}^{(k+1)}) + \sum_{i=1}^{m} u_i^{(k+1)} \nabla g_i(\boldsymbol{x}^{(k+1)}) \\
&= \nabla f(\boldsymbol{x}^{(k+1)}) + \sum_{i=1}^{m} \Big(u_i^{(k)} + \rho g_i(\boldsymbol{x}^{(k+1)}) \Big) \nabla g_i(\boldsymbol{x}^{(k+1)}) \qquad (3.185) \\
&= \nabla_{\boldsymbol{x}} L_\rho(\boldsymbol{x}^{(k+1)}, \boldsymbol{u}^{(k)}) = \mathbf{0}
\end{aligned}
$$

이 된다. 이렇게 확장 라그랑주 함수법은 등식 제약이 있는 최적화 문제 (3.114)의 최적성의 1차 필요조건 (3.117) 중

$$
\nabla_{\boldsymbol{x}} L(\boldsymbol{x}^{(k)}, \boldsymbol{u}^{(k)}) = \nabla f(\boldsymbol{x}^{(k)}) + \sum_{i=1}^{m} u_i^{(k)} \nabla g_i(\boldsymbol{x}^{(k)}) = \mathbf{0} \qquad (3.186)
$$

을 만족하면서 최종적으로

$$
\nabla_{\boldsymbol{x}} L(\boldsymbol{x}^{(k)}, \boldsymbol{u}^{(k)}) = \boldsymbol{g}(\boldsymbol{x}^{(k)}) = \mathbf{0} \qquad (3.187)
$$

을 만족하는 $(\boldsymbol{x}^{(k)}, \boldsymbol{u}^{(k)})$를 구한다.

각 반복에서 등식 제약에 대한 페널티 $\bar{g}(\boldsymbol{x}^{(k)}) = \Sigma_{i=1}^{m} g_i(\boldsymbol{x}^{(k)})^2$이 직전 반복에서 충분히 감소하지 않은 경우에는 파라미터 ρ의 값을 증가시키는 경우가 많다.

확장 라그랑주 함수법의 절차를 정리하면 다음가 같다.

알고리즘 3.7 | 확장 라그랑주 함수법

단계 1: 초기점 $(\boldsymbol{x}^{(0)}, \boldsymbol{u}^{(0)})$ 및 파라미터의 초깃값 ρ_0을 정한다. $k = 0$으로 한다.

단계 2: $\boldsymbol{x}^{(k)}$를 초기점으로 $\boldsymbol{x}$에 대해 확장 라그랑주 함수 $L_\rho(\boldsymbol{x}, \boldsymbol{u}^{(k)})$를 최소화하는 제약이 없는 최적화 문제를 풀고, 새로운 점 $\boldsymbol{x}^{(k+1)}$을 구한다.

단계 3: $\rho_k \bar{g}(\boldsymbol{x}^{(k)})$가 충분히 작으면 종료한다.

단계 4: $\boldsymbol{u}^{(k+1)} = \boldsymbol{u}^{(k)} + \rho_k \boldsymbol{g}(\boldsymbol{x}^{(k+1)})$이 된다. $\rho_{k+1} \geq \rho_k$를 만족하는 파라미터의 값 ρ_{k+1}을 정한다. $k = k + 1$로 하고 단계 2로 돌아간다.

확장 라그랑주 함수법(빨간선)과 페널티 함수법(파란선)의 실행 예를 [그림 3.31]에 표시했다.

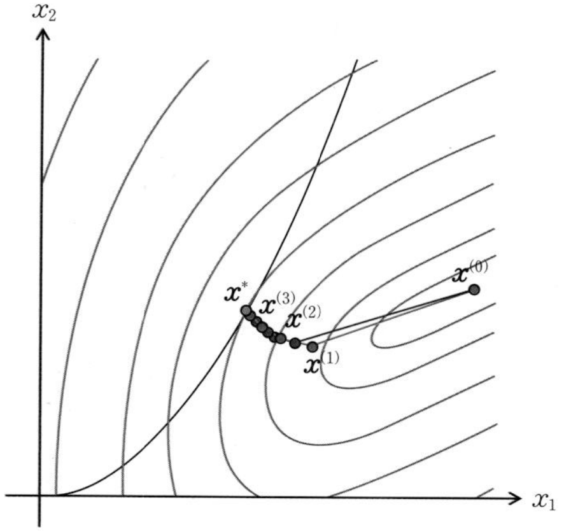

그림 3.31 확장 라그랑주 함수법과 페널티 함수법 실행 예

여기에서는 다음 등식 제약이 있는 최적화 문제를 생각한다.

$$
\begin{aligned}
&\textbf{최소화} \quad f(\boldsymbol{x}) = (x_1 - 2)^4 + (x_1 - 2x_2)^2 \\
&\textbf{조건} \quad g(\boldsymbol{x}) = x_1^2 - x_2 = 0; \\
&\qquad\quad \boldsymbol{x} = (x_1,\ x_2)^\top \in \mathbb{R}^2.
\end{aligned}
\tag{3.188}
$$

이 문제의 최적 설루션은 $\boldsymbol{x}^*(0.946, 0.893)^\top$이다. 초기점을 $\boldsymbol{x}^{(0)} = (2, 1)^\top$, $u^{(0)} = 0$으로 한다. $\rho_0 = 1$, $\rho_{k+1} = 2\rho_k$로 하고 확장 라그랑주 함수법을 적용하면 반복 후의 점은 $\boldsymbol{x}^{(1)} = (1.252, 0.730)^\top$이 된다. 절차를 계속 반복하면 $\boldsymbol{x}^{(2)} = (1.099, 0.765)^\top, \dots, \boldsymbol{x}^{(6)} = (0.946, 0.893)^\top$이 되어 최적 설루션 $\boldsymbol{x}^*$에 가까워짐을 알 수 있다. 한편, $\rho_0 = 1$, $\rho_{k+1} = 2\rho_k$로 하고 페널티 함수법을 적용하면, 반복 후의 점은 $\boldsymbol{x}^{(1)} = (1.168, 0.741)^\top$이 된다. 절차를 계속 반복하면 $\boldsymbol{x}^{(2)} = (1.096, 0.766)^\top$, $\boldsymbol{x}^{(3)} = (1.040, 0.800)^\top, \dots, \boldsymbol{x}^{(10)} = (0.947, 0.893)^\top$이 되어, 확장 라그랑주 함수법과 비슷한 정도의 근사 설루션을 얻기 위해서는 반복을 보다 많이 해야함을 알 수 있다.

3.3.7 내점법

내점법interior point method은 본래 선형 계획 문제에 대한 알고리즘으로 개발되었다. 이를 비선형 계획 문제에 확장하면서 배리어 함수법(3.3.5절)의 문제점을 극복하는 알고리즘이 되었다. 현재는 제약이 있는 최적화 문제의 대표적인 알고리즘으로 순차 2차 계획법(3.3.8절)과 함께 널리 이용된다. 내점법은 등식 제약이 있는 최적화 문제(3.114)의 최적성의 1차 필요조건(정리 3.16)에 착안해, 뉴턴법을 이용해서 조건을 만족하는 설루션을 구하는 알고리즘이다. 생성된 점렬 $\{\boldsymbol{x}^{(k)}\}$가 모드 내점이므로 내점법이라고 불린다.

제약이 있는 최적화 문제(3.1)의 부등식 제약 $g_i(\boldsymbol{x}) \le 0$에 여유 변수 s_i (≥ 0)을 도입해, 등식 제약 $g_i(\boldsymbol{x}) + s_i = 0$으로 변형한 다음 최적화 문제를 생각한다.

$$
\begin{array}{lll}
\text{최소화} & f(\boldsymbol{x}) & \\
\text{조건} & g_i(\boldsymbol{x}) + s_i = 0, & i = 1, \ldots, l, \\
& g_i(\boldsymbol{x}) = 0, & i = l+1, \ldots, m, \\
& \boldsymbol{x} \in \mathbb{R}^n, & \\
& s_i \ge 0, & i = 1, \ldots, l.
\end{array}
\tag{3.189}
$$

이 문제에 대해 $s_i > 0$(즉, $g_i(\boldsymbol{x}) < 0$)$(i = 1, \ldots, l)$을 만족하는 점을 **내점**, 또한 $g_i(\boldsymbol{x}) = 0$ $(i = l + 1, \ldots, m)$을 만족하는 점을 **실행 가능 내점**feasible interior point이라 한다.

실행 가능 내점 $\boldsymbol{x}$가 존재한다고 가정하고, 각 여유 변수 s_i의 비부 조건에 대해 배리어 함수를 도입하면 다음 등식 제약이 있는 최적화 문제로 변형할 수 있다.

$$
\begin{array}{lll}
\text{최소화} & f(\boldsymbol{x}) - \rho \sum_{i=1}^{l} \log s_i & \\
\text{조건} & g_i(\boldsymbol{x}) + s_i = 0, & i = 1, \ldots, l, \\
& g_i(\boldsymbol{x}) = 0, & i = l+1, \ldots, m, \\
& \boldsymbol{x} \in \mathbb{R}^n, & \\
& s_i \ge 0, & i = 1, \ldots, l.
\end{array}
\tag{3.190}
$$

여기에서 $\rho > 0$은 배리어 함수의 가중치를 의미하는 파라미터다. 이 문제의 국소 최적 설루션을 $(\bar{\boldsymbol{x}}, \bar{\boldsymbol{s}})$라고 하면, 등식 제약이 있는 최적화 문제(3.114)의 최적성의 1차 필요조건(정리

3.16)에서

$$\begin{aligned}
&\nabla f(\bar{\boldsymbol{x}}) + \Sigma_{i=1}^{m} \bar{u}_i \nabla g_i(\bar{\boldsymbol{x}}) = \mathbf{0} && \\
&\bar{u}_i \bar{s}_i = \rho, && i = 1, \ldots, l, \\
&g_i(\bar{\boldsymbol{x}}) + s_i = 0, && i = 1, \ldots, l, \\
&g_i(\bar{\boldsymbol{x}}) = 0, && i = l+1, \ldots, m, \\
&\bar{s}_i > 0, && i = 1, \ldots, l, \\
&\bar{u}_i > 0, && i = 1, \ldots, l
\end{aligned} \tag{3.191}$$

을 만족하는 라그랑주 제곱수 $\bar{\boldsymbol{u}} \in \mathbb{R}^m$이 존재한다.[44] 파라미터 $\rho \to 0$일 때, 이 조건들을 만족하는 점 $(\bar{\boldsymbol{x}}(\rho), \bar{\boldsymbol{s}}(\rho), \bar{\boldsymbol{u}}(\rho))$가 그리는 궤적을 **중심 경로** center path 라 한다.

[그림 3.32]의 점선은 부등식 제약이 있는 최적화 문제 (3.132)의 실행 가능 영역의 끝점의 하나로 국소 최적 설루션 $\boldsymbol{x}^*$가 있다고 가정했을 때의 중심 경로다. 파라미터 ρ의 값을 충분히 크게 하면 여유 변수 $\bar{s}_i$의 값도 커지므로, 경계로부터 멀리 떨어진 실행 가능 영역 내부의 점 $\bar{\boldsymbol{x}}(\rho)$를 얻을 수 있다. 파라미터 ρ의 값이 0에 가까워짐에 따라 점 $\bar{\boldsymbol{x}}(\rho)$는 실행 가능 영역 내부를 통해 국소 최적 설루션 $\boldsymbol{x}^*$에 가까워진다.

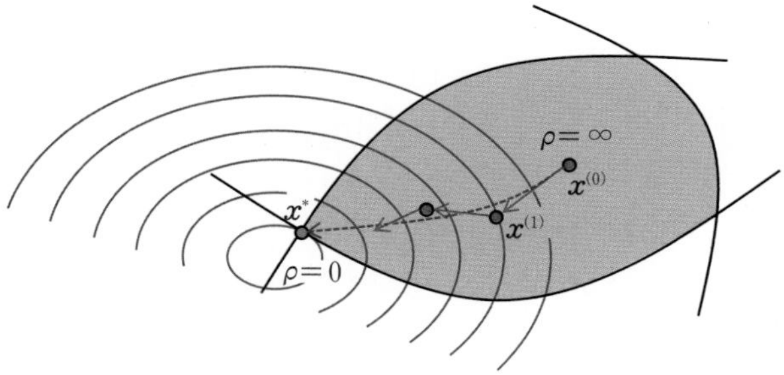

그림 3.32 내점법

44 두 번째 조건은 라그랑주 함수

$$L(\boldsymbol{x}, \boldsymbol{s}, \boldsymbol{u}) = f(\boldsymbol{x}) - \rho \sum_{i=1}^{l} \log s_i + \sum_{i=1}^{l} u_i (g_i(\boldsymbol{x}) + s_i) + \sum_{i=l+1}^{m} u_i g_i(\boldsymbol{x})$$

를 여유 변수 s_i로 편미분한 $-\frac{\rho}{s_i} + u_i$에서 얻을 수 있다. $\rho > 0, s_i \geq 0$으로부터 $\bar{s}_i > 0, \bar{u}_i \geq 0$이 되는 것에 주의한다.

각 반복에서는 뉴턴법을 이용해 현재의 점 $(\boldsymbol{x}^{(k)}, \boldsymbol{s}^{(k)}, \boldsymbol{u}^{(k)})$로부터 최적성의 1차 필요조건 (3.191)을 적당한 정도로 만족하는 근사 설루션 $(\boldsymbol{x}^{(k+1)}, \boldsymbol{s}^{(k+1)}, \boldsymbol{u}^{(k+1)}) = (\boldsymbol{x}^{(k)} + \Delta\boldsymbol{x}, \boldsymbol{s}^{(k)} + \Delta\boldsymbol{s}, \boldsymbol{u}^{(k)} + \Delta\boldsymbol{u})$를 구한다. 목적 함수 f와 제약 함수 g_i는 2회 미분 가능하므로,

$$
\begin{aligned}
\nabla f(\boldsymbol{x}^{(k)} + \Delta\boldsymbol{x}) &\approx \nabla f(\boldsymbol{x}^{(k)}) + \nabla^2 f(\boldsymbol{x}^{(k)})\Delta\boldsymbol{x}, \\
g_i(\boldsymbol{x}^{(k)} + \Delta\boldsymbol{x}) &\approx g_i(\boldsymbol{x}^{(k)}) + \nabla g_i(\boldsymbol{x}^{(k)})^\top \Delta\boldsymbol{x}, \\
\nabla g_i(\boldsymbol{x}^{(k)} + \Delta\boldsymbol{x}) &\approx \nabla g_i(\boldsymbol{x}^{(k)}) + \nabla^2 g_i(\boldsymbol{x}^{(k)})\Delta\boldsymbol{x}
\end{aligned}
\tag{3.192}
$$

로 근사할 수 있다. 이들을 식 (3.191)에 대입하면 $\Delta\boldsymbol{x}$, $\Delta\boldsymbol{s}$, $\Delta\boldsymbol{u}$를 변수로 하는 다음 1차 연립 방정식을 얻을 수 있다[45]

$$
\begin{aligned}
&\nabla^2 f(\boldsymbol{x}^{(k)})\Delta\boldsymbol{x} + \sum_{i=1}^{m}\left(u_i^{(k)}\nabla^2 g_i(\boldsymbol{x}^{(k)})\Delta\boldsymbol{x} + \Delta u_i \nabla g_i(\boldsymbol{x}^{(k)})\right) \\
&\qquad\qquad = -\nabla f(\boldsymbol{x}^{(k)}) - \sum_{i=1}^{m} u_i^{(k)}\nabla g_i(\boldsymbol{x}^{(k)}), \\
&u_i^{(k)}\Delta s_i + \Delta u_i s_i^{(k)} = \rho - u_i^{(k)} s_i^{(k)}, \qquad i = 1, \ldots, l, \\
&\nabla g_i(\boldsymbol{x}^{(k)})^\top \Delta\boldsymbol{x} + \Delta s_i = -g_i(\boldsymbol{x}^{(k)}) - s_i^{(k)}, \qquad i = 1, \ldots, l, \\
&\nabla g_i(\boldsymbol{x}^{(k)})^\top \Delta\boldsymbol{x} = -g_i(\boldsymbol{x}^{(k)}), \qquad i = l+1, \ldots, m.
\end{aligned}
\tag{3.193}
$$

여기에서 우변은 $(\boldsymbol{x}^{(k)}, \boldsymbol{s}^{(k)}, \boldsymbol{u}^{(k)})$로 결정되므로 상수가 된다. 이 1차 연립방정식은 $n + l + m$개의 변수와 같은 수의 제약조건을 가지므로, 그 계수 행렬이 정칙이라면 $(\boldsymbol{x}^{(k+1)}, \boldsymbol{s}^{(k+1)}, \boldsymbol{u}^{(k+1)})$을 구할 수 있다.

내점법은 탐색 도중에 식 (3.191)을 만족하는 중심 경로 위의 점 $(\bar{\boldsymbol{x}}(\rho), \bar{\boldsymbol{s}}(\rho), \bar{\boldsymbol{u}}(\rho))$를 구할 수 있는 것이 아니다(구하지 못한다). [그림 3.32]에 표시한 것처럼 1차 연립방정식 (3.193)으로부터 근사 설루션 $(\boldsymbol{x}^{(k+1)}, \boldsymbol{s}^{(k+1)}, \boldsymbol{u}^{(k+1)})$을 구하는 절차와, 파라미터 ρ의 값을 업데이트하는 절차를 교대로 반복하면서, 근사적으로 중심 경로에 걸쳐 최적성의 1차 필요조건을 만족하는 점 $\boldsymbol{x}^*$에 수렴시키는 방법을 취한다.

각 반복에서는 $\boldsymbol{s}^{(k+1)} > \boldsymbol{0}$, $\boldsymbol{u}^{(k+1)} > \boldsymbol{0}$을 만족하는 적절한 스텝 폭 α_k $(0 < \alpha_k < 1)$을 구한다. 이

45 이 연립 1차 방정식에서는 $\Delta\boldsymbol{x}$, $\Delta\boldsymbol{s}$, $\Delta\boldsymbol{u}$에 관한 2차항은 매우 작으므로 삭제했다.

때 식 (3.190)의 목적 함수 그 자체가 아니라 목적 함수와 페널티 함수를 더한 **메리트 함수**merit function를 최소화하는 것이 많다. 예를 들어

$$\phi_\eta(\boldsymbol{x}, \boldsymbol{s}) = f(\boldsymbol{x}) - \rho \sum_{i=1}^{l} \log s_i + \eta \sum_{i=1}^{l} |g_i(\boldsymbol{x}) + s_i| + \eta \sum_{i=l+1}^{m} |g_i(\boldsymbol{x})| \tag{3.194}$$

에 대해 직선 탐색을 수행해 $\boldsymbol{s}^{(k)} + \alpha_k \Delta \boldsymbol{s} > \boldsymbol{0}$, $\boldsymbol{u}^{(k)} + \alpha_k \Delta \boldsymbol{u} > \boldsymbol{0}$을 만족하면서 함수 $\phi_\eta(\boldsymbol{x}^{(k)} + \alpha_k \Delta \boldsymbol{x}, \boldsymbol{s}^{(k)} + \alpha_k \Delta \boldsymbol{s})$의 값을 최소화하는 스텝 폭 α_k를 구해 새로운 점을 $(\boldsymbol{x}^{(k+1)}, \boldsymbol{s}^{(k+1)}, \boldsymbol{u}^{(k+1)}) = (\boldsymbol{x}^{(k)} + \alpha_k \Delta \boldsymbol{x}, \boldsymbol{s}^{(k)} + \alpha_k \Delta \boldsymbol{s}, \boldsymbol{u}^{(k)} + \alpha_k \Delta \boldsymbol{u})$로 한다. 여기에서 $\eta > 0$은 페널티 함수의 가중치를 의미하는 파라미터다.

내점법의 절차를 정리하면 다음과 같다.

알고리즘 3.8 | 내점법

단계 1: 초기점 $(\boldsymbol{x}^{(0)}, \boldsymbol{s}^{(0)}, \boldsymbol{u}^{(0)})$ 및 파라미터의 초깃값 ρ_0을 정한다. $k = 0$으로 한다.

단계 2: ρ_k가 충분히 작으면 종료한다.

단계 3: 1차 연립방정식 (3.193)을 풀어 $(\Delta \boldsymbol{x}, \Delta \boldsymbol{s}, \Delta \boldsymbol{u})$를 구한다. $\boldsymbol{s}^{(k)} + \alpha_k \Delta \boldsymbol{s} > \boldsymbol{0}$, $\boldsymbol{u}^{(k)} + \alpha_k \Delta \boldsymbol{u} > \boldsymbol{0}$을 만족하는 스텝 폭 α_k를 구한다.

단계 4: $(\boldsymbol{x}^{(k+1)}, \boldsymbol{s}^{(k+1)}, \boldsymbol{u}^{(k+1)}) = (\boldsymbol{x}^{(k)} + \alpha_k \Delta \boldsymbol{x}, \boldsymbol{s}^{(k)} + \alpha_k \Delta \boldsymbol{s}, \boldsymbol{u}^{(k)} + \alpha_k \Delta \boldsymbol{u})$로 한다. $\rho_{k+1} < \rho_k$를 만족하는 파라미터의 값 ρ_{k+1}을 정한다. $k = k + 1$로 하고 단계 2로 돌아간다.

새로운 점 $(\boldsymbol{x}^{(k+1)}, \boldsymbol{s}^{(k+1)}, \boldsymbol{u}^{(k+1)})$이 만약 중심 경로에 있다면, 조건 $u_i^{(k+1)} s_i^{(k+1)} = \rho_k \ (i = 1, \ldots, l)$로부터 $(\boldsymbol{u}^{(k+1)})^\top \boldsymbol{s}^{(k+1)} = l\rho_k$, 즉 $\rho_k = (\boldsymbol{u}^{(k+1)})^\top \boldsymbol{s}^{(k+1)} / l$을 만족한다. 여기에서 새로운 파라미터 $\delta \ (0 < \delta < 1)$을 도입해, 파라미터 ρ_{k+1}의 값을

$$\rho_{k+1} = \delta \frac{(\boldsymbol{u}^{(k+1)})^\top \boldsymbol{s}^{(k+1)}}{l} \tag{3.195}$$

로 정하는 경우가 많다.

내점법의 실행 예를 [그림 3.33]에 표시했다.

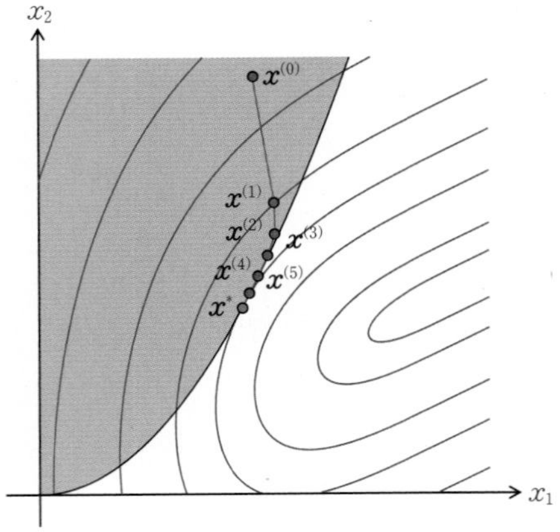

그림 3.33 내점법의 실행 예

여기에서는 다음 부등식 제약이 있는 최적화 문제를 생각한다.

$$\begin{aligned} \textbf{최소화} \quad & f(\boldsymbol{x}) = (x_1 - 2)^4 + (x_1 - 2x_2)^2 \\ \textbf{조건} \quad & g(\boldsymbol{x}) = x_1^2 - x_2 \leq 0, \\ & \boldsymbol{x} = (x_1,\ x_2)^\top \in \mathbb{R}^2. \end{aligned} \tag{3.196}$$

이 문제에 여유 변수 $s \geq 0$을 도입해, 다음 등식 제약이 있는 최적화 문제로 변형한다.

$$\begin{aligned} \textbf{최소화} \quad & f(\boldsymbol{x}) = (x_1 - 2)^4 + (x_1 - 2x_2)^2 \\ \textbf{조건} \quad & g(\boldsymbol{x}) = x_1^2 - x_2 + s = 0, \\ & \boldsymbol{x} = (x_1,\ x_2)^\top \in \mathbb{R}^2, \\ & s \geq 0. \end{aligned} \tag{3.197}$$

이 문제의 최적 설루션은 $\boldsymbol{x}^* = (0.946,\ 0.893)^\top$이다. 초기점을 $\boldsymbol{x}^{(0)} = (1,\ 2)^\top$, $s^{(0)} = 1$, $u^{(0)} = 0$으로 한다. $\rho = 1$, $\delta = 0.1$로 하고 내점법을 적용한다. 1차 연립방정식 (3.193)을 풀면 $\Delta\boldsymbol{x} = (0.208,\ -1.271)^\top$, $\Delta s = -1.688$, $\Delta u = 1.000$을 얻을 수 있다. $s^{(0)} + \alpha_0 \Delta s > 0$, $u^{(0)} + \alpha_0 \Delta u > 0$에서 스텝 폭은 $\alpha_0 < 0.593$을 만족해야 한다. 여기에서 여유를 포함해 $\alpha_0 = 0.474$로 하면 반복 후의 점은 $\boldsymbol{x}^{(1)} = (1.099,\ 1.398)^\top$이 된다. 또한 식 (3.195)로부터 반복 후의 파라미터는 $\rho_1 = 0.009$가 된다. 절차를 계속 반복하면 $\boldsymbol{x}^{(2)} = (1.102,\ 1.246)^\top, \ldots,\ \boldsymbol{x}^{(8)} = (0.946,$

$0.894)^{\top}$이 되어 최적 설루션 $\boldsymbol{x}^*$에 가까워짐을 알 수 있다.

제약이 있는 최적화 문제(3.1)의 특별한 경우로, 다음의 볼록 2차 계획 문제를 생각해보자.[46]

$$\begin{array}{ll} \text{최소화} & \frac{1}{2}\boldsymbol{x}^{\top}\boldsymbol{Q}\boldsymbol{x} + \boldsymbol{c}^{\top}\boldsymbol{x} \\ \text{조건} & \boldsymbol{A}\boldsymbol{x} = \boldsymbol{b}, \\ & \boldsymbol{x} \in \mathbb{R}^n_+. \end{array} \tag{3.198}$$

여기에서 $\boldsymbol{Q} \in \mathbb{R}^{n\times n}$은 반정정값, $\boldsymbol{c} \in \mathbb{R}^n$, $\boldsymbol{A} \in \mathbb{R}^{m\times n}$, $\boldsymbol{B} \in \mathbb{R}^m$이다. 이 문제에 대해 식 (3.191)은

$$\begin{array}{ll} \boldsymbol{Q}\bar{\boldsymbol{x}} + \boldsymbol{c} - \boldsymbol{A}^{\top}\bar{\boldsymbol{u}} - \bar{\boldsymbol{v}} = \boldsymbol{0}, & \\ \bar{v}_j\bar{x}_j = \rho, & j = 1, \ldots, n, \\ \boldsymbol{A}^{\top}\bar{\boldsymbol{x}} = \boldsymbol{b} \rightarrow \boldsymbol{A}\bar{\boldsymbol{x}} = \boldsymbol{b} & \\ \bar{x}_j > 0, & j = 1, \ldots, n, \\ \bar{v}_i > 0, & j = 1, \ldots, n. \end{array} \tag{3.199}$$

이 된다.[47, 48] 이 문제에서는 식 (3.192)가 근사가 아니라 정확히 성립하므로 1차 연립방정식 (3.193)은

$$\begin{array}{l} \boldsymbol{Q}\Delta\boldsymbol{x} - \boldsymbol{A}^{\top}\Delta\boldsymbol{u} - \Delta\boldsymbol{v} = -\boldsymbol{Q}\boldsymbol{x}^{(k)} - \boldsymbol{c} + \boldsymbol{A}^{\top}\boldsymbol{u}^{(k)} + \boldsymbol{v}^{(k)}, \\ v_j^{(k)}\Delta x_j + \Delta v_j x_j^{(k)} = \rho - v_j^{(k)}x_j^{(k)}, \quad j = 1, \ldots, n, \\ \boldsymbol{A}\Delta\boldsymbol{x} = \boldsymbol{b} - \boldsymbol{A}\boldsymbol{x}^{(k)} \end{array} \tag{3.200}$$

가 된다. 여기에서 점 $\boldsymbol{x}^{(k)}$가 볼록 2차 계획 문제(3.198)의 실행 가능 설루션이라면, $\boldsymbol{A}\Delta\boldsymbol{x} = \boldsymbol{b} - \boldsymbol{A}\boldsymbol{x}^{(k)} = \boldsymbol{0}$으로부터 $\boldsymbol{x}^{(k+1)} = \boldsymbol{x}^{(k)} - \alpha_k\Delta\boldsymbol{x}$도 역시 실행 가능 설루션이 되며, 각 반복에서 1차 연립방정식 (3.200)을 풀어, 중심 경로에 충분히 가까운 점을 얻을 수 있다. 그렇기 때문에 내

46 볼록 2차 계획 문제는 선형 계획 문제를 포함하는 것에 주의한다. 즉, 볼록 2차 계획 문제에 대한 내점법에서 목적 함수의 2차항에 대한 부분을 삭제하면 선형 계획 문제에 대한 내점법이 된다.

47 비부 조건 $x_j \geq 0$의 경우는 여유 변수 s_j를 도입해 등식 제약 $-x_j + s_j = 0$으로 변형할 필요가 없음에 주의한다.

48 첫 번째 조건은 선형 계획 문제 $\min\{\boldsymbol{c}^{\top}\boldsymbol{x} \mid \boldsymbol{A}\boldsymbol{x} = \boldsymbol{b}, \boldsymbol{x} \geq \boldsymbol{0}\}$에서는 쌍대 문제 $\max\{\boldsymbol{b}^{\top}\boldsymbol{u} \mid \boldsymbol{A}^{\top}\boldsymbol{u} \leq \boldsymbol{c}\}$의 제약조건이 된다.

점범에 따라 볼록 2차 계획 문제의 최적 설루션을 효율적으로 구할 수 있다.[49]

3.3.8 순차 2차 계획법

제약이 없는 최적화 문제에 대한 뉴턴법(3.2.3절)이나 준뉴턴법(3.2.4절)에서는 목적 함수 $f(\boldsymbol{x}^{(k)})$를 점 $\boldsymbol{x}^{(k)}$의 주변으로 근사한 2차 함수의 정류점을 구하는 절차를 반복한다. 비슷한 사고방식을 기반으로 **순차 2차 계획법**sequential quadratic programming method (SQP)에서는 볼록 2차 계획 문제를 부분 문제로 반복해 푸는 것이며, 부등식 제약이 있는 최적화 문제(3.132)의 KKT 조건(정리 3.19)을 만족하는 $\boldsymbol{x}^*$에 수렴하는 점렬 $\{\boldsymbol{x}^{(k)}\}$를 생성한다.

논의를 간단히 하기 위해, 등식 제약이 있는 최적화 문제(3.114)를 생각해보자. 이 문제의 국소 최적 설루션을 $\boldsymbol{x}^* \in \mathbb{R}^n$으로 하면 등식 제약이 있는 최적화 문제의 최적성의 1차 필요조건(정리 3.16)으로부터

$$
\begin{aligned}
\nabla_x L(\boldsymbol{x}^*, \boldsymbol{u}^*) &= \nabla f(\boldsymbol{x}^*) + \sum_{i=1}^{m} u_i^* \nabla g_i(\boldsymbol{x}^*) = \boldsymbol{0} \\
\nabla_u L(\boldsymbol{x}^*, \boldsymbol{u}^*) &= \boldsymbol{g}(\boldsymbol{x}^*) = \boldsymbol{0}
\end{aligned}
\tag{3.201}
$$

을 만족하는 라그랑주 제곱수 $\boldsymbol{u}^* \in \mathbb{R}^m$이 존재한다. 순차 2차 계획법의 각 반복에서는 뉴턴법을 이용해 현재의 점 $(\boldsymbol{x}^{(k)}, \boldsymbol{u}^{(k)})$로부터 최적성의 1차 필요조건(3.117)을 적당한 정도로 만족하는 근사 설루션 $(\boldsymbol{x}^{(k+1)}, \boldsymbol{u}^{(k+1)}) = (\boldsymbol{x}^{(k)} + \Delta\boldsymbol{x}, \boldsymbol{u}^{(k)} + \Delta\boldsymbol{u})$를 구한다. 목적 함수 f와 제약 함수 g_i는 2회 미분 가능하므로,

$$
\begin{aligned}
\nabla f(\boldsymbol{x}^{(k)} + \Delta\boldsymbol{x}) &\approx \nabla f(\boldsymbol{x}^{(k)}) + \nabla^2 f(\boldsymbol{x}^{(k)})\Delta\boldsymbol{x}, \\
g_i(\boldsymbol{x}^{(k)} + \Delta\boldsymbol{x}) &\approx g_i(\boldsymbol{x}^{(k)}) + \nabla g_i(\boldsymbol{x}^{(k)})^\top \Delta\boldsymbol{x}, \\
\nabla g_i(\boldsymbol{x}^{(k)} + \Delta\boldsymbol{x}) &\approx \nabla g_i(\boldsymbol{x}^{(k)}) + \nabla^2 g_i(\boldsymbol{x}^{(k)})\Delta\boldsymbol{x}
\end{aligned}
\tag{3.202}
$$

로 근사할 수 있다. 이들을 최적성의 1차 필요조건(3.117)에 대입하면, 다음과 같이 $\Delta\boldsymbol{x}$, $\Delta\boldsymbol{u}$를 변수로 하는 1차 연립방정식을 얻을 수 있다.[50]

---

49 내점법은 볼록 2차 계획 문제에 대한 다항식 시간 알고리즘이라고 알려져 있다. 또한 볼록 2차 계획 문제는 선형 계획 문제를 포함하므로 내점법은 선형 계획 문제에 대한 다항식 시간 알고리즘이기도 하다.

50 이 연립 1차 방정식에서는 $\Delta\boldsymbol{x}$, $\Delta\boldsymbol{u}$에 관한 2차항이 매우 작기 때문에 삭제했다.

$$
\nabla f(\boldsymbol{x}^{(k)}) + \left(\nabla^2 f(\boldsymbol{x}^{(k)}) + \sum_{i=1}^{m} u_i^{(k)} \nabla^2 g_i(\boldsymbol{x}^{(k)}) \right) \Delta \boldsymbol{x} + \sum_{i=1}^{m} \left(u_i^{(k)} + \Delta u_i \right) \nabla g_i(\boldsymbol{x}^{(k)})
$$

$$
= \nabla f(\boldsymbol{x}^{(k)}) + \nabla_{\boldsymbol{xx}}^2 L(\boldsymbol{x}^{(k)}, \boldsymbol{u}^{(k)}) \Delta \boldsymbol{x} + \sum_{i=1}^{m} \left(u_i^{(k)} + \Delta u_i \right) \nabla g_i(\boldsymbol{x}^{(k)}) = \mathbf{0},
$$

$$
g_i(\boldsymbol{x}^{(k)}) + \nabla g_i(\boldsymbol{x}^{(k)})^\top \Delta \boldsymbol{x} = 0, \quad i = 1, \ldots, m. \tag{3.203}
$$

여기에서 $\boldsymbol{d} \in \mathbb{R}^n$을 변수로 하는 다음 2차 계획 문제를 생각해보자.

$$
\begin{array}{ll}
\text{최소화} & \dfrac{1}{2} \boldsymbol{d}^\top \nabla_{\boldsymbol{xx}}^2 L(\boldsymbol{x}^{(k)}, \boldsymbol{u}^{(k)}) \boldsymbol{d} + \nabla f(\boldsymbol{x}^{(k)})^\top \boldsymbol{d} \\
\text{조건} & g_i(\boldsymbol{x}^{(k)}) + \nabla g_i(\boldsymbol{x}^{(k)})^\top \boldsymbol{d} = 0, \quad i = 1, \ldots, m, \\
& \boldsymbol{d} \in \mathbb{R}^n.
\end{array} \tag{3.204}
$$

이 문제는 등식 제약이 있는 최적화 문제(3.114)의 목적 함수 f를 점 $\boldsymbol{x}^{(k)}$ 주변에서 2차 함수로 근사한 뒤, 제약 함수 g_i를 점 $\boldsymbol{x}^{(k)}$ 주변에서 선형 함수로 근사한 것이라고도 볼 수 있다. 단, 목적 함수의 2차항은 목적 함수 f의 헤세 행렬 $\nabla^2 f(\boldsymbol{x}^{(k)})$가 아니라 라그랑주 함수 $L(\boldsymbol{x}^{(k)}, \boldsymbol{u}^{(k)})$의 헤세 행렬 $\nabla_{\boldsymbol{xx}}^2 L(\boldsymbol{x}^{(k)}, \boldsymbol{u}^{(k)})$를 이용한다. 이때 이 2차 계획 문제의 최적성의 1차 필요조건은

$$
\begin{aligned}
& \nabla_{\boldsymbol{xx}}^2 L(\boldsymbol{x}^{(k)}, \boldsymbol{u}^{(k)}) \boldsymbol{d} + \nabla f(\boldsymbol{x}^{(k)}) + \sum_{i=1}^{m} v_i \nabla g_i(\boldsymbol{x}^{(k)}) = \mathbf{0}, \\
& g_i(\boldsymbol{x}^{(k)}) + \nabla g_i(\boldsymbol{x}^{(k)})^\top \boldsymbol{d} = 0, \quad i = 1, \ldots, m,
\end{aligned} \tag{3.205}
$$

이 된다. 여기에서, $\boldsymbol{v} = (v_1, \ldots, v_m)^\top \in \mathbb{R}^m$은 라그랑주 제곱수다. 이때 $\boldsymbol{d} = \Delta \boldsymbol{x}$, $\boldsymbol{v} = \boldsymbol{u}^{(k)} + \Delta \boldsymbol{u}$로 하면, 이 최적성의 1차 필요조건은 1차 연립방정식 (3.203)에 대응시킬 수 있다. 다시 말해서 2차 계획 문제(3.204)의 최적성의 1차 필요조건을 만족하는 점을 구하는 것은 원래 등식 제약이 있는 최적화 문제(3.114)의 최적성의 1차 필요조건(3.117)을 근사한 1차 연립방정식(3.203)을 푸는 것과 등가이다.

다음으로 부등식 제약이 있는 최적화 문제(3.132)를 생각해보자. 순차 2차 계획법의 각 반복에서는 탐색 방향 $\boldsymbol{d} \in \mathbb{R}^n$을 변수로 하는 다음과 같은 부분 문제

$$\begin{aligned} \text{최소화} \quad & \frac{1}{2}\boldsymbol{d}^\top \nabla_{\boldsymbol{xx}}^2 L(\boldsymbol{x}^{(k)}, \boldsymbol{u}^{(k)})\boldsymbol{d} + \nabla f(\boldsymbol{x}^{(k)})^\top \boldsymbol{d} \\ \text{조건} \quad & g_i(\boldsymbol{x}^{(k)}((k)\text{는 승수})) + \nabla g_i(\boldsymbol{x}^{(k)})^\top \boldsymbol{d} \le 0, \quad i = 1, \ldots, m, \\ & \boldsymbol{d} \in \mathbb{R}^n \end{aligned} \tag{3.206}$$

을 풀어, 이 문제의 KKT 조건(3.138)을 만족하는 $(\boldsymbol{d}, \boldsymbol{v})$를 구하고 $(\boldsymbol{x}^{(k+1)}, \boldsymbol{u}^{(k+1)}) = (\boldsymbol{x}^{(k)} + \boldsymbol{d}, \boldsymbol{v})$로 하는 절차를 반복해 점렬 $\{(\boldsymbol{x}^{(k)}, \boldsymbol{u}^{(k)})\}$를 생성하는 것을 생각해보자.

2차 계획 문제(3.206)는 목적 함수가 볼록 함수이면 유효 제약법(3.3.4절)이나 내점법(3.3.7절)을 이용해 효율적으로 풀 수 있다. 그러나 일반적인 부등식 제약이 있는 최적화 문제에서는 라그랑주 함수 $L(\boldsymbol{x}^{(k)}, \boldsymbol{u}^{(k)})$의 헤세 행렬 $\nabla_{\boldsymbol{xx}}^2 L(\boldsymbol{x}^{(k)}, \boldsymbol{u}^{(k)})$가 반정정값이라고 단정할 수는 없다. 여기에서 2차원 계획 문제(3.206)에 대한 라그랑주 함수 $L(\boldsymbol{x}^{(k)}, \boldsymbol{u}^{(k)})$의 헤세 행렬 $\nabla_{\boldsymbol{xx}}^2 L(\boldsymbol{x}^{(k)}, \boldsymbol{u}^{(k)})$를 정정값 대칭 행렬 $\boldsymbol{B}_k$로 치환한 다음 볼록 2차 계획 문제

$$\begin{aligned} \text{최소화} \quad & \frac{1}{2}\boldsymbol{d}^\top \boldsymbol{B}_k \boldsymbol{d} + \nabla f(\boldsymbol{x}^{(k)})^\top \boldsymbol{d} \\ \text{조건} \quad & g_i(\boldsymbol{x}^{(k)}) + \nabla g_i(\boldsymbol{x}^{(k)})^\top \boldsymbol{d} \le 0, \quad i = 1, \ldots, m, \\ & \boldsymbol{d} \in \mathbb{R}^n. \end{aligned} \tag{3.207}$$

을 생각한다. 이 볼록 2차 계획 문제(3.207)의 최적 설루션 $\boldsymbol{d}$와 라그랑주 제곱수 $\boldsymbol{v}$는 다음 KKT 조건을 만족한다.

$$\begin{aligned} & \boldsymbol{B}_k \boldsymbol{d} + \nabla f(\boldsymbol{x}^{(k)}) + \sum_{i=1}^{m} v_i \nabla g_i(\boldsymbol{x}^{(k)}) = \boldsymbol{0}, \\ & g_i(\boldsymbol{x}^{(k)}) + \nabla g_i(\boldsymbol{x}^{(k)})^\top \boldsymbol{d} \le 0, && i = 1, \ldots, m, \\ & v_i \ge 0, && i = 1, \ldots, m, \\ & v_i(g_i(\boldsymbol{x}^{(k)}) + \nabla g_i(\boldsymbol{x}^{(k)})^\top \boldsymbol{d}) = 0, && i = 1, \ldots, m. \end{aligned} \tag{3.208}$$

만약, $\boldsymbol{d} = \boldsymbol{0}$이라면, 점 $\boldsymbol{x}^{(k)}$는 부등식 제약이 있는 최적화 문제(3.132)의 KKT 조건을 만족하므로 알고리즘을 종료한다. $\boldsymbol{d} \ne \boldsymbol{0}$이라면, 목적 함수와 페널티 함수를 더한 메리트 함수

$$\bar{f}_\rho(\boldsymbol{x}) = f(\boldsymbol{x}) + \rho \sum_{i=1}^{m} \max\{g_i(\boldsymbol{x}), 0\} \tag{3.209}$$

에 대해 직선 탐색을 수행해, 함수 $\bar{f}_\rho(\boldsymbol{x}^{(k)})+\alpha_k\boldsymbol{d}$ 의 값을 최소화하는 스텝 폭 $\alpha_k>0$을 구한 뒤 새로운 점을 $\boldsymbol{x}^{(k+1)}=\boldsymbol{x}^{(k)}+\alpha_k\boldsymbol{d}$로 한다. 여기에서 $\rho>0$은 페널티 함수의 가중치를 의미하는 파라미터다.

순차 2차 계획법에서도 준뉴턴법과 마찬가지로 직전의 반복에서 얻은 근사 행렬 $\boldsymbol{B}_k$를 업데이트하고 시컨트 조건

$$\boldsymbol{B}_{k+1}(\boldsymbol{x}^{(k+1)}-\boldsymbol{x}^{(k)})=\nabla_{\boldsymbol{x}}L(\boldsymbol{x}^{(k+1)},\ \boldsymbol{u}^{(k+1)})-\nabla_{\boldsymbol{x}}L(\boldsymbol{x}^{(k)},\ \boldsymbol{u}^{(k)}) \tag{3.210}$$

를 만족하는 정정값 대칭 행렬 $\boldsymbol{B}_{k+1}$을 구한다. 이때

$$\begin{aligned}\boldsymbol{s}^{(k)}&=\boldsymbol{x}^{(k+1)}-\boldsymbol{x}^{(k)},\\ \boldsymbol{y}^{(k)}&=\nabla_{\boldsymbol{x}}L(\boldsymbol{x}^{(k+1)},\ \boldsymbol{u}^{(k+1)})-\nabla_{\boldsymbol{x}}L(\boldsymbol{x}^{(k)},\ \boldsymbol{u}^{(k)})\end{aligned} \tag{3.211}$$

이라 하고, 준뉴턴법에서 BFGS 공식(3.94)을 그대로 적용하는 것을 생각할 수 있다. 하지만 순차 2차 계획법에서는 $(\boldsymbol{s}^{(k)})^\top\boldsymbol{y}^{(k)}>0$을 만족한다고 단언할 수 없으므로, 근사 행렬 $\boldsymbol{B}_{k+1}$의 정정값 여부를 보증할 수 없다. 여기에서 $\boldsymbol{y}^{(k)}$를 $\tilde{\boldsymbol{y}}^{(k)}$로 치환한 **파월의 수정 BFGS 공식**Powell's modified BFGS update을 이용해 근사 행렬 $\boldsymbol{B}_k$를 업데이트한다.

$$\boldsymbol{B}_{k+1}=\boldsymbol{B}_k-\frac{\boldsymbol{B}_k\boldsymbol{s}^{(k)}(\boldsymbol{B}_k\boldsymbol{s}^{(k)})^\top}{(\boldsymbol{s}^{(k)})^\top\boldsymbol{B}_k\boldsymbol{s}^{(k)}}+\frac{\tilde{\boldsymbol{y}}^{(k)}(\tilde{\boldsymbol{y}}^{(k)})^\top}{(\boldsymbol{s}^{(k)})^\top\tilde{\boldsymbol{y}}^{(k)}}. \tag{3.212}$$

여기에서 $\tilde{\boldsymbol{y}}^{(k)}$는 상수 $\gamma\ (0<\gamma<1)$를 이용해

$$\tilde{\boldsymbol{y}}^{(k)}=\begin{cases}\boldsymbol{y}^{(k)} & (\boldsymbol{s}^{(k)})^\top\boldsymbol{y}^{(k)}\geq\gamma(\boldsymbol{s}^{(k)})^\top\boldsymbol{B}_k\boldsymbol{s}^{(k)}\\ \beta_k\boldsymbol{y}^{(k)}+(1-\beta_k)\boldsymbol{B}_k\boldsymbol{s}^{(k)} & (\boldsymbol{s}^{(k)})^\top\boldsymbol{y}^{(k)}<\gamma(\boldsymbol{s}^{(k)})^\top\boldsymbol{B}_k\boldsymbol{s}^{(k)}\end{cases} \tag{3.213}$$

로 정의한다. 단,

$$\beta_k=\frac{(1-\gamma)(\boldsymbol{s}^{(k)})^\top\boldsymbol{B}_k\boldsymbol{s}^{(k)}}{(\boldsymbol{s}^{(k)})^\top\boldsymbol{B}_k\boldsymbol{s}^{(k)}-(\boldsymbol{s}^{(k)})^\top\boldsymbol{y}^{(k)}} \tag{3.214}$$

이다.

순차 2차 계획법의 절차를 정리하면 다음과 같다.

알고리즘 3.9 | 순차 2차 계획법

단계 1: 초기점 $\boldsymbol{x}^{(0)}$과 초기 근사 행렬 $\boldsymbol{B}_0$을 정한다. $k=0$으로 한다.

단계 2: 볼록 2차 계획 문제 (3.207)을 풀고, 탐색 방향 $\boldsymbol{d}$와 라그랑주 제곱수 $\boldsymbol{u}^{(k+1)}$을 구한다.

단계 3: $\|\boldsymbol{d}\|$이 충분히 작으면 종료한다.

단계 4: 직선 탐색으로부터 스텝 폭 α_k를 구한다. $\boldsymbol{x}^{(k+1)}=\boldsymbol{x}^{(k)}+\alpha_k\boldsymbol{d}$로 한다.

단계 5: 식 (3.212)를 이용해 근사 행렬 $\boldsymbol{B}_k$를 업데이트하고, 새로운 근사행렬 $\boldsymbol{B}_{k+1}$을 생성한다. $k=k+1$로 하고 단계 2로 돌아간다.

순차 2차 계획법의 실행 예를 [그림 3.34]에 표시했다.

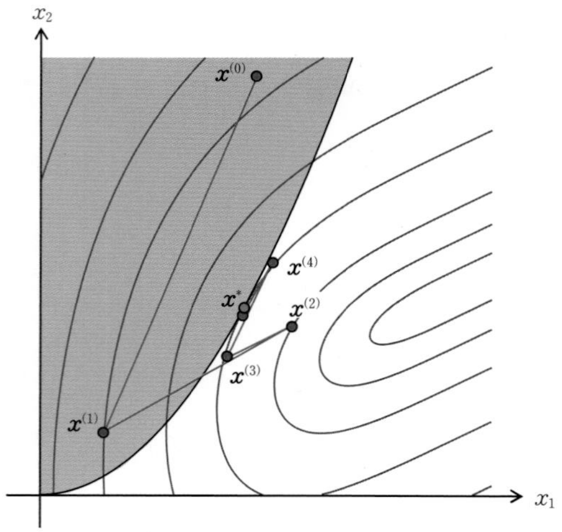

그림 3.34 순차 2차 계획법의 실행 예

여기에서는 다음 부등식 제약이 있는 최적화 문제를 생각한다.

$$\begin{aligned}
\text{최소화} \quad & f(\boldsymbol{x}) = (x_1 - 2)^4 + (x_1 - 2x_2)^2 \\
\text{조건} \quad & g(\boldsymbol{x}) = x_1^2 - x_2 \le 0, \\
& \boldsymbol{x} = (x_1,\ x_2)^{\mathsf{T}} \in \mathbb{R}^2.
\end{aligned} \tag{3.215}$$

이 문제의 최적 설루션은 $\boldsymbol{x}^* = (0.946, 0.893)^{\mathsf{T}}$이다. 초기점을 $\boldsymbol{x}^{(0)} = (1, 2)^{\mathsf{T}}$, 초기 근사 행렬을 $\boldsymbol{B}_0 = \boldsymbol{I}$로 한다. $\rho = 10$, $\gamma = 0.2$로 하고 순차 2차 계획법을 적용한다. 볼록 2차 계획 문제 (3.207)을 풀면, $\boldsymbol{d} = (-2.400, -5.800)^{\mathsf{T}}$을 얻을 수 있다. 직선 탐색을 적용하면 스텝 폭 $\alpha_0 = 0.292$가 얻어지며 반복 후의 점은 $\boldsymbol{x}^{(1)} = (0.299, 0.306)^{\mathsf{T}}$이 된다. 또한 식 (3.212)로부터 반복 후의 근사 행렬은

$$\boldsymbol{B}_1 = \begin{pmatrix} 1.00012192 & 1.2192 \times 10^{-4} \\ 1.219 \times 10^{-4} & 1.00012192 \end{pmatrix} \tag{3.216}$$

이 된다. 절차를 계속 반복하면 $\boldsymbol{x}^{(2)} = (1.116, 0.810)^{\mathsf{T}}, \ldots, \boldsymbol{x}^{(7)} = (0.947, 0.896)^{\mathsf{T}}$이 되어 최적 설루션 $\boldsymbol{x}^*$에 가까워짐을 알 수 있다.[51]

3.4 정리

- **볼록 계획 문제**: 목적 함수가 볼록 함수이고 실행 가능 영역이 볼록 집합이 되는 최적화 문제. 국소 최적 설루션이 전역 최적 설루션이 된다.
- **제약이 없는 최적화 문제의 최적성의 1차 필요조건**: 점 $\boldsymbol{x}^*$가 국소 최적 설루션이면 $\nabla f(\boldsymbol{x}^*) = \mathbf{0}$이 성립한다.
- **정류점**: 최적성의 1차 필요조건을 만족하는 점.
- **제약이 없는 최적화 문제의 최적성의 2차 필요조건**: 점 $\boldsymbol{x}^*$가 국소 최적 설루션이면 헤세 행렬 $\nabla^2 f(\boldsymbol{x}^*)$는 반정정값이다.
- **제약이 없는 최적화 문제의 최적성의 2차 충분조건**: 점 $\boldsymbol{x}^*$가 정류점이고 헤세 행렬 $\nabla^2 \boldsymbol{f}(\boldsymbol{x}^*)$가 정정값이면, $\boldsymbol{x}^*$는 국소 최적 설루션이다.

---

51 각 반복에서 점 $\boldsymbol{x}^{(k)}$는 부등식 제약이 있는 최적화 문제 (3.132)의 실행 가능 설루션이라 단정할 수 없음에 주의한다.

- **경사 하강법**: 경사 하강 방향 $-\nabla f(\boldsymbol{x}^{(k)})$를 탐색 방향으로 하는 반복법.
- **뉴턴법**: $-\nabla^2 f(\boldsymbol{x}^{(k)})^{-1}\nabla f(\boldsymbol{x}^{(k)})$를 탐색 방향으로 하는 반복법.
- **준뉴턴법**: 헤세 행렬 $\nabla^2 f(\boldsymbol{x}^*)$를 근사한 정정값 대칭 행렬 $\boldsymbol{B}_k$를 이용해 $-(\boldsymbol{B}_k)^{-1}\nabla f(\boldsymbol{x}^{(k)})$를 탐색 방향으로 하는 반복법.
- **전역적 수렴성**: 반복법이 생성하는 점렬이 초기점에 관계없이 항상 정류점에 수렴한다.
- **국소적 수렴성**: 반복법이 생성하는 점렬이 정류점에 충분히 가까운 곳에서 수렴하는 속도에 관한 특징. 1차 수렴, 초1차 수렴, 2차 수렴 등이 있다.
- **KKT 조건**: 부등식 제약이 있는 최적화 문제의 최적성의 1차 필요조건. 볼록 계획 문제에서는 최적성의 충분조건이 된다.
- **제약 상정**: KKT 조건이 최적성의 필요조건이 되는 것을 보증하기 위한 제약조건에 관한 가정.
- **약쌍대 정리**: 주 문제의 실행 가능 설루션 $\boldsymbol{x}$와 쌍대 문제의 실행 가능 설루션 $\boldsymbol{u}$에 대해 $f(\boldsymbol{x}) \geq \theta(\boldsymbol{u})$가 성립한다.
- **안장점 정리**: $(\boldsymbol{x}^*, \boldsymbol{u}^*)$가 라그랑주 함수 $L(\boldsymbol{x}, \boldsymbol{u})$의 안장점이면, $\boldsymbol{x}^*$와 $\boldsymbol{u}^*$는 각각 주 문제와 약쌍대 문제의 최적 설루션이다.
- **유효 제약법**: 볼록 2차 계획 문제에 대해 유효한 제약조건의 집합을 등식 제약으로 하고, 다른 제약조건을 무시한 볼록 2차 계획 문제의 최적 설루션을 구하는 절차를 반복하는 반복법.
- **페널티 함수법**: 실행 가능 영역의 경계 가까이에서 큰 값을 갖는 페널티 함수를 목적 함수에 포함시켜 제약이 있는 최적화 문제를 제약이 없는 최적화 문제로 변형해서 푸는 기법.
- **확장 라그랑주 함수법**: 라그랑주 함수와 페널티 함수를 더한 확장 라그랑주 함수를 이용해 제약이 있는 최적화 문제를 제약이 없는 최적화 문제로 변형해서 푸는 기법.
- **내점법**: 제약이 있는 최적화 문제의 실행 가능 영역의 내부를 지나 KKT 조건을 만족하는 점에 수렴하는 점렬을 생성하는 반복법.
- **순차 2차 계획법**: 볼록 2차 계획 문제를 부분 문제로 반복해서 풀어냄으로써, 제약이 있는 최적화 문제의 KKT 조건을 만족하는 점에 수렴하는 점렬을 생성하는 반복법.

참고 문헌

선형 계획과 비선형 계획을 포함한 연속 최적화의 입문서로 다음 4권을 추천한다. 이 책에서는 다루지 않았던 **반정정값 계획 문제**semidefinite programming problem (SDP) 및 **2차 원뿔 계획 문제**second–order cone programming problem (SOCP) 등이 소개되어 있다.

- 矢部博, 工学基礎 最適化とその応用, 数理工学社, 2006.
- 田村明久, 村松正和, 最適化法, 共立出版, 2002.
- 寒野善博, 土谷隆, 最適化と変分法, 丸善出版, 2014.
- D. G. Luenberger and Y. Ye, *Linear and Nonlinear Programming* (4th edition), Springer, 2016.

비선형 계획에 관한 서적으로 다음 다섯 권을 추천한다.

- 山下信雄, 非線形計画法, 朝倉書店, 2015.
- S. Boyd and L. Vandenberghe, *Convex Optimization*, Cambridge University Press, 2004.
- J. Nocedal and S. J. Wright, *Numerical Optimization* (2nd edition), Springer, 2006.
- D. P. Bertsekas, *Nonlinear Programming* (3rd edition), Athena Scientific, 2016.
- M. S. Bazaraa, H. D. Sherali and C. M. Shetty, *Nonlinear Programming: Theory and Algorithms* (3rd edition), John Wiley & Sons, Ltd., 2006.

또한 비선형 계획의 이론에 관한 서적으로 다음 세 권을 추천한다.

- 福島雅夫, 非線形最適化の基礎, 朝倉書店, 2001.
- 田中謙輔, 凸解析と最適化理論, 牧野書店, 1994.
- R. T. Rockafellar, *Convex Analysis*, Princeton University Press, 1970.

머신러닝에서의 연속 최적화 입문서로 다음 도서를 추천한다. 선형 계획에 관한 내용은 포함하고 있지 않으나, 수학적 최적화에 기반한 머신러닝 알고리즘을 다수 소개하고 있다.

- 金森敬文, 鈴木大慈, 竹内一郎, 佐藤一誠, 機械学習のための連続最適化, 講談社, 2016.

연습 문제

3.1 행렬 $\begin{pmatrix} a & b \\ b & c \end{pmatrix}$이 정정값인 것과 $a > 0$이고 $ac - b^2 > 0$인 것이 등가임을 보여라.

3.2 1.1절의 평균제곱오차를 나타내는 함수

$$f(a, b) = \frac{1}{n}\sum_{i=1}^{n}(y_i - ax_i - b)^2$$

이 볼록 함수임을 보여라.

3.3 3.1.1항의 시설 배치 문제(3.4)의 목적 함수

$$f(x, y) = \max_{i=1, \ldots, n} \sqrt{(x_i - x)^2 + (y_i - y)^2}$$

가 볼록 함수임을 보여라.

3.4 $\mathbb{R}^n$ 상에서 정의된 함수

$$f(\boldsymbol{x}) = \sqrt{\sum_{i=1}^{n} x_i^2}$$

가 볼록 함수임을 보여라.

3.5 $\mathbb{R}^n$ 상에서 정의된 함수

$$f(\boldsymbol{x}) = \log\left(\sum_{i=1}^{n} e^{x_i}\right)$$

가 볼록 함수임을 보여라.

3.6 다음 최적화 문제를 볼록 함수 계획 문제로 변형하라.

최소화 x_2 / x_1

조건 $x_1^2 + x_2 / x_3 \le \sqrt{x_2}$,

$x_1 / x_2 = x_3^2$,

$2 \le x_1 \le 3$,

$x_1,\ x_2,\ x_3 > 0$.

3.7 다음 제약이 없는 최적화 문제를 살펴보자.

여기에서 $\boldsymbol{Q} \in \mathbb{R}^{n \times n}$는 정정값, $\boldsymbol{c} \in \mathbb{R}^n$이다. 이 문제에 대해 강하 방향에 걸쳐 직선 탐색을 반복하는 반복법을 적용한다. 반복법의 k번째의 반복에서의 근사 설루션을 $\boldsymbol{x}^{(k)}$, 탐색 방향을 $\boldsymbol{d}(\boldsymbol{x}^{(k)})$라 한다. 이때 스텝 폭 α (> 0)을 변수로 하는 함수 $g(\alpha) = f(\boldsymbol{x}^{(k)} + \alpha \boldsymbol{d}(\boldsymbol{x}^{(k)}))$를 최소화하는 최적화 문제를 풀어라.

3.8 다음 제약이 없는 최적화 문제를 뉴턴법으로 풀어라.

최소화 $f(\boldsymbol{x}) = 2x_1^2 + x_1x_2 + x_2^2 - 5x_1 - 3x_2 + 4$

조건 $\boldsymbol{x} = (x_1,\ x_2)^\top \in \mathbb{R}^2$.

단, 초기점을 $\boldsymbol{x}^{(0)} = (1, 2)^\top$으로 한다.

3.9 다음 제약이 있는 최적화 문제를 풀어라.

(1) **최소화** $x_1^2 - x_2^2$

조건 $x_1^2 + 4x_2^2 = 1.$

(2) **최소화** $4x_1^2 - 4x_1x_2 + 3x_2^2 - 8x_1$

조건 $x_1 + x_2 \leq 4.$

3.10 다음 2차 계획 문제의 쌍대 문제를 도출하라.

최소화 $\frac{1}{2}\boldsymbol{x}^\top \boldsymbol{Q}\boldsymbol{x} + \boldsymbol{c}^\top \boldsymbol{x}$

조건 $\boldsymbol{A}\boldsymbol{x} = \boldsymbol{b},$

$\boldsymbol{x} \geq \boldsymbol{0}.$

여기에서 $\boldsymbol{Q} \in \mathbb{R}^{n\times n}$은 정칙 행렬, $\boldsymbol{c} \in \mathbb{R}^n, \boldsymbol{A} \in \mathbb{R}^{m\times n}, \boldsymbol{B} \in \mathbb{R}^m$이다.

3.11 순차 2차 계획법에 대해 근사 행렬 $\boldsymbol{B}_k$가 정정값이라면 파월의 수정 BFGS 공식(3.212)에 의해 얻어진 근사 행렬 $\boldsymbol{B}_{k+1}$이 정정값이 되는 것을 보여라.

Chapter 4

정수 계획과 조합 최적화

선형 계획 문제에서 변수가 정숫값만 갖는 정수 계획 문제는 산업이나 학술 등 폭넓은 분야에서 현실 문제를 정식화할 수 있는 범용적인 최적화 문제의 하나다. 이번 장에서는 먼저 정수 계획 문제의 정식화와 조합 최적화 문제의 어려움을 평가하는 계산의 복잡함의 이론의 기본적인 사고방식을 설명한다. 몇 가지 특수한 정수 계획 문제의 효율적인 알고리즘과 정수 계획 문제의 대표적인 알고리즘인 분기 한정법과 절제 평면법을 설명한 뒤 임의의 문제 사례에 대해 근사 성능의 보증을 갖는 실행 가능 설루션을 구하는 근사 알고리즘과 많은 문제 사례에 대해 높은 품질의 실행 가능 설루션을 구하는 휴리스틱에 관해 설명한다.

1832년 독일에서 출판된 외판원의 안내서에는 좋은 순회 경로의 필요성에 대해 쓰여 있다.

> 외판원은 판매를 하기 위해 이곳 저곳을 여행하지만, 언제나 입맛에 맞는 순회 경로가 존재하지는 않는다. 그러나 순회 경로를 적절하게 나누어 선택하면 시간을 절약할 수 있으므로, 그에 관한 지침을 알리는 것이 필요하다고 생각한다. 자신의 업무에 도움이 된다고 생각된다면 어떤 조언이든 가능한 이용하는 것이 좋을 것이다. 거리와 왕복을 고려해 독일 전역의 순회 경로를 계획하기란 불가능하겠지만, 그만큼 여행자는 경제성에 한층 초점을 둘 만한 가치가 있다. 기억해두어야 할 것은 항상 가능한 많은 지역을 한 번에 방문하는 것이다.

이것이 외판원 스스로 명확하게 설명한 외판원 문제다!

W. J. Cook, *In Pursuit of the Traveling Salesman*,
Princeton University Press, 2012.

4.1 정수 계획 문제의 정식화

선형 계획 문제는 목적 함수가 선형 함수이며, 모든 제약조건이 선형 등식 혹은 부등식으로 주어진 가장 기본적인 최적화 문제이다. 일반적으로 다음 표준형으로 나타낼 수 있다.

$$
\begin{aligned}
\text{최대화} \quad & \sum_{j=1}^{n} c_j x_j \\
\text{조건} \quad & \sum_{j=1}^{n} a_{ij} x_j \leq b_i, \quad i = 1, \ldots, m, \\
& x_j \geq 0, \qquad\qquad j = 1, \ldots, n.
\end{aligned} \tag{4.1}
$$

보통 선형 계획 문제에서 모든 변수는 연속적인 실숫값을 갖는데 모든 변수가 이산적인 정숫값만 갖는 선형 계획 문제를 **정수(선형) 계획 문제**integer programming problem(IP)라 한다.[1] 여기에서 실숫값을 갖는 변수를 실수 변수, 정숫값만 갖는 변수를 **정수 변수**라 한다. 앞의 표준형에서는 각 변수의 비부 조건 $x_j \geq 0$을 (비부) 정수 조건 $x_j \in \mathbb{Z}_+$로 치환하면 정수 계획 문제를 얻을 수 있다.[2] 일부 변수가 정숫값만 갖는 경우에는 **혼합 정수 계획 문제**mixed integer programming problem(MIP)라 한다.[3]

2변수 정수 계획 문제의 실행 가능 영역을 [그림 4.1]에 표시했다. 선형 계획 문제의 실행 가능 영역은 직선에 둘러싸인 볼록 다각형이 된다. 정수 계획 문제의 실행 가능 영역은 볼록 다각형 안의 정수 격자점의 집합이 된다. 또한 x_1이 정숫값, x_2가 실숫값을 갖는 혼합 정수 계획 문제의 실행 가능 영역은 볼록 다각형 안의 정수 격자점을 지나는 수직 선분들의 집합이 된다.

조합 최적화 문제combinational optimization problem는 최적 설루션을 포함하는 설루션의 집합이 조합적인 구조를 갖는 최적화 문제이며 설루션이 집합, 순서, 할당, 그래프, 논릿값, 정수 등으로 나타나는 경우가 많다. 정수 변수는 이산적인 값을 갖는 사상을 나타내는 것뿐만 아니라 제약조건이나 상태를 전환하는 스위치로 이용할 수 있어, 원리적으로 모든 조합 최적화 문제는 정수 계획 문제로 정식화할 수 있다.

---

1 최근에는 비선형 함수를 포함한 문제도 정수 계획 문제라고 부르는 경우도 많지만 이 책에서는 선형 함수만 포함하는 문제를 정수 계획 문제라 한다.

2 $\mathbb{Z}_+$는 음이 아닌 정수 전체의 집합을 나타낸다.

3 이 책에서는 간단한 설명을 위해 혼합 정수 계획 문제도 구별하지 않고 정수 계획 문제라 한다.

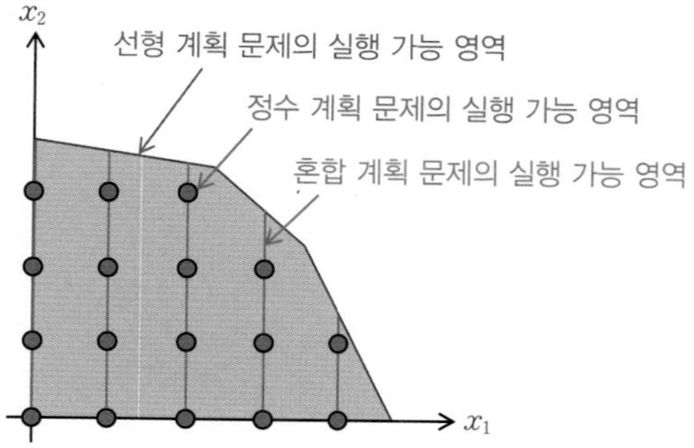

그림 4.1 정수 계획 문제의 실행 가능 영역

정수 계획 문제는 정수 변수를 포함하는 선형 계획 문제이지만 선형 계획 문제 쪽이 정수 계획 문제보다 훨씬 풀기 쉽다는 사실을 고려하면, 현실 문제에 대해 이산값을 갖는 양을 결정한다는 이유만으로 안이하게 정수 변수를 이용해서는 안 된다. 예를 들어 자동차나 기계 부품의 생산수를 결정하는 문제를 정수 계획 문제로 정식화하는 것은 분명 적절하지 않다. 이런 경우는 각 변수의 정수 조건을 제거한 선형 계획 문제를 풀어 실수 최적 설루션을 얻은 뒤, 그 자릿수를 정리해서 가장 가까운 정숫값을 구하면 충분히 실용적인 값이 되는 경우가 많다. 실제로 현실적인 많은 정수 계획 문제에서는 네/아니오(yes/no)의 결정이나, 이상적인 상태의 전환을 나타내기 위해 $\{0, 1\}$과 같이 두 가지 값만 갖는 이진 변수를 이용한다. 이번 절에서는 첫 단계로 정수 계획 문제의 예를 들고, 잡지 구독 계획 문제, 문서 요약 문제, 제품 추천 문제, 커뮤니티 검출 문제, 선형 순서화 문제를 소개한 뒤 정수 계획 문제의 기본적인 정식화 기법에 관해 설명한다.

4.1.1 정수 계획 문제의 응용 예

잡지 구독 계획 문제: 도서관에서는 한정된 예산 안에서 폭넓은 이용자의 수요를 맞추기 위해 잡지 구독 계획을 결정해야 한다. 잡지의 집합 $N = \{1, \ldots, n\}$과 예산액 B가 주어진다.[4] 잡지 j의 구매액은 f_j, 전년도의 열람 수를 d_j로 한다. x_j는 변수이며 잡지 j를 구독하면 $x_j = 1$, 그렇지 않으면 $x_j = 0$의 값을 갖는다. 잡지 j의 올해 열람 수가 전년도의 그것과 거의 같다고 가정하면, 작년의 열람 수 d_j는 잡지 j에 대한 수요로 간주할 수 있다. 주어진 예산액 B 내에서의 수

4 여기에서는 예산액이 전년보다 적어 구매하지 못하는 잡지가 발생하는 상황을 고려한다.

요에 대한 충족률($\Sigma_{j\in N_i} d_j x_j / \Sigma_{j\in N_i} d_j$)을 최대화하는 구독 잡지의 조합을 구하는 문제는 다음 정수 계획 문제로 정식화할 수 있다.

$$
\begin{array}{lll}
\textbf{최대화} & \displaystyle\sum_{j\in N} d_j x_j & \\
\textbf{조건} & \displaystyle\sum_{j\in N} f_j x_j \le B, & \\
& x_j \in \{0,1\}, \qquad j \in N. &
\end{array}
\tag{4.2}
$$

이 문제는 **냅색 문제**knapsack problem라 불리는 NP 난해한(4.2.2절) 조합 최적화 문제이지만, 동적 계획법이나 분기 한정법 등 다양한 문제 사례에 대해 현실적인 수준의 계산으로 최적 설루션을 구할 수 있는 알고리즘이 있다.

이 냅색 문제를 풀어 수요에 대한 충족률을 최대화할 수 있다. 그러나 수요에 대한 충족률을 분야별로 집계하면 분야에 따라 큰 편차가 발생하는 일도 적지 않다. 그래서 분야별로 충족률을 평준화하는 정식화를 생각한다. 분야의 집합을 $M = \{1, \ldots, m\}$, 분야 i에 포함된 잡지의 집합을 $N_i \subset N$이라고 하다. 전년도의 분야 i에 속한 잡지 $j \in N_i$의 열람 수 합계를 $D_i = \Sigma_{j\in N_i} d_j$ 라고 한다. 분야 i의 수요에 대한 충족률($\Sigma_{j\in N_i} d_j x_j / D_i$)을 고려하면, 이 최솟값 z를 최대로 하는 구독 잡지의 조합을 구하는 문제는 다음 정수 계획 문제로 정식화할 수 있다.[5]

$$
\begin{array}{lll}
\textbf{최대화} & z & \\
\textbf{조건} & \displaystyle\sum_{j\in N} f_j x_j \le B, & \\
& \displaystyle\sum_{j\in N_i} d_j x_j \ge D_j z, \quad i \in M, & \\
& x_j \in \{0, 1\}, \qquad j \in N, & \\
& 0 \le x \le 1. &
\end{array}
\tag{4.3}
$$

이 정수 계획 문제를 풀면, 각 분야의 수요에 대한 충족률을 평준화할 수 있다.

어떤 대학의 부속 도서관에서 냅색 문제(4.2)와 정수 계획 문제(4.3)를 풀어 구독할 잡지를 결정하는 경우 각 분야의 수요에 대한 충족률을 각각 [그림 4.2]와 [그림 4.3]에 표시했다.[6] 냅색

5 2.1.3절에 주어진 조건 아래서 한정된 예산을 n개의 사업에 가능한 공평하게 배분하는 문제의 정식화를 이용한다.

6 그림의 빨간 점선은 전체 충족률을 나타낸다.

문제(4.2)를 풀어 구독할 잡지를 결정한 경우는 분야에 따라 큰 편차가 발생한 한편, 정수 계획 문제(4.3)를 풀어 구독할 잡지를 결정한 경우에는 분야에 따른 편차가 크게 줄어들었음을 확인할 수 있다.

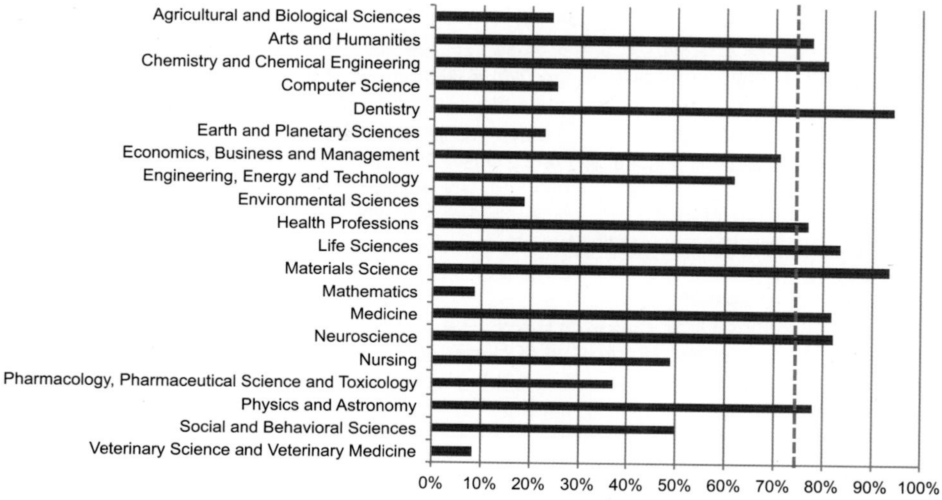

그림 4.2 냅색 문제(4.2)를 풀어 구독할 잡지를 결정한 경우 각 분야의 수요에 대한 충족률

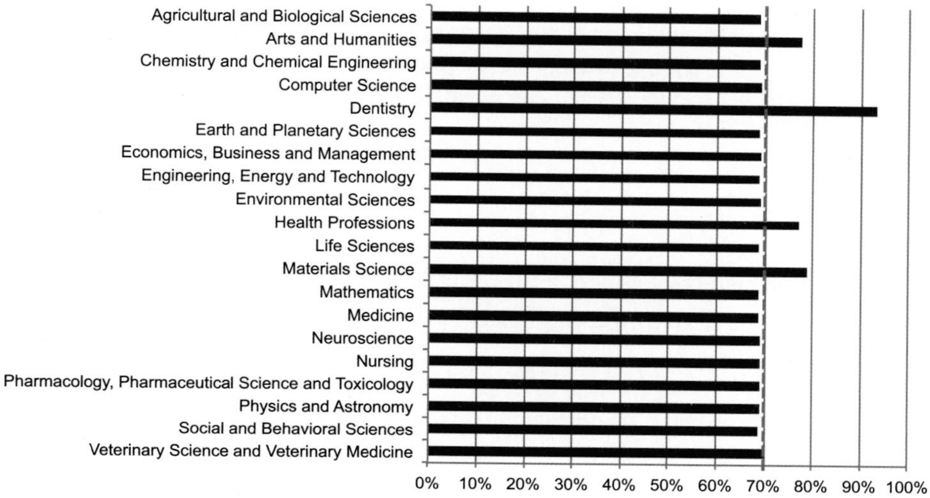

그림 4.3 정수 계획 문제(4.3)를 풀어 구독할 잡지를 결정한 경우 각 분야의 수요에 대한 충족률

문서 요약 문제document summarization problem : 문서의 자동 요약은 주어진 하나 혹은 여러 문서로부터 요약을 만드는 문제로 [그림 4.4]에 표시한 것처럼 주어진 문서에서 필요한 글의 조합을 선택하는 방법이 있다.

〈원래 문서(804문자)〉

최근 분기 컷 기법을 기본 탐색 전략으로 하는 정수 계획 솔버(정수 계획 문제를 푸는 소프트웨어)가 현저하게 진보함에 따라 실무에서 만날 수 이는 대규모의 정수 계획 문제들이 차례로 풀리고 있다. 현재 상용/비상용의 많은 정수 계획 솔버가 공개되어 있으며, 정수 계획 솔버는 현실 문제를 해결하기 위한 유용한 도구로서 수학적 최적화 이외의 분야에서도 급속하게 보급되고 있다. **4.2.2절에서 소개한 것처럼 정수 계획 문제를 포함한 많은 조합 최적화 문제는 NP 난해한 클래스에 속한다고 계산 복잡도 이론에 의해 알려져 있다.** 그러나 계산 복잡도 이론에서의 결과는 대부분 '최악의 경우'를 기준으로 한 것이며, 많은 문제 사례에서 현실적인 계산 시간 안에 최적 설루션을 구할 수 있는 경우가 상당하다. 그리고 정수 계획 솔버는 탐색 중에 얻어진 잠정 설루션을 정하기 때문에, 주어진 계산 시간 안에 최적 설루션을 구하지 못한다 하더라도, 높은 품질의 실행 가능 설루션을 구하면 충분히 만족할 수 있는 사례도 있어, 이런 목적으로도 정수 계획 솔버를 사용한다
상용 정수 계획 솔버를 이용하려면 라이선스 비용이 필요하지만, 무료 트라이얼 라이선스나 교육 연구 목적에 한해 저렴한 아카데믹 라이선스가 제공되기도 한다. **일반적으로 비상용보다는 사용 정수 계획 솔버의 성능이 좋지만, 실제로는 상용 정수 계획 솔버 사이에서도 꽤 큰 성능차가 있다.** 정수 계획 솔버를 선택할 때는 성능 외에도, 다룰 수 있는 정수 계획 문제의 종류, 정수 계획 문제의 기술 방식, 인터페이스 등을 고려해, 목적에 맞는 정수 계획 솔버를 선택하는 것이 바람직하다.

↓

〈요약된 문서(266문자)〉

최근 분기 컷 기법을 기본 탐색 전략으로 하는 정수 계획 솔버(정수 계획 문제를 푸는 소프트웨어)가 현저하게 진보함에 따라 실무에서 만날 수 이는 대규모의 정수 계획 문제들이 차례로 풀리고 있다. 4.2.2절에서 소개한 것처럼, 정수 계획 문제를 포함한 많은 조합 최적화 문제는 NP 난해한 클래스에 속한다고 계산 복잡도 이론에 의해 알려져 있다. 일반적으로 비상용보다는 사용 정수 계획 솔버의 성능이 좋지만, 실제로는 상용 정수 계획 솔버 사이에서도 꽤 큰 성능차가 있다.

그림 4.4 문서 요약 예

문서 요약 문제에는 하나의 문서만이 주어지는 단일 문서 요약과 같은 주제를 나타내는 여러 문서가 주어지는 복수 문서 요약이 있다.[7] 먼저 단일 문서 요약에 관해 생각한다. m개의 개요와 n개의 문장과 요약의 길이 L이 주어진다. 개념 i의 중요도를 $w_i(\geq 0)$, 문장 j의 길이를 l_j라고 한다. 개념 i가 문장 j에 포함되어 있으면 $a_{ij}=1$, 그렇지 않으면 $a_{ij}=0$으로 한다. x_j는 변수이며 문장 j가 요약에 포함되어 있으면 $x_j=1$, 그렇지 않으면 $x_j=0$의 값을 갖는다. 문장 j에

7 여기에서는 단일 문서에서의 비슷한 내용의 문장은 포함하지 않는다고 가정한다.

포함된 개념의 중요도의 합계 $p_j = \Sigma_{i=1}^{m} w_i a_{ij}$는 미리 계산할 수 있으므로, 요약 길이 L을 넘지 않는 범위에서 중요도의 합계가 최대가 되는 요약을 구성하는 문제는 다음의 냅색 문제로 정식화할 수 있다.

$$\begin{array}{ll} \text{최대화} & \displaystyle\sum_{j=1}^{n} p_j x_j \\ \text{조건} & \displaystyle\sum_{j=1}^{n} l_j x_j \le L, \\ & x_j \in \{0, 1\}, \quad j = 1, \ldots, n. \end{array} \tag{4.4}$$

다음으로 복수의 문서 요약에 관해 살펴보자. 여러 문서에 비슷한 내용의 문장이 포함된 경우에는 이 문장들이 동시에 선택되어, 생성된 요약 안에 비슷한 내용이 반복되어 나타낼 우려가 있다. 그래서 개념 i가 요약에 포함되어 있다면 $z_i = 1$, 그렇지 않으면 $z_i = 0$의 값을 갖는 변수 z_i를 도입하면 다음 정수 계획 문제로 정식화할 수 있다.

$$\begin{array}{lll} \text{최대화} & \displaystyle\sum_{i=1}^{m} w_i z_i & \\ \text{조건} & \displaystyle\sum_{j=1}^{n} a_{ij} x_j \ge z_i, & i = 1, \ldots, m, \\ & \displaystyle\sum_{j=1}^{n} l_j x_j \le L, & \\ & x_j \in \{0, 1\}, & j = 1, \ldots, n, \\ & z_i \in \{0, 1\}, & i = 1, \ldots, m. \end{array} \tag{4.5}$$

첫 번째 제약조건은 좌변의 값에 관계없이 $z_i = 0$의 값을 가지면 반드시 만족된다. 그러므로 최적 설루션에서 개념 i를 포함하는 문장 j가 요약에 포함되었는지에 관계없이 $z_i = 0$ 값을 갖는 경우가 있을 것으로 생각할 수 있다. 그러나 목적 함수는 최대화에서 각 변수 z_i의 계수 w_i가 양수이며, 이때 $z_i = 1$로 값을 변경하면 목적 함숫값을 개선할 수 있으므로, 최적 설루션에서는 개념 i를 포함하는 문장 j가 요약에 포함되어 있다면 반드시 $z_i = 1$ 값을 가짐을 알 수 있다. 이 정식화에서는 중요도가 높은 개념이 요약 안에 반복해서 나타나도 목적 함숫값은 개선되지 않으므로, 문장이 장황하게 되는 상황을 자연스럽게 억제할 수 있다. 이 문제는 (냅색 제약) 최대 나열 문제라고 불리는 NP 난해한 조합 최적화 문제로, 규모가 큰 문제 사례에서는 효율적으로 최적 설루션을 구하기는 어렵다.

제품 추천 문제: 정보 통신 기술의 발전과 함께 대량의 데이터를 이용한 고객의 선호 분석이 왕성하게 이루어지게 되었다. 하지만 각 고객이 흥미를 가진 제품을 그대로 추천하는 것이 좋은 것은 아니다. 실제로는 추천에 필요한 경비를 예산 안에서 해결하고, 편차가 발생하지 않도록 각 고객에게 추천하는 제품의 수를 제한하는 등 여러 실무적 제약 아래서 고객에게 제품을 추천해야만 한다.

고객의 집합 $M = \{1, ..., m\}$, 제품의 집합 $N = \{1, ..., n\}$과 예산 B가 주어진다. 고객 i에 제품 j를 추천할 때 발생하는 기대 이득을 p_{ij}, 기대 비용을 c_{ij}라고 한다. 추천되는 고객에게 편차가 생기지 않도록 고객 i에게 추천하는 제품 수를 K개로 제한한다. 또한 추천한 제품에 편차가 발생하지 않도록 제품 j의 기대 이득 합계가 q_j 이하가 되도록 제품을 추천한다(그림 4.5).

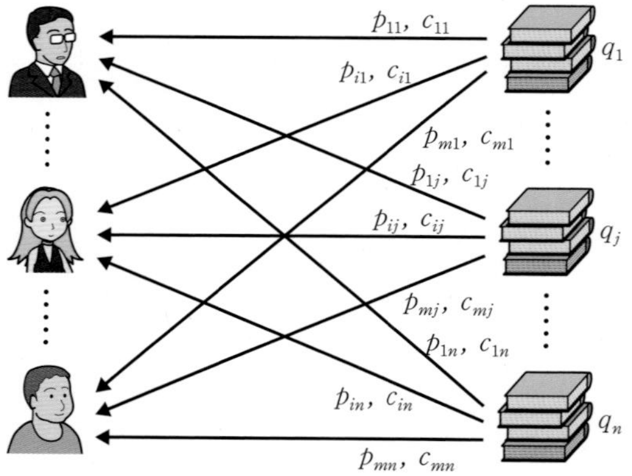

그림 4.5 제품 추천 문제 예

x_{ij}는 변수로 고객 i에게 제품 j를 추천하면 $x_{ij} = 1$, 그렇지 않으면 $x_{ij} = 0$ 값을 갖는다. 이때 기대 이득의 합계를 최대로 하는 추천 제품의 할당을 구하는 문제는 다음 정수 계획 문제로 정식화할 수 있다.

$$
\begin{aligned}
\text{최대화} \quad & \sum_{i \in M} \sum_{j \in N} p_{ij} x_{ij} \\
\text{조건} \quad & \sum_{i \in M} \sum_{j \in N} c_{ij} x_{ij} \le B, \\
& \sum_{j \in N} x_{ij} = K, \qquad i \in M, \\
& \sum_{i \in M} p_{ij} x_{ij} \ge q_j, \qquad j \in N, \\
& x_{ij} \in \{0, 1\}, \qquad i \in M,\ j \in N.
\end{aligned}
\tag{4.6}
$$

이 문제는 NP 난해한 조합 최적화 문제이며 많은 고객이나 제품을 고려한 대규모의 문제 사례에서는 최적 설루션을 효율적으로 구하기는 어렵다.

커뮤니티 검출 문제: 컴퓨터 네트워크나 소셜 네트워크 등의 보급과 함께 네트워크 구조를 분석하는 연구가 왕성하게 이루어지게 되었다. 현실 세계의 많은 네트워크는 커뮤니티 구조라고 불리는 치밀한 부분 네트워크를 갖는다. 커뮤니티 안의 요소는 서로 많은 링크로 연결된 치밀한 관계를 가지며, 커뮤니티 바깥 요소와는 적은 링크로 연결된 느슨한 관계를 갖는다. [그림 4.6]에 표시한 것처럼, 주어진 네트워크를 커뮤니티로 분할하는 것을 **커뮤니티 검출**이라 부른다.

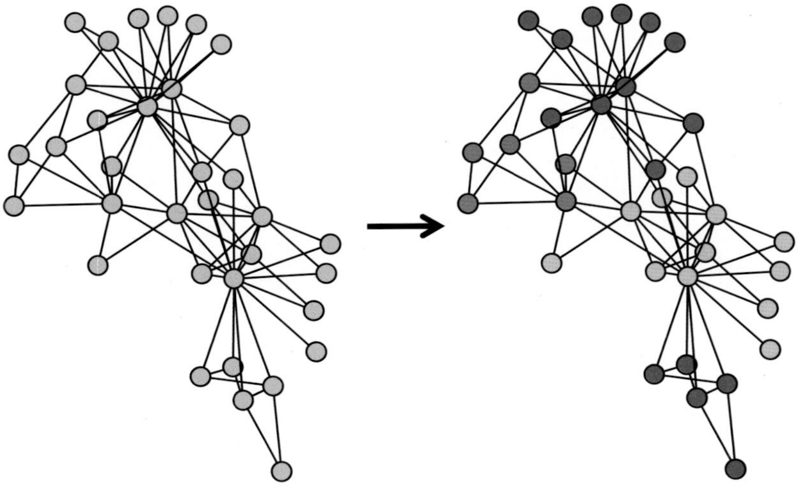

그림 4.6 커뮤니티 검출 예

그래프graph $G=(V, E)$는 **꼭짓점**vertex의 집합 V와 두 꼭짓점을 연결하는 **변**edge의 집합 $E \subseteq V \times V = \{(u, v) \mid u, v \in V\}$로 이루어지는 조합적 구조이며 교통망, 통신망, 소셜 네트워크 등을 포함한 현실 세계에서의 다양한 네트워크를 나타낸다.[8] 변 $e=(u, v)$의 방향을 고려하는(즉, (u, v)와 (v, u)를 구별하는) 경우, 그래프 G를 **유향 그래프**directed graph라 한다.[9] 그리고 변 $e=(u, v)$의 방향을 고려하지 않는(즉, (u, v)와 (v, u)를 구별하지 않는) 경우에는 $e=\{u, v\}$라고 나타내며, 그래프 G를 **무향 그래프**undirected graph라 한다.[10] 여기에서는 무향 그래프 $G=(V, E)$에 대한 모듈러리티를 이용한 커뮤니티 검출을 생각한다. **모듈러리티**modularity란 커뮤니티 검출의 우수함을 나타내는 평가 함수의 하나다.

무향 그래프 $G=(V, E)$의 꼭짓점의 집합 V를 k개의 커뮤니티 $C=\{V_1, V_2, \dots, V_k\}$로 분할한다. 꼭짓점 u, v를 연결하는 변 $\{u, v\}$가 존재하면 $a_{uv}=1$, 그렇지 않으면 $a_{uv}=0$이 된다. 그리고 d_v는 꼭짓점 v에 연결된 변의 수를 나타내며, 이를 꼭짓점 v의 **차수**degree라 한다. 꼭짓점 v가 커뮤니티 V_k에 속할 때 $\sigma_v=k$라고 하면 분할 C에 대한 모듈러리티는

$$Q(C)=\frac{1}{2m}\sum_{u\in V}\sum_{v\in V}\left(a_{uv}-\frac{d_u d_v}{2m}\right)\delta(\sigma_u, \sigma_v) \tag{4.7}$$

로 나타낼 수 있다. 여기에서 m은 변의 집합 E의 요소 수를 의미한다. $\delta(\sigma_u, \sigma_v)$는 **크로네커 델타**Kronecker delta라는 함수이며,

$$\delta(\sigma_u, \sigma_v)=\begin{cases}1 & \sigma_u=\sigma_v \\ 0 & \sigma_u\neq\sigma_v\end{cases} \tag{4.8}$$

로 정의된다. 꼭짓점 u, v가 같은 커뮤니티에 속하면 $\delta(\sigma_u, \sigma_v)=1$, 그렇지 않으면 $\delta(\sigma_u, \sigma_v)=0$이 된다.

모듈러리티 $Q(C)$는 커뮤니티 안의 꼭짓점끼리 연결하는 변의 비율에서 무작위로 변을 연결하는 경우의 기댓값을 뺀 값을 나타낸다. 커뮤니티 안의 꼭짓점끼리 연결한 변의 비율은

8 꼭짓점을 **노드**node, 변을 **가지**arc라 부르기도 한다.

9 유향 그래프의 변 $e=(u, v)$의 꼭짓점 u를 **시작점**initial vertex, 꼭짓점 v를 **완료점**terminal vertex이라 한다.

10 무향 그래프의 변$e=\{u, v\}$의 꼭짓점 u, v를 **끝 꼭짓점**end vertex이라 부르기도 한다.

$\frac{1}{2m}\Sigma_{u\in V}\Sigma_{v\in V}a_{uv}\delta(\sigma_u,\sigma_v)$로 나타낼 수 있다. 그리고 각 꼭짓점 v의 차수 d_v만 주어진 그래프에 대해 무작위로 변을 연결한 경우를 생각해보면, 커뮤니티 안의 꼭짓점끼리 연결한 변의 비율의 기댓값은 $\Sigma_{u\in V}\Sigma_{v\in V}\frac{d_u}{2m}\frac{d_v}{2m}\delta(\sigma_u,\sigma_v)$로 나타낼 수 있다. 모듈러리티 $Q(C)$의 값은 항상 1 이하이며, 값이 높을수록 커뮤니티 검출 결과가 좋다고 판단할 수 있다.

주어진 무향 그래프 $G=(V,E)$에 대해 모듈러리티의 값을 최대로 하는 꼭짓점 집합 V의 비율 C를 구하는 문제를 생각해보자.[11] $q_{uv}=a_{uv}-\frac{d_u d_v}{2m}$으로 정의한다. x_{uv}는 변수이며 꼭짓점 u, v가 같은 커뮤니티에 속해 있으면 $x_{uv}=1$, 그렇지 않으면 $x_{uv}=0$ 값을 갖는다. 여기에서 항상 $x_{uu}=1$이므로 x_{uu}는 변수로 사용하지 않고 $\frac{1}{2m}\Sigma_{u\in V}q_{uu}$를 목적 함수에 추가한다. 그리고 임의의 꼭짓점의 쌍 u, v에 대해 $x_{uv}=x_{vu}$, $q_{uv}=q_{vu}$가 되므로 $x_{uv}\ (u<v)$만 변수로 채용하면 모듈러리티의 값을 최대로 하는 꼭짓점 집합의 비율을 구하는 문제는 다음 정수 계획 문제로 정식화할 수 있다.

$$
\begin{array}{lll}
\text{최대화} & \frac{1}{m}\sum_{u\in V}\sum_{v\in V, v>u} q_{uv}x_{uv}+\frac{1}{2m}\sum_{u\in V}q_{uv} & \\
\text{조건} & x_{uv}+x_{vw}-x_{uw}\le 1, & u,v,w\in V,\ u<v<w, \\
 & x_{uv}-x_{vw}+x_{uw}\le 1, & u,v,w\in V,\ u<v<w, \\
 & -x_{uv}+x_{vw}+x_{uw}\le 1, & u,v,w\in V,\ u<v<w, \\
 & x_{uv}\in\{0,1\}, & u,v\in V,\ u<v.
\end{array}
\tag{4.9}
$$

첫 번째 제약조건은 꼭짓점 u, v가 같은 커뮤니티에 속하고, 꼭짓점 v, w가 같은 커뮤니티에 속한다면 꼭짓점 u, w도 같은 커뮤니티에 속한다는 추이율을 나타낸다. 두세 번째 제약조건도 같다. 이 문제는 NP 난해한 조합 최적화 문제이며, 대규모의 네트워크를 고려한 문제 사례에서는 최적 설루션을 효율적으로 구하기는 어렵다.

선형 순서 정하기 문제linear ordering problem(LOP): 투표를 통해 여러 후보의 순위를 결정하는 상황을 생각해보자. 각 투표자가 모든 후보를 동시에 평가해 순위를 붙이기 어려운 경우, 각 투표자가 몇몇 후보 그룹을 일대일로 비교한 결과를 종합해서 모든 후보의 순위를 결정하는 일대일 비교 방법을 이용하는 경우가 많다. 이때 가능한 많은 투표자의 의사에 맞게 모든 후보의 순위

11 여기에서 커뮤니티의 개수 k는 주어지지 않은 점에 주의한다.

를 결정하는 문제를 생각한다.

[그림 4.7]에 표시한 것처럼 이 문제는 유향 그래프 $G=(V,E)$를 이용해 정의할 수 있다. 각 후보를 꼭짓점, 후보의 조합 (u,v)에 관해서 후보 u가 후보 v보다 좋다고 투표한 사람 수를 변 (u,v)의 가중치 c_{uv}로 한다. 이때 꼭짓점을 왼쪽에서 오른쪽으로 1열로 배치한 뒤 왼쪽 꼭짓점에서 오른쪽 꼭짓점으로 향하는 변의 가중치 합계를 최대로 하는 문제를 생각해본다.

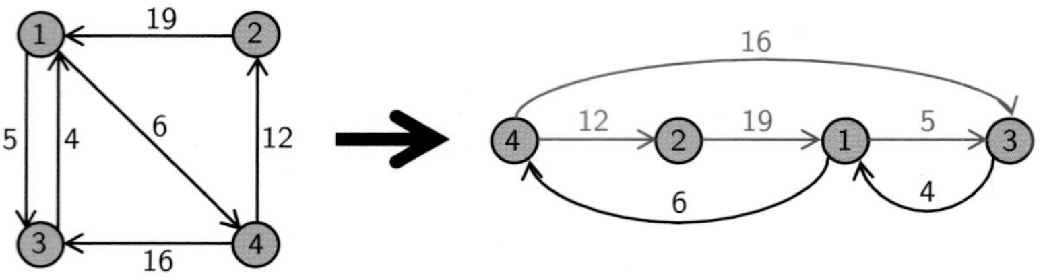

그림 4.7 선형 순서 정하기 문제

x_{uv}는 변수이며 후보 u가 후보 v보다 상위이면 $x_{uv}=1$, 그렇지 않으면 $x_{uv}=0$ 값을 갖는다. 이때 모든 후보의 순위를 결정하는 문제는 다음 정수 계획 문제로 정식화할 수 있다.

$$
\begin{array}{lll}
\text{최대화} & \displaystyle\sum_{u\in V}\sum_{v\in V,\ v\neq u} c_{uv}x_{uv} & \\
\text{조건} & x_{uv}+x_{vu}=1, & u,v\in V,\ u\neq v, \\
& x_{uv}+x_{vw}+x_{wu}\leq 2, & u,v,w\in V,\ u\neq v,\ v\neq w,\ w\neq u, \\
& x_{uv}\in\{0,1\}, & u,v\in V,\ u\neq v.
\end{array}
\tag{4.10}
$$

첫 번째 제약조건은 후보 u가 후보 v보다 상위 혹은 하위가 되는 것을 나타낸다. 두 번째 제약조건은 후보 u가 후보 v보다 순위가 놓고 후보 v가 후보 w보다 순위가 높다면, 후보 u가 후보 w보다 순위가 높다는 추이율을 의미한다.

선형 순서 붙이기 문제는 경제에서 **산업 연관표**industry transaction matrix 또는 **투입 산출표**input–output matrix라 불리는 데이터 분석에 응용되며 과거부터 연구되고 있다. 이외에도 고고학에서 토출품의 연대순을 추정하거나 스포츠에서의 팀 순위 결정 등에도 응용된다. 이 문제는 NP 난해한 조합 최적화 문제이며, 많은 후보를 고려한 대규모의 문제 사례에서는 최적 설루션을 효율적으로 구하기는 어렵다.

4.1.2 논리적인 제약조건

현실 문제가 이미 알고 있는 조합 최적화 문제와 일치하는 경우는 거의 없으며, 실무에서의 요구에 따라 발생하는 제약조건이 추가되는 경우가 많다. 여기에서는 냅색 문제를 예로 논리적인 제약조건과 그 표기법을 설명한다.

냅색 문제knapsack problem : [그림 4.8]과 같이 하나의 가방과 n개의 물품이 주어진다. 가방에 넣을 물품의 무게의 합계의 상한을 $C(>0)$, 각 물품 j의 무게를 $w_j(0<w_j<C)$,, 가격을 $p_j(>0)$라고 한다.

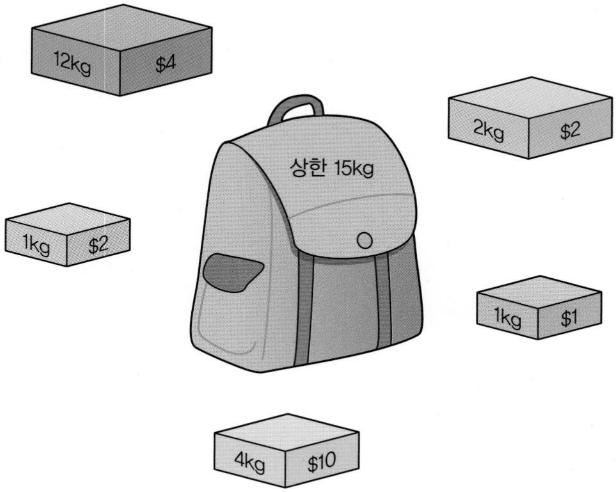

그림 4.8 냅색 문제 예

x_j는 변수이며 물품 j를 가방에 넣으면 $x_j=1$, 그렇지 않으면 $x_j=0$을 갖는다. 이때 가격의 합계를 최대로 하는 물건의 조합을 구하는 문제는 다음 정수 계획 문제로 정식화할 수 있다.

$$
\begin{aligned}
\text{최대화} \quad & \sum_{j=1}^{n} p_j x_j \\
\text{조건} \quad & \sum_{j=1}^{n} w_j x_j \le C, \\
& x_j \in \{0, 1\}, \quad j=1, \ldots, n.
\end{aligned}
\tag{4.11}
$$

그리고 여러 제약조건을 가진 냅색 문제를 **다차원 냅색 문제** multi-dimensional knapsack problem 라 한다.[12] 냅색 문제는 투자 계획이나 포트폴리오 최적화 등에 응용된다.

몇 가지 논리적인 제약조건과 그 표기법을 정리하면 다음과 같다.

(1) 물품의 수는 최대 K개다.

$$\sum_{j=1}^{n} x_j \le K. \tag{4.12}$$

(2) 물품 j_1, j_2 중 적어도 하나를 넣는다.

$$x_{j_1},\ x_{j_2} \ge 1. \tag{4.13}$$

(3) 물품 j_1을 넣으면 물품 j_2도 넣는다.

$$x_{j_1} \le x_{j_2}. \tag{4.14}$$

(4) 넣을 물품의 수는 0 또는 2다.

$$\sum_{j=1}^{n} x_j = 2y, \quad y \in \{0, 1\}. \tag{4.15}$$

또는, 변수 y를 이용하지 않고 다음과 같이 나타낼 수도 있다.

$$\begin{aligned}
+x_1 + x_2 + \cdots + x_n &\le 2, \\
-x_1 + x_2 + \cdots + x_n &\ge 0, \\
+x_1 - x_2 + \cdots + x_n &\ge 0, \\
&\vdots \\
+x_1 + x_2 + \cdots - x_n &\ge 0.
\end{aligned} \tag{4.16}$$

12 여러 제약조건을 가지므로 **다중 제약 냅색 문제** multi-constraint knapsack problem 라고 부르기도 하지만, 실제로는 다차원 냅색 문제라 부르는 경우가 많다.

두 번째 이후의 제약조건은 $\Sigma_{j=1}^{n} = 1$을 만족하는 설루션을 제외한다. [그림 4.9]와 같이 이 제약조건들은 실행 가능 설루션 전체의 **볼록 포**convex hull[13]로부터 얻을 수 있다.

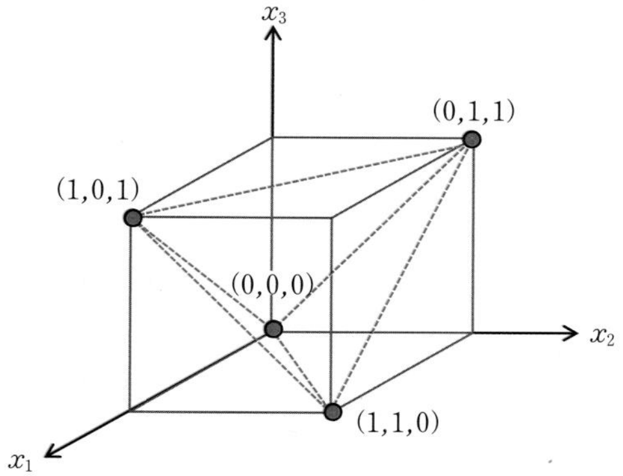

그림 4.9 $x_1 + x_2 + x_3 = 0$ 또는 2를 만족하는 모든 설루션을 포함하는 볼록 포

4.1.3 고정 비용이 있는 목적 함수

생산 계획이나 물류 계획 등 많은 현실 문제에서는 취급하는 제품량에 따라 발생하는 변동 비용, 단계 변경 등의 작업 유무에 따라 발생하는 고정 비용 양쪽으로 고려하는 경우가 많다. 예를 들어 x는 제품의 생산량을 나타내는 변수이며 단위량당 생산량을 c_1로 한다. 만약 그 제품을 조금이라도 생산할 때 초기 비용 c_2가 발생한다고 하면 총비용은 [그림 4.10]과 같이 비선형 함수가 된다.

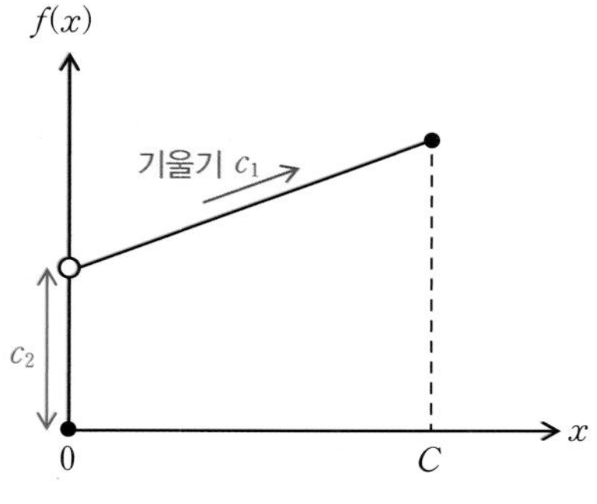

그림 4.10 고정 비용이 있는 목적 함수

13 주어진 집합 S를 포함하는 최소의 볼록 집합을 S의 볼록 포라 한다.

$$f(x) = \begin{cases} 0 & x = 0 \\ c_1 x + c_2 & 0 < x \leq C. \end{cases} \tag{4.17}$$

여기에서 C는 제품 생산량의 상한이다. 제품을 조금이라도 생산하면 $y = 1$, 그렇지 않으면 $y = 0$ 값을 갖는 이진 변수 y를 도입하면 총비용은 다음과 같이 나타낼 수 있다.

$$f(x, y) = \{c_1 x + c_2 y \mid x \leq Cy,\ 0 \leq x \leq C,\ y \in \{0, 1\}\}. \tag{4.18}$$

여기에서 제품을 전혀 생산하지 않는 경우에도 $y = 1$의 값을 갖는 실행 가능 설루션이 존재한다. 그러나 총비용을 최소화하는 문제에서는 $y = 0$으로 값을 변경하면, 제약조건을 위반하지 않고 총비용을 줄일 수 있으므로 이런 설루션은 최적 설루션이 아님을 알 수 있다.

그런데 $x = 0$ 또는 $l \leq x \leq u$ $(l \geq 0)$이라는 조건을 가진 변수 x를 **반연속 변수**semi-continuous variable라 한다. 이는 $x = 0$이면 $y = 0$, $l \leq x \leq u$이면 $y = 1$의 값을 갖는 이진 변수 y를 도입해 $ly \leq x \leq uy, y \in \{0, 1\}$로 나타낼 수 있다.

다음에서는 고정 비용을 가진 정수 계획 문제의 예로 설비 배치 문제, 빈 패킹 문제, 로트 크기 결정 문제를 소개한다.

설비 배치 문제: 2.1.1절에서는 선형 계획 문제의 응용 예로 운송 계획 문제를 소개했다. 이번에는 m개 장소의 후보지에 몇 개의 공장을 건설하고 각 공장의 생산량을 넘지 않는 범위에서 각 고객의 수요를 만족하도록 제품을 운송하고자 한다. 이때 공장의 건설비와 운송비의 합계를 최소로 하기 위해서 어떤 후보지에 공장을 건설하고, 어떤 공장에서 어떤 고객에게 얼마큼의 제품을 운송해야 하는가?

후보지 i의 공장 건설비를 f_i, 후보지 i에 건설한 공장에서의 생산량 상한을 a_i, 고객 j의 수요량을 b_j, 후보지 i에 건설한 공장에서 고객 j로의 단위량당 운송비를 c_{ij}로 한다(그림 4.11).

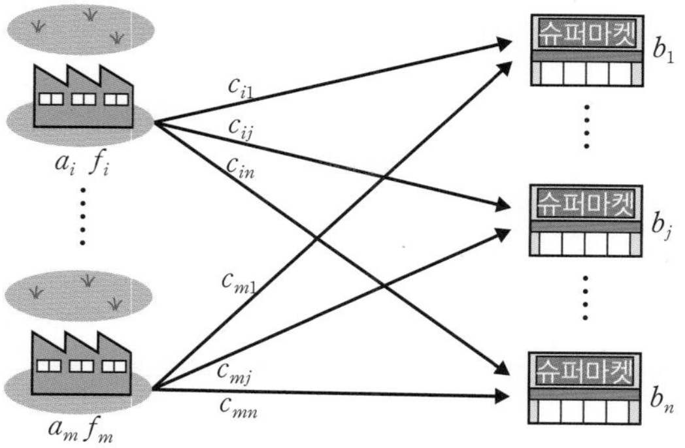

그림 4.11 설비 배치 문제 사례

x_{ij}는 변수이며 후보지 i에 건설한 공장으로부터 고객 j로의 운송량을 의미한다. 후보지 i에 공장을 건설한다면 $y_i = 1$, 그렇지 않으면 $y_i = 0$의 값을 갖는 변수 y_i를 도입하면 공장 건설지 선택과 공장에서 고객으로의 운송량을 동시에 결정하는 문제는 다음과 같이 정수 계획 문제로 정식화할 수 있다.

$$
\begin{aligned}
\text{최소화} \quad & \sum_{i=1}^{m}\sum_{j=1}^{n} c_{ij}x_{ij} + \sum_{i=1}^{m} f_i y_i \\
\text{조건} \quad & \sum_{j=1}^{n} x_{ij} \le a_i y_i, && i = 1, \ldots, m, \\
& \sum_{i=1}^{m} x_{ij} = b_j, && j = 1, \ldots, n, \\
& x_{ij} \ge 0, && i = 1, \ldots, m,\ j = 1, \ldots, n, \\
& y_i \in \{0, 1\}, && i = 1, \ldots, m.
\end{aligned}
\tag{4.19}
$$

첫 번째 제약조건은 후보지 i에 공장을 건설했을 때 그 공장에서 출하되는 제품량이 생산량을 초과할 수 없음을 의미한다. 두 번째 제약조건은 고객 j에 납입된 제품량이 수요량과 일치함을 의미한다. 여기에서 후보지 i에서 제품을 전혀 출하하지 않더라도 $y_i = 1$의 값을 갖는 실행 가능 함수가 존재한다. 그러나 $y_i = 0$으로 값을 변경하면 제약조건을 위반하지 않고 목적 함숫값을 개선할 수 있으므로 이런 설루션은 최적 설루션이 아님을 알 수 있다.

빈 패킹 문제bin packing problem: [그림 4.12]에 표시한 것처럼 충분한 수의 상자와 n개의 물건이 주어진다.[14]

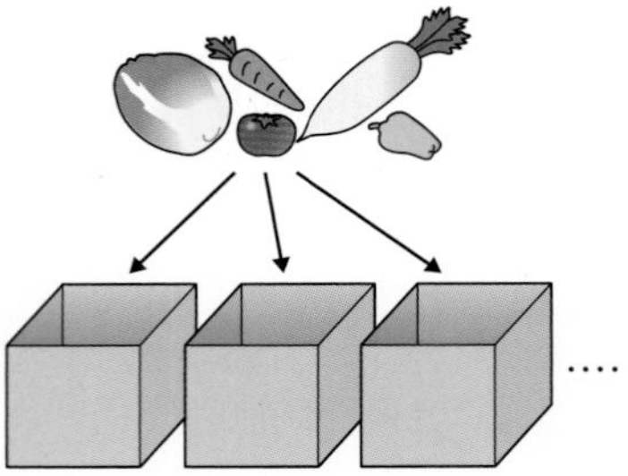

그림 4.12 빈 패킹 문제 예

상자에 넣는 물품의 무게의 합계의 상한을 $C(\geq 0)$, 각 물품 j의 무게를 $w_j(< C)$라 한다. x_{ij}와 y_i는 변수이며 물품 j가 i번째 상자에 들어있으면 $x_{ij}=1$, 그렇지 않으면 $x_{ij}=0$이며 i번째 상자를 사용하면 $y_i=1$, 그렇지 않으면 $y_i=0$ 값을 갖는다. 이때 사용하는 상자의 수를 최소로 하는 물품을 넣는 방법을 구하는 문제는 다음 정수 계획 문제로 정식화할 수 있다.

$$
\begin{array}{lll}
\textbf{최소화} & \displaystyle\sum_{i=1}^{n} y_i & \\
\textbf{조건} & \displaystyle\sum_{j=1}^{n} w_j x_{ij} \leq C y_i, & i=1, \dots, n, \\
& \displaystyle\sum_{i=1}^{n} x_{ij} = 1, & j=1, \dots, n, \\
& x_{ij} \in \{0, 1\}, & i=1, \dots, n,\ j=1, \dots, n, \\
& y_i \in \{0, 1\}, & i=1, \dots, n.
\end{array}
\qquad (4.20)
$$

여기에서 상자는 최대 n개만 사용할 수 있는 것에 주의한다. 첫 번째 제약조건은 i번째 상자를 사용한 경우에는 그 상자에 넣은 물품의 무게의 합계가 상한 C 이내이며, 상자를 사용하지 않는 경우에는 물품이 들어 있지 않음을 의미한다. 여기에서 i번째의 상자에 물품이 하나도 들어 있지 않더라도 $y_i=1$ 값을 갖는 실행 가능 설루션이 존재한다. 하지만 변숫값을 $y_i=0$으로 변

14 빈bin은 제품이나 자재를 넣기 위한 큰 주머니다. 병bottle이 아닌 것에 주의한다.

경하면 제약조건을 위반하지 않고 목적 함숫값을 개선할 수 있으므로, 이런 설루션은 최적 설루션이 아님을 알 수 있다.

로트 크기 결정 문제lot sizing problem : 2.1.1절에서는 선형 계획 문제의 응용 예로 생산 계획 문제를 소개했다. 이번에는 제품을 생산할 때 발생하는 **순서 교체 비용**setup cost을 생각한다. 어떤 기업에서는 공장 생산량과 창고 재고량을 조합해 고객에게 제품을 제공한다.[15] 시기에 따라 고객 수요가 변동한다고 할 때, 어떤 시기에 얼마나 많은 제품을 공장에서 생산하고, 창고의 재고에서 불출해야 할까?

계획 기간을 T, 각 시기 t의 수요량을 d_t, 제품 한 개당 생산비를 c_t, 각 기간의 생산량의 상한을 C, 순서 교체 비용 $f_t(\geq 0)$, 제품 한 개당 재고비를 $g_t(\geq 0)$로 한다. 또한 최초 시기 $t=0$에서의 재고량을 0으로 한다. x_t와 s_t는 변수이며 각각 시기 t에서의 생산량과 재고량을 의미한다. y_i는 변수이며 시기 t에 제품을 생산하면 $y_t=1$, 그렇지 않으면 $y_t=0$ 값을 갖는다. 이때 비용의 합계가 최소가 되는 각 시기의 생산량을 구하는 문제는 다음 정수 계획 문제로 정규화할 수 있다.

$$
\begin{array}{lll}
\textbf{최소화} & \sum_{t=1}^{T}(f_t y_t + c_t x_t + g_t s_t) & \\
\textbf{조건} & s_{t-1} + x_t - s_t = d_t, & t=1, \ldots, T, \\
& x_t \leq C y_t, & t=1, \ldots, T, \\
& s_0 = 0, & \\
& x_t,\ s_t \geq 0, & t=1, \ldots, T, \\
& y_t \in \{0, 1\}, & t=1, \ldots, T.
\end{array}
\qquad (4.21)
$$

첫 번째 제약조건은 이전 시기부터 가지고 있던 재고량 s_{t-1}에 이번 시기의 생산량 x_t를 더한 뒤, 이번 시기의 수요량 d_t를 뺀 것을 다음 시기에 사용할 재고량 s_t로 하는 것을 의미한다. 두 번째 제약조건은 각 시기의 생산량이 상한을 넘지 않는 것을 의미한다. 여기에서 시기 t에 제품을 생산하지 않는 경우에도 $y_t=1$의 값을 갖는 실행 가능 설루션이 존재한다. 그러나 변숫값을 $y_t=0$으로 변경하면 제약조건을 위반하지 않고 목적 함숫값을 개선할 수 있으므로, 이런 설루션은 최적 설루션이 아님을 알 수 있다.

---

15 여기에서는 논의를 간단히 하기 위해 제품을 한 종류로 한다.

4.1.4 이접한 제약조건

일반적으로 최적화 문제에서는 모든 제약조건을 동시에 만족하는 것을 구할 수 있지만, 현실 문제에서는 m개의 제약조건 중 k개만 만족하는 것을 구할 수밖에 없는 경우도 적지 않다. 이는 **이접한 제약조건**disjunctive constraints이라 부르며, 선택이나 순서 붙이기 등의 조합적인 제약조건을 나타내는 경우 이용된다. 예를 들어 [그림 4.13]에 표시한 것처럼 두 개의 제약조건 $\Sigma_{j=1}^{n} a_{1j}x_j \le b_1$과 $\Sigma_{j=1}^{n} a_{2j}x_j \le b_2$ 중 적어도 한 조건을 만족하는 것을 구하는 경우, 각 제약조건에 대응하는 이진 변수 y_1, y_2를 도입해 다음과 같이 나타낼 수 있다.

$$
\begin{aligned}
&\sum_{j=1}^{n} a_{1j}x_j \le b_1 + M(1-y_1),\\
&\sum_{j=1}^{n} a_{2j}x_j \le b_2 + M(1-y_2),\\
&y_1 + y_2 = 1,\\
&y_1,\ y_2 \in \{0,\ 1\}.
\end{aligned}
\tag{4.22}
$$

여기에서, M은 충분히 큰 상수로 **big-*M***이라고 불린다. 각 변수 x_j의 범위가 $0 \le x_j \le u_j$라면

$$
M \ge \max\left\{ \sum_{j=1}^{n} a_{1j}x_j - b_1,\ \sum_{j=1}^{n} a_{2j}x_j - b_2 \,\middle|\, 0 \le x_j \le u_j,\ j = 1,\ \dots,\ n \right\} \tag{4.23}
$$

이 된다. $y_i = 0$인 경우 제약조건의 우변은 $b_i + M$으로 충분히 큰 값이 되므로, 각 변수 x_j의 값에 관계없이 반드시 만족된다.

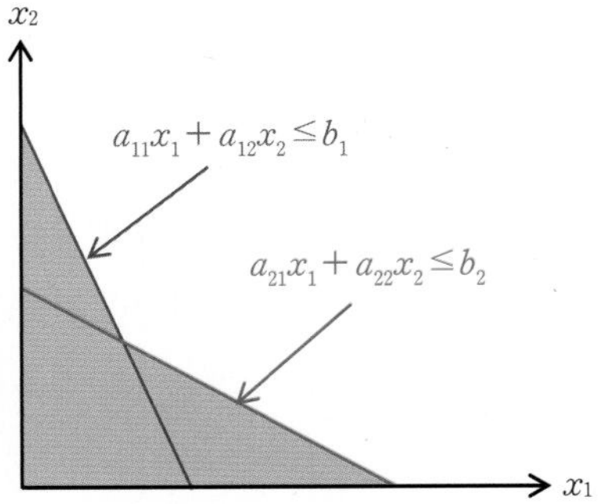

그림 4.13 이접한 제약조건

다음에는 이접한 제약조건을 가진 정수 계획 문제의 예로 단일 기계 스케줄링 문제와 사각형 채우기 문제를 소개한다.

단일 기계 스케줄링 문제single machine scheduling problem : n개의 업무와 이를 처리하는 한 대의 기계가 주어진다. 이 기계는 두 개 이상의 업무를 동시에 처리하지 못하며, 업무 처리를 시작하면 도중에 해당 업무를 중단하지 못한다고 가정한다. 업무 i의 처리에 필요한 시간을 $p_i(>0)$, 납기를 $d_j(\geq 0)$으로 한다. s_i는 변수이며 업무 i의 시작 시각을 의미한다. 업무 i가 업무 j보다 앞서는 경우에는 $x_{ij}=1$, 그렇지 않으면 $x_{ij}=0$ 값을 갖는 변수 x_{ij}를 도입하면, 업무 납기 지연의 합계를 최소로 하는 스케줄링을 구하는 문제는 다음 최적화 문제로 정식화할 수 있다.

$$
\begin{array}{lll}
\text{최소화} & \sum_{i=1}^{n} \max\{s_i + p_i - d_i,\ 0\} & \\
\text{조건} & s_i + p_i \leq s_j + M(1-x_{ij}), & i=1,\ldots,n,\ j=1,\ldots,n,\ j\neq i, \\
& x_{ij} + x_{ji} = 1 & i=1,\ldots,n,\ j=1,\ldots,n,\ j>i, \\
& x_{ij} \in \{0,1\}, & i=1,\ldots,n,\ j=1,\ldots,n,\ j\neq i, \\
& s_i \geq 0, & i=1,\ldots,n.
\end{array} \tag{4.24}
$$

업무 i의 완료 시각 s_i+p_i가 납기 d_i보다 늦어지면 납기 지연이 발생하므로, 업무 i의 납기 지연은 $\max\{s_i+p_i-d_i,\ 0\}$으로 나타낼 수 있다(그림 4.14).

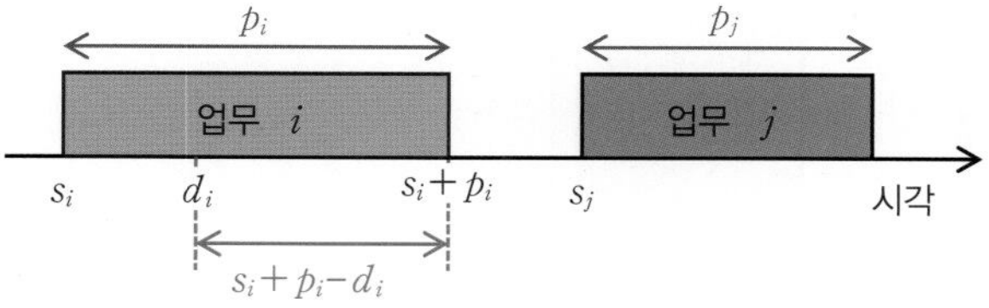

그림 4.14 단일 기기 스케줄링 문제에서의 업무 지연

첫 번째 제약조건은 업무 i가 업무 j보다 앞서 수행된다면 업무 i의 완료 시각 s_i+p_i가 업무 j의 시작 시각 s_j보다 이르다는 것을 의미한다. 두 번째 제약조건은 업무 i가 업무 j보다 앞서 수행되거나 그 반대가 반드시 성립함을 의미한다. 목적 함수는 최댓값의 최소화이므로, 업무 i의 납기 지연을 의미하는 새로운 변수 $t_i=\max\{s_i+p_i-d_i,\ 0\}$을 도입해 정수 계획 문제로

변형할 수 있다.

$$
\begin{aligned}
\text{최소화} \quad & \sum_{i=1}^{n} t_i \\
\text{조건} \quad & s_i + p_i \le s_j + M(1 - x_{ij}), && i = 1, \ldots, n,\ j = 1, \ldots, n,\ j \ne i, \\
& x_{ij} + x_{ji} = 1 && i = 1, \ldots, n,\ j = 1, \ldots, n,\ j > i, \\
& s_i + p_i - d_i \le t_i, && i = 1, \ldots, n, \\
& x_{ij} \in \{0, 1\}, && i = 1, \ldots, n,\ j = 1, \ldots, n,\ j \ne i, \\
& s_i,\ t_i \ge 0, && i = 1, \ldots, n.
\end{aligned}
\tag{4.25}
$$

사각형 채우기 문제rectangle packing problem: [그림 4.15]에 표시한 것처럼 폭이 고정되어 있고 충분한 높이를 가진 사각형 용기와 n개의 사각형 물품이 주어진다. 용기의 폭을 W, 높이를 H, 각 물품 i의 폭을 w_i, 높이를 h_i로 한다. 물품은 그 아랫변이 용기의 아랫변과 평행하게 되도록 배치해야 하며 회전을 시킬 수 없다고 한다. 여기에서 모든 물품을 서로 겹치지 않도록 용기에 배치한다.

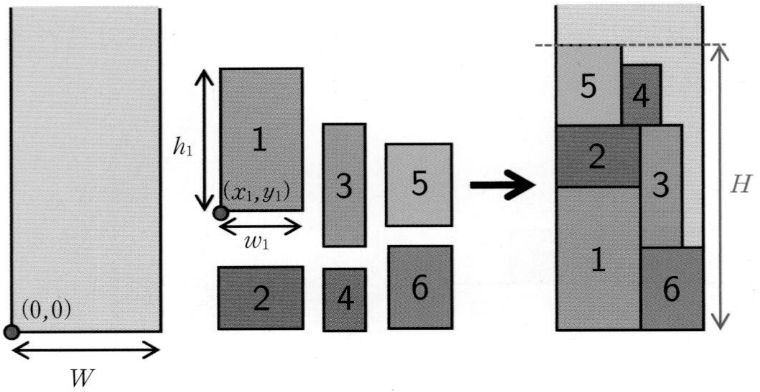

그림 4.15 사각형 채우기 문제 예

용기의 왼쪽 위 모서리를 원점 (0, 0), 물품 i의 왼쪽 위 모서리 좌표를 변수 (x_i, y_i)로 하면, 문제의 제약조건은 다음과 같이 나타낼 수 있다.

제약조건 1: 물품 i는 용기 안에 배치된다.

이것은 다음 두 개의 부등식이 함께 성립하는 것과 등치다.

$$
\begin{aligned}
&0 \le x_i \le W - w_i, \\
&0 \le y_i \le H - h_i.
\end{aligned}
\tag{4.26}
$$

제약조건 2: 물품 i, j는 서로 겹치지 않는다.

이것은 다음 네 개의 부등식 중 적어도 한 개 이상이 성립하는 것과 등치이며, 각 부등식은 각각 물품 i가 물품 j의 왼쪽, 오른쪽, 아래쪽, 위쪽에 있음을 나타낸다(그림 4.16).

$$
\begin{aligned}
&x_i + w_i \le x_j. \\
&x_j + w_j \le x_i, \\
&y_i + h_j \le y_j, \\
&y_j + h_j \le y_i.
\end{aligned}
\tag{4.27}
$$

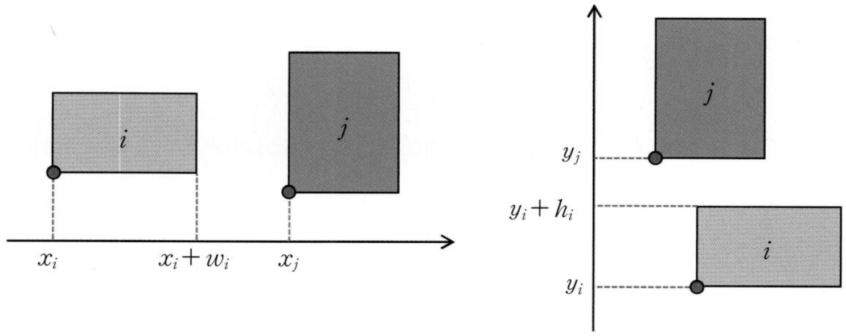

그림 4.16 사각형의 위치 관계

물품 i가 물품 j의 왼쪽, 오른쪽, 아래쪽, 위쪽에 있으면 1, 그렇지 않으면 0 값을 갖는 변수 $z_{ij}^{\text{left}}, z_{ij}^{\text{right}}, z_{ij}^{\text{bottom}}, z_{ij}^{\text{top}}$ 을 도입한다. 이때 제약조건을 만족한 상태에서 필요한 용기의 높이 H를 최소로 하는 물품의 배치를 구하는 문제는 다음 정수 계획 문제로 정식화할 수 있다.

$$
\begin{array}{lll}
\text{최소화} & H & \\
\text{조건} & 0 \le x_i \le W - w_i, & i = 1, \ldots, n, \\
 & 0 \le y_i \le H - h_i, & i = 1, \ldots, n, \\
 & x_i + w_i \le x_j + M(1 - z_{ij}^{\text{left}}), & i = 1, \ldots, n,\ j = 1, \ldots, n,\ j \ne i, \\
 & x_i + w_i \le x_i + M(1 - z_{ij}^{\text{right}}), & i = 1, \ldots, n,\ j = 1, \ldots, n,\ j \ne i, \\
 & y_i + h_i \le y_j + M(1 - z_{ij}^{\text{bottom}}), & i = 1, \ldots, n,\ j = 1, \ldots, n,\ j \ne i, \\
 & y_j + h_j \le y_i + M(1 - z_{ij}^{\text{top}}), & i = 1, \ldots, n,\ j = 1, \ldots, n,\ j \ne i, \\
 & z_{ij}^{\text{left}} + z_{ij}^{\text{right}} + z_{ij}^{\text{bottom}} + z_{ij}^{\text{top}} = 1, & i = 1, \ldots, n,\ j = 1, \ldots, n,\ j \ne i, \\
 & z_{ij}^{\text{left}},\ z_{ij}^{\text{right}},\ z_{ij}^{\text{bottom}},\ z_{ij}^{\text{top}} \in \{0, 1\}, & i = 1, \ldots, n,\ j = 1, \ldots, n,\ j \ne i.
\end{array}
\tag{4.28}
$$

4.1.5 볼록하지 않은 비선형 함수의 근사

분리 가능한 볼록하지 않은 비선형 함수의 최소화 문제는 정수 계획 문제로 근사할 수 있다.[16] 다음과 같은 1변수의 비볼록 함수 $f_j(x_j)$의 합을 최소화하는 문제를 생각해본다.

$$
\text{최소화} \quad \sum_{j=1}^{n} f_j(x_j). \tag{4.29}
$$

이 문제는 1변수 비볼록 함수 $f_j(x_j)$의 최소화 문제로 분해할 수 있다. 여기에서 [그림 4.17]에 표시한 것처럼, 1변수 비볼록 함수 $f(x)$를 구분 선형 함수 $g(x)$로 근사해서 나타낸 것을 생각한다.

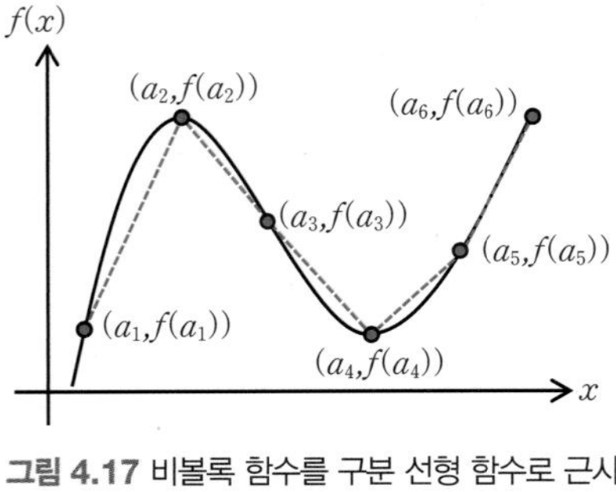

그림 4.17 비볼록 함수를 구분 선형 함수로 근사

16 분리 가능하고 볼록한 비선형 함수의 최소화 문제는 선형 계획 문제로 근사할 수 있다(2.1.2절 참조).

비볼록 함수 $f(x)$ 위의 m개의 점 $(a_1, f(a_1)), \ldots, (a_m, f(a_m))$을 적당히 선택해서 선분으로 연결하면 구분 선형 함수 $g(x)$를 얻을 수 있다. 구분 선형 함수 위의 점 $(x, g(x))$는 어떤 선분 위에 있다. 예를 들어 점 $(x, g(x))$가 $(a_i, f(a_i))$와 $(a_{i+1}, f(a_{i+1}))$로 연결되는 선분 위에 있는 경우 다음과 같이 나타낼 수 있다.

$$
\begin{aligned}
&(x,\ g(x)) = t_i(a_i,\ f(a_i)) + t_{i+1}(a_{i+1},\ f(a_{i+1})), \\
&t_i + t_{i+1} = 1, \\
&t_i,\ t_{i+1} \geq 0.
\end{aligned}
\tag{4.30}
$$

일반적인 경우도 다음과 같이 나타낼 수 있다.

$$
\begin{aligned}
&(x,\ g(x)) = \sum_{i=1}^{m} t_i(a_i,\ f(a_i)), \\
&\sum_{i=1}^{m} t_i = 1, \\
&t_i \geq 0, \quad i = 1,\ \ldots,\ m, \\
&\text{최대 두 개의 이웃하는 } t_i\text{가 존재한다.}
\end{aligned}
\tag{4.31}
$$

여기에서 점 $(x, g(x))$가 i번째 선분 위에 있음을 나타내는 이진 변수 $z_i (i = 1, \ldots, m-1)$을 도입하면 '최대 2개의 이웃하는 t_i가 존재한다'는 제약조건을 다음과 같이 나타낼 수 있다.

$$
\begin{aligned}
&t_1 \leq z_1, \\
&t_1 \leq z_{i-1} + z_i, \quad i = 2,\ \ldots,\ m-1, \\
&t_m \leq z_{m-1}, \\
&\sum_{i=1}^{m-1} z_i = 1, \\
&z_i \in \{0,\ 1\}, \qquad i = 1,\ \ldots,\ m-1.
\end{aligned}
\tag{4.32}
$$

다음으로 이진 변수로 나타낸 **다항식 계획 문제**polynomial programming problem를 정수 계획 문제로 정식화하는 방법을 소개한다. 먼저, 이진 변수 $x_1, x_2 \in \{0, 1\}$의 곱 $y = x_1 x_2$를 생각한다. 이때 (x_1, x_2, y)가 갖는 값의 조합은 $(0, 0, 0)$, $(1, 0, 0)$, $(0, 1, 0)$, $(1, 1, 1)$ 네 가지이므로 다음과 같이 나타낼 수 있다.

$$
\begin{aligned}
& y \geq x_1 + x_2 - 1, \\
& y \leq x_1, \\
& y \leq x_2, \\
& x_1,\ x_2 \in \{0,\ 1\}.
\end{aligned}
\tag{4.33}
$$

마찬가지로 k개의 이진 변수 $x_i \in \{0, 1\}$ $(i = 1, \ldots, k)$의 곱 $y = \prod_{i=1}^{k} x_i$ 도 다음과 같이 나타낼 수 있다.

$$
\begin{aligned}
& y \geq \sum_{i=1}^{k} x_i - (k-1), \\
& y \leq x_i, && i = 1,\ \ldots,\ k, \\
& x_i \in \{0,\ 1\}, && i = 1,\ \ldots,\ k.
\end{aligned}
\tag{4.34}
$$

그리고 실수 변수 $x(l \leq x \leq u)$와 이진 변수 $z \in \{0, 1\}$의 곱 $y = xz$도 다음과 같이 나타낼 수 있다.

$$
\begin{aligned}
& lz \leq y \leq uz, \\
& x - u(1-z) \leq y \leq x - l(1-z).
\end{aligned}
\tag{4.35}
$$

예로 다음 이진 변수로 만들어진, 제약이 없는 2차 계획 문제를 생각해보자.

$$
\begin{aligned}
\textbf{최소화} \quad & \sum_{i=1}^{n} \sum_{j=1}^{n} q_{ij} x_i x_j \\
\textbf{조건} \quad & x_i \in \{0,\ 1\}, \quad i = 1,\ \ldots,\ n.
\end{aligned}
\tag{4.36}
$$

이진 변수 x_i, x_j의 곱을 나타내는 변수 $y_{ij} = x_i x_j$를 도입하면, 이 문제는 다음의 정수(선형) 계획 문제로 변형할 수 있다.

$$
\begin{aligned}
\textbf{최소화} \quad & \sum_{i=1}^{n} \sum_{j=1}^{n} q_{ij} y_{ij} \\
\textbf{조건} \quad & y_{ij} \geq x_i + x_j - 1, \quad i = 1,\ \ldots,\ n,\ j = 1,\ \ldots,\ n, \\
& y_{ij} \leq x_i, \qquad\qquad\quad\ i = 1,\ \ldots,\ n,
\end{aligned}
\tag{4.37}
$$

$$
\begin{aligned}
&y_{ij} \le x_j, && j=1,\ldots,n,\\
&y_{ij} \in \{0,1\}, && i=1,\ldots,n,\ j=1,\ldots,n,\\
&x_i \in \{0,1\}, && i=1,\ldots,n.
\end{aligned}
$$

4.1.6 정수성을 가진 정수 계획 문제

정수 계획 문제는 일반적으로 NP 난해한 최적화 문제(4.2.2절)에서 효율적으로 풀기는 어렵지만 몇몇 특수한 정수 계획 문제는 효율적으로 풀 수 있다. 여기에서는 제약조건의 계수 행렬 $\boldsymbol{A}$가 완전 단모듈 행렬인 정수 계획 문제 $\min\{\boldsymbol{c}^\top\boldsymbol{x} \mid \boldsymbol{A}\boldsymbol{x}=\boldsymbol{b},\ \boldsymbol{x}\in\mathbb{Z}_+^n\}$를 소개한다. 여기에서 $\boldsymbol{A}\in\mathbb{Z}^{m\times n}$, $\boldsymbol{b}\in\mathbb{Z}^m$, $\boldsymbol{c}\in\mathbb{R}^n$ 으로 한다. 단, $n>m$ 및 $\boldsymbol{A}$의 모든 행 벡터가 1차 독립이라고 가정한다.

행렬식의 값이 1 또는 -1이 되는 정수 정방 행렬을 **단모듈 행렬**unimodular matrix이라 한다. 어떤 정수 행렬 $\boldsymbol{A}\in\mathbb{Z}^{m\times n}$의 정방 부분 행렬 $\boldsymbol{B}\in\mathbb{Z}^{m\times m}$을 생각한다. $\boldsymbol{B}$가 단모듈 행렬이면 행렬식의 값은 $\det\boldsymbol{B}=\pm1$이다. 이때 정방 부분 행렬 $\boldsymbol{B}$의 여인자 행렬을 $\tilde{\boldsymbol{B}}$라고 하면 **크레이머 공식**Craimer's rule에서 역행렬은 $\boldsymbol{B}^{-1}=\frac{\tilde{\boldsymbol{B}}}{\det\boldsymbol{B}}$ 로 나타낼 수 있으므로, 역행렬 $\boldsymbol{B}^{-1}$은 정수 행렬이 된다. 또한 $\det\boldsymbol{B}^{-1}=\frac{1}{\det\boldsymbol{B}}$ 에서 $\det\boldsymbol{B}^{-1}=\pm1$이 되므로, 역행렬 $\boldsymbol{B}^{-1}$도 단모듈 행렬이 되는 것을 알 수 있다. 예를 들어

$$
\boldsymbol{B}=\begin{pmatrix}1 & 2\\ 1 & 1\end{pmatrix} \tag{4.38}
$$

은 단모듈 행렬이며, 그 역행렬

$$
\boldsymbol{B}^{-1}=\begin{pmatrix}-1 & 2\\ 1 & -1\end{pmatrix} \tag{4.39}
$$

은 정수 행렬이다. 이의의 정방 부분 행렬 $\boldsymbol{B}$의 행렬식이 0, ±1 중 하나의 값을 갖는 정수 행렬 $\boldsymbol{A}$를 **완전 단모듈 행렬**totally unimodular matrix이라 한다.[17]

단체법의 원리 (2.2.4절)로부터 정수 계획 문제의 정수 조건 $\boldsymbol{x}\in\mathbb{Z}_+^n$을 완화한 선형 계획 문제

---

17 그러므로 완전 단모듈 행렬 $\boldsymbol{A}$의 임의의 요소 a_{ij}는 0, ±1 중 한 값을 갖는다.

$\min\{\boldsymbol{c}^\top\boldsymbol{x} \mid \boldsymbol{A}\boldsymbol{x}=\boldsymbol{B}, \boldsymbol{x}\geq 0\}$의 실행 가능 기저 설루션은 $\boldsymbol{x}=(\boldsymbol{x}_B, \boldsymbol{x}_N)=(\boldsymbol{B}^{-1}\boldsymbol{b}, \boldsymbol{0})$으로 나타낼 수 있다. 여기에서 선형 계획 문제의 제약 행렬 $\boldsymbol{A}$가 완전 단모듈 행렬로 최적 기저 설루션 $\boldsymbol{x}^*=(\boldsymbol{x}_B^*, \boldsymbol{x}_N^*)=((\boldsymbol{B})^{-1}\boldsymbol{b}, \boldsymbol{0})$이 존재하면 $(\boldsymbol{B}^*)^{-1}$은 정수 행렬이므로 최적 기저 설루션 $\boldsymbol{x}^*$는 정수 설루션이 된다(그림 4.18). 즉, 정수 조건을 완화한 선형 계획 문제에 대해 단체법을 적용하면 원래 정수 계획 문제의 최적 설루션을 얻을 수 있다.

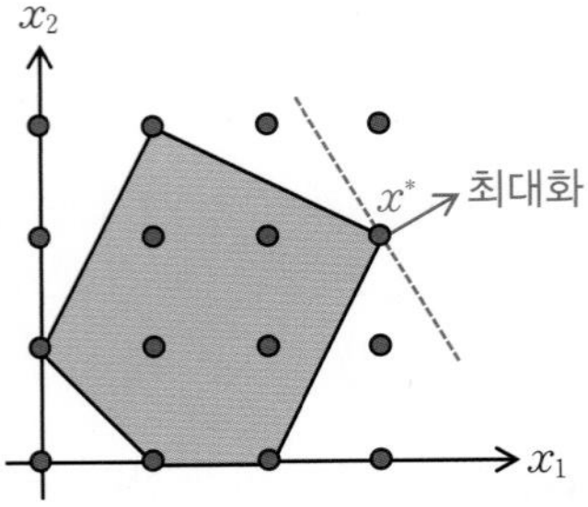

그림 4.18 정수성을 가진 정수 계획 문제 예

완전 단모듈 행렬은 다음과 같은 특징이 있다.

정리 4.1 완전 단모듈 행렬의 충분조건

정수 행렬 $\boldsymbol{A}=(a_{ij})\in\mathbb{Z}^{m\times n}$이 다음 조건을 만족하면, 행렬 $\boldsymbol{A}$는 완전 단모듈 행렬이다.

(1) 임의의 요소 a_{ij}는 0, ± 1 중 하나의 값을 갖는다.

(2) 임의의 열 j는 최소 두 개의 0이 아닌 요소를 갖는다($\Sigma_{i=1}^{m}|a_{ij}|\leq 2$).

(3) 임의의 열 j에 대해

$$\sum_{i\in M_1} a_{ij} - \sum_{i\in M_2} a_{ij} \in \{0, \pm 1\} \tag{4.40}$$

이 되는 $M=\{1, \ldots, m\}$의 비율 (M_1, M_2)가 존재한다.

(증명 생략)

그래프의 구조를 나타내는 접속 행렬은 완전 단모듈 행렬의 대표적인 예다. 유향 그래프 $G = (V, E)$가 주어졌을 때, 점의 번호를 행 번호, 변의 번호를 열번호로 하는 행렬 $\boldsymbol{A}$에서, 변 $e = (u, v)$에 대응하는 열의 요소가 $a_{ue} = 1$, $a_{ve} = -1$(그 외에는 0)으로 주어진 행렬을 **접속 행렬** incidence matrix이라 한다.[18] 또한 무향 그래프의 접속 행렬에서는 변에 대응하는 열이 $a_{ue} = a_{ve} = 1$(그 외에는 0)으로 주어진다. [그림 4.19]에 표시한 유행 그래프의 접속 행렬을 살펴보자.

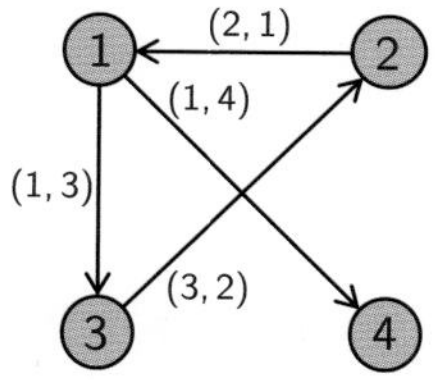

그림 4.19 유향 그래프 예

이 유향 그래프의 꼭짓점 집합은 $V = \{1, 2, 3, 4\}$, 변 집합은 $E = \{(2, 1), (1, 3), (1, 4), (3, 2)\}$로, 접속 행렬은

$$A = \begin{array}{c} \\ 1 \\ 2 \\ 3 \\ 4 \end{array} \begin{array}{c} \begin{array}{cccc} (2,1) & (1,3) & (1,4) & (3,2) \end{array} \\ \begin{pmatrix} -1 & 1 & 1 & 0 \\ 1 & 0 & 0 & -1 \\ 0 & -1 & 0 & 1 \\ 0 & 0 & -1 & 0 \end{pmatrix} \end{array} \tag{4.41}$$

이 된다. 임의의 유향 그래프에 대해 그 접속 행렬은 완전 단모듈 행렬이 된다. 그리고 무향 그래프에서는 **이분 그래프** bipartite graph[19]의 접속 행렬은 완전 단모듈 행렬이 되는 것으로 알려져 있다.

이제 제약 행렬이 완전 단모듈 행렬인 정수 계획 문제의 예로 최단 경로 문제와 할당 문제를 소개한다.

---

18 또한 무향 그래프 $G = (V, E)$가 주어졌을 때, 점의 번호를 행 번호, 열번호로 하는 정방 행렬 $\boldsymbol{A}$에서, 변 $e = \{u, v\}$에 대응하는 요소가 $a_{uv} = a_{vu} = 1$(그 외에는 0)으로 주어진 행렬을 **인접 행렬** adjacency matrix이라 한다. 접속 행렬과 혼동하기 쉬우므로 주의한다.

19 무향 그래프 $G = (V, E)$에 대해 꼭짓점 집합 V가 두 개의 집합 V_1, V_2로 분할되고 V_1의 꼭짓점과 V_2의 꼭짓점을 연결하는 변만 존재할 때(즉, $E = \{\{u, v\} \mid u \in V_1, v \in V_2\}$) 이 그래프를 이분 그래프라 한다.

최단 경로 문제 shortest path problem : [그림 4.20]에 표시한 것처럼 유향 그래프 $G=(V, E)$로 각 변 $e \in E$의 길이 $d_e(\geq 0)$가 주어진다.

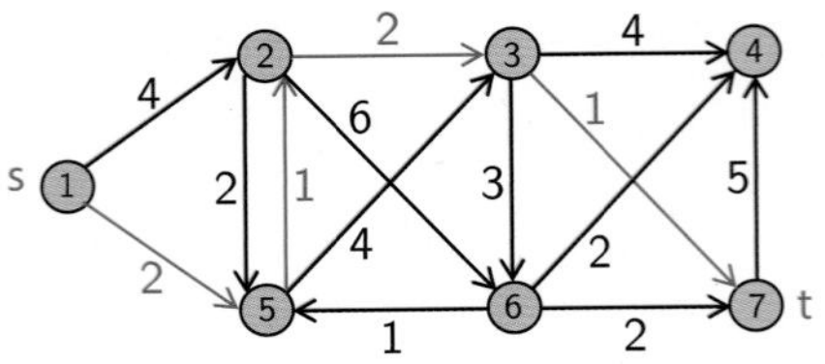

그림 4.20 최단 경로 문제 예

$e_i=(v_i, v_{i+1}) \in E, i=1, \dots, k-1$을 만족하는 꼭짓점의 모음 $P=(v_1, v_2, \dots, v_k)$를 **경로** path 라 한다. 다시 말해, 한 꼭짓점 v_i를 앞의 변 e_{i-1}과 공유하고, 다른 쪽의 꼭짓점 v_{i+1}을 다음 변 e_{i+1}과 공유하는 변 $e_i=(v_i, v_{i+1})$의 모음이기도 하다.[20] 여기에서 경로 P의 길이를 $\Sigma_{i=1}^{k-1} d_{e_i}$ 로 정의한다. 변수 x_e는 변 e가 경로에 포함되면 $x_e=1$, 그렇지 않으면 $x_e=0$의 값을 갖는다. 이때 주어진 시작점 $s \in V$로부터 종료점 $t \in V$에 이르는 최단 경로를 구하는 문제는 다음 정수 계획 문제로 정식화할 수 있다.

$$
\begin{array}{lll}
\text{최소화} & \displaystyle\sum_{e \in E} d_e x_e & \\
\text{조건} & \displaystyle\sum_{e \in \delta^+(s)} x_e = 1, & \\
& \displaystyle\sum_{e \in \delta^-(t)} x_e = 1, & \\
& \displaystyle\sum_{e \in \delta^+(v)} x_e - \sum_{e \in \delta^-(v)} x_e = 0, & v \in V \setminus \{s, t\}, \\
& x_e \in \{0, 1\}, & e \in E.
\end{array}
\tag{4.42}
$$

여기에서 $\delta^+(v)$는 꼭짓점 v를 시작점으로 하는 변의 집합, $\delta^-(v)$는 꼭짓점 v를 종료점으로 하는 변의 집합이다. 첫 번째와 두 번째 제약조건은 시작점 s에서 출발한 변과 종료점 t로 들어가는 변을 하나씩 선택하는 것을 나타낸다. 세 번째 제약조건은 방문한 꼭짓점 v에는 나가는 변과 들어오는 변을 딱 하나씩 선택하고, 그 이외의 꼭짓점에 대해서는 다른 변이 선택되지 않았

20 이 변의 집합 $P=\{e_1, e_2, \dots, e_{k-1}\}$을 경로라고 부르기도 한다.

음을 나타낸다.

할당 문제 assignment problem : [그림 4.21]에 표시한 것처럼 m명의 학생을 n개의 클래스에 할당한다. 클래스 j의 수강자의 상한은 u_j, 학생 i의 클래스 j에 대한 만족도를 p_{ij}라고 한다.

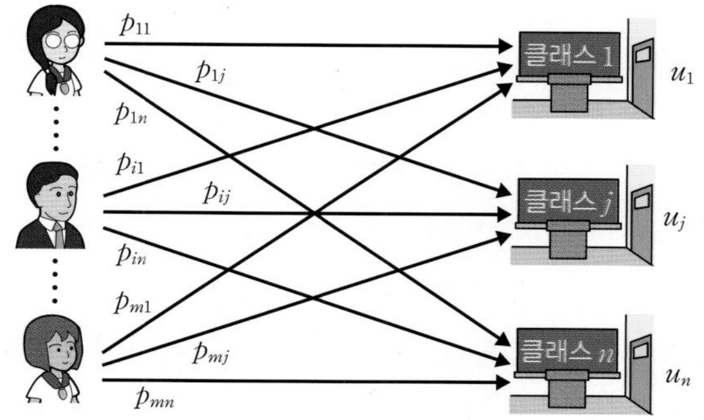

그림 4.21 할당 문제 예

변수 x_{ij}는 학생 i를 클래스 j에 할당했다면 $x_{ij}=1$, 그렇지 않으면 $x_{ij}=0$의 값을 갖는다. 이때 학생의 만족도의 합계가 최대가 되도록 할당하는 방법을 구하는 문제는 다음 정수 계획 문제로 정식화할 수 있다.

$$
\begin{aligned}
\text{최대화} \quad & \sum_{i=1}^{m}\sum_{j=1}^{n} p_{ij}x_{ij} \\
\text{조건} \quad & \sum_{j=1}^{n} x_{ij} = 1, \quad i=1, \ldots, m, \\
& \sum_{i=1}^{m} x_{ij} \le u_j, \quad j=1, \ldots, n, \\
& x_{ij} \in \{0, 1\}, \quad i=1, \ldots, m, \quad j=1, \ldots, n.
\end{aligned}
\tag{4.43}
$$

첫 번째 제약조건은 각 학생 i를 단 하나의 클래스에 할당하는 것을 의미한다. 두 번째 제약조건은 각 클래스 j에 할당한 학생의 수가 수강자 수의 상한 u_j 이하임을 의미한다.

최단 경로 문제와 할당 문제는 각각 적은 계산으로 최적 설루션을 구하는 효율적인 알고리즘이 다(4.3절). 그러나 현실 문제에서는 실무의 요구에 따라 발생하는 제약조건이 추가되는 경우가 많으므로, 이 효율적인 알고리즘을 그대로 적용할 수 있다고 단정할 수 없다. 한편, 주어진 현실 문제를 완전 단모듈 행렬에 가까운 형태의 제약 행렬을 갖는 정수 계획 문제로 정식화할 수 있다면, 분기 한정법(4.4.1절)과 같은 정수 계획 문제에 대한 알고리즘을 이용해 현실적인 수준의 계산으로 최적 설루션을 구할 수 있는 경우도 적지 않다.

4.1.7 그래프의 연결성

그래프에 대한 최적화 문제에서는 선택한 부분 그래프[21]의 연결성을 구하는 경우가 적지 않다. 여기에서는 그래프의 연결항을 제약조건으로 가지는 정수 계획 문제의 예로 최소 전역 트리 문제와 외판원 문제를 소개한다. 무향 그래프 $G=(V,E)$의 임의의 꼭짓점 $u, v \in V$의 사이에 경로가 존재한다면 G는 **연결**connected 되어 있다고 부른다. 연결된 그래프와 연결되지 않은 그래프의 예를 [그림 4.22]에 표시했다. 이는 임의의 꼭짓점 집합 $S \subset V\,(S \neq \emptyset)$에 대해, S와 $V \setminus S$를 연결하는 변이 적어도 하나는 존재한다는 조건으로 치환할 수 있다.

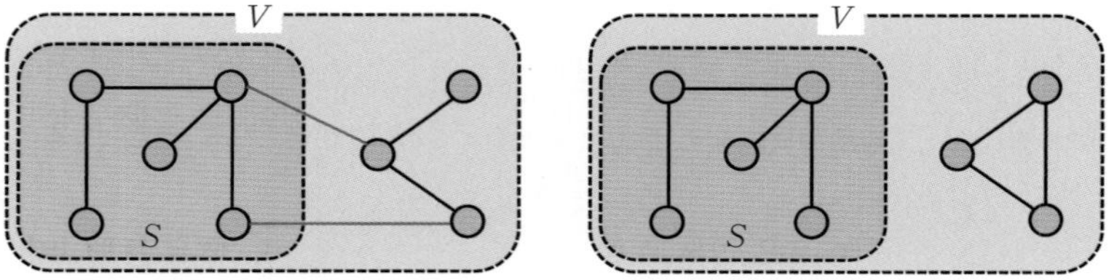

그림 4.22 연결된 그래프(좌)와 연결되지 않은 그래프(우)

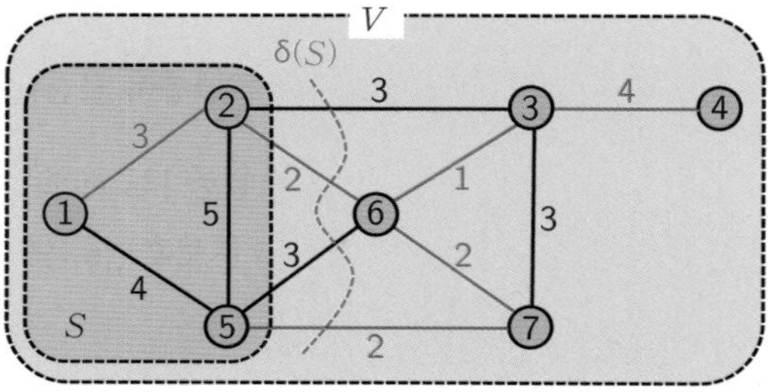

그림 4.23 최소 전역 트리 문제 예

21 클래스 $G=(V,E)$의 꼭짓점 집합 V와 변의 집합 E의 부분 집합 $V' \subseteq V$와 $E' \subseteq E$로 이루어진 $G'=(V',E')$가 그래프일 때(즉, $e=(u,v) \in E'$이면, 그 양끝점은 $u, v \in V'$를 만족함), G'를 G의 **부분 그래프**subgraph 라 한다.

최소 전역 트리 문제minimum spanning tree problem(MST): [그림 4.23]에 표시한 것처럼 연결된 무향 그래프 $G=(V,E)$와 각 변 $e\in E$의 길이 $d_e(>0)$가 주어진다.

닫힌 경로[22]를 갖지 않는 연결된 부분 그래프를 **트리**tree, 모든 꼭짓점을 연결한 트리를 **전역 트리**spanning tree라 한다. x_e는 변수이며 변 e가 트리에 포함되면 $x_e=1$, 그렇지 않으면 $x_e=0$ 값을 갖는다. 이때 변의 길이의 합계를 최소로 하는 전역 트리를 구하는 문제는 다음 정수 계획 문제로 정식화할 수 있다.[23]

$$\begin{array}{lll} \textbf{최소화} & \displaystyle\sum_{e\in E} d_e x_e & \\ \textbf{조건} & \displaystyle\sum_{e\in E} x_e = |V|-1, & \\ & \displaystyle\sum_{e\in\delta(S)} x_e \geq 1, & S\subset V,\ S\neq\emptyset, \\ & x_e\in\{0,\ 1\}, & e\in E. \end{array} \tag{4.44}$$

여기에서 $\delta(S)=\{(u,v)\in E \mid u\in S,\ v\in V\setminus S\}$는 꼭짓점 집합 S와 $V\setminus S$를 연결하는 변의 집합이며, 이를 **컷**cut이라 한다. 첫 번째 제약조건은 변의 집합 $T=\{e\in E \mid x_e=1\}$이 $|T|=|V|-1$을 만족하는 것을 의미한다. 두 번째 제약조건은 변의 집합 T가 모든 꼭짓점을 연결하는 것을 의미하며, 이를 **컷-셋 부등식**cut-set inequality[24]이라 한다. 이들 제약조건은 변의 집합 T가 전역 트리가 되기 위한 필요충분조건이다. 이 정수 계획 문제의 컷-셋 부등식은 $2^{|V|}-2$개라는 막대한 수가 되므로 그 설루션을 구하는 데는 제약조건을 순차적으로 추가하는 절제 평면법(4.4.2절)이 필요하다.

다음으로 제약조건의 수가 적은 다른 정식화를 생각해보자. 먼저 [그림 4.24]에 표시한 것처럼 무향 그래프 $G=(V,E)$를 유향 그래프 $\tilde{G}=(V,\ \tilde{E})$로 변환한다.

---

22 두 개 이상의 변을 포함하며, 시작점과 종료점이 같은 경로를 **닫힌 경로**cycle라 한다.

23 $|S|$는 집합 S의 요소 수를 의미하며, 이를 집합 S의 **위수**cardinality라 한다.

24 연결된 그래프 $G=(V,E)$에서 변의 집합 $E'\subseteq E$를 제외하고 얻어지는 그래프 $G'=(V,E\setminus E')$가 연결되지 않았을 때, 변의 집합 E'를 **컷-셋**cut-set이라 한다.

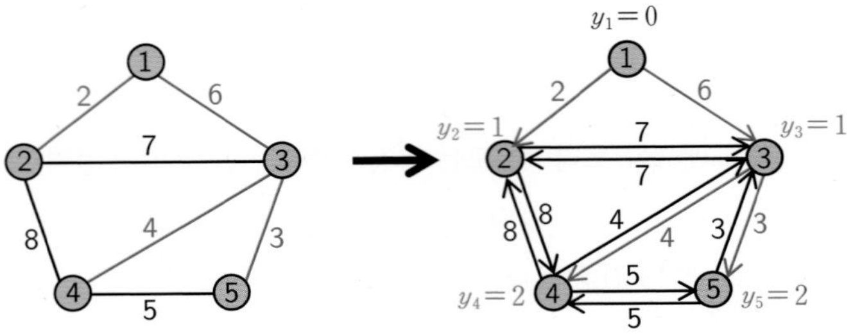

그림 4.24 무향 그래프를 유향 그래프로 변환

우선 적당한 꼭짓점 $r \in V$를 선택해 **근**root 으로 한다. 무향 변 $e = \{u, v\} \in E$를 2개의 유향 변 (u, v), (v, u)로 치환하고, 각각의 길이를 $\tilde{d}_{uv} = \tilde{d}_{vu} = d_e$로 한다. 단, 근 r에 들어간 변 (v, r) $(v \in \boldsymbol{V} \setminus \{r\})$은 붙이지 않는다. 변수 x_{uv}는 변 (u, v)가 트리에 포함되면 $x_{uv} = 1$, 그렇지 않다면 $x_{uv} = 0$의 값을 갖는다. 트리에서 꼭짓점 r에서 꼭짓점 v에 다다를 때까지 지나는 변의 숫자를 나타내는 변수 y_v를 도입하면, 최소 전역 트리 문제는 다음 정수 계획 문제로 정식화할 수 있다.

$$
\begin{array}{lll}
\textbf{최소화} & \displaystyle\sum_{(u,v)\in\tilde{E}} \tilde{d}_{uv} x_{uv} & \\
\textbf{조건} & \displaystyle\sum_{u\in\delta^-(v)} x_{uv} = 1, & v \in V \setminus \{r\}, \\
& y_u - y_v + |V| x_{uv} \le |V| - 1, & (u, v) \in \tilde{E}, \\
& x_{uv} \in \{0, 1\}, & (u, v) \in \tilde{E}, \\
& y_r = 0, & \\
& 1 \le y_v \le |V| - 1, & u \in V \setminus \{r\}.
\end{array}
\tag{4.45}
$$

첫 번째 제약조건은 근 r 이외의 꼭짓점 v로 들어가는 변은 단 하나씩만 선택하는 것을 의미한다. 두 번째 제약조건은 선택된 변의 집합이 닫힌 경로를 갖지 않은 것을 의미한다. $x_{uv} = 0$인 경우, 제약조건의 우변이 $|V| - 1$로 충분히 큰 값이 되므로 y_u, y_v의 값에 관계없이 반드시 만족된다. $x_{uv} = 1$인 경우, 제약조건은 $y_u \le y_v - 1$이 된다. 예를 들어 선택된 변의 집합이 [그림 4.25]와 같이 닫힌 경로를 갖는 경우 제약조건은

$$
\begin{aligned}
y_1 &\le y_2 - 1, \\
y_2 &\le y_3 - 1, \\
y_3 &\le y_1 - 1
\end{aligned}
\tag{4.46}
$$

이 되어, 이 제약조건들을 만족하는 y_1, y_2, y_3은 존재하지 않는다. 이 제약조건을 **밀러-터커-젬린 제약**Miller-Tucker-Zemlin constraint 또는 줄여서 **MTZ 제약**이라 한다. 이 정수 계획 문제의 MTZ 제약은 $|\tilde{E}|$개가 된다.

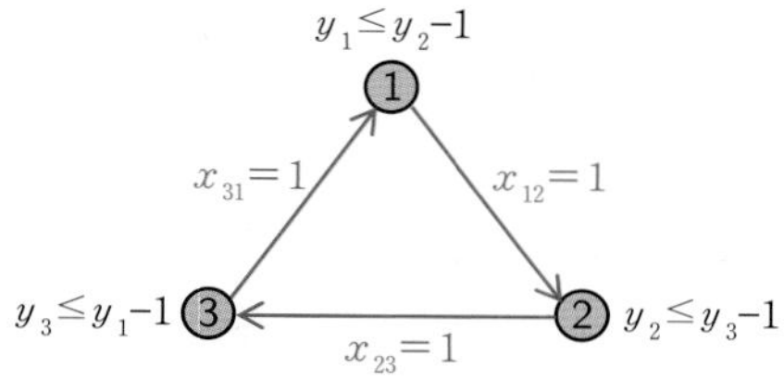

그림 4.25 MTZ 제약을 만족하지 않는 변의 집합 예

외판원 문제traveling salesman problem(TSP): 도시의 집합 V와 두 도시 $u, v \in V$의 거리 d_{uv} (> 0)가 주어진다. [그림 4.26]에 표시한 것처럼 모든 도시를 단 한 번씩만 방문한 뒤 출발했던 도시로 돌아오는 경로를 **순회 경로**tour라 한다.

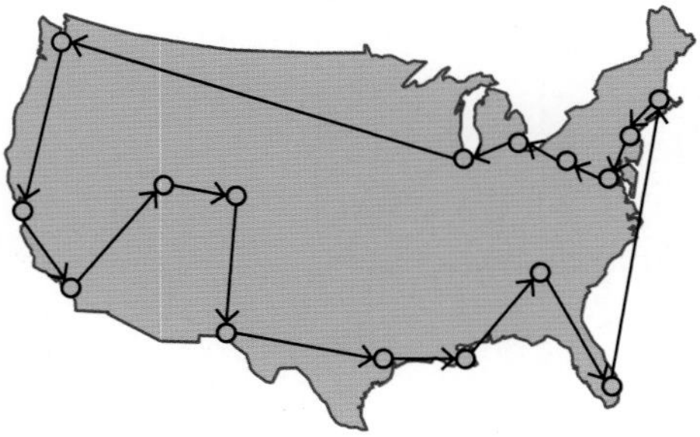

그림 4.26 외판원 문제 예

x_{uv}는 변수이며 도시 u 다음에 도시 v를 방문하면 $x_{uv} = 1$, 그렇지 않으면 $x_{uv} = 0$ 값을 갖는다. 이때 이동 거리의 합계를 최소로 하는 순회 경로를 구하는 문제는 다음 정수 계획 문제로 정식

화할 수 있다.

$$
\begin{aligned}
\textbf{최소화} \quad & \sum_{u \in V} \sum_{u \in V, v \neq u} d_{uv} x_{uv} \\
\textbf{조건} \quad & \sum_{u \in V, u \neq v} x_{uv} = 1, && v \in V, \\
& \sum_{u \in V, u \neq v} x_{vu} = 1, && v \in V, \\
& \sum_{(u,v) \in E(S)} x_{uv} \leq |S| - 1, && S \subset V, |S| \geq 2, \\
& x_{uv} \in \{0, 1\}, && u, v \in V, \ u \neq v.
\end{aligned} \tag{4.47}
$$

여기에서 $E(S)$는 양끝점 u, v가 함께 도시 집합 S에 포함되는 변 (u, v)의 집합이다. 첫 번째와 두 번째 제약조건은 각 도시 v로 들어가는 변과 나오는 변을 한 개씩만 선택하는 것을 의미한다. 세 번째 제약조건은 부분 순회 경로를 갖지 않는 것을 의미하며, 이를 **부분 순회 경로 제거 부등식**subtour elimination inequality이라 한다. 예를 들어 [그림 4.27]에 표시한 것처럼 부분 순회 경로를 포함하는 매우 적은 도시의 집합 S는 $\Sigma_{(u,v) \in ES}\, x_{uv} \geq |S|$가 되며 제약조건을 만족하지 않는다. 이 정수 계획 문제의 부분 순회 경로 제거 부등식은 $2^{|V|} - |V| - 2$로 매우 큰 수가 되므로, 그 설루션을 구하기 위해서는 제약조건을 순차적으로 추가하는 절제 평면법(4.4.2절)이 필요하다.

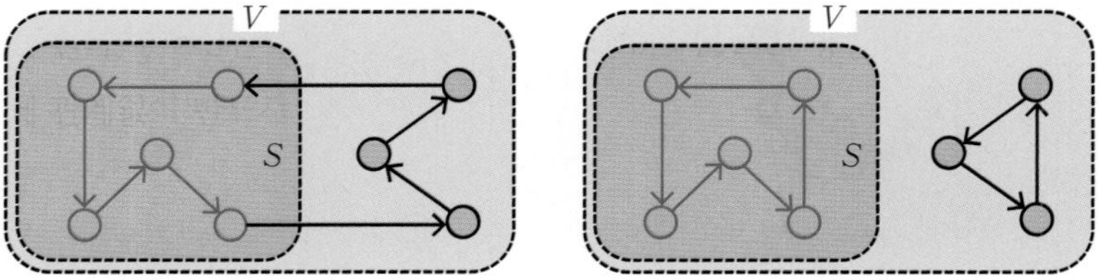

그림 4.27 부분 순회 경로 제거 부등식 예

다음으로 최소 전역 트리 문제와 마찬가지로 MTZ 제약을 이용한 정식화를 생각해보자. 적당한 도시 $s \in V$를 선택해 출발점으로 한다. 순회 경로에서 도시 v를 방문하는 순서를 의미하는 변수 y_v를 도입하면, 외판원 문제는 다음 정수 계획 문제로 정식화할 수 있다.

$$
\begin{aligned}
\text{최소화} \quad & \sum_{u \in V} \sum_{u \in V, v \neq u} d_{uv} x_{uv} \\
\text{조건} \quad & \sum_{u \in V, u \neq v} x_{uv} = 1, && v \in V, \\
& \sum_{u \in V, u \neq v} x_{uv} = 1, && v \in V, \\
& y_u - y_v + |V| x_{uv} \leq |V| - 1, && u, v \in V \setminus \{s\},\ u \neq v, \\
& x_{uv} \in \{0, 1\}, && u, v \in V,\ u \neq v, \\
& y_s = 0, \\
& 1 \leq y_v \leq |V| - 1, && v \in V \setminus \{s\}.
\end{aligned} \tag{4.48}
$$

세 번째 제약조건은 선택된 변의 집합이 도시 s를 지나지 않는 닫힌 경로를 갖지 않는 것을 의미하는 MTZ 제약이다. 이 정수 계획 문제의 MTZ 제약은 $(|V|-1)(|V|-2)$개가 된다.

4.1.8 패턴 열거

현실 문제에서는 실무의 요구에서 발생되는 제약조건을 만족하면서, 부분 순회 경로나 트리 등 특수한 구조를 가진 연결된 부분 그래프의 조합을 구하는 경우가 적지 않다. 이런 현실 문제들을 컷-셋 부등식이나 부분 순회 경로 제거 부등식을 이용해 정식화하면 규모가 크면서도 복잡한 정수 계획 문제가 되어 현실적인 계산으로 최적 설루션을 구할 수 없는 경우가 많다. 그래서 설루션이 특수한 구조를 갖는 패턴의 조합으로 나타낼 수 있는 경우에는 미리 가능한 패턴을 열거하고 패턴의 조합을 구하는 정수 계획 문제로 정식화는 방법을 이용한다.

다음에서는 패턴의 조합을 구하는 정수 계획 문제의 예로 배송 계획 문제, 승무원 스케줄링 문제, 선거구 분할 문제를 소개한다.

배송 계획 문제vehicle routing problem (VRP): 편의점 등 소매점으로의 배송, 스쿨버스 순회, 우편이나 신문 배달, 쓰레기 수거 등 여러 차량을 이용해서 m개 위치의 고객에게 물품을 집배송하는 문제를 생각해본다. 각 차량은 저장소라 불리는 특정한 지점을 출발해 몇몇 고객을 방문한 뒤 다시 depo로 돌아온다. 차량 적재 능력, 고객 사이의 이동 시간 및 이동 비용, 각 고객의 수요 등을 고려해서 한 대의 차량으로 배송할 수 있는 경로를 열거한 것을 $\boldsymbol{a}_1, \boldsymbol{a}_2, \ldots, \boldsymbol{a}_n$이라고 한다. 여기에서 $\boldsymbol{a}_j = (a_{1j}, a_{2j}, \ldots, a_{mj})^\top \in \{0,1\}^m$이며, 경로 j가 고객 i를 방문하면 $a_{ij}=1$, 그렇지 않으면 $a_{ij}=0$으로 한다(그림 4.28).

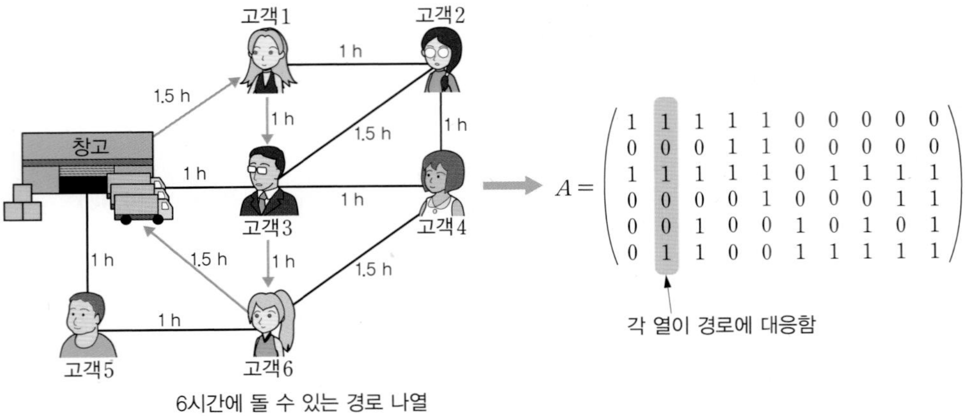

그림 4.28 배송 계획 문제 예

그리고 경로 j를 이용했을 때의 비용을 c_j라고 한다. 이때 최소 비용으로 모든 고객에게 물품을 배송하는 경로의 조합을 구하는 문제는 다음 정수 계획 문제로 정식화할 수 있다.

$$
\begin{aligned}
\text{최소화} \quad & \sum_{j=1}^{n} c_j x_j \\
\text{조건} \quad & \sum_{j=1}^{n} a_{ij} x_j \geq 1, \quad i = 1, \ldots, m, \\
& x_j \in \{0, 1\}, \quad j = 1, \ldots, n.
\end{aligned}
\tag{4.49}
$$

첫 번째 제약조건은 최소 한 대의 차량은 고객 i를 방문하는 것을 의미한다. 이 문제는 **집합 커버 문제**set covering problem (SCP)라고 불리는 NP 난해한 조합 최적화 문제다.

승무원 스케줄링 문제crew scheduling problem: 항공기, 철도, 버스 등 어떤 교통 기관에서 m개의 교통편을 운행하기 위해 필요한 승무원의 근무 스케줄을 작성하는 문제를 생각해보자. 승무원 한 명의 1근무 스케줄은 'A 지점에서 B 지점까지 이동하는 교통편에 탑승한 뒤, B 지점에서 C 지점까지 이동하는 교통편에 탑승한다…' 같은 형태를 갖는다. 이때 연속해서 탑승하는 교통편은 같은 지점에서 출발 및 도착해야 하며 그 선후 관계를 만족해야 한다. 그리고 승무원의 근무는 취업 규칙에 따라 하루 근무 교통편수, 하루 탑승 시간, 연속해서 탑승 가능한 교통편의 간격 등 엄격한 제약이 많다. 이 조건들을 고려해 승무원 한 명을 1근무에 할당할 수 있는 일정을 모두 열거한 것을 $\boldsymbol{a}_1, \boldsymbol{a}_2, \ldots, \boldsymbol{a}_n$이라고 한다. 여기에서 $\boldsymbol{a}_j = (a_{1j}, a_{2j}, \ldots, a_{mj})^\top \in \{0, 1\}^m$이며,

어떤 스케줄 j에서 승무원이 교통편 i에 탑승한다면 $a_{ij}=1$, 그렇지 않으면 $a_{ij}=0$으로 한다. 스케줄 j의 비용을 c_j라고 하면, 최소 비용으로 모든 교통편의 운행에 필요한 승무원을 충족하는 스케줄 조합을 구하는 문제는 다음 정수 계획 문제로 정식화할 수 있다.

$$
\begin{aligned}
\text{최대화} \quad & \sum_{j=1}^{n} c_j x_j \\
\text{조건} \quad & \sum_{j=1}^{n} a_{ij} x_j = 1, \quad i = 1, \ldots, m, \\
& x_j \in \{0, 1\}, \quad j = 1, \ldots, n.
\end{aligned} \tag{4.50}
$$

제약조건은 모든 교통편에 승무원을 한 명만 할당하는 것을 의미한다. 단, 승무원이 교통편에 승객으로 탑승할 수 있다면, 그 조건을 $\Sigma_{j=1}^{n} a_{ij}x_j \geq 1$로 치환할 수 있다. 이 문제는 **집합 분할 문제**set partitioning problem(SPP)라 불리는 NP 난해한 조합 최적화 문제다. 승무원 스케줄링 문제 사례를 [그림 4.29]에 표시했다.

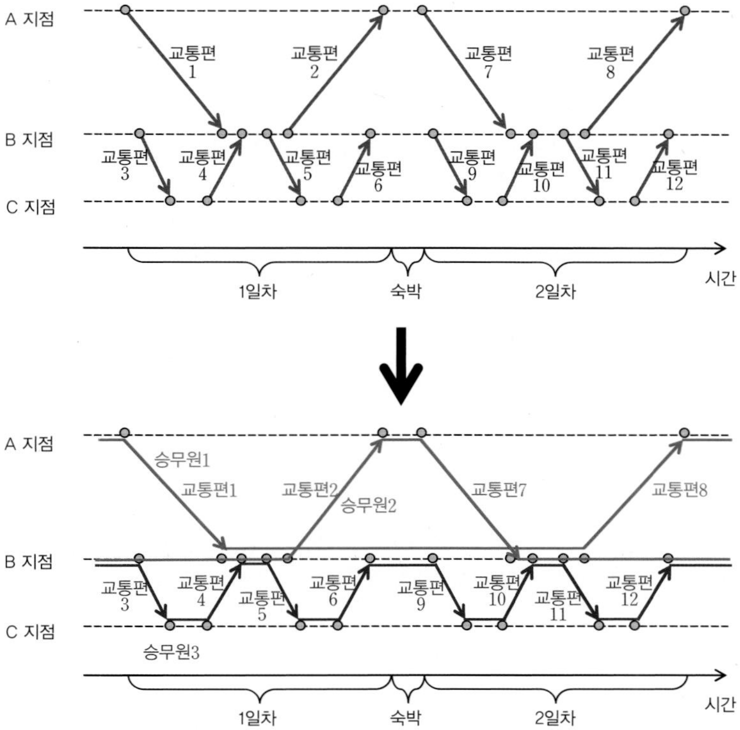

그림 4.29 승무원 스케줄링 문제 사례

선거구 분할 문제political districting problem: 선거구 하나에서 의원 한 명을 선출하는 소선거구제에서 각 선거구의 유권자 수가 가능한 비슷하도록 선거구를 분할하고자 한다. 어떤 도에서 m개의 시군구를 k개의 선거구로 분할하는 문제를 생각해보자. 단, 각 시군구는 단 하나의 선거구에 속하며 선거구 안에서는 별도의 선거구를 만들지 않는 것으로 한다. 시군구의 집합을 V, 인접한 구의 쌍의 조합을 E라고 하면 [그림 4.30]에 표시한 것처럼 선거구 분할을 구하는 문제는 무향 그래프 $G=(V,E)$를 k개의 연결된 부분 그래프로 분할하는 문제가 된다.

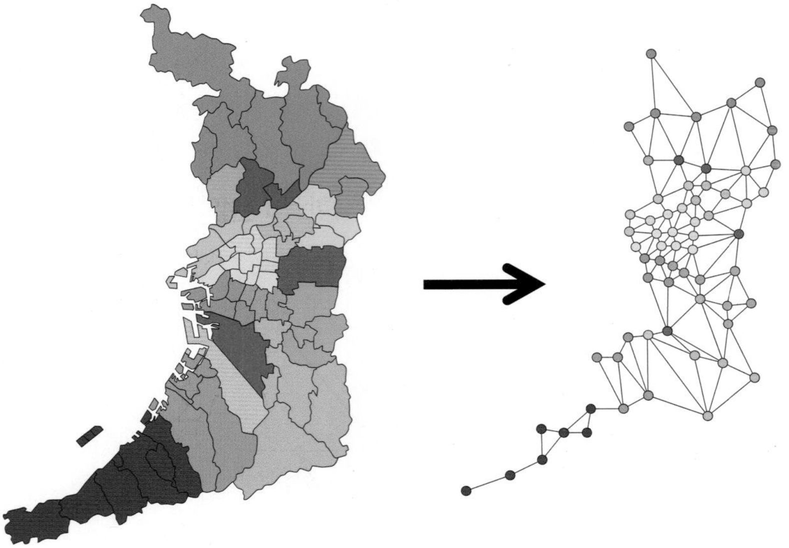

그림 4.30 선거구 분할 예

무향 그래프 $G=(V,E)$의 연결된 부분 그래프, 즉 선거구 분할을 열거한 것을 $\boldsymbol{a}_1, \boldsymbol{a}_2, \ldots, \boldsymbol{a}_n$으로 한다. 여기에서 $\boldsymbol{a}_j=(a_{1j}, a_{2j}, \ldots, a_{mj})^\top \in \{0,1\}^m$이며, 선거구 분할 j가 시군구 i를 포함하면 $a_{ij}=1$, 그렇지 않으면 $a_{ij}=0$으로 한다. 시군구 i의 유권자 수를 p_i로 하면 선거구 분할 j의 유권자 수는 $q_j=\Sigma_{i=1}^{m}=a_{ij}p_i$가 된다. 1 선거구의 유권자 수의 상한을 변수 u, 하한을 변수 l로 나타내면 각 선거구의 유권자 수가 가능한 같아지도록 선거구를 분할하는 문제는 다음 정수 계획 문제로 정식화할 수 있다.[25]

---

25 실제 선거구 분할에서는 한 표의 가중치 격차 u/l을 최소화한다.

$$
\begin{aligned}
\text{최소화}\quad & u-l \\
\text{조건}\quad & q_j x_j \le u, & j=1,\ldots,n, \\
& q_j x_j + M(1-x_j) \ge l, & j=1,\ldots,n, \\
& \sum_{j=1}^{n} a_{ij}x_j = 1, & j=1,\cdots,m, \\
& \sum_{j=1}^{n} x_j = k, \\
& x_j \in \{0,1\}, & j=1,\ldots,n.
\end{aligned}
\tag{4.51}
$$

여기에서 M은 충분히 큰 상수이므로 $M \ge \max_{j=1,\cdots,n} q_j$를 만족한다. 첫 번째 제약조건은 선택된 선거구 분할 j의 인구가 상한 u보다 많지 않음을 의미한다. 두 번째 제약조건은 선택된 선거구 분할 j의 인구가 하한 l보다 적지 않음을 의미한다.

4.2 알고리즘 성능과 문제의 난이도 평가

정수 계획 문제를 포함한 조합 최적화 문제에서는 설루션 후보의 수가 유한한 경우가 적지 않다. 그러나 문자 사례의 규모가 증가함에 따라 그 수 또한 급격하게 증가하므로, 모든 설루션 후보를 확인하는 것은 실용적이지 않다.[26] 예를 들어 n개 도시를 대상으로 하는 외판원 문제(4.1.7절)의 모든 순회 경로의 수는 $(n-1)!$이다.[27] 순회 경로의 길이를 구하기 위해서는 n번의 덧셈을 해야 하므로 모든 순회 경로를 평가하기 위해 필요한 덧셈은 $n!$번이 된다. $n!$은 **스털링 공식**Stirling's formula을 이용하면

$$
n! \simeq \sqrt{2\pi n}\left(\frac{n}{\mathrm{e}}\right)^n \tag{4.52}
$$

으로 근사할 수 있다.[28] 즉, $n!$이 2^n과 같은 지수 함수보다 한층 급격히 증가하는 함수임을 알

---

26 이 현상을 종종 조합 폭발이라 한다.

27 최초로 방문하는 도시를 고정해도 일반성을 잃지 않는 점에 주의한다. 그리고 두 도시 $u, v \in V$의 거리가 대칭(즉, $d_{uv} = d_{vu}$)이라면, 반대 회전도 같은 순회 경로로 볼 수 있으므로 $(n-1)!/2$개가 된다.

28 π는 원주율, e는 네이피어 수, $\simeq$는 양변의 비가 $n \to \infty$에서 1에 가까워짐을 의미한다.

수 있다. 한편, 최소 전역 트리 문제, 최단 경로 문제, 할당 문제 등 몇 가지 조합 최적화 문제에서 적은 계산으로 최적 설루션을 구하는 효율적인 알고리즘이 알려져 있다(4.3절). 이번 절에서는 알고리즘의 성능 및 문제의 어려움을 평가하는 계산의 복잡함의 이론의 기본적인 사고방식을 설명한다.

4.2.1 알고리즘의 계산 복잡도와 그 평가

알고리즘의 성능은 계산 종료까지 실행된 기본 연산(사칙 연산, 비교 연산, 입력 데이터 로딩, 출력 데이터 쓰기 등)의 회수를 이용해 평가되는 경우가 많고, 이를 계산 시간 또는 **시간 복잡도** time complexity 라 한다. 또한 계산 도중 경과를 일시적으로 유지하기 위해 필요한 기억 영역의 크기를 **공간 복잡도** space complexity 라 한다. 시간 복잡도와 공간 복잡도를 합쳐 **계산 복잡도** computational complexity 라 한다. 이 책에서는 간단하게 설명하기 위해 시간 복잡도만 살펴보겠다.

하나의 **문제** problem 은 일반적으로 무한개의 **문제 사례** instance 로 이루어진다. 문제 사례는 문제를 기술하는 파라미터의 값을 구체적으로 부여함으로써 정의한다. 예를 들어 외판원 문제의 한 문제 사례는, 도시의 수 n과 임의의 두 도시 u, v의 거리 d_{uv}의 구체적인 값을 부여해 정의할 수 있다.

같은 알고리즘이라도 입력한 문제 사례에 따라 필요한 계산 복잡도가 다르다. 그래서 알고리즘 실행에 필요한 계산 복잡도를 문제 사례의 입력 데이터의 길이(단어 수) N을 파라미터로 하는 함수(예를 들어 $N \log_2 N, N^2, 2^N, N!$ 등)로 나타내는 경우가 많다. 예를 들어 외판원 문제에서는 도시의 수 n과 두 도시 u, v의 거리 d_{uv}를 각각 한 단어로 저장할 수 있으므로, 입력 데이터의 길이 N은 $1+n(n-1)$이 된다.[29] 그리고 도시 v가 평면상의 점 (x_v, y_v)로 주어지는 경우에는 x_v, y_v를 각각 한 단어에 저장할 수 있으므로 입력 데이터의 길이 N은 $1+2n$이 된다.

알고리즘의 실행에 필요한 계산 복잡도를 평가할 때, 알고리즘의 세부 영향을 제외하기 위해 상수 배의 차이를 무시한 **오더 표기법** order notation[30]을 자주 이용한다. 알고리즘 실행에 필요한 계산 복잡도 $T(N)$의 상한을 평가할 때는 오더 표기법을 이용해 $T(N) = \mathrm{O}(f(N))$[31]과

---

29 알고리즘에 의해 입력 데이터 길이 N을 문자 수로 평가하기도 한다. 예를 들어 두 도시 u, v의 거리 d_{uv}를 정수로 한다. 이를 2진수로 나타내면 문자 수는 $\lceil \log_2 d_{uv} \rceil$가 되며, 입력 데이터의 길이 N은 $\lceil \log_2 n \rceil + n(n-1)\lceil \log_2 d_{\max} \rceil$가 된다. 여기에서 $d_{\max}$는 d_{uv}의 최댓값이다.

30 **란다우의 O-표기법** Landau O-notation 이라고도 한다.

31 오더 $f(N)$이라고 읽는다.

같이 나타낸다. 이것은 어떤 양의 상수 c와 $\overline{\boldsymbol{N}}$ 이 존재하고, $N \geq \overline{\boldsymbol{N}}$ 에 대해 항상

$$T(N) \leq cf(N) \tag{4.53}$$

이 성립함을 의미한다. 예를 들어 N^2, $100N^2$, $2N^2 + 100N$ 등은 모두 $\mathrm{O}(N^2)$으로 나타낼 수 있다. 특히 $\mathrm{O}(1)$은 $T(N)$의 값이 N과 독립된 어떤 상수이며 위 식에 따라 억제됨을 의미한다. 시간 복잡도 $\mathrm{O}(1)$을 **상수 시간**constant time이라 한다.

입력 데이터의 길이가 같더라도 문제 사례에 따라 알고리즘 실행에 필요한 계산 복잡도가 다른 경우 또한 적지 않다. 그래서 입력 데이터의 길이가 같은 문제 사례의 전체를 평가하기 위해 최악 계산 복잡도와 평균 계산 복잡도를 자주 이용한다.

- **최악 계산 복잡도**worst-case complexity : 입력 데이터의 길이가 같은 문제 사례 중에서 최대 계산 복잡도를 구한다.
- **평균 계산 복잡도**average complexity : 입력 데이터의 길이가 같은 문제 사례 중에서 각 사례의 발생 확률에 기반해 평균 계산 복잡도를 구한다.

전자는 후자에 비해 분석이 용이하고, 임의의 문제 사례에 대해서도 계산 복잡도를 보증할 수 있다는 이점이 있다. 하지만 극히 소수의 특수한 문제 사례로 인해 평가 결과가 비관적인 경우도 적지 않다. 그런 의미에서 후자가 보다 실용적이기는 하지만, 각 문제 사례의 발생 확률을 정확히 알기 어렵기 때문에 발생 확률을 인위적으로 정하면 현실과 동떨어질 우려가 있다. 이 책에서는 특히 언급하지 않는 한 최악 계산 복잡도를 이용한다.

계산 복잡성 이론에서는 시간 복잡도가 문제 사례의 입력 데이터의 길이 N의 **다항식 오더**polynomial order인지 아닌지, 즉 시간 복잡도를 입력 데이터의 길이 N과 독립된 상수 k를 이용해 $\mathrm{O}(N^2)$(예를 들면, $N, N\log_2 N, N^2$ 등)으로 나타낼 수 있는지로 알고리즘의 실용성을 판단하는 경우가 많다.[32] 예를 들어 1초 동안 100만 번의 기본 연산을 실행할 수 있는 계산기와 입력 데이터의 길이가 N인 문제 사례에 대해 시간 복잡도가 $N, N\log^2 N, N^2, N^3, 2^n, N!$이 되는 알

---

32 외판원 문제에서 두 도시 u, v의 거리 d_{uv}와 같은 숫잣값의 대소가 알고리즘 계산 복잡도와 관계된 경우는 주의해야 한다. 입력된 숫잣값(정수)의 최댓값을 U라고 하면, 그 문자 수 L은 $\lceil \log_2 U \rceil$가 된다. $U \geq 2^{L-1}$로부터 $\mathrm{O}(U)$는 문자 수 L의 다항식보다 큰 오더이지만, U가 아주 크지 않으면 알고리즘의 실용성이 사라지지는 않는다. 이들을 구별하기 위해 $\mathrm{O}(N^K U^l)$(k, l은 상수)를 **의사 다항식 오더**pseudo-polynomial order라 한다.

고리즘을 생각해보자. 입력 데이터의 길이 N인 문제 사례에 대해 이 알고리즘들의 계산 시간을 [표 4.1]에 표시했다.[33] 이와 같이 시간 복잡도가 문제 사례의 입력 데이터 길이 N의 다항식보다 큰 오더($O(2^n)$, $O(N!)$ 등)를 갖는 알고리즘은 N이 증가할 때 계산 시간이 급격하게 늘어나기 때문에 실용적이라 할 수 없다. 시간 복잡도가 문제 사례의 입력 데이터의 길이 N의 다항식 오더인 알고리즘을 **다항식 시간 알고리즘**polynomial time algorithm이라 한다.

표 4.1 1초 동안 100만 번의 기본 연산을 실행할 수 있는 계산기에서의 알고리즘 실행에 필요한 계산 시간

	N	$N \log_2 N$	N^2	N^3	2^n	$N!$
N=10	< 0.01초	< 0.01초	< 0.01초	< 0.01초	< 0.01초	3.63초
N=20	< 0.01초	< 0.01초	< 0.01초	0.01초	1.05초	77100년
N=50	< 0.01초	< 0.01초	< 0.01초	0.13초	35.7년	9.65×10^{50}년
N=100	< 0.01초	< 0.01초	0.01초	1.00초	4.02×10^{16}년	2.96×10^{144}년
N=1000	< 0.01초	0.01초	1.00초	16.7분	3.40×10^{287}년	—
N=10000	0.01초	0.13초	1.67분	11.6일	—	—
N=100000	0.10초	1.66초	2.78시간	31.7년	—	—
N=1000000	1.00초	19.9초	11.6일	31700년	—	—

4.2.2 문제의 난이도와 NP 난해한 문제

앞 절에서는 문제를 푸는 알고리즘의 계산 복잡도를 평가하는 방법에 관해 설명했다. 이번 절에서는 문제 자체의 난이도를 평가하는 방법을 살펴보기로 한다. 일반적으로 하나의 문제는 다른 입력 데이터의 길이를 가진 문제 사례를 포함하기 때문에, 우선 같은 입력 데이터 길이 N을 갖는 문제 사례로 이루어진 문제 Q를 생각한다. 문제 Q는 일반적으로 무한개의 문제 사례로 이루어지므로, 이 문제에 대한 알고리즘 A의 계산 복잡도를 평가하기 위해 문제 사례 $I_1, I_2, \cdots$ 중에서 계산 복잡도가 최대가 되는 문제 사례를 생각한다. 다시 말해, 문제 사례 $I \in Q$에서의 알고리즘 A의 계산 복잡도를 $T_A(I)$라고 하면, 문제 Q에 대한 알고리즘 A의 계산 복잡도 $T_A(Q)$는

$$T_A(Q) = \max_{I \in Q} T_A(I) \tag{4.54}$$

33 표 안의 '—'는 매우 긴 시간임을 의미한다.

로 정의할 수 있다. 한편, 문제 Q를 푸는 알고리즘의 수는 무한하므로, 문제 Q의 난이도를 평가하기 위해 알고리즘 $A_1, A_2, \ldots$ 중에서 계산 복잡도가 가장 작은 알고리즘을 생각한다. 다시 말해서 문제 Q를 푸는 모든 알고리즘의 집합을 $A(Q)$라고 하면, 문제 Q의 난이도 $T(Q)$는

$$T(Q) = \min_{A \in A(Q)} T_A(Q) \tag{4.55}$$

로 정의할 수 있다(그림 4.31).

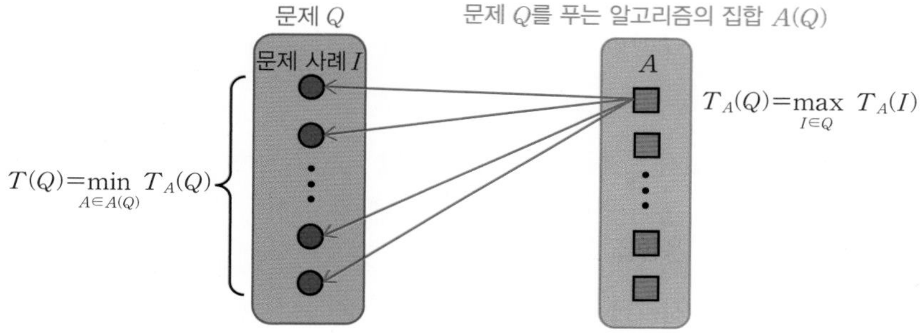

그림 4.31 알고리즘 계산 복잡도와 문제 난이도 평가

최소 전역 트리 문제(4.3.1절), 최단 경로 문제(4.3.2절), 할당 문제(4.3.3절) 등 문제 사례의 입력 데이터 길이 N에 대해 다항식 시간 알고리즘이 알려져 있는 문제의 클래스를 P라고 한다.[34] 어떤 문제 Q가 클래스 P에 속하는 것을 나타내기 위해서는 이 문제를 푸는 다항식 시간 알고리즘을 구체적으로 부여하면 된다. 한편, 문제 Q에 대해 다항식 시간 알고리즘이 존재하지 않음을 보이는 것은 간단하지 않다. 문제 Q에 대해 **지수 시간 알고리즘**exponential time algorithm[35] 등 시간 복잡도가 다항식 오더보다 큰 알고리즘을 아무리 모으더라도 문제 Q에 대한 다항식 시간 알고리즘이 존재하지 않음을 나타낼 수는 없기 때문이다.

이런 상황에서 문제의 난이도를 특징 짓기 위해 계산의 복잡도 이론에서는 NP 난해함이라고 불리는 개념을 도입하고 있다. 우선 준비 단계로 개별 문제 사례에 대해 어떤 특징을 만족하는지를 판정해서 네/아니오라는 답을 구하는 **결정 문제**decision problem를 생각한다. 결정 문제는 최

---

34 P는 polynomial time의 약자다.

35 실행에 필요한 시간 복잡도가 문제 사례의 입력 데이터의 길이 N에 대한 **지수 오더**exponential order인 알고리즘이다.

적화 문제와 가까운데, 예를 들어 외판원 문제에서 어떤 상수 K가 주어졌을 때 '길이가 K 이하인 순회 경로가 존재하는가?'라는 결정 질문을 만들 수 있다.

많은 경우에 결정 문제에 대한 알고리즘을 이용해 원래 최적화 문제에 대한 알고리즘을 만들 수 있다. 예를 들어 외판원 문제에서 두 도시 u, v의 거리 d_{uv}가 정숫값만 갖는다고 가정하면, 순회 경로의 길이가 가지는 범위 $[L, U]$를 구할 수 있다.[36] 최적 순회 경로의 길이는 L에서 U까지의의 무언가의 정숫값이므로, 각의 정숫값에 대해서 결정 문제에 대한 알고리즘을 적용해 '네'를 얻을 수 있는 최소 순회 경로의 길이를 구하면 된다. 또한 L에서 U까지의 모든 정숫값을 시험하면, 결정 문제에 대한 알고리즘을 $(U-L+1)$번만큼 호출할 수 있지만, **이진 탐색**binary search 기법을 이용하면 $\mathrm{O}(\log_2(U-L))$번의 호출로 완료할 수 있다. 이제 최적화 문제에서 만들어진 결정 문제에 관해 살펴보자.

조합 최적화 문제에서 만들어진 결정 문제는 그 대답이 '네'인 증거가 되는 설루션을 간단하게 확인할 수 있는 경우가 많다. 예를 들어 외판원 문제에서는 '네'의 증거로, 주어진 순회 경로의 길이를 계산해서 K 이하가 되는 것을 확인하면 된다. 이처럼 대답이 '네'가 되는 설루션이 주어졌을 때, 이를 문제 사례의 입력 데이터의 길이 N에 대한 다항식 오더의 시간 복잡도로 확인할 수 있는 결정 문제의 클래스를 NP라고 표기한다.[37]

클래스 P에 포함되는 문제의 집합을 P, 클래스 NP에 포함되는 문제의 집합을 NP라고 나타내면 정의에 따라 $P \subseteq NP$는 명확하게 성립한다. 클래스 NP 중에는 외판원 문제, 냅색 문제, 빈 패킹 문제, 정수 계획 문제 등 많은 연구자들이 오랜 기간 노력했음에도 불구하고 다항식 시간 알고리즘을 아직 찾아내지 못한 문제가 많다. 이런 상황에서 많은 연구자들은 $P \neq NP$라고 예상하고 있지만, 클래스 NP 중에서 다항식 시간 알고리즘이 존재하지 않는다고 증명된 문제도 아직 없다. 클래스 NP에 포함되지만 클래스 P에 포함되어 있는가 하는 문제는 '$P=NP$ 문제'라 불리며, 계산 복잡도 이론 중에서도 최대 미해결 문제로 알려져 있다(그림 4.32).

36 순회 경로는 도시의 수와 같이 n개의 변을 포함하므로, 거리 d_{uv}의 오른 차순으로 n개 만큼 변을 선택하고, 그 거리의 합계를 구하면 순회 경로의 길이의 하한 L을 얻을 수 있다. 같은 방법으로 순회 경로의 길이의 상한 U도 얻을 수 있다.

37 NP는 nondeterministic polynomial time의 약자다. **비결정성 계산기**nondeterministic computer라 불리는 계산 도중에 발생하는 모든 분기를 동시에 실행할 수 있는 가상적인 계산기를 이용해 풀 수 있는 문제의 클래스인 것에 기반한다.

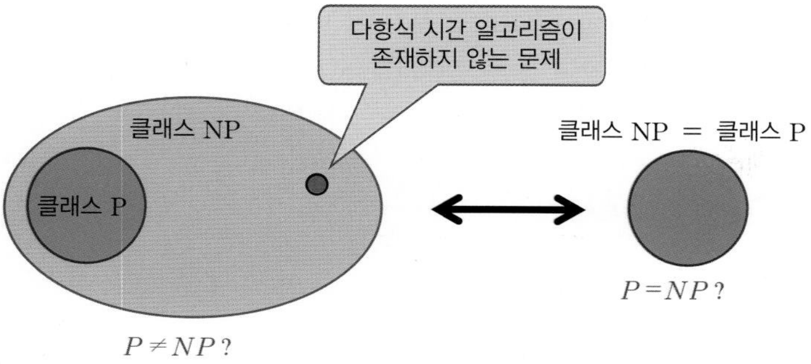

그림 4.32 P = NP 문제

여기에서, 클래스 NP 중에서도 가장 어려운 문제에 착안한다. 어떤 문제의 절대적인 복잡도는 알 수 없지만, 다른 문제와의 상대적인 비교는 가능한 경우가 있다. 이를 목적으로 이용하는 것이 **귀착 가능성**reducibility이라는 개념이다. 어떤 결정 문제 Q와 Q'를 생각한다. 문제 Q'의 임의의 문제 사례 I'가 그 문제 사례의 입력 데이터의 길이 N에 대한 다항식 시간 알고리즘에 의해서, 문제 Q의 특정 문제 사례 I로 변환할 수 있고, 문제 Q'에서의 문제 사례 I'의 대답(네/아니오)와 문제 Q에 대한 문제 사례 I의 대답이 항상 일치한다면, 문제 Q'는 문제 Q에 **귀착 가능**reducible[38]하다고 부른다. 또한 이 절차를 **다항식 시간 변환**polynomial transformation이라 한다. [그림 4.33]에 표시한 것처럼 이것은 문제 Q'를 문제 Q로 변환하는 알고리즘과 문제 Q를 푸는 알고리즘을 조합해서 문제 Q'를 푸는 알고리즘을 만드는 절차라고도 할 수 있다.

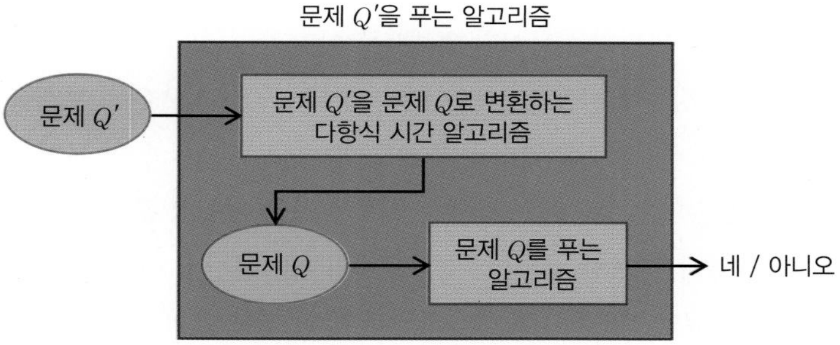

그림 4.33 결정 문제의 귀착 가능성

38 환원 가능이라고도 부른다.

이 절차에 따라 문제 Q를 다항식 시간에 풀 수 있다면, 문제 Q'도 다항식 시간에 풀 수 있다고 나타낼 수 있다. 한편, 문제 Q'를 다항식 시간에 풀 수 있더라도 문제 Q를 다항식 시간으로 풀 수 있는지는 알 수 없으므로

$$(\text{문제 } Q'\text{의 복잡도}) \leq (\text{문제 } Q\text{의 복잡도}) \tag{4.56}$$

가 된다.[39]

이 귀착 가능성을 이용해 클래스 NP 중에서도 가장 어려운 문제를 정의한다. 어떤 결정 문제 Q가 다음 두 가지 조건을 만족할 때, 문제 Q는 **NP 완전**NP-complete이라 한다.

(1) 문제 Q는 클래스 NP에 속한다.

(2) 클래스 NP에 속한 임의의 문제 Q'는 문제 Q로 귀착 가능하다.

문제 Q가 NP 완전이라면, 클래스 NP에 포함된 임의의 문제 Q'에 대해

$$(\text{문제 } Q'\text{의 복잡도}) \leq (\text{문제 } Q\text{의 복잡도}) \tag{4.57}$$

가 성립하므로, 문제 Q는 클래스 NP 중에서도 가장 어려운 문제인 것을 알 수 있다. 또한 NP 완전 문제는 하나뿐만 아니라 현재 외판원 문제, 냅색 문제, 빈 패킹 문제, 정수 계획 문제 등 많은 문제가 NP 완전이다.

클래스 NP에 속한 어떤 문제 Q가 NP 완전임을 보이기 위해서는 어떤 순서를 따르는 것이 좋은가? 물론, 최초의 NP 완전 문제는 정의에 기반해서 증명해야 한다. 그러나 NP 완전 문제를 하나라도 찾아낼 수 있다면, 이후에는 적당한 NP 완전 문제 Q'를 선택하고, 문제 Q'가 문제 Q에 귀착 가능함을 보이는 것으로 충분하다. 1971년 쿡cook은 최초로 **충족 가능성 문제**satisfiability problem(SAT)가 NP 완전임을 증명했다.[40] 예를 들어 외판원 문제의 NP 완전에 대해 충족 가능성 문제에서 시작해 **꼭짓점 커버 문제**vertex cover problem, **해밀턴 닫힌 경로 문제**Hamiltonian cycle problem, 외판원 문제로 귀착을 반복해서 나타냈다(그림 4.34).

---

39 여기에서는 설명을 간단하게 하기 위해, 다항식 시간으로 풀 수 있는 문제는 모두 같은 정도의 난이도라고 생각한다. 또한 문제 Q가 문제 Q'로 귀착 가능하다면 (문제Q'의 복잡도) ≤ (문제Q의 복잡도)가 된다.

40 1973년 레빈Levin이 같은 결과를 얻었음이 이후에 명확해졌다. 그래서 **쿡-레빈 정리**Cook-Levin theorem라고도 부른다.

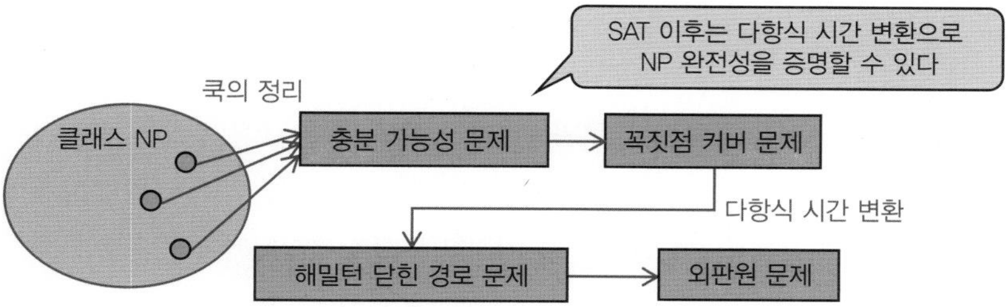

그림 4.34 외판원 문제의 NP 완전성 증명

어떤 최적화 문제 Q는 결정 문제는 아니므로 클래스 NP에 포함되지 않는다. 그러나 클래스 NP에 포함되는 임의의 결정 문제 Q'가 최적화 문제 Q에 귀착 가능하다면, 최적화 문제 Q는 NP 완전 문제와 동등 수준 이상으로 어려움을 알 수 있다. 이러한 최적환 문제 Q는 **NP 난해**NP-hard하다고 부르며, 한 최적화 문제 Q가 NP 난해임을 보이려면, 한 NP 완전 문제 Q'가 최적화 문제 Q로 귀착 가능한 것을 보이면 된다. 예를 들어 외판원 문제에서는 원래 최적화 문제에 대한 알고리즘을 이용해 최적의 순회 경로 길이 K^*를 구하고, 결정 문제에 대해서는 $K^* \leq K$이면 '네', $K^* \geq K$이면 '아니오'를 출력하면 되므로 결정 문제는 원래의 최적화 문제에 귀착할 수 있다. NP 완전 정의에서 조건 (1)을 제외하고 NP 난해의 정의를 얻을 수 있다. NP 완전 문제와 NP 난해 문제의 관계를 [그림 4.35]에 표시했다.

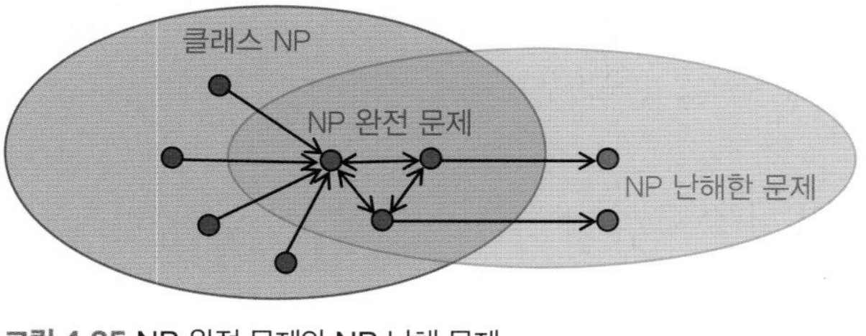

그림 4.35 NP 완전 문제와 NP 난해 문제

어떤 NP 완전 문제에 대해 다항식 시간 알고리즘을 찾아내면, 클래스 NP에 포함된 모든 문제에 대해 다항식 시간 알고리즘을 만들 수 있다. 그러나 많은 연구자들의 오랜 노력에도 불구하고, 다항식 시간 알고리즘을 찾아낸 NP 완전 문제는 하나도 없다. 그렇기 때문에 많은 연구자들은 NP 완전 문제에 대한 다항식 시간 알고리즘이 존재하지 않는다고 예상한다. 이렇게 말하면, 대부분의 조합 최적화 문제에 대해 최적 설루션을 구하는 것이 매우 난해한 것처럼 생각되

지만, 계산 복잡도 이론이 나타내는 많은 결과는 '최악의 경우'의 상황이므로, 많은 문제 사례에서는 현실적인 계산 노력으로 최적 설루션을 구하는 것이 가능한 경우가 많지 않다. 그리고 주어진 계산 시간 안에 최적 설루션을 구하는 것이 가능하다고 해도, 좋은 품질의 실행 가능 설루션을 구할 수 있다면 충분히 만족할 수 있는 사례가 많으며, 산업이나 학술의 폭넓은 분야에서 많은 현실 문제들이 정수 계획 문제를 포함하는 조합 최적화 문제로 정식화되어 있다.

NP 난해한 조합 최적화 문제를 푸는 알고리즘은 완전 알고리즘, 근사 알고리즘, 휴리스틱으로 분류할 수 있다. 임의의 문제 사례에 대해 최적 설루션을 하나 출력하는 알고리즘을 **완전 알고리즘**exact algorithm이라 한다. NP 난해한 조합 최적화 문제라고 하더라도 4.1.8절의 선거구 할당 문제와 같이 규칙이나 시스템의 한계를 평가하기 위해 주어진 문제 사례에 대한 최적 설루션이 필요한 사례도 적지 않다. NP 난해한 조합 최적화 문제에 대해 완전 알고리즘은 지수 시간 알고리즘이지만, 많은 무네 사례에 대해 현실적인 계산 시간으로 최적 설루션을 구하는 것이 가능하도록 각 문제가 가진 구조를 잘 이용해 알고리즘을 효율화한다.

임의의 문제 사례에 대해 최적값에 대한 근사 성능을 보증하는 실행 가능 설루션을 하나 출력하는 알고리즘을 **근사 알고리즘**approximation algorithm이라 부르며, 많은 근사 알고리즘이 다항식 시간 알고리즘이다. 한편, 최적화에 대한 근사 성능이 보증되지 않은 실행 가능 설루션을 하나 출력하는 알고리즘을 **휴리스틱**heuristic algorithm이라 한다. 조합 최적화 문제에서는 많은 문제 사례시에 대해 유효함에도 극히 수소의 반 사례가 존재하며, 이론적으로 근을 구하는 것이 매우 난해하므로 최적값에 대한 근사 성능이 보증할 수 없는 지식이 많이 존재한다. 휴리스틱은 그와 같은 지식에 기반해 만들어진 알고리즘을 총칭하는 것이라고도 말할 수 있다.[41]

4.3 효율적으로 해결하는 조합 최적화 문제

앞 절에서 소개한 것처럼 정수 계획 문제를 포함해 많은 조합 최적화 문제는 NP 난해하며, 임의의 문제 사례에 대해 적은 계산으로 최적 설루션을 구하는 효율적인 알고리즘을 개발하는 것은 매우 난해하다. 한편 최소 전역 트리 문제, 최단 경로 문제, 할당 문제 등 특수한 구조를 가진 몇 가지 조합 최적화 문제는 문제 사례의 입력 데이터의 길이에 대한 다항식 시간 알고리즘

41 근사 알고리즘과 휴리스틱의 차이는 최적값에 대한 근사 성능의 보증 유무이지만, 기존의 휴리스틱에 대해 뒤에 최적값에 대한 근사 성능의 보증을 보일 수 있는 경우도 적지 않다. 다시 말해, 근사 알고리즘과 휴리스틱의 차이는 알고리즘 그 자체가 아니라 근사 성능을 보증하는 증명의 유무이므로, 근사 알고리즘과 휴리스틱의 구별이 없이 모두 근사 알고리즘이라 불러야 한다는 의견도 있다.

이 있다. 이번 절에서는 효율적으로 푸는 조합 최적화 문제와 그 알고리즘을 소개한다.

4.3.1 탐욕 알고리즘

조합 최적화 문제의 실행 가능 설루션을 단계적으로 구축할 때 각 단계에서 국소적인 평갓값이 가장 높은 요소를 선택하는 기법을 **탐욕 알고리즘**greedy method이라 한다. 이번 절에서는 탐욕 알고리즘을 이용해 효율적으로 최적 설루션을 구할 수 있는 조합 최적화 문제의 예로, 자원 배분 문제와 최소 전역 트리 문제를 소개한다.

자원 배분 문제resource allocation problem: n개의 사업과 이용 가능한 총자원량 B가 주어진다. x_j는 변수이며, 사업 j에 자원을 x_j 단위 배분했을 때 이익 $f_j(x_j)$가 발생한다고 가정한다. 여기에서는 논의를 간단히 하기 위해 변수 x_j의 값은 음수가 아니라고 가정한다. 예를 들면 작업 배분 인원수, 차량 배분 대수 등이 이에 해당한다. 이때 총이익을 최대로 하는 각 사업으로의 자원 배분을 구하는 문제는 다음 최적화 문제로 정식화할 수 있다.

$$\begin{array}{ll} \text{최대화} & \sum_{j=1}^{n} f_j(x_j) \\ \text{조건} & \sum_{j=1}^{n} x_j = B, \\ & x_j \in \mathbb{Z}_+, \quad j = 1, \ldots, n. \end{array} \tag{4.58}$$

여기에서 목적 함수는 분리 가능하며, n개의 1변수 함수의 합으로 주어진다.

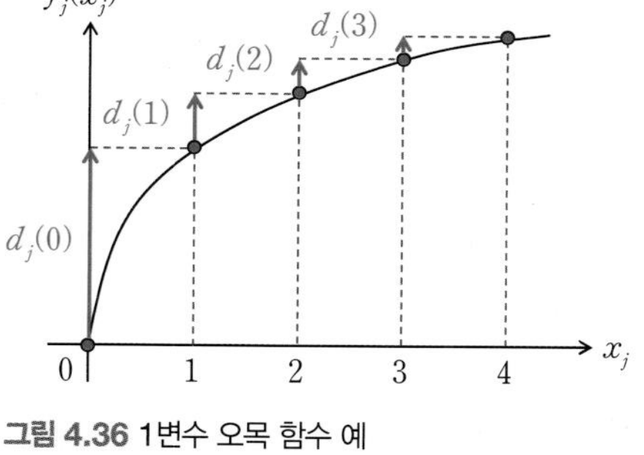

그림 4.36 1변수 오목 함수 예

[그림 4.36]에 표시한 것처럼 많은 현실 문제에서는 사업 j에 대한 배분량 x_j가 증가함에 따라 이익의 변화량 $d_j(x_j) = f_j(x_j + 1) - f_j(x_j)$가 감소하는 경향이 있다.[42] 따라서 함수 $f_j(x_j)$는 오목 함수라고 가정한다. 변수 x_j는 음이 아닌 정숫값만 가지므로,

$$d_j(0) \geq d_j(1) \geq \cdots \geq d_j(B-2) \geq d_j(B-1) \tag{4.59}$$

이 성립한다. 다시 말해서 변화량 $d_j(x_j)$는 변수 x_j에 대해서 증가하지 않는다. 이 자원 배분 문제에서는 자원량을 합계 B만큼 배분하므로, $\boldsymbol{x} = (0, \ldots, 0)^\top$에서 시작해 현재의 설루션 $\boldsymbol{x} = (x_1, \ldots, x_n)^\top$에 대해 $\Sigma_{j=1}^{n} x_j < B$이면, 변화량 $d_j(x_j)$가 최대가 되는 변수 x_j의 값을 $x_j \rightarrow x_j + 1$로 증가시키는 탐욕 알고리즘에 따라 최적 설루션을 구할 수 있다.

이 자원 배분 문제에 대한 탐욕 알고리즘[43]의 절차는 다음과 같이 정리할 수 있다.

알고리즘 4.1 | 자원 배분 문제에서의 탐욕 알고리즘

단계 1: 초기 설루션 $\boldsymbol{x} = (0, \ldots, 0)^\top$로 한다.

단계 2: $\displaystyle\sum_{j=1}^{n} x_j = B$이면 종료한다.

단계 3: $d_j(x_j) - \max_{k=1,\cdots,n} d_k(x_k)$를 만족하는 사업 j를 구한다. $x_j = x_j + 1$로 하고 단계 2로 돌아간다.

어떤 변수 x_j의 값을 $x_j \rightarrow x_j + 1$로 증가한 뒤에 변화량 $d_j(x_j + 1)$을 상수 시간에 계산할 수 있다고 가정하면, 1회 반복당 계산 시간은 $O(n)$이 된다. 반복 횟수는 B회이므로, 탐욕 알고리즘의 전체 계산 시간은 $O(nB)$가 된다. 여기에서 **힙**heap 이라 불리는 데이터 구조를 이용하면 각 반복에 대해 $d_j(x_j)$ $(j = 1, \ldots, n)$의 최댓값을 구하는 계산 시간은 $O(\log_2 n)$이 된다. 힙 초기화에 걸리는 계산 시간은 $O(n)$이므로, 탐욕 알고리즘의 전체 계산 시간을 $O(n + B \log_2 n)$으로 개선할 수 있다.[44]

자원 배분 문제의 예로, n개 선거구에 총의원수 B를 배분하는 문제를 생각해보자. 선거구

---

42 경영학에서는 이를 한계 효용 체감 법칙이라고 불린다. 예를 들어 같은 광고를 반복해서 송출하면 일회당 광고 효과는 점점 감소한다.

43 자원 배분 문제에서는 **증분법**incremental method 라고도 부른다.

44 이 자원 배분 문제의 입력 데이터의 길이(문자 수)는 $O(n \log_2 B)$이므로, 이 탐욕 알고리즘은 다항식 시간 알고리즘이 아니다. 하지만 이 탐욕 알고리즘과는 달리 계산 시간이 $O(n + n \log_2 B/n)$이 되는 다항식 시간 알고리즘이 알려져 있다.

j의 유권자 수를 p_j, 총의원수를 x_j로 한다. 각 선거구 j의 한 표의 가중치를 $\frac{x_j}{p_j}$ 로 평가하고, 이 한 표의 가중치의 산포를 가능한 작게 하고자 한다. 그러므로 각 선거구의 한 표의 가중치 평균값 $b = \frac{B}{\sum_{j=1}^{n} p_j}$ 에서 제곱오차의 총합을 최소화하는 문제를 생각할 수 있다.

$$
\begin{array}{lll}
\text{최소화} & \displaystyle\sum_{j=1}^{n} p_j \left(\frac{x_j}{p_j} - b \right)^2 & \\
\text{조건} & \displaystyle\sum_{j=1}^{n} x_j = B, & \\
& x_j \in \mathbb{Z}_+, \qquad j = 1, \ldots, n. &
\end{array}
\tag{4.60}
$$

여기에서 함수 $f_j(x_j) = p_j \left(\frac{x_j}{p_j} - b \right)^2$ 는 볼록 함수이므로 탐욕 알고리즘을 적용할 수 있다.[45] 이때 함수 $f_j(x_j)$의 변화량 $d_j(x_j) = \frac{2x_j + 1}{p_j} - 2b$ 가 되므로, 탐욕 알고리즘의 각 반복에서는 $\min_{j=1,\ldots,n} \frac{2x_j + 1}{p_j}$ 을 구하면 된다. 이 방법은 비례대표 선거제에도 자주 채용되는 방법으로 **웹스터 알고리즘** Webster method[46]이라 한다.

최소 전역 트리 문제: 4.1.7절에서는 그래프의 연결성을 제약조건으로 갖는 정수 계획 문제의 예로 최소 전역 트리 문제를 소개했다. 한편, 최소 전역 트리 문제는 정수 계획 문제로 정식화하지 않아도 탐욕 알고리즘을 이용해 효율적으로 최적 설루션을 구할 수 있다. 여기에서는 최소 전역 트리 문제에 대한 탐욕 알고리즘인 **크루스칼 알고리즘** Kruskal's algorithm과 **프림 알고리즘** Prim's algorithm을 소개한다. 이 알고리즘들은 다음과 같은 특징을 바탕으로 만들어진다. 여기에서 그래프 $G = (V, E)$는 연결되어 있다고 가정한다.[47] 또한 설명을 간단하게 하기 위해 각 변 $e \in E$의 길이 d_e는 모두 다르다고 가정한다.[48]

---

45 최소화 문제인 것에 주의한다.

46 **산술 평균법** arithmetic mean method 이라 부르기도 한다.

47 **깊이 우선 탐색** depth first search 또는 **너비 우선 탐색** breadth first search 을 이용하면, 그래프 $G = (V, E)$의 연결 여부를 $O(|V| + |E|)$의 계산 복잡도로 확인할 수 있다.

48 이 가정의 유무에 따라 탐욕 알고리즘이 출력하는 설루션의 최적성이 사라지거나 알고리즘의 절차가 변하지는 않는다.

정리 4.2

임의의 컷 $\delta(S)$ $(S \subset V)$에 대해 $\delta(S)$ 중에서 길이가 최소가 되는 변은 최소 전역 트리 T^*에 포함된다.

증명 귀류법을 이용한다. 어떤 컷 $\delta(S)$ $(S \subset V)$ 중에서 길이가 최소가 되는 변 e가 최소 전역 트리 T^*에 포함되지 않는다고 가정한다. 변 e를 T^*에 더하면 단 하나의 닫힌 경로 C가 만들어진다.[49] 닫힌 경로 C 안에서 변 e 이외에 컷 $\delta(S)$에 포함되는 변 e'가 존재한다(그림 4.37). 변 e는 컷 $\delta(S)$ 중에서 길이가 최소이므로 $d_e < d_{e'}$가 성립한다. 이때 T^*에서 변 e'를 제외한 변 e를 추가해서 얻어진 변의 집합 $T^* \cup \{e\} \setminus \{e'\}$는 전역 트리로 그 길이의 합은 T^*보다 작게 되며, T^*가 최소 전역 트리라는 것에 반한다. □

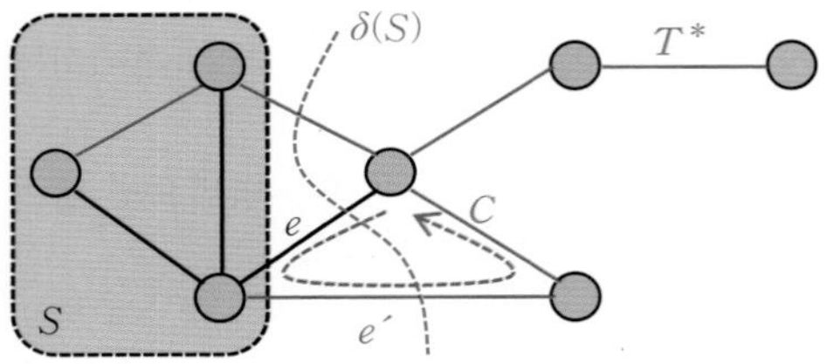

그림 4.37 최소 전역 트리 특징

최소 전역 트리 문제에서는 $|V|-1$개의 변을 선택하므로,[50] 빈 변의 집합 $T=\varnothing$에서 시작해, 현재의 변의 집합 T에 대해 $|T|<|V|-1$이면 닫힌 경로를 만들지 않는 변 중에서 길이가 최소가 되는 변 $e \in E \setminus T$를 변의 집합 T에 추가하는 크루스칼 알고리즘에 따라 최적 설루션을 구할 수 있다. 크루스칼 알고리즘에서는 선택된 변의 집합 T로 인해 만들어지는 여러 연결 성분[51]이 점차(차례로) 병합되어 하나의 연결 성분이 된다.

크루스칼 알고리즘의 절차를 정리하면 다음과 같다.

---

49 이것은 변의 집합 T^*가 전역 트리이기 위한 필요충분조건이다.

50 이것은 변의 집합 T^*가 전역 트리이기 위한 필요조건이다.

51 연결된 부분 그래프를 **연결 성분** connected component 이라 한다.

알고리즘 4.2 | 크루스칼 알고리즘

단계 1: 모든 변을 길이의 오름차순으로 정렬하고 $d_{e_1} \leq d_{e_2} \leq \ldots \leq d_{e_{|E|}}$ 로 한다. $k = 1, T = \emptyset$으로 한다.
단계 2: $|T| = |V| - 1$이면 종료한다.
단계 3: $T \cup \{e_k\}$가 닫힌 경로를 포함하지 않는다면 $T = T \cup \{e_k\}$로 한다. $k = k + 1$로 하고 단계 2로 돌아간다.

크루스칼 알고리즘에서의 한 반복에서 현재 변의 집합을 T, 다음에 선택된 변을 $e_k \in E \setminus T$라고 한다. 변의 집합 T에 변 e_k를 더해 닫힌 경로가 만들어지지 않으면, 변 e_k를 포함하고 변의 집합 T의 변을 포함하지 않는 컷 $\delta(S)$ $(S \subset V)$가 존재한다. 변 e_k는 컷 $\delta(S)$ 중에서 길이가 최소이므로 [정리 4.2]로부터 변 e_k가 최소 전역 트리에 포함되는 것을 알 수 있다.

크루스칼 알고리즘의 실행 예를 [그림 4.38]에 표시했다.

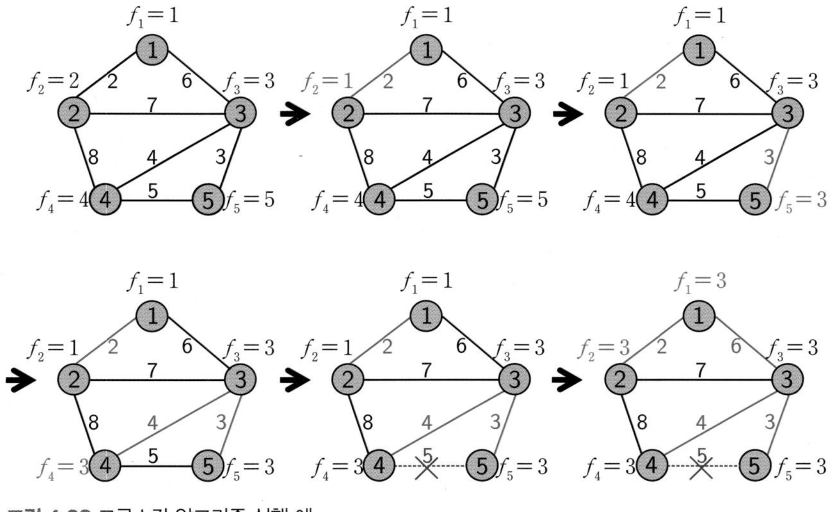

그림 4.38 크루스칼 알고리즘 실행 예

크루스칼 알고리즘에서는 먼저 변을 길이의 오름차순으로 정렬한다. 이것은 **퀵 정렬**quick sort 과 같은 효율적인 정렬 알고리즘을 이용하면 $O(|E| \log_2 |V|)$의 계산 시간으로 완료된다.[52]

52 $|E| = O(|V|^2)$에서 $\log_2 |E| = O(\log_2 |V|)$가 되는 것에 주의한다.

각 반복에서는 현재의 변의 집합 T에서 만들어진 여러 연결 성분을 유지한다면, 다음에 추가되는 변 $e_k \in E \setminus T$가 닫힌 경로를 만드는지를 확인할 수 있다. 다시 말해서 다음에 추가되는 변 e_k의 양끝점이 같은 연결 성분에 포함되면 닫힌 경로가 만들어지고, 다른 연결 성분이 포함되어 있다면 닫힌 경로가 만들어지지 않는다. 각 꼭짓점 v가 포함되는 연결 성분을 레이블 f_v로 나타낸다. 처음에 각 꼭짓점 v는 단 하나의 꼭짓점에서 만들어지는 연결 성분에 포함되므로 $f_v = v$가 된다. 각 반복에서 변 $e_k = \{u, v\}$에 대해 $f_u = f_v$이면 $T \cup \{e_k\}$는 닫힌 경로를 포함하므로 어떤 조치도 하지 않는다. $f_u \neq f_v$이면 $T = T \cup \{e_k\}$로 한 뒤, 꼭짓점 u를 포함하는 연결 성분과 꼭짓점 v를 포함하는 연결 성문을 병합한다. 이때 작은 연결 성분을 큰 연결 성분으로 병합한다. 다시 말해서 꼭짓점 u를 포함하는 연결 성분을 C_u, 꼭짓점 v를 포함하는 연결 성분을 C_v로 하고, $|C_u| \leq |C_v|$이면, 각 꼭짓점 $u' \in C_u$에 대해 $f_{u'} = f_v$로 한다. $|C_u| \geq |C_v|$이면, 각 꼭짓점 $v' \in C_v$에 대해 $f_{v'} = f_v$로 한다. 각 꼭짓점 u의 레이블 f_u가 업데이트될 때, 꼭짓점 u를 포함하는 연결 성분의 크기는 두 배 이상이 되므로, 각 꼭짓점 u의 레이블 f_u가 업데이트되는 횟수는 $\lfloor \log_2 |V| \rfloor$번이 된다. 여기에서 **링크드 리스트** linked list 라 불리는 데이터 구조를 이용해, 변의 집합 T에 의해 만들어지는 여러 연결 성분을 저장하면 크루스칼 알고리즘의 전체 계산 시간은 $O(|V| \log_2 |V|)$가 된다. 따라서 크루스칼 알고리즘의 전체의 계산 시간은 $O(|E| \log_2 |V|)$가 된다.

어떤 꼭짓점 하나에서 트리를 성장시켜 모든 꼭짓점을 연결하는 프림 알고리즘에서도 최적 설루션을 구할 수 있다. 프림 알고리즘의 절차를 다음과 같이 정리할 수 있다.

알고리즘 4.3 | 프림 알고리즘

단계 1: 임의의 꼭짓점 하나를 선택해서 v_0으로 한다. $S = \{v_0\}$, $T = \varnothing$으로 한다.

단계 2: $S = V$이면 종료한다.

단계 3: $\min\{d_e \mid e \in \delta(S)\}$를 달성하는 변 $e^* = \{u^*, v^*\}(u^* \in S, v^* \in V \setminus S)$를 구하고, $T = T \cup \{e^*\}$, $S = S \cup \{v^*\}$로 하고 단계 2로 돌아간다.

프림 알고리즘의 어떤 반복에서 다음에 선택되는 변 e^*는 컷 $\delta(S)$ 중에서 길이가 최소이므로, [정리 4.2]로부터 변 e_k는 최소 영역 트리에 포함되는 것을 알 수 있다.

프림 알고리즘의 실행 예를 [그림 4.39]에 표시했다.

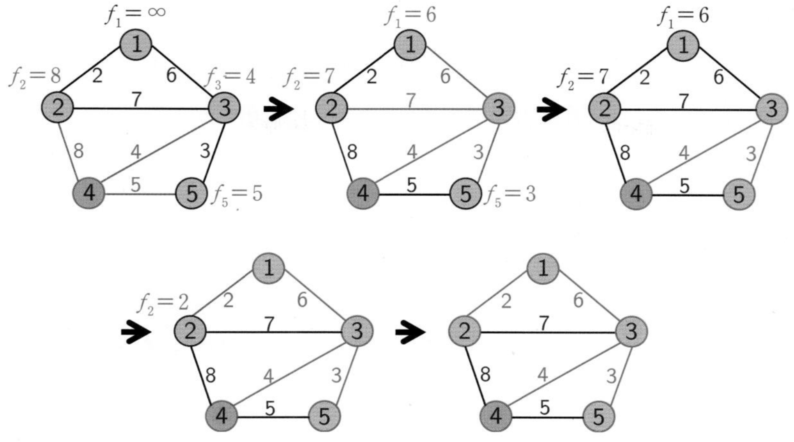

그림 4.39 프림 알고리즘의 실행 예

각 반복에서는 $\min\{d_e \mid e \in \delta(S)\}$를 달성하는 변 e^*를 구해야 한다. 각 꼭짓점 $v \in V \setminus S$에 대해 꼭짓점 v와 꼭짓점 집합 S를 연결하는 변의 최소 길이를 유지한다면, 변 e^*를 $O(|V|)$의 계산 시간으로 구할 수 있다. 어떤 꼭짓점 $v \in V \setminus S$와 꼭짓점 집합 S를 연결하는 변의 집합을 $\delta(v, S)$라고 한다. 각 꼭짓점 $v \in V \setminus S$에 대해 $\delta(v, S)$에 포함된 변의 최소 길이를 레이블값 $f_v = \min\{d_e \mid e \in \delta(S)\}$로 나타낸다. 각 반복에서는 선택된 꼭짓점 v^*에서 각 꼭짓점 $v \in V \setminus S$로 이어지는 변 $e = \{v^*, v\}$에 착안하면, 각 꼭짓점 $v \in V \setminus S$의 새로운 레이블값은 $f_v = \min\{f_v, d_e\}$가 되어, $O(|V|)$의 계산 시간으로 레이블값 f_v를 업데이트할 수 있다. 반복 횟수는 $|V|$회이므로, 프림 알고리즘의 전체 계산 시간은 $O(|V|^2)$가 된다.

프림 알고리즘은 1회씩만 각 변 $e \in E$를 확인하므로, 레이블값 f_v의 업데이트는 전체적으로 최대 $|E|$회가 된다. 여기에서 **피보나치 힙**Fibonacci heap 이라고 불리는 데이터 구조를 이용해서 각 꼭짓점 $v \in V \setminus S$의 레이블값 f_v를 저장하면 $|V|$번의 최소 레이블값 f^*의 탐색에 필요한 계산 시간은 전체적으로 $O(|V| \log_2 |V|)$, $|E|$번의 레이블값 f_v의 업데이트에 필요한 계산 시간은 전체적으로 $O(|E|)$가 되어, 프림 알고리즘 전체의 계산 시간을 $O(|E| + |V| \log_2 |V|)$로 개선할 수 있다.

최소 전역 트리 문제와 같이 탐욕 알고리즘에 의해 최적 설루션을 구할 수 있는 조합 최적화 문제는 특수한 구조를 갖는다. 예를 들어 그래프의 전역 트리가 갖는 특징은 **매트로이드**matroid 라 불리는 개념으로 추상화할 수 있다.

4.3.2 동적 계획법

동적 계획법dynamic programming(DP)[53]은 문제를 작은 부분 문제로 분할해서 푼 뒤, 부분 문제의 최적 설루션을 결합해서 원래 문제의 최적 설루션을 구하는 **분할 정복법**divide-and-conquer method과 유사한 기법이다. 분할 정복법에서는 문제를 독립된 부분 문제로 분할해서 푸는 절차를 하향-재귀적으로 수행하기 때문에, 같은 문제가 반복해서 나타나면 최적 설루션을 효율적으로 구하지 못하는 경우가 있다. 그래서 각 부분 문제를 풀 때 그 최적 설루션을 기억함으로써, 같은 부분 문제를 반복해서 푸는 것을 방지하는 이력 관리 기법을 주로 이용한다. 동적 계획법은 '원래 문제의 최적 설루션이 어떤 부분 문제의 최적 설루션을 포함한다'라는 **부분 구조 최적성**optimal substructure[54]을 갖는 문제를 대상으로 한다. 동적 계획법에서는 그때까지 얻은 작은 부분 문제의 최적 설루션을 이용해서 보다 큰 부분 문제의 최적 설루션을 푸는 절차를 상향식으로 쌓아올리며 수행하기 때문에, 동일한 부분 문제를 반복해서 풀지 않고도 최적 설루션을 효율적으로 구할 수 있다. 이번 절에서는 동적계획법을 이용해 효율적으로 최적 설루션을 구할 수 있는 조합 최적화 문제의 예로 냅색 문제, 자원 배분 문제, 최소 비용 탄성 매칭 문제, 최단 경로 문제를 소개한다.

냅색 문제: 4.1.2절에서는 정수 계획 문제의 예로 냅색 문제를 소개했다. n개의 물품으로 이루어진 냅색 문제의 모든 물품을 넣는 조합을 나열하면 2^n 가지가 된다. 조합해서 넣은 물품의 무게와 가격의 합계를 평가하기 위해 필요한 덧셈은 각각 n번이므로, 단순한 나열법의 계산 시간은 $O(n2^n)$이 된다. 한편, 냅색 문제는 동적 계획법을 이용해 효율적으로 최적 설루션을 구할 수 있다. 단, 각 물품 j의 가격 p_j와 무게 w_j는 모두 정숫값이라 가정한다.

가방의 용량을 $u(\leq C)$, 넣는 물품의 후보를 $1, \ldots, k\ (\leq n)$로 제한한 부분 문제를 생각한다.

$$
\begin{array}{lll}
\text{최대화} & \displaystyle\sum_{j=1}^{k} p_j x_j & \\
\text{조건} & \displaystyle\sum_{j=1}^{k} w_j x_j \leq u, & \qquad (4.61) \\
 & x_j \in \{0, 1\}, \quad j = 1, \ldots, k. &
\end{array}
$$

53 동적 계획법은 1950년경 벨먼Bellman이 제안한 기법으로 조합 최적화 문제에 국한되지 않고 폭넓은 문제에 적용되고 있다.

54 동적 계획법에서는 **최적성 원리**principle of optimality라 부르는 경우가 많다.

이 부분 문제의 최적값을 나타내는 함수를 $f(k, u)$라고 한다. 이때 $f(1, u)$의 값은

$$f(1,\ u) = \begin{cases} 0 & u < w_1 \\ p_1 & u \geq w_1 \end{cases} \tag{4.62}$$

이 된다. 그리고 $f(k, u)$의 값은 다음 점화식으로 구할 수 있다.

$$f(k,\ u) = \begin{cases} f(k-1,\ u) & u < w_k \\ \max\{f(k-1,\ u),\ f(k-1,\ u-w_k)+p_k\} & u \geq w_k. \end{cases} \tag{4.63}$$

$u < w_k$인 경우에는 물품 k를 선택할 수 없으므로 넣는 물품의 후보를 $1, \ldots, k-1$로 제한한 부분 문제의 최적값 $f(k-1, u)$를 그대로 채용한다. 한편, $u \geq w_k$인 경우에는 물품 k를 선택하지 않은 경우의 최적값 $f(k-1, u)$, 물품 k를 선택한 경우의 최적값 $f(k-1, u-w_k)+p_k$를 비교해서 값이 큰 쪽을 채용한다(그림 4.40). $f(k-1, u)$ $(u=0, \ldots, C)$의 값을 알면, 점화식을 이용해 $f(k, u)$ $(u=0, \ldots, C)$의 값을 구할 수 있다. 가장 마지막에 구한 $f(n, C)$의 값이 냅색 문제의 최적값이 된다. 최적값 $f(n, C)$뿐만 아니라 이를 실현하는 물품을 넣는 조합(최적 설루션)도 구하고 싶은 경우에는 $f(k, u)$의 값을 계산할 때, 물품 k가 선택되었는지도 기억하면 된다.

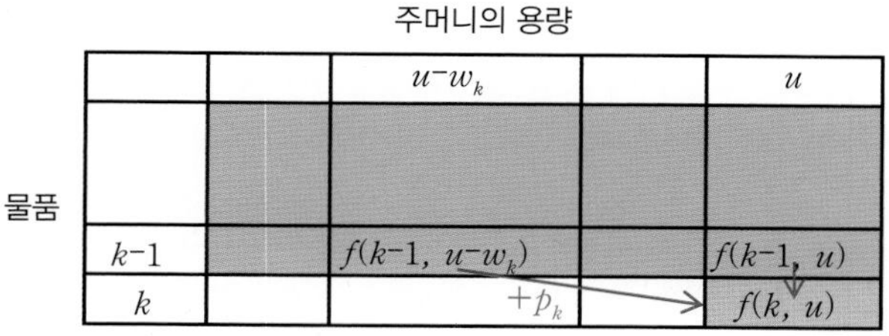

그림 4.40 냅색 문제에 대한 동적 계획법

냅색 문제에 대한 동적 계획법의 절차를 다음과 같이 정리할 수 있다.

알고리즘 4.4 | 냅색 문제에 대한 동적 계획법

단계 1: 식 (4.62)에 따라 $f(1, u)$ $(u=0, \ldots, C)$를 계산한다. $k=1$로 한다.

단계 2: $k=n$이면 종료한다. 그렇지 않으면 $k=k+1$로 한다.

단계 3: 식 (4.63)에 따라 $f(k, u)$ $(u=0, \ldots, C)$를 계산하고, 단계 2로 돌아간다.

각 부분 문제의 최적값 $f(k, u)$는 점화식에 따라 상수 시간으로 구할 수 있다. 부분 문제는 nC개이므로, 냅색 문제에 대한 동적 계획법의 전체 계산 시간은 $O(nC)$가 된다.[55]

예를 들어 다음 냅색 문제를 생각해본다.

$$\begin{array}{ll} \text{최대화} & 16x_1+19x_2+23x_3+28x_4 \\ \text{조건} & 2x_1+3x_2+4x_3+5x_4 \le 7, \\ & \boldsymbol{x}=(x_1,\ x_2,\ x_3,\ x_4)^\top \in \{0,\ 1\}^4. \end{array} \tag{4.64}$$

이때 각 부분 문제의 최적값 $f(k, u)$는 [그림 4.41]의 표로 정리할 수 있다. 문제 (4.64)의 최적 설루션은 $\boldsymbol{x}=(1, 0, 0, 1)^\top$, 최적값은 44가 된다.

물품 \ 주머니의 용량	0	1	2	3	4	5	6	7
1	0	0	16	16	16	16	16	16
2	0	0	16	19	19	35	35	35
3	0	0	16	19	23	35	39	42
4	0	0	16	19	23	35	39	44

그림 4.41 냅색 문제에 대한 동적 계획법 실행 예

다른 부분 문제의 정의에 기반한 동적 계획법을 생각해본다. 주머니에 넣는 물품의 가격의 합계를 v, 넣는 물품의 후보를 $1, \ldots, k$ $(\le n)$으로 제한한 상태에서 주머니에 넣는 물품의 무게의 합계를 최소화하는 부분 문제를 생각한다.

55 주머니의 용량 C의 입력에 필요한 데이터의 길이 N은 $\lceil \log_2 C \rceil$이다. $C > 2^{N-1}$이므로, 이 동적 계획법은 다항식 시간 알고리즘이 아닌 의사 다항식 시간 알고리즘인 것에 주의한다.

$$
\begin{aligned}
\textbf{최소화} \quad & \sum_{j=1}^{k} w_j x_j \\
\textbf{조건} \quad & \sum_{j=1}^{k} p_j x_j = v, \\
& x_j \in \{0, 1\}, \quad j = 1, \ldots, k.
\end{aligned}
\tag{4.65}
$$

이 부분 문제의 최적값을 나타내는 함수를 $g(k, v)$라고 한다. 단, 실행 가능 설루션이 존재하지 않는 경우에는 $g(k, v) = \infty$로 한다. 이때 $g(1, v)$의 값은

$$
g(1, v) = \begin{cases} 0 & v = 0 \\ w_1 & v = p_1 \\ \infty & \text{그 외} \end{cases} \tag{4.66}
$$

가 된다. 또한 $g(k, v)$의 값은 다음의 점화식으로 구할 수 있다.

$$
g(k, v) = \begin{cases} g(k-1, v) & v < p_k \\ \min\{g(k-1, v), g(k-1, v-p_k) + w_k\} & v \geq p_k. \end{cases} \tag{4.67}
$$

$v < p_k$인 경우에는 물품 k를 선택할 수 없으므로, 주머니에 넣은 물품의 후보를 $1, \ldots, k-1$로 제한한 부분 문제에서의 최적값인 $g(k-1, v)$를 그대로 채용한다. 한편, $v \geq p_k$인 경우에는 물품 k를 선택하지 않았을 때의 최적값 $g(k-1, v)$와 물품 k를 선택한 경우의 최적값 $g(k-1, v-p_k) + w_k$를 비교해서 값이 작은 쪽을 채용한다. $g(n, v) \leq C$를 만족하는 가격 v의 최댓값이 냅색 문제의 최적값이 된다. 이 동적 계획법에서는 가격 v를 0부터 최적값까지 조사해야 한다. 그러나 냅색 문제의 최적값을 사전에 알 수는 없으므로, 대신 최적값의 상한 $P = \Sigma_{j=1}^{n} p_j$의 값까지 조사한다.

냅색 문제에 대한 동적 계획법의 절차를 다음과 같이 정리할 수 있다.

알고리즘 4.5 | 냅색 문제에 대한 동적 계획법

> **단계 1:** 식 (4.66)에 따라 $g(1, v)(v=0, \ldots, P)$를 계산한다. $k=1$로 한다.
>
> **단계 2:** $k=n$이면 종료한다. 그렇지 않으면 $k=k+1$로 한다.
>
> **단계 3:** 식 (4.67)에 따라 $g(k, v)(v=0, \ldots, P)$를 계산하고, 단계 2로 돌아간다.

각 부분 문제의 최적값 $g(k, v)$는 점화식에 의해 상수 시간에 구할 수 있다. 최적값의 상한을 P로 보면 부분 문제는 nP개이므로, 냅색 문제에 대한 동적 계획법의 계산 시간은 $\mathrm{O}(nP)$가 된다.[56]

예를 들어 다음 냅색 문제를 생각해보자.

$$
\begin{array}{ll}
\text{최대화} & 3x_1 + 4x_2 + x_3 + 2x_4 \\
\text{조건} & 2x_1 + 3x_2 + x_3 + 3x_4 \leq 4, \\
 & \boldsymbol{x} = (x_1,\ x_2,\ x_3,\ x_4)^\top \in \{0,\ 1\}^4.
\end{array}
\tag{4.68}
$$

이때 각 부분 문제의 최적값 $g(k, v)$는 [그림 4.42]의 표로 정리할 수 있다. 문제 (4.68)의 최적 설루션은 $\boldsymbol{x} = (0, 1, 1, 0)^\top$, 최적값은 5가 된다.

주머니에 넣은 물품 가격의 합계

물품	0	1	2	3	4	5	6	7	8	9	10
1	0	∞	∞	2	∞	∞	∞	∞	∞	∞	∞
2	0	∞	∞	2	3	∞	∞	5	∞	∞	∞
3	0	1	∞	2	3	4	∞	5	6	∞	∞
4	0	1	3	2	3	4	6	5	6	8	9

그림 4.42 냅색 문제에 대한 동적 계획법 실행 예

56 최적값의 상한 P의 입력에 필요한 데이터의 길이 N은 $\lceil \log_2 P \rceil$이다. $P \geq 2^{N-1}$이므로, 이 동적 계획법은 다항식 시간 알고리즘이 아닌 의사 다항식 시간 알고리즘인 것에 주의한다.

자원 배분 문제: 4.3.1절에서는 함수 $f_j(x_j)$가 오목 함수인 자원 배분 문제에 대한 탐욕 알고리즘을 소개했다. 이번에는 함수 $f_j(x_j)$가 오목 함수라고 단정할 수 없는 자원 배분 문제를 살펴보기로 한다. 자원의 총량을 $u(\leq B)$, 사업 후보를 $i, \ldots, k(\leq n)$으로 제한한 부분 문제를 생각해보자.

$$
\begin{array}{lll}
\text{최대화} & \sum_{j=1}^{k} f_j(x_j) & \\
\text{조건} & \sum_{j=1}^{k} x_j = u, & \qquad (4.69)\\
& x_j \in \mathbb{Z}_+, \quad j = 1, \ldots, k. &
\end{array}
$$

이 부분 문제의 최적값을 나타내는 함수를 $f(k, u)$로 한다. 이때 $f(1, u)$의 값은 $f_1(u)$가 된다. 또한 $f(k, u)$의 값은 다음 점화식으로 구할 수 있다.

$$
f(k,u) = \max\{f(k-1,\ u - x_k) + f_k(x_k) \mid x_k = 0, \ldots, u\}. \qquad (4.70)
$$

자원 배분 문제에 대한 동적 계획법 절차를 다음과 같이 정리했다.

알고리즘 4.6 | 자원 배분 문제에 대한 동적 계획법

단계 1: $f(1, u) = f_1(u)$ $(u = 0, \ldots, B)$로 한다. $k = 1$로 한다.

단계 2: $k = n$이면 종료한다. 그렇지 않으면 $k = k + 1$로 한다.

단계 3: 식 (4.70)에 따라 $f(k, u)$ $(u = 0, \ldots, B)$를 계산하고, 단계 2로 돌아간다.

각 부분 문제의 최적값 $f(k, u)$는 점화식으로부터 $O(B)$의 계산 시간으로 구할 수 있다. 부분 문제는 nB개이므로, 자원 배분 문제에 대한 동적 계획법의 전체의 계산 시간은 $O(nB^2)$가 된다.[57]

예를 들어 다음 자원 배분 문제를 생각해본다.

---

57 자원의 총량 B의 입력에 필요한 데이터의 길이 N은 $\lceil \log_2 B \rceil$이다. $B > 2^{N-1}$이므로, 이 동적 계획법은 다항식 시간 알고리즘이 아닌 의사 다항식 시간 알고리즘인 것에 주의한다.

$$
\begin{aligned}
&\textbf{최대화} \quad 10\,|\,x_1 - 1\,| + x_2^2 + 2(x_3 - 1)^2 + \frac{60}{|\,2x_4 - 9\,|} \\
&\textbf{조건} \quad x_1 + x_2 + x_3 + x_4 = 6, \\
&\qquad\quad \boldsymbol{x} = (x_1,\ x_2,\ x_3,\ x_4)^\top \in \mathbb{Z}_+^4.
\end{aligned}
\tag{4.71}
$$

이때 각 부분 문제의 최적값 $f(k, u)$는 [그림 4.43]의 표로 정리할 수 있다. 문제 (4.71)의 최적 설루션은 $\boldsymbol{x} = (0, 2, 0, 4)^\top$, 최적값은 76이 된다.

사업 \ 자원	0	1	2	3	4	5	6
1	10	0	10	20	30	40	50
2	10	11	14	20	30	40	50
3	12	13	16	22	32	42	60
4	$\frac{56}{3}$	$\frac{144}{7}$	24	32	72	73	76

그림 4.43 자원 배분 문제에서의 동적 계획법 실행 예

최소 비용 탄성 매칭 문제minimum cost elastic matching problem: 두 개의 열 $A = (a_1, a_2, \ldots, a_m)$과 $B = (b_1, b_2, \ldots, b_n)$이 주어졌을 때, 각 열의 요소 사이의 대응 관계를 구하는 문제를 생각한다. 두 개 열의 요소의 대응 (a_i, b_j)의 집합 $M \subseteq \{(a_i, b_j) \mid i = 1, \ldots, m, j = 1, \ldots, n\}$이 다음 조건을 만족할 때, 집합 M을 **탄성 매칭**elastic matching이라 한다.

(1) 2개의 열의 각 요소는 집합 M 안의 적어도 하나의 대응에 된다.

(2) 임의의 2개 요소의 대응 (a_j, b_j), $(a_k, b_l) \in M$에 대해, $i < k$이면 $j \leq l$가 성립한다.

탄성 매칭(좌)과 탄성이 아닌 매칭(우)을 [그림 4.44]에 표시했다.

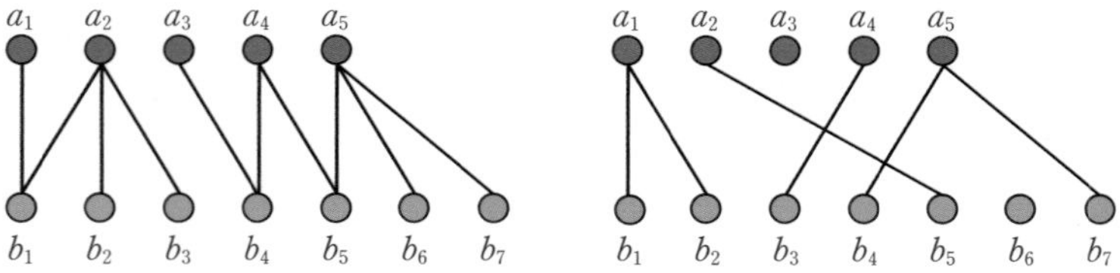

그림 4.44 탄성 매칭(좌)와 탄성이 아닌 매칭(우)

여기에서 이분 그래프의 꼭짓점이 2개의 열의 각 요소, 변의 집합이 매칭 M을 나타낸다. 조건 (1)은 각 꼭짓점이 변의 집합 M 안에서 적어도 하나의 변에 연결되는 것, 조건 (2)는 변의 집합 M에 포함되는 임의의 2개 변이 교차하지 않는 것을 의미한다. 그리고 이 조건으로부터 양 끝의 쌍 (a_1, b_1), (a_m, b_n)은 모두 탄성 매칭 M에 포함된다. 2개 열의 요소 a_i, b_j 사이에 대응 관계 비용 c_{ij}가 주어졌을 때, 대응 관계 비용의 합계 $\Sigma_{(i,j)\,inM} c_{ij}$ 를 최소로 하는 탄성 매칭 M을 구하는 문제를 생각한다. 최소 비용 탄성 매칭 문제는 음성 및 이미지 인식, 자연 언어 처리, 생명 정보 과학 등 폭넓은 분야의 문제에 적용되고 있다.[58]

열 A의 i번째까지의 요소로 이루어진 부분 배열 $A_i = (a_1, a_2, \ldots, a_j)$와 열 B의 j번째까지의 요소로 이루어진 부분 배열 $B_j = (b_1, b_2, \ldots, b_j)$로 제한한 부분 문제를 생각한다. 이 부분 문제의 최적값을 의미하는 변수를 $f(i, j)$로 한다. 이때 $f(1, 1)$의 값은 c_{11}이 된다. 그리고 $f(i, j)$의 값은 다음 점화식으로 구할 수 있다.

$$
\begin{aligned}
&f(i,\ 1) = f(i-1,\ 1) + c_{i1},\\
&f(1,\ j) = f(1,\ j-1) + c_{1j},\\
&f(i,\ j) = \min\{f(i-1,\ j-1),\ f(i-1,\ j),\ f(i,\ j-1)\} + c_{ij}.
\end{aligned}
\tag{4.72}
$$

최소 비용 탄성 매칭 문제에 대한 동적 계획법의 절차를 정리하면 다음과 같다.

알고리즘 4.7 | 최소 비용 탄성 매칭 문제에 대한 동적 계획법

단계 1: $f(1,\ 1) = c_{11}$로 한다. $f(i,\ 1) = f(i-1,\ 1) + c\_\{i1\}$ $(i = 2, \ldots, m)$으로 한다. $j = 1$로 한다.

단계 2: $j = n$이면 종료한다. 그렇지 않으면 $j = j + 1$로 한다.

단계 3: $f(1, j) = f(1, j-1) + c_1 j$로 한다. $f(i, j) = \min\{f(i-1, j-1), f(i-1, j), f(i, j-1)\} + c_{ij}$ $(i=2, \ldots, m)$으로 하고 단계 2로 돌아간다.

최소 비용 탄성 매칭 문제는 [그림 4.45]에 표시한 것처럼 그래프의 왼쪽 아래 끝 꼭짓점으로부터 오른쪽 위 꼭짓점까지 최단 경고를 구하는 문제로 볼 수 있다.

---

58 이들 분야에서는 **시계열 정렬 문제** sequence alignment problem 라 부르는 경우가 많다. **최장 공통 부분열 문제** longest common subsequence problem (LCS)두 최소 비용 탄성 매칭 문제로 귀착할 수 있다.

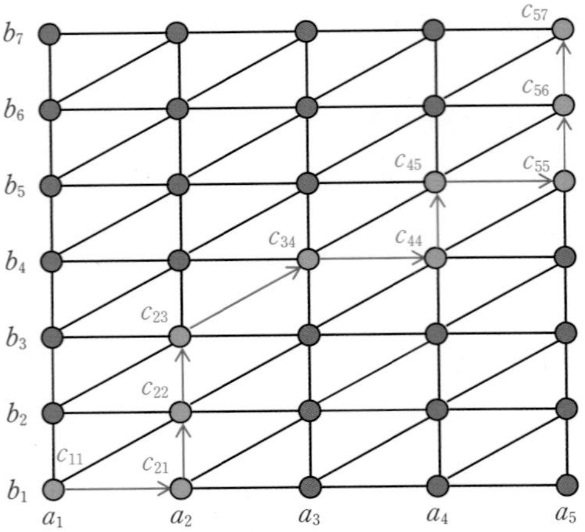

그림 4.45 최소 비용 탄성 매칭 문제에 대한 동적 계획법 실행 예

점화식은 요소의 쌍 (a_i, b_j)에 이르는 경로가 직전에 왼쪽 아래의 (a_{i-1}, b_{j-1}), 왼쪽의 (a_{i-1}, b_j), 아래의 (a_i, b_{j-1}) 중 하나의 꼭짓점을 지나는 것을 의미한다. $f(i-1, j)$ $(j=1, \dots, n)$의 값을 알면 점화식을 이용해 $f(i, j)$ $(j=1, \dots, n)$의 값을 구할 수 있다. 마지막으로 구한 $f(m, n)$의 값이 최소 비용 탄성 매칭 문제의 최적값이 된다. 최적값 $f(m, n)$뿐만 아니라 그것을 실행하는 대응 쌍(최적 설루션)도 구하고자 하는 경우에는 $f(i, j)$의 값을 계산할 때 선택된 요소의 쌍을 저장하면 된다. 각 부분 문제의 최적값 $f(i, j)$는 점화식에서 상수 시간에 구할 수 있다. 부분 문제는 mn개이므로, 최소 비용 탄성 매칭 문제에 대한 동적 계획법의 전체 계산 시간은 $O(mn)$이 된다.

최단 경로 문제: 4.1.6절에서는 완전 단모듈 행렬을 제약 행렬로 갖는 정수 계획 문제를 예로 들어 최단 경로 문제를 소개했다. 제약 행렬이 완전 단모듈 행렬이 되는 정수 계획 문제에서는 정수 조건을 완화한 선형 계획 문제에 대해 단체법을 적용하여 원래의 정수 계획 문제의 최적 설루션을 얻을 수 있다. 한편, 최단 경로 문제에서는 동적 계획법을 이용해 보다 효율적으로 최적 설루션을 구할 수 있다.

유향 그래프 $G=(V, E)$와 각 변 $e \in E$의 길이 d_e가 주어진다. 여기에서 유향 그래프 $G=(V, E)$는 강한 연결이라고 가정한다.[59] 이때 주어진 시작점 $s \in V$에서 각 지점 $v \in V \setminus \{s\}$에 이르는 최단 경로를 구하는 문제는 **단일 시작점 최단 경로 문제**single-source shortest path problem라 한다. 그리고 모든 꼭짓점의 조합 $u, v \in V$에 대해 꼭짓점 u에서 꼭짓점 v에 이르는 최단 경로를 구하는 문제를 **모든 점 쌍 최단 경로 문제**all-pairs shortest path problem라 한다.[60]

어떤 경로에 포함된 변의 길이의 합계가 음수일 때, 이 닫힌 경로를 **음의 닫힌 경로**negative cycle라 한다. [그림 4.46]에 표시한 것처럼 시작점 s에서 꼭짓점 v에 이르는 경로가 음의 닫힌 경로를 포함하는 경우, 음의 닫힌 경로를 반복해서 통과하면 경로의 길이를 한없이 줄일 수 있으므로 최단 경로의 길이가 유한하지 않게 된다.

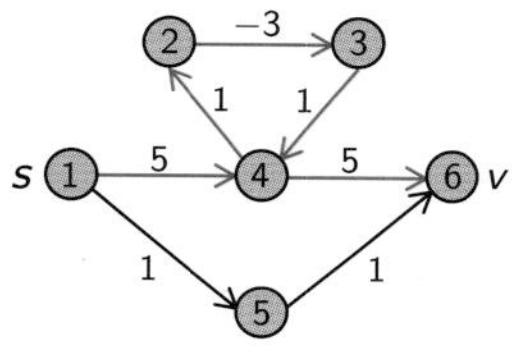

그림 4.46 음의 닫힌 경로를 갖는 최단 경로 문제 사례

반대로 시작점 s에서 꼭짓점 v에 이르는 임의의 경로가 음의 닫힌 경로를 포함하지 않으면, 시작점 s에서 꼭짓점 v에 이르는 최단 경로의 길이는 유한하게 된다. 이때 어떤 최단 경로가 닫힌 경로를 포함하면 그 길이는 음이 아니므로, 이 닫힌 경로를 지나지 않는 시작점 s에서 꼭짓점 v에 이르는 다른 최단 경로가 존재한다. 즉, 시작점 s에서 꼭짓점 v에 이르는 유한한 길이의 최단 경로가 존재하면 그 안에 닫힌 경로를 포함하지 않는 최단 경로가 존재한다.[61]

59 유향 그래프 $G=(V, E)$의 임의의 꼭짓점 조합 $u, v \in V$에 대해 꼭짓점 u에서 꼭짓점 v에 이르는 경로가 존재하면 G는 **강한 연결**strongly connected이라 한다. 깊이 우선 탐색 혹은 너비 우선 탐색을 이용하면 유향 그래프 $G=(V, E)$가 강한 연결인지 아닌지를 $O(|V|+|E|)$의 계산 시간에 확인할 수 있다.

60 주어진 시작점 $s \in V$에서 종료점 $t \in V$에 이르는 최단 경로를 구하는 문제를 **단일점 쌍 최단 경로 문제**single-pair shortest path problem라 한다. 다이크스트라 알고리즘 등 단일 시작점 최단 경로 문제에 대한 알고리즘을 이용해 단일점 쌍 최단 경로 문제도 효율적으로 풀 수 있다.

61 닫힌 경로를 포함하지 않는 경로를 **단순 경로**simple path라 한다. 시작점 s에서 꼭짓점 v에 이르는 경로 중 음의 닫힌 경로를 포함하는 경로가 존재하는 경우 가장 짧은 단순 경로를 구하는 문제는 NP 난해하다.

먼저, 단일 시작점 최단 경로 문제에 대한 **다이크스트라 알고리즘**Dijikstra's algorithm과 **벨먼 포드 알고리즘**Bellman–Ford algorithm을 소개한다. 이 알고리즘들은 다음의 특징에 기반해 만들어졌다.

정리 4.3

시작점 s에서 각 꼭짓점 $v \in V$로의 어떤 경로의 길이를 f_v라고 한다. 단, $f_s = 0$으로 한다. 이때 모든 꼭짓점 $v \in V$에 대해 f_v가 최단 경로의 길이기 위한 필요충분조건은

$$f_v \le f_u + d_e, \quad e = (u, v) \in E \tag{4.73}$$

가 성립하는 것이다.

증명 먼저 필요조건임을 보인다. 대우를 표시한다. 만약 $f_v > f_u + d_e$인 $e = (u, v) \in E$가 존재한다면, f_u를 이루는 시작점 s에서 꼭짓점 u로의 경로 P_u에 변 e를 더한 경로의 길이는 f_v보다 짧다. 그러므로 f_v는 최단 경로의 길이가 아니다.

다음으로 충분조건임을 보인다. 시작점 s에서 꼭짓점 v로의 임의의 경로를 $P_v = (S = v_1, v_2, \ldots, v_k = v)$, 그 각 변을 $e_i = (v_i, v_{i+1}) \in E$라 한다. 이때 경로 P_v의 길이는 $f_{v_{i+1}} \le f_{v_i} + d_{e_i}$ 로부터,

$$\sum_{i=1}^{k-1} d_{e_i} \ge \sum_{i=1}^{k-1} (f_{v_{i+1}} - f_{v_i}) = f_v - f_s = f_v \tag{4.74}$$

가 된다. 따라서 f_v보다 짧은 경로는 존재하지 않는다. □

식 (4.73)을 **삼각 부등식**triangle inequality이라 한다.[62] 시작점 s에서 꼭짓점 v로의 최단 경로의 길이를 f_v^*로 한다. 식 (4.74)에서 다음과 같은 특징을 얻을 수 있다.

62 삼각 부등식 (4.73)은 최단 경로 문제 (4.42)의 쌍대 문제 $\max\{y_t - y_s \mid y_v - y_u \le d_e, e = (u, v) \in E\}$의 제약조건과 대응한다. 쌍대 문제의 최적 설루션을 $y_v^*(v \in E)$라고 하면, 상보성 조건에 의해 시작점 s에서 종료점 t로의 최단 경로 P_t에 포함되는 변 $e = (u, v) \in P_t$는 $y_v^* - y_u^* = d_e$를 만족한다.

따름정리 4.1

시작점 s에서 꼭짓점 v로의 경로 $P_v = (s=v_1, v_2, \ldots, v_k = v)$가 최단 경로이기 위한 필요충분 조건은

$$f^*_{v_{i+1}} = f^*_{v_i} + d_{e_i}, \quad e_i = (v_i, v_{i+1}), \ i = 1, \ldots, k-1 \tag{4.75}$$

이 성립하는 것이다.

(증명 생략)

따름정리 4.2

시작점 s에서 꼭짓점 v로의 최단 경로를 $P_v = (s = v_1, v_2, \ldots, v_k = v)$라고 한다. 임의의 i $(1 \leq i \leq k)$에 대해, 경로 P_v의 부분 경로 $P_{v_i} = (s = v_1, \ldots, v_i)$는 시작점 s에서 꼭짓점 v_i로의 최단 경로다.

(증명 생략)

[따름정리 4.2]는 다음과 같이 나타낼 수도 있다. 부분 경로 P_{v_i}가 시작점 s에서 꼭짓점 v_i로의 최단 경로가 아니라고 가정한다. 시작점 s에서 꼭짓점 v_i로의 최단 경로를 P'_{v_i} $(\neq P_{v_i})$로 하면, 부분 경로 P'_{v_i}를 지나는 꼭짓점 v_i를 경유해 v에 이르는 경로 P'_{v_i}의 길이는 최단 경로 P_v의 길이보다 짧아지므로, 경로 P_v가 최단 경로라는 것에 반한다(그림 4.47). [따름정리 4.2]의 특징은 최단 경로 문제에서 부분 구조 최적성을 나타낸다. 최단 경로 문제에 관한 여러 알고리즘은 이 부분 구조 최적성에 기반해 설계되어 있다.

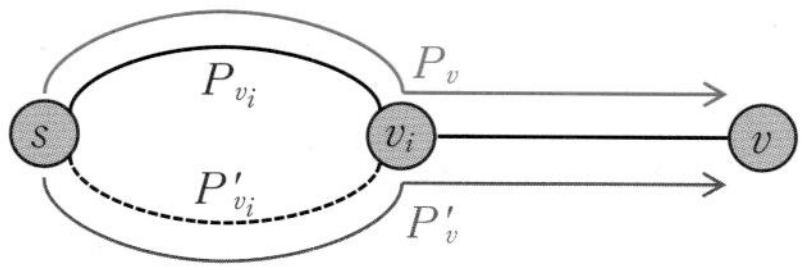

그림 4.47 최단 경로 문제에서의 부분 구조 최적성

레이블링 기법labeling method은 단일 시작점 최단 경로 문제에 대한 기본적인 알고리즘으로 시작점 s에서 각 꼭짓점 $v \in V$로의 최적 경로의 길이의 상한을 의미하는 레이블값 f_v를 업데이트하는 절차를 반복한다. 음의 길이의 닫힌 경로가 존재하는 경우에는 그 닫힌 경로를 반복해서 지나면 경로의 길이가 한없이 작아질 수 있으므로, 음의 길이의 닫힌 경로가 발견되는 시점에서 알고리즘을 종료한다. 레이블링 기법의 절차를 정리하면 다음과 같다.

알고리즘 4.8 | 레이블링 기법

단계 1: $f_s = 0, f_v = \infty \ (v \in V \setminus \{s\})$로 한다.

단계 2: 꼭짓점 $v \in V$를 선택한다.

단계 3: 꼭짓점 v를 끝점으로 하는 각 변 $e = (v, u)$에 대해 $f_u > f_v + d_e$라면 $f_u = f_v + d_e$로 한다.

단계 4: 모든 변 $e \in E$가 삼각 부등식 (4.73)을 만족하거나 음의 길이의 닫힌 경로가 발견되면 종료한다. 그렇지 않으면 단계 2로 돌아간다.

최단 경로의 길이뿐만 아니라 최단 경로 자체도 구하고자 하는 경우에는 [단계 3]에서 꼭짓점 u의 레이블값 f_u를 업데이트할 때, 어떤 변 $e = (v, u)$가 선택되었는지도 저장하면 된다.[63] 레이블링 기법은 [단계 2]에서 꼭짓점의 선택 방법에 따라 몇 가지 변형이 존재한다.

다이크스트라 알고리즘은 모든 변의 길이 $d_e \ (e \in E)$가 음수가 아닌 유향 그래프 $G = (V, E)$에 대한 레이블링 기법의 하나로 각 반복에서 지금까지 선택되지 않은 꼭짓점 중에서 최소 레이블값 f_v를 가진 꼭짓점을 선택한다. 모든 변의 길이 $d_e \ (e \in E)$가 음숫값이 아니면 각 반복에서 선택된 꼭짓점의 레이블값은 시작점 s에서 꼭짓점 v로의 최단 경로의 길이와 같다. 다이크스트라 알고리즘에서는 레이블값 f_v가 최단 경로의 길이와 같은 꼭짓점을 선택하므로, 한 번 선택한 꼭짓점의 레이블값 f_v는 이후 반복에서 변화하지 않는다. 그렇기 때문에 다이크스트라 알고리즘을 **레이블 확정 알고리즘**label-setting algorithm이라 부르기도 한다. [따름정리 4.2]의 특징과 조합하면 다이크스트라 알고리즘은 반복을 하면서 시작점 s에 첫 번째로 가까운 꼭짓점, 두 번째로 가까운 꼭짓점, 세 번째로 가까운 꼭짓점과 같이 시작점 s에서 가장 가까운 꼭짓점 순으로 최단 경로의 길이를 구하는 것을 알 수 있다.

다이크스트라 알고리즘의 절차를 정리하면 다음과 같다.

---

63 구체적으로는 변 $e = (v, u)$의 또 하나의 꼭짓점 v를 기억한다.

알고리즘 4.9 | 다이크스트라 알고리즘

단계 1: $f_s = 0, f_v = \infty \ (v \in V \setminus \{s\}), S = \varnothing$으로 한다.

단계 2: $S = V$이면 종료한다.

단계 3: $\min\{f_v \mid v \in V \setminus S\}$를 달성하는 꼭짓점 v^*를 선택한다. $S = S \cup \{v^*\}$로 한다.

단계 4: 꼭짓점 v^*를 끝점으로 하는 각 변 $e = (v^*, u) \in E \ (u \in V \setminus S)$에 대해 $f_u > f_{v^*} + d_e$라면 $f_u = f_{v^*} + d_e$로 하고 단계 2로 돌아간다.

다이크스트라 알고리즘의 실행 예를 [그림 4.48]에 표시했다.

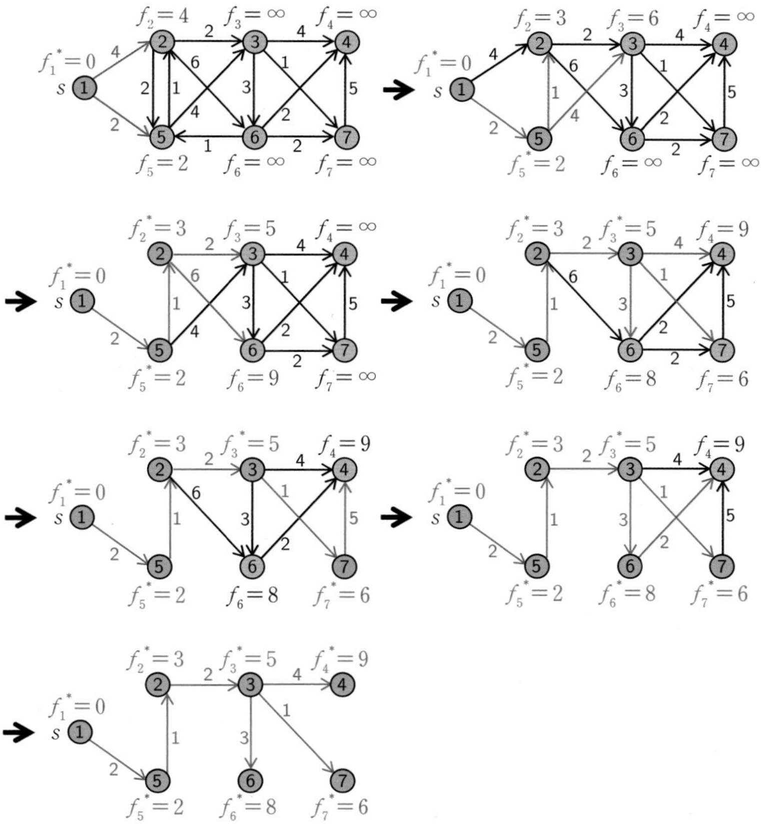

그림 4.48 다이크스트라 알고리즘 실행 예

각 반복에서는 최소 레이블값 $f^* = \min\{f_v \mid v \in V \setminus S\}$를 달성하는 꼭짓점 v^*를 구해야 한다. 각 반복에서는 선택된 꼭짓점 v^*에 인접한 꼭짓점 $u \in V \setminus S$에 착안하면 $\mathrm{O}(|V|)$의 계산 시간으로 레이블값 f_u를 업데이트할 수 있다. 이때 최소 레이블값 f^*도 동시에 업데이트할 수 있다. 반복 횟수는 $|V|$회이므로 다이크스트라 알고리즘의 전체 계산 시간은 $\mathrm{O}(|V|^2)$가 된다.

다이크스트라 알고리즘은 딱 한 번씩 각 변 $e \in E$를 주사하므로, 레이블값 업데이트는 전체에서 최대 $|E|$회가 된다. 여기에서 피보나치 힙을 이용해 각 꼭짓점 $v \in S$의 레이블값을 저장하면, $|V|$회의 최소 레이블값 f^*를 탐색하는 데 필요한 계산 시간은 총 $\mathrm{O}(|V| \log_2 |V|)$, $|E|$회의 레이블값 f_u의 업데이트에 필요한 계산 시간은 총 $\mathrm{O}(|E|)$가 되어, 다이크스트라 알고리즘 전체의 계산 시간을 $\mathrm{O}(|E| + |V| \log^2 |V|)$로 개선할 수 있다.[64]

벨먼-포드 알고리즘은 음의 길이의 변 $d_e < 0$을 가지는 유향 그래프 $G = (V, E)$에도 적용할 수 있는 레이블링 기법의 하나로, 모든 꼭짓점을 적당한 순서로 1회씩 선택해 인접한 꼭짓점의 레이블값을 업데이트하는 절차를 반복한다. 이 절차를 **사이클**cycle이라 한다. 시작점 s에서 꼭짓점 v로의 최단 경로가 존재하면, 닫힌 경로를 포함하지 않는 최단 경로가 반드시 존재하므로 최대 $|V| - 1$회의 사이클을 반복하면 최단 경로를 구할 수 있다. 한편, $|V|$번째 사이클에서 레이블값 f_v가 수정되는 꼭짓점 v가 존재하면, 꼭짓점 v를 포함하는 음의 길이의 닫힌 경로가 존재하는 것이므로 알고리즘을 종료한다. 벨먼-포드 알고리즘에서는 같은 꼭짓점 v가 여러 차례 선택되며 그 레이블값 f_v가 수정된다. 그래서 벨먼-포드 알고리즘을 **레이블 수정 알고리즘**label-correcting algorithm이라 부르기도 한다.

벨먼-포드 알고리즘의 절차를 정리하면 다음과 같다.

알고리즘 4.10 | 벨먼-포드 알고리즘

단계 1: $f_s = 0, f_v = \infty \ (v \in V \setminus \{s\}, S = \varnothing, k = 1$로 한다.

단계 2: 꼭짓점 $v \in V \setminus S$를 선택한다. $S = S \cup \{v\}$로 한다.

단계 3: 꼭짓점 v를 끝점으로 하는 각 변 $e = (v, u) \in E \ (u \in V \setminus \{v\})$에 대해 $f_u > f_v + d_e$라면 $f_u = f_v + d_e$로 한다. $S \neq V$ 이면 단계 2로 돌아간다.

단계 4: $k = |V|$이면 종료한다. 그렇지 않으면 $S = \varnothing, k = k + 1$로 하고 단계 2로 돌아간다.

---

64 다이크스트라 알고리즘은 레이블값의 계산을 제외하면 최소 전역 트리 문제에 대한 프림 알고리즘(4.3.1절)과 같은 알고리즘이다. 다이크스트라 알고리즘은 시작점 s에서 가장 가까운 점 순서로 최단 경로의 길이를 구하므로 탐욕 알고리즘으로 볼 수도 있다.

k개 이하의 변으로 시작점 s에서 꼭짓점 v에 이르는 경로의 최소 길이를 $f_v^{(k)}$로 하면, k에 관한 다음 점화식을 얻을 수 있다.

$$\begin{aligned} &f_s^{(0)} = 0, \\ &f_v^{(0)} = \infty,\ v \in V \setminus \{s\}, \\ &f_v^{(k)} = \min\left\{ f_v^{(k-1)},\ \min_{e=(u,v)\in E} \{ f_u^{(k-1)} + d_e \} \right\},\ v \in V. \end{aligned} \tag{4.76}$$

이 점화식을 풀면 $f_v^{(|V|-1)}$ 이 시작점 s에서 꼭짓점 v로의 최단 경로의 길이가 된다. 벨먼-포드 알고리즘은 이 점화식을 푸는 동적 계획법의 계산에 필요한 공간 복잡도를 개선한 알고리즘이라고 볼 수 있다.[65]

벨먼-포드 알고리즘의 실행 예를 [그림 4.49]에 표시했다.

벨먼-포드 알고리즘에서는 각 사이클에서 한 번씩만 각 변 $e \in E$를 확인한다. 사이클 횟수는 $|V|$회이므로, 벨먼-포드 알고리즘의 전체 계산 시간은 $\mathrm{O}(|V||E|)$가 된다. [그림 4.49]의 실행 예에서 알 수 있듯이 벨먼-포드 알고리즘에서는 1사이클 사이에 레이블값의 수정이 완전히 동일하다면 알고리즘을 종료할 수 있다. 또한 레이블값이 수정되지 않은 꼭짓점을 [단계 2]에서 선택할 필요는 없다. 그래서 **큐**queue[66]라 하는 데이터 구조를 이용해 [단계 2]에서 선택한 꼭짓점의 집합 $V \setminus S$를 저장한다. 처음에는 시작점 s만 갖는 행렬에 저장하고, [단계 4]에서 레이블값 f_v가 수정된 꼭짓점 v만 갖는 행렬에 추가하면, 대기 행렬이 비게 되는 된 시점에 알고리즘을 종료할 수 있다.

---

65 벨먼-포드 알고리즘의 [단계 3]은 이 점화식의 계산을 엄밀하게 재현한 것은 아니며, k번째 사이클에서 각 항목 v의 레이블값은 $f_v \le f_v^{(k)}$가 되는 것에 주의한다.

66 선입선출first-in-first-out(FIFO)의 조작을 구현한 리스트다.

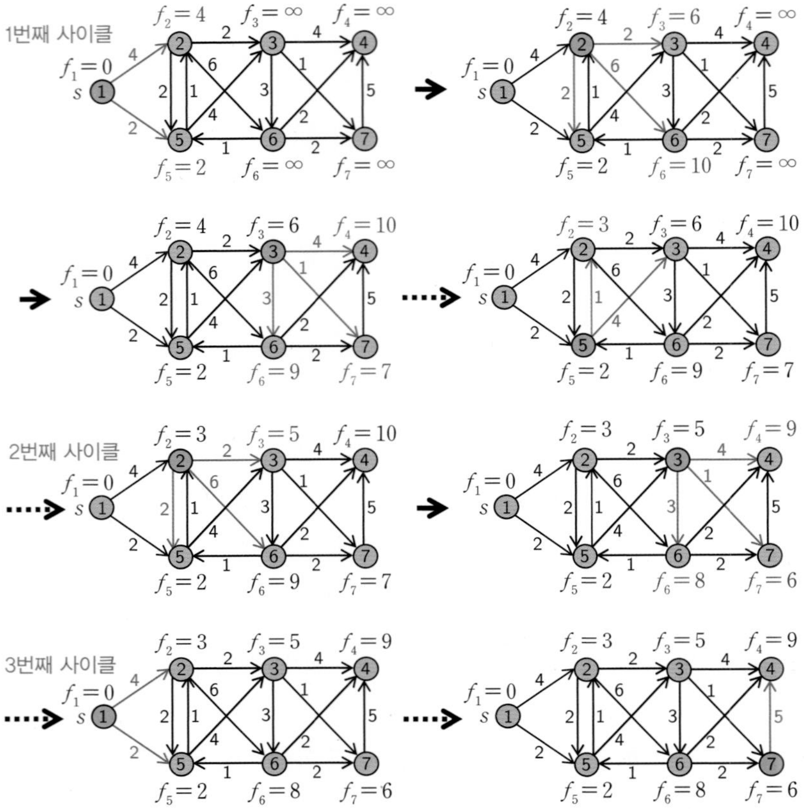

그림 4.49 벨먼-포드 알고리즘 실행 예

다음으로 모든 점 대응 최단 경로 문제에 대한 **플로이드-워셜 알고리즘**Floyd-Warshall algorithm을 소개한다. 먼저 단일 시작점 최단 경로 문제에 대한 레이블링 알고리즘을 모든 점 대응 최단 경로 문제로 확장한다.

[정리 4.4]는 [정리 4.3]에 대응하는 특징이다.

정리 4.4

꼭짓점 v에서 꼭짓점 v'까지 어떤 경로의 길이를 $f_{vv'}$라고 한다. 단, $f_{vv}=0$으로 한다. 이때 모든 꼭짓점의 조합 $v, v' \in V$에 대해 $f_{vv'}$가 꼭짓점 v에서 꼭짓점 v'까지 최단 경로의 길이이기 위한 필요충분조건은

$$f_{uv} \le f_{uw} + f_{wv}, \quad u,\ v,\ w \in V \tag{4.77}$$

가 성립하는 것이다.

(증명 생략)

그리고 [따름정리 4.2]에 대응하는 특징은 [따름정리 4.3]에 나타냈다.

따름정리 4.3

꼭짓점 v에서 꼭짓점 v'로의 어떤 경로를 $P_{vv'} = (v = v_1, v_2, \ldots, v_k = v')$라고 한다. 임의의 i, j $(1 \le i \le j \le k)$에 대해 경로 $P_{vv'}$에서의 꼭짓점 v_i에서 꼭짓점 v_j로의 부분 경로 $P_{v_i v_j} = (v_i, \ldots, v_j)$는 꼭짓점 v_i에서 꼭짓점 v_j로의 최단 경로다.

(증명 생략)

모든 점 대응 최단 경로 문제에 대한 레이블링 알고리즘의 절차를 정리하면 다음과 같다.

알고리즘 4.11 | 모든 점 대응 최단 경로 문제에 대한 레이블링 알고리즘

단계 1: $f_{vv} = 0\ (v \in V), f_{uv} = d_e\ (e = (u, v) \in E), f_{uv} = \infty\ ((u, v) \notin E)$로 한다.

단계 2: 시작점 u, 종료점 v, 중간점 w를 선택한다.

단계 3: $f_{uv} > f_{uw} + f_{wu}$이면 $f_{uv} = f_{uw} + f_{wu}$로 한다.

단계 4: 모든 세 꼭짓점의 조합 $u, v, w \in V$가 삼각 부등식 (4.77)을 만족하거나 음의 길이의 닫힌 경로가 발견되면 종료한다. 그렇지 않으면 단계 2로 돌아간다.

플로이드-워셜 알고리즘은 레이블링 기법의 [단계 2]에서 중간점 w의 선택을 제한한다. 꼭짓점을 $v_1, v_2, \ldots, v_{|V|}$와 같이 번호를 붙인다. 번호의 오름차순에 중간점으로 선택한 꼭짓점을 하나 추가하고, 모든 꼭짓점의 쌍 $u, v \in V$에 대해 레이블값 f_{uv}를 업데이트하는 절차를 반복한다. 이 절차를 사이클이라 한다. 꼭짓점 v에서 꼭짓점 v'로의 최단 경로가 중간점으로서

$\{v_1, \ldots, v_k\}$의 꼭짓점에만 포함될 때, 사이클을 k회 반복해 레이블값 $f_{vv'}$는 최단 경로의 길이와 같아진다. 꼭짓점 v에서 꼭짓점 v'로의 최대 경로가 존재하면 닫힌 경로를 포함하지 않는 최단 경로가 반드시 존재하므로, 최대 $|V|$번의 사이클을 반복하면 최단 경로를 구할 수 있다. 한편, 도중에 레이블값 $f_{vv} < 0$이 되는 꼭짓점 v가 발견된다면, 꼭짓점 v를 지나는 음의 길이의 닫힌 경로가 존재하는 것이므로 알고리즘을 종료한다.

플로이드-워셜 알고리즘의 절차를 정리하면 다음과 같다.

알고리즘 4.12 | 플로이드-워셜 알고리즘

단계 1: $f_{vv} = 0\ (v \in V), f_{uv} = d_e\ (e = (u, v) \in E), f_{uv} = \infty\ ((u, v) \notin E)$로 한다. 꼭짓점을 $v_1, v_2, \ldots, v_{|V|}$의 번호를 붙인다. $k = 1$로 한다.

단계 2: 모든 꼭짓점의 쌍 $u, v \in V$에 대해 $f_{uv} > f_{uv_k} + f_{v_k u}$이면 $f_{uv} = f_{uv_k} + f_{v_k u}$로 한다.

단계 3: $k = |V|$를 만족하거나 $f_{vv} < 0$이 되는 꼭짓점 v가 발견되면 종료한다. 그렇지 않으면 $k = k + 1$로 하고 단계 2로 돌아간다.

$\{v_1, \ldots, v_k\}$의 꼭짓점만 지나는 꼭짓점 v에서 꼭짓점 v'에 이르는 경로의 최소 길이를 $f_{vv'}^{(k)}$로 한다. 길이 $f_{vv'}^{(k)}$를 실현하는 경로 $P_{vv'}^{(k)}$가 꼭짓점 v_k를 통과한다고 해보자. [그림 4.50]에 표시한 것처럼 경로 $P_{vv'}^{(k)}$를 꼭짓점 v에서 꼭짓점 v_k로의 부분 경로 P'와 꼭짓점 v_k에서 꼭짓점 v'로의 부분 경로 P''로 분할한다.

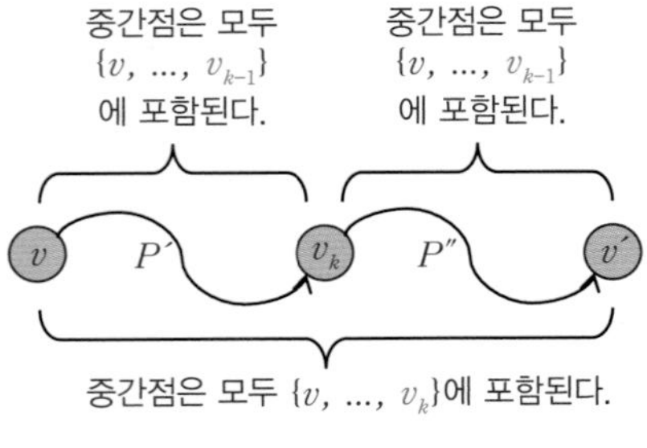

그림 4.50 플로이드-워셜 알고리즘의 원리

이때 부분 경로 P'는 $\{v_1, \ldots, v_{k-1}\}$의 꼭짓점만 지나는 꼭짓점 v에서 꼭짓점 v_k에 이르는 경로의 최소 길이 $f_{vv_k}^{(k-1)}$을 실현한다. 마찬가지로 각 부분 경로 P''는 $\{v_1, \ldots, v_{k-1}\}$의 꼭짓점만 지나는 꼭짓점 v_k에서 꼭짓점 v'에 이르는 경로의 최소 길이 $f_{v_k v'}^{(k-1)}$ 을 실현한다. 그리고 길이 $f_{vv'}^{(k)}$를 실현하는 경로 $P_{vv'}^{(k)}$가 꼭짓점 v_k를 지나지 않으면, 그 길이는 $f_{vv'}^{(k-1)}$ 이 된다. 여기에서 k에 관한 다음 점화식을 얻을 수 있다.

$$
\begin{aligned}
&f_{vv}^{(0)} = 0, \quad v \in V \\
&f_{uv}^{(0)} = d_e, \quad e = (u,v) \in E, \\
&f_{vv}^{(0)} = \infty, \quad (u,v) \notin E, \\
&f_{uv}^{(k)} = \min\left\{ f_{vv}^{(k-1)},\ f_{uv_k}^{(k-1)} + f_{v_k v}^{(k-1)} \right\},\ u,\ v \in V.
\end{aligned}
\tag{4.78}
$$

이 점화식을 풀면 $f_{vv'}^{(|V|)}$ 가 꼭짓점 v에서 꼭짓점 v'로의 최단 경로의 길이가 된다. 플로이드–워셜 알고리즘의 k번째 사이클에서 각 꼭짓점의 레이블값 f_{uv}는 $f_{uv}^{(k)}$ 가 되고, 경로에 포함된 중간점을 $\{v_1, \ldots, v_k\}$만으로 제한한 부분 문제를 푸는 것에 대응한다. 그러므로 플로이드–워셜 알고리즘은 이 점화식을 푸는 동적 계획법으로도 볼 수 있다.

플로이드–워셜 알고리즘의 실행 예를 [그림 4.51]에 표시했다. 여기에서 $\boldsymbol{F}^{(k)}$는 $f_{uv}^{(k)}$ $(u, v \in V)$를 요소로 하는 행렬이다. 플로이드–워셜 알고리즘에서는 각 사이클에 대해 모든 꼭짓점의 조합 $u, v \in V$의 레이블값 f_{uv}를 주사한다. 사이클 횟수는 $|V|$회이므로 플로이드–워셜 알고리즘 전체의 계산 시간은 $O(|V|^3)$이 된다.

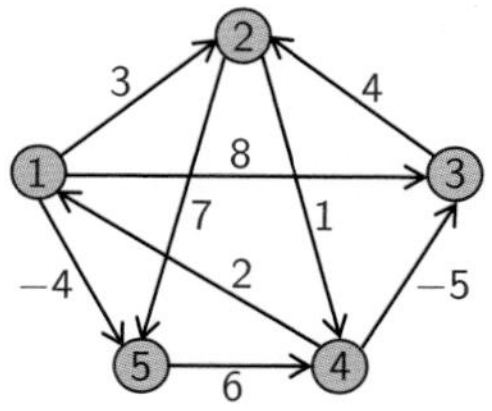

$$
F^{(0)} = \begin{pmatrix} 0 & 3 & 8 & \infty & -4 \\ \infty & 0 & \infty & 1 & 7 \\ \infty & 4 & 0 & \infty & \infty \\ 2 & \infty & -5 & 0 & \infty \\ \infty & \infty & \infty & 6 & 0 \end{pmatrix} \to F^{(1)} = \begin{pmatrix} 0 & 3 & 8 & \infty & -4 \\ \infty & 0 & \infty & 1 & 7 \\ \infty & 4 & 0 & \infty & \infty \\ 2 & 5 & -5 & 0 & -2 \\ \infty & \infty & \infty & 6 & 0 \end{pmatrix}
$$

$$\to F^{(2)} = \begin{pmatrix} 0 & 3 & 8 & 4 & -4 \\ \infty & 0 & \infty & 1 & 7 \\ \infty & 4 & 0 & 5 & 11 \\ 2 & 5 & -5 & 0 & -2 \\ \infty & \infty & \infty & 6 & 0 \end{pmatrix} \to F^{(3)} = \begin{pmatrix} 0 & 3 & 8 & 4 & -4 \\ \infty & 0 & \infty & 1 & 7 \\ \infty & 4 & 0 & 5 & 11 \\ 2 & -1 & -5 & 0 & -2 \\ \infty & \infty & \infty & 6 & 0 \end{pmatrix}$$

$$\to F^{(4)} = \begin{pmatrix} 0 & 3 & -1 & 4 & -4 \\ 3 & 0 & -4 & 1 & -1 \\ 7 & 4 & 0 & 5 & 3 \\ 2 & -1 & -5 & 0 & -2 \\ 8 & 5 & 1 & 6 & 0 \end{pmatrix} \to F^{(5)} = \begin{pmatrix} 0 & 1 & -3 & 2 & -4 \\ 3 & 0 & -4 & 1 & -1 \\ 7 & 4 & 0 & 5 & 3 \\ 2 & -1 & -5 & 0 & -2 \\ 8 & 5 & 1 & 6 & 0 \end{pmatrix}$$

그림 4.51 플로이드–워셜 알고리즘 실행 예

4.3.3 네트워크 흐름

교통망, 통신망, 라이프라인 등 현실 세계에서의 네트워크에서는 교통, 통신, 물, 전기 등을 효율적으로 흐르도록 하는 것을 구하는 경우가 적지 않다. 이 문제들은 그래프의 변을 따라 '물건'을 효율적으로 흐르게 하는 **네트워크 흐름 문제**network flow problem로 정식화할 수 있다. 많은 네트워크 흐름 문제는 선형 계획 문제로 정식화할 수 있어 단체법이나 내점법을 적용하면 효율적을 최적 설루션을 구할 수 있다. 그러나 그래프 구조를 이용하면 보다 간단하게 효율적인 알고리즘을 개발할 수 있는 경우도 있다. 이번 절에서는 이런 네트워크 흐름 문제를 예로 들어, 최적화 문제와 최소 비용 흐름 문제를 소개한다.

최대 흐름 문제maximum flow problem: [그림 4.52]에 표시한 것처럼 유향 그래프 $G = (V, E)$, 입구source $s \in V$와 출구sink $t \in V$, 각 변 $e \in E$의 용량 u_w (> 0)이 주어진다. 이때 각 꼭짓점 $v \in V$는 입구 s에서 출구 t에 이르는 모종의 경로에 포함된다고 가정한다.

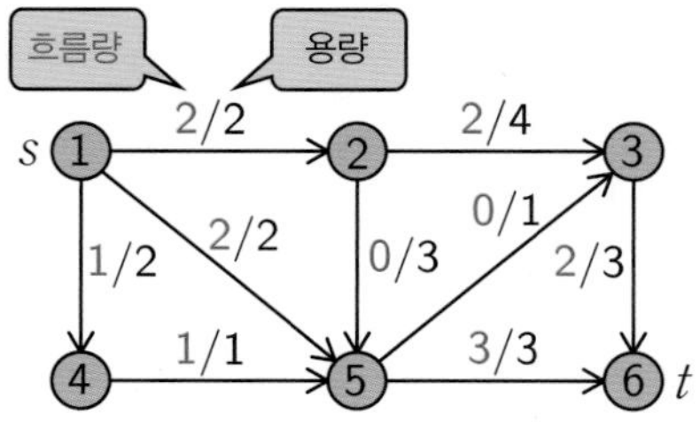

그림 4.52 운송 계획 문제 사례

따라서 입구 s 이외의 꼭짓점 $v \in V \setminus \{s\}$에는 적어도 하나의 변이 들어간다. 이때 변 $e \in E$를 흐르는 흐름의 양을 변수 x_e로 나타내면, 입구 s에서 출구 t로 흐르는 흐름의 총량 f를 최대로 하는 문제는 다음 선형 계획 문제로 정식화할 수 있다.

$$
\begin{array}{lll}
\textbf{최대화} & f & \\
\textbf{조건} & \displaystyle\sum_{e\in\delta^+(s)} x_e - \sum_{e\in\delta^-(s)} x_e = f, & \\
& \displaystyle\sum_{e\in\delta^+(s)} x_e - \sum_{e\in\delta^-(s)} x_e = 0, & v \in V \setminus \{s, t\}, \\
& \displaystyle\sum_{e\in\delta^+(t)} x_e - \sum_{e\in\delta^-(t)} x_e = -f, & \\
& 0 \le x_e \le u_e, & e \in E.
\end{array} \tag{4.79}
$$

여기에서 $\delta^+(v)$는 꼭짓점 v를 시작점으로 하는 변의 집합, $\delta^-(v)$는 꼭짓점 v를 종료점으로 하는 변의 집합이다. 첫 번째 제약조건은 입구 s에서 흘러나가는 흐름량이 f임을 의미한다. 두 번째 제약조건은 입구 s와 출구 t 이외의 각 꼭짓점 $v \in V \setminus \{s, t\}$에서 흘러나가는 흐름의 총량과 흘러 들어오는 흐름의 총량이 같다는 것을 의미하고, 이를 **총량 보존 제약**flow conservation constraint이라 한다. 세 번째 제약조건은 출구 t에 흘러 들어오는 흐름량이 f가 되는 것을 의미한다. 네 번째 제약조건은 각 변 $e \in E$를 흐르는 흐름량 x_e가 용량 u_e를 넘지 않는 것을 의미하고, 이를 **용량 제약**capacity constraints이라 한다.

여기에서는 최대 흐름 문제에 대해 **증가 경로 기법**augmenting path method[67]을 소개한다. 증가 경로 기법은 적당한 초기 흐름에서 시작해, 반복할 때마다 입구 s에서 출구 t로 흐르는 흐름의 총량을 단조 증가시키는 기법이다. 단, 각 반복에서는 어떤 변에 흐르는 흐름량을 줄이는 경우가 있으므로, 각 변을 흐르는 흐름량이 단조 증가한다고는 단정할 수 없다. 여기에서 각 변 $e \in E$를 흐르는 흐름량 x_e가 주어졌을 때, 각 변의 변경 가능한 흐름량을 나타내는 **잔여 네트워크**residual network[68] $\tilde{G}(\boldsymbol{x}) = (V, \tilde{E}(\boldsymbol{x}))$를 정의한다. 어떤 변 $e = (u, v) \in E$를 흐르는 흐름량 x_e를 주면, 꼭짓점 u에서 꼭짓점 v로 흐르는 흐름의 잔여 용량은 $u_e - x_e$, 반대로 꼭짓점 v에서 꼭짓점 u로 되돌려 보내는 흐름의 잔여 용량은 x_e가 된다. 그래서 각 꼭짓점의 조합 $u, v \in V$에 대해 변 $e = (u, v) \in V \times V$의 **잔여 용량**residual capacity $\tilde{u}_e(\boldsymbol{x})$를

67 포드-풀커슨 기법 Ford–Fulkerson method이라 부르기도 한다.

68 보조 네트워크auxiliary network라 부르기도 한다.

$$\tilde{u}_e(\boldsymbol{x}) = \begin{cases} u_e - x_e & e \in E \\ x_e & \overline{e} \in E \\ 0 & \text{그 외} \end{cases} \tag{4.80}$$

로 정의한다. 여기에서 변 $e=(u, v)$의 역방향의 변을 $\overline{e}=(v, u)$로 한다. 그리고 잔여 네트워크의 변의 집합을

$$\tilde{E}(\boldsymbol{x}) = \{e=(u, v) \in V \times V \mid \tilde{u}_e(\boldsymbol{x}) > 0\} \tag{4.81}$$

으로 정의한다. 잔여 네트워크의 예를 [그림 4.53]에 표시했다. 원래 그래프 G의 어떤 변 $e=(u, v) \in E$를 흐르는 흐름량이 $x_e = u_e$이면, 꼭짓점 u에서 꼭짓점 v에 이 이상의 흐름을 흐르게 할 수는 없으므로 변 $e \in E$는 잔여 네트워크 $\tilde{G}(\boldsymbol{x})$에 포함되지 않는다.

반대로 원래 그래프 G의 어떤 변 $e=(u, v) \in E$를 흐르는 흐름량이 $x_e=0$이면, 꼭짓점 v에서 꼭짓점 u로 흐름을 돌려 보낼 수 없기 때문에, 역방향의 변 $\overline{e}=(v, u)$는 잔여 네트워크 $\tilde{G}(\boldsymbol{x})$에 포함되지 않는다.

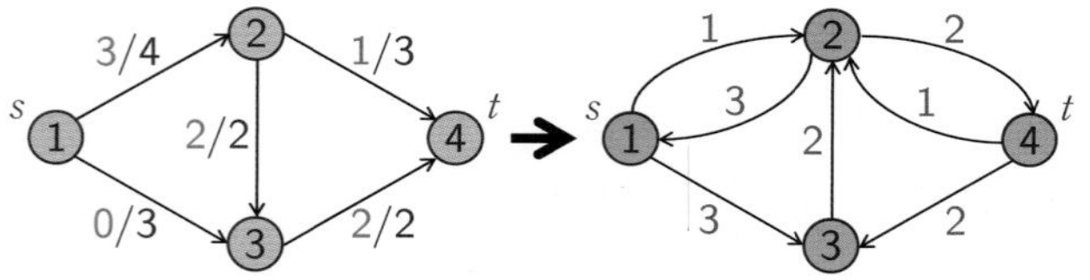

그림 4.53 실행 가능한 흐름(좌)와 잔여 네트워크(우)

그런데 [그림 4.54]에 표시한 것처럼 원래 그래프 G의 어느 꼭짓점 조합 $u, v \in V$가 변 $e=(u, v)$와 역방향의 변 $\overline{e}=(v, y)$를 동시에 갖는 잔여 네트워크 $\tilde{G}(\boldsymbol{x})$에 다중변이 생겨난다. 이런 경우에는 원 그래프 G에 새로운 꼭짓점 w를 도입해 변 $e=(u, v)$를 한 쌍의 변 (u, w)와 (w, v)로 치환해, 이 변들의 용량을 원래의 변 $e=(u, v)$의 용량 u_e로 설정한다.

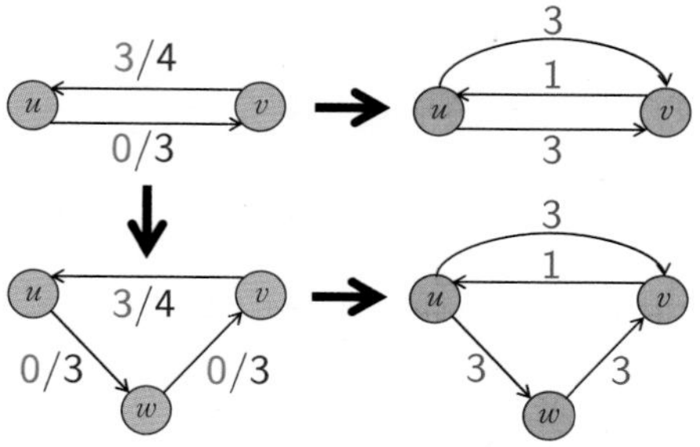

그림 4.54 역방향의 변을 가진 그래프의 변환

증가 경로 기법은 잔여 네트워크 $\tilde{G}(\boldsymbol{x})$의 입구 s에서 출구 t에 이르는 증가 경로 P를 찾아, 증가 경로 P에 걸쳐 흐르는 흐름량을 늘리는 절차를 증가 경로가 없을 때까지 반복한다. 증가 경로 기법의 절차를 정리하면 다음과 같다.

알고리즘 4.13 | 증가 경로 기법

단계 1: $x_e = 0\,(e \in E)$로 한다.

단계 2: 잔여 네트워크 $\tilde{G}(\boldsymbol{x})$를 만들고, 입구 s에서 출구 t에 이르는 증가 경로 P를 찾는다. 증가 경로 P가 없으면 종료한다.

단계 3: $\Delta = \min\{\tilde{u}_e(\boldsymbol{x}) \mid e \in P\}$를 계산한다. 잔여 네트워크 $\tilde{G}(\boldsymbol{x})$의 증가 경로 P에 걸쳐 원 그래프 G의 각 변 $e=(u, v) \in E$의 흐름량 x_e를

$$x_e = \begin{cases} x_e + \Delta & e = (u,v) \in P \\ x_e - \Delta & \overline{e} = (u,v) \in P \end{cases}$$

로 하고, 단계 2로 돌아간다.

증가 경로 기법의 실행 예를 [그림 4.55]에 표시했다. 증가 경로가 여럿 존재할 때는 어떤 증가 경로를 선택해도 좋으며, 증가 경로의 선택에 따라 얻어지는 흐름이 달라지기도 한다.

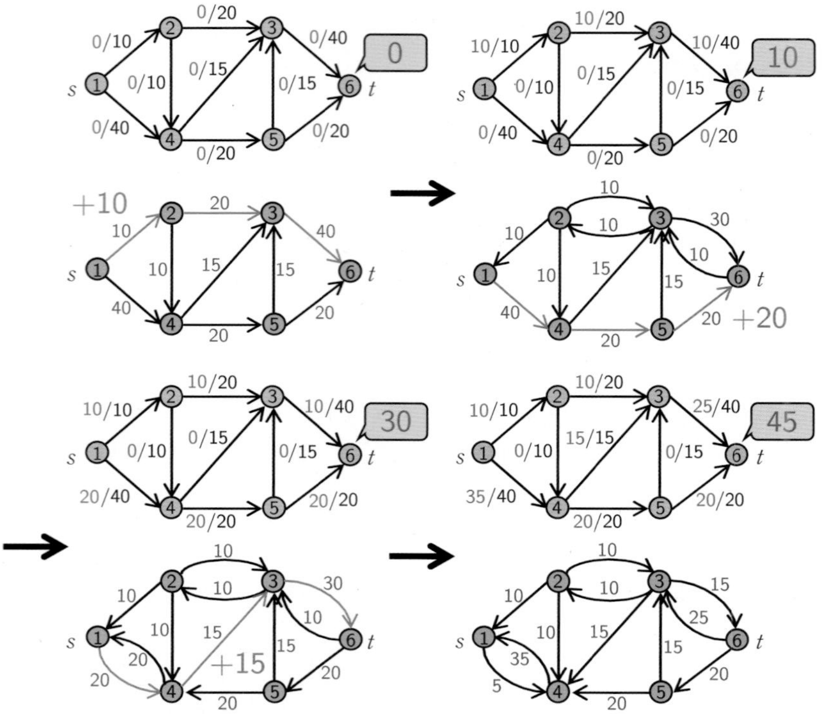

그림 4.55 증가 경로 기법의 실행 예

다음으로 증가 경로 기법을 종료한 시점의 흐름이 최적인 것을 보자. 그래프 G의 입구 s에서 출구 t로 흐르는 흐름의 병목을 나타내기 위해, 입구 s를 포함하고 출구 t를 포함하지 않는 꼭짓점 집합 $S\,(\subset V)$의 컷 $\delta(S)=\{(u,v)\in E \mid u\in S, v\in V\setminus S\}$를 도입한다(그림 4.56).[69]

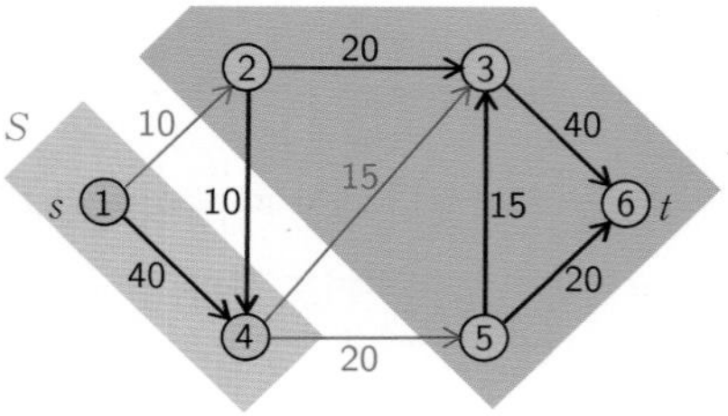

그림 4.56 $s-t$ 컷 예

69 유향 그래프 $G=(V,E)$에서는 컷 $\delta(S)$는 역방향 변 $\overline{e}=(v,u)\in E\,(u\in S, V\in V\setminus S)$를 포함하지 않는 것에 주의한다.

이를 ***s−t* 컷**(s−t cut)이라 한다. 컷 $\delta(S)$에 포함된 변 $e \in (S)$의 용량 합계

$$c(S) = \sum_{e \in \delta(S)} u_e \tag{4.82}$$

를 컷 $\delta(S)$의 용량이라 한다.

흐름량 보존 제약과 용량 제약에 따라 입구 s에서 출구 t로 흐르는 흐름 총량 f와 임의의 $s-t$ 컷 $\delta(S)$에 대해,

$$\begin{aligned} f &= \sum_{e \in \delta^+(s)} x_e - \sum_{e \in \delta^-(s)} x_e = \sum_{v \in S} \left(\sum_{e \in \delta^+(v)} x_e - \sum_{e \in \delta^-(v)} x_e \right) \\ &= \sum_{e \in \delta(S)} x_e - \sum_{e \in \delta(V \backslash S)} x_e \leq \sum_{e \in \delta(S)} u_e = c(S) \end{aligned} \tag{4.83}$$

가 성립한다. 즉, 입구 s에서 출구 t로 흐르는 흐름 총량 f가 임의의 $s-t$ 컷 $\delta(S)$의 용량 $c(S)$를 넘지 않는다.

이 특징을 이용해 증가 경로 기법이 종료한 시점에서 흐름이 최적인 것을 보인다.

정리 4.5

실행 가능한 흐름 $\boldsymbol{x}$가 최대 흐름이기 위한 필요충분조건은 잔여 네트워크 $\tilde{G}(\boldsymbol{x})$가 증가 경로를 갖지 않는 것이다.

증명 먼저 필요조건임을 보인다. 대우를 표시한다. 만약, 잔여 네트워크 $\tilde{G}(\boldsymbol{x})$가 증가 경로 P를 갖는다면, 증가 경로 P에 입구 s에서 출구 t로 흐르는 흐름 총량을 늘릴 수 있으므로, 흐름 $\boldsymbol{x}$는 최대 흐름이 아니다.

다음으로 충분조건임을 보인다. 잔여 네트워크 $\tilde{G}(\boldsymbol{x})$에 대해, 입구 s에서 도달 가능한 꼭짓점 집합을 S라고 하자. 입구 s에서 출구 t에 이르는 증가 경로를 가지지 않으므로, 출구 t는 꼭짓점 집합 S에 포함되지 않는다. 따라서 원래 그래프 G의 컷 $\delta(S)$는 $s-t$ 컷이며, 입구 s에서 출구 t에 흐르는 흐름의 총량 f는

$$f = \sum_{e \in \delta(S)} x_e - \sum_{e \in \delta(V \setminus S)} x_e \tag{4.84}$$

가 된다. [그림 4.57]에 표시한 것처럼, 원래 그래프 G의 컷 $\delta(S)$의 각 변 $e \in \delta(S)$는 잔여 네트워크 $\tilde{G}(\boldsymbol{x})$에 포함되지 않으므로, 그 흐름량은 $x_e = u_e$이다.

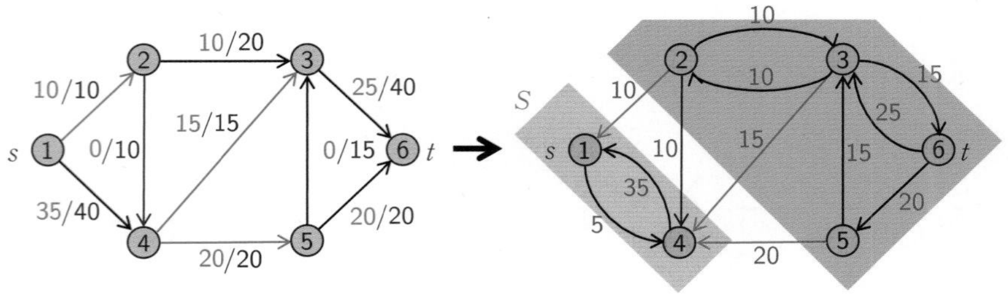

그림 4.57 증가 경로 기법의 최적성

한편, 원래 그래프 G의 컷 $\delta(V \setminus S)$의 각 변 $e = (u, v) \in \delta(V \setminus S)$는 역방향의 변 $\overline{e} = (v, u)$가 잔여 네트워크 $\widetilde{G}(\boldsymbol{x})$에 포함되지 않기 때문에 그 흐름량은 $x_e = 0$이다. 그러므로

$$f = \sum_{e \in \delta(S)} u_e = c(S) \tag{4.85}$$

가 되며, 입구 s에서 출구 t에 흐르는 흐름 총량을 증가시키지 않으므로, 흐름 $\boldsymbol{x}$는 최대 흐름이 된다. □

s−t 컷 $\delta(S)$의 용량 $c(S)$가 입구 s에서 출구 t로 흐르는 임의의 흐름 총량 f를 하회하지는 않으므로, [정리 4.5]의 증명은 컷 $\delta(S)$가 최소 컷인 것을 동시에 나타내므로 최대 흐름량과 최소 컷 용량이 같음을 알 수 있다.

따름정리 4.4 최대 흐름 최소 컷 정리

최대 흐름량과 최소 컷 용량은 같다.

그래프 $G=(V,E)$의 모든 변 $e \in E$의 용량 u_e가 정숫값만 갖는다고 하자. 증가 경로 기법에서는 입구 s에서 출구 t로 흐르는 흐름 총량이 1회의 반복에서 적어도 1단위 증가하므로, 반복 횟수가 최대 흐름의 흐름 총량을 초과하지는 않는다. 변의 용량의 최댓값을 $U=\max\{u_e \mid e \in E\}$라고 하면, 꼭짓점 s에서 나가는 변의 개수는 최대 $|V|-1$개이므로 흐름 총량의 상한은 $(|V|-1)U$가 되며, 증가 경로 기법은 최대 $(|V|-1)U$회 반복으로 종료한다. 그리고 깊이 우선 탐색 또는 너비 우선 탐색을 이용하면, 잔여 네트워크 $\tilde{G}(\boldsymbol{x})$의 증가 경로는 $O(|V|+|E|)$의 계산 시간으로 구할 수 있다. 그러므로 증가 경로 기법 전체의 계산 시간은 $O(|V||E|U)$가 된다.[70]

증가 경로 기법의 반복 횟수는 최대 흐름의 흐름 총량에 의존한다. 실제로 [그림 4.58]의 예에서는 증가 경로로 $P_1=(1,3,2,4)$와 $P_2=(1,2,3,4)$를 교대로 선택하면 증가 경로의 반복 횟수가 최대 흐름의 흐름 총량과 같아진다.

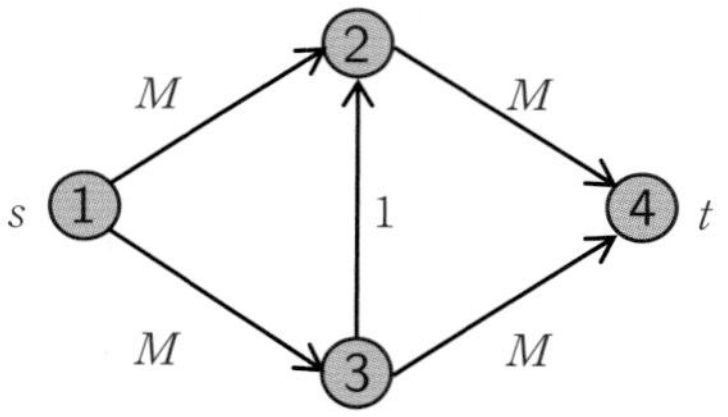

그림 4.58 증가 경로 기법의 반복 횟수가 최대 흐름의 흐름 총량과 같아지는 예

또한 변 $e \in E$의 용량 u_e의 값이 무리수인 경우에는 증가 경로 기법이 유한한 반복 횟수로 종료하지 않는 예도 있다. 그래서 변의 용량이 어떤 값을 갖더라도 최대 흐름을 구할 수 있도록 증가 경로를 선택하는 규칙을 정할 수 있는 몇 가지 알고리즘이 있다. 에드먼즈Edmonds와 카프Karp는 증가 경로 기법의 [단계 2]에서 변의 개수가 최소가 되는 증가 경로를 선택하면 반복 횟수가 $\frac{|V||E|}{2}$회가 되는 것을 보였다. 너비 우선 탐색을 이용하면 변의 수가 최소인 증가 경로를 $O(|V|+|E|)$의 계산 시간으로 구할 수 있다. 따라서 증가 경로 기법의 전체 계산 시간은 $O(|V||E|^2)$로 개선할 수 있다. 또한 디니츠Dinitz는 **레벨 네트워크**level network[71]를 도입해 변의 개수가

70 최대 흐름 문제의 입력에 필요한 데이터 길이는 $O(|V|+|E|+\log_2 U)$이므로, 이 증가 경로 기법은 다항식 시간 알고리즘이 아닌 의사 다항식 시간 알고리즘인 것에 주의한다.

71 **계층 네트워크**layered network라 부르기도 한다.

최소이고 변을 공유하지 않는 여러 증가 경로를 발견해서 동시에 흐름을 업데이트함으로써 증가 경로 기법의 전체 계산 시간을 $O(|V|^2|E|)$로 개선할 수 있음을 보였다.

이분 그래프 매칭 문제bipartite matching problem : 무향 그래프 $G=(V, E)$가 주어졌을 때, 변의 부분 집합 $M \subseteq E$에서, 각 꼭짓점 $v \in V$에 연결된 M의 변이 최대 한 개인 것을 **매칭**matching이라 한다.[72] 이때 변의 개수가 최대가 되는 매칭을 구하는 문제를 **최대 매칭 문제**maximum matching problem 라고 한다. 주어진 그래프가 이분 그래프일 때 최대 매칭 문제를 최대 흐름 문제로 변환할 수 있다. [그림 4.59]에 표시한 것처럼 이분 그래프 $G=(V_1, V_2, E)$에 대해 새로운 입구 s와 출구 t, 입구 s와 꼭짓점 $v \in V_1$을 연결한 변 (s, v), 꼭짓점 $v \in V_2$와 출구 t를 연결한 변 (v, t)를 추가해, 변 $e=(u, v) \in E$의 시작점을 $u \in V_1$, 종료점을 $v \in V_2$로 한다. 여기에서 모든 변의 용량은 1로 한다.

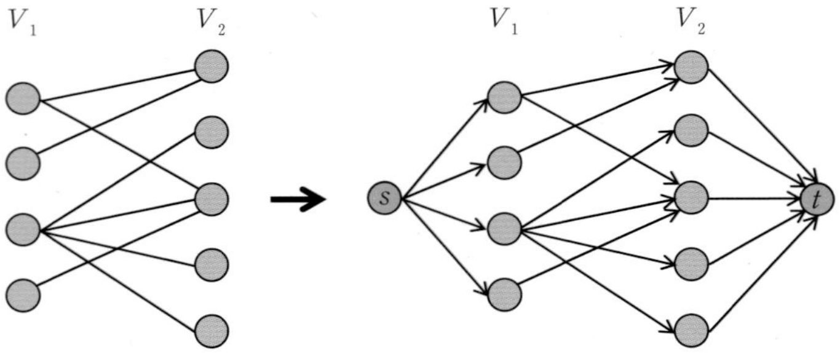

그림 4.59 최대 매칭 문제를 최대 흐름 문제로 변환

이 최대 흐름 문제의 최대 흐름과 원래 최대 매칭 문제의 최대 매칭은 일대일 대응하며, 최대 흐름 문제의 입구 s에서 출구 t로 흐르는 흐름 총량은 매칭의 수와 일치한다. 이 최대 흐름 문제에 대한 증가 경로 기법의 반복 횟수는 최대 $\min\{|V_1|, |V_2|\}$회이며, 증가 경로의 전체 계산 시간은 $O(|V||E|)$가 된다.[73] 홉크로프트Hopcroft와 카프Karp는 레벨 네트워크를 도입해 변의 개수가 최소이고 변을 공유하지 않는 복수의 증가 경로를 발견함으로써, 증가 경로 기법의 전체 계산 시간을 $O(\sqrt{|V|}(|V|+|E|))$ 로 개선할 수 있음을 보였다.

---

72 특히 변의 부분 집합 $M \subseteq E$로, 각 꼭짓점 $v \in V$에 연결된 M의 변이 단 하나인 것을 **완전 매칭**perfect matching이라 한다.

73 $V = V_1 \cup V_2$로 한다.

복수의 입구 $s_1, s_2, ..., s_m$과 출구 $t_1, t_2, ..., t_n$을 갖는 네트워크 흐름 문제도 같은 방법으로 하나의 입구 s와 출구 t를 갖는 네트워크 흐름 문제로 변환할 수 있다. 다시 말해서 새로운 입구 s와 출구 t, 새로운 입구 s와 원래 입구 $s_i\ (i=1, ..., m)$을 연결하는 변 (s, s_i), 원래 출구 $t_j\ (j=1, ..., m)$과 새로운 출구 t를 연결하는 변 (t_j, t)를 추가한다. 여기에서 새롭게 추가한 모든 변의 용량은 ∞로 한다.

이미지 분할image segmentation: [그림 4.60]에 표시한 것처럼 이미지 분할은 주어진 이미지를 분석 대상과 그 외의 배경에 대응하는 영역으로 분할하는 문제다. 이미지를 구성하는 각 화소를 대상과 배경으로 분류하는 문제를 최소 컷 문제로 정식화하는 방법이 있다.

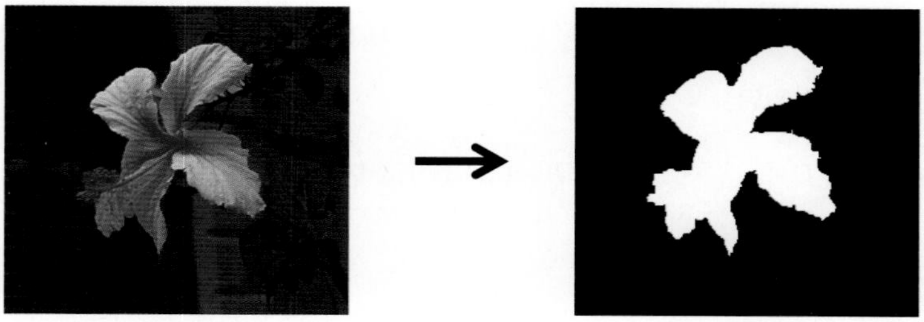

그림 4.60 이미지 분할의 실행 예

주어진 이미지를 구성하는 화소의 집합을 V, 인접한 화소의 조합 $u, v \in V$의 집합을 E라고 하면, 이미지에 대응하는 무향 그래프 $G=(V, E)$를 얻을 수 있다. 각 화소 $v \in V$가 대상에 속하는 가능도를 $l_v\ (\geq 0)$, 배경에 속할 가능도를 $\bar{l}_v\ (\geq 0)$으로 한다. 화소 v에 대해 $l_v \geq \bar{l}_v$ 이면, 화소 v를 대상으로 분류하는 것이 자연스럽다. 그러나 화소 v에 인접한 화소 u의 대부분이 배경에 속한다면, 화소 v도 인접한 화소와 마찬가지로 배경으로 분류하는 것 역시 자연스럽게 생각된다. 즉, 대상과 배경의 경계에 있는 화소의 수를 최소화할 수 있다면, 대상과 배경을 보다 부드럽게 분할할 수 있다. 그래서 인접한 화소의 조합 $\{u, v\} \in E$에 대해 한 쪽을 대상, 다른 한 쪽을 배경으로 분리했을 때의 분리 페널티를 $p_{uv}\ (\geq 0)$으로 한다. 화소의 집합 V를 대상으로 대응하는 영역 F와 그 외의 배경에 대응하는 영역 $\bar{F}=V \setminus F$로 분할한다. 화소 v가 속한 영역(대상 F 또는 배경 $\bar{F}$)를 σ_v로 하면, 분할 F의 좋음을 나타내는 평가 함수는

$$Q(F)=\sum_{v \in F} l_v + \sum_{v \in \bar{F}} \bar{l}_v - \sum_{\{u,v\} \in E} p_{uv} \varphi(\sigma_u, \sigma_v) \tag{4.86}$$

로 나타낼 수 있다. 여기에서 화소 u, v가 다른 영역에 속한다면 $\varphi(\sigma_u, \sigma_v) = 1$, 그렇지 않으면 $\varphi(\sigma_u, \sigma_v) = 0$으로 한다.

평가 함수 $Q(F)$의 값을 최대화하는 화소의 집합 V의 분할 F를 구하는 문제를 최소 컷 문제로 변환한다. 먼저 $L = \Sigma_{v \in V} (l_v + \bar{l}_v)$로 하면, 평가 함수 $Q(F)$는

$$Q(F) = L - \sum_{v \in F} \bar{l}_v - \sum_{v \in \bar{F}} l_v - \sum_{\{u,v\} \in E} p_{uv} \varphi(\sigma_u, \sigma_v) \tag{4.87}$$

로 변형할 수 있다. 그러므로 평가 함수 $Q(F)$를 최대화하는 문제는 함수,

$$\bar{Q}(F) = \sum_{v \in F} \bar{l}_v + \sum_{v \in \bar{F}} l_v + \sum_{\{u,v\} \in E} p_{uv} \varphi(\sigma_u, \sigma_v) \tag{4.88}$$

를 최소화하는 문제로 변환할 수 있다.

다음으로 무향 그래프 $G = (V, E)$를 유향 그래프 $G' = (V', E')$로 변환한다(그림 4.61).

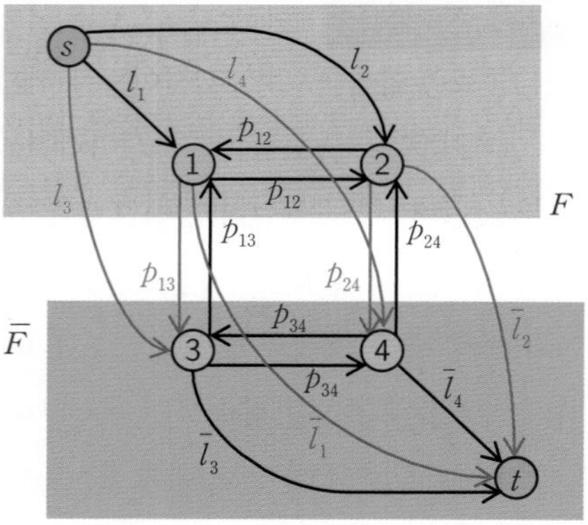

그림 4.61 이미지 분할 문제를 최소 컷 문제로 변환

인접한 화소의 조합 $\{u, v\} \in E$를 두 개의 유향 변 $(u, v), (v, u)$로 치환한다. 그리고 대상을 나타내는 입구 s, 배경을 나타내는 출구 t, 입구 s와 화소 $v \in V$를 연결하는 변 (s, v), 화소 $v \in V$와 출구 t를 연결하는 변 (v, t)를 추가한다. 여기에서 변 (s, v) $(v \in V)$의 용량을 l_v, 변 (v, t) $(v \in V)$의 용량을 $\bar{l}_v$, 변 (u, v)와 변 $(v, u)(u, v \in V)$의 용량을 p_{uv}라고 한다. 이 유향 그래프 G'에 대해, 입구 s를 포함하고 출구 t는 포함하지 않은 꼭짓점 집합 F에 대해

s–t 컷 $\delta(F)$의 컷 용량 $c(F)$는

$$c(F) = \sum_{v \in F} \bar{l}_v + \sum_{v \in \bar{F}} l_v + \sum_{\{u,v\} \in E} p_{uv} = \bar{Q}(F) \tag{4.89}$$

가 되고, 유향 그래프 G'의 최소 컷을 구하면 평가 함수 $Q(F)$의 값을 최대화할 수 있음을 알 수 있다.

최소 비용 흐름 문제minimum cost flow problem: [그림 4.62]에 표시한 것처럼 유향 그래프 $G = (V, E)$와 각 변 $e \in E$의 용량 $u_e\,(>0)$ 및 단위 흐름량당 비용 c_e가 주어진다.

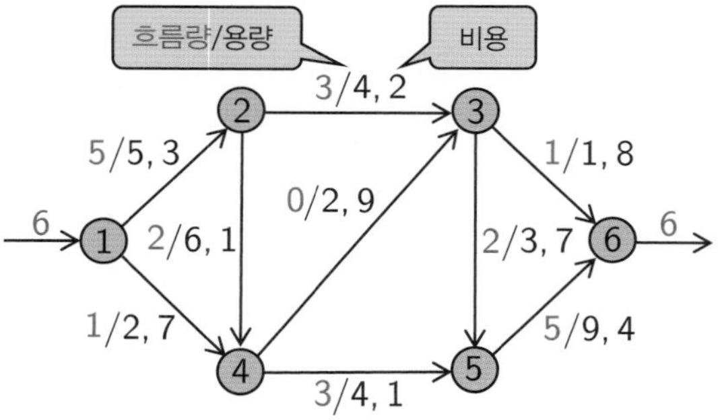

그림 4.62 최소 비용 흐름 문제 예

그리고 각 꼭짓점 $v \in V$에서 흘러나가는 흐름량 b_v가 주어진다.[74] 이때 변 $e \in E$를 흐르는 흐름량을 변수 x_e로 나타내면, 총비용을 최소로 하는 흐름을 구하는 문제는 다음과 같이 선형 계획 문제로 정식화할 수 있다.

$$\begin{array}{lll} \textbf{최소화} & \sum_{e \in E} c_e x_e & \\ \textbf{조건} & \sum_{e \in \delta^+(v)} x_e - \sum_{e \in \delta^-(v)} x_e = b_v, & v \in V, \\ & 0 \le x_e \le u_e, & e \in E. \end{array} \tag{4.90}$$

74 꼭짓점 $v \in V$에 흐름이 유입될 때, b_v는 음의 값을 갖는다.

첫 번째 제약조건은 각 꼭짓점 $v \in V$에서 흘러나가는 흐름량이 b_v임을 나타낸다.[75] 두 번째 제약조건은 각 변 $e \in E$를 흐르는 흐름량 x_e가 용량 u_e를 넘지 않음을 나타낸다. 여기에서 $\Sigma_{v \in V} b_v = 0$을 만족한다고 가정한다.[76]

그런데 각 변 $e \in E$의 흐름량 x_e의 하한 $l_e\ (\geq 0)$이 주어졌을 때,[77] 각 변 $e \in E$의 용량을 $u_e' = u_e - l_e$, 각 꼭짓점 $v \in V$에서 흘러나가는 흐름량을 $b_v' = b_v - \Sigma_{e \in \delta^+(v)} l_e + \Sigma_{e \in \delta^-(v)} l_e$ 로 한다. 이때 변환한 그래프 G'에 대해 각 변 $e \in E$의 최적 흐름량을 x_e'로 하면, 원 그래프 G에 대해 각 변 $e \in E$의 최적 흐름량은 $x_e' + l_e$가 된다.

최대 흐름 문제와 마찬가지로 최소 비용 흐름 문제에서도 잔여 네트워크를 이용한 알고리즘이 몇 가지 있다. 여기에서는 최소 비용 흐름 문제에 대한 **음의 닫힌 경로 소거 기법**negative cycle canceling method[78]과 **최단 경로 반복 기법**successive shortest path method을 소개한다.

먼저 음의 닫힌 경로 소거 기법을 살펴보자. 우선 최다 흐름 문제와 마찬가지로 각 변 $e \in E$를 흐르는 흐름량 x_e가 주어졌을 때, 각 변의 변경 가능한 흐름량을 나타내는 잔여 네트워크 $\tilde{G}(\boldsymbol{x}) = (V,\ \tilde{E}(\boldsymbol{x}))$로 정의한다. 그리고 잔여 네트워크 $\tilde{G}(\boldsymbol{x})$의 각 변 $e \in \tilde{E}(\boldsymbol{x})$의 비용 $\tilde{c}_e(\boldsymbol{x})$를

$$\tilde{c}_e(\boldsymbol{x}) = \begin{cases} c_e & e \in E \\ -c_{\bar{e}} & \bar{e} \in E \end{cases} \tag{4.91}$$

라고 정의한다. 여기에서 변 $e = (u, v)$의 역방향의 변을 $\bar{e} = (v, u)$로 한다.

[그림 4.63]에 표시한 것처럼 잔여 네트워크 $\tilde{G}(\boldsymbol{x})$에 대해 비용 $\tilde{c}_e(\boldsymbol{x})$의 합계가 음, 즉 $\Sigma_{e \in C} \tilde{c}_e(\boldsymbol{x}) < 0$이 되는 닫힌 경로 C가 있을 때, $\Delta = \min\{\tilde{u}_e(\boldsymbol{x}) \mid e \in C\}$로 한다.

---

75 b_v가 음의 값을 가질 때, 꼭짓점 $v \in V$에 유입되는 흐름량이 $|b_v|$가 되는 것을 나타낸다.

76 그렇지 않으면 최소 비용 흐름 문제는 실행 가능한 흐름을 갖지 않는다.

77 즉, 각 변 $e \in E$의 용량 제약이 $l_e \leq x_e \leq u_e$으로 주어진다.

78 **클라인**Klein **기법**이라 부르기도 한다.

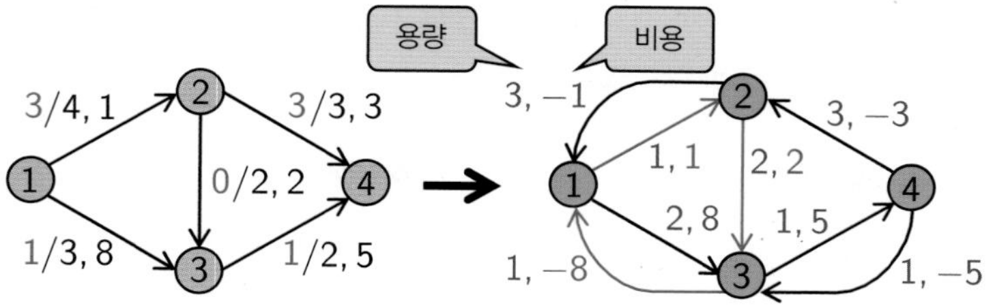

그림 4.63 잔여 네트워크에 대한 음의 닫힌 경로 예

이때 $\Delta > 0$이고, 잔여 네트워크 $\tilde{G}(\boldsymbol{x})$의 닫힌 경로 C에 대해 원래 그래프 G의 각 변 $e \in E$에 흐르는 흐름량 x_e를

$$x_e = \begin{cases} x_e + \Delta & e \in C \\ x_e - \Delta & \bar{e} \in P \end{cases} \tag{4.92}$$

로 업데이트하면, 각 변 $e \in E$의 용량 제약을 위반하지 않고 총비용을 $| \sum_{e \in C} \tilde{c}_e(\boldsymbol{x}) | \Delta$만큼 줄일 수 있다. 즉, 변 $e \in E$가 닫힌 경로 C에 포함되어 있으면 흐름량을 $x_e = x_e + \Delta$로 늘리고, 그 역방향 변 $\bar{e}$가 닫힌 경로 C에 포함되어 있으면 흐름량을 $x_e = x_e - \Delta$로 줄인다. 이 닫힌 경로 C를 **음의 닫힌 경로**netagive cycle라 한다.

음의 닫힌 경로 소거 기법은 잔여 네트워크 $\tilde{G}(\boldsymbol{x})$의 음의 닫힌 경로 C를 찾고, 음의 닫힌 경로 C의 흐름량을 늘리는 절차를 음의 닫힌 경로가 사라질 때까지 반복한다. 음의 닫힌 경로 소거 기법의 절차를 정리하면 다음과 같다.

알고리즘 4.14 | 음의 닫힌 경로 소거법

단계 1: 실행 가능한 흐름을 구한다.

단계 2: 잔여 네트워크 $\tilde{G}(\boldsymbol{x})$를 만들고, 음의 닫힌 경로 C를 찾고, 음의 닫힌 경로 C가 없으면 종료한다.

단계 3: $\Delta = \min\{ \tilde{u}_e(\boldsymbol{x}) \mid e \in C \}$를 설계한다. 잔여 네트워크 $\tilde{G}(\boldsymbol{x})$의 음의 닫힌 경로 C에 걸쳐 원 그래프 G의 각 변 $e = (u, v) \in E$의 흐름량 x_e를

$$x_e = \begin{cases} x_e + \Delta & e = (u, v) \in C \\ x_e - \Delta & \bar{e} = (u, v) \in C \end{cases}$$

으로 하고, 단계 2로 돌아간다.

음의 닫힌 경로 소거 기법에서는 [단계 1]에서 실행 가능한 흐름을 구해야 한다. 그래서 원 그래프 G에 새로운 꼭짓점 s를 추가하고, 새로운 꼭짓점 s와 각 꼭짓점 $v \in V$를 연결하는 변 $E^{+} = \{(v, s) \mid v \in V, b_v \geq 0\}, E^{-} = \{(s, v) \mid v \in V, b_v < 0\}$을 추가한다(그림 4.64).

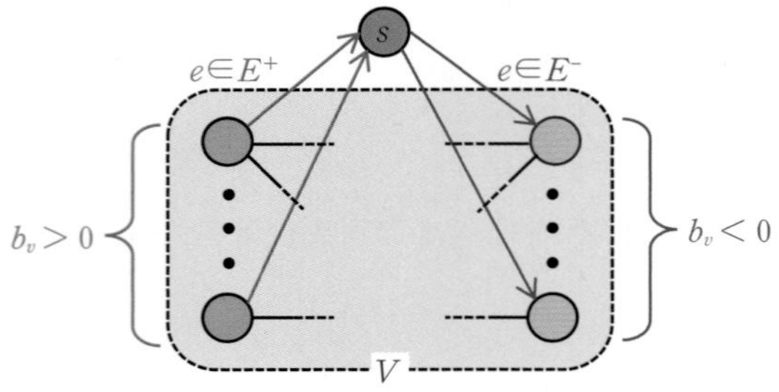

그림 4.64 최소 비용 흐름 문제의 초기 설루션 생성

꼭짓점 s에서 흘러나가는 흐름량을 $b\_s = 0$, 추가한 각 변 $e \in E^{+} \cup E^{-}$의 용량을 $u_e = \infty$, 비용을 $c_e = \infty$로 한다.[79] 각 변 $e \in E \cup E^{+} \cup E^{-}$의 흐름량을

$$x_e = \begin{cases} 0 & e = (u,v) \in E \\ b_v & e = (v,s) \in E^{+} \\ |b_v| & e = (s,v) \in E^{-} \end{cases} \tag{4.93}$$

로 하면, 확장한 그래프 $G' = (V \cup \{s\}, E \cup E^{+} \cup E^{-})$의 실행 가능한 흐름을 얻을 수 있다. 이 실행 가능한 흐름에서 시작해, 확장한 그래프 G'의 음의 닫힌 경로 소거 기법을 적용한다. 원 그래프 G가 실행 가능한 흐름을 갖는다면, 음의 닫힌 경로 소거 기법이 종료한 시점에서 새롭게 추가한 변 $e \in E^{+} \cup E^{-}$를 흐르는 흐름량은 $x_e = 0$이 된다. 음의 닫힌 경로 소거 기법의 실행 예를 [그림 4.65]에 표시했다.

79 실제로는 용량 u_e와 비용 c_e는 충분히 큰 상수로 한다.

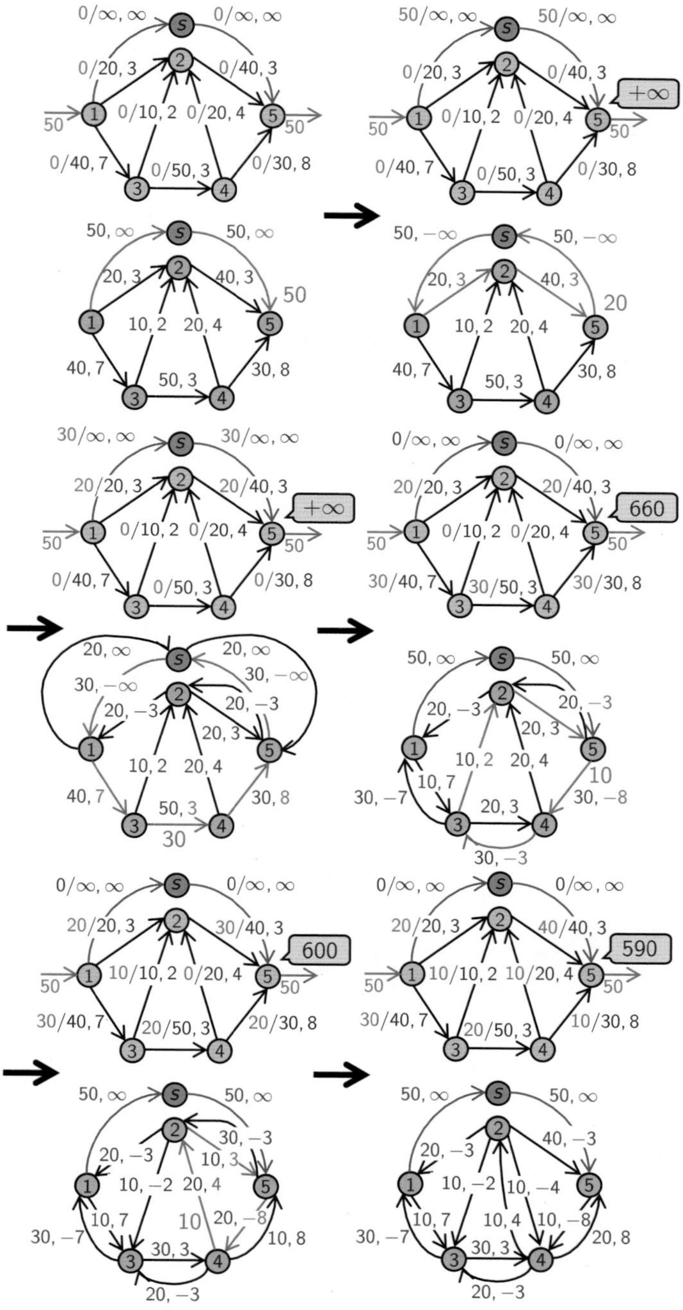

그림 4.65 음의 닫힌 경로 소거 기법의 실행 예

다음으로 음의 닫힌 경로 소거 기법이 종료된 시점에서의 흐름이 최적인 것을 보인다.

정리 4.6

실행 가능한 흐름 $\boldsymbol{x}$가 최소 비용 흐름이기 위한 필요충분조건은, 잔여 네트워크 $\tilde{G}(\boldsymbol{x})$가 음의 닫힌 경로를 갖지 않는 것이다.

증명 먼저, 필요조건임을 보인다. 만약 잔여 네트워크 $\tilde{G}(\boldsymbol{x})$가 음의 닫힌 경로 C를 갖는다면, 음의 닫힌 경로 C에 걸쳐 흐름을 흘려 총비용을 줄일 수 있으므로 흐름 $\boldsymbol{x}$는 최소 비용 흐름이 아니다. 다음으로 충분조건임을 보인다. 대우를 표시한다. 흐름 $\boldsymbol{x}$가 최소 비용 흐름이 아니라고 가정한다. 각 변 $e \in E$를 흐르는 최소 비용 흐름량을 x_e^*이라고 하면, 잔여 네트워크 $\tilde{G}(\boldsymbol{x})$의 각 변 $e \in \tilde{E}(\boldsymbol{x})$에서 흐름량 x_e^*와 x_e의 차이 x'_e는

$$x'_e = \begin{cases} x_e^* - x_e & x_e^* - x_e \geq 0 \\ x_{\bar{e}} - x_{\bar{e}}^* & x_{\bar{e}}^* - x_{\bar{e}} < 0 \\ 0 & \text{그 외} \end{cases} \tag{4.94}$$

가 된다(그림 4.66).

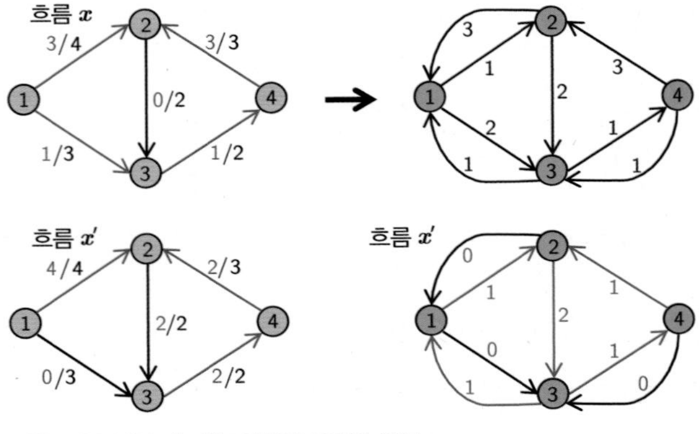

그림 4.66 잔여 네트워크에서의 흐름의 차이

여기에서 변 $e=(u, v)$의 역방향 변을 $\overline{e}=(v, u)$라고 한다. 흐름 $\boldsymbol{x}$와 $\boldsymbol{x}^*$는 모두 실행 가능하므로

$$\sum_{e\in\delta^+(v)}(x_e^*-x_e)-\sum_{e\in\delta^-(v)}(x_e^*-x_e)=\sum_{e\in\delta^+(v)}x_e'-\sum_{e\in\delta^-(v)}x_e'=0,\ v\in V \tag{4.95}$$

가 되어, 흐름량 보존 제약에 따라 흐름의 차이는 몇 개의 유향의 닫힌 경로를 흐르는 흐름으로 분해할 수 있다. 또한 $x'_e\geq 0$이 되는 각 변 $e\in\tilde{E}(\boldsymbol{x})$의 비용 c'_e를

$$c_e'=\begin{cases}c_e & x_e^*-x_e\geq 0\\ -c_{\overline{e}} & x_{\overline{e}}^*-x_{\overline{e}}<0\end{cases} \tag{4.96}$$

으로 한다. 이때

$$\sum_{e\in\tilde{E}(\boldsymbol{x})}c_e'x_e'=\sum_{e\in E}c_ex_e^*-\sum_{e\in E}c_ex_e<0 \tag{4.97}$$

이 되어, 흐름의 차이에 포함된 적어도 유향의 닫힌 경로 하나는 음의 닫힌 경로가 된다. □

그래프 $G=(V,E)$의 모든 변 $e\in E$의 용량 u_e와 비용 c_e가 정숫값만 갖는다고 하자. 음의 닫힌 경로 소거 기법에서 총비용은 적어도 1회의 반복에서 1단위 줄어들기 때문에, 용량의 최댓값을 $U=\max\{u_e\mid e\in E\}$, 비용의 최댓값을 $C=\max\{|c_e|\mid e\in E\}$로 하면, 음의 닫힌 경로 소거 기법은 $\mathrm{O}(|E|CU)$회의 반복으로 종료된다.[80] 잔여 네트워크 $\tilde{G}(\boldsymbol{x})$의 음의 닫힌 경로는 최단 경로 문제에 대한 벨먼-포드 알고리즘을 이용하면 $\mathrm{O}(|V||E|)$의 계산 시간으로 구할 수 있다. 그러므로 음의 닫힌 경로 소거 기법의 전체 계산 시간은 $\mathrm{O}(|V||E|^2CU)$가 된다.[81]

최대 흐름 문제에 대한 증가 경로 기법과 마찬가지로 변 $e\in E$의 용량 u_e의 값이 무리수일 때는, 음의 닫힌 경로 소거 기법이 유한한 반복 횟수로 종료되지 않는 예도 있다. 그래서 변의 용량이 어떤 값을 가지더라도 최소 비용 흐름을 구할 수 있도록 음의 닫힌 경로를 선택하는 규칙

80 단계 1에서 실행 가능한 흐름을 구하기 위해, 꼭짓점 s를 추가하면 총비용의 초깃값이 ∞가 된다. 그러나 꼭짓점 s를 통과하는 흐름의 총량은 1회 반복에서 적어도 1단위 감소하므로, 최대 $\Sigma_{v\in V}|b_v|$회의 반복 횟수로 꼭짓점 s를 지나는 음의 닫힌 경로는 사라진다.

81 최대 흐름 문제에 대한 증가 경로 기법과 마찬가지로, 이 음의 닫힌 경로 소거 기법도 다항식 시간 알고리즘이 아닌 의사 다항식 시간 알고리즘인 것에 주의한다.

을 설정한 몇 가지 알고리즘이 있다. 예를 들어 음의 닫힌 경로 소거 기법의 [단계 2]에서 음의 닫힌 경로 C에 포함된 각 변 $e \in C$의 경비 $\tilde{c}_e(\boldsymbol{x})$의 평균값이 최소가 되는 **최소 평균 닫힌 경로**minimum mean cycle를 선택하면 반복 횟수가 $O(|V||E|^2 \log_2 |V|)$회가 된다.

다음으로 최단 경로 반복 기법을 소개한다. 먼저, 최소 비용 흐름 문제와 그 쌍대 문제의 관계를 설명한다. 최소 비용 흐름 문제 (4.90)의 각 제약조건에 대응하는 가중치 계수 y_v, z_e를 도입하면 다음의 라그랑주 완화 문제를 얻을 수 있다.

$$\begin{array}{ll} \textbf{최소화} & \displaystyle\sum_{e\in E} c_e x_e + \sum_{e\in E} z_e(x_e - u_e) + \sum_{v\in V} y_v \left(\sum_{e\in\delta^+(v)} x_e - \sum_{e\in\delta^-(v)} x_e - b_v \right) \\ \textbf{조건} & x_e \geq 0,\ e \in E. \end{array} \tag{4.98}$$

여기에서 가중치 계수 $z_e \geq 0\ (e \in E)$이다. 이 목적 함수를 변수 x_e에 대해 모으면 다음과 같이 변경할 수 있다.

$$-\sum_{v\in V} b_v y_v - \sum_{e\in E} u_e z_e + \sum_{e=(u,v)\in E} x_e(c_e + y_u - y_v + z_e) \tag{4.99}$$

변수 x_e는 음이 아닌 값을 가지므로 원래 최소 비용 흐름 문제의 최적값에 대응하는 하한을 얻기 위해서는, 변수 x_e의 계수가 $c_e + y_u - y_v + z_e \geq 0$을 만족해야 한다. 이때 $x_e = 0\ (e \in E)$가 라그랑주 완화 문제의 최적 설루션이 되어, 최적값 $-\sum_{v\in V} b_v y_v - \sum_{e\in E} u_e z_e$를 얻을 수 있다. 이들을 정리하면 최소 비용 흐름 문제에 대한 쌍대 문제는 다음의 선형 계획 문제로 정식화할 수 있다.

$$\begin{array}{lll} \textbf{최대화} & \displaystyle -\sum_{v\in V} b_v y_v - \sum_{e\in E} u_e z_e & \\ \textbf{조건} & -y_u + y_v - z_e \leq c_e, & e = (u,v) \in E, \\ & z_e \geq 0, & e \in E. \end{array} \tag{4.100}$$

여기에서 변수 y_v를 꼭짓점 $v \in V$의 **퍼텐셜**potential이라 한다.

변수 $x_e(e = (u, v) \in E)$에 대응하는 **감소 비용**(기회 비용)reduced cost을 $\overline{c}_e(\boldsymbol{y}) = c_e + y_u - y_v$로 정의하면 최소 비용 흐름 문제의 상보성 정리를 얻을 수 있다.

정리 4.7 최소 비용 흐름 문제의 상보성 정리

최소 비용 흐름 문제의 실행 가능한 흐름 $\boldsymbol{x}^*$가 최적이기 위한 필요충분조건은, 모든 변 $e \in E$에 대해

$$\begin{aligned}&\bar{c}_e(\boldsymbol{y}^*) > 0 \Rightarrow x_e^* = 0,\\&\bar{c}_e(\boldsymbol{y}^*) < 0 \Rightarrow x_e^* = u_e\end{aligned} \tag{4.101}$$

가 되는 퍼텐셜 $\boldsymbol{y}^*$가 존재하는 것이다.

증명 선형 계획 문제의 상보성 조건 (2.126), (2.131)에서 최소 비용 흐름 문제의 실행 가능 설루션 $\boldsymbol{x}^*$와 그 쌍대 문제의 실행 가능 설루션 $(\boldsymbol{y}^*, \boldsymbol{z}^*)$가 함께 최적 설루션이 되기 위한 필요충분조건은, 다음의 상보성 조건

$$\begin{aligned}&(\bar{c}_e(\boldsymbol{y}^*) + z_e^*)x_e^* = 0, \quad e \in E,\\&(x_e^* - u_e)z_e^* = 0, \qquad e \in E\end{aligned} \tag{4.102}$$

가 성립하는 것이다.[82] 어떤 변 $e \in E$에 대해 $0 < x_e^* < u_e$로 하면, 상보성 조건에 따라 $\bar{c}_e(\boldsymbol{y}^*) + z_e^* = 0$과 $z_e^* = 0$이 성립하고 $\bar{c}_e(\boldsymbol{y}^*) \le 0$이 된다. $x_e^* = u_e\ (> 0)$로 하면, 상보성 조건에 따라 $\bar{c}_e(\boldsymbol{y}^*) + z_e^* = 0$이 성립하고, $z_e^* \ge 0$보다 $\bar{c}_e(\boldsymbol{y}^*) \le 0$이 된다. 그리고 $x_e^* = 0\ (< u_e)$로 하면, 상보성 조건에서 $z_e^* = 0$이 성립하고, 쌍대 문제의 제약조건 $\bar{c}_e(\boldsymbol{y}^*) + z_e^* \ge 0$에서, $\bar{c}_e(\boldsymbol{y}^*) \ge 0$이 된다. 이들을 종합하면 상보성 조건은 다음과 같이 바꿔 쓸 수 있다.

$$\begin{aligned}x_e^* = 0 &\Rightarrow \bar{c}_e(\boldsymbol{y}^*) \ge 0,\\0 < x_e^* < u_e &\Rightarrow \bar{c}_e(\boldsymbol{y}^*) = 0,\\x_e^* = u_e &\Rightarrow \bar{c}_e(\boldsymbol{y}^*) \le 0.\end{aligned} \tag{4.103}$$

이 조건의 대우에서 식 (4.101)을 얻을 수 있다. □

82 최소 비용 흐름 문제 (4.90)의 첫 번째 제약조건은 등식 제약을 위한 상보성 조건에는 나타나지 않는 것에 주의한다.

그래프 G에 대해 어떤 변 $e=(u, v) \in E$의 최적 흐름량이 $x^*_e = u_e$라면, 잔여 네트워크 $\tilde{G}(\boldsymbol{x}^*)$에는 그 역방향 변 $\bar{e} = (v, u)$만 나타나는 것에서 다음과 같은 특징을 얻을 수 있다.

따름정리 4.5

최소 비용 흐름 문제의 실행 가능한 흐름 $\boldsymbol{x}^*$가 최적이기 위한 필요충분조건은 잔여 네트워크 $\tilde{G}(\boldsymbol{x}^*)$의 모든 변 $e=(u, v) \in \tilde{E}(\boldsymbol{x}^*)$에 대해 $\bar{c}_e(\boldsymbol{y}^*) = \tilde{c}_e(\boldsymbol{x}^*) + y^*_u - y^*_v \geq 0$이 되는 퍼텐셜 $\boldsymbol{y}^*$가 존재하는 것이다.

최단 경로 반복 기법은 용량 제약을 만족하는 흐름 $\boldsymbol{x}$의 잔여 네트워크 $\tilde{G}(\boldsymbol{x})$에 대해 $\bar{c}_e(\boldsymbol{y}) \geq 0$을 만족하는 퍼텐셜 $\boldsymbol{y}$를 유지하면서, 흐름량 보존 제약을 만족하도록 흐름 $\boldsymbol{x}$를 업데이트하는 방법이다. 최단 경로 반복 기법의 절차를 정리하면 다음과 같다. 여기에서 각 꼭짓점 $v \in V$에서 흐름량 보존 제약의 위반량을 $\tilde{b}_v(\boldsymbol{x}) = b_v - \Sigma_{e \in \delta^+(v)} x_e + \Sigma_{e \in \delta^-(v)} x_e$로 한다.

알고리즘 4.15 | 최단 경로 반복 기법

단계 1: $c_e \geq 0$이면 $x_e = 0$, $c_e < 0$이면 $x_e = u_e \ (e \in E)$로 한다. $y_v = 0 \ (v \in V)$로 한다.

단계 2: $\tilde{b}_{v^*}(\boldsymbol{x}) \geq 0$이 되는 꼭짓점 $v^* \in V$를 선택한다. 그런 꼭짓점이 없으면 종료한다.

단계 3: 잔여 네트워크 $\tilde{G}(\boldsymbol{x})$의 변 $e \in \tilde{E}(\boldsymbol{x})$의 길이를 감소 비용 $\bar{c}_e(\boldsymbol{y})$로 하고, 꼭짓점 v^*에서 각 꼭짓점 $v \in V$로의 최단 경로의 길이 f_{v^*v}를 구한다.

단계 4: 각 꼭짓점 $v \in V$의 퍼텐셜을 $y_v = y_v + f_{v^*v}$로 업데이트한다.

단계 5: $\tilde{b}_v(\boldsymbol{x}) < 0$이 되는 꼭짓점 $v \in V$를 선택하고, 꼭짓점 v^*에서 꼭짓점 v로의 최단 경로를 P라고 한다.[83] $\Delta = \min\{\tilde{b}_{v^*}(\boldsymbol{x}), |\tilde{b}_{v^*}(\boldsymbol{x})|, \min\{\tilde{u}_e(\boldsymbol{x}) \mid e \in P\}\}$를 계산한다. 잔여 네트워크 $\tilde{G}(\boldsymbol{x})$의 최단 경로 P에서 원 그래프 G의 각 변 $e=(u, v) \in E$의 흐름량 x_e를

$$x^*_e = \begin{cases} x_e + \Delta & e = (u,v) \in P \\ x_e - \Delta & \bar{e} = (u,v) \in P \end{cases}$$

로 하고 단계 2로 돌아간다.

83 $\Sigma_{v \in V} b_v = 0$의 가정에서 임의의 흐름 $\boldsymbol{x}$에 대해 $\Sigma_{v \in V} \tilde{b}_v(\boldsymbol{x}) = 0$이 되므로, $\tilde{b}_v(\boldsymbol{x}) > 0$이 되는 꼭짓점 $v \in V$가 존재하면, $\tilde{b}_v(\boldsymbol{x}) < 0$이 되는 꼭짓점 $v' \in V$가 반드시 존재한다.

최단 경로 반복 기법에서는 잔여 네트워크 $\tilde{G}(\boldsymbol{x})$에 대해 $\overline{c}_e(\boldsymbol{y}) \geq 0$을 만족하는 퍼텐셜을 $\boldsymbol{y}'$이라고 하면, 업데이트 후의 각 변 $e \in \tilde{E}(\boldsymbol{x})$의 감소 비용은

$$
\begin{aligned}
\overline{c}_e(\boldsymbol{y}') &= c_e + y'_u - y'_v \\
&= c_e + (y_u + f_{v^*u}) - (y_v + f_{v^*v}) \\
&= c_e + y_u - y_v + f_{v^*u} - f_{v^*v} \\
&= \overline{c}_e(\boldsymbol{y}) + f_{v^*u} - f_{v^*v}
\end{aligned}
\tag{4.104}
$$

가 된다. 이때 정리 4.3으로부터 꼭짓점 v^*에서 각 꼭짓점 $v \in V$로의 최단 경로의 길이 f_{v^*v}는 심각부등식

$$
f_{v^*v} \leq f_{v^*u} + \overline{c}_e(\boldsymbol{y}), \quad e = (u, v) \in \tilde{E}(\boldsymbol{x}) \tag{4.105}
$$

를 만족하므로, 업데이트 후의 퍼텐셜 $\boldsymbol{y}'$도 $\overline{c}_e(\boldsymbol{y}') \geq 0$을 만족한다. 최단 경로 반복 기법의 실행 예를 [그림 4.67]에 나타냈다.

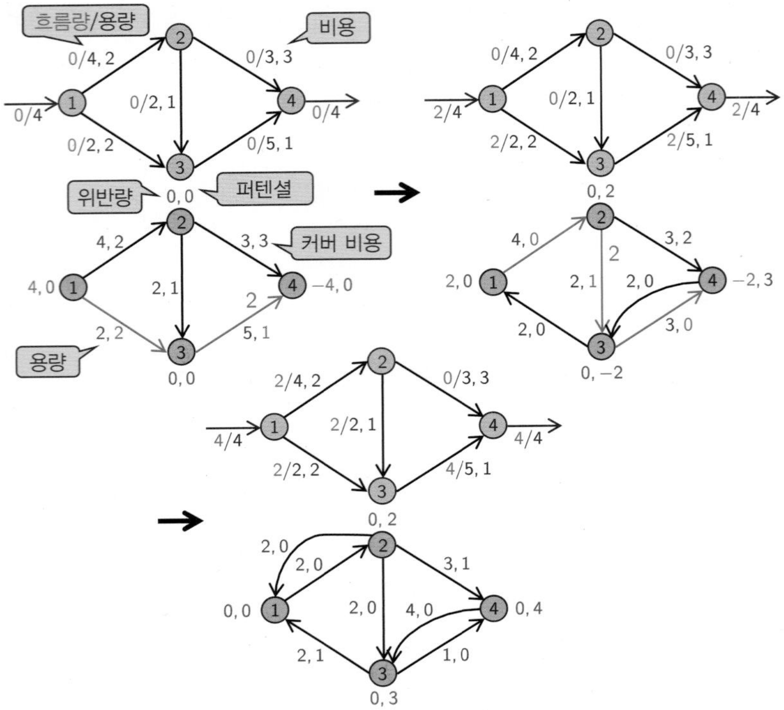

그림 4.67 최단 경로 반복 기법의 실행 예

그래프 $G=(V, E)$의 모든 변의 용량 u_e가 정숫값만 가진다고 한다. 최단 경로 반복 기법에서는 초과총량 $\Sigma_{u\in V}\ \max\{\tilde{b}_v(\boldsymbol{x}), 0\}$은 1회 반복에서 적어도 1단위 감소한다. 용량의 최댓값을 $U=\max\{u_e \mid e\in E\}$로 하면, $\Sigma_{v\in V}\ \max\{\tilde{b}_v(\boldsymbol{x}), 0\}\le(|V|+|E|)U$에서 최단 경로 반복 기법은 $\mathrm{O}(|E|U)$회 반복으로 종료한다.[84] 각 반복에서는 잔여 네트워크 $\tilde{G}(\boldsymbol{x})$의 각 변 $e\in\tilde{E}(\boldsymbol{x})$의 감소 비용은 $\bar{c}_e(\boldsymbol{y})\ge 0$을 만족하므로, 꼭짓점 v^*에서 각 꼭짓점 $v\in V$로의 최단 경로는 다이크스트라 알고리즘을 이용해 $\mathrm{O}(|E|+|V|\log_2|V|)$의 계산 시간으로 최단 경로를 구할 수 있다. 그러므로 최단 경로 반복 기법의 전체 계산 시간은 $\mathrm{O}((|E|+|V|\log_2|V|)|E|U)$가 된다.[85]

---

84 여기에서는 $|V|\le|E|$라 가정한다.

85 음의 닫힌 경로 소거 기법과 마찬가지로 이 최단 경로 반복 기법도 다항식 시간 알고리즘이 아닌 의사 다항식 알고리즘인 것에 주의한다.

할당 문제: 4.1.6절에서는 완전 단모듈 행렬을 제약 행렬로 갖는 정수 계획 문제의 예로 할당 문제를 소개했다. 완전 단모듈 행렬을 제약 행렬로 가진 정수 계획 문제에서는 정수 조건을 완화한 선형 계획 문제에 대해 단체법을 적용하면, 원래의 정수 계획 문제의 최적 설루션을 얻을 수 있다. 한편, 할당 문제를 최소 비용 흐름 문제로 변환하면 한층 효율적으로 최적 설루션을 구할 수 있다.

먼저 할당 문제에 대응하는 서브 그래프 $G=(V_1, V_2, E)$를 정의한다. 즉, 학생 i를 꼭짓점 $i \in V_1$, 클래스 j를 꼭짓점 $j \in V_2$, 학생 i의 클래스 j에 대한 만족도 p_{ij}를 변 $(i, j) \in E$의 가중치로 한다. 이분 그래프 $G=(V_1, V_2, E)$에 대해 새롭게 입구 s와 출구 t, 입구 s와 꼭짓점 $i \in V_1$을 연결하는 변 (s, i), 꼭짓점 $j \in V_2$와 출구 t를 연결하는 변 (j, t)를 추가한다(그림 4.68). 여기에서 변 (s, i) $(i \in V_1)$의 용량을 1, 비용을 0, 변 (j, t) $(j \in V_2)$의 용량을 u_j, 비용을 0, 변 $(i,j) \in E$의 용량을 1, 비용을 $-p_{ij}$, 입구 s에서 흘러나가는 흐름량을 $m(=|V_1|)$, 출구 t로 흘러 들어가는 흐름량을 m이라고 한다.

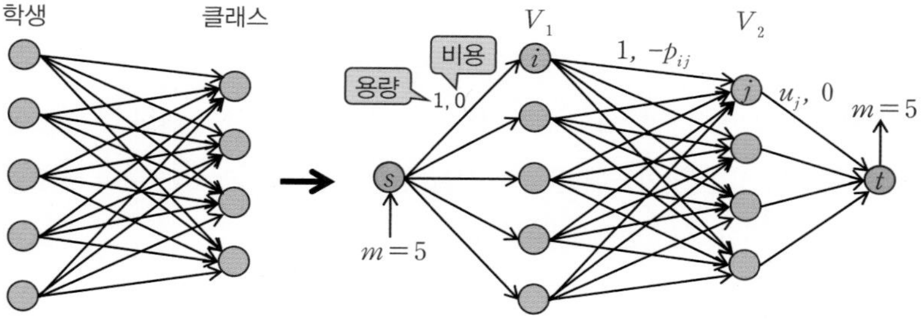

그림 4.68 할당 문제를 최소 비용 흐름 문제로 변환

이 최소 경비 흐름 문제의 최소 비용 흐름과 원래 할당 문제의 최적 설루션은 일대일 대응하며, 최소 비용 흐름 문제의 최적값에 −1을 곱한 값이 할당 문제의 최적값이 된다. 이 최소 비용 문제에 대한 최단 경로 반복 기법의 반복 횟수는 최대 $|V_1|$회이며, 최단 경로반복 기법의 전체 계산 시간은 $O((|E|+|V|\log_2|V|)|V|)$가 된다.[86]

86 $V=V_1 \cup V_2$가 된다.

4.4 분기 한정법과 절제 평면법

정수 계획 문제를 포함한 NP 난해한 조합 최적화 문제에서는 **분기 한정법** branch-and-bound algorithm[87]과 **절제 평면법** cutting plane algorithm이 대표적인 완전 알고리즘으로 알려져 있다. 분기 한정법은 직접 풀기 어려운 문제를 몇 개의 소규모 자녀 문제로 분할하는 **분기 조작** branching procedure과 최적 설루션을 얻어낼 가능성이 없는 자녀 문제를 찾아내는 **한정 조작** bounding procedure[88]이라는 두 가지 조작을 반복 적용하는 알고리즘으로, 정수 계획 문제 이외에도 많은 최적화 문제에서 이용되고 있다. 정수 계획 문제에 대한 분기 한정법은 1960년에 랜드 Land와 도이그 Doig가 제안했다. 절제 평면법은 완화 문제의 최적 설루션에서 시작해서 실행 가능 설루션을 남기면서 완화 문제의 최적 설루션을 소거하는 제약조건을 조직적으로 추가하는 절차를 반복 적용하는 알고리즘이다. 정수 계획 문제에 대한 절제 평면법은 1958년에 고모리 Gomory가 제안했다. 이번 절에서는 분기 한정법과 절제 평면법의 사고방식과 절차를 설명한 뒤, 정수 계획 문제를 푸는 소프트웨어 이용법을 소개한다.

4.4.1 분기 한정법

분기 한정법은 **잠정 설루션** incumbent solution[89]에서 얻을 수 있는 최적값의 하한과 완화 문제를 풀어 얻을 수 있는 최적 설루션의 상한을 이용해 한정 조작을 구현한다. 여기에서는 다음 표준형으로 주어진 정수 계획 문제에 대한 분기 한정법을 살펴보기로 한다.

$$
\begin{aligned}
\text{최대화} \quad & z(\boldsymbol{x}) = \sum_{j=1}^{n} c_j x_j \\
\text{조건} \quad & \sum_{j=1}^{n} a_{ij} x_j \le b_i, \qquad i = 1, \ldots, m, \\
& x_j \in \mathbb{Z}_+, \qquad\qquad j = 1, \ldots, n.
\end{aligned}
\tag{4.106}
$$

정수 계획 문제에서는 각 변수 x_j의 (음이 아닌) 정수 제약 $x_j \in \mathbb{Z}_+$ 를 비부 조건 $x_j \ge 0$에 완화한 **선형 계획 완화 문제** linear programming relaxation problem를 풀어 최적값의 상한을 구하는 경우가 많

---

87 **간접 열거법** implicit enumeration이라 부르기도 한다.

88 **가지치기** pruning라 부르기도 한다.

89 지금까지의 탐색으로 얻어진 가장 좋은 실행 가능 설루션. 잠정 설루션의 목적 함숫값을 **잠정값** incumbent value이라 한다.

다. 정수 계획 문제에 대한 선형 계획 완화 문제의 예를 [그림 4.69]에 표시했다.

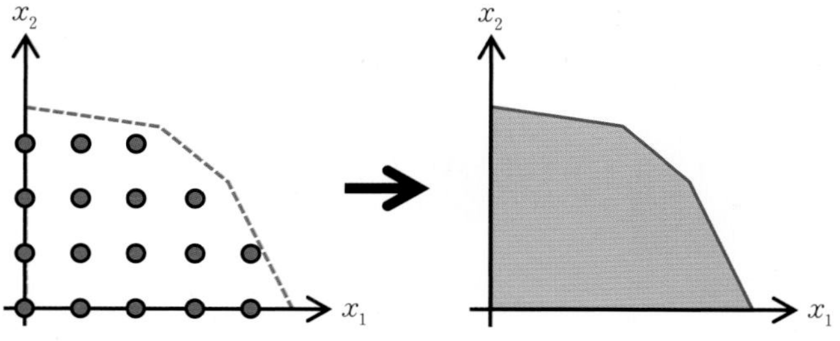

그림 4.69 선형 계획 완화 문제 예

선형 계획 완화 문제는 정의에 의해 다음과 같은 특징을 만족한다.

(1) 정수 계획 문제의 최적 설루션을 $\boldsymbol{x}^*$, 선형 계획 완화 문제의 최적 설루션을 $\bar{\boldsymbol{x}}$ 라고 하면, $z(\bar{\boldsymbol{x}}) \geq z(\boldsymbol{x}^*)$가 성립한다. 즉, 선형 계획 완화 문제의 최적값 $z(\bar{\boldsymbol{x}})$는 선형 계획 문제의 최적값 $z(\boldsymbol{x}^*)$의 상한을 제공한다.

(2) 선형 계획 완화 문제가 실행 가능하지 않다면, 정수 계획 문제도 실행 가능하지 않는다.

(3) 선형 계획 완화 문제의 최적 설루션 $\bar{\boldsymbol{x}}$가 정수 계획 문제의 실행 가능 설루션(즉, 정수 설루션)이라면 $\bar{\boldsymbol{x}}$는 정수 계획 문제의 최적 설루션이다.

분기 조작에서는 어떤 한 개의 변숫값을 갖는 범위를 제한해서 **자녀 문제**subproblem를 생성한다. 선형 계획 완화 문제의 최적 설루션 $\bar{\boldsymbol{x}}$가 정수 계획 문제의 실행 가능 설루션이 아니라면 정숫값을 갖지 않는 변수 x_j가 존재한다. 이때 [그림 4.70]에 표시한 것처럼 변수 x_j의 값을 $x_j \leq \lfloor \bar{x}_j \rfloor$와 $x_j \geq \lceil \bar{x}_j \rceil$을 각각 제한함으로써 두 개의 자녀 문제를 생성할 수 있다.

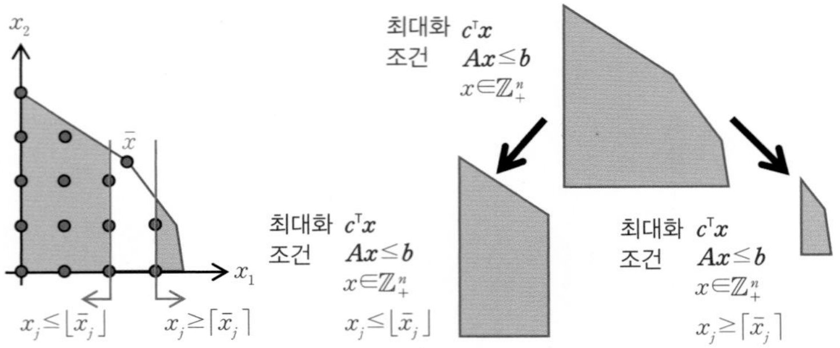

그림 4.70 분기 조작을 통한 자녀 문제 생성

정수 설루션을 갖지 않는 변수 x_j가 복수 존재하는 경우에는, 정수 값에서 가장 먼 $\bar{x}_j$(즉, min $\{\bar{x}_j - \lfloor \bar{x}_j \rfloor, \lceil \bar{x}_j \rceil - \bar{x}_j\}$를 최대로 하는 $\bar{x}_j$에 대응하는 변수 x_j를 선택하는 방법이 잘 알려져 있다. 이 분기 조작은 생성된 자녀 문제에도 재귀적으로 적용할 수 있다. 새롭게 생성된 자녀 문제에서는 변수 x_j의 상한 혹은 하한의 제약이 하나 추가된 선형 계획 완화 문제를 풀면 되므로, 쌍대 단체법 (2.3.5절)을 이용한 재최적화에 따라 계산을 효율화할 수 있다.

한정 조작에서는 선형 완화 문제의 특징을 이용해 최적 설루션을 얻을 수 있는 가능성이 없는 자녀 문제를 찾는다. 어떤 자녀 문제 P의 선형 계획 완화 문제 $\overline{P}$의 최적 설루션을 $\bar{\boldsymbol{x}}$라 한다. 그리고 그 시점에서 정수 계획 문제의 잠정 설루션을 $\boldsymbol{x}^{\natural}$ 이라고 한다. 이때

(1) 선형 계획 완화 문제 $\overline{P}$가 실행 불능이면, 자녀 문제 P도 실행 불능이다(특징(2)).

(2) 선형 계획 완화 문제 $\overline{P}$의 최적값 $z(\bar{\boldsymbol{x}})$가 잠정값 $z(\boldsymbol{x}^{\natural})$에 대해 $z(\bar{\boldsymbol{x}}) \leq z(\boldsymbol{x}^{\natural})$을 만족하면, 자녀 문제 P는 잠정 설루션 $\boldsymbol{x}^{\natural}$ 보다 나은 실행 가능 설루션을 갖지 않는다(특징(1)).[90]

(3) 선형 계획 완화 문제 $\overline{P}$의 최적 설루션 $\bar{\boldsymbol{x}}$가 정수 계획 문제의 실행 가능 설루션이면, $\bar{\boldsymbol{x}}$는 자녀 문제 P의 최적 설루션이다(특징(3)).

이 중에서 어느 하나를 알면 자녀 문제 P에 분기 조작을 적용할 필요가 없어진다.

어떤 자녀 문제 P에 분기 조작을 적용해 생성한 자녀 문제를 P', 그 선형 계획 완화 문제 $\overline{P}'$의 최적 설루션을 $\bar{\boldsymbol{x}}'$라고 한다. 이때 자녀 문제 P'의 실행 가능 완화 영역 S'는 자녀 문제 P의 실

90 자녀 문제 P에 실행 가능 설루션이 존재하는 경우를 생각한다. 자녀 문제 P의 최적 설루션을 $\boldsymbol{x}$라고 하면, $z(\boldsymbol{x}) \leq z(\bar{\boldsymbol{x}})$ (특징(1))에서 $z(\boldsymbol{x}) \leq z(\bar{\boldsymbol{x}}) \leq z(\boldsymbol{x}^{\natural})$이 성립한다.

행 가능 영역 S에 포함되므로($S' \subset S$가 됨), 선형 계획 완화 문제가 퇴화한 최적 설루션을 가지지 않으면 $z(\bar{\boldsymbol{x}}') < z(\bar{\boldsymbol{x}})$가 성립한다. 즉, 분기 한정법의 탐색이 진행됨에 따라 자녀 문제의 최적값의 상한이 단조 감소해 한정 조작을 적용하기 쉬워진다.

정수 계획 문제 P_0을 푸는 분기 한정법의 절차를 정리하면 다음과 같다.

알고리즘 4.16 | 분기 한정법

단계 1: 적당한 방법으로 정수 계획 문제 P_0의 실행 가능 설루션을 구해 잠정 설루션 $\boldsymbol{x}^\natural$로 한다. $L = \{P_0\}$으로 한다

단계 2: $L = \varnothing$이면 종료한다.

단계 3: 자녀 문제 $P \in L$을 선택한다. $L = L \setminus \{P\}$로 한다.

단계 4: 자녀 문제 P의 선형 계획 완환 문제 $\overline{P}$를 풀어 최적 설루션 $\bar{\boldsymbol{x}}$를 구한다. 실행 불능 또는 $z(\bar{\boldsymbol{x}}) \leq z(\boldsymbol{x}^\natural)$이라면 단계 2로 돌아간다.

단계 5: $\bar{\boldsymbol{x}}$가 정수 계획 문제 P_0의 실행 가능 설루션(즉, 정수 설루션)이라면 $\boldsymbol{x}^\natural = \bar{\boldsymbol{x}}$으로 하고 단계 2로 돌아간다.

단계 6: 자녀 문제 P에 분기 조작을 적용해서 생성한 자녀 문제를 L에 추가하고 단계 2로 돌아간다.

[단계 1]에서 정수 계획 문제 P_0의 실행 가능 설루션을 구하기 어렵다면 잠정 설루션 없음, 잠정값을 $-\infty$ (최소화 문제인 경우에는 ∞)로 설정하고 분기 한정법을 시작할 수도 있다. 단, 실행 가능 설루션을 발견할 때까지 한정 조작의 두 번째 조건을 적용할 수 없으므로 탐색 효율이 나빠진다. $\bar{\boldsymbol{x}}$가 정수 계획 문제 P_0의 실행 가능 설루션(즉, 정수 설루션)이라면, [단계 4] 혹은 [단계 5] 중 한 조건에 해당하므로 분기 조작을 적용하지 않고 [단계 2]로 돌아가는 것에 주의한다.

분기 한정법은 설루션 후보를 체계적으로 나열하는 알고리즘으로 최악의 경우에는 모든 실행 가능 설루션을 나열하게 되기도 한다. 그러나 실제로는 한정 조작에 따라 분기 한정법 실행 시 탐색하는 자녀 문제의 수를 억제함으로써 효율적으로 최적 설루션을 구해 간다. 또한 분기 한정법을 실행하기 전에 장황한 변수나 제약조건을 삭제해서, 변수가 갖는 값의 범위를 좁히는 등의 **전처리**preprocessing를 적용해 불필요한 탐색을 생략할 수 있다. 특히 간단한 고찰을 기반으

로 최적성을 잃어버리지 않고 일부의 변숫값을 고정하는 절차를 **변수 고정** variable fixing[91]이라 한다. 변수 고정은 전처리 이외에도 분기 조작을 통해 생성된 자녀 문제의 축소에 이용되기도 한다.

분기 한정법의 [단계 3]에서는 다음에 탐색할 자녀 문제를 하나 선택해야 한다. 대표적인 선택 방법으로 다음 두 가지가 있다.

(1) **깊이 우선 탐색** depth-first search : 가장 마지막에 생성된 자녀 문제를 선택한다. 분기 한정법은 자녀 문제를 분할하는 과정을 의미하는 **탐색 트리** search tree (그림 4.71)에서 가장 깊이 있는 자녀 문제를 항상 선택하므로 깊이 우선 탐색이라고 불린다. 깊이 우선 탐색에서는 **스택** stack[92]이라 불리는 데이터 구조를 이용해 자녀 문제의 집합 L을 저장한다.

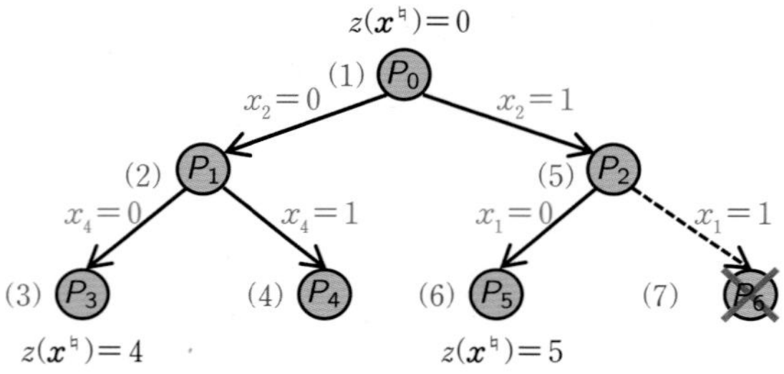

그림 4.71 냅색 문제에 대한 분기 한정법의 실행 예

(2) **최적 우선 탐색** best-first search : 자녀 문제에 대한 최적값의 추정값을 계산하고, 그 값이 최대(최소화 문제에서는 최소)가 되는 자녀 문제를 선택한다. 최저값의 추정값으로 선형 계획 완화 문제의 최적값 $z(\bar{x})$를 이용할 수도 있으며, 특히 **최적 상한 탐색**(최소화 문제에서는 최적 하한 탐색) best-bound search 이라 한다.

깊이 우선 탐색은 L에 저장된 자녀 문제의 수가 적으므로, 알고리즘의 실행에 필요한 기억 영역을 억제하는 이점이 있다. 최상 상한 탐색은 계산을 종료할 때까지 생성된 자녀 문제의 전체 수가 최소가 되는 것이 알려져 있으며, 알고리즘 계산 시간을 억제하는 장점이 있다. 하지만 탐색 초기에는 탐색 트리의 상층에 있는 자녀 문제가 선택되는 경향이 있어, 알고리즘 실행에 필

91 고정 테스트 pegging text 라 부르기도 한다.

92 후입선출 last-in-first-out (LIFO) 조작을 구현한 리스트다.

요한 기억 영역이 커지는 단점이 있다.

조합 최적화 문제에 대한 분기 한정법의 예로 냅색 문제에 대한 분기 한정법을 소개한다.

냅색 문제: 4.1.2절에서는 정수 계획 문제의 예로 냅색 문제를 소개했다. 그리고 4.3.2절에서는 냅색 문제에 대한 동적 계획법을 소개했다. 냅색 문제에 분기 한정법을 적용하기 위해, 각 변수 x_j에 정수 제약 $x_j \in \{0, 1\}$을 $0 \le x_j \le 1$로 완화한 선형 계획 완화 문제를 풀어 냅색 문제의 최적값의 상한을 구한다.

냅색 문제의 선형 계획 완화 문제는 다음과 같은 특징이 있다.

정리 4.8

냅색 문제는

$$\frac{p_1}{w_1} \ge \frac{p_2}{w_2} \ge \cdots \ge \frac{p_n}{w_n} \tag{4.107}$$

을 만족하다고 한다. 이때 선형 계획 완화 문제의 최적 설루션 $\bar{\boldsymbol{x}} = (\bar{x}_1, \bar{x}_2, \ldots, \bar{x}_n)^\top$은 $\Sigma_{j=1}^{k} w_j \le C$와 $\Sigma_{j=1}^{k+1} w_j > C$를 만족하는 k를 이용해

$$\bar{x}_j = \begin{cases} 1 & j = 1, \ldots, k, \\ \dfrac{C - \Sigma_{j=1}^{k} w_j}{w_{k+1}} & j = k+1, \\ 0 & j = k+2, \ldots, n \end{cases} \tag{4.108}$$

이 된다.

(증명 생략)

다음 냅색 문제 P_0에 대한 분기 한정법의 실행 예를 [그림 4.71]에 표시했다.

$$P_0: \textbf{최대화} \quad z(\boldsymbol{x}) = 3x_1 + 4x_2 + x_3 + 2x_4$$
$$\textbf{조건} \quad 2x_1 + 3x_2 + x_3 + 3x_4 \le 4, \tag{4.109}$$
$$\boldsymbol{x} = (x_1, x_2, x_3, x_4)^\top \in \{0, 1\}^4.$$

처음에 분명한 실행 가능 설루션 $\boldsymbol{x}^\natural = (0, 0, 0, 0)^\top$을 잠정 설루션, $z(\boldsymbol{x}^\natural) = 0$을 잠정값으로 저장해둔다.[93] 선형 계획 완화 문제 $\overline{P}_0$을 풀면, 그 최적 설루션 $\bar{\boldsymbol{x}} = (1, \frac{2}{3}, 0, 0)^\top$과 최적값 $z(\bar{\boldsymbol{x}}) = \frac{17}{3}$을 얻을 수 있다. 이때 $\bar{x}_2 = \frac{2}{3}$이 되어 정숫값을 갖지 않으므로, 변수 x_2의 값을 $x_2 \le \left\lfloor \frac{2}{3} \right\rfloor$와 $x_2 \ge \left\lceil \frac{2}{3} \right\rceil$, 즉, $x_2 = 0$과 $x_2 = 1$로 각각 제한한 자녀 문제 P_1, P_2를 생성한다. $L = \{P_2, P_1\}$로 한다.

다음으로 $L = \{P_2, P_1\}$에서 자녀 문제 P_1을 추출한다.

$$P_1: \textbf{최대화} \quad 3x_1 + x_3 + 2x_4$$
$$\textbf{조건} \quad 2x_1 + x_3 + 3x_4 \le 4, \tag{4.110}$$
$$x_1, x_3, x_4 \in \{0, 1\}.$$

선형 계획 완화 문제 $\overline{P}_1$을 풀면, 그 최적 설루션 $\bar{\boldsymbol{x}} = (1, 0, 1, \frac{1}{3})^\top$과 최적값 $z(\bar{\boldsymbol{x}}) = \frac{14}{3}$를 얻을 수 있다. 이때 $\bar{x}_4 = \frac{1}{3}$이 되어 정숫값을 갖지 않으므로, 변수 x_4의 값을 $x_4 \le \left\lfloor \frac{1}{3} \right\rfloor$와 $x_4 \ge \left\lceil \frac{1}{3} \right\rceil$, 즉, $x_4 = 0$과 $x_4 = 1$로 각각 제한한 자녀 문제 P_3, P_4를 생성한다. $L = \{P_2, P_4, P_3\}$으로 한다.

다음으로 $L = \{P_2, P_4, P_3\}$에서 자녀 문제 P_3을 추출한다.

$$P_3: \textbf{최대화} \quad 3x_1 + x_3$$
$$\textbf{조건} \quad 2x_1 + x_3 \le 4, \tag{4.111}$$
$$x_1, x_3 \in \{0, 1\}.$$

선형 계획 완화 문제 $\overline{P}_3$을 풀면, 그 최적 설루션 $\bar{\boldsymbol{x}} = (1, 0, 1, 0)^\top$과 최적값 $z(\bar{\boldsymbol{x}}) = 4$를 얻을 수 있다. 이때 $\bar{\boldsymbol{x}}$는 정수 설루션 및 $z(\bar{\boldsymbol{x}}) > z(\boldsymbol{x}^\natural)$을 만족하므로 잠정 설루션을 $\boldsymbol{x}^\natural = (1, 0, 1, 0)^\top$, 잠정값을 $z(\boldsymbol{x}^\natural) = 4$로 업데이트한다.

---

93 잠정값이 좋으면 한정 조작을 적용하기 쉬우므로, 실제로는 근사 알고리즘이나 휴리스틱을 이용해 가능한 좋은 실행 가능 설루션을 구하는 것이 바람직하다. 예를 들어 냅색 문제라면 4.5.6절에서 소개한 탐욕 알고리즘을 이용해 잠정 설루션을 구하는 경우가 많다.

다음으로 $L=\{P_2, P_4\}$에서 자녀 문제 P_4를 추출한다.

$$
\begin{aligned}
P_4: \textbf{최대화}\ & 3x_1 + x_3 + 2 \\
\textbf{조건}\ & 2x_1 + x_3 \le 1, \\
& x_1,\ x_3 \in \{0, 1\}.
\end{aligned}
\tag{4.112}
$$

선형 계획 완화 문제 $\overline{P}_4$를 풀면, 그 최적 설루션 $\bar{\boldsymbol{x}} = (\frac{1}{2}, 0, 1, 0)^\top$과 최적값 $z(\bar{\boldsymbol{x}}) = \frac{7}{2}$을 얻을 수 있다. 이때 $z(\bar{\boldsymbol{x}}) < z(\boldsymbol{x}^\natural)$을 만족하므로, 자녀 문제 P_4는 잠정 설루션 $\boldsymbol{x}^\natural$보다 좋은 실행 가능 설루션을 갖지 않는다.

다음으로 $L=\{P_2\}$에서 자녀 문제 P_2를 추출한다.

$$
\begin{aligned}
P_2: \textbf{최대화}\ & 3x_1 + x_3 + 2x_4 + 4 \\
\textbf{조건}\ & 2x_1 + x_3 + 3x_4 \le 1, \\
& x_1,\ x_3,\ x_4 \in \{0, 1\}.
\end{aligned}
\tag{4.113}
$$

선형 계획 완화 문제 $\overline{P}_2$를 풀면, 그 최적 설루션 $\bar{\boldsymbol{x}} = (\frac{1}{2}, 1, 0, 0)^\top$과 최적값 $z(\bar{\boldsymbol{x}}) = \frac{11}{2}$을 얻을 수 있다. 이때 $\bar{x}_1 = \frac{1}{2}$이 되어 정숫값을 갖지 않으므로 변수 x_1의 값을 $x_1 \le \left\lfloor \frac{1}{2} \right\rfloor$과 $x_2 \ge \left\lceil \frac{1}{2} \right\rceil$, 즉 $x_1 = 0$과 $x_1 = 1$로 각각 제한한 자녀 문제 P_5, P_6을 생성한다. $L=\{P_6, P_5\}$로 업데이트한다.

다음으로 $L=\{P_6, P_5\}$에서 자녀 문제 P_5를 추출한다.

$$
\begin{aligned}
P_5: \textbf{최대화}\ & x_3 + 2x_4 + 4 \\
\textbf{조건}\ & x_3 + 3x_4 \le 1, \\
& x_3,\ x_4 \in \{0, 1\}.
\end{aligned}
\tag{4.114}
$$

선형 계획 완화 문제 $\overline{P}_5$를 풀면, 그 최적 설루션 $\bar{\boldsymbol{x}} = (0, 1, 1, 0)^\top$과 최적값 $z(\bar{\boldsymbol{x}}) = 5$를 얻을 수 있다. 이때 $\bar{\boldsymbol{x}}$는 정수 설루션 및 $z(\bar{\boldsymbol{x}}) > z(\boldsymbol{x}^\natural)$을 만족하므로 잠정 설루션을 $\boldsymbol{x}^\natural = (0, 1, 1, 0)^\top$, 잠정값을 $z(\boldsymbol{x}^\natural) = 5$로 업데이트한다.

마지막으로 $L=\{P_6\}$에서 자녀 문제 P_6을 추출한다.

$$
\begin{aligned}
P_6 : \text{최대화} \quad & x_3 + 2x_4 + 7 \\
\text{조건} \quad & x_3 + 3x_4 \le -1, \\
& x_3,\ x_4 \in \{0,\ 1\}.
\end{aligned} \tag{4.115}
$$

선형 계획 완화 문제 $\overline{P}_6$은 실행 불능이므로, 자녀 문제 P_6도 실행 가능 설루션을 갖지 않는다. 여기에서 $L = \phi$이 되어 분기 한정법의 계산을 종료한다. 현재의 잠정 설루션 $\boldsymbol{x}^{\natural} = (0, 1, 1, 0)^{\top}$이 냅색 문제 P_0의 최적 설루션이 된다.

4.4.2 절제 평면법

절제 평면법에서는 정수 계획 문제의 실행 가능 설루션 전체의 볼록 포[94]를 나타내는 선형 계획 문제를 이용한다(그림 4.72). 이 볼록 다면체를 **정수 다면체**integer polyhedron라 한다. 정수 다면체를 나타내는 선형 계획 문제의 최적 설루션은 정수 계획 문제의 최적 설루션이 된다. 그러나 일반적으로 정수 다면체를 나타내기 위해 필요한 부등식의 수는 매우 많으며, 정수 계획 문제를 등가의 선형 계획 문제로 변경하는 방법은 현실적이지도 않다. 그래서 정수 계획 문제의 최적 설루션을 얻기 위해 필요한 부등식만 순차적으로 추가해서 계산을 효율화한다.

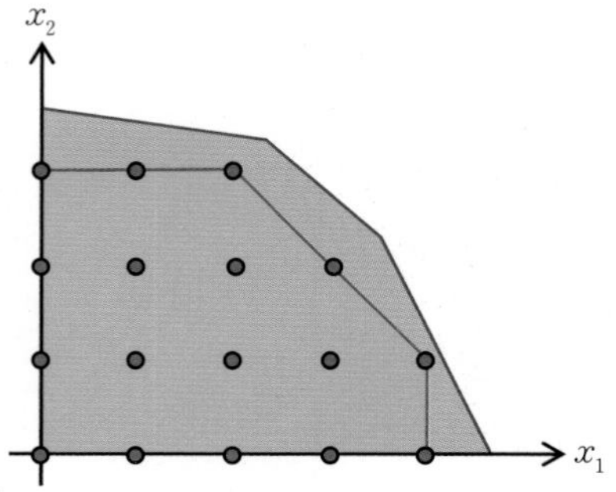

그림 4.72 정수 계획 문제의 실행 가능 설루션 전체의 볼록 포

절제 평면법은 정수 계획 문제의 실행 가능 설루션을 남기면서 새로운 제약조건을 추가해 실행 가능 영역을 축소하는 절차를 반복한다. 먼저, 표준형의 정수 계획 문제 (4.106)을 생각해

---

94 여기에서는 모든 실행 가능 설루션을 포함한 최소 볼록 집합을 가리킨다.

본다. 정수 계획 문제의 실행 가능 영역을 S, 선형 계획 완화 문제의 실행 가능 영역을 $\bar{S}$로 한다. 모든 실행 가능 설루션 $\boldsymbol{x} \in S$가 어떤 부등식 $\boldsymbol{a}^\top \boldsymbol{x} \le b$를 만족할 때, 이 부등식을 S의 **타당 부등식** valid inequality 이라 한다.[95]

선형 계획 완화 문제의 각 제약조건에 음수가 아닌 계수 u_i를 곱해서 더하면

$$\sum_{i=1}^{m} u_i \left(\sum_{j=1}^{n} a_{ij} x_j \right) \le \sum_{i=1}^{m} u_i b_i \tag{4.116}$$

와 같이 새로운 부등식을 얻을 수 있다. 좌변을 x_j에 대해서 모으면 다음과 같이 변형시킬 수 있다.

$$\sum_{j=1}^{n} \left(\sum_{i=1}^{m} u_i a_{ij} \right) x_j \le \sum_{i=1}^{m} u_i b_i. \tag{4.117}$$

선형 계획 완화 문제의 모든 실행 가능 설루션 $\boldsymbol{x} \in \bar{S}$는 이 부등식을 만족하므로, 이 부등식은 $\bar{S}$의 타당 부등식이다. 그리고 $S \subseteq \bar{S}$이므로 이 부등식은 S의 타당 부등식이기도 하다. 이때

$$\sum_{j=1}^{n} \left\lfloor \sum_{i=1}^{m} u_i a_{ij} \right\rfloor x_j \le \left\lfloor \sum_{i=1}^{m} u_i b_i \right\rfloor \tag{4.118}$$

를 **크바탈-고모리 부등식** Chvatal-Gomory inequality 이라 한다.

정수 계획 문제의 실행 가능 영역 S의 타당 부등식이 되는 것을 정리하면 다음과 같다.

정리 4.9

크바탈-고모리 부등식(4.118)은 정수 계획 문제(4.106)의 실행 가능 영역 S의 타당 부등식이다.

증명 $\lfloor \Sigma_{i=1}^{m} u_i a_{ij} \rfloor \le \Sigma_{i=1}^{m} u_i a_{ij}$ 및 변수 x_j는 음이 아닌 값을 가지므로,

95 $\bar{S}$의 타당 부등식도 마찬가지로 정의한다.

$$\sum_{j=1}^{n}\left\lfloor \sum_{i=1}^{m} u_i a_{ij} \right\rfloor x_j \le \sum_{i=1}^{m} u_i b_i \tag{4.119}$$

는 $\bar{S}$ 의 타당 부등식이며, S의 타당 부등식이기도 하다. $\lfloor \Sigma_{i=1}^{m} u_i a_{ij} \rfloor$는 정숫값을 가지므로, 정수 계획 문제의 실행 가능 설루션 $\boldsymbol{x} \in S$에 대해 이 식의 좌변은 정숫값을 가진다. 그러므로 우변을 $\lfloor \Sigma_{i=1}^{m} u_i b_i \rfloor$처럼 정숫값을 버려도 $\boldsymbol{x} \in S$는 여전히 부등식을 만족한다. □

고모리는 선형 계획 완화 문제의 최적 설루션 $\bar{\mathbf{s}}$ 에서 시작해, 그 최적 설루션 $\bar{\mathbf{s}}$가 정수 계획 문제의 실행 가능 설루션(즉, 정수 설루션)이면, $\bar{\mathbf{s}}$를 소거한 S의 타당 부등식을 추가하는 절차를 반복해 적용하는 절제 평면법[96]을 제안했다(그림 4.73). 이런 S의 타당 부등식을 **절제 평면** cutting plane [97]이라 한다.

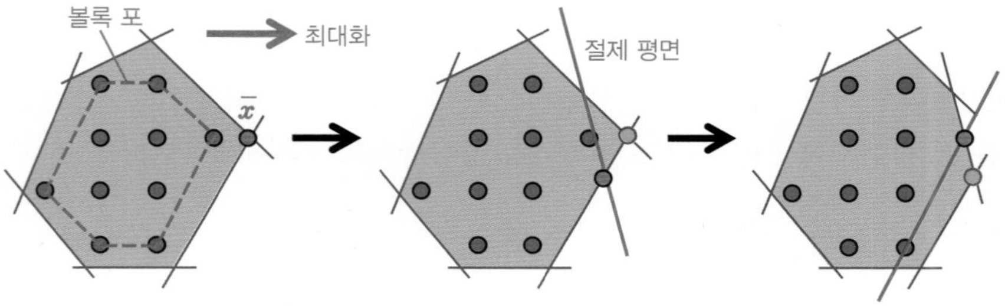

그림 4.73 절제 평면법

여기에서는 표준형의 정수 계획 문제 (4.106)의 제약조건에 여유 변수를 도입해 등식으로 변형한 다음 정수 계획 문제를 생각한다.

$$\begin{aligned} \text{최대화} \quad & \boldsymbol{c}^\top \boldsymbol{x} \\ \text{조건} \quad & \boldsymbol{A}\boldsymbol{x} = \boldsymbol{b}, \\ & \boldsymbol{x} \in \mathbb{Z}_+^n. \end{aligned} \tag{4.120}$$

여기에서 $\boldsymbol{A} \in \mathbb{R}^{m \times n}$, $\boldsymbol{b} \in \mathbb{R}^m$, $\boldsymbol{c} \in \mathbb{R}^n$이다. 단, $n > m$ 및 $\boldsymbol{A}$의 모든 행 벡터는 1차 독립이라고

96 고모리의 소수 절제 평면법 Gomory's fractional cutting plane algorithm 이라 부르기도 한다.

97 컷 cut 이라 부르기도 한다.

가정한다. 단체법을 적용해서 얻어진 기저 설루션을 $(\boldsymbol{x}_B, \boldsymbol{x}_N)$이라 하면, 이 선형 계획 완화 문제는

$$
\begin{array}{ll}
\text{최대화} & \boldsymbol{c}_B^{\mathsf{T}}\boldsymbol{x}_B + \boldsymbol{c}_N^{\mathsf{T}}\boldsymbol{x}_N \\
\text{조건} & \boldsymbol{B}\boldsymbol{x}_B + \boldsymbol{N}\boldsymbol{x}_N = \boldsymbol{b}, \\
& \boldsymbol{x}_B \geq \boldsymbol{0}, \\
& \boldsymbol{x}_N \geq \boldsymbol{0}
\end{array}
\tag{4.121}
$$

으로 변형할 수 있다. 2.2.4절에 따라 이 기저 설루션 $(\boldsymbol{x}_B, \boldsymbol{x}_N)$에 대응하는 사전은

$$
\begin{aligned}
z &= \boldsymbol{c}_B^{\mathsf{T}}\boldsymbol{B}^{-1}\boldsymbol{b} + (\boldsymbol{c}_N - \boldsymbol{N}^{\mathsf{T}}(\boldsymbol{B}^{-1})^{\mathsf{T}}\boldsymbol{c}_B)^{\mathsf{T}}\boldsymbol{x}_N, \\
\boldsymbol{x}_B &= \boldsymbol{B}^{-1}\boldsymbol{b} - \boldsymbol{B}^{-1}\boldsymbol{N}\boldsymbol{x}_N
\end{aligned}
\tag{4.122}
$$

과 같다. 이때 기저 설루션은 $(\boldsymbol{x}_B, \boldsymbol{x}_N) = (\boldsymbol{B}^{-1}\boldsymbol{b}, \boldsymbol{0})$으로 최적성에 의해 $\boldsymbol{c}_N - \boldsymbol{N}^{\mathsf{T}}(\boldsymbol{B}^{-1})^{\mathsf{T}}\boldsymbol{c}_B \leq \boldsymbol{0}$ 및 $\boldsymbol{B}^{-1}\boldsymbol{b} \geq 0$을 만족한다.

이 기저 설루션 $(\boldsymbol{x}_B, \boldsymbol{x}_N) = (\boldsymbol{B}^{-1}\boldsymbol{b}, \boldsymbol{0})$이 정수 계획 문제의 실행 가능 설루션이 아니면 정숫값을 갖지 않는 기저 변수 x_i가 존재한다. $\overline{\boldsymbol{b}} = \boldsymbol{B}^{-1}\boldsymbol{b}$, $\overline{\boldsymbol{A}} = \boldsymbol{B}^{-1}\boldsymbol{N}$라고 하면, 사전의 기저 변수 x_i에 대응하는 행은

$$
x_i = \bar{b}_i - \sum_{k \in N} \bar{a}_{ik} x_k \tag{4.123}
$$

가 된다. 변수 x_k는 음이 아닌 값을 가지므로,

$$
x_i + \sum_{k \in N} \lfloor \bar{a}_{ik} \rfloor x_k \leq \bar{b}_i \tag{4.124}
$$

는 선형 계획 완화 문제의 실행 가능 영역 $\overline{S}$의 타당 부등식이 된다. 이때 정수 계획 문제의 실행 가능 설루션 $\boldsymbol{x} \in S$에 대해 이 식의 좌변은 정숫값을 가지므로

$$
x_i + \sum_{k \in N} \lfloor \bar{a}_{ik} \rfloor x_k \leq \lfloor \bar{b}_i \rfloor \tag{4.125}
$$

는 정수 계획 문제의 실행 가능 영역 S의 타당 부등식이 된다. 한편, 기저 설루션의 각 변수는 $x_k = 0\ (k \in N)$, $x_i = \bar{b}_i$의 값을 가지므로, 이 부등식을 선형 계획 완화 문제에 추가하면 기저 설루션 $(\boldsymbol{x}_B, \boldsymbol{x}_N) = (\boldsymbol{B}^{-1}\boldsymbol{b}, \boldsymbol{0})$을 소거할 수 있다.[98] 즉, 이 타당 부등식은 절제 평면이다. 여기에서 새롭게 여유 변수 x_{n+1}을 도입하면, 이 식은

$$x_i + \sum_{k \in N} \lfloor \bar{a}_{ik} \rfloor x_k + x_{n+1} = \lfloor \bar{b}_i \rfloor \tag{4.126}$$

로 변형할 수 있다. 식 (4.123)과 식 (4.126)의 차를 구하면, 다음과 같이 여유 변수 x_{n+1}을 기저 변수로 하는 등식 제약을 얻을 수 있다.

$$x_{n+1} = \left(\lfloor \bar{b}_i \rfloor - \bar{b}_i\right) - \sum_{k \in N} \left(\lfloor \bar{a}_{ik} \rfloor - \bar{a}_{ik}\right) x_k. \tag{4.127}$$

이 제약조건을 사전에 추가해 다시 단체법을 적용한다. 단, 여유 변수 x_{n+1}의 값이 $\lfloor \bar{b}_i \rfloor - \bar{b}_i < 0$이 되어 변경 후의 사전에 대응하는 기저 설루션은 실행 가능하지 않으므로, 단체법 대신 쌍대 단체법(2.3.5절)을 적용한다.

절제 평면법의 절차를 정리하면 다음과 같다.

알고리즘 4.17 | 절제 평면법

단계 1: 선형 계획 완화 문제에 단체법을 적용해 최적 기저 설루션 $\bar{\boldsymbol{x}}^{(0)}$을 구한다. $k = 0$으로 한다.

단계 2: $\bar{\boldsymbol{x}}^{(k)}$가 정수 계획 문제의 실행 가능 설루션이라면 종료한다.

단계 3: $\bar{\boldsymbol{x}}^{(k)}$를 소거하는 절제 평면 (4.127)을 사전에 추가한다.

단계 4: 변경 후의 사전에 쌍대 단체법을 적용해서 새로운 최적 기저 설루션 $\bar{\boldsymbol{x}}^{(k+1)}$을 얻는다. $k = k + 1$로 하고 단계 2로 돌아간다.

절제 평면법은 단체법에 절제 평면의 생성과 쌍대 단체법에 의한 재최적화를 조합해서 계산을 효율화한다. 절제 평면의 생성에서 사전의 기저 변수 x_i에 대응하는 행의 선택[99]이나, 쌍대 단

98 $\bar{b}_i$는 정숫값을 갖지 않으며, $\bar{b}_i > \lfloor \bar{b}_i \rfloor$이 되는 것에 주의한다.

99 일반적으로 $\bar{b}_i$가 정숫값을 갖지 않는 기저 변수 x_i는 여럿 존재한다.

체법의 피벗 조작에서의 기저 변수와 비기저 변수의 선택을 적절하게 고정하면, 절제 평면법은 유한한 반복 횟수로 정수 계획 문제의 최적 설루션(즉, 정수 설루션)에 도달할 수 있다. 그러나 실제로는 절제 평면법은 종료까지의 반복 횟수가 매우 커지는 경향이 있어 실용적이지 않다. 한편, 다음 절에서 소개할 정수 계획 솔버에서 탐색의 기본 전략으로 이용되는 **분기-컷 기법**branch-and-cut algorithm에서는 분기 한정법에 절제 편면법을 도입함으로써 자녀 문제의 산형 계획 완화 문제에서 얻을 수 있는 최적값의 상한(최소화 문제에서는 하한)을 개선해 알고리즘 계산을 효율화한다.

다음의 정수 계획 문제에 대한 절제 평면법의 실행 예를 [그림 4.74]에 나타냈다.

$$\begin{array}{ll} \text{최대화} & z(\boldsymbol{x}) = x_2 \\ \text{조건} & 2x_1 + 3x_2 \le 6, \\ & -2x_1 + x_2 \le 0, \\ & \boldsymbol{x} = (x_1,\ x_2)^\top \in \mathbb{Z}_+^2. \end{array} \tag{4.128}$$

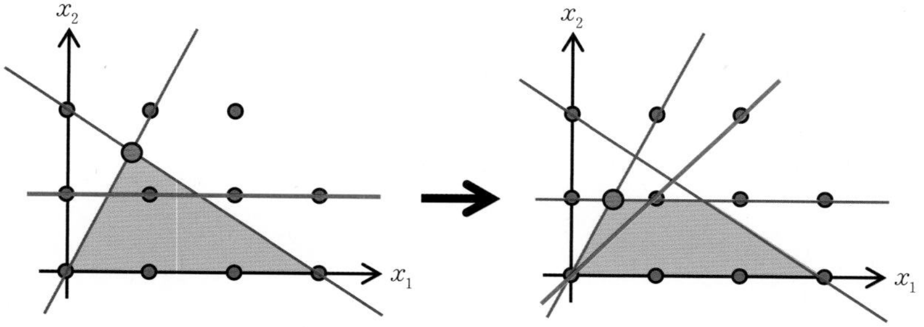

그림 4.74 정수 계획 문제에 대한 절제 평면법의 실행 예

먼저, 선형 계획 완화 문제에 여유 변수 x_3, x_4를 도입해서 초기 사전을 만들면,

$$\begin{aligned} z &= x_2, \\ x_3 &= 6 - 2x_1 - 3x_2, \\ x_4 &= 0 + 2x_1 - x_2 \end{aligned} \tag{4.129}$$

가 된다. 이 사전에 단체법을 적용하면 다음과 같이 최적의 사전을 얻을 수 있다.

$$
\begin{aligned}
z &= \frac{3}{2} - \frac{1}{4}x_3 - \frac{1}{4}x_4, \\
x_1 &= \frac{3}{4} - \frac{1}{8}x_3 + \frac{3}{8}x_4, \\
x_2 &= \frac{3}{2} - \frac{1}{4}x_3 - \frac{1}{4}x_4.
\end{aligned} \tag{4.130}
$$

사전의 기저 변수 x_2에 대응하는 행을 변형하면

$$
x_2 + \left\lfloor \frac{1}{4} \right\rfloor x_3 + \left\lfloor \frac{1}{4} \right\rfloor x_4 \leq \left\lfloor \frac{3}{2} \right\rfloor \tag{4.131}
$$

에서 다음 절제 평면을 얻을 수 있다.

$$
x_2 \leq 1. \tag{4.132}
$$

여기에서 새롭게 여유 변수 x_5를 도입하면

$$
x_2 + x_5 = 1 \tag{4.133}
$$

이 된다. 사전의 기저 변수 x_2에 대응하는 행과 이 등식과의 차를 얻으면 다음과 같이 여유 변수 x_5를 기저 변수로 하는 등식 제약을 얻을 수 있다.

$$
x_5 = -\frac{1}{2} + \frac{1}{4}x_3 + \frac{1}{4}x_4. \tag{4.134}
$$

이 제약조건을 추가하면 다음 사전을 얻을 수 있다.

$$
\begin{aligned}
z &= \frac{3}{2} - \frac{1}{4}x_3 - \frac{1}{4}x_4, \\
x_1 &= \frac{3}{4} - \frac{1}{8}x_3 + \frac{3}{8}x_4, \\
x_2 &= \frac{3}{2} - \frac{1}{4}x_3 - \frac{1}{4}x_4, \\
x_5 &= -\frac{1}{2} + \frac{1}{4}x_3 + \frac{1}{4}x_4.
\end{aligned} \tag{4.135}
$$

이 사전에 쌍대 단체법을 적용하면 다음과 같이 최적의 사전을 얻을 수 있다.

$$\begin{aligned} z &= 1 - x_5, \\ x_1 &= \frac{1}{2} + \frac{1}{2}x_4 - \frac{1}{2}x_5, \\ x_2 &= 1 - x_5, \\ x_3 &= 2 - x_4 + 4x_5. \end{aligned} \tag{4.136}$$

사전의 기저 변수 x_1에 대응하는 행을 변형하면

$$x_1 + \left\lfloor -\frac{1}{2} \right\rfloor x_4 + \left\lfloor \frac{1}{2} \right\rfloor x_5 \leq \left\lfloor \frac{1}{2} \right\rfloor \tag{4.137}$$

에서 다음 절제 평면을 얻을 수 있다.[100]

$$x_1 - x_4 \leq 0. \tag{4.138}$$

여기에서 새롭게 여유 변수 x_6을 도입하면,

$$x_1 - x_4 + x_6 = 0 \tag{4.139}$$

이 된다. 사전의 기저 변수 x_1에 대응하는 행과 이 등식의 차를 얻으면 다음과 같이 여유 변수 x_6을 기저 변수로 하는 등식 제약을 얻을 수 있다.

$$x_6 = -\frac{1}{2} + \frac{1}{2}x_4 + \frac{1}{2}x_5. \tag{4.140}$$

이 제약조건을 추가하면 다음 사전을 얻을 수 있다.

100 덧붙여 이 부등식을 x_1, x_2로 나타내면 $-x_1 + x_2 \leq 0$이 된다(그림 4.74(우)).

$$
\begin{aligned}
z &= 1 - x_5, \\
x_1 &= \frac{1}{2} + \frac{1}{2}x_4 - \frac{1}{2}x_5, \\
x_2 &= 1 - x_5, \\
x_3 &= 2 - x_4 + 4x_5, \\
x_6 &= -\frac{1}{2} + \frac{1}{2}x_4 + \frac{1}{2}x_5.
\end{aligned}
\tag{4.141}
$$

이 사전에 쌍대 단체법을 적용하면 다음과 같이 최적의 사전을 얻을 수 있다.

$$
\begin{aligned}
z &= 1 - x_5, \\
x_1 &= 1 - x_5 + x_6, \\
x_2 &= 1 - x_5, \\
x_3 &= 1 + 5x_4 - 2x_6, \\
x_4 &= 1 - x_5 + 2x_6.
\end{aligned}
\tag{4.142}
$$

이것은 정수 설루션이므로 정수 계획 문제 (4.128)의 최적 설루션은 $\boldsymbol{x}^* = (1, 1)^\top$, 최적값은 $z(\boldsymbol{x}^*) = 1$이 된다.

4.4.3 정수 계획 솔버 이용

최근 분기 컷 기법을 기본 탐색 전략으로 하는 **정수 계획 솔버**(정수 계획 문제를 푸는 소프트웨어)가 현저하게 진보함에 따라 실무에서 만날 수 있는 대규모의 정수 계획 문제들이 차례로 풀리고 있다. 현재 상용/비상용의 많은 정수 계획 솔버가 공개되어 있으며, 정수 계획 솔버는 현실 문제를 해결하기 위한 유용한 도구로 수학적 최적화 이외의 분야에서도 급속하게 보급되고 있다. 4.2.2절에서 소개한 것처럼 정수 계획 문제를 포함한 많은 조합 최적화 문제는 NP 난해한 클래스에 속하는 계산 복잡도 이론에 의해 알려져 있다. 그러나 계산 복잡도 이론에서의 결과는 대부분 '최악의 경우'를 기준으로 한 것이며, 다양한 문제 사례에서 현실적인 계산 시간 안에 최적 설루션을 구할 수 있는 경우가 상당하다. 그리고 정수 계획 솔버는 탐색 중에 얻어진 잠정 설루션을 정하기 때문에 주어진 계산 시간 안에 최적 설루션을 구하지 못한다 하더라도, 높은 품질의 실행 가능 설루션을 구하면 충분히 만족할 수 있는 사례도 있어 이런 목적으로도 정수 계획 솔버를 사용한다.

상용 정수 계획 솔버를 이용하려면 라이선스 비용이 필요하지만 무료 트라이얼 라이선스나 교육 연구 목적에 한해 저렴한 아카데믹 라이선스가 제공되기도 한다. 일반적으로 비상용보다는 사용 정수 계획 솔버의 성능이 좋지만, 실제로는 상용 정수 계획 솔버 사이에서도 꽤 큰 성능 차가 있다. 정수 계획 솔버를 선택할 때는 성능 외에도 다룰 수 있는 정수 계획 문제의 종류,[101] 정수 계획 문제의 기술 방식, 인터페이스 등을 고려해 목적에 맞는 정수 계획 솔버를 선택하는 것이 바람직하다.

먼저, 정수 계획 솔버를 이용해 다음 정수 계획 문제를 푸는 것을 살펴보기로 한다.

$$\begin{array}{ll} \textbf{최대화} & 2x_1 + 3x_2 \\ \textbf{조건} & 2x_1 + x_2 \le 10, \\ & 3x_1 + 6x_2 \le 40, \\ & x_1,\ x_2 \in \mathbb{Z}_+. \end{array} \tag{4.143}$$

정수 계획 솔버는 주로 다음 방법으로 이용한다.

(1) 명령줄 인터페이스^command-line interface^를 이용해 정수 계획 솔버를 실행하는 방법

(2) 최적화 모델링 도구를 이용해 정수 계획 솔버를 실행하는 방법

(3) 프로그래밍 언어의 라이브러리나 소프트웨어 플러그인을 이용해 정수 계획 솔버를 실행하는 방법

첫 번째는 LP 형식,[102] MPS 형식[103] 등으로 정수 계획 문제를 나타낸 뒤, 정수 계획 솔버를 실행하는 방법이다. LP 형식에 따라 정수 계획 문제를 기술하는 예를 [그림 4.75]에 표시했다.

---

101 최근에는 비선형 정수 계획 문제를 다룰 수 있는 정수 계획 솔버도 늘어나고 있다.

102 LP는 linear programming의 약자다.

103 MPS는 mathematical programming system의 약자다.

```
maximize
 obj: 2 x1 + 3 x2
subject to
 c1: 2 x1 +   x2 <= 10
 c2: 3 x1 + 6 x3 <= 40
bounds
 x1 >= 0
 x2 >= 0
general
 x1 x2
end
```

그림 4.75 LP 형식을 이용한 정수 계획 문제의 기술 예

목적 함수나 제약조건 부분은 수식을 거의 그대로 표현하고 있다.[104] `maximize`, `subject to`, `bounds`, `general`, `end`는 예약어reserved words이며, 이 예약어 뒤에 이어서 목적 함수, 제약조건, 변숫값 범위, 정수 제약 유무 등을 기술한다. LP 형식은 문법이 간단해 가독성이 높으며 많은 정수 솔버가 이 형식에 대응한다. MPS 형식을 이용한 정수 계획 문제의 기술 예를 [그림 4.76]에 표시했다. MPS 형식은 1960년대에 IBM이 도입했으며, 현재도 표준으로 이용되고 있지만 가독성은 낮다.

```
NAME          sample
ROWS
 N  obj
 L  c1
 L  c2
COLUMNS
    INTSTART  'MARKER'          'INTORG'
    x1        obj           -2  c1            2
    x1        c2             3
    x2        obj           -3  c1            1
    x2        c2             6
    INTEND    'MARKER'          'INTEND'
RHS
    RHS       c1            10  c2           40
BOUNDS
 PL Bound     x1
 PL Bound     x2
ENDATA
```

그림 4.76 MPS 형식을 이용한 정수 계획 문제의 기술 예

104 [그림 4.75]에서는 비부 조건을 표시하고 있지만, LP 형식에서는 아무것도 지정하지 않으면 각 변수 x_j의 비부 조건 $x_j \geq 0$은 자동 설정된다.

LP 형식이나 MPS 형식은 프로그래밍 언어처럼 변수를 모아서 표현하지 않는다. 예를 들어 LP 형식에서 $\Sigma_{j=1}^{100} x_j \leq 3$ 을 기술하려면 `x1 + x2 + ... + x100 <= 3`과 같이 기술해야 한다. 그렇기 때문에 대규모의 문제 사례에서는 주어진 입력 데이터를 LP 형식이나 MPS 형식으로 변환하는 프로그램을 만들어야 한다.

두 번째는 최적화 모델링 도구가 제공하는 모델링 언어로 정수 계획 문제를 나타내고, 최적화 모델링 도구를 통해 정수 계획 솔버를 실행하는 방법이다. 모델링 언어를 이용한 정수 계획 문제의 기술 예를 [그림 4.77]에 표시했다.

```
param n, integer;
param m, integer;
param c{j in 1..n};
param a{i in 1..m, j in 1..n};
param b{i in 1..m};
var x{j in 1..n}, integer >= 0;

minimize z: sum{j in 1..n} c[j]*x[j];
s.t. con{i in 1..m}: sum{j in 1..n} a[i,j]*x[j] <= b[i];

data;
param n := 2;
param m := 2;
param c := 1 -2, 2 -3;
param a: 1 2 :=
      1  2 1
      2  3 6;
param b := 1 10, 2 40;
end;
```

그림 4.77 모델링 언어를 이용한 정수 계획 문제의 기술 예

모델링 언어에서는 모델과 데이터를 분리해서 기술해야 하므로, 수식을 간단히 모델로 바꿔 쓸 수 있다. 예를 들어 $\Sigma_{j=1}^{n} a_{ij} x_j \leq b_i$라는 수식은 `sum{j in 1..n} a[i,j] * x[j] <= b[i]`로 쓸 수 있다. 현실 문제를 정수 계획 문제로 정식화할 수 있다면 바로 정수 계획 솔버를 이용할 수 있어 효율적인 프로토타이핑을 할 수 있다. 한편, 최적화 모델링 도구를 이용한 모델링 언어의 사양이 다르기 때문에 첫 번째 방법에 비해 범용성이 떨어진다.

정수 계획 솔버는 설루션 후보를 체계적으로 열거하는 분기 컷 기법을 탐색의 기본 전략으로 하므로 효율적으로 최적 설루션을 구할 수 있는 대규모 문제 사례가 있는 한편, 아무리 긴 시간이 주어져도 최적 설루션을 구하지 못하는 소규모 문제 사례도 있어 변수나 제약조건의 수만으

로는 정수 계획 솔버의 계산 시간을 가늠할 수 없다. 분기 컷 기법은 정수 계획 문제를 소규모의 자녀 문제로 분할하면서, 각 자녀 문제에서는 잠정 설루션에서 얻을 수 있는 최적값의 하한(최소화 문제에서는 상한)과 선형 계획 완화 문제에서 얻을 수 있는 최적값의 상한(최소화 문제에서는 하한)을 이용한 한정 조작을 이용해 불필요한 검색을 제거한다. 그렇기 때문에 아무리 기다려도 정수 계획 솔버의 계산이 종료되지 않는다면,

(1) 선형 계획 완화 문제의 설루션을 구하는 데 막대한 계산 시간이 소요된다.

(2) 한정 조작이 효과적으로 동작하지 않는다.

등을 원인으로 생각할 수 있다. 물론 정수 계획 솔버는 분기 컷 기법 이외에도 많은 알고리즘을 내장하고 있기 때문에, 이것만이 원인이라고 결론을 내릴 수는 없지만 대책을 강구할 때는 우선적으로 확인해보는 것이 좋다.

(1)의 경우, 정수 계획 문제에서 각 변수의 정수 제약을 제거한 선형 문제를 정수 계획 솔버로 풀 수 있다면 계산 시간을 가늠할 수 있다. 실제로는 정수 계획 솔버는 쌍대 단체법(2.3.4절)을 이용한 재최적화를 이용해 계산을 효율화하기 때문에, 정수 계획 문제의 자녀 문제에 대해 선형 계획 완화 문제의 설루션을 구할 때 필요한 계산 시간은 한층 짧아진다. 그러나 이 방법으로 선형 계획 문제를 한 번 푸는 데 필요한 시간이 길어진다면, 주어진 문제 사례의 규모가 정수 계획 솔버로 풀기에는 너무 크다고 판단하는 것이 타당할 것이다.

(2)의 경우, 한정 조작이 효율적으로 동작하지 않는 원인으로

(i) 잠정 설루션에서 얻어지는 최적값의 상한(최소화 문제에서는 하한)이 좋지 않다.

(ii) 선형 계획 완화 문제의 최적 설루션에서 얻어지는 최적값의 상한(최소화 문제에서는 하한)이 좋지 않다.

(iii) 다수의 최적 설루션이 존재한다.

등을 생각할 수 있다.[105]

먼저 (i)의 경우를 생각해보자. 이는 실행 가능 설루션이 매우 작거나 존재하지 않기 때문에 정수 계획 솔버를 실행했을 때 좋은 실행 가능 설루션을 발견하지 못하는 것이 원인으로 생각할

105 정수 계획 솔버를 실행할 때는 최적값의 상한과 하한이 표시되지만, 최적값의 상한과 하한의 차가 큰 경우에는 (i), (ii) 중 어느 쪽에 해당하는지 쉽게 판단할 수 없는 경우도 많다.

수 있다. 이런 경우에는, 반드시 만족해야만 하는 제약조건(절대 제약)과 가능한 만족했으면 하는 제약조건(고려 제약)을 분류한 뒤, 우선도가 낮은 제약조건을 완화하는 방법이 있다. 예를 들어 제약조건 $\Sigma_{j=1}^{n} a_{ij}x_j \geq b_i$를 $\Sigma_{j=1}^{n} a_{ij}x_j \geq b_i - \varepsilon$($\varepsilon$은 적당한 양의 상수)로 치환하는 방법이나, 새로운 변수 $s_i(\geq 0)$과 가중치 계수 $w_i(\geq 0)$을 도입해 $\Sigma_{j=1}^{n} a_{ij}x_j + s_i \geq b_i$로 치환한 상태에서 목적 함수에 제약조건의 위반도를 의미하는 항 $w_i s_i$를 더하는 방법 등이 있다. 그리고 이용자가 가진 경험적인 지식을 이용해 실행 가능 설루션을 간단히 구할 수 있다면, 그것을 초기 잠정 설루션으로서 정수 계획 솔버에 입력하는 것도 가능하다.

다음으로 (ii)의 경우에 관해 생각해본다. [그림 4.78]에 표시한 것처럼 선형 계획 완화 문제의 실행 가능 영역은 정수 계획 문제의 실행 가능 설루션이 되는 정수 격자점을 모두 포함하는 볼록 다면체가 되므로, 같은 정소 계획 문제에 대해 선형 계획 완화 문제의 최적값이 다른 여러가지 정식화가 존재한다.

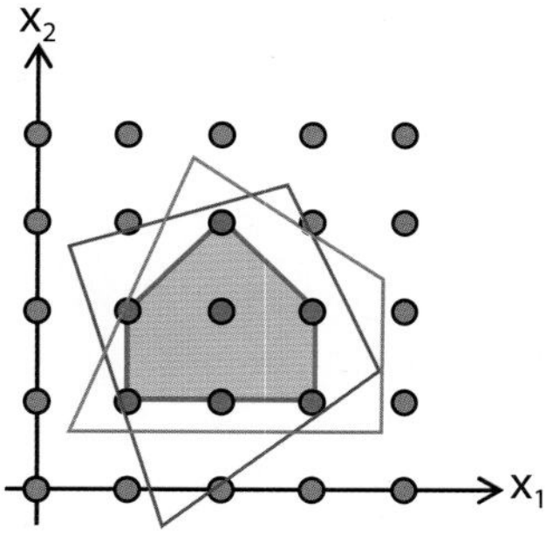

그림 4.78 정수 계획 문제의 실행 가능 설루션을 모두 포함하는 복수의 볼록 다면체 예

즉, 정수 계획 문제에서는 최적값이 좋은 상한(최소화 문제에서는 하한)을 얻을 수 있는 강한 정식화와 그렇지 않은 약한 정식화가 존재한다. 분명히 제약조건이 적은 정식화 쪽이 보기에 좋을 뿐만 아니라, 자녀 문제에 대한 선형 계획 완화 문제의 설루션을 구하는데 필요한 계산 시간도 짧은 것으로 생각된다. 그러나 최적값의 상한과 하한의 차가 클 수록 분기 컷 기법에 의해 생성되는 자녀 문제의 수가 급격하게 증가하기 때문에, 안일한 생각으로 단지 제약조건을 줄이기만 해서는 안 된다. 한편, 많은 정수 계획 솔버에서는 장황한 제약조건을 전처리로 제거하기 때문에 제약조건이 다소 늘어나더라도 계산 시간에는 큰 영향을 주지 않는 경우가 많다. 예를 들어 현실 문제를 완전 단모듈 행렬(4.1.6절)에 가까운 형태의 제약 행렬을 가진 정수 계획 문

제로 정식화할 수 있는 경우, 선형 계획 완화 문제에서 최적값이 좋은 상한(최소화 문제에서는 하한)을 얻을 수 있음을 기대할 수 있다.

마지막으로 (iii)의 경우에 관해 살펴보자. 최적값의 상한과 하한의 차가 적음에도 불구하고, 아무리 오랜 시간이 지나도 정수 계획 솔버가 계산을 끝내지 않는다면, 정수 계획 문제가 여러 최적 설루션을 가지고 있을 가능성이 있다. 이런 경우에는 목적 함수나 제약조건을 변경해 최적 설루션의 수를 줄일 수 있다. 예를 들어 4.1.3절에서 소개한 빈 패킹 문제의 정식화 (4.20)은 사용하는 상자의 수가 최소일지라도, 그 조합에는 관계가 없으므로 여러 최적 설루션이 발생한다. 여기에서 반드시 첨자 i의 숫자가 작은 상자에서 순서대로 사용된다는 제약조건을 추가하면 최적 설루션의 수를 줄일 수 있다.

$$y_i \geq y_{i+1}, \quad i=1, \ldots, n-1. \tag{4.144}$$

그리고 2.1.3절에서 소개한 다목적 최적화 문제의 정식화(2.23)에서는, 하나의 변수로 만들어진 목적 함수를 갖는 정수 계획 문제로 변형하면 역시 여러 최적 설루션이 생긴다. 이런 경우, 아무리 시간이 지나도 정수 계획 솔버가 계산을 끝내지 않는다면, 모든 목적 함수의 최댓값이 아니라 각의 가중치 합을 최소화하는 정식화 문제로 변경하는 편이 좋다.[106] 또한 목적 함수 $\Sigma_{j=1}^{n} c_j x_j$의 각 변수의 계수 c_j가 모두 같은 값을 갖는 경우에도 여러 최적 설루션이 발생하기 쉬우므로, 가능하다면 각 변수의 계수 c_j를 다른 값으로 설정해서 최적 설루션의 수를 줄이는 것이 좋다.

아무리 시간이 지나도 정수 계획 솔버가 계산을 끝내지 않는 경우, 탐색 중에 얻어진 잠정 설루션을 저장하므로 주어진 계산 시간 안에 최적 설루션을 구하지 못해도 높은 품질의 실행 가능 설루션을 찾아낸다면 충분히 만족할 수 있는 경우도 많다. 또한 정수 계획 솔버는 휴리스틱으로서 높은 성능을 보이며, 메타 휴리스틱(4.7절) 등의 휴리스틱을 이용 혹은 개발하기 전, 정수 계획 솔버를 적용해 높은 품질의 실행 가능 설루션을 얻을 수 있는지 확인해봐야 한다.

106 단, 모든 목적 함수를 균형 있게 최소화하기는 어려우며, 각각의 장점과 단점이 있다.

4.5 근사 알고리즘

정수 계획 문제를 포함한 NP 난해한 조합 최적화 문제는 임의의 문제 사례에 대해 적은 계산 시간에 최적 설루션을 구하는 효율적인 알고리즘을 개발하는 것은 매우 어렵다. 한편 주어진 계산 시간 안에 최적 설루션을 구하지 못하더라도, 높은 품질의 실행 가능 설루션을 구할 수 있다면 충분히 만족할 수 있는 사례도 많다. 임의의 문제 사례에 대해 근사 성능을 보증할 수 있는 실행 가능 설루션을 하나 출력하는 알고리즘을 **근사 알고리즘**이라 한다. 이번 절에서는 몇 가지 문제를 통해 NP 난해한 최적화 문제에 대한 근사 알고리즘을 설계하기 위한 기본적인 기법을 설명한다.

4.5.1 근사 알고리즘의 성능 평가

이번 절에서는 근사 알고리즘의 성능을 평가하는 방법을 설명한다. 어떤 최소화 문제 Q의 문제 사례 $I \in Q$의 최적값을 $OPT(I)$, 알고리즘 A가 출력하는 실행 가능 설루션의 목적 함숫값을 $A(I)$로 한다. 이때 최소화 문제 Q의 임의의 문제 사례 $I \in Q$에 대해

$$A(I) \leq r\, OPT(I) \tag{4.145}$$

가 성립할 때, 알고리즘 A는 최소화 문제 Q에 대해 **근사율**approximation ratio [107] r을 가진다고 한다. 마찬가지로 최대화 문제 Q의 임의 문제 사례 $I \in Q$에 대해,

$$A(I) \geq r\, OPT(I) \tag{4.146}$$

가 성립할 때, 알고리즘 A는 최대화 문제 Q에 대해 근사율 r을 갖는다고 부른다. 최소화 문제에서는 $r \geq 1$, 최대화 문제에서는 $r \leq 1$이 된다. 문제 Q에 대해 근사율 r을 갖는 다항식 시간 알고리즘을 ***r*-근사 알고리즘**r-approximation algorithm 이라 한다.

---

107 **성능 비율**performance ratio 또는 **성능 보증**performance guarantee 이라 한다.

4.5.2 빈 패킹 문제

4.1.3절에서는 정수 계획 문제 사례로 빈 패킹 문제를 소개했다. 이번 절에서는 빈 패킹 문제에 대해 탐욕 알고리즘에 기반한 간단한 근사 알고리즘을 몇 가지 소개한다.

먼저, **NF 알고리즘**next-fit algorithm을 소개한다. NF 알고리즘은 물품을 $1, 2, \ldots, n$순으로 상자에 넣는다. 이때 물품 j를 담아서 상자에 담긴 물품의 무게 합계가 상한 C를 넘으면, 그 상자를 닫고 새롭게 준비한 상자에 물품 j를 담는다.[108] NF 알고리즘 절차를 다음과 같이 정리했다. 여기에서 상자 i에 넣은 물품의 무게의 합계를 W_i로 한다. NF 알고리즘의 계산 시간은 $O(n)$이다.

알고리즘 4.18 | 빈 패킹 문제에 대한 NF 알고리즘

단계 1: $i=1, j=1$로 한다. $W_i=0\,(i=1, \ldots, n)$으로 한다.

단계 2: $W_i+w_j \leq C$라면 물품 j를 상자 i에 넣는다. $W_i=W_i+w_j$, $j=j+1$이라고 한다. 그렇지 않으면 $i=i+1$로 하고 단계 2로 돌아간다.

단계 3: $j>n$이면 종료한다. 그렇지 않다면 단계 2로 돌아간다.

NF 알고리즘이 빈 패킹 문제에 대한 2-근사 알고리즘이 되는 것을 다음과 같이 나타냈다.

정리 4.10

NF 알고리즘은 빈 패킹 문제에 대해 2-근사 알고리즘이다.

증명 빈 패킹 문제의 문제 사례 I의 최적값을 $OPT(I)$, NF 알고리즘에 따라 구할 수 있는 실행 가능 설루션의 목적 함숫값을 $A(I)$로 한다. NF 알고리즘에 의해 구할 수 있는 실행 가능 설루션에는 인접한 상자 i와 $i+1$에 대해 항상 $W_i+W_{i+1}>C$가 성립한다.[109] 이것을 $i=1, 2, \ldots, A(I)-1$에 관해 추가하면

$$(W_1+W_2)+(W_2+W_3)+\cdots+(W_{A(I)-1}+W_{A(I)})>C(A(I)-1) \qquad (4.147)$$

---

108 한 번 닫은 상자에는 이후 물품을 넣지 않는다.

109 만약 $W_i+W_{i+1} \leq C$라면 상자 $i+1$에 넣은 물품은 상자 i에 넣는다.

을 얻을 수 있다. 이 식의 좌변에서 상자 2, 3, ..., $A(I)-1$에 넣은 물품은 중복되므로, 좌변에 W_1과 W_{A(I)}를 더해 2로 나누면 모든 물품의 무게의 합계 $\Sigma_{j=1}^{n} w_j$와 같아진다. 그러므로

$$\frac{C\cdot(A(I)-1)+W_1+W_{A(I)}}{2}<\sum_{i=1}^{n} w_j \le C\cdot OPT(I) \tag{4.148}$$

가 성립한다. 이 식을 변형하면 $A(I)<2\,OPT(I)+1$을 얻을 수 있다. $A(I)$, $OPT(I)$는 모두 정수이므로 $A(I)\le 2\,OPT(I)$를 얻을 수 있다. □

다음으로 **FF 알고리즘**[first-fit algorithm]을 소개한다. FF 알고리즘은 물품을 1, 2, ..., n순으로 상자에 넣는다. 이때 물품 j를 넣을 수 있는 상자 중에서 첨자가 가장 작은 상자에 물품을 넣는다. 물품 j를 어떤 상자에 넣었는지 관계없이 상자에 넣을 수 있는 물품의 무게 합계의 상한 C를 초과한다면, 새롭게 준비한 상자에 물품 j를 넣는다. FF 알고리즘의 절차를 정리하면 다음과 같다. FF 알고리즘의 계산 시간은 $O(n^2)$이다.

알고리즘 4.19 | 빈 패킹 문제에 대한 FF 알고리즘

단계 1: $j=1$로 한다. $W_i=0$ $(i=1,\dots,n)$으로 한다.

단계 2: 물품 j를 $W_i+w_j\le C$를 만족하는 최소 첨자의 상자 i에 넣는다. $W_i=W_i+w_j$, $j=j+1$로 한다.

단계 3: $j>n$이면 종료한다. 그렇지 않으면 단계 2로 돌아간다.

FF 알고리즘이 빈 패킹 문제에 대한 2-근사 알고리즘이 되는 것을 정리하면 다음과 같다.

정리 4.11

FF 알고리즘은 빈 패킹 문제에 대한 2-근사 알고리즘이다.

증명 빈 패킹 문제의 문제 사례 I의 최적값을 $OPT(I)$, FF 알고리즘에 따라 구할 수 있는 실행 가능 설루션의 목적 함숫값을 $A(I)$로 한다. FF 알고리즘으로 구할 수 있는 실행 가능 설루션에

는 $W_i \le \frac{C}{2}$가 되는 상자는 최대 1개 뿐이다. 왜냐하면, $W_{i_1} \le \frac{C}{2}$, $W_{i_2} \le \frac{C}{2}$가 되는 상자 i_1, i_2 $(i_1 < i_2)$가 있다면, FF 알고리즘은 상자 i_2에 담긴 물품을 모두 상자 i_1에 넣게 되므로 FF 알고리즘의 절차에 반하기 때문이다. 즉, W_i가 최소가 되는 상자 i^*를 제외한 모든 상자 $i\ (\neq i^*)$에서 $W_i > \frac{C}{2}$가 성립한다. 그러므로

$$\frac{C(A(I)-1)}{2} < \sum_{i=1}^{A(I)} W_i - \min_{i=1,\ \dots,\ A(I)} W_i < \sum_{j=1}^{n} w_j \le C \cdot OPT(I) \tag{4.149}$$

가 성립한다. 이 식을 변형하면 $A(I) < 2\,OPT(I) + 1$을 얻을 수 있다. $A(I)$, $OPT(I)$는 모두 정수이므로 $A(I) \le 2\,OPT(I)$를 얻을 수 있다. □

보다 상세한 분석 결과 FF 알고리즘은 근사율 $\frac{7}{4}$을 갖는다. 그리고 임의의 문제 사례 I에 대해 $A(I) \le \left\lceil \frac{17}{10} OPT(I) \right\rceil$를 만족하는 것과 $A(I) > \frac{17}{10} OPT(I) - 2$가 되는 문제 사례 I의 집합이 존 존재한다.

물품을 무게순으로 미리 정렬한 뒤 FF 알고리즘을 적용하는 방법을 **FFD 알고리즘**first-fit decreasing algorithm이라 한다. FFD 알고리즘의 계산 시간은 FF 알고리즘과 같은 $O(n^2)$이다. FFD 알고리즘이 빈 패킹 문제에 대한 $\frac{3}{2}$–근사 알고리즘이 되는 것을 정리하면 다음과 같다. 단, $w_1 \ge w_2 \ge \cdots \ge w_n$을 만족한다고 가정한다.

정리 4.12

FFD 알고리즘은 빈 패킹 문제에 대한 $\frac{3}{2}$–근사 알고리즘이다.

증명 빈 패킹 문제의 문제 사례 I의 최적값을 $OPT(I)$, FFD 알고리즘에 따라 구한 실행 가능 설루션의 목적 함숫값을 $A(I)$라고 하자. $k = \left\lceil \frac{2}{3} A(I) \right\rceil$번째 상자를 생각한다.

우선, k번째 상자에 $\frac{C}{2}$보다 무거운 물품이 들어 있다면, $k-1$번째까지의 상자에는 어떤 것에도 그 물품을 넣을 여유가 없었음을 의미한다. 물품은 무게 내림차순으로 정렬되어 있으므로, k번째까지의 상자에는 모두 $\frac{C}{2}$보다 무거운 물건이 하나만 들어있으므로 $OPT(I) \ge \frac{2}{3} A(I)$, 즉 $A(I) \le \frac{3}{2} OPT(I)$를 얻을 수 있다.

다음으로 k번째 상자에 $\frac{C}{2}$보다 무거운 물품이 들어있다면, k번째 이후의 상자에는 모두 $\frac{C}{2}$보다 무거운 물품은 들어있지 않다. $k, \ldots, A(I)-1$번째 상자에는 각각 두 개 이상의 물품이 들어 있으므로 $k, \ldots, A(I)$번째 상자에는 합계 $2(A(I)-k)+1$ 이상의 물품이 들어 있음을 알 수 있다. 여기에서 $k=\left\lceil \frac{2}{3}A(I) \right\rceil$에서,

$$2(A(I)-k)+1 \geq 2\left(A(I)-\left(\frac{2}{3}A(I)-\frac{2}{3}\right)\right)+1=\frac{2}{3}A(I)-\frac{1}{3} \geq k-1 \qquad (4.150)$$

이 된다. 여기에서 $k, \ldots, A(I)$번째 상자부터 $k-1$개의 물품을 꺼내 $1, \ldots, k-1$번째 상자에 하나씩 넣으면, 모든 상자에 넣은 물품의 무게의 합계가 C를 넘으므로, $\Sigma_{j=1}^{n} w_j > C(k-1)$이 성립한다. 그러므로 $C \cdot OPT(I) \geq \Sigma_{j=1}^{n} w_j > C(k-1)$이 되어 $OPT(I) \geq k \geq \frac{2}{3}A(I)$, 즉 $A(I) \leq \frac{3}{2}OPT(I)$를 얻을 수 있다. □

보다 상세한 분석에 따라 FFD 알고리즘은 임의의 문제 사례 I에 대해 $A(I) \leq \frac{11}{9}OPT(I)+4$를 만족하는 것과 $A(I) > \frac{11}{9}OPT(I)$가 되는 문제 사례 I가 존재한다.

4.5.3 최대 컷 문제

무향 그래프 $G=(V, E)$와 각 변 $e \in E$의 가중치 c_e가 주어진다. 한 꼭짓점 집합 S $(\subseteq V)$의 컷 $\delta(S)$에 포함된 변의 가중치 합계

$$c(S)=\sum_{e \in \delta(S)} c_e \qquad (4.151)$$

를 컷 가중치라 한다. 이때 컷 가중치 $c(S)$가 최대가 되는 꼭짓점 집합 S를 구하는 문제를 **최대 컷 문제**maximum cut problem라 한다. 각 변의 가중치가 1인 그래프에 대한 최대 컷 예를 [그림 4.79]에 나타냈다. 4.3.3절에서 소개한 최대 컷 문제는 최적 설루션을 효과적으로 구할 수 있는 한편, 최대 컷 문제는 NP 난해한 클래스에 속한 조합 최적화 문제인 것이다.

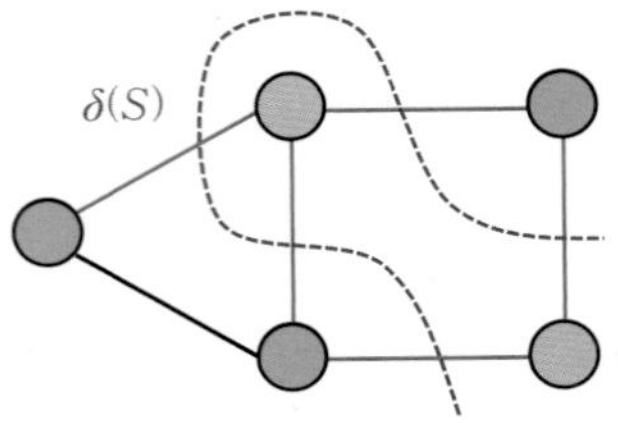

그림 4.79 최대 컷 문제 예

먼저 가장 단순한 무작위성에 의존한 **확률 알고리즘** randomized algorithm 을 살펴보자. 각 꼭짓점 $v \in V$를 독립적으로 확률 $\frac{1}{2}$로 꼭짓점 집합 S에 추가하는 것으로 근사율의 기댓값이 $\frac{1}{2}$이 되는 알고리즘을 구현할 수 있다. 최대 컷 문제의 문제 사례 I의 최적값을 $OPT(I)$로 한다. 모든 변의 가중치의 합계 $\Sigma_{e \in E}\, c_e$는 최적값 $OPT(I)$의 상한인 것에 주의하면 이 알고리즘으로 얻을 수 있는 실현 가능 설루션의 컷 가중치의 기댓값 $E[c(S)]$는 다음과 같다.

$$
\begin{aligned}
E[c(S)] &= \sum_{e \in E} c_e \mathrm{P}[e \in \delta(S)] \\
&= \sum_{e=\{u,v\} \in E} c_e \mathrm{P}[u \in S,\ v \in V \setminus S \ \text{ or } \ u \in V \setminus S,\ v \in S] \\
&= \frac{1}{2} \sum_{e \in E} c_e \\
&\geq \frac{1}{2} OPT(I)
\end{aligned}
\tag{4.152}
$$

이 확률 알고리즘을 조금 수정하면 $\frac{1}{2}$-근사 알고리즘이 되는 탐욕 알고리즘을 구현할 수 있다. 탐욕 알고리즘에서는 또 하나의 꼭짓점 집합 $\bar{S}$를 이용해, 각 꼭짓점 $v \in V$를 꼭짓점 집합 S와 $\bar{S}$ 중 반드시 하나에 추가하는 것으로 한다. 어떤 꼭짓점 $v \in V \setminus (S \cup \bar{S})$와 꼭짓점 집합 S을 연결하는 변의 집합을 $\delta(v, S)$라고 한다. 이때 [그림 4.80]에 표시한 것처럼 꼭짓점 $v \in V \setminus (S \cup \bar{S})$를 꼭짓점 집합 S와 $\bar{S}$에 추가할 때의 컷 가중치의 증가량은 각각 $\Sigma_{e \in \delta(v, \bar{S})}\, c_e$와 $\Sigma_{e \in \delta(v, S)}\, c_e$가 된다. 여기에서 꼭짓점 v를 꼭짓점 집합 S와 $\bar{S}$ 중 컷 가중치의 증가량이 큰 쪽에 추가하는 탐욕 알고리즘을 생각한다.

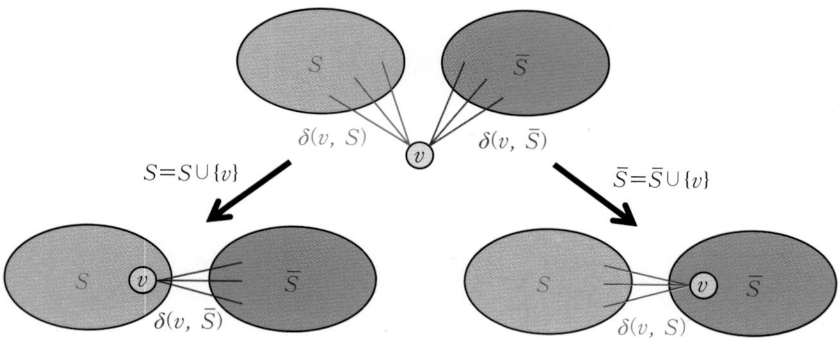

그림 4.80 최대 컷 문제에 대한 탐욕 알고리즘

최대 컷 문제에 대한 탐욕 알고리즘의 절차를 정리하면 다음과 같다. 이 탐욕 알고리즘의 계산 시간은 $O(|V|+|E|)$이다.

알고리즘 4.20 | 최대 컷 문제에 대한 탐욕 알고리즘

단계 1: $S=\emptyset$, $\bar{S}=\emptyset$로 한다.
단계 2: $S\cup\bar{S}=V$이면 종료한다.
단계 3: 꼭짓점 $v\in V\setminus(S\cup\bar{S})$를 선택하고, $\Sigma_{e\in\delta(v,\bar{S})}c_e \geq \Sigma_{e\in\delta(v,S)}c_e$이면, $S=S\cup\{v\}$로 한다.
그렇지 않으면 $\bar{S}=\bar{S}\cup\{v\}$로 한다. 단계 2로 돌아간다.

각 변 $e\in E$는 탐욕 알고리즘으로 각 꼭짓점 $v\in V\setminus(S\cup\bar{S})$를 꼭짓점 집합 S 또는 $\bar{S}$에 추가할 때 단 1회만 평가되므로, 컷 가중치의 증가량의 합계, 즉 탐욕 알고리즘이 출력하는 꼭짓점 집합 S의 컷 가중치 $c(S)$는 모든 변의 가중치 합계 $\Sigma_{e\in E}c_e$의 $\frac{1}{2}$ 이상이 된다. 탐욕 알고리즘은 확률 알고리즘에서 각 꼭짓점을 무작위로 꼭짓점 집합 S에 추가할지 말지를 결정할 때 기댓값이 큰 쪽을 선택하고 있다고 해석할 수 있다. 이것은 확률 알고리즘에서 무작위성을 제거하는 **탈확률화**derandomization의 가장 단순한 적용 예다.

마지막으로 근사율 $\frac{1}{2}$을 가진 **국소 탐색 알고리즘**local search method(4.6절 참조)을 소개한다. 국소 탐색 알고리즘은 적당한 꼭짓점 집합 $S(\subseteq V)$에서 시작해, 꼭짓점 $v\in S$를 꼭짓점 집합 S에서 제거 혹은 꼭짓점 $v\in V\setminus S$를 꼭짓점 집합 S에 추가하는 절차를 컷 가중치 $c(S)$가 증가하는 한 반복한다. 이때 [그림 4.81]과 같이 꼭짓점 $v\in S$를 꼭짓점 집합 S에서 제거할 때의 컷 가

중치 변화량은

$$c(S \setminus \{v\}) - c(S) = \sum_{e \in \delta(v, S)} c_e - \sum_{e \in \delta(v, V \setminus S)} c_e \tag{4.153}$$

가 된다. 역으로 꼭짓점 $v \in V \setminus S$를 꼭짓점 집합 S에 추가할 때의 컷 가중치 변화량은

$$c(S \cup \{v\}) - c(S) = \sum_{e \in \delta(v, V \setminus S)} c_e - \sum_{e \in \delta(v, S)} c_e \tag{4.154}$$

가 된다.

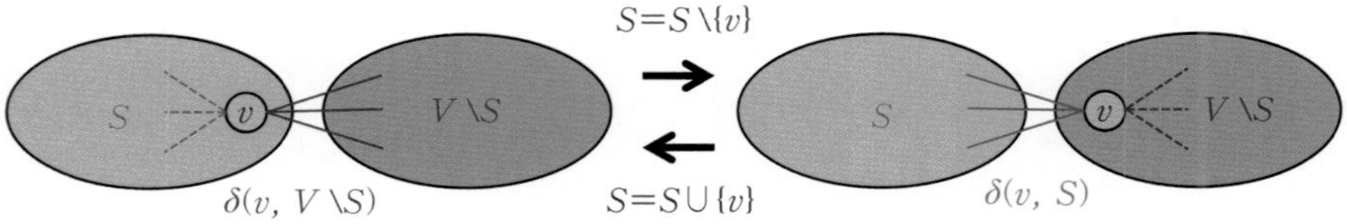

그림 4.81 최대 컷 문제에 대한 국소 탐색 알고리즘

최대 컷 문제에 대한 국소 탐색 알고리즘의 절차를 정리하면 다음과 같다.

알고리즘 4.21 | 최대 컷 문제에 대한 국소 탐색 알고리즘

단계 1: 초기 꼭짓점 집합 S를 정한다. $L = V$로 한다.

단계 2: 꼭짓점 $v \in L$을 선택하고, $L = L \setminus \{v\}$로 한다.

단계 3: $v \in S$이고 $c(S \setminus \{v\}) - c(S) > 0$이면, $S = S \setminus \{v\}, L = V \setminus \{v\}$로 하고 단계 2로 돌아간다.

단계 4: $v \in V \setminus S$이고 $c(S \cup \{v\}) - c(S) > 0$이면, $S = S \cup \{v\}, L = V \setminus \{v\}$로 하고 단계 2로 돌아간다.

단계 5: $L = \varnothing$이면 종료한다. 그렇지 않으면 단계 2로 돌아간다.

국소 탐색 알고리즘이 종료한 시점에서 꼭짓점 $v \in S$는 $\Sigma_{e \in \delta(v, V \setminus S)} c_e \geq \Sigma_{e \in \delta(v, S)} c_e$를, 꼭짓점 $v \in V \setminus S$는 $\Sigma_{e \in \delta(v, S)} c_e \geq \Sigma_{e \in \delta(v, V \setminus S)} c_e$를 만족한다. 즉, 각 꼭짓점 $v \in V$의 컷에 포함된 변의 가중치의 합계는 컷에 포함되지 않은 변의 가중치의 합계 이상이다. 그러므로 국소 탐색 알고리즘이 출력하는 꼭짓점 집합 S의 컷 가중치 $c(S)$는 모든 변의 가중치의 합계 $\Sigma_{e \in E} c_e$의 $\frac{1}{2}$ 이

상이 된다. 유감이지만 최대 컷 문제에 대한 국소 탐색 알고리즘은 계산 시간이 지수 오더가 되는 문제 사례가 알려져 있으며 다항식 시간 알고리즘이 아니다.

4.5.4 외판원 문제

4.1.7절에서는 정수 계획 문제의 예로 외판원 문제를 소개했다. 이번 절에서는 일반적인 외판원 문제에 대해 근사율이 유한한 값을 갖는 다항식 시간 알고리즘이 아마도 존재하지 않는 것을 보인 뒤, **메트릭 외판원 문제**metric traveling salesman problem에 대한 근사 알고리즘을 살펴보기로 한다.

먼저 $P \neq NP$이면 일반적인 외판원 문제에 대해 근사율이 유한한 값을 갖는 다항식 시간 알고리즘이 존재하지 않는 것을 정리하면 다음과 같다.

정리 4.13

$P \neq NP$이면 일반적인 외판원 문제에 대해 정수 $1 \leq r < \infty$가 되는 근사율을 갖는 다항식 시간 알고리즘이 존재하지 않는다.

증명 귀류법을 이용한다. 무향 그래프 $G=(V,E)$의 꼭짓점의 각 조합 $u, v \in V$에 대해 $\{u, v\} \in E$이면 두 도시 u, v의 거리를 $d_{uv}=1$, 그렇지 않으면 $d_{uv}=r|V|$로 한다(그림 4.82).

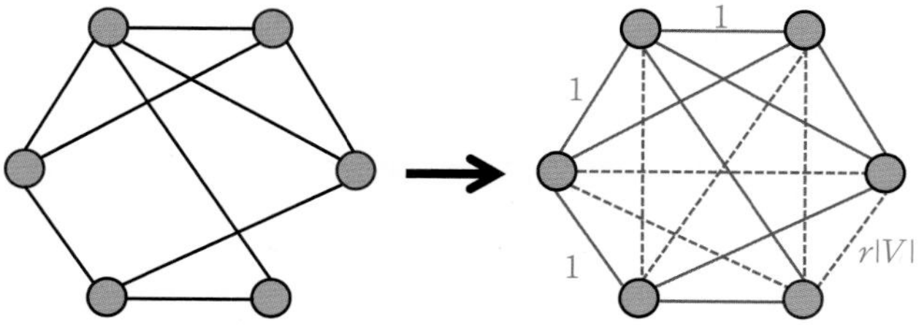

그림 4.82 해밀턴 닫힌 경로 문제를 외판원 문제로 변환

이때 그래프 G에 해밀턴 닫힌 경로가 존재하면 이에 대응하는 순회 경로의 거리는 $|V|$가 된다. 한편, 그래프 G에 해밀턴 닫힌 경로가 존재하지 않으면, 임의의 순회 경로의 거리는 $r|V|+1$ 이상이 된다. 만약, 외판원 문제에 대한 r-근사 알고리즘이 존재하면, 그것을 이용해 그래

프 G가 해밀턴 닫힌 경로를 갖는지 판정하는 다항식 시간 알고리즘을 만들 수 있다. 즉, 위의 절차에 따라 해밀턴 닫힌 경로 문제를 외판원 문제로 변환한 뒤에, 외판원 문제에 대한 r−근사 알고리즘을 적용한다. 얻어진 순회 경로의 거리가 $r|V|$ 이하이면 그래프 G에 해밀턴 닫힌 경로가 존재하고, 그렇지 않으면 그래프 G에 해밀턴 닫힌 경로가 존재하지 않는다. 한편, 해밀턴 닫힌 경로 문제는 NP 완전 문제이며, 이는 $P \neq NP$라는 것에 반한다.[110] □

앞의 증명에서 이용한 외판원 문제는 극단적인 예이며, 현실 문제에서는 임의의 세 도시 $u, v, w \in V$는 다음 삼각 부등식을 만족하는 것이 많다.

$$d_{uv} \leq d_{uw} + d_{wv}. \tag{4.155}$$

즉, 다른 도시로 돌아가지 않고 도시 u에서 도시 v로 직행하는 경로가 항상 두 도시 u, v 사이의 최단 경로가 된다. 예를 들어 평면상의 두 점 u, v 사이의 거리를 d_{uv}로 정의하면 삼각 부등식을 만족한다. 또한 무향 그래프 $G=(V, E)$에서 꼭짓점의 각 쌍 $u, v \in V$의 최단 경로의 길이 f_{uv}를 구해, 이를 외판원 문제에서의 두 도시 u, v의 거리 d_{uv}로 정의하면 역시 삼각 부등식을 만족한다. 이제 n개의 도시와 임의의 두 도시 u, v 사이의 거리 d_{uv}가 주어지는 외판원 문제를 생각한다. 단, 임의의 세 도시 u, v, w는 삼각 부등식 (4.155)를 만족한다. 또한 외판원 문제의 문제 사례 I의 최적값을 $OPT(I)$로 한다.

먼저 근사율 2를 갖는 **이중 트리 알고리즘**double−tree algorithm을 소개한다. 4.3.1절에서 소개한 프림 알고리즘을 이용해, 주어진 n개 도시를 연결하는 최소 전역 트리 T를 구한다. 최적의 순회 경로 H^*에서 변을 한 개 제거하면 (최소라 단정할 수는 없는) 전역 트리를 얻을 수 있으므로, 최소 전역 트리에서 변의 길이의 합계 $MST(I)$는 최적 설루션 $OPT(I)$의 하한이 됨을 알 수 있다. 여기에서 [그림 4.83]에 표시한 것처럼 최소 전역 트리의 각 변 $e \in T$를 두 개의 변으로 치환해서 이중화한다.

110 $P \neq NP$이면 NP 완전 문제에 대한 다항식 시간 알고리즘이 존재하지 않는다.

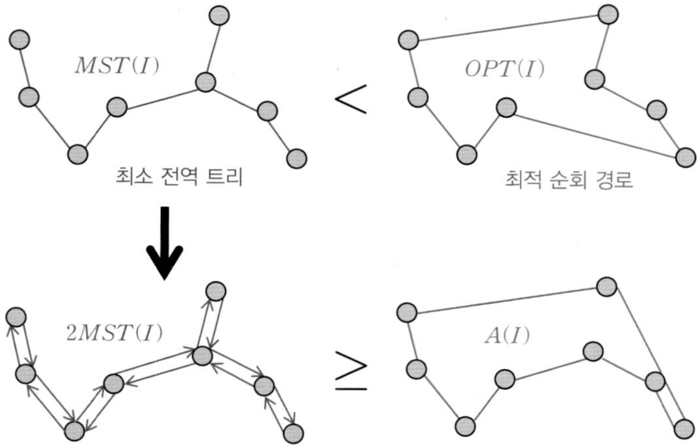

그림 4.83 외판원 문제에 대한 이중 트리 알고리즘

이 이중 트리 T'에서는 각 도시의 차수가 짝수이므로, 모든 변을 단 한 번씩 지나는 닫힌 회로(한 붓 그리기)를 얻을 수 있다.[111] 적당한 도시에서 출발해 방문을 한 도시를 지나면서 한 붓 그리기 순서로 도시를 돌면, 모든 도시를 단 한 번씩만 방문하는 순회 경로 H를 얻을 수 있다. 이때 삼각 부등식에서 순회 경로 H의 거리 $A(I)$에 대해 $A(I) \leq 2\,MST(I)$가 성립하고, $A(I) \leq 2\,MST(I) \leq 2\,OPT(I)$를 얻을 수 있다. 깊이 우선 탐색을 이용하면 $\mathrm{O}(|V|)$의 계산 시간으로 이중 트리에서 순회 경로 H를 구성할 수 있으므로,[112] 이중 트리 알고리즘 계산 시간은 프림 알고리즘과 마찬가지로 $\mathrm{O}(|E| + |V| \log_2 |V|)$가 된다.[113]

이중 트리 알고리즘에서는 최적값의 2배 이하의 길이를 갖는 한 붓 그리기를 구했다. 그러나 모든 도시의 차수를 짝수로 하기 위해서는 최소 전역 트리를 이중화 할 필요 없이, 최소 전역 트리를 구한 뒤에 차수가 홀수인 꼭짓점 집합에 대한 최소 길이의 완전 매칭을 추가하는 것으로 충분하다. 이 특징을 이용해 크리스토피드 Christofides 는 $\frac{3}{2}$-근사 알고리즘을 제안했다.

다음으로 2-근사 알고리즘인 **최근 추가 알고리즘** latest addition algorithm 을 소개한다. 이는 4.3.1절의 최소 전역 트리 문제에 대한 프림 알고리즘을 수정한 알고리즘으로, 어떤 한 도시에서 부분

---

111 연결된 무향 그래프 $G = (V, E)$에 한 붓 그리기가 존재하기 위한 필요충분조건은 모든 꼭짓점 $v \in V$의 차수가 짝수가 되는 것이다. 이를 **오일러** Euler **의 한 붓 그리기 정리**라 한다. 그리고 이 정리의 조건을 만족하는 무향 그래프를 **오일러 그래프** Eulerian graph, 한 붓 그리기를 **오일러 경로** Eulerian cycle 라 한다.

112 최소 전역 트리는 $|V| - 1$개의 변을 갖는 것에 주의한다

113 외판원 문제에서는 임의의 두 도시 $\{u, v\}$를 붙이므로(연결하므로), $|E| = |V|(|V| - 1)/2$가 되는 것에 주의한다.

순회 경로를 확장해 모든 도시를 방문하는 순회 경로를 구한다. [그림 4.84]에 표시한 것처럼 최근 추가 알고리즘의 각 반복에서는 프림 알고리즘과 마찬가지로 컷 $\delta(S)$ 중에서 거리가 최소인 변 $\{u, v\}$를 선택한 뒤, 부분 순회 경로에 대해 도시 u와 인접한 도시 w를 연결하는 변 $\{u, w\}$를 두 개의 변 $\{u, v\}$와 $\{v, w\}$로 바꿔 연결해 새로운 부분 순회 경로를 만든다.

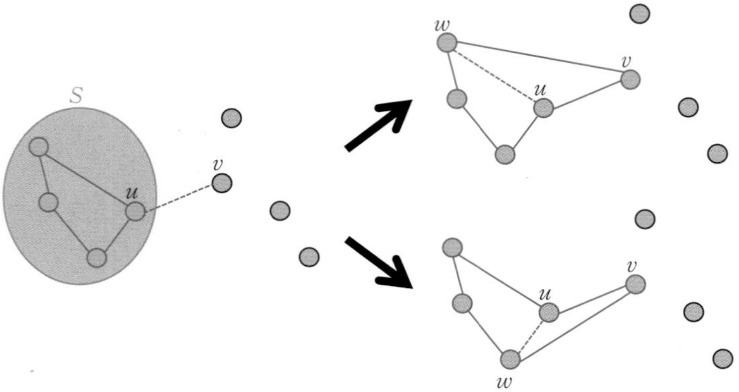

그림 4.84 외판원 문제에 대한 최근 추가 알고리즘

이때 부분 순회 경로의 거리는 $d_{uv} + d_{vw} - d_{uw}$ 만큼 증가한다. 삼각 부등식 $d_{vw} \leq d_{uw} + d_{uv}$에서 $d_{uv} + d_{vw} - d_{uw} \leq 2d_{uv}$가 성립한다. 프림 알고리즘의 각 반복에서는 변 $\{u, v\}$가 추가되므로 최근 추가 알고리즘으로 얻어진 순회 경로 H의 거리 $A(I)$에 대해 $A(I) \leq 2MST(I)$가 성립하고, $A(I) \leq 2MST(I) \leq 2OPT(I)$를 얻을 수 있다.

최근 추가 알고리즘 절차를 정리하면 다음과 같다. 최근 추가 알고리즘의 계산 시간은 프림 알고리즘과 같이 $\mathrm{O}(|E| + |V| \log_2 |V|)$이다.

알고리즘 4.22 | 최근 추가 알고리즘

단계 1: 임의의 도시 하나를 선택해 v_0으로 한다. $\min\{d_{v_0 v} \mid v \in V \setminus \{v_0\}\}$을 달성하는 도시 $v_1 \in V \setminus \{v_0\}$을 구한다. $S = \{v_0, v_1\}$, $H = \{\{v_0, v_1\}, \{v_0, v_1\}\}$로 한다.

단계 2: $S = V$이면 종료한다.

단계 3: $\min\{d_{uv} \mid \{u, v\} \in \delta(S)\}$를 달성하는 도시 $u^* \in S$와 $v^* \in V \setminus S$를 구한다. H에서 도시 u^*와 인접하는 도시 w를 하나 선택하고, $S = S \cup \{v^*\}$, $H = H \setminus \{\{u^*, w\}\} \cup \{\{u^*, v^*\}, \{v^*, w\}\}$로 하고 단계 2로 돌아간다.

[단계 3]에서는 $d_{uv^*}+d_{v^*w}-d_{uw}$가 최소가 되는 부분 선회 경로에 이웃한 도시의 조합 u, w를 선택하고 변 $\{u, w\}$를 두 개의 변 $\{u, v^*\}, \{v^*, w\}$로 바꿔 연결하는 방법도 제안하고 있으며, 이를 **최근 삽입 알고리즘**nearest insertion algorithm이라 한다. 또한 $d_{uv}+d_{vw}-d_{uw}$가 최소가 되는 부분 선회 경로의 변 $\{u, w\}$와 도시 $v \in V \setminus S$의 조합을 선택하는 방법도 제안하고 있으며, 이를 **최저가 삽입 알고리즘**cheapest insertion algorithm이라 부른다.

4.5.5 꼭짓점 커버 문제

무향 그래프 $G=(V, E)$와 각 꼭짓점 $v \in V$의 가중치 c_v가 주어진다. 모든 변 $e \in E$가 꼭짓점 집합 $S \subseteq V$에 포함되는 적어도 하나의 꼭짓점 $v \in S$를 끝점으로 가질 때, 꼭짓점 집합 S를 **꼭짓점 커버**vertex cover라 한다. 이때 꼭짓점의 가중치의 합계 $\Sigma_{v \in S}\ c_v$가 최소가 되는 꼭짓점 커버 S를 구하는 문제를 **꼭짓점 커버 문제**vertex cover problem)라 한다. 각 꼭짓점의 가중치가 1인 그래프에 대한 최소 꼭짓점 커버와 최소가 아닌 꼭짓점 커버의 예를 [그림 4.85]에 표시했다. 꼭짓점 커버 문제는 NP 난해한 클래스에 속하는 조합 최적화 문제다.

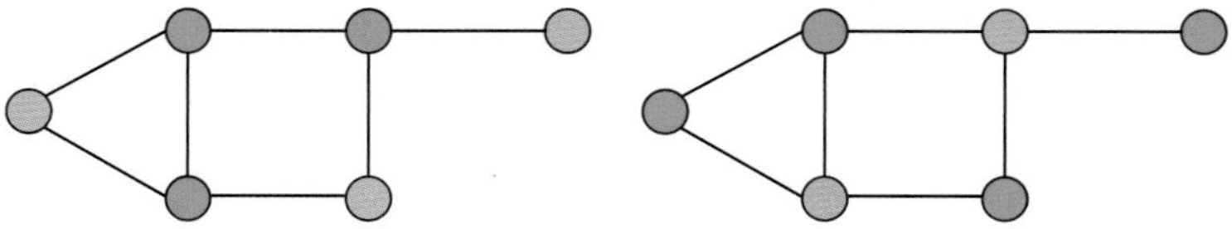

그림 4.85 최소 꼭짓점 커버(좌)와 최소가 아닌 꼭짓점 커버(우) 예

먼저 탐욕 알고리즘을 보자. 탐욕 알고리즘의 각 반복에서 정점의 집합 S에 의해 커버되는 변의 집합을 E'으로 한다. 이때 아직 선택되지 않는 꼭짓점 $v \in V \setminus S$의 **비용 효과**cost effectiveness를 $\frac{c_v}{|\delta(v) \setminus E'|}$로 정의한다. 이것은 꼭짓점 v에 의해 새롭게 커버될 때까지 반복된다. 꼭짓점 커버 문제에 대한 탐욕 알고리즘의 절차를 정리하면 다음과 같다. 이 탐욕 알고리즘의 계산 시간은 $O(|V|^2)$다.

알고리즘 4.34 | **꼭짓점 커버 문제에 대한 탐욕 알고리즘**

단계 1: $S=\varnothing, E'=\varnothing$로 한다.

단계 2: $E'=E$이면 종료한다.

단계 3: $\min\left\{\frac{c_v}{|\delta(v)\setminus E'} \mid v\in V\setminus S\right\}$를 달성하는 꼭짓점 v^*를 구한다. $S=S\cup\{v^*\}, E'=E'\cup\delta(v^*)$로 하고 단계 2로 돌아간다.

탐욕 알고리즘이 꼭짓점 커버 문제에 대해 $H_{|E|}$–근사 알고리즘이 되는 것은 다음과 같이 정리할 수 있다. 여기에서 $H_k=1+\frac{1}{2}+\frac{1}{3}+\cdots+\frac{1}{k}$이며, 이를 **조화 급수**harmonic series라 한다.

정리 4.14

꼭짓점 커버 문제에 대해 탐욕 알고리즘은 $H_{|E|}$–근사 알고리즘이다.

증명 꼭짓점 커버 문제의 문제 사례 I의 최적값 $OPT(I)$, 탐욕 알고리즘으로 구한 실행 가능 설루션의 목적 함숫값을 $A(I)$로 한다. 그래프의 변 $e\in E$를 탐욕 알고리즘에 따라 커버된 순서로 정렬해 $e_1, e_2, \ldots, e_{|E|}$로 한다. 각 반복에 대해 꼭짓점 $v\in V\setminus S$에 따라 새롭게 커버된 변 $e\in\delta(v)\setminus E'$의 가격을 $p_e=\frac{c_v}{|\delta(v)\setminus E'|}$라고 정의하면 $A(I)=\Sigma_{k=1}^{|E|}E\mid p_{e_k}$로 나타낼 수 있다. 최적 설루션을 S^*로 한다. 어떤 반복에서 변 e_k가 새롭게 커버되는 직전에는 최적 설루션에서 탐욕 알고리즘으로 선택된 것을 제외한 꼭짓점 집합 $S^*\setminus S$에 의해, 변 e_k를 포함하는 커버되지 않은 $|E|-k+1$개의 변을 최대 $OPT(I)$의 가중치로 커버할 수 있으므로,[114] 아직 선택되지 않은 꼭짓점 $v\in V\setminus S$ 중에 $\frac{OPT(I)}{|E|-k+1}$ 이하의 비용 효과를 갖는 꼭짓점이 존재한다. 각 반복에서는 비용 효과의 값이 최소가 되는 정점을 선택하므로, 변 e_k의 가격 p_{e_k}는 $\frac{OPT(I)}{|E|-k+1}$가 된다. 그러므로

114 e_k 이외에도 새롭게 커버되는 변이 존재하면, 커버되지 않은 변은 $|E|-k+1$개보다 많다.

$$
\begin{aligned}
A(I) &= \sum_{k=1}^{|E|} p_{e_k} \\
&\le \sum_{k=1}^{|E|} \frac{OPT(I)}{|E|-k+1} \\
&= OPT(I)\left\{\frac{1}{|E|} + \frac{1}{|E|-1} + \cdots + \frac{1}{2} + 1)\right\} \\
&= H_{|E|} OPT(I)
\end{aligned}
\tag{4.156}
$$

에서 $A(I) \le H_{|E|}\, OPT(I)$가 된다. □

이 탐욕 알고리즘의 근사율은 어떤 상수로도 억제되지 않는다.[115]

다음으로 2-근사 알고리즘인 **주 쌍대법**primal-dual method을 살펴보자. 주 쌍대법은 선형 계획 완화 문제의 쌍대 문제를 이용해 원래 문제에 대해 실행 가능 설루션을 구하는 방법이다. x_v는 변수이며, 꼭짓점 $v \in V$를 선택하면 $x_v = 1$, 그렇지 않으면 $x_v = 0$의 값을 갖는다. 이때 꼭짓점 커버 문제는 다음 정수 계획 문제로 정식화할 수 있다.

$$
\begin{array}{ll}
\text{최소화} & \sum_{v \in V} c_v x_v \\
\text{조건} & x_u + x_v \ge 1, \ \ \{u, v\} \in E, \\
& x_u \in \{0, 1\}, \ \ v \in V.
\end{array}
\tag{4.157}
$$

제약조건은 각 변 $\{u, v\} \in E$의 적어도 하나의 끝점이 선택되는 것을 나타낸다.

각 변수 x_v의 정수 조건을 $x_v \ge 0$으로 완화하면 선형 계획 완화 문제를 얻을 수 있다.[116] 선형 계획 완화 문제의 쌍대 문제는 다음 선형 계획 문제로 정식화할 수 있다.

$$
\begin{array}{lll}
\text{최대화} & \sum_{e \in E} y_e & \\
\text{조건} & \sum_{e \in \delta(v)} y_e \le c_v, & v \in V, \\
& y_e \ge 0, & e \in E.
\end{array}
\tag{4.158}
$$

---

115 $H_k \approx \log k$이다.

116 문제 (4.157)에서는 정수 조건을 $x_v \ge 0$으로 치환하더라도 실행 가능 설루션이 반드시 $0 \le x_v \le 1$을 만족한다.

여기에서 선형 계획 완화 문제와 그 쌍대 문제의 실행 가능 설루션의 쌍 $(\boldsymbol{x}, \boldsymbol{y})$가 최적 설루션이기 위한 필요충분조건은 다음 상보성 조건

$$x_v\left(c_v - \Sigma \sum_{e\in\delta(v)} y_e\right)0, \quad v \in V, \tag{4.159}$$

$$y_e(x_u + x_v - 1) = 0, \qquad e = \{u,\ v\} \in E, \tag{4.160}$$

가 성립하는 것이다.

이 상보성 조건에서 다음과 같은 특징을 얻을 수 있다. 여기에서 변수 $x_v (v \in V)$에 대응하는 커버 비용을 $\overline{c}_v(\boldsymbol{y}) = c_v - \Sigma_{e\in\delta(v)} y_e$로 정의한다.[117]

정리 4.15

$\overline{\boldsymbol{y}}$를 쌍대 문제 (4.158)의 최적 설루션이라고 한다. 정점 집합 $S = \{v \in V \mid \overline{c}_v(\overline{\boldsymbol{y}}) = 0\}$은 꼭짓점 커버 문제의 실행 가능 설루션이다.

증명 귀류법을 이용한다. 정점 집합 S가 실행 가능 설루션이 아니라고 가정하고, 커버되지 않은 변을 $e' = \{u, v\} \in E$로 한다.

$$\varepsilon = \min\{\overline{c}_u(\overline{\boldsymbol{y}}),\ \overline{c}_v(\overline{\boldsymbol{y}})\} \tag{4.161}$$

라고 하면, $\overline{c}_u(\overline{\boldsymbol{y}}) > 0$, $\overline{c}_v(\overline{\boldsymbol{y}}) > 0$에서 $\boldsymbol{\varepsilon} > 0$이다.[118] 변 e'에 관해 $y'_{e'} = \overline{\boldsymbol{y}}_{e'} + \varepsilon$, 그 외의 변 $e \in E \setminus \{e'\}$에 대해 $y'_e = \overline{y}_e$로 쌍대 문제의 새로운 설루션 $\boldsymbol{y}'$를 만든다. 그러면 변 e'의 끝점 u에서는

---

117 $\overline{c}_v(\boldsymbol{y}) \geq 0\ (v \in V)$이면 $\boldsymbol{y}$는 쌍대 문제의 실행 가능 설루션임에 주의한다.

118 $\overline{y}$는 실행 가능하며 $u,\ v \in V \setminus S$인 것에 주의한다.

$$
\begin{aligned}
\overline{c}_u(\boldsymbol{y}') &= c_u - \sum_{e\in\delta(u)} y'_e \\
&= c_u - \sum_{e\in\delta(u)} \overline{y}_e - \varepsilon \\
&= c_u(\overline{\boldsymbol{y}}) - \min\{\overline{c}_u(\overline{\boldsymbol{y}}),\ \overline{c}_v(\overline{\boldsymbol{y}})\} \geq 0
\end{aligned}
\tag{4.162}
$$

이 성립한다. 또 다른 한 끝점 v에서도 마찬가지로 $\overline{c}_u(\boldsymbol{y}') \geq 0$이 성립하므로, $\boldsymbol{y}'$는 쌍대 문제의 실행 가능 설루션이다. 또한,

$$
\sum_{e\in E} y'_e > \sum_{e\in E} \overline{y}_e \tag{4.163}
$$

가 성립하지만, 이것은 $\overline{\boldsymbol{y}}$가 쌍대 문제의 최적 설루션이라는 것에 반한다. □

꼭짓점 커버 문제의 문제 사례 I의 최적값을 $OPT(I)$, 주 쌍대법으로 얻은 실행 가능 설루션의 목적 함숫값을 $A(I)$로 한다. 꼭짓점 집합 $S = \{v \in V \mid \overline{c}_v(\overline{\boldsymbol{y}}) = 0\}$에 대응하는 실행 가능 설루션을 $\boldsymbol{x}$로 한다. 즉, $v \in S$라면 $x_v = 1$, 그렇지 않으면 $x_v = 0$의 값을 갖는다. 선형 계획 완화 문제의 최적값을 $LP(I)$라고 하면,

$$
\begin{aligned}
A(I) &= \sum_{v\in V} c_v x_v \\
&= \sum_{v\in V} x_v \left(\sum_{e\in\delta(v)} \overline{y}_e \right) \\
&= \sum_{e=\{u,v\}\in E} \overline{y}_e (x_u + x_v) \\
&\leq 2\sum_{e\in E} \overline{y}_e = 2LP(I)
\end{aligned}
\tag{4.164}
$$

가 성립한다. 즉, $A(I) \leq 2LP(I) \leq 2OPT(I)$가 성립한다.

쌍대 문제의 실행 가능 설루션을 $\boldsymbol{y}$라고 하면 $\Sigma_{e\in E}\, y_e \leq LP(I)$가 성립하므로, 정점 집합 $S = \{v \in V \mid \overline{c}_v(\boldsymbol{y}) = 0\}$이 꼭짓점 커버 문제의 실행 가능 설루션이라면, 역시 $A(I) \leq 2\,LP(I) \leq 2\,OPT(I)$가 성립한다. 주 쌍대법은 원래 문제의 실행 불능 설루션 $\boldsymbol{x}$와 선형 계획 완화 문제의 쌍대 문제의 실행 가능 설루션 $\boldsymbol{y}$에서 시작한다. $\boldsymbol{x}$는 정수 설루션을 유지하면서 실행 가능 설루션에 가까워지도록, $\boldsymbol{y}$는 실행 가능 설루션을 유지하면서 하한이 개선되도록 업데이트

를 반복하고, $\boldsymbol{x}$가 실행 가능 설루션이 된 시점에서 종료한다. 주 쌍대법에서는 주 상보성 조건 (4.159)는 항상 만족하지만 쌍대 상보성 조건 (4.160)이 반드시 만족하지는 않는 $(\boldsymbol{x}, \boldsymbol{y})$를 출력한다. 꼭짓점 커버 문제에 대한 주 쌍대법의 절차를 정리하면 다음과 같다. 여기서 주 쌍대법의 계산 시간은 $O(|E|)$이다.

알고리즘 4.24 | 꼭짓점 커버 문제에 대한 주 쌍대법

단계 1: $E' = \varnothing, S = \varnothing, \bar{c}_v = c_v (v \in V), y_e = 0 (e \in E)$로 한다.

단계 2: $E' = E$이면 종료한다.

단계 3: 변 $e = \{u, v\} \in E \setminus E'$를 선택한다. 여기에서 $\bar{c}_u \geq \bar{c}_v$로 한다. $y_e = y_e + \bar{c}_v, \bar{c}_u = \bar{c}_u - \bar{c}_v, \bar{c}_v = 0, S = S \cup \{v\}, E' = E' \cup \{\delta(v)\}$로 하고 단계 2로 돌아간다.

주 쌍대법의 실행 예를 [그림 4.86]에 표시했다.

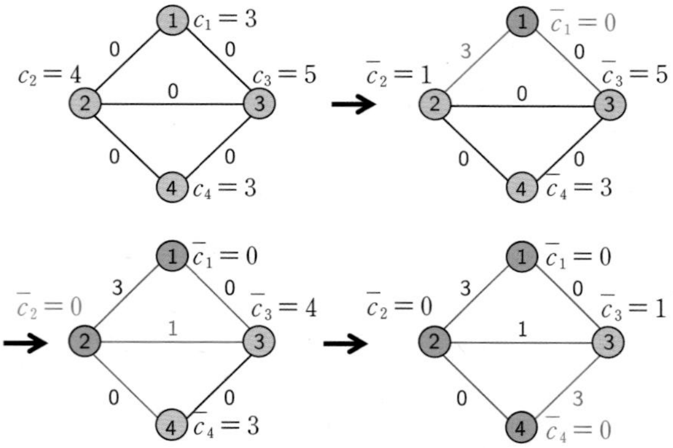

그림 4.86 꼭짓점 커버 문제에 대한 주 쌍대법의 실행 예

마지막으로 근사율 2를 가진 **반올림법** rounding method 을 소개한다. 반올림법에서는 선형 계획 완화 문제의 최적 설루션에서 원래 꼭짓점 커버 문제의 실행 가능 설루션을 구한다. 선형 계획 완화 문제의 최적 설루션을 $\bar{\boldsymbol{x}}$라고 한다. 이때 정수 설루션 $\boldsymbol{x}$를

$$x_v = \begin{cases} 1 & \bar{x}_v \geq \dfrac{1}{2} \\ 0 & \text{그 외,} \end{cases} \quad v \in V \tag{4.165}$$

로 한다. 그리고 정수 설루션 $\boldsymbol{x}$에 대응하는 꼭짓점 집합을 $S=\{v \in V \mid x_v = 1\}$로 한다. 선형 계획 완화 문제의 최적 설루션 $\bar{\boldsymbol{x}}$는 $\bar{x}_u + \bar{x}_v \geq 1$ $(\{u, v\} \in E)$를 만족하므로, 어떤 변 $\{u, v\} \in E$에서도 끝점 u, v의 적어도 한 쪽은 꼭짓점 집합 S에 포함된다. 즉, 위 방법으로 구한 정수 설루션 $\boldsymbol{x}$는 꼭짓점 커버 문제의 실행 가능 설루션이다. 꼭짓점 커버 문제의 문제 사례 I의 최적값을 $OPT(I)$, 반올림법으로 구한 실행 가능 설루션의 목적 함숫값을 $A(I)$, 선형 계획 완화 문제의 최적값을 $LP(I)$라고 하면,

$$\begin{aligned} LP(I) &= \sum_{v \in V} c_x \bar{x}_v \\ &\geq \sum_{v \in S} c_x \bar{x}_v \\ &\geq \frac{1}{2} \sum_{v \in S} c_v = \frac{1}{2} A(I) \end{aligned} \tag{4.166}$$

가 성립한다. 즉, $A(I) \leq 2LP(I) \leq 2OPT(I)$가 성립한다

4.5.6 냅색 문제

4.1.2절에서는 정수 계획 문제의 예로 냅색 문제를 소개했다. 그리고 4.3.2절과 4.4.1절에서는 냅색 문제에 대한 동적 계획법과 분기 한정법을 각각 소개했다. 이번 절에서는 냅색 문제에 대해 탐욕 알고리즘과 동적 계획법에 기반한 근사 알고리즘을 소개한다.

우선 $\frac{1}{2}$-근사 알고리즘인 탐욕 알고리즘을 살펴보자. 탐욕 알고리즘은 물품을 단위 무게당 가치 $\frac{p_j}{w_j}$의 내림차순으로, 주머니에 넣는 물품 무게의 합계가 상한 C를 넘지 않는 한 담을 수 있는 방법이다. 보다 정확하게는 물품을 단위 무게당 가치 $\frac{p_j}{w_j}$의 내림차순으로 정렬한 뒤, 실행 가능 설루션 $\boldsymbol{x}$를

$$x_j = \begin{cases} 1 & w_j \leq C - \sum_{k=1}^{j-1} w_k \\ 0 & \text{그 외}, \end{cases} \quad j = 1, \ldots, n, \tag{4.167}$$

로 한다.

냅색 문제의 문제 사례 I의 최적값을 $OPT(I)$, 탐욕 알고리즘에서 구해진 실행 가능 설루션

의 목적 함숫값을 $A'(I)$라고 한다. 여기에서 $A'(I)$와 가치 p_j가 가장 높은 물품을 하나만 넣어서 얻을 수 있는 실행 가능 설루션의 목적 함숫값 $p_{\max} = \max_{j=1,\ldots,n} p_j$ 중 큰 쪽을 선택해 $A(I) = \max\{A'(I), p_{\max}\}$로 한다. 다음에서는 $\frac{p_1}{w_1} \geq \frac{p_2}{w_2} \geq \cdots \geq \frac{p_n}{w_n}$을 만족한다고 가정한다.[119] [정리 4.8](4.4.1절)에서 냅색 문제의 각 변수 $x_j \in \{0, 1\}$을 $0 \leq x_j \leq 1$로 완화한 선형 계획 완화 문제를 최적 설루션 $\bar{\boldsymbol{x}} = (\bar{x}_1, \bar{x}_2, \ldots, \bar{x}_n)^\top$은 $\Sigma_{j=1}^{k} w_j \leq C$와 $\Sigma_{j=1}^{k+1} w_j > C$를 만족하는 k를 이용해,

$$\bar{x}_j = \begin{cases} 1 & j = 1, \ldots, k \\ \dfrac{C - \Sigma_{j=1}^{k} w_j}{w_{k+1}} & j = k+1, \\ 0 & j = k+2, \ldots, n \end{cases} \tag{4.168}$$

이 된다. 선형 계획 완화 문제의 최적값을 $LP(I)$로 하면, $p_{k+1} \leq p_{\max}$, $\bar{x}_{k+1} = \dfrac{C - \Sigma_{j=1}^{k} w_j}{w_{k+1}} < 1$에서

$$\begin{aligned} LP(I) &= \sum_{j=1}^{k} p_j + \frac{C - \Sigma_{j=1}^{k} w_j}{w_{k+1}} p_{k+1} \\ &\leq A'(I) + p_{\max} \\ &\leq 2A(I) \end{aligned} \tag{4.169}$$

가 성립한다. 즉, $A(I) \geq \frac{1}{2} LP(I) \geq \frac{1}{2} OPT(I)$가 성립한다.

다음으로 상수 $\varepsilon\,(\varepsilon > 0)$에 대해 근사율 $1 - \varepsilon$을 갖는 동적 계획법을 소개한다. 주머니의 용량 C와 냅색 문제의 최적값의 상한 $P = \Sigma_{j=1}^{n} p_j$가 모두 극단적으로 큰 경우에는 동적 계획법의 계산 시간이 증가하므로 실용적이지 않다. 그래서 각 물품 j의 가치 p_j를 상수 M으로 나눈 정숫값으로 버림한 가치 $\tilde{p}_j = \left\lfloor \dfrac{p_j}{M} \right\rfloor$로 변경한 문제 사례를 만들고, 이 문제 사례에 대해 4.3.2절에서 소개한 두 번째 동적 계획법을 적용해 실행 가능 설루션을 구한다. 여기에서 $M = \dfrac{\varepsilon p_{\max}}{n}$로 한다. 이때 냅색 문제의 최적값의 상한을 $np_{\max}$라면, 동적 계획법의 계산 시간은 $O(n^2 p_{\max}) = O(\dfrac{n^3}{\varepsilon})$이 되어 다항식 시간 알고리즘이다.

---

119 필요하다면 물품을 정렬한 뒤, 물품들의 첨자를 다시 붙인다.

냅색 문제의 문제 사례 I의 최적 설루션을 $\boldsymbol{x}^*$, 최적값을 $OPT(I)$로 한다. 그리고 동적 계획법에 의해 구해진 실행 가능 설루션을 $\boldsymbol{x}'$, 그 목적 함숫값을 $A(I)$로 한다. $\tilde{p}_j = \left\lfloor \frac{p_j}{M} \right\rfloor$에서 $p_j - M\tilde{p}_j \le M$이 성립한다.[120] 그러므로 임의의 실행 가능 설루션 $\boldsymbol{x}$에 대해

$$\sum_{j=1}^{n} p_j x_j - M\sum_{j=1}^{n} \tilde{p}_j x_j \le nM \tag{4.170}$$

이 성립한다. 그리고 $\tilde{p}_j \le \frac{p_j}{M}$와 동적 계획법으로 구한 실행 가능 설루션 $\boldsymbol{x}'$가 각 물품 j의 가치 p_j를 가치 $\tilde{p}_j$로 변경한 문제 사례에서의 최적화 설루션인 것으로부터

$$\begin{aligned} A(I) &= \sum_{j=1}^{n} p_j x'_j \ge M\sum_{j=1}^{n} \tilde{p}_j x'_j \ge M\sum_{j=1}^{n} \tilde{p}_j x^*_j \\ &\ge \sum_{j=1}^{n} p_j x^*_j - nM = OPT(I) - \varepsilon p_{\max} \ge (1-\varepsilon)OPT(I) \end{aligned} \tag{4.171}$$

가 성립한다.

이렇게 파라미터 $\varepsilon > 0$에 대해 근사율 $1-\varepsilon$을 가진 근사 알고리즘을 부여한 프레임을 **근사 스킴** approximation scheme 이라 한다.[121] 파라미터 ε이 상수로 고정되어 있는 경우, 근사 스킴에 의해 주어진 근사 알고리즘이 문제 사례의 입력 데이터 길이에 대한 다항식 시간 알고리즘이면 이를 **다항식 시간 근사 스킴** polynomial time approximation scheme (PTAS)이라 한다. 또한 근사 스킴에 의해 주어진 근사 알고리즘이 문제 사례의 입력 데이터의 길이와 $\frac{1}{\varepsilon}$에 대한 다항식 시간 알고리즘이라면, 이를 **완전 다항식 시간 근사 스킴** fully polynomial time approximation scheme (FPTAS)이라 한다. 이번 절에서 소개한 냅색 문제에 대한 근사 스킴은 완전 다항식 시간 근사 스킴이다.

4.6 국소 탐색 알고리즘

정수 계획 문제를 포함한 NP 난해한 조합 최적화 문제에서는 이론적인 해석이 난해하지만, 극소수의 반례를 제외하면 대부분의 문제 사례에서 유용하게 동작하는 지식들이 다수 존재한다.

---

120 $\tilde{p}_j \ge (p_j / M) - 1$인 것에 주의한다.

121 최소화 문제라면 근사율 $1+\varepsilon$을 갖는 근사 알고리즘을 부여한다.

이런 지식들에 기반해 만들어진 최적값에 대한 근사 성능의 보증은 없지만, 많은 문제 사례에 대해 높은 품질의 실행 가능 설루션 하나를 출력하는 **휴리스틱**heuristics(발견적 알고리즘)이라 한다. 이번 절에서는 휴리스틱의 기본 전략의 하나인 국소 탐색 알고리즘의 사고방식과 절차를 소개한다.

4.6.1 국소 탐색 알고리즘 개요

국소 탐색 알고리즘local search method(LS)은 적당한 실행 가능 설루션 $\boldsymbol{x} \in S$에서 시작해, 현재의 설루션 $\boldsymbol{x}$에 조금의 변형을 가해 얻어진 설루션의 집합 $N(\boldsymbol{x}) \subset S$ 안에 있는 개선 설루션 $\boldsymbol{x}'$(즉, $f(\boldsymbol{x}') < f(\boldsymbol{x})$를 만족하는 설루션)가 있다면, 현재 설루션 $\boldsymbol{x}$로 이동하는 절차를 반복하는 기법이다(그림 4.87).

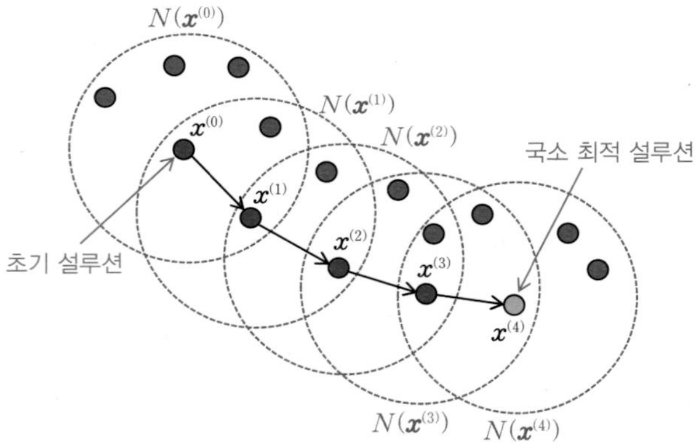

그림 4.87 국소 탐색 알고리즘

여기에서 현재 설루션 $\boldsymbol{x}$에 변형을 가하는 조작을 근방 조작이라고 부르며, 조작에 따라 생성된 설루션의 집합 $N(\boldsymbol{x})$를 **근방**neighborhood이라 한다. 현재 설루션 $\boldsymbol{x}$의 근방 $N(\boldsymbol{x})$ 안에 개선 설루션이 없으면 국소 탐색 알고리즘을 종료한다. 이렇게 근방 안에 개선 설루션을 갖지 않는 설루션을 (그 근방에서의) **국소 최적 설루션**locally optimal solution이라 한다.[122] [그림 4.87]의 각 점 $\boldsymbol{x}^{(k)}$는 k번째 설루션을 나타낸다. 단, 초기 설루션은 $\boldsymbol{x}^{(0)}$으로 한다. 그리고 각 점 $\boldsymbol{x}^{(k)}$를 중심으로

122 3장의 비선형 계획 문제에 대해 국소 탐색 설루션과는 정의가 다르다. 여기에서는 국소 최적 설루션은 (문제가 아닌) 알고리즘에 의해 정의된 것에 주의한다.

하는 점선으로 둘러싸인 원 영역 $N(\boldsymbol{x}^{(k)})$는 $\boldsymbol{x}^{(k)}$의 근방을 나타낸다. 국소 탐색 알고리즘의 절차를 정리하면 다음과 같다.

알고리즘 4.25 | 국소 탐색 알고리즘

단계 1: 초기 설루션 $\boldsymbol{x}^{(0)}$을 정한다. $k=0$으로 한다.

단계 2: 근방 $N(\boldsymbol{x}^{(k)})$ 안에 $f(\boldsymbol{x}')<f(\boldsymbol{x})$가 되는 개선 설루션 $\boldsymbol{x}'$가 없으면 종료한다.

단계 3: 초기 설루션 $\boldsymbol{x}'\in N(\boldsymbol{x}^{(k)})$를 한 개 선택하고, $\boldsymbol{x}^{(k+1)}=\boldsymbol{x}'$로 한다. $k=k+1$로 하고 단계 2로 돌아간다.

이렇게 국소 탐색 알고리즘은 단순한 아이디어에 기반한다. 그러나 그 설계의 자유도가 크며, 근방의 정의, 탐색 공간, 설루션 평가, 이동 전략 등의 요소를 주의 싶게 설계함으로써 고성능의 알고리즘을 구현할 수 있다.

4.6.2 근방 정의와 설루션 표현

근방은 국소 탐색 알고리즘의 설계에서 가장 중요한 요소 중 하나다. 근방 안에 개선 설루션이 포함된 가능성이 높아지도록, 그러면서도 근방이 너무 커지지 않도록 설계해야 한다. 예를 들어 외판원 문제에서는 현재의 순회 경로에서 변을 λ개 교환해 얻어진 설루션 집합을 근방으로 하는 λ-opt 근방($\lambda\geq 2$)이 잘 알려져 있다. $\lambda=2$일 때의 예를 [그림 4.88]에 표시했다.

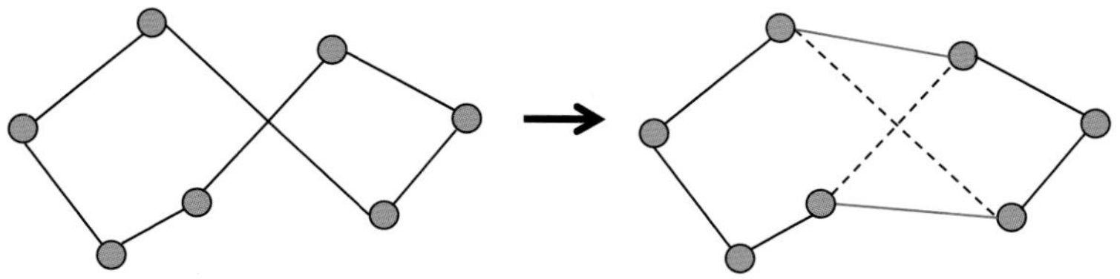

그림 4.88 2-opt 근방의 근방 조작 예

보통은 개선 설루션을 탐색하는 설계 시간이 너무 커지지 않도록, λ로는 2 또는 3 정도의 작은 상수가 이용된다. 그리고 외판원 문제에서는 도시의 방문 순서에도 순회 경로를 표현할 수 있다. 이렇게 순열로 설루션을 표현할 수 있는 문제에 대해서는 삽입 근방이나 교환 근방이 잘 이용된다(그림 4.89). 삽입 근방은 한 도시를 순열의 다른 위치로 이동해 얻어지는 설루션 집합, 교환 근방은 두 도시의 순열에 대해 위치를 교환해서 얻어지는 설루션 집합니다.

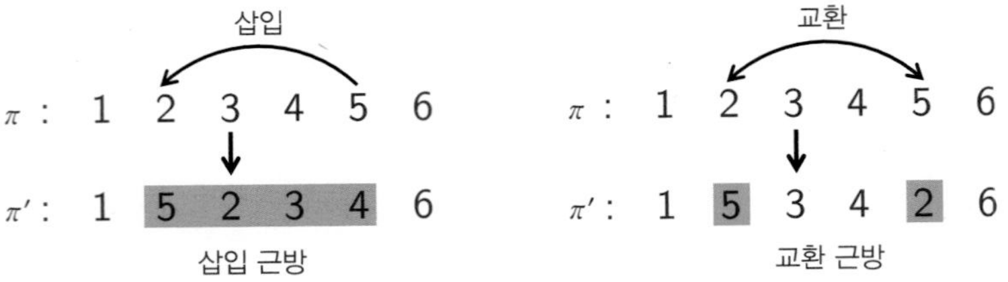

그림 4.89 삽입 근방과 교환 근방의 예

외판원 문제에서는 삽입 근방의 자연스러운 확장으로, 순회 경로에 대해 연속된 세 개 이하의 도시를 다른 위치로 삽입해서 얻어지는 설루션 집합을 근방으로 하는 Or-opt 근방이 알려져 있다(그림 4.90).

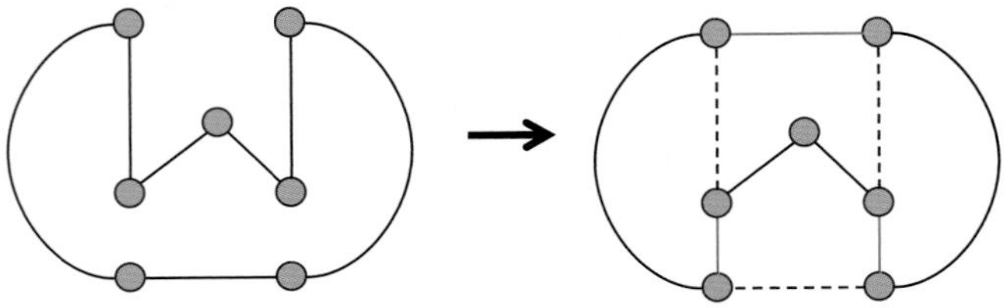

그림 4.90 Or-opt 근방의 근방 조작 예

이처럼 하나의 문제에 대해 다양한 근방을 정의할 수 있지만, 어떤 근방을 이용하는지에 따라 (복수여도 좋음) 국소 탐색 알고리즘의 성능은 크게 변한다.

국소 탐색 알고리즘은 많은 조합 최적화 문제에 대해 관측되는 '좋은 설루션끼리는 비슷한 구조를 갖는다'라는 **근접 최적성**proximity optimality principle (POP)이라 불리는 특징을 바탕으로 설계되어 있다. 근접 최적성이 성립한다면 좋은 설루션과 비슷한 설루션 안에서 개선 설루션을 발견할 가능성이 높다. 예를 들어 외판원 문제에서는 좋은 순회 경로들끼리는 공통적으로 포함되는 경향이 높다. 그렇기 때문에 소수의 변을 교환하는 2-opt 근방이나 3-opt 근방에 기반해 국소 탐색 알고리즘에 따라 좋은 설루션의 주변을 집중적으로 탐색할 수 있다. 한편, (순회)외판원 문제에서는 교환 근방은 그다지 유효하지 않다. 그 이유는 교환 근방에서는 네 개의 변을 동시에 교환하므로 2-opt 근방이나 3-opt 근방에 비해 순회 경로의 길이에 주는 영향이 크기 때문이다. 그러므로 근방 최적성의 관점에서 근방 조작의 전후에 목적 함숫값이 큰 폭으로 변화하지 않도록 근방을 설계하는 것이 좋다.

근방의 크기 설정도 중요하다. λ-opt 근방과 같이 파라미터에 따라 근방의 크기를 설정할 수 있는 경우에는 큰 근방을 이용함으로써 국소 탐색 알고리즘으로 얻어진 설루션의 질이 향상된다. 작은 근방에서는 국소 탐색 설루션이라 할지라도 큰 근방에서는 국소 최적 설루션으로부터 탈출할 수 있기 때문이다.[123] 반면, 근방을 크게 하면 근방 안을 탐색하기 위한 설계 시간이 커지므로, 설루션의 질과 설계 시간 균형을 고려할 필요가 있다. 그리고 작은 근방과 큰 근방을 조합해서 탐색하는 방법도 자주 유효하다. 예를 들어 2-opt 근방에 따른 국소 탐색 알고리즘 뒤에 이어서 3-opt 근방에 따른 국소 탐색 알고리즘을 실행하는 등, 먼저 작은 근방에서 탐색한 다음 큰 근방으로 탐색하면, 큰 근방에 의한 탐색에 걸리는 계산 시간을 억제하면서 설루션의 품질을 향상시키는 효과를 기대할 수 있다.

4.6.3 탐색 공간과 설루션 평가

탐색의 대상이 되는 설루션 전체의 집합을 **탐색 공간**search space이라 한다. 초기 설루션이 되는 실행 가능 설루션을 하나 구해 단순한 근방 조작에 따라 새로운 실행 가능 설루션을 생성할 수 있는 문제에서는 실행 가능 영역을 그대로 탐색 공간으로 하면 좋다.[124] 그러나 실행 가능 설루션 한 개를 구하는 것이 난해한 문제이긴 하지만, 새로운 실행 가능 설루션을 생성하기 위해 복잡한 근방 조작을 해야 하는 문제에서는, 실행 가능 영역과 다른 탐색 공간을 정의함으로써 효율적인 국소 탐색 알고리즘을 구현할 수 있다. [그림 4.91]에 표시한 것처럼 탐색 방침은 (1) 실행 가능 영역만 탐색하는 방법, (2) 실행 불가능 영역도 탐색하는 방법, (3) 실행 가능 영역과는 다른 탐색 공간을 도입하는 방법의 세 가지로 분류할 수 있다.

---

123 λ-opt 근방은 현재 순회 경로에서 변을 '최대' λ개 교환해서 얻을 수 있는 집합이며, 예를 들면 4-opt 근방은 3-opt 근방 및 2-opt 근방을 포함하는 것에 주의한다.

124 4.6.1절에서는 간단하게 하기 위해, 그런 경우에 한정해서 국소 탐색 알고리즘의 프레임을 설명했다.

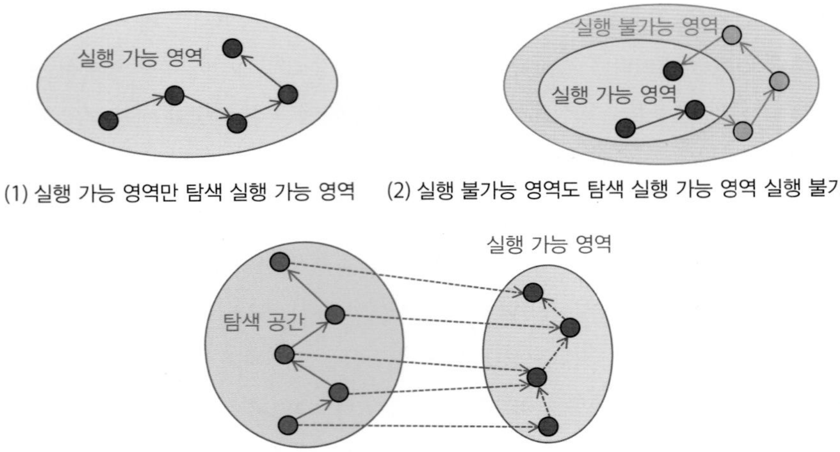

(1) 실행 가능 영역만 탐색 실행 가능 영역 (2) 실행 불가능 영역도 탐색 실행 가능 영역 실행 불가능 영역

(3) 실행 가능 영역과 다른 탐색 공간을 도입 탐색 공간 실행 가능 영역

그림 4.91 다양한 탐색 공간

먼저, 실행 불가능 설루션도 포함해 탐색하는 예로 집합 분할 문제(4.1.8절)을 살펴보자. 집합 분할 문제에서는 제약조건을 만족하는 실행 가능 설루션의 존재 여부를 판정하는 문제 자체가 NP 완전이다. 이렇게 실행 가능 설루션 한 개를 구하는 것조차 어려운 문제에서는 실행 가능 영역만 탐색 공간으로 하는 것은 현실적이지 않고, 3.3.5절에서 소개한 페널티 함수를 도입해서 실행 불가능 영역도 탐색하는 방법이 효과가 있다. 구체적으로는 제약조건 i에 대한 페널티 함수를

$$p_i(\boldsymbol{x}) = \left| \sum_{j=1}^{n} a_{ij} x_j - 1 \right| \tag{4.172}$$

로 한다. 또한 페널티 가중치 w_i (> 0)을 이용해 설루션 $\boldsymbol{x}$의 평가 함수를

$$\tilde{f}(\boldsymbol{x}) = \sum_{j=1}^{n} c_j x_j + \sum_{j=1}^{m} w_i p_i(\boldsymbol{x}) \tag{4.173}$$

로 한다. 그리고 근방 $N(\boldsymbol{x})$ 안에 $\tilde{f}(\boldsymbol{x})$에서 평가 함숫값이 작은 설루션 $\boldsymbol{x}'$가 있다면, 현재의 설루션 $\boldsymbol{x}$에서 설루션 $\boldsymbol{x}'$로 이동하는 절차를 반복한다. 이때 얻어진 국소 최적 설루션은 실행 가능 설루션이라고 단정할 수 없으므로, 현재의 설루션 $\boldsymbol{x}$와 별도로 탐색 중에 평가하는 모든

설루션 중에서 가장 좋은 실행 가능 설루션(즉, 잠정 설루션) $\boldsymbol{x}^\natural$을 저장해두고,[125] 이를 국소 탐색 알고리즘의 출력으로 한다. 실행 불가능 영역도 탐색하는 국소 탐색 알고리즘의 절차를 정리하면 다음과 같다.

알고리즘 4.26 | 국소 탐색 알고리즘

단계 1: 초기 설루션 $\boldsymbol{x}^{(0)}$을 정한다. $k=0$으로 한다. $\boldsymbol{x}^{(0)}$이 실행 가능 설루션이라면 $\boldsymbol{x}^\natural=\boldsymbol{x}^{(0)}$으로 한다. 그렇지 않으면 $f(\boldsymbol{x}^\natural)=\infty$로 한다.

단계 2: 근방 $N(\boldsymbol{x}^{(k)})$ 안에 $f(\boldsymbol{x}') < \tilde{f}(\boldsymbol{x}^\natural)$이 되는 실행 가능 설루션 $\boldsymbol{x}'$가 있다면 $\boldsymbol{x}^\natural=\boldsymbol{x}'$으로 한다.

단계 3: 근방 $N(\boldsymbol{x}^{(k)})$ 안에 $\tilde{f}(\boldsymbol{x}') < \tilde{f}(\boldsymbol{x})$가 되는 개선 설루션 $\boldsymbol{x}'$가 없으면 종료한다.

단계 4: 개선 설루션 $\boldsymbol{x}'\in N(\boldsymbol{x}^{(k)})$를 한 개 선택하고, $\boldsymbol{x}^{(k+1)}=\boldsymbol{x}'$로 한다. $k=k+1$로 하고 단계 2로 돌아간다.

페널티 가중치 w_i의 값이 충분히 크면 실행 가능 설루션을 얻기는 쉬워지지만 품질이 높은 실행 가능 설루션을 얻기 위해서는 페널티 가중치의 값이 그리 크지 않은 편이 나은 경향을 보인다. 페널티의 가중치 w_i의 값이 클수록, 국소 탐색 알고리즘은 실행 불가능 영역을 지나지 않기 때문에 실행 가능 설루션 사이를 이동할 수 없게 된다(그림 4.92).

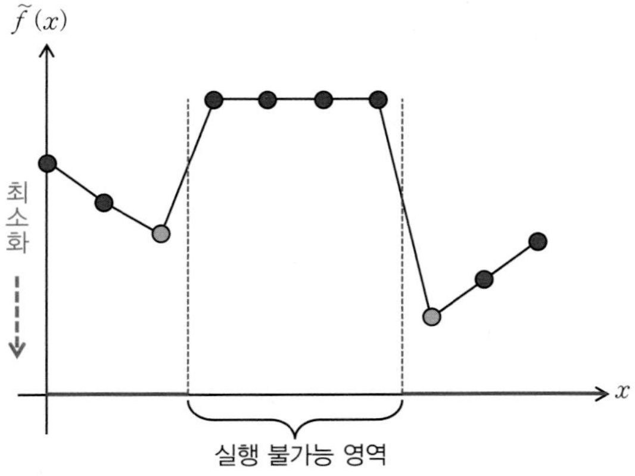

그림 4.92 페널티 가중치 값을 크게 설정한 평가 함수

125 현재 설루션 $\boldsymbol{x}^{(k)}$뿐만 아니라 그 근방 안의 모든 설루션 $\boldsymbol{x}'\in N(\boldsymbol{x}^{(k)})$를 포함하는 것에 주의한다.

여기에서 페널티 가중치 w_i의 값을 적절하게 설정하면, 국소 최적 알고리즘은 실행 불가능 영역을 지남으로써 실행 가능 설루션 사이를 이동할 수 있게 되어 효율적인 탐색을 구현할 수 있다(그림 4.93).

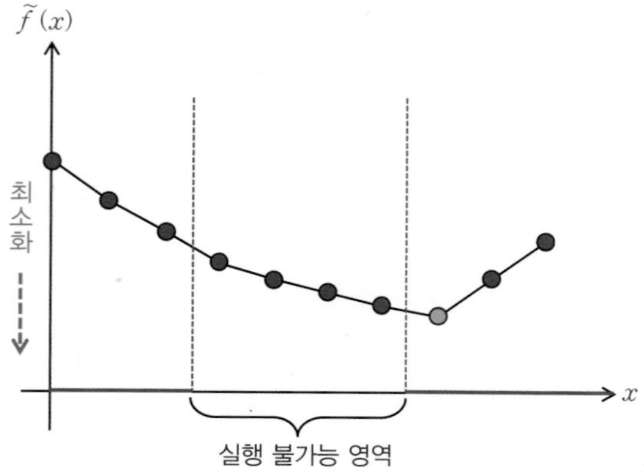

그림 4.93 페널티 가중치를 적절히 설정한 평가 함수

단, 페널티 가중치 w_i의 값이 너무 작으면, 국소 탐색 알고리즘은 실행 불가능 영역에서 탈출할 수 없으므로 실행 가능 설루션 사이를 이동할 수 없게 된다(그림 4.94).

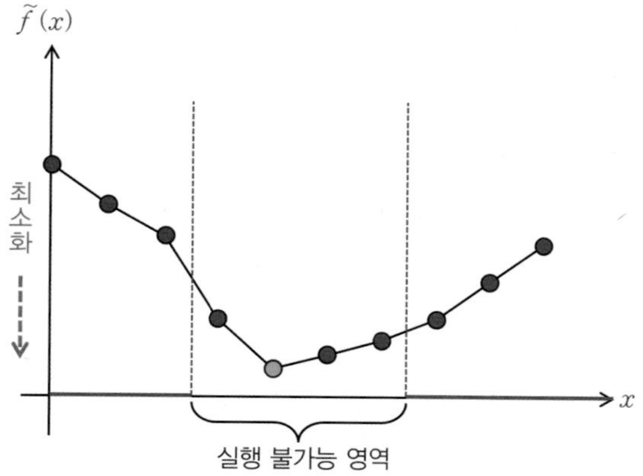

그림 4.94 페널티 가중치를 작게 설정한 평가 함수

이처럼 페널티 가중치 w_i의 조정은 쉽지 않으며, 적당한 값을 주어 국소 최적 알고리즘을 1회 적용하는 것만으로는 높은 품질의 실행 가능 설루션을 쉽게 얻을 수 없다. 그래서 페널티 가중치 w_i의 업데이트와 국소 탐색 알고리즘을 교대로 반복 적용하는 **가중치 기법**weighting method [126]을 자주 이용한다. 예를 들어 직전의 국소 탐색 알고리즘에서 실행 가능 설루션을 하나도 얻지 못했을 경우에는 페널티 가중치가 너무 작다고 판단하고, 파라미터 $\delta(0<\delta<1)$를 이용해, 제약조건 i에 대한 페널티 가중치 값을

$$w_i = w_i\left(1+\delta\frac{p_i(\tilde{\boldsymbol{x}})}{\max\limits_{l=1,\ \ldots,\ m} p_l(\tilde{\boldsymbol{x}})}\right) \tag{4.174}$$

로 늘린다. 여기에서, $\tilde{\boldsymbol{x}}$는 직전의 국소 탐색 알고리즘에서 얻은 국소 최적 설루션이다.[127] 한편, 실행 가능 설루션을 하나라도 얻은 경우에는 페널티의 가중치 w_i의 값은 충분히 크다고 판단해 파라미터 $\eta(0<\eta<1)$를 이용하여 모든 제약조건 i에 대한 페널티 가중치 값을 $w_i=(1-\eta)\,w_i$로 줄인다.

다음으로 설루션 공간과는 다른 탐색 공간을 도입하는 예로 사각형 채우기 문제(4.1.4절)를 살펴보자. 사각형 채우기 문제에서 각 물품 i의 좌표 (x_i, y_i)는 실숫값을 가지며, 이들을 독립적으로 결정해도 중복을 배제하기는 난해하므로, 각 물품 i의 좌표 (x_i, y_i)의 값을 직접 탐색하는 것은 현실적이지 않다. 여기에서 구현 가능한 배치를 표현한 다양한 기법이 제안되어 있다.

그중 하나의 기법으로 순열을 설루션으로 표현하는 **BLF 알고리즘**bottom−left−fill algorithm을 이용해 순열에 대응하는 물품의 배치를 계산하는 방법이 있다. BLF 알고리즘은 물품을 하나씩 배치해 나가는 방법으로, 각 반복에서는 다음에 배치할 물품의 좌표를 배치 완료한 물품과 겹치지 않게 놓는 가장 낮은 위치에서도 가장 왼쪽에 놓는다. BLF 알고리즘에 따른 배치 예를 [그림 4.95]에 표시했다. 여기에서는 물품 1, 2, ..., 6을 이 순서로 배치하는 예를 생각해보자. 가운데 그림이 물품 4를 배치하는 장면을 나타낸 것으로, 빨간색 점이 BLF 알고리즘의 조건을 만족하는 위치(물품 4의 왼쪽 아래 모서리를 놓는 점)이다. 오른쪽 그림은 모든 물품을 배치한 결과를 표시했다.

---

126 **탈출 기법**breakout method 또는 **동적 국소 탐색 알고리즘**dynamic local search algorithm이라 부르기도 한다.

127 이때 $\tilde{x}$는 실행 불가능 설루션이므로 $p_i(\tilde{x})>0$이 되는 제약조건 i가 존재하는 것에 주의한다.

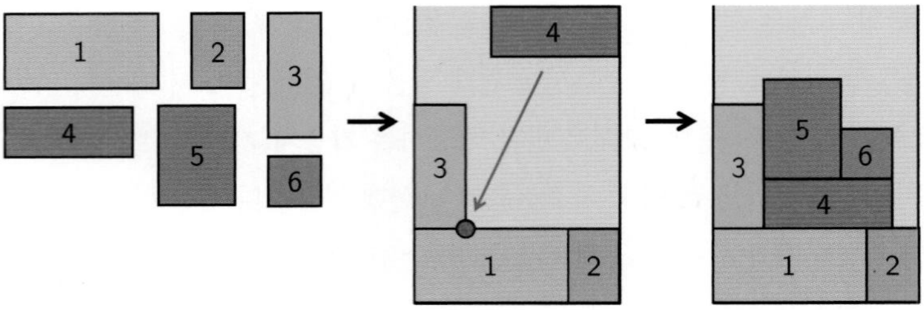

그림 4.95 BLF에 따른 물품 배치 예

순열이 바뀌면 그에 대응되는 물품 배치도 변하므로 순열을 탐색 대상으로 삽입 근방이나 교환 근방 등에 기반한 국소 탐색 알고리즘을 적용한다. 탐색 공간은 n개의 요소를 갖는 순열 전체이며, 사각형 채우기 문제의 실행 가능 영역과는 완전히 다르다. 이런 방법은 실행 가능 영역을 직접 탐색하는 것이 어려운 문제에서 잘 이용된다. 또한 BLF 알고리즘은 간략하고 쉽지만, 모든 순열에 대해 BLF 알고리즘을 적용해도 그 안에 최적 설루션이 포함되지 않는 경우도 있다. 한편, 탐색 공간 안에 최적 설루션에 대응하는 것이 포함되어 있는 것을 보증할 수 있는 몇 가지 방법도 있다.

4.6.4 이동 전략

일반적으로 근방 안에는 여러 개선 설루션이 존재하기 때문에 근방 안을 어떤 순서로 탐색하고 어떤 개선 설루션으로 이동하는지에 따라 국소 탐색 알고리즘의 동작이 다르다. 이를 정하는 규칙을 **이동 전략**move strategy이라 한다. 근방 안의 설루션을 무작위 또는 어떤 정해진 순서로 탐색해 가장 처음 발견한 개선 설루션으로 이동하는 **즉시 이동 전략**first admissible move strategy, 근방 안의 모든 설루션을 확인한 뒤 가장 좋은 개선 설루션으로 이동하는 **최선 이동 전략**best admissible move strategy이 대표적인 국소 탐색 알고리즘에서의 이동 전략이다. 적당한 초기 설루션에서 시작해 국소 최적 설루션에 도달할 때까지의 계산 시간은 즉시 이동 전략 쪽이 짧다.

즉시 이동 전략을 이용하는 경우에는 근방 안의 탐색 순서가 국소 탐색 알고리즘 성능에 영향을 주기 때문에 주의해야 한다. 예를 들어 항상 변수의 첨자값이 오르는 쪽으로 탐색하면 구현하기는 쉽지만, 근방의 탐색이 치우치기 때문에 도달이 어려운 국소 최적 설루션이 발견되는 경우가 있다. 여기에서 근방 안의 설루션을 한 바퀴 돌도록 무작위 순서를 정한 리스트를 미리 준비하고 이 순서에 따라 근방을 탐색한다. 개선 설루션이 발견되거나 이동한 뒤 새로운 설루션의 근방을 탐색할 때는 리스트의 앞이 아니라 개선 설루션을 생성한 근방 조작의 다음 후보부터 탐색을 시작한다. 이때 리스트를 환형 리스트로 보고,[128] 개선 설루션이 발견되지 않는 한 리스트를 한 바퀴 돌아 근방 안의 모든 설루션을 탐색한다. 이런 방법을 이용하면 근방 안의 탐색의 극단적인 치우침이나 변수의 첨자에 의한 영향을 회피할 수 있다.

4.6.5 국소 탐색 알고리즘 효율화

근방 안의 개선 설루션을 발견하기 위한 탐색을 **근방 탐색**neighborhood search이라 한다. 국소 탐색 알고리즘에서는 계산 시간의 대부분을 근방 탐색에 소비하기 때문에, 근방 탐색의 효율화는 알고리즘 전체의 효율화와 직결된다. 그러므로 근방 탐색을 효율화함에 따라 비슷한 정도의 계산 시간으로도 보다 넓은 근방을 탐색할 수 있어 결과적으로 품질이 높은 설루션을 얻는 효과도 기대할 수 있다. 여기에서는 근방 탐색의 효율화를 구현하는 방법으로 (1) 평가 함숫값의 계산을 효율화하는 방법, (2) 개선 가능성이 없는 설루션의 탐색을 생략하는 방법의 두 가지를 소개한다. 이 방법들을 구현하기 위해서는 개별 문제의 구조를 잘 활용해야 하지만 기본적인 사고방식은 많은 문제에서 공통적이다.

국소 탐색 알고리즘에서는 근접 조작에 따라 극히 소수의 변숫값만 변화하므로, 현재 설루션 $\boldsymbol{x}$와 근접 설루션 $\boldsymbol{x}' \in N(\boldsymbol{x})$ 사이에, 값이 변화한 변수에 관계된 부분만 다시 계산해서 평가 함숫값의 변화량 $\tilde{f}(\boldsymbol{x}') - \tilde{f}(\boldsymbol{x})$를 효율적으로 계산할 수 있는 경우가 많다. 예를 들어 외판원 문제에서는 선택된 변의 길이를 구하기 위해 필요한 계산 시간은 $\mathrm{O}(|V|)$가 된다. 한편, 2-opt 근방의 조작에서는 현재의 순회 경로의 길이에 추가하는 두 개 변의 길이를 더해서 삭제한 두 개의 변의 길이를 빼면, 새로운 순회 경로의 길이를 구하기 위해 필요한 계산 시간은 $\mathrm{O}(1)$로 완료된다.

다른 예로, 집합 분할 문제에서 식 (4.173)으로 정의한 평가 함수 $\tilde{f}(\boldsymbol{x})$ 값의 변화량을 계산하는 방법을 소개한다. 여기에서는 현재의 설루션 $\boldsymbol{x}$에 대해 변수를 하나 선택해 그 값을 반전시킨 1반전 근방을 생각한다. 1반전 근방에는 $x_j = 0 \rightarrow 1$로 반전해 얻어진 근방 설루션과 $x_j = 1 \rightarrow 0$으로 반전해 얻어진 근방 설루션의 두 종류가 있다. $\sigma = \Sigma_{i=1}^{m} \Sigma_{j=1}^{n} a_{ij}$로 정의할 때 아무것도 하지 않으면, 한 개의 근방 설루션 $\boldsymbol{x}' \in N(\boldsymbol{x})$의 평가 함숫값 $\tilde{f}(\boldsymbol{x}')$를 구하기 위해 필요한 계산 시간은 $\mathrm{O}(\sigma)$가 된다.

128 즉, 리스트의 가장 마지막 후보의 다음 후보를 리스트의 첫 번째 후보로 본다.

이렇게 평가 함숫값을 구하기 위해 필요한 계산 시간이 큰 문제에서는 (1) 보조 기억을 이용해 평가 함숫값의 변화량을 계산하고, (2) 현재 설루션이 이동할 때 보조 기억을 업데이트하는 방법이 상당히 유효하다. 국소 탐색 알고리즘에서는 근방 안의 설루션을 평가하는 횟수에 비해 현재 설루션이 이동할 횟수가 매우 작은 경우가 많기 때문에 보조 기억의 업데이트에 계산 시간이 다소 필요하다고 해도 전체적으로는 충분히 계산을 효율화할 수 있다.

현재의 설루션 $\boldsymbol{x}$에서 어떤 변수 x_j의 값을 $0 \to 1$로 반전해서 얻어진 근방 설루션 $\boldsymbol{x}'$와의 평가 함숫값의 변화량을 $\Delta \tilde{f}_j^+(\boldsymbol{x}) = \tilde{f}(\boldsymbol{x}') - \tilde{f}(\boldsymbol{x})$로 정의하고, 변수 x_j의 값을 $1 \to 0$으로 반전해서 얻어진 근방 설루션에 관해서도 마찬가지로 $\Delta \tilde{f}_j^-(\boldsymbol{x})$라고 정의한다. 제약조건 i의 좌변값을 $s_i(\boldsymbol{x}) = \Sigma_{j=1}^n a_{ij} x_j$라고 하면 평가 함수는

$$\tilde{f}(\boldsymbol{x}) = \sum_{j=1}^{n} c_j x_j + \sum_{i=1}^{m} w_i \,|\, s_i(\boldsymbol{x}) - 1 \,| \tag{4.175}$$

로 쓸 수 있다. 이때 평가 함숫값의 변화량은

$$\begin{aligned} \Delta\tilde{f}_j^+(\boldsymbol{x}) &= c_j + \sum_{i \in S_j} w_i \left\{ | s_i(\boldsymbol{x}) | - | s_i(\boldsymbol{x}) - 1 | \right\}, \\ \Delta\tilde{f}_j^-(\boldsymbol{x}) &= -c_j + \sum_{i \in S_j} w_i \left\{ | s_i(\boldsymbol{x}) - 2 | - | s_i(\boldsymbol{x}) - 1 | \right\} \end{aligned} \tag{4.176}$$

로 계산할 수 있다. 여기에서 $S_j = \{ i \mid a_{ij} = 1 \}$이다. 제약조건 i의 좌변값 $s_i(\boldsymbol{x})$를 미리 계산해서 보조 기억에 저장하고 있으면, 평가 함숫값의 변화량 $\Delta \tilde{f}_j^+(\boldsymbol{x})$, $\Delta \tilde{f}_j^-(\boldsymbol{x})$를 구하기 위해 필요한 계산 시간은 $O(|S_j|)$로 한다. 그리고 $x_j = 0 \to 1$로 반전해 현재의 설루션이 $\boldsymbol{x}$에서 $\boldsymbol{x}'$로 이동한 때에는 각 제약조건 $i \in S_j$에 대해 $s_i(\boldsymbol{x}') = s_i(\boldsymbol{x}) + 1$로 계산하면, 보조 기억을 업데이트하기 위한 계산 시간도 $O(|S_j|)$가 된다. $x_j = 1 \to 0$으로 반전했을 경우도 마찬가지로 각 제약조건 $i \in S_j$에 대해 $s_j(\boldsymbol{x}') = s_j(\boldsymbol{x}) - 1$로 계산하면 된다.

국소 탐색 알고리즘에서는 목적 함수나 제약조건의 구조를 이용해서 근방의 주사를 평가 함숫값을 개선하기 위한 필요조건을 만족하는 범위로 한정할 수 있는 경우가 있다. 이제 순회 외판원 문제에 대한 2-opt 근방의 예를 보자.

[그림 4.96]에 표시한 것처럼 현재의 순회 경로에서 변 $\{v_1, v_2\}$와 $\{v_3, v_4\}$를 삭제하고, 새롭게 변 $\{v_2, v_3\}$과 $\{v_4, v_1\}$을 추가한 2-opt 근방 조작을 생각한다.

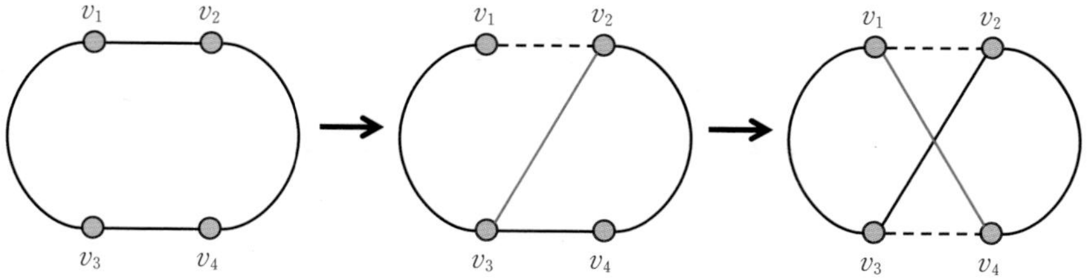

그림 4.96 2-opt 근방 조작을 2단계로 나눈 예

이 조작을 먼저 변 $\{v_1, v_2\}$를 삭제하고 변 $\{v_2, v_3\}$을 추가한 뒤, 변 $\{v_3, v_4\}$를 삭제하고 $\{v_4, v_1\}$을 추가하는 2단계로 나누어 생각한다.[129] 이를 도시 v_1을 시작점으로 하는 변 교환이라 한다. 1단계에서 변 $\{v_1, v_2\}$와 $\{v_2, v_3\}$을 구하면, 2단계에서의 변의 후보는 $\{v_3, v_4\}$와 $\{v_4, v_1\}$의 쌍이 결정되므로 1단계의 조합을 모두 확인하면 된다.

이런 2-opt 근방의 조작을 적용해서 개선 설루션을 얻을 수 있다면 $d_{v_2 v_3} + d_{v_4 v_1} < d_{v_1 v_2} + d_{v_3 v_4}$가 만족된다. 이것이 성립하기 위해서는 $d_{v_2 v_3} < d_{v_1 v_2}$와 $d_{v_4 v_1} < d_{v_3 v_4}$ 중 적어도 당연히 한 쪽을 만족한다. 여기에서 처음 삭제한 변 $\{v_1, v_2\}$를 결정한 뒤, 추가할 변 $\{v_2, v_3\}$의 후보를 $d_{v_2 v_3} < d_{v_1 v_2}$를 만족하는 변만으로 한정한다.[130] 그러면 $d_{v_2 v_3} \geq d_{v_1 v_2}$ 및 $d_{v_4 v_1} < d_{v_3 v_4}$와 같은 근방 설루션은 도시 v_3을 시작점으로 하는 변 교환의 조작에서 탐색 대상이 된다. 그러므로 이런 탐색 대상을 제한해도 2-opt 근방 안의 개선 설루션을 놓치지 않음을 보증할 수 있다. 탐색이 진행되면 현재의 순회 경로에 포함된 변의 길이는 매우 짧아지는 경우가 많으므로, 그 방법에 따라 근방 안에서 실제로 평가하는 설루션의 수를 크게 줄일 수 있다.

1단계에서 삭제한 변 $\{v_1, v_2\}$에 대해 $d_{v_2 v_3} < d_{v_1 v_2}$를 만족하는 변의 후보 $\{v_2, v_3\}$을 효율적으로 확인하는 방법으로, 각 도시 u에 대해 거리 d_{uv}의 오름차순으로 도시 v의 번호를 기억하는 근방 리스트를 이용하는 방법이 있다. 도시 v_2에 대한 리스트를 앞에서부터 순서대로 확인함으로써 $d_{v_2 v_3} < d_{v_1 v_2}$를 만족하는 변만 열거할 수 있다. 하지만 완전한 근방 리스트를 모든 도시에 대해 준비하기 위해서는 $O(|V|^2)$의 영역이 필요하므로, 보통 적당한 파라미터 $\gamma (0 < \gamma < |V|)$를 준비하고, 각 도시 u에 대해 거리 d_{uv}가 작은 쪽부터 γ번째까지를 근방 리스트로 기억한다. 이런 제한을 추가하면 근방 안의 개선 설루션을 놓치지 않는다는 보증은 사라지기는 하지만, 대

129 [그림 4.96](좌)의 바퀴는 순회 경로를 모식적으로 나타낸 것이며, 그 좌우의 호는 각각 도시 v_1과 v_3 및 v_2와 v_4를 연결하는 경로를 나타낸다.

130 각 도시 v_1에 연결되는 두 개의 변에서 양 끝을 도시 v_2의 후보로 하는 변 교환 조작을 생각한다.

표적인 벤치마크 문제 사례에서의 실험에 따르면 도시의 수 $|V|$가 큰 경우에도 γ의 값은 20 정도면 충분한 성능을 얻을 수 있음이 관측되고 있다.

국소 탐색 알고리즘에서는 한 차례 탐색으로 개선이 일어나지 않았던 근방 조작은 그 뒤의 설루션의 이동에 따라 개선의 가능성이 다시 발생할 때까지 탐색 후보에서 제외해도 문제없다. 이렇게 탐색할 필요가 없는 근방 조작에 플래그를 세워서 불필요한 탐색을 생략할 수 있다. 예를 들어 집합 분할 문제에서의 추가 근방에서는 어떤 시점에서 $\Delta\tilde{f}_j^+(\boldsymbol{x}) \geq 0$이면, 적어도 한 개의 제약조건 $i \in S_j$의 좌변값 $s_i(\boldsymbol{x})$가 변할 때까지 변수 x_j를 탐색 후보에서 제외해도 문제가 없는 것을 알 수 있다.

외판원 문제에서 2-opt 근방에서는 'don't look bit'이라고 불리는 플래그를 관리해서 근방 탐색을 효율화하는 방법이 알려져 있다.[131] 먼저 모든 도시에 대해 플래그를 0으로 한다. 도시 v를 시작점으로 하는 변 교환 조작을 모두 시행해도 개선 설루션을 얻을 수 없는 경우에는 도시 v의 플래그를 1로 변경한다. 그다음에는 도시 v에 인접한 두 개의 변 중에서 적어도 한쪽이 순회 경로에서 삭제되었을 때, 도시 v의 플래그를 0으로 되돌린다. 이런 플래그를 이용해 플래그가 0인 도시를 시작점으로 하는 변 교환 근접 조작으로 탐색을 한정한다. 이 방법은 근방 안의 개선 설루션을 놓치지 않는다는 보장은 없지만, 얻어지는 설루션의 품질을 거의 저하시키지 않고 계산 시간을 크게 단축할 수 있음이 경험적으로 알려져 있다.

4.7 메타 휴리스틱

탐욕 알고리즘이나 국소 탐색 알고리즘을 이용하면, 많은 문제 사례에 대해 한정된 계산 시간으로 높은 품질의 실행 가능 설루션을 구할 수 있지만, 충분한 계산 시간을 이용해 보다 품질이 높은 실행 가능 설루션을 구하고자 하는 경우도 적지 않다. 그래서 탐욕 알고리즘이나 국소 탐색 알고리즘을 기본 전략으로 다양한 아이디어를 조합한 많은 휴리스틱이 제안되어 있다. 여러 조합 최적화 문제에 대해 적용할 수 있는 휴리스틱의 일반적인 기법, 또는 그런 사고방식에 따라 설계된 다양한 알고리즘을 총칭해서 **메타 휴리스틱** metaheuristics [132]이라 한다. 이번 절에서는 메타 휴리스틱의 사고방식과 몇 가지 대표적인 기법을 소개한다.

---

131 일반적으로는 **고속 국소 탐색 알고리즘** fast local search (FLS)이라 불린다.

132 메타 전략, 메타 알고리즘이라고도 부른다.

4.7.1 메타 휴리스틱 개요

많은 조합 최적화 문제에서는 '좋은 설루션끼리는 비슷한 구조를 갖는다'라는 근접 최적성이 성립하는 것이 경험적으로 알려져 있어, 과거의 탐색에서 얻어진 좋은 설루션과 비슷한 구조를 갖는 설루션을 집중적으로 탐색하는 **집중화**intensification 라 불리는 전략이 유효하다. 한편, 비슷한 구조를 가진 설루션만 탐색하면, 좁은 범위로 탐색이 제한되어 낮음 품질의 설루션밖에 얻을 수 없는 경우도 적지 않다. 그래서 과거의 탐색으로부터 얻은 전략도 필요하다. 이들의 상반된 전략의 균형을 좋게 조합함으로써, 고성능의 알고리즘을 구현할 수 있다.

메타 휴리스틱에서는,

(1) 과거의 탐색 이력을 이용해 새로운 설루션을 구성한다.

(2) 탐색한 설루션을 평가하고, 다음 설루션의 탐색에 필요한 정보를 추출한다.

와 같은 조작을 반복 적용한다. 즉, 메타 휴리스틱이란 탐색된 설루션의 어떤 정보를 탐색 이력으로 기억할 것인가, 탐색 이력을 이용해 어떻게 새로운 설루션을 기억하는가, 탐색 이력을 어떻게 이용해 새로운 설루션을 탐색할 것인가에 관한 아이디어의 집합이라고도 할 수 있다. 예를 들어 메타 휴리스틱의 대표적인 아이디어는,

(1) 복수의 초기 설루션에 대해 국소 탐색 알고리즘을 적용해 복수의 국소 최적 설루션을 얻는다.

(2) 개악 설루션으로의 이동을 허가해 국소 최적 설루션에서 탈출한다.

(3) 평가 함수 $\tilde{f}(\boldsymbol{x})$를 반응적으로 제어해서 국소 최적화 설루션에서 탈출한다.

등이 있다.[133] 이후 이 아이디어에 기반해 메타 휴리스틱의 대표적인 기법을 소개한다.

4.7.2 다중 시작 국소 탐색 알고리즘

국소 탐색 알고리즘으로 얻어지는 설루션의 품질은 초기 설루션에 따라 크게 달라지며, 품질이 낮은 국소 최적 설루션에 빠지는 일이 적지 않다. 그래서 여러 초기 설루션에서 국소 탐색 알고리즘을 실행해서 얻어진 국소 최적 설루션 중에서 가장 좋은 것을 출력하는 기법이 **다중 시작 국소 탐색 알고리즘**multi-start local search (MSL)이다(그림 4.97).

133 메타 휴리스틱에서는 물리 현상의 담금질을 모방한 어닐링 알고리즘annealing algorithm (4.7.5절)이나 생물의 진화에 착안해서 얻은 유전 알고리즘(4.7.4절) 등 자연 현상에서 착안해 제안한 알고리즘이 많다. 하지만 자연 현상을 모방한다고 알고리즘의 성능이 향상되는 것은 아님에 주의한다.

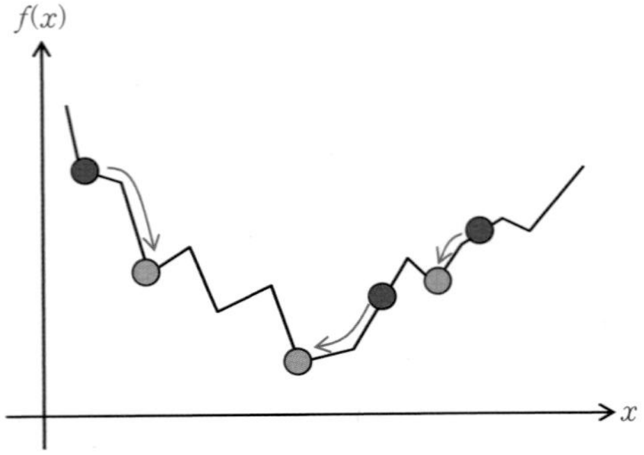

그림 4.97 다중 시작 국소 탐색 알고리즘

특히 무작위로 생성한 초기 설루션으로부터 국소 탐색 알고리즘을 실행하는 기법을 **확률적 다중 시작 국소 탐색 알고리즘**randomized multi-start local search이라 한다. 한편, 무작위로 생성한 초기 설루션에서는 품질이 낮으므로 탐욕 알고리즘을 이용해 품질이 높은 초기 설루션을 생성하는 것을 생각할 수 있다. 단, 단순한 탐욕 알고리즘에서는 여러 설루션을 생성할 수 없으므로 무작위성을 추가한 탐욕 알고리즘을 실행함으로써 여러 초기 설루션을 생성한다. 이런 기법을 GRASP greedy randomized adaptive procedure이라 한다. 예를 들어 외판원 문제에서는 적당한 도시에서 시작해 현재 도시에서 가장 가까운 미방문 도시에 이동하는 절차를 반복해, 모든 도시를 방문한 뒤에 출발한 도시로 돌아오는 **최근방 알고리즘**nearest neighbor algorithm[134]이 알려져 있다. 이 최근방 알고리즘의 '가장 가까운'을 완화해, 방문하지 않은 각 도시에 현재 도시에서 가까울수록 더 쉽게 선택될 확률을 부여하고 더 가까운 것을 선택하기 쉽도록 확률을 주고 다음에 방문하는 도시를 선택해 여러 설루션을 생성한다.

다중 시작 국소 탐색 알고리즘의 절차를 정리하면 다음과 같다.[135]

알고리즘 4.27 | 다중 시작 국소 탐색 알고리즘

단계 1: 초기 실행 가능 설루션 $\boldsymbol{x}$를 생성한다. $\boldsymbol{x}^{\natural} = \boldsymbol{x}$로 한다.

단계 2: $\boldsymbol{x}$에 국소 탐색 알고리즘을 적용해 국소 최적 설루션 $\boldsymbol{x}'$를 구한다.

---

134 머신러닝이나 데이터마이닝data mining 분야에서 잘 알려져 있는 최근방 탐색nearest neighbor search 및 k–최근방 알고리즘k–nearest neighbor method과 혼동하지 않도록 주의한다.

135 이후에는 간단하게 하기 위해 실행 가능 영역만 탐색하는 알고리즘의 절차를 정리한다.

단계 3: $f(\boldsymbol{x}') < f(\boldsymbol{x}^\natural)$이면 $\boldsymbol{x}^\natural = \boldsymbol{x}'$로 한다.

단계 4: 종료 조건을 만족하면 $\boldsymbol{x}^\natural$ 을 출력하고 종료한다. 그렇지 않으면 새로운 초기 실행 가능 설루션 $\boldsymbol{x}$를 생성하고 단계 2로 돌아간다.

4.7.3 반복 국소 탐색 알고리즘

다중 시작 국소 탐색 알고리즘과 같이 과거의 탐색 이력을 이용하지 않고 국소 탐색 알고리즘의 초기 설루션을 생성하고, 독립 시행을 반복하는 방법에서는 반복 횟수가 어느 정도 커지면 잠정 설루션이 업데이트되기 어려워지는 경향이 있다. 그래서 과거의 탐색에서 얻은 좋은 설루션에 무작위로 변형을 추가하는 것을 초기 설루션으로 하여 국소 탐색 알고리즘을 적용하는 절차를 반복하는 기법이 **반복 국소 탐색 알고리즘**iterated local search (ILS)이다(그림 4.98).

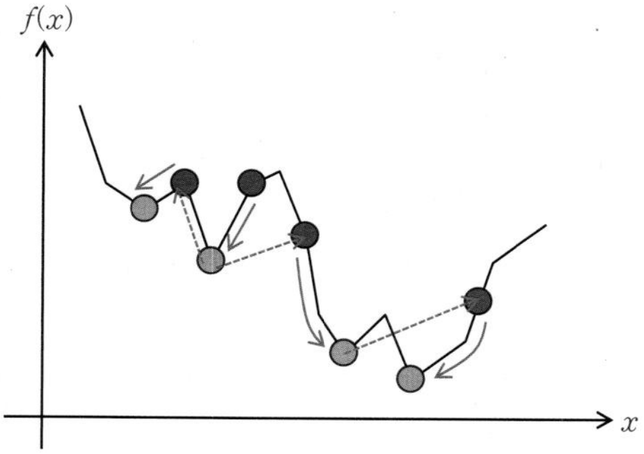

그림 4.98 반복 국소 탐색 알고리즘

반복 국소 탐색 알고리즘의 절차를 정리하면 다음과 같다.

알고리즘 4.28 | 반복 국소 탐색 알고리즘

단계 1: 초기 실행 가능 설루션 $\boldsymbol{x}$을 생성한다. $\boldsymbol{x}^\natural = \boldsymbol{x}$로 한다.

단계 2: $\boldsymbol{x}$에 국소 탐색 알고리즘을 적용해 국소 최적 설루션 $\boldsymbol{x}'$를 구한다.

단계 3: $f(\boldsymbol{x}') < f(\boldsymbol{x}^\natural)$이면 $\boldsymbol{x}^\natural = \boldsymbol{x}'$로 한다.

단계 4: 종료 조건을 만족하면 $\boldsymbol{x}^\natural$을 출력하고 종료한다. 그렇지 않으면 $\boldsymbol{x}^\natural$에 무작위로 변형을 추가해 새로운 초기 실행 가능 설루션 $\boldsymbol{x}$를 얻은 후 단계 2로 돌아간다.

이 절차에서는 간단하게 하기 위해 항상 잠정 설루션에 무작위의 변형을 추가한 새로운 초기 설루션을 생성했지만, 그 대신 직전의 국소 탐색 알고리즘으로 얻은 국소 최적 설루션을 이용하는 방법도 있다. 국소 탐색 알고리즘의 근방 조작을 이용해 잠정 설루션 $\boldsymbol{x}^\natural$ 에 무작위의 변형을 추가하면, 그 직후의 국소 탐색 알고리즘에서 즉시 원래의 잠정 설루션 $\boldsymbol{x}^\natural$ 로 되돌린다. 여기에서 국소 탐색 알고리즘의 근방 조작과는 다른 조작을 이용해 잠정 설루션 $\boldsymbol{x}^\natural$ 에 무작위로 변형을 추가한다. 예를 들어 외판원 문제에 대해 2-opt 근방에 기반한 국소 탐색 알고리즘을 적용하는 경우는 [그림 4.99]에 표시한 'double bridge'라고 불리는 네 개의 변을 교환하는 근방 조작을 이용해 잠정 설루션에 무작위 변형을 추가하는 방법이 있다. 이는 2-opt 근방의 조작을 2회 반복해도 구현할 수 없는 근방 조작이며, 잠정 설루션 $\boldsymbol{x}^\natural$ 로 되돌아가는 것을 방지하는 효과가 있다.

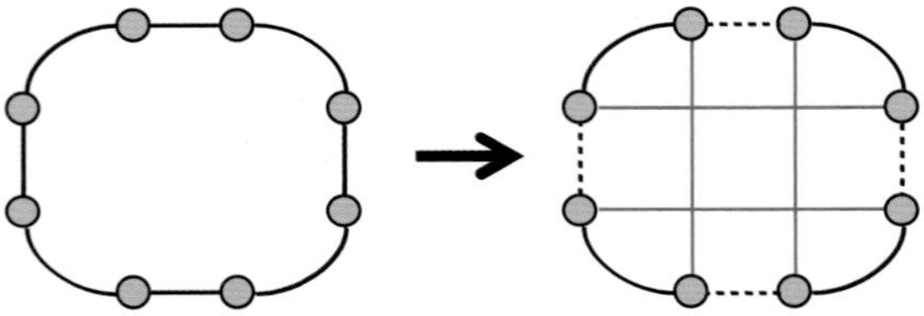

그림 4.99 double bridge 근방 조작에 따른 순회 경로 변형

또한 국소 탐색 알고리즘의 근방 조작과 다른 조작을 적용하기 어려운 경우에는 잠정 설루션 $\boldsymbol{x}^\natural$ 에 국소 탐색 알고리즘의 근방 작업을 무작위로 반복해서 적용하는 방법도 있다. 이때 근방 조작을 적용하는 횟수도 적당한 범위에서 무작위 값으로 결정하면, 잠정 설루션 $\boldsymbol{x}^\natural$로 되돌아가는 것을 방지하기 쉬워진다.

잠정 설루션 $\boldsymbol{x}^\natural$ 에 무작위로 변형을 가할 때 이용하는 근방의 크기를 반응적으로 변화시키는 기법을 **가변 근방 탐색 알고리즘**variable neighborhood search(VNS)이라 부른다(그림 4.100). 처음에는 무작위로 변형을 가할 때 이용하는 근방의 크기를 작게 설정하지만, 국소 탐색 알고리즘을 이용해도 잠정 설루션을 변경할 수 없는 경우에는 근방을 점차 크게 함으로써, 잠정 설루션이 업데이트되면 처음의 근방으로 돌아간다.[136]

136 가변 근방 탐색 알고리즘에서는 국소 탐색 알고리즘을 적용할 때에는 항상 같은 근방을 이용한다. 한편, 국소 탐색 알고리즘을 적용할 때에 이용하는 근방의 크기를 적응적으로 변화시키는 기법을 **가변 근방 하강 알고리즘**variable neighborhood descent(VND)이라 한다.

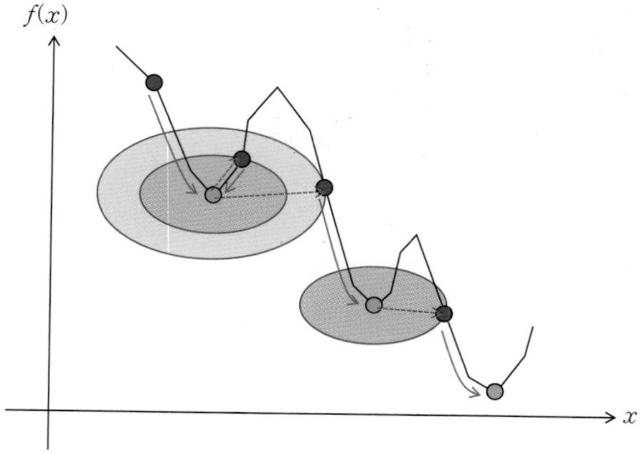

그림 4.100 가변 근방 탐색 알고리즘

가변 근방 탐색 알고리즘의 절차를 정리하면 다음과 같다. 여기에서 잠정 설루션에 무작위의 변형을 추가할 때 이용한 근방을 $N_1, \ldots, N_{k_{\max}}$ $(|N_1| \leq |N_2| \leq \cdots \leq |N_{k_{\max}}|)$ 로 한다.

알고리즘 4.29 | 가변 근방 탐색 알고리즘

> **단계 1:** 초기 실행 가능 설루션 $\boldsymbol{x}$를 생성한다. $\boldsymbol{x}^\natural = \boldsymbol{x}$가 된다. $k=0$으로 한다.
>
> **단계 2:** $\boldsymbol{x}$에 국소 탐색 알고리즘을 적용해 국소 최적 설루션 $\boldsymbol{x}'$를 구한다.
>
> **단계 3:** $f(\boldsymbol{x}') < f(\boldsymbol{x}^\natural)$이면 $\boldsymbol{x}^\natural = \boldsymbol{x}'$, $k = 1$로 한다. 그렇지 않으면 $k = \min\{k+1, k_{\max}\}$로 한다.
>
> **단계 4:** 종료 조건을 만족하면 $\boldsymbol{x}^\natural$을 출력하고 종료한다. 그렇지 않으면 잠정 설루션 $\boldsymbol{x}^\natural$의 근방 $N_k(\boldsymbol{x}^\natural)$에서 무작위로 1개 설루션을 선택해 새로운 초기 실행 가능 설루션 $\boldsymbol{x}$로 하고 단계 2로 돌아간다.

4.7.4 유전 알고리즘

유전 알고리즘generic algorithm (GA)[137]은 여러 설루션을 집단으로 유지함으로써 탐색 다변화를 구현하는 기법이며, 교차나 돌연변이 등의 조작을 적용해 새로운 설루션을 생성하고, 선택에 의해 차세대 집단을 결정하는 일련의 절차를 반복 적용한다(그림 4.101). 유전 알고리즘이 유지

137 **진화 계산**evolutionary computation이라고도 부른다. 단, 진화 계산 쪽이 넓은 의미로 사용되는 경우가 많다.

하는 여러 설루션을 **집단**population, 각 설루션을 **개체**individual라 한다. 2개 이상의 설루션을 조합해 새로운 설루션을 생성하는 조작을 **교차**crossover, 한 설루션에 조금 변형을 추가해 새로운 설루션을 생성하는 조작을 **돌연변이**mutation라 한다. 현재의 집단을 구성하는 설루션과 새롭게 생성한 설루션에서 **선택**selection이라 불리는 규칙에 따라 일정 수의 설루션을 차세대의 집단으로서 유지한다.

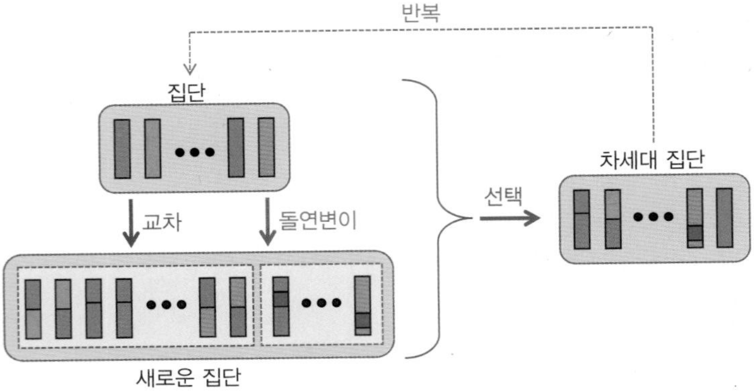

그림 4.101 유전 알고리즘

유전 알고리즘의 절차를 정리하면 다음과 같다. 여기에서 집단 P에 유지하는 설루션은 p개로 한다.

알고리즘 4.30 | 유전 알고리즘

단계 1: 초기 집단 P를 생성한다. 집단 P의 가장 좋은 설루션을 $\boldsymbol{x}^\natural$ 로 한다.

단계 2: (교차) 현재의 집단 P 중에서 2개 이상의 설루션을 선택하고, 각각을 조합해 새로운 설루션 집합 Q_1을 생성한다.

단계 3: (돌연변이) 현재의 집단 P에서 선택한 설루션, 또는 단계 2에서 생성한 설루션의 집합 Q_1에서 선택한 설루션에 무작위로 변형을 추가해 새로운 설루션 집합 Q_2를 생성한다.

단계 4: 집합 $P \cup Q_1 \cup Q_2$의 가장 좋은 설루션을 $\boldsymbol{x}'$로 한다. $f(\boldsymbol{x}') < f(\boldsymbol{x}^\natural)$이면, $\boldsymbol{x}^\natural = \boldsymbol{x}'$로 한다.

단계 5: (선택) 집합 $P \cup Q_1 \cup Q_2$에서 p개의 설루션 후보를 선택하고, 다음 세대의 집단 P'로 한다.

단계 6: 종료 조건을 만족하면 $\boldsymbol{x}^\natural$ 을 출력하고 종료한다. 그렇지 않으면 $P = P'$로 하고 단계 2로 돌아간다.

교차에서 현재의 집단 P에서 선택된 설루션을 **부모**parent, 교차에 의해 생성된 새로운 설루션을 **자녀**offspring, child라 한다. [단계 2]에서 현재의 집단 P에서 부모를 선택하는 방법으로는 **룰렛 선택**roulette-wheel selection 또는 **토너먼트 선택**tournament selection 등이 알려져 있다. 룰렛 선택은 설루션 $\boldsymbol{x}$의 질을 나타내는 **적합도**fitness $g(\boldsymbol{x}) > 0$에 비례한 확률로 현재의 집단 P에서 부모가 되는 설루션을 선택하는 방법이다.[138] 이때 현재의 집단을 $P = \{\boldsymbol{x}^{(1)}, \boldsymbol{x}^{(2)}, \ldots, \boldsymbol{x}^{(p)}\}$에 포함된 i번째의 설루션 $\boldsymbol{x}^{(i)}$가 부모로서 선택될 확률은 $g(\boldsymbol{x}^{(i)}) / \Sigma_{i=1}^{p} g(\boldsymbol{x}^{(i)})$ 로 설정된다.

[단계 5]에서 다음 세대의 집합 P'를 선택하는 단순한 방법은 $P \cup Q_1 \cup Q_2$에서 중복하는 설루션을 제거한 뒤에 적응도 $g(\boldsymbol{x})$가 좋은 순서로 p개만큼 선택할 수 있는 것입니다. 단, 차세대의 집합 P'에 포함되는 모든 설루션이 근사하면 여러 설루션을 유지하는 의미가 없어지므로, 집단의 다양성을 유지하기 위해 노력해야 한다. 교차에 의해 부모에서 생성된 자녀는 양 부모와 비슷한 경향이 있으므로, 부모와 자녀 사이에서 선택을 수행함으로써 유사한 여러 설루션이 동시에 선택되는 것을 방지하는 가족 내 선택이 간단하고도 효과적인 방법이다.

교차는 유전 알고리즘 설계에서 가장 중요한 요소 중 하나다. '좋은 설루션끼리는 비슷한 구조를 갖는다'는 근접 최적성에 따라, 여러 좋은 설루션에 공통해서 포함되는 부분적인 구조를 조합할 수 있게 교차를 설계하는 것이 바람직하다. 0-1 벡터 $\boldsymbol{x} = (x_1, x_2, \ldots, x_n)^\top \in \{0, 1\}^n$으로 표현된 설루션에 대한 교차 방법으로는 **$\boldsymbol{k}$점 교차**k-point crossover가 있다. 부모로 선택된 솔루션을 $\boldsymbol{x}^{(i_1)}, \boldsymbol{x}^{(i_2)}$, 자녀로 새롭게 생성된 설루션을 $\boldsymbol{x}'$로 한다. 적당한 마스크 $\boldsymbol{v} = (v_1, \ldots, v_n)^\top \in \{0, 1\}^n$을 생성하고, 각 요소 j에 대해 $v_j = 0$이면 $x'_j = x_j^{(i_1)}$, $v_j = 1$이면 $x'_j = x_j^{(i_2)}$로 새로운 설루션 $\boldsymbol{x}'$를 생성한다(그림 4.102). 즉, 마스크의 값이 0이면 부모 $x^{(i_1)}$의 값을, 1이면 $x^{(i_2)}$의 값을 자녀 $\boldsymbol{x}'$에 상속한다. 이때 마스크 $\boldsymbol{v}$를 최대 k 군데에서 0과 1이 교차되는 벡터로 한정하는 절차를 k점 교차라 한다. 그런 제약이 없이 마스크 $\boldsymbol{v}$를 균일하게 무작위로 생성하는 절차를 **균일 교차**uniform crossover라 한다.

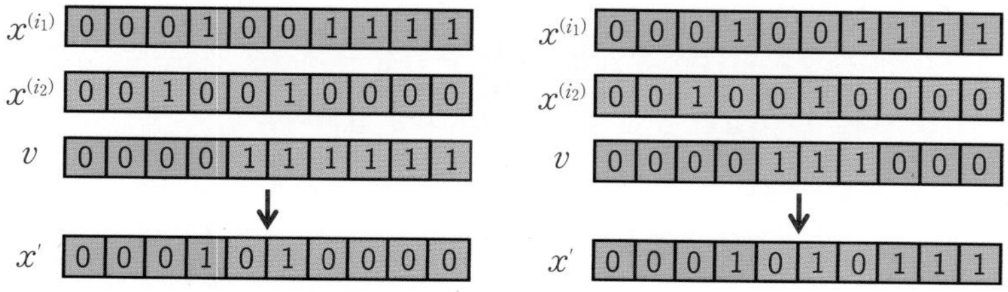

그림 4.102 1점 교차(좌)와 2점 교차(우) 예

138 여기에서는 적응도 $g(\boldsymbol{x})$가 클수록 설루션 $\boldsymbol{x}$의 품질이 높은 것으로 본다.

k점 교차에서는 새롭게 생성된 자녀 $\boldsymbol{x}'$의 분포에 각 요소 j의 순서로 의존하는 치우침이 발생하는 것에 주의한다. 예를 들어 1점 교차의 마스크 $\boldsymbol{v}$가 $(0, \ldots, 0)^\top$과 $(1, \ldots, 1)^\top$ 이외의 벡터에서 같은 확률로 무작위로 선택된다고 하면, x'_{j_1}, x'_{j_2}가 같은 부모로부터 값을 상속받을 확률은 $1 - |j_1 - j_2| / (n-1)$이다. 이웃한 요소들이 같은 부모로부터 값을 상속받을 확률은 1에 가깝고, 양끝에 있는 요소가 같은 부모로부터 값을 상속받을 확률은 0에 가까워져 큰 치우침이 발생한다.

n개의 요소로 이루어진 순열 σ로 표현된 설루션에 대한 교차 방법으로 **순서 교차**order crossover가 알려져 있다. 부모로 선택된 설루션을 $\boldsymbol{\sigma}^{(i_1)}$, $\boldsymbol{\sigma}^{(i_2)}$, 자녀로 새롭게 생성된 설루션을 $\boldsymbol{\sigma}'$로 한다. 이 경우에는 0-1 벡터로 표현된 설루션과 동일한 절차를 그대로 적용하면, 자녀에 같은 요소가 2회 이상 나타나 순열이 아닐 가능성이 높다. 여기에서 적당한 마스크 $\boldsymbol{v} = (v_1, \ldots, v_n)^\top \in \{0, 1\}^n$을 생성하고, 각 요소 j에 대해 $v_j = 0$이면 $\sigma'_j = \sigma_j^{(i_1)}$로 한다. 그리고 부모 $\boldsymbol{\sigma}^{(i_1)}$의 남은 요소 $j_{(v_j=1)}$을 부모 $\boldsymbol{\sigma}^{(i_2)}$에 대한 출현 순서에 따라 나열해 새로운 설루션 $\boldsymbol{\sigma}'$를 생성한다(그림 4.103).

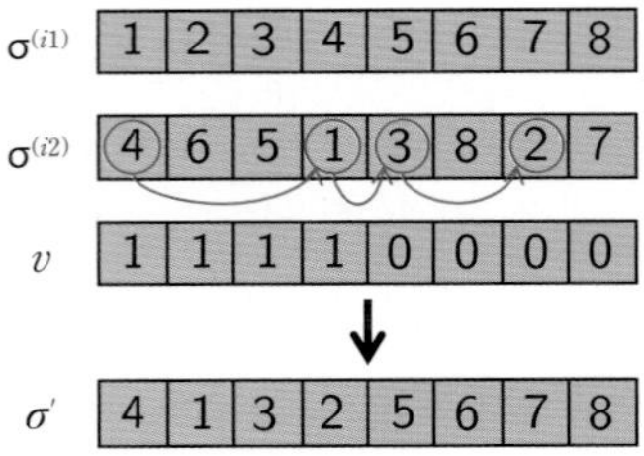

그림 4.103 절제 평면법

돌연변이는 하나의 설루션에 무작위로 변형을 추가하는 조작으로, 반복 국소 탐색 알고리즘(4.7.3절)에서 소개한 무작위 변형과 같은 조작을 적용하면 된다.

유전 알고리즘 설계의 자유도는 높고, 교차, 돌연변이, 선택 등의 요소의 결정에 따라 많은 변형이 존재한다. 그리고 국소 탐색 알고리즘을 조합함으로써 탐색의 다양화와 집중화의 균형을 맞출 수 있다. 국소 탐색 알고리즘을 조합한 유전 알고리즘을 **모방 알고리즘**memetic algorithm [139]이라 한다. 이외에도 보다 자유로운 프레임에 기반해 여러 설루션으로부터 새로운 설루션을 생성하는 **산포 탐색법**scatter search method이나 **경로 재결합법**path relinking method 등이 알려져 있다.

139 **유전 국소 탐색 알고리즘**generic local search(GLS)이라 부르기도 한다.

4.7.5 어닐링 알고리즘

단순한 국소 탐색 알고리즘은 개선 설루션으로만 이동할 수 있기 때문에, 국소 최적 설루션에 도달한 뒤에는 탐색을 계속할 수 없다. **어닐링 알고리즘**simulated annealing(SA)[140]은 현재 설루션 $\boldsymbol{x}$가 근방 $N(\boldsymbol{x})$에서 무작위로 선택한 설루션 $\boldsymbol{x}' \in N(\boldsymbol{x})$가 개선 설루션이면 이동하고, 개악 설루션이라면 목적 함숫값의 변화량 $\Delta = f(\boldsymbol{x}') - f(\boldsymbol{x})$에 따른 확률로 이동하는 것으로 품질이 낮은 국소 최적 설루션에서 탈출해서 보다 나은 설루션을 탐색하는 방법이다(그림 4.104).

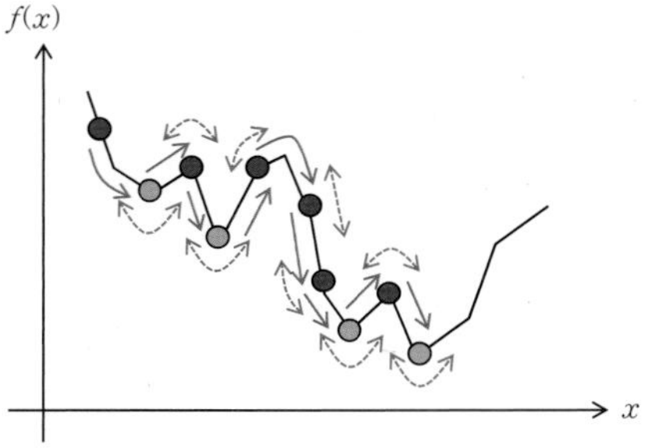

그림 4.104 어닐링 알고리즘

개악 설루션으로 이동할 확률은 물리 현상의 **담금질**annealing에서 그 아이디어를 빌려 **온도**temperature라 불리는 파라미터 t를 이용해 $e^{-\Delta/t}$로 설정한다. 목적 함숫값의 변화량 Δ에 대한 설루션의 이동 확률 $e^{-\Delta/t}$를 [그림 4.105]에 표시했다. 탐색 시작 시에는 무작위 이동이 발생하기 쉽게 온도 t의 값을 높게 설정하고(그림 4.105(좌)), 탐색이 진행됨에 따라 온도 t의 값을 점점 낮아지게 설정하다(그림 4.105(우)).

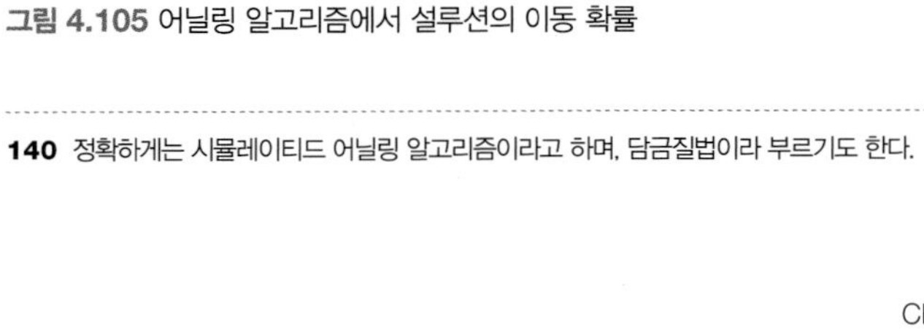

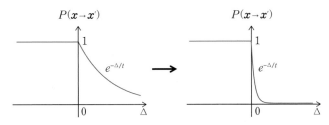

그림 4.105 어닐링 알고리즘에서 설루션의 이동 확률

140 정확하게는 시뮬레이티드 어닐링 알고리즘이라고 하며, 담금질법이라 부르기도 한다.

어닐링 알고리즘의 절차를 정리하면 다음과 같다.

알고리즘 4.31 | 어닐링 알고리즘

단계 1: 초기 실행 가능 설루션 $\boldsymbol{x}$를 생성한다. $\boldsymbol{x}^\natural = \boldsymbol{x}$로 한다. 초기 온도 t를 설정한다.

단계 2: 현재 설루션 $\boldsymbol{x}$의 근방 $N(\boldsymbol{x})$에서 무작위로 선택한 설루션을 $\boldsymbol{x}'$로 한다. $\Delta = f(\boldsymbol{x}') - f(\boldsymbol{x})$로 하고 $\Delta \leq 0$이면 확률 1, $\Delta > 0$이면 ($\boldsymbol{x}'$가 개악 설루션이라면) 확률 $e^{-\Delta/t}$로 $\boldsymbol{x} = \boldsymbol{x}'$로 한다.

단계 3: $f(\boldsymbol{x}) < f(\boldsymbol{x}^\natural)$이면 $\boldsymbol{x}^\natural = \boldsymbol{x}$로 한다.

단계 4: 근방 탐색 종료 조건을 만족하지 않으면 단계 2로 돌아간다.

단계 5: 종료 조건을 만족하면 $\boldsymbol{x}^\natural$을 출력하고 종료한다. 그렇지 않으면 온도 t를 업데이트하고 단계 2로 돌아간다.

어닐링 알고리즘을 구현하기 위해서는 초기 온도, 근방 탐색 종료 조건, 온도 업데이트 방법, 알고리즘 종료 조건 등을 결정해야 한다. 초기 온도 t의 적정값은 문제 사례에 따라 크게 다르므로, 초기 온도를 파라미터로 하는 것은 바람직하지 않다. 파라미터 $p(0 < p < 1)$를 주고, 탐색 개시 직후에서 설루션의 이동 확률이 p와 같은 정도가 되도록 초기 온도 t를 설정하는 방법을 이용한다. 근방 탐색 종료 조건은 근방에서 무작위로 설루션을 선택하는 횟수를 근방의 크기의 상수 배로 설정하는 방법을 주로 이용한다.

온도의 업데이트 방법을 **냉각 스케줄**cooling schedule이라 한다. 파라미터 $\beta(0 < \beta < 1)$를 주고, $t = \beta t$로 업데이트하는 **기하 냉각법**geometric cooling을 주로 이용한다. 어닐링 알고리즘은 온도 t가 높을 때는 무작위 행동을, 온도 t가 낮을 때는 국소 탐색 알고리즘에 기반한 움직임을 보이므로 이 중간 단계의 동작을 보이는 것이 좋다. 그래서 잠정 설루션 $\boldsymbol{x}^\natural$이 업데이트된 때의 온도 $t^\natural$을 저장해두고, 잠정 설루션이 한동안 업데이트되지 않는 경우에는 다시 온도를 $t = t^\natural$로 올리는 방법 등도 제안되어 있다. 그리고 어닐링 알고리즘은 어떤 조건 아래서 최적 설루션으로 점근 수렴한다고 알려져 있지만, 이를 보증하기 위해서는 충분히 느린 속도로 온도를 낮춰야 한다. 이를 구현하는 방법으로 근방에서 무작위로 설루션을 한 개 선택할 때 온도를 낮추고, k번째 반복 시 온도를 $c/\log(k+1)$[141]로 설정하는 **로그 냉각법**logarithmic cooling이 알려져 있지만, 온도가 잘 내려가지 않기 때문에 실용적이지는 않다.

---

141 c는 충분히 큰 상수로 한다.

어닐링 알고리즘은 온도가 충분히 낮아졌다고 판단한 시점에서 종료하지만, 초기 온도와 마찬가지로 이 온도 또한 파라미터로 제공하는 것은 바람직하지 않다. 그래서 적당한 파라미터를 주고 설루션의 이동 확률이나 잠정 설루션의 업데이트 빈도가 그 값보다 낮아진 시점에서 알고리즘을 종료하는 방법을 주로 이용한다.

이외에도 어닐링 알고리즘을 간략화한 **임곗값 수리법**threshold accepting method이나 **대공수법**great deluge method 등이 있다.

4.7.6 터부 탐색 알고리즘

터부 탐색 알고리즘tabu search(TS)은 현재 설루션 $\boldsymbol{x}$를 제외한 근방 $N(\boldsymbol{x})$ 안의 가장 좋은 설루션으로 이동하는 절차를 반복함으로써 국소 최적 설루션에서 탈출하는 방법이다. 그러나 국소 최적 설루션 $\boldsymbol{x}$에서 그 이외의 설루션 $\boldsymbol{x}' \in N(\boldsymbol{x})$로 이동한 뒤, 같은 절차로 $\boldsymbol{x}'$를 제외한 근방 $N(\boldsymbol{x}')$ 안의 가장 좋은 설루션으로 이동하면, 원래 국소 최적 설루션 $\boldsymbol{x}$로 돌아가버릴 가능성이 높다. 터부 탐색 알고리즘에서는 최근 탐색한 설루션으로 되돌아가는 순회cycling를 방지하기 위해 이동을 금지하는 설루션 집합 **터부 리스트**tabu list[142] T를 준비하고, 현재 설루션 $\boldsymbol{x}$와 터부 리스트를 제외한 근방 $N(\boldsymbol{x}) \setminus (\{\boldsymbol{x}\} \cup T\})$ 안의 가장 좋은 설루션으로 이동한다(그림 4.106).

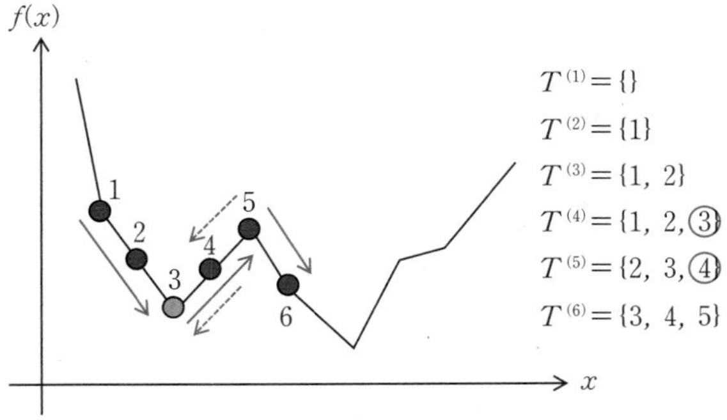

그림 4.106 터부 탐색 알고리즘

터부 탐색 알고리즘의 절차를 정리하면 다음과 같다.

---

142 단기 메모리short term memory라 부르기도 한다.

알고리즘 4.32 | 터부 탐색 알고리즘

단계 1: 초기 실행 가능 설루션 $\boldsymbol{x}$를 생성한다. $\boldsymbol{x}^\natural = \boldsymbol{x}$로 한다. 터부 리스트 T를 초기화한다.

단계 2: 현재 설루션 $\boldsymbol{x}$와 터부 리스트 T를 제외한 근방 $N(\boldsymbol{x}) \setminus (\{\boldsymbol{x}\} \cup T)$ 안의 가장 좋은 설루션 $\boldsymbol{x}'$를 선택한다. $\boldsymbol{x} = \boldsymbol{x}'$로 한다.

단계 3: $f(\boldsymbol{x}) < f(\boldsymbol{x}^\natural)$이면 $\boldsymbol{x}^\natural = \boldsymbol{x}$로 한다.

단계 4: 종료 조건을 만족하면 $\boldsymbol{x}^\natural$을 출력하고 종료한다. 그렇지 않으면 터부 리스트 T를 업데이트하고 단계 2로 돌아간다.

터부 리스트를 가장 단순하게 구현하는 방법은 최근 탐색한 설루션을 터부 리스트 T에 그대로 저장하는 것이다.[143] 그러나 이동을 금지할 수 있는 터부 리스트 T에 포함된 설루션만으로 지금까지 탐색한 설루션 주변에서 탈출하기는 어려운 경우가 많다. 터부 탐색 알고리즘에서는 최근에 탐색한 설루션뿐만 아니라 근방 조작을 통해 값이 변화한 변수(또는 변수와 그 값의 조합)를 터부 리스트 T에 저장하고, 터부 리스트 T에 포함된 변숫값의 변경(혹은 변경 이전 값으로의 원복)을 금지하는 경우가 많다. 이처럼 터부 리스트에 저장하는 근방 조작의 특징을 **속성**attribute이라 한다. 예를 들어 0−1 벡터 $\boldsymbol{x} = (x_1, \ldots, x_n)^\top \in \{0, 1\}^n$으로 표현된 설루션의 어떤 변수 x_j의 값이 변경되었을 때, 변수의 첨자 j를 터부 리스트 T에 저장하고, 터부 리스트 T에 포함된 첨자를 갖는 변수 $x_j (j \in T)$ 값의 변경을 금지하는 방법이 있다. 그리고 외판원 문제에서는 근방 조작에 따라 삭제된 변을 터부 리스트 T에 기억하고, 터부 리스트 T에 포함된 변을 추가하는 근방 조작을 금지하는 방법이 있다. 이렇게 최근에 생긴 설루션의 변경을 원복하는 근방 조작을 금지함으로써 최근 탐색한 설루션뿐만 아니라 그 주변 설루션으로의 이동도 함께 금지한다.

현재 설루션 $\boldsymbol{x}$가 이동할 때 그 속성을 터부 리스트 T에 계속 추가하다 보면 언젠가는 근방 $N(\boldsymbol{x})$ 안의 설루션이 모두 터부 리스트 T에 포함되어 탐색을 계속할 수 없게 된다. 그래서 **터부 기간**tabu tanure라고 불리는 파라미터 τ^*를 준비하고, 어떤 속성이 터부 리스트 T에 추가하고 τ^*회를 반복한 뒤에는 해당 속성을 터부 리스트 T에서 삭제한다. 터부 기간이 너무 짧은 경우에는 사이클(순회)이 발생하고, 반대로 너무 길면 얻어지는 설루션의 품질이 낮아지는 경향이 있다. 적절한 터부 기간의 대략적인 구간은 간단한 예비 실험을 통해 비교적 쉽게 추정할 수 있

143 이 경우 터부 리스트 T에 포함된 설루션의 해시값을 계산해두면 새롭게 생성된 근방 설루션 $\boldsymbol{x}' \in N(\boldsymbol{x})$가 태부 리스트 T에 포함되었는지 빠르게 확인할 수 있다.

는 경우가 많다.

터부 탐색 알고리즘을 구현할 때, 속성을 터부 리스트 T에 그대로 저장하고, 새로운 근방 설루션 $\boldsymbol{x}' \in N(\boldsymbol{x})$를 생성할 때 터부 리스트 T를 주사하면 효율이 좋지 않으므로, 다음 방법을 이용해 효율화한다. 예를 들어 0-1 벡터 $\boldsymbol{x} = (x_1, \ldots, x_n)^\top \in \{0, 1\}^n$으로 표시된 설루션에 대해 값이 변경된 변수 x_j의 첨자 j를 속성으로 터부 리스트 T에 저장하는 경우에는, 배열 $(\tau_1, \ldots, \tau_n)$을 준비해 모든 요소를 $\tau_j = -\infty$로 초기화한다. 탐색 시작부터 k번째 반복까지는 현재의 설루션 $\boldsymbol{x}$가 이동할 때 변수 x_j값이 변경된다면 $\tau_j = k$로 업데이트한다. k번째의 반복부터 $k - \tau_j \le \tau^*$라면, 변수 x_j의 값을 변경하는 근방 조작이 금지되어 있다고 판정할 수 있다. 이 판정 방법의 계산 시간은 터부 리스트의 길이 $|T|$나 터부 기간 τ^*의 값에 관계없이 $O(1)$이다.

이 밖에도 최근에 탐색한 설루션뿐만 아니라 이제까지의 탐색 이력 통계 정보를 이용하는 등, 고성능의 터부 탐색 알고리즘을 구현하는 여러 아이디어가 제안되어 있다.

4.7.7 유도 국소 탐색 알고리즘

4.6.3절에서는 실행 불가능 설루션도 포함해서 탐색하는 국소 탐색 알고리즘에 대해 제약조건에 대한 페널티 가중치 업데이트와 국소 탐색 알고리즘을 그대로 반복해 적용하는 가중치법을 소개했다, 이 방법은 실행 가능 설루션만 탐색하는 국소 탐색 알고리즘을 포함하는 보다 일반적인 기법으로 확장할 수 있다. 목적 함수 $f(\boldsymbol{x})$와는 다른 평가 함수 $\tilde{f}(\boldsymbol{x})$를 이용해, 평가 함수 $\tilde{f}(\boldsymbol{x})$를 적응시켜 변형한 뒤 국소 탐색 알고리즘을 적용하는 절차는 반복하는 기법을 **유도 국소 탐색 알고리즘**guided local search(GLS)이라 부른다(그림 4.107).

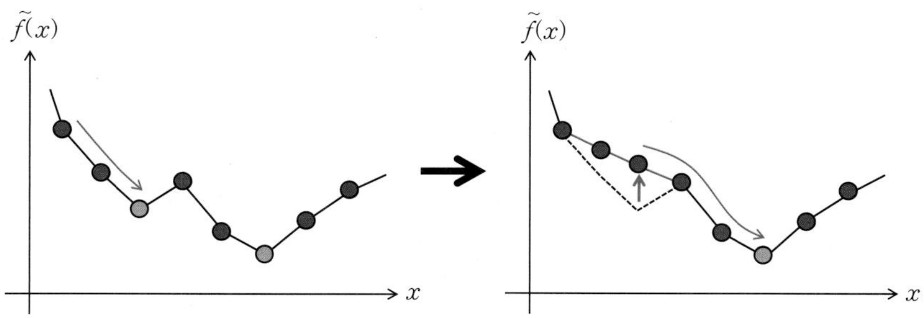

그림 4.107 유도 국소 탐색 알고리즘

유도 국소 탐색 알고리즘에서는 직전의 국소 탐색 알고리즘에서 얻어진 국소 최적 설루션 $\tilde{\boldsymbol{x}}$ 의 구성 요소 중에서 비용이 큰 요소에 페널티를 더해 평가 함수 $\tilde{f}$를 업데이트한다. (일부의) 구성 요소에 충분한 페널티가 더해지면, 그 설루션 $\tilde{\boldsymbol{x}}$ 는 새로운 평가 함수 $\tilde{f}$에 대해서는 국소 최적 설루션이 아니게 된다. 그래서, 이 설루션 $\tilde{\boldsymbol{x}}$ 를 초기 설루션으로 하는 새로운 평가 함수 $\tilde{f}$ 아래서 다음 국소 탐색 알고리즘을 실행하면 $\tilde{\boldsymbol{x}}$ 와 다른 설루션을 얻을 수 있다.

유도 국소 탐색 알고리즘의 절차를 정리하면 다음과 같다.

알고리즘 4.33 | 유도 국소 탐색 알고리즘

단계 1: 초기 실행 가능 설루션 $\boldsymbol{x}$를 생성한다. $\boldsymbol{x}^{\natural}=\boldsymbol{x}$로 한다. 모든 구성 요소의 페널티의 초깃값을 0으로 한다.

단계 2: 평가 함수 $\tilde{f}$ 아래서, $\boldsymbol{x}$에 국소 탐색 알고리즘을 적용해서 국소 최적 설루션 $\tilde{\boldsymbol{x}}$를 구한다. 국소 탐색 알고리즘에 의해 얻어진 가장 좋은 실행 가능 설루션을 $\boldsymbol{x}'$로 한다.

단계 3: $f(\boldsymbol{x}')<f(\boldsymbol{x}^{\natural})$이라면 $\boldsymbol{x}^{\natural}=\boldsymbol{x}'$로 한다.

단계 4: 종료 조건을 만족하면 $\boldsymbol{x}^{\natural}$을 출력하고 종료한다. 그렇지 않으면 $\tilde{\boldsymbol{x}}$에 기반해, 모든 구성 요소의 페널티 값을 업데이트하고, $\boldsymbol{x}=\tilde{\boldsymbol{x}}$로 하고 단계 2로 돌아간다.

예를 들어 외판원 문제에 대한 유도 국소 탐색 알고리즘을 살펴보자. 도시의 집합 V와 임의의 두 도시 u, v 사이의 거리 d_{uv}가 주어진 외판원 문제를 보자. 두 도시 u, v를 연결한 변 $\{u, v\}$에 대한 페널티 $p_{uv}\,(\geq 0)$와 파라미터 $\alpha\ (\geq 0)$를 이용해 평가 함수를

$$\tilde{f}(\boldsymbol{x})=\sum_{u\in V}\sum_{v\in V,\ v\neq u}(d_{uv}+\alpha p_{uv})x_{uv} \tag{4.177}$$

로 정의한다. 여기에서 x_{uv}는 변수이며 변 $\{u, v\}$가 순회 경로에 포함되면 $x_{uv}=1$, 그렇지 않으면 $x_{uv}=0$ 값을 갖는다.

먼저 유도 국소 탐색 알고리즘에서는 모든 변 $\{u, v\}$에 대한 페널티의 초깃값을 $p_{uv}=0$으로 한다. 각 반복에서는 직전의 국소 탐색 알고리즘에서 얻은 국소 최적 설루션 $\tilde{\boldsymbol{x}}$ 에 대해 $x_{uv}=1$이 되는 변 $\{u, v\}$ 중에서 $\frac{d_{uv}}{1+p_{uv}}$ 가 최대가 되는 변 $\{u, v\}$의 페널티의 값을 $p_{uv}=p_{uv}+1$로 한다. 즉, 순회 경로에 포함된 변 중에서 거리 d_{uv}가 크고 페널티 p_{uv}의 값이 작은 변 $\{u, v\}$의 페널티 p_{pv}의 값을 증가시킨다. 파라미터 α의 값을 어느 정도 크게 설정하면, $\tilde{\boldsymbol{x}}$ 는 페널티 p_{uv}의 값을

업데이트한 뒤의 평가 함수 $\tilde{f}$ 하에서는 국소 최적 설루션이 아니게 되며, 다음 국소 탐색 알고리즘에서는 페널티 p_{uv}의 값이 큰 변을 포함하지 않는 순회 경로가 얻기 쉬워진다.

4.7.8 라그랑주 휴리스틱

4.5.5절에서 소개한 것처럼 완화 문제는 최적값의 하한을 구하는 것뿐만 아니라, 높은 품질의 실행 가능 설루션을 구하는 데도 유용하다. **라그랑주 휴리스틱** Largrangian heuristics 은 라그랑주 완화 문제의 설루션에서 원래 문제의 실행 가능 설루션을 구하는 방법이다. 4.1.8절에서는 정수 계획 문제의 예로 집합 커버 문제를 소개했다. 이번 절에서는 집합 커버 문제에 대한 라그랑주 휴리스틱을 소개한다.

m개의 요소로 이루어진 집합 $M=\{1, \ldots, m\}$과 n개의 부분 집합 $S_j\,(\subseteq M)\ (j \in N=\{1, \ldots, n\})$이 주어진다. 여기에서 첨자 j의 어떤 집합 $X\,(\subseteq N)$이 $\bigcup_{j\in X} S_j = M$을 만족한다면, X에 따라 정의된 집합들 $\{S_j \mid j \in X\}$는 **커버** cover 상태라 한다. 각 집합 S_j에 대해 비용 c_j가 주어졌을 때, 비용의 총합이 최소가 되는 M의 커버를 구하는 문제를 **집합 커버 문제**라 한다. 집합 커버 문제는 다음 정수 계획 문제로 정식화할 수 있다(4.1.8절).

$$
\begin{aligned}
\textbf{최소화}\quad & 2x_1 + 3x_2 \\
\textbf{조건}\quad & 2x_1 + x_2 \le 10, \\
& 3x_1 + 6x_2 \le 40, \\
& x_1,\ x_2 \in \mathbb{Z}_+.
\end{aligned}
\qquad (4.143)
$$

2.3.2절에서 소개한 것처럼 라그랑주 완화 함수는 일부의 제약조건을 삭제한 상태에서 그 제약조건들에 대한 위반량에 가중치 계수(라그랑주 제곱수)를 곱한 것을 목적 함수에 삽입해서 얻을 수 있다. 집합 커버 문제의 각 제약조건에 대응하는 라그랑주 제곱수 $\boldsymbol{u}=(u_1, \ldots, u_m)^\top \in \mathbb{R}_+^m$을 도입하면, 다음 라그랑주 완화 문제를 얻을 수 있다.

$$
\begin{aligned}
\textbf{최소화}\quad & z_{LR}(\boldsymbol{u}) = \sum_{j\in N} c_j x_j + \sum_{i\in M} u_i \left(1 - \sum_{j\in N} a_{ij} x_j\right) \\
& \qquad = \sum_{j\in N} \tilde{c}_j(\boldsymbol{u}) x_j + \sum_{i\in M} u_i \\
\textbf{조건}\quad & x_j \in \{0, 1\}, \quad j \in N.
\end{aligned}
\qquad (4.179)
$$

라그랑주 제곱수 $\boldsymbol{u}$의 값을 고정하면 라그랑주 완화 문제가 한 개 정해진다. 변수 $x_j (j \in N)$에 대응하는 커버 비용을 $\tilde{c}_j(\boldsymbol{u}) = c_j - \Sigma_{i \in M} a_{ij} u_i$ 로 정의하면, 그 값의 음양에 따라 라그랑주 완화 문제의 최적 설루션 $\tilde{\boldsymbol{x}}(\boldsymbol{u}) = (\tilde{x}_1(\boldsymbol{u}), \ldots, \tilde{x}_n(\boldsymbol{u}))^\top$은

$$\tilde{x}_j(\boldsymbol{u}) = \begin{cases} 1 & \tilde{c}_j(\boldsymbol{u}) < 0 \\ \{0, 1\} & \tilde{c}_j(\boldsymbol{u}) = 0 \\ 0 & \tilde{c}_j(\boldsymbol{u}) > 0 \end{cases} \tag{4.180}$$

이 된다.

임의의 라그랑주 제곱수 $\boldsymbol{u}$에 대해 라그랑주 완화 문제의 목적 함숫값 $z_{\mathrm{LR}}(\boldsymbol{u})$는 원래 문제의 최적값 $z(\boldsymbol{x}^*)$의 하한을 제공한다. 최대 하한을 제공하는 라그랑주 제곱수 $\boldsymbol{u}$를 구하는 다음 문제를 라그랑주 쌍대 문제라 한다.

$$\begin{array}{ll} \textbf{최대화} & z_{\mathrm{LR}}(\boldsymbol{u}) \\ \textbf{조건} & \boldsymbol{u} \in \mathbb{R}^m_+. \end{array} \tag{4.181}$$

이 라그랑주 쌍대 문제는 최대화 문제 안에 최소화 문제(4.179)가 중첩되어 있지만, **하급법** subgradient method을 이용하면 품질이 높은 실행 가능 설루션을 효과적으로 구할 수 있다. 하급법에서는 다음에 정의한 하위 미분 $\boldsymbol{s}(\boldsymbol{u}) = (s_1(\boldsymbol{u}), \ldots, s_m(\boldsymbol{u}))^\top \in \mathbb{R}^m$을 이용한다.

$$s_i(\boldsymbol{u}) = 1 - \sum_{j \in N} a_{ij} \tilde{x}_j(\boldsymbol{u}), \quad i \in M. \tag{4.182}$$

하급법은 적당한 라그랑주 제곱수 $\boldsymbol{u}^{(0)}$에서 시작해, 다음 업데이트 식에 따라 현재의 라그랑주 제곱수 $\boldsymbol{u}^{(k)}$에서 새로운 라그랑주 제곱수 $\boldsymbol{u}^{(k+1)}$을 생성하는 절차를 반복하는 기법이다(그림 4.108).

$$u_i^{(k+1)} = \max\left\{ u_i^{(k)} + \lambda \frac{z_{\mathrm{UB}} - z_{\mathrm{LR}}(\boldsymbol{u}^{(k)})}{\| s(\boldsymbol{u}^{(k)}) \|^2} s_i(\boldsymbol{u}^{(k)}),\ 0 \right\}, \quad i \in M. \tag{4.183}$$

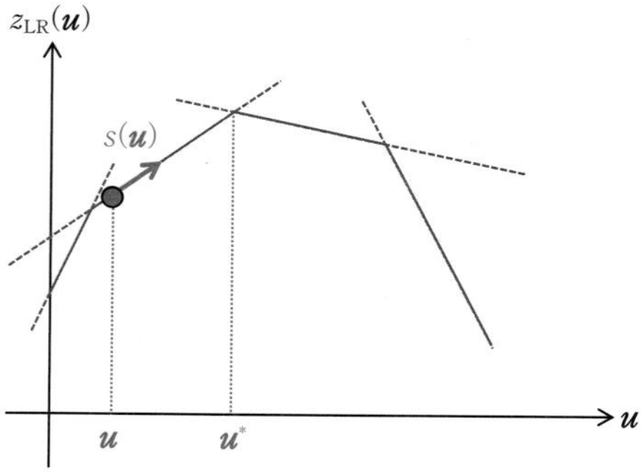

그림 4.108 하급법

여기에서 z_{UB}는 집합 커버 문제에 탐욕 알고리즘 등 적당한 근사 알고리즘을 적용해 얻은 실행 가능 설루션 $\boldsymbol{x}$의 목적 함숫값 $z(\boldsymbol{x})$(즉, 라그랑주 쌍대 문제의 최적값 상한)이다. 그리고 $\lambda(\geq 0)$는 하급법의 각 반복에서의 스텝 폭을 결정하는 파라미터다.

알고리즘 4.34 | 하급법

단계 1: 초기점 $\boldsymbol{u}^{(0)}$을 구한다. 적당한 근사 알고리즘을 이용해 상한 z_{UB}를 구한다. $k=0$으로 한다.

단계 2: 현재의 점 $\boldsymbol{u}^{(k)}$에 대해 라그랑주 완화 문제(4.179)를 풀어, 완화 설루션 $\tilde{\boldsymbol{x}}(\boldsymbol{u}^{(k)})$ 및 하한 $z_{LR}(\boldsymbol{u}^{(k)})$를 구한다. $z_{UB}-z_{LR}(\boldsymbol{u}^{(k)})$가 충분히 작으면 종료한다.

단계 3: 하위 미분 $\boldsymbol{s}(\boldsymbol{u}^{(k)})$를 계산한다. $\boldsymbol{s}(\boldsymbol{u}^{(k)})=\boldsymbol{0}$이면 종료한다.[144] 그렇지 않으면 식 (4.183)을 이용해 새로운 점 $\boldsymbol{u}^{(k+1)}$을 구해, $k=k+1$로 하고 단계 2로 돌아간다.

하급법은 초기점 $\boldsymbol{u}^{(0)}$에 그다지 민감하지 않으나, 예를 들어 집합 커버 문제에서는 $u_i^{(0)}=\min\left\{\frac{c_j}{|S_j|} \mid j\in N_i\right\}$ 등의 값을 이용한다. 여기에서 $N_i=\{j\in N \mid a_{ij}=1\}$이다. 하급법이 반드시 유한한 반복 횟수 안에 종료된다고 단정할 수는 없다. 그래서 스텝 폭을 결정하는 파라미터 λ의 초깃값을 $\lambda=2$로 설정하고, 연속된 30회의 반복에서 목적 함숫값 $z_{LR}(\boldsymbol{u}^{(k)})$가 개선되지 않으면 $\lambda=0.5\lambda$로 하고, λ의 값이 충분히 작으면 종료한다.

라그랑주 완화 문제의 설루션 $\tilde{\boldsymbol{x}}(\boldsymbol{u})$는 상수지만, 모든 제약조건이 만족한다고 단정할 수는 없다. 그래서 완화 설루션 $\tilde{\boldsymbol{x}}(\boldsymbol{u})$의 값이 1이 되는 변수와 이미 만족한 제약조건을 제외하고 얻어

144 이 때, 완화 설루션 $\tilde{x}(\boldsymbol{u}^{(k)})$는 원래 문제의 실행 가능 설루션이며, $z_{LR}(\boldsymbol{u}^{(k)})=z(\boldsymbol{u}^{(k)})$가 되는 것에 주의한다.

진 부분 문제를 생각해본다. 이 부분 문제에 탐욕 알고리즘이나 주 쌍대법 등의 근사 알고리즘을 적용해 원래 문제의 실행 가능 설루션을 구하는 기법을 이용할 수 있다. 라그랑주 완화 문제의 설루션에서 원래 문제의 실행 가능 설루션을 구하는 이런 기법을 라그랑주 휴리스틱이라 한다. 그 예로 탐욕 알고리즘을 이용한 라그랑주 휴리스틱의 절차를 다음과 같이 정리했다.

알고리즘 4.35 | 라그랑주 휴리스틱

단계 1: $x_j = \tilde{x}_j(\boldsymbol{u})\ (j \in N)$, $M' = \bigcup_{j \in X,\, x_j = 1} S_j$로 한다.

단계 2: $M' = M$이면 종료한다.

단계 3: 커버되지 않은 요소 $i \in M \setminus M'$을 선택한다. 요소 i를 포함하고 비용 c_j가 최소가 되는 집합 S_j $(j \in N)$에 대해, $x_j = 1$, $M' = M' \cup S_j$로 하고 단계 2로 돌아간다.

하급법을 실행한 뒤 얻어진 완화 설루션 $\tilde{x}(\boldsymbol{u})$뿐만 아니라, 하급법의 각 반복에서 얻어진 완화 설루션 $\tilde{\boldsymbol{x}}(\boldsymbol{u}^{(k)})$에 대해 라그랑주 휴리스틱을 적용하는 방법도 이용된다. 그리고 라그랑주 휴리스틱에서는 [단계 3]의 선택 기준으로서 비용 c_j 대신 커버 비용 $\tilde{c}_j(\boldsymbol{u})$를 이용하는 경우도 많다.

4.8 정리

- **다항식 시간 알고리즘**: 계산 시간이 문제 사례의 입력 데이터의 길이의 다항식 오더인 알고리즘.
- **클래스 P**: 문제 사례의 입력 데이터의 길이에 대한 다항식 시간 알고리즘이 알려져 있는 문제의 클래스.
- **클래스 NP**: 대답이 '네[yes]'인 증거가 되는 설루션이 주어질 때, 그것을 문제 사례의 입력 데이터의 길이에 대한 다항식 오더의 계산 시간으로 확인할 수 있는 결정 문제 클래스.
- **NP 완전 문제**: 클래스 NP 중에서 가장 어려운 문제.
- **NP 난해한 문제**: NP 완전 문제와 같은 수준 이상으로 어려운 문제.
- **탐욕 알고리즘**: 각 반복에서 국소적인 평갓값이 가장 높은 요소를 선택하는 절차를 반복해서 설루션 구축하는 기법.

- **동적 계획법**: 작은 부분 문제의 최적 설루션을 이용해서 보다 큰 부분 문제의 최적 설루션을 구하는 절차를 반복해 설루션을 구축하는 기법.
- **네트워크 흐름 문제**: 그래프의 변을 따라 '대상'을 효율적으로 흐르도록 하는 최적화 문제. 최대 흐름 문제나 최소 비용 문제 등이 있다.
- **분기 한정법**: 문제를 소규모의 자녀 문제로 분할하는 분기 조작과 최적 설루션을 얻을 가능성이 없는 자녀 문제를 발견하는 한정 조작을 반복해서 적용하는 기법. 정수 계획 문제에 대한 완전 알고리즘으로 사용된다.
- **절제 평면법**: 정수 계획 문제의 실행 가능 설루션을 남기면서 새로운 제약조건을 추가해 실행 가능 영역을 축소하는 절차를 반복 적용하는 기법. 정수 계획 문제에 대한 완전 알고리즘으로 사용된다.
- **r-근사 알고리즘**: 최소화 문제(최대화 문제)의 임의의 문제 사례에 대해 목적 함숫값이 최적값의 r배 이하(이상)가 되는 실행 가능 설루션을 출력하는 근사 알고리즘.
- **국소 탐색 알고리즘**: 적당한 실행 가능 설루션에서 시작해서 현재 설루션에 약간의 변형을 더해 얻어진 설루션의 집합(근방) 안에 개선 설루션이 있다면, 현재 설루션에서 개선 설루션으로 이동하는 절차를 반복하는 기법. NP 난해한 조합 최적화 문제에 대한 휴리스틱으로 사용되는 경우가 많다.
- **메타 휴리스틱**: 많은 조합 최적화 문제에 대해 적용할 수 있는 휴리스틱의 일반적인 기법, 또는 그런 사고방식에 따라 설계된 다양한 알고리즘을 통칭한다.

참고 문헌

조합 최적화는 매우 폭넓은 주제를 포함하기 때문에 책 한 권으로 조합 최적화의 모든 주제를 나열하는 것은 어렵다. 여기서는 이번 장의 몇 가지 주제에 관련된 서적들을 함께 소개한다.

먼저 이번 장의 논의에 필요한 알고리즘과 데이터 구조에 관한 책으로 다음 네 권을 추천한다.

- 茨木俊秀, Cによるアルゴリズムとデータ構造 改訂第２版, オーム社, 2019.
- 大槻兼資(著), 秋葉拓哉(監修), 問題解決力を鍛える！アルゴリズムとデータ構造, 講談社, 2020.
- T. H. Cormen, C. E. Leiserson, R. L. Rivest and C. Stein, *Introduction to Algorithms* (3rd edition), MIT Press, 2009. (浅野哲夫, 岩野和生, 梅尾博司, 山下雅史, 和田幸一(訳), アルゴリズムイントロダクション 第3版総合版, 近代科学社, 2013.)
- R. Sedgewick and K. Wayne, *Algorithms* (4th edition), Addison-Wesley, 2011. (野下浩平, 星守, 佐藤創, 田口東(訳), セジウィック：アルゴリズムC 第1~4部(３版), 近代科学社, 2018.)

선형 계획과 조합 최적화를 포함한 이산 최적화의 입문서로 다음 책을 추천한다.

- 久保幹雄, 組合せ最適化とアルゴリズム, 共立出版, 2000.

- 조합 최적화의 전반에 관한 서적으로 다음 세 권을 추천한다.

- B. Korte and J. Vygen, *Combinatorial Optimization: Theory and Algorithms* (5th edition), Springer, 2012. (浅野孝夫, 浅野泰仁, 小野孝男, 平田富夫(訳), 組合せ最適化 第２版—理論とアルゴリズム, 丸善出版, 2012.)
- J. Kleinberg and É. Tardos, *Algorithm Design*, Addison-Wesley, 2005. (浅野孝夫, 浅野泰仁,小 野孝男, 平田富夫(訳), アルゴリズムデザイン, 共立出版, 2008.)

- C. H. Papadimitriou and K. Steiglitz, *Combinatorial Optimization: Algorithms and Complexity*, Dover, 1982.

정수 계획 문제의 정식화(4.1절)와 정수 계획 솔버의 이용(4.4.3절)에 관한 문헌으로 다음 책과 해설을 추천한다.

- 久保幹雄, J. P. ペドロソ, 村松正和, A. レイス, あたらしい数理最適化—Python言語とGurobiで解く, 近代科学社, 2012.
- 藤江哲也, 整数計画法による定式化入門, オペレーションズ・リサーチ, 57(2012), 190－197.
- 梅谷俊治, 組合せ最適化入門—線形計画から整数計画まで, 自然言語処理, 21(2014), 1059－1090.
- 宮代隆平, 整数計画ソルバー入門, オペレーションズ・リサーチ, 57(2012), 183－189.

알고리즘의 성능과 문제의 복잡도 평가(4.2절)에 관한 책으로 다음 두 권을 추천한다.

- M. R. Garey and D. S. Johnson, *Computers and Intractability: A Guide to the Theory of NP Completeness*, W. H. Freeman and Company, 1979.
- 渡辺治, 今度こそわかるP≠NP予想, 講談社, 2014.

네트워크 흐름(4.3.3절)에 관한 책으로 다음 두 권을 추천한다.

- 繁野麻衣子, ネットワーク最適化とアルゴリズム, 朝倉書店, 2010.
- R. A. Ahuja, T. L. Magnanti and J. B. Orlin, *Network Flows: Theory, Algorithms, and Applications*, Peason Education, 2014.

분기 한정법과 절제 평면법(4.4절)을 포함한 정수 계획의 전반에 관한 서적으로 다음 두 권을 추천한다. 앞의 책은 입문서로 기본적인 주제가 정리되어 있고, 뒤의 책은 정수 계획 문제에 관한 전문적인 주제를 폭넓게 모았다.

- L. A. Wolsey, *Integer Programming*, John Wiley & Sons, 1998.

- G. L. Nemhauser and L. A. Wolsey, *Integer and Combinatorial Optimization*, John Wiley & Sons, 1988.

근사 알고리즘(4.5절)에 관한 책으로 다음 세 권을 추천한다.

- V. V. Vazirani, *Approximation Algorithms*, Springer, 2001. (浅野孝夫(訳), 近似アルゴリズム, 丸善出版, 2012.)
- D. P. Williamson and D. B. Shmoys, *The Design of Approximation Algorithms*, Cambridge University Press, 2011. (浅野孝夫(訳), 近似アルゴリズムデザイン, 共立出版, 2015.)
- 浅野孝夫, 近似アルゴリズム—離散最適化問題への効果的アプローチ, 共立出版, 2019.

국소 탐색 알고리즘(4.6절) 및 메타 휴리스틱(4.7절)에 관한 책으로 다음 네 권을 추천한다.

- 柳浦睦憲, 茨木俊秀, 組合せ最適化—メタ戦略を中心として, 朝倉書店, 2001.
- 久保幹雄, J. P. ペドロソ, メタヒューリスティクスの数理, 共立出版, 2009.
- E. Aarts and J. K. Lenstra (eds.), *Local Searchin Combinatorial Optimization*, Princeton University Press, 2003.
- M.Gendreau and J.Y.Potvin (eds.), *Handbook of Metaheuristics* (3rd edition), Springer, 2018.

연습 문제

4.1 **꼭짓점 채색 문제** vertex coloring problem : 무향 그래프 $G = (V, E)$가 주어진다. 인접한 어떤 두 개의 꼭짓점도 같은 색이 되지 않도록 모든 꼭짓점에 색을 할당하는 것을 **채색** coloring 이라 한다. 그래프의 꼭짓점 채색의 예를 [그림 4.109]에 표시했다. 이때 색의 수가 최소가 되는 채색을 구하는 문제를 꼭짓점 채색 문제라 한다.[143] 꼭짓점 채색 문제를 정수 계획 문제로 정식화하라.

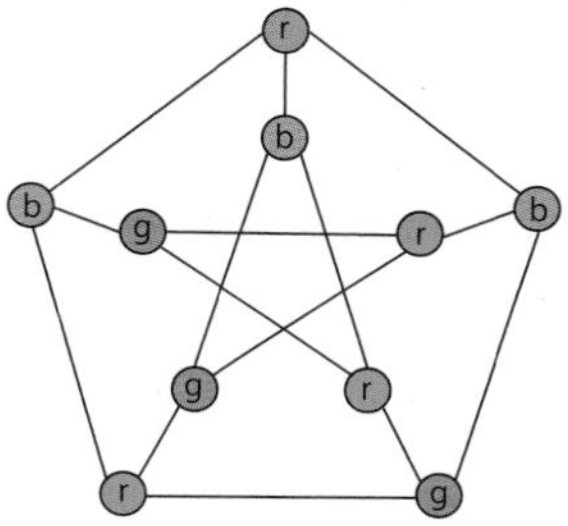

그림 4.109 그래프의 꼭짓점 채색 예

4.2 **시간 범위 외판원 문제** traveling salesman problem with time windows : 도시의 집합 V와 두 도시 $u, v \in V$에서의 이동 시간 $d_{uv}(\geq 0)$가 주어진다. 주어진 도시 $s \in V$를 시각 0에 출발해, 각 도시 $v \in V$를 주어진 시간 범위 $[a_v, b_v]$ 사이에 한 번씩만 방문한 뒤, 도시 s에 돌아오는 순회 경로를 생각한다. 단, 도시 $v \in V$에 시각 a_v보다 빨리 도착한 경우에는 도시 v에서 시각이 a_v가 될 때까지 기다릴 수 있다. 이때 이동 시간이 최소가 되는 순회 경로를 구하는 문제를 시간 범위 외판원 문제라 한다. 시간 범위 외판원 문제를 정수 계획 문제로 정식화하라.

145 그래프 G의 채색에 필요한 최소한의 색의 수를 **채색 수** chromatic number 라 한다.

4.3 **발전기 기동 정지 계획 문제**unit commitment problem: 어떤 전력 회사에서는 발전소에 있는 n 종류의 발전기를 이용해 전력 수요를 만족시키고 있다. 발전기의 발전량의 상한과 하한을 넘지 않는 범위에서 각 시기의 전력 수요를 만족하도록 발전소에서 조업을 할 예정이다. 이때 어떤 시기에 어떤 종류의 발전기를 몇 대 동작 혹은 정지시키는 것이 좋을 것인가.

계획 기간을 T, 각 시기 t에서의 전력 수요량을 d_t로 한다. 발전기 j의 수를 q_j, 발전기 한 대의 1시기당 발전량의 상한을 u_j, 하한을 l_j라고 한다. 발전기 j의 발전량 하한 l_j에서 조업할 때의 1시기당 작업비를 C_j, 발전량을 1단위 증가시킬 때 1시기당 조업비 증가분을 c_j로 한다. 그리고 발전기 j를 기동할 때 한 대당 기동비를 f_j로 한다. 발전기는 도중에 정지해도 관계없지만, 정지된 발전기를 재기동하면 기동비가 새로 발생한다. 이때 조업비와 기동비의 합계가 최소가 되는 발전기 조업 계획을 구하는 문제를 발전기 기동 정지 계획 문제라 한다. 발전기 기동 정지 계획 문제를 정수 계획 문제로 정식화하라.

4.4 4.1.4절에서 소개한 업무의 납기 지연 '합계'가 최소가 되는 스케줄을 구하는 단일 기계 스케줄링 문제는 NP 난해한 것으로 알려져 있다. 업무의 납기 지연의 '최댓값'이 최소가 되는 스케줄이 되는 단일 기계 스케줄링 문제는 납기 d_i의 오름차순으로 업무를 처리하는 탐욕 알고리즘을 이용해 효율적으로 최적 설루션을 구할 수 있음을 보여라.

4.5 다음 자원 배분 문제를 동적 계획법으로 풀어라.

$$\begin{array}{ll} \text{최소화} & \left(\sqrt{x_1} + \dfrac{x_1}{4}\right) + \log_2(x_2+1) + \dfrac{x_3^2}{4} \\ \text{조건} & x_1 + x_2 + x_3 = 4, \\ & x_1,\ x_2,\ x_3 \in \mathbb{Z}_+. \end{array} \tag{4.184}$$

4.6 (1) 4.13절에서 소개한 로트 크기 결정 문제에서 다음과 같은 특징이 성립함을 증명하라. 단, 생산성의 상한 C는 충분히 크다고 가정한다.

정리 4.16

로트 크기 결정 문제에 대해

$$x_t^* s_{t-1}^* = 0, \quad t = 1, \ldots, T$$

를 만족하는 최적 설루션 $(\boldsymbol{x}^*, \boldsymbol{s}^*, \boldsymbol{y}^*)$가 존재한다.

(2) 앞의 특징에 따라 로트 크기 결정 문제를 푸는 동적 계획법을 설계하라.

(3) [표 4.2]의 로트 크기 결정 문제를 동적 계획법으로 풀어라.

표 4.2 로트 크기 결정 문제 사례

시기(t)	1	2	3	4	5
수요량(d_t)	5	7	3	6	4
생산량(c_t)	1	1	3	3	3
고정비(f_t)	3	3	3	3	3
재고비(g_t)	1	1	1	1	1

4.7 [그림 4.110]의 단일 시작점 최단 경로 문세를 다이크스트라 알고리즘으로 풀어라.

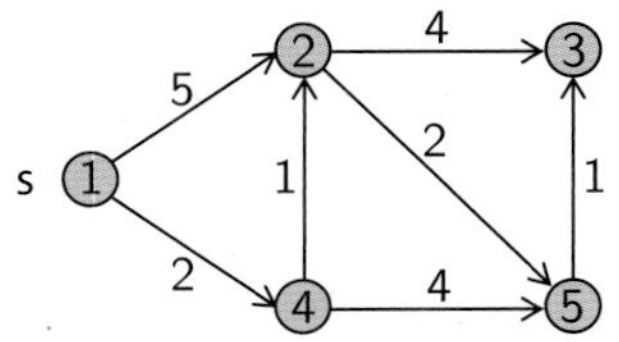

그림 4.110 단일 시작점 최단 경로 문제

4.8 [그림 4.111]의 모든 점 대상 최단 경로 문제를 플로이드-워셜 알고리즘으로 풀어라.

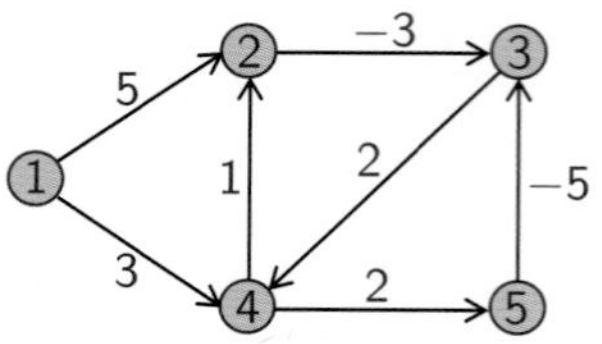

그림 4.111 모든 점 대상 최단 경로 문제

4.9 [그림 4.112]의 최대 흐름 문제를 증가 경로 알고리즘으로 풀어라.

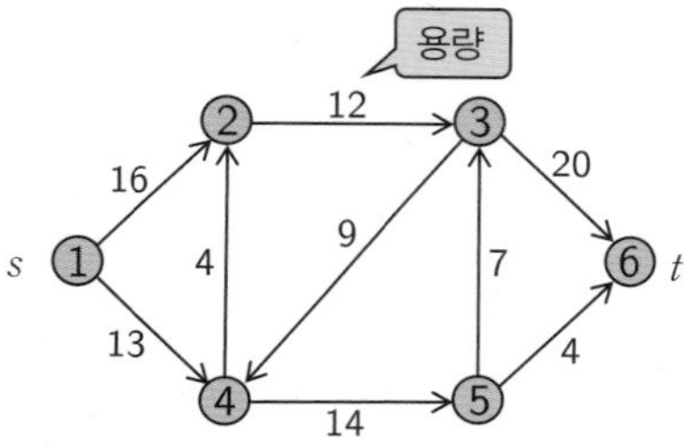

그림 4.112 최대 흐름 문제

4.10 [그림 4.113]의 최소 비용 흐름 문제를 (1) 음의 닫힌 경로 소거법과 (2) 최단 경로 반복법으로 풀어라.

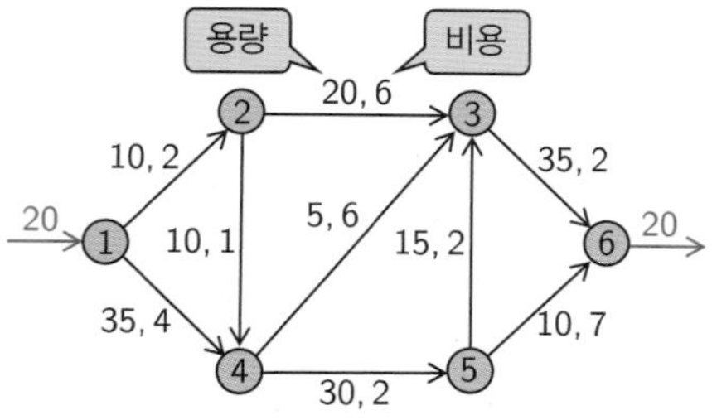

그림 4.113 최소 비용 흐름 문제

4.11 최대 흐름 문제(4.79)에서 각 변 $e \in E$의 흐름량 x_e의 하한 l_e가 주어진다. 실행 가능 흐름을 하나 구하는 문제를(흐름량 x_e에 하한은 없음) 최대 흐름 문제로 변환하는 절차를 나타내라. 그리고 [그림 4.114]의 최대 흐름 문제를 풀어라.

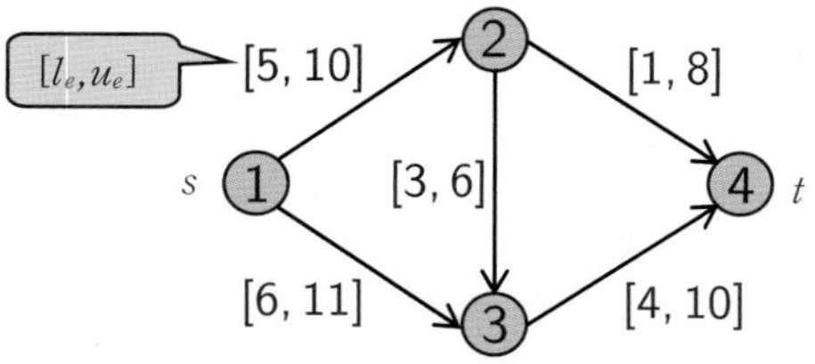

그림 4.114 흐름량에 하한이 있는 최대 흐름 문제

4.12 [정리 4.8](4.4.1절)을 보여라.

4.13 다음 냅색 문제를 (1) 동적 계획법과 (2) 분기 한정법으로 풀어라.

$$
\begin{aligned}
\text{최대화} \quad & z(\boldsymbol{x}) = 17x_1 + 10x_2 + 25x_3 + 17x_4 \\
\text{조건} \quad & 5x_1 + 3x_2 + 8x_3 + 7x_4 \le 12, \\
& \boldsymbol{x} = (x_1,\ x_2,\ x_3,\ x_4)^\top \in \{0,\ 1\}^4.
\end{aligned}
$$

4.14 다음 정수 계획 문제를 절제 평면법으로 풀어라.

$$
\begin{aligned}
\text{최대화} \quad & 4x_1 - x_2 \\
\text{조건} \quad & 7x_1 - 2x_2 \le 14, \\
& x_2 \le 3, \\
& x_1 - x_2 \le \frac{3}{2}, \\
& x_1,\ x_2 \in \mathbb{Z}_+.
\end{aligned}
$$

4.15 동일 병렬 기계 스케줄링 문제identical parallel machine scheduling problem : n개의 업무와 이들을 처리하는 m대의 기계가 주어진다. 기계가 두 개 이상의 업무를 동시에 처리할 수 없다고 한다. 그리고 업무 처리를 시작하면 도중에 중단할 수 없다고 한다. 업무 i의 처리에 소요되는 시간은 $p_i(\geq 0)$ 기계에 차이가 없이 동일하다. 이때 모든 업무를 완료할 시각(최대 완료 시각)이 최소가 되는 스케줄을 구하는 문제를 동일 병렬 기계 스케줄링 문제라 한다.

동일 병렬 기계 스케줄링 문제에 대해 업무를 $1, 2, \ldots, n$의 순서로 시작 시각이 최소가 되는 기계에 할당하는 탐욕 알고리즘을 생각한다. 이 탐욕 알고리즘이 동일 병렬 기계 스케줄링 문제에 대해 2-근사 알고리즘이 되는 것을 보여라.

APPENDIX

연습 문제 정답 및 해설

2장 연습 문제 정답 및 해설

2.1 각 변수는 다음 표와 같다.

	훈제 고기		
	생고기	일반	초과
넓적다리살	x_{11}	x_{12}	x_{13}
삼겹살	x_{21}	x_{22}	x_{23}
앞다리살	x_{31}	x_{32}	x_{33}

이때 선형 계획 문제는 다음과 같이 정식화할 수 있다.

$$
\begin{aligned}
\text{최대화} \quad & 8x_{11} + 14x_{12} + 11x_{13} + 4x_{21} + 12x_{22} + 7x_{23} + 4x_{31} + 13x_{32} + 9x_{33} \\
\text{조건} \quad & x_{11} + x_{12} + x_{13} \leq 480, \\
& x_{21} + x_{22} + x_{23} \leq 400, \\
& x_{31} + x_{32} + x_{33} \leq 230, \\
& x_{12} + x_{22} + x_{32} \leq 420, \\
& x_{13} + x_{23} + x_{33} \leq 250, \\
& x_{11},\ x_{12},\ x_{13},\ x_{21},\ x_{22},\ x_{23},\ x_{31},\ x_{32},\ x_{33} \geq 0.
\end{aligned}
$$

2.2 각 변수는 다음 표와 같다.

	M	Q	Q
알킬레이트	x_{11}	x_{12}	x_{13}
분해 가솔린	x_{21}	x_{22}	x_{23}
직류 가솔린	x_{31}	x_{32}	x_{33}
이소펜탄	x_{41}	x_{42}	x_{43}

혼합 가솔린 M, N, Q의 제조량을 각각 변수 y_1, y_2, y_3으로 나타낸다. 또한 혼합하지 않고 그대로 판매하는 가솔린의 합계량을 변수 z로 나타낸다. 이때 선형 계획 문제는 다음과 같이 정식화할 수 있다.

최대화 $4.96y_1 + 5.85y_2 + 6.45y_3 + 4.83z$

조건 $x_{11} + x_{12} + x_{13} \le 3800,$

$x_{21} + x_{22} + x_{23} \le 2652,$

$x_{31} + x_{32} + x_{33} \le 4081,$

$x_{41} + x_{42} + x_{43} \le 1300,$

$x_{11} + x_{21} + x_{31} + x_{41} = y_1,$

$x_{12} + x_{22} + x_{32} + x_{42} = y_2,$

$x_{13} + x_{23} + x_{33} + x_{43} = y_3,$

$z = 11833 - y_1 - y_2 - y_3,$

$107.5x_{11} + 93x_{21} + 87x_{31} + 108x_{41} \ge 80y_1,$

$107.5x_{12} + 93x_{22} + 87x_{32} + 108x_{42} \ge 91y_2,$

$107.5x_{13} + 93x_{23} + 87x_{33} + 108x_{43} \ge 100y_1,$

$5.0x_{11} + 8.0x_{21} + 4.0x_{31} + 20.5x_{41} \le 7.0y_1,$

$5.0x_{12} + 8.0x_{22} + 4.0x_{32} + 20.5x_{42} \le 7.0y_2,$

$5.0x_{13} + 8.0x_{23} + 4.0x_{33} + 20.5x_{43} \le 7.0y_3,$

$x_{11},\ x_{12},\ x_{13},\ x_{21},\ x_{22},\ x_{23},\ x_{31},\ x_{32},\ x_{33},\ x_{41},\ x_{42},\ x_{43} \ge 0,$

$y_1,\ y_2,\ y_3,\ z \ge 0.$

2.3 (1) 최대화 $-16x_1 - 2x_2 + 3x_3$

조건 $-x_1 + 6x_2 \le -4,$

$3x_2 + 7x_3 \le -5,$

$x_1 + x_2 + x_3 \le 10,$

$-x_1 - x_2 - x_3 \le -10,$

$x_1,\ x_2,\ x_3 \ge 0.$

(2) 최대화 $5x_1 + 6x_2^+ - 6x_2^- + 3x_3$

조건 $x_1 - x_3 \le 10,$

$-x_1 + x_3 \le 10,$

$10x_1 + 7x_2^+ - 7x_2^- + 4x_3 \le 50,$

$-2x_1 + 11x_3 \le -15,$

$x_1,\ x_2^+,\ x_2^-,\ x_3 \ge 0.$

2.4 (1) 사전 업데이트는 다음과 같다.

$$\begin{aligned} z &= 4x_1 + 8x_2 + 10x_3, \\ x_4 &= 20 - x_1 - x_2 - x_3, \\ x_5 &= 100 - 3x_1 - 4x_2 - 6x_3, \\ x_6 &= 100 - 4x_1 - 5x_2 - 3x_3. \end{aligned}$$

$$\begin{aligned} z &= \frac{500}{3} - x_1 + \frac{4}{3}x_2 - \frac{5}{3}x_5, \\ x_4 &= \frac{10}{3} - \frac{1}{2}x_1 - \frac{1}{3}x_2 + \frac{1}{6}x_5, \\ x_3 &= \frac{50}{3} - \frac{1}{2}x_1 - \frac{2}{3}x_2 - \frac{1}{6}x_5, \\ x_6 &= 50 - \frac{5}{2}x_1 - 3x_2 + \frac{1}{2}x_5. \end{aligned}$$

$$\begin{aligned} z &= 180 - 3x_1 - 4x_4 - x_5, \\ x_2 &= 10 - \frac{3}{2}x_1 - 3x_4 + \frac{1}{2}x_5, \\ x_3 &= 10 + \frac{1}{2}x_1 + 2x_4 - \frac{1}{2}x_5, \\ x_6 &= 20 + 2x_1 + 9x_4 - x_5. \end{aligned}$$

최적 설루션은 $(x_1, x_2, x_3) = (0, 10, 10)$, 최적값은 180이다.

(2) 사전 업데이트는 다음과 같다.

$$\begin{aligned} z &= x_1 + 3x_2 - x_3, \\ x_4 &= 10 - 2x_1 - 2x_2 + x_3, \\ x_5 &= 10 - 3x_1 + 2x_2 - x_3, \\ x_6 &= 10 - x_1 + 3x_2 - x_3. \end{aligned}$$

$$z = 15 - 2x_1 + \frac{1}{2}x_3 - \frac{3}{2}x_4,$$
$$x_2 = 5 - x_1 + \frac{1}{2}x_3 - \frac{1}{2}x_4,$$
$$x_5 = 20 - 5x_1 - x_4,$$
$$x_6 = 25 - 4x_1 + \frac{1}{2}x_3 - \frac{3}{2}x_4.$$

여기에서 변수 x_2, x_5, x_6의 제약조건을 만족하면서 변수 x_3의 값을 증가시키면 목적 함숫값을 한없이 증가시킬 수 있으므로 한계가 존재하지 않는다.

(3) 사전 업데이트는 다음과 같다.

$$z = 10x_1 + x_2,$$
$$x_3 = 1 - x_1,$$
$$x_4 = 100 - 2x_1 - x_2.$$

$$z = 10 + x_2 - 10x_3,$$
$$x_1 = 1 - x_3,$$
$$x_4 = 80 - x_2 + 20x_3.$$

$$z = 90 + 10x_3 - x_4,$$
$$x_1 = 1 - x_3,$$
$$x_2 = 80 + 20x_3 - x_4.$$

$$z = 100 - 10x_1 - x_4,$$
$$x_3 = 1 - x_1,$$
$$x_2 = 100 - 20x_1 - x_4.$$

최적 설루션은 $(x_1, x_2) = (0, 100)$, 최적값은 100이다.

2.5 (1) 보조 문제의 사전은 다음과 같다.

$$w = x_0,$$
$$x_4 = -8 + x_1 + 4x_2 + 2x_3 + x_0,$$
$$x_5 = -6 + 3x_1 + 2x_2 + x_0.$$

비기저 변수 x_0과 기저 변수 x_4를 치환하면 다음과 같다.

$$w = 8 - x_1 - 4x_2 - 2x_3 + x_4,$$
$$x_0 = 8 - x_1 - 4x_2 - 2x_3 + x_4,$$
$$x_5 = 2 + 2x_1 - 2x_2 - 2x_3 + x_4.$$

사전 업데이트는 다음과 같다.

$$w = 4 - 5x_1 + 2x_3 - x_4 + 2x_5,$$
$$x_0 = 4 - 5x_1 + 2x_3 - x_4 + 2x_5,$$
$$x_2 = 1 + x_1 - x_3 + \frac{1}{2}x_4 - \frac{1}{2}x_5,$$
$$w = x_0,$$
$$x_1 = \frac{4}{5} + \frac{2}{5}x_3 - \frac{1}{5}x_4 + \frac{2}{5}x_5 - \frac{1}{5}x_0,$$
$$x_2 = \frac{9}{5} - \frac{3}{5}x_3 + \frac{3}{10}x_4 - \frac{1}{10}x_5 - \frac{1}{5}x_0.$$

목적 함수 w의 최적값은 0이며, 원래 문제의 실행 가능 설루션 $(x_1, x_2) = (\frac{4}{5}, \frac{9}{5})$를 얻을 수 있다. 여기에서 원래 함수의 실행 가능한 사전을 얻을 수 있다.[1]

$$z = -7 - \frac{1}{2}x_4 - \frac{1}{2}x_5,$$
$$x_1 = \frac{4}{5} + \frac{2}{5}x_3 - \frac{1}{5}x_4 + \frac{2}{5}x_5,$$
$$x_2 = \frac{9}{5} - \frac{3}{5}x_3 + \frac{3}{10}x_4 - \frac{1}{10}x_5.$$

최적 설루션은 $(x_1, x_2, x_3) = (\frac{4}{5}, \frac{9}{5}, 0)$,[2] 최적값은 7이다.

---

1 목적 함수를 최대화로 변형한 것에 주의한다.

2 예를 들어 $(x_1, x_2, x_3) = (2, 0, 3)$도 최적 설루션이 된다. 최적 설루션은 1개라고 한정할 수 없음에 주의한다.

(2) 보조 문제의 사전은 다음과 같다.

$$w = x_0,$$
$$x_4 = 4 - 2x_1 + x_2 - 2x_3 + x_0,$$
$$x_5 = -5 - 2x_1 + 3x_2 - x_3 + x_0,$$
$$x_6 = -1 + x_1 - x_2 + 2x_3 + x_0.$$

비기저 변수 x_0와 기저 변수 x_5를 치환하면 다음과 같다.

$$w = 5 + 2x_1 - 3x_2 + x_3 + x_5,$$
$$x_4 = 9 - 2x_2 - x_3 + x_5,$$
$$x_0 = 5 + 2x_1 - 3x_2 + x_3 + x_5,$$
$$x_6 = 4 + 3x_1 - 4x_3 + 3x_3 + x_5.$$

사전 업데이트는 다음과 같다.

$$w = 2 - \frac{1}{4}x_1 - \frac{5}{4}x_3 + \frac{1}{4}x_5 + \frac{3}{4}x_6,$$
$$x_4 = 7 - \frac{3}{2}x_1 - \frac{5}{2}x_3 + \frac{1}{2}x_5 + \frac{1}{2}x_6,$$
$$x_0 = 2 - \frac{1}{4}x_1 - \frac{5}{4}x_3 + \frac{1}{4}x_5 + \frac{3}{4}x_6,$$
$$x_2 = 1 + \frac{3}{4}x_1 + \frac{3}{4}x_3 + \frac{1}{4}x_5 - \frac{1}{4}x_6.$$

$$w = x_0,$$
$$x_4 = 3 - x_1 - x_6 + 2x_0,$$
$$x_3 = \frac{8}{5} - \frac{1}{5}x_1 + \frac{1}{5}x_5 + \frac{3}{5}x_6 - \frac{4}{5}x_0,$$
$$x_2 = \frac{11}{5} + \frac{3}{5}x_1 + \frac{2}{5}x_5 + \frac{1}{5}x_6 - \frac{3}{5}x_0.$$

목적 함수 w의 최적값은 0이며, 원래 문제의 실행 가능 설루션 $(x_1, x_2, x_3) = (0, \frac{11}{5}, \frac{8}{5})$을 얻을 수 있다. 여기에서, 원래 함수의 실행 가능한 사전을 얻을 수 있다.

$$z = -\frac{3}{5} + \frac{1}{5}x_1 - \frac{1}{5}x_5 + \frac{2}{5}x_6,$$
$$x_4 = 3 - x_1 - x_6,$$
$$x_3 = \frac{8}{5} - \frac{1}{5}x_1 + \frac{1}{5}x_5 + \frac{3}{5}x_6,$$
$$x_2 = \frac{11}{5} + \frac{3}{5}x_1 + \frac{2}{5}x_5 + \frac{1}{5}x_6.$$

사전 업데이트는 다음과 같다.

$$z = \frac{3}{5} - \frac{1}{5}x_1 - \frac{2}{5}x_4 - \frac{1}{5}x_5,$$
$$x_6 = 3 - x_1 - x_4,$$
$$x_3 = \frac{17}{5} - \frac{4}{5}x_1 - \frac{3}{5}x_4 + \frac{1}{5}x_5,$$
$$x_2 = \frac{14}{5} + \frac{2}{5}x_1 - \frac{1}{5}x_4 + \frac{2}{5}x_5.$$

최적 설루션은 $(x_1, x_2, x_3) = (0, \frac{14}{5}, \frac{17}{5}, 0)$, 최적값은 $\frac{3}{5}$ 이다.

(3) 보조 문제의 사전은 다음과 같다.

$$w = x_0,$$
$$x_3 = -1 - x_1 + x_2 + x_0,$$
$$x_4 = -3 + x_1 + x_2 + x_0,$$
$$x_5 = 2 - 2x_1 - x_2 + x_0.$$

비기저 변수 x_0과 기저 변수 x_4를 치환하면 다음과 같다.

$$w = 3 - x_1 - x_2 + x_4,$$
$$x_3 = 2 - 2x_1 + x_4,$$
$$x_0 = 3 - x_1 - x_2 + x_4,$$
$$x_5 = 5 - 3x_1 - 2x_2 + x_4.$$

사전 업데이트는 다음과 같다.

$$w = 2 - x_2 + \frac{1}{2}x_3 + \frac{1}{2}x_4,$$

$$x_1 = 1 - \frac{1}{2}x_3 + \frac{1}{2}x_4,$$

$$x_0 = 2 - x_2 + \frac{1}{2}x_3 + \frac{1}{2}x_4,$$

$$x_5 = 2 - 2x_2 + \frac{3}{2}x_3 - \frac{1}{2}x_4.$$

$$w = 1 - \frac{1}{4}x_3 + \frac{3}{4}x_4 + \frac{1}{2}x_5,$$

$$x_1 = 1 - \frac{1}{2}x_3 + \frac{1}{2}x_4,$$

$$x_0 = 1 - \frac{1}{4}x_3 + \frac{3}{4}x_4 + \frac{1}{2}x_5,$$

$$x_2 = 1 + \frac{3}{4}x_3 - \frac{1}{4}x_4 - \frac{1}{2}x_5.$$

$$w = \frac{1}{2} + \frac{1}{2}x_1 + \frac{1}{2}x_4 + \frac{1}{2}x_5,$$

$$x_3 = 2 - 2x_1 + x_4,$$

$$x_0 = \frac{1}{2} + \frac{1}{2}x_1 + \frac{1}{2}x_4 + \frac{1}{2}x_5,$$

$$x_2 = \frac{5}{2} - \frac{3}{2}x_1 + \frac{1}{2}x_4 - \frac{1}{2}x_5.$$

목적 함수 w의 최적값은 $\frac{1}{2}$가 되어 실행 불능이다.

2.6 (1) 최소화 $4y_1 + 6y_2$

조건 $2y_1 + y_2 \ge 1,$

$y_1 + y_2 \ge 2,$

$y_1 + 2y_2 \ge 3,$

$y_1,\ y_2 \ge 0.$

(2) 최소화 $-3y_2 + 6y_3$

조건 $-2y_1 + 3y_2 + y_3 \geq 1,$

$3y_1 - y_2 - y_3 \geq 1,$

$-y_1 - 4y_2 + 2y_3 \geq 0,$

$y_1 + 2y_2 + y_3 = 0,$

$y_1,\ y_2 \geq 0.$

2.7 쌍대 문제는 다음과 같다.

최소화 by

조건 $a_j y \geq c_j,\quad j = 1, \ldots, n$

$y \geq 0.$

쌍대 문제의 설루션 y가 실행 가능이기 위해서는 $y \geq \max_{j=1,\cdots,n} \frac{c_j}{a_j}$ 이어야 한다. 여기에서 $b \geq 0$이므로 쌍대 문제의 최적 설루션은 $y^* = \max_{j=1,\cdots,n} \frac{c_j}{a_j}$ 가 된다. 주 문제의 최적 설루션을 $(x_1^*, x_2^*, \ldots, x_n^*)$으로 하면 상보성 조건 (2.126)은

$$x_j^*(a_j y^* - c_j) = 0,\quad j = 1, \ldots, n,$$

$$y^*\left(b - \sum_{j=1}^{n} a_j x_j^*\right) = 0$$

이 된다. 그러므로 $\frac{c_k}{a_k} = y^*$ 를 만족하는 k 하나를 부여하면 최적 설루션은

$$x_j^* = \begin{cases} \dfrac{b}{a_j} & j = k \\ 0 & j \neq k \end{cases}$$

이 된다.

2.8 먼저 (1)을 만족하는 설루션 $\boldsymbol{x}$가 존재하면, (2)를 만족하는 설루션 $\boldsymbol{y}$가 존재하지 않음을 보인다. 귀류법을 이용한다. (2)를 만족하는 설루션 $\boldsymbol{y}$가 존재한다고 가정하면

$$0 > \boldsymbol{b}^\top \boldsymbol{y} = (\boldsymbol{A}\boldsymbol{x})^\top \boldsymbol{y} = \boldsymbol{x}^\top (\boldsymbol{A}^\top \boldsymbol{y}) \geq 0$$

이므로 모순된다. 따라서 (1)을 만족하는 설루션 $\boldsymbol{x}$가 존재하면, (2)를 만족하는 설루션 $\boldsymbol{y}$가 존재하지 않는다.

다음으로 (1)을 만족하는 설루션 $\boldsymbol{x}$가 존재하지 않으면, (2)를 만족하는 설루션 $\boldsymbol{y}$가 존재함을 보인다. (1)을 만족하는 설루션 $\boldsymbol{x}$가 존재하지 않는 것으로부터 다음 선형 계획 문제

최대화	$\boldsymbol{0}^\top \boldsymbol{x}$
조건	$\boldsymbol{A}\boldsymbol{x} = \boldsymbol{b}$
	$\boldsymbol{x} \geq \boldsymbol{0}$

는 실행 가능 설루션을 갖지 않는다. 여기에서 정리 2.2 (강쌍대 정리)로부터, 이 쌍대 문제

최소화	$\boldsymbol{b}^\top \boldsymbol{y}$
조건	$\boldsymbol{A}^\top \boldsymbol{y} \geq \boldsymbol{0}$

은 실행 가능 설루션을 갖지 않거나 유한하지 않다. 하지만 이 쌍대 문제는 명확히 실행 가능 설루션 $\boldsymbol{y} = \boldsymbol{0}$을 가지므로 유한하지 않다. 따라서 $\boldsymbol{A}^\top \boldsymbol{y} \geq \boldsymbol{0}$, $\boldsymbol{b}^\top \boldsymbol{y} < 0$을 만족하는 설루션 $\boldsymbol{y}$가 존재한다.

2.9 식 (2.119)의 주 문제 (P)와 쌍대 문제 (D)를 생각한다. 주 문제 (P)의 최적 설루션을 $\boldsymbol{x}^*$라 한다. 귀류법을 이용한다. 쌍대 문제 (D)가 $\boldsymbol{b}^\top \boldsymbol{y} \leq \boldsymbol{c}^\top \boldsymbol{x}^*$인 실행 가능 설루션을 갖지 않는다고 가정한다. 다시 말해,

$$\begin{pmatrix} -\boldsymbol{A}^\top & \boldsymbol{A}^\top & \boldsymbol{I} & \boldsymbol{0} \\ \boldsymbol{b}^\top & -\boldsymbol{b}^\top & \boldsymbol{0}^\top & 1 \end{pmatrix} \begin{pmatrix} \boldsymbol{v} \\ \boldsymbol{w} \\ \boldsymbol{s} \\ t \end{pmatrix} = \begin{pmatrix} -\boldsymbol{c} \\ \boldsymbol{c}^\top \boldsymbol{x}^* \end{pmatrix}$$

을 만족하는 $(\boldsymbol{v}, \boldsymbol{w}, \boldsymbol{s}, t) \in \mathbb{R}_{+}^{m+m+n+1}$이 존재하지 않는다고 가정한다.[3] 이때 퍼르커시 보조정리(보조 문제)에서

$$\begin{pmatrix} -\boldsymbol{A}^{\top} & \boldsymbol{b} \\ \boldsymbol{A} & -\boldsymbol{b} \\ \boldsymbol{I} & \mathbf{0} \\ \mathbf{0}^{\top} & 1 \end{pmatrix} \begin{pmatrix} \boldsymbol{z} \\ u \end{pmatrix} \geq 0, \quad \begin{pmatrix} -\boldsymbol{c}^{\top} & \boldsymbol{c}^{\top}\boldsymbol{x}^{*} \end{pmatrix} \begin{pmatrix} \boldsymbol{z} \\ u \end{pmatrix} < 0$$

을 만족하는 $(\boldsymbol{z}, u) \in \mathbb{R}^{n+1}$이 존재한다. 즉,

$$\boldsymbol{A}\boldsymbol{z} = u\boldsymbol{b}, \quad \boldsymbol{z} \geq \mathbf{0}, \quad u \geq 0, \quad \boldsymbol{c}^{\top}\boldsymbol{z} > u(\boldsymbol{c}^{\top}\boldsymbol{x}^{*})$$

을 만족하는 $(\boldsymbol{z}, u) \in \mathbb{R}^{n+1}$이 존재한다.

$u = 0$라 하면 $\boldsymbol{z}$는 $\boldsymbol{A}\boldsymbol{z} = \mathbf{0}, \boldsymbol{c}^{\top}\boldsymbol{z} > 0$을 만족한다. 이때 임의의 양의 상수 λ에 대해

$$\boldsymbol{A}(\boldsymbol{x}^{*} + \lambda\boldsymbol{z}) = \boldsymbol{b}, \quad \boldsymbol{c}^{\top}(\boldsymbol{x}^{*} + \lambda\boldsymbol{z}) > \boldsymbol{c}^{\top}\boldsymbol{x}^{*}, \quad \boldsymbol{x}^{*} + \lambda\boldsymbol{z} \geq \mathbf{0}$$

이 되어 $\boldsymbol{x}^{*}$가 주 문제 (P)의 최적 설루션임에 위배된다. 한편, $u > 0$라 하면

$$\boldsymbol{A}\left(\frac{\boldsymbol{z}}{u}\right) = \boldsymbol{b}, \quad \boldsymbol{c}^{\top}\left(\frac{\boldsymbol{z}}{u}\right) > \boldsymbol{c}^{\top}\boldsymbol{x}^{*}, \quad \left(\frac{\boldsymbol{z}}{u}\right) > 0$$

이 되어, 마찬가지로 $\boldsymbol{x}^{*}$가 주 문제 (P)의 최적 설루션임에 위배된다. 그러므로 쌍대 문제 (D)는 $\boldsymbol{b}^{\top}\boldsymbol{y} \leq \boldsymbol{c}^{\top}\boldsymbol{x}^{*}$인 실행 가능 설루션을 갖는다. [정리 2.1] (약쌍대 정리)에서 쌍대 문제 (D)의 임의의 실행 가능 설루션 $\boldsymbol{y}$는 $\boldsymbol{b}^{\top}\boldsymbol{y} \geq \boldsymbol{c}^{\top}\boldsymbol{x}^{*}$를 만족하므로, 쌍대 문제 (D)는 $\boldsymbol{b}^{\top}\boldsymbol{y}^{*} = \boldsymbol{c}^{\top}\boldsymbol{x}^{*}$를 만족하는 실행 가능 설루션 $\boldsymbol{y}^{*}$(즉, 최적 설루션)를 갖는다.

2.10 $\boldsymbol{x}^{*}, \boldsymbol{y}^{*}$가 각각 주 문제 (P)와 쌍대 문제 (D)의 최적 설루션이면, [정리 2.2]에서

$$\boldsymbol{c}^{\top}\boldsymbol{x}^{*} = \boldsymbol{b}^{\top}\boldsymbol{y}^{*}$$

이 된다. 여기에서 $\boldsymbol{x}^{*} \geq 0, \boldsymbol{y}^{*} \geq 0, \boldsymbol{A}\boldsymbol{x}^{*} \leq \boldsymbol{b}, \boldsymbol{A}^{\top}\boldsymbol{y}^{*} \geq \boldsymbol{c}$이므로, 위 식은

3 $\boldsymbol{A}^{\top}\boldsymbol{y} \geq \boldsymbol{c}$를 $-\boldsymbol{A}^{\top}(\boldsymbol{v} - \boldsymbol{w}) + \boldsymbol{s} = -\boldsymbol{c}$로, $\boldsymbol{b}^{\top}\boldsymbol{y} \leq \boldsymbol{c}^{\top}\boldsymbol{x}^{*}$를 $\boldsymbol{b}^{\top}(\boldsymbol{v} - \boldsymbol{w}) + \boldsymbol{t} = \boldsymbol{c}^{\top}\boldsymbol{x}^{*}$로 바꿔 쓴 것에 주의한다.

$$\begin{aligned}\boldsymbol{b}^\top\boldsymbol{y}^* - \boldsymbol{c}^\top\boldsymbol{x}^* &= (\boldsymbol{y}^*)^\top\boldsymbol{b} - (\boldsymbol{y}^*)^\top(\boldsymbol{A}\boldsymbol{x}^*) + (\boldsymbol{x}^*)^\top(\boldsymbol{A}^\top\boldsymbol{y}^*) - (\boldsymbol{x}^*)^\top\boldsymbol{c} \\ &= (\boldsymbol{y}^*)^\top(\boldsymbol{b} - \boldsymbol{A}\boldsymbol{x}^*) + (\boldsymbol{x}^*)^\top(\boldsymbol{A}^\top\boldsymbol{y}^* - \boldsymbol{c}) = 0\end{aligned}$$

과 등치이다. 역으로, 위 조건이 성립하면 여기에서 $\boldsymbol{c}^\top\boldsymbol{x}^* = \boldsymbol{b}^\top\boldsymbol{y}^*$를 얻을 수 있다.

3장 연습 문제 정답 및 해설

3.1 $(x_1, x_2)^\top \in \mathbb{R}^2$이라 하면

$$\begin{pmatrix} x_1 & x_2 \end{pmatrix}\begin{pmatrix} a & b \\ c & d \end{pmatrix}\begin{pmatrix} x_1 \\ x_2 \end{pmatrix} = ax_1^2 + 2bx_1x_2 + cx_2^2.$$

$a \leq 0$이면 $x_1 > 0$, $x_2 = 0$이면 우변의 값은 0 이하가 되어, 행렬 $\boldsymbol{A}$는 정정값이 아니므로 $a > 0$으로 한다. 위 식의 우변은 $a(x_1 + \frac{b}{a}x_2)^2 + \frac{x_2^2}{2}(ac - b^2)$으로 변형할 수 있으므로, $a > 0$ 및 $ac - b^2 > 0$이면 행렬 $\boldsymbol{A}$는 정정값이다. 위 식에서 그 역도 성립한다.

3.2 함수 $f(a, b)$의 헤세 행렬은

$$\nabla^2 f(a, b) = \begin{pmatrix} \dfrac{\partial^2 f(a, b)}{\partial a^2} & \dfrac{\partial^2 f(a, b)}{\partial a \partial b} \\ \dfrac{\partial^2 f(a, b)}{\partial b \partial a} & \dfrac{\partial^2 f(a, b)}{\partial b^2} \end{pmatrix} = \frac{2}{n}\begin{pmatrix} \sum_{i=1}^n x_i^2 & \sum_{i=1}^n x_i \\ \sum_{i=1}^n x_i & n \end{pmatrix}$$

이 된다. 이 헤세 행렬은 임의의 $\boldsymbol{d} = (d_1, d_2)^\top \in \mathbb{R}^2$에 대해

$$\boldsymbol{d}^\top \nabla^2 f(a, b)\boldsymbol{d} = \frac{2}{n}\sum_{i=1}^n (x_i d_1 + d_2)^2 \geq 0$$

을 만족하는 반정정값이 되므로, 함수 $f(a, b)$는 볼록 함수이다.

3.3 $f_i(x,y) = \sqrt{(x_i - x)^2 + (y_i - y)^2}$ 으로 하면 그 헤세 행렬 $\nabla^2 f_i(x, y)$는

$$\left\{(x_i - x)^2 + (y_i - y)^2\right\}^{-\frac{3}{2}}\begin{pmatrix} (y_1 - y)^2 & -(x_i - x)(y_i - y) \\ -(x_i - x)(y_i - y) & (x_i - x)^2 \end{pmatrix}$$

이 된다. 이 헤세 행렬의 고유 방정식

$$\begin{vmatrix} (y_1-y)^2-\lambda & -(x_i-x)(y_i-y) \\ -(x_i-x)(y_i-y) & (x_i-x)^2-\lambda \end{vmatrix}$$
$$=\{\lambda-(y_i-y)^2\}\{\lambda-(x_i-x)^2\}-(x_i-x)^2(y_i-y)^2$$
$$=\lambda^2-\{(x_i-x)^2+(y_i-y)^2\}\lambda=0$$

을 풀면 고윳값 $\lambda=0, (x_i-x)^2+(y_i-y)^2$을 얻을 수 있다. 따라서 헤세 행렬 $\nabla^2 f_i(x,y)$는 반정정값이 되므로, 함수 $f_i(x,y)$는 볼록 함수이다. [정리 3.3]에서 볼록 함수 $f_i(x, y)$의 최댓값 $\max_{i=1,\cdots,n} f_i(x,y)=f(x,y)$는 볼록 함수이다.

3.4 함수 $f(\boldsymbol{x})$의 기울기 벡터의 각 요소는

$$\partial\frac{f(\boldsymbol{x})}{\partial x_i}=\frac{x_i}{\sqrt{\Sigma_{k=1}^n x_k^2}}$$

이 된다. 여기에서 임의의 $\boldsymbol{x}, \boldsymbol{y}\in\mathbb{R}^n$에 대해

$$\{f(\boldsymbol{y})-f(\boldsymbol{x})\}-\nabla f(\boldsymbol{x})^\top(\boldsymbol{y}-\boldsymbol{x})=\frac{\sqrt{\Sigma_{i=1}^n x_i^2}\sqrt{\Sigma_{i=1}^n y_i^2}-\Sigma_{i=1}^n x_i y_i}{\sqrt{\Sigma_{i=1}^n x_i^2}}$$

가 된다. 코시-슈왈츠의 부등식[4] $(\boldsymbol{x}^\top\boldsymbol{y})(\boldsymbol{y}^\top\boldsymbol{y})\geq(\boldsymbol{x}^\top\boldsymbol{y})^2$에서 이 식의 분자는 음수가 아니다. 따라서 $f(\boldsymbol{y})-f(\boldsymbol{x})\geq\nabla f(\boldsymbol{x})^\top(\boldsymbol{y}-\boldsymbol{x})$가 성립하므로 [따름정리 3.1]에서 함수 f는 볼록 함수이다.

3.5 $\boldsymbol{z}=(e^{x_1},\ldots,e^{x_n})^\top$ 로 하면, 함수 $f(\boldsymbol{x})$의 기울기 벡터의 헤세 행렬의 각 요소는

$$\frac{\partial f(\boldsymbol{x})}{\partial x_j}=\frac{\partial}{\partial z_j}\log\left(\sum_{k=1}^n z_k\right)\frac{\partial z_j}{\partial x_j}=\frac{e^{x_j}}{\Sigma_{k=1}^n e^{x_k}},$$

$$\frac{\partial f(\boldsymbol{x})}{\partial x_i\partial x_j}=\frac{\partial}{\partial x_i}\frac{e^{x_j}}{\Sigma_{k=1}^n e^{x_k}}=\begin{cases}\dfrac{e^{x_i}}{\Sigma_{k=1}^n e^{x_k}}-\dfrac{e^{2x_i}}{(\Sigma_{k=1}^n e^{x_k})^2} & i=j\\[2ex] -\dfrac{e^{x_i}e^{x_j}}{(\Sigma_{k=1}^n e^{x_k})^2} & i\neq j\end{cases}$$

4 3.2.4절을 참조한다.

이 된다. 여기에서 임의의 $\boldsymbol{y} \in \mathbb{R}^n$에 대해

$$\boldsymbol{y}^\top \nabla^2 f(\boldsymbol{x}) \boldsymbol{y} = \frac{(\Sigma_{i=1}^n z_i y_i^2)(\Sigma_{i=1}^n z_i) - (\Sigma_{i=1}^n z_i y_i)^2}{(\Sigma_{i=1}^n z_i)^2}$$

이 된다. $\boldsymbol{a} = (y_1 z_1^{\frac{1}{2}}, \dots, y_n z_n^{\frac{1}{2}})$, $\boldsymbol{b} = (z_1^{\frac{1}{2}}, \dots, z_n^{\frac{1}{2}})^\top$ 으로 하면, 코시–슈왈츠 부등식 $(\boldsymbol{a}^\top \boldsymbol{a})(\boldsymbol{b}^\top \boldsymbol{b}) \geq (\boldsymbol{a}^\top \boldsymbol{b})^2$에서 이 식의 분자는 음수가 아니다. 따라서 헤세 행렬 $\nabla^2 f(\boldsymbol{x})$는 반정정값이므로 함수 f는 볼록 함수다.

여기에서 함수 $f(\boldsymbol{x}) = \log(\Sigma_{i=1}^n e^{x_i})$는

$$\begin{aligned}
\max\{x_1, \dots, x_n\} &= \log\left(e^{\max\{x_1, \dots, x_n\}}\right) \leq \log\left(\sum_{i=1}^n e^{x_i}\right) \\
&\leq \log\left(n e^{\max\{x_1, \dots, x_n\}}\right) \\
&= \log\left(e^{\max\{x_1, \dots, x_n\}}\right) + \log n \\
&= \max\{x_1, \dots, x_n\} + \log n
\end{aligned}$$

을 만족하므로 함수 $\max\{x_1, \dots, x_n\}$의 근사값으로 자주 사용된다.

3.6 먼저, 최적화 문제를 다음과 같이 변형한다.

최소화 $x_1^{-1} x_2$

조건 $x_1^2 x_2^{-\frac{1}{2}} + x_2^{\frac{1}{2}} x_3^{-1} \leq 1,$

$x_1 x_2^{-1} x_3^{-2} = 1,$

$2x_1^{-1} \leq 1,$

$\frac{1}{3} x_1 \leq 1,$

$x_1, x_2, x_3 > 0.$

다음으로 $(x_1, x_2, x_3) = (e^{y_1}, e^{y_2}, e^{y_3})$ 으로 변수를 변환한다.

최소화 $e^{-y_1 + y_2}$

조건 $e^{2y_1 - \frac{1}{2} y_2} + e^{\frac{1}{2} y_2 - y_3} \leq 1,$

$e^{y_1 - y_2 + 2y_3} = 1,$

$2e^{-y_1} \leq 1,$

$\frac{1}{3} e^{y_1} \leq 1.$

여기에서 $e^{y_1}, e^{y_2}, e^{y_3} > 0$이 성립하는 것에 주의한다. 로그 함수는 단조 증가하므로 목적 함수를 $\log(e^{-y_1+y_2}) = -y_1 + y_2$로 변경해도 최적 설루션은 변하지 않는다. 마찬가지로 제약조건의 양변도 로그를 취하면 다음 최적화 문제를 얻을 수 있다.

최소화 $-y_1 + y_2$

조건 $\log(e^{y_4} + e^{y_5}) \le 0,$

$$y_1 - y_2 + 2y_3 = 0,$$

$$\log 2 \le y_1 \le \log 3,$$

$$y_4 = 2y_1 - \frac{1}{2}y_2,$$

$$y_5 = \frac{1}{2}y_2 - y_3.$$

여기에서 연습 문제 3.5의 결과를 보면 $\log(e^{y_4} + e^{y_5})$는 볼록 함수이므로, 이 최적화 문제는 볼록 계획 문제이다. 이렇게 원래 최적화 문제가 볼록 계획 함수가 아니더라도 등가의 볼록 함수 문제로 변형할 수 있는 몇 가지 사례들이 알려져 있다.[5]

3.7
$$\begin{aligned} g(\alpha) &= \frac{1}{2}(\boldsymbol{x}^{(k)} + \alpha \boldsymbol{d}(\boldsymbol{x}^{(k)}))^\top \boldsymbol{Q}(\boldsymbol{x}^{(k)} + \alpha \boldsymbol{d}(\boldsymbol{x}^{(k)})) + \boldsymbol{c}^\top(\boldsymbol{x}^{(k)} + \alpha \boldsymbol{d}(\boldsymbol{x}^{(k)})) \\ &= \frac{1}{2}\boldsymbol{d}(\boldsymbol{x}^{(k)})^\top \boldsymbol{Q}\boldsymbol{d}(\boldsymbol{x}^{(k)})\alpha^2 + \boldsymbol{d}(\boldsymbol{x}^{(k)})^\top \nabla f(\boldsymbol{x}^{(k)})\alpha + f(\boldsymbol{x}^{(k)}) \end{aligned}$$

이 된다. 여기에서 $\nabla f(\boldsymbol{x}^{(k)}) = \boldsymbol{Q}\boldsymbol{x} + \boldsymbol{c}$이다. 행렬 $\boldsymbol{Q}$는 정정값이므로 $\boldsymbol{d}(\boldsymbol{x}^{(k)})^\top \boldsymbol{Q}\boldsymbol{d}(\boldsymbol{x}^{(k)}) > 0$이 성립한다. 따라서 $dg(\alpha)/d\alpha = 0$을 만족하는 변수 α를 구하면 된다.

$$\frac{dg(\alpha)}{d\alpha} = \boldsymbol{d}(\boldsymbol{x}^{(k)})^\top \boldsymbol{Q}\boldsymbol{d}(\boldsymbol{x}^{(k)})\alpha + \boldsymbol{d}(\boldsymbol{x}^{(k)})^\top \nabla f(\boldsymbol{x}^{(k)}) = 0$$

에서, 최적 설루션은

$$\alpha = -\frac{\boldsymbol{d}(\boldsymbol{x}^{(k)})^\top \nabla f(\boldsymbol{x}^{(k)})}{\boldsymbol{d}(\boldsymbol{x}^{(k)})^\top \boldsymbol{Q}\boldsymbol{d}(\boldsymbol{x}^{(k)})}$$

가 된다. 여기에서 $\boldsymbol{Q}$는 정정값, $\boldsymbol{d}(\boldsymbol{x}^{(k)})$는 내리막 방향으로 $\boldsymbol{d}(\boldsymbol{x}^{(k)})^\top \nabla f(\boldsymbol{x}^{(k)}) < 0$을 만족하므로, $\alpha > 0$이 되는 것에 주의한다.

5 2.1.4절에서 소개한 분수 계획 문제도 그 사례 중 하나다.

3.8 함수 $f(\boldsymbol{x})$의 기울기 벡터의 헤세 행렬은

$$\nabla f(\boldsymbol{x}) = \begin{pmatrix} 4x_1 + x_2 - 5 \\ x_1 + 2x_2 - 3 \end{pmatrix}, \quad \nabla^2 f(\boldsymbol{x}) = \begin{pmatrix} 4 & 1 \\ 1 & 2 \end{pmatrix}$$

이 된다. 초기점은 $\boldsymbol{x}^{(0)} = (1, 2)^\top$이므로, 기울기 벡터는 $\nabla f(\boldsymbol{x}^{(0)}) = (1, 2)^\top$, 탐색 방향은

$$\boldsymbol{d}(\boldsymbol{x}^{(0)}) = -\begin{pmatrix} 4 & 1 \\ 1 & 2 \end{pmatrix}^{-1} \begin{pmatrix} 1 \\ 2 \end{pmatrix} = -\frac{1}{7}\begin{pmatrix} 2 & -1 \\ -1 & 4 \end{pmatrix}\begin{pmatrix} 1 \\ 2 \end{pmatrix} = -\begin{pmatrix} 0 \\ 1 \end{pmatrix}$$

이 된다. 따라서 반복 후의 점은 $\boldsymbol{x}^{(1)} = (1, 2)^\top - (0, 1)^\top = (1, 1)^\top$이 된다. 이때 기울기 벡터는 $\nabla f(\boldsymbol{x}^{(1)}) = (0, 0)^\top$이 되어 종료한다. 이 사례에서 뉴턴법이 1회 반복으로 종료된 것은 우연이 아니다. 제약이 없는 최적화 문제의 목적 함수가 볼록 2차 함수이면, 뉴턴법은 1회 반복으로 최적 설루션을 구할 수 있음에 주의한다.

3.9 (1) $\boldsymbol{x} = (x_1, x_2)^\top$, $f(\boldsymbol{x}) = x_1^2 - x_2^2$, $g(\boldsymbol{x}) = x_1^2 + 4x_2^2 - 1$ 로 한다. 목적 함수 f와 제약 함수 g의 기울기 벡터와 헤세 행렬은

$$\nabla f(\boldsymbol{x}) = \begin{pmatrix} 2x_1 \\ -2x_2 \end{pmatrix}, \quad \nabla^2 f(\boldsymbol{x}) = \begin{pmatrix} 2 & 0 \\ 0 & -2 \end{pmatrix},$$

$$\nabla g(\boldsymbol{x}) = \begin{pmatrix} 2x_1 \\ 8x_2 \end{pmatrix}, \quad \nabla^2 g(\boldsymbol{x}) = \begin{pmatrix} 2 & 0 \\ 0 & 8 \end{pmatrix}$$

이 된다. 제약조건의 라그랑주 제곱수를 $u \in \mathbb{R}$ 로 하면, 최적성의 1차 필요 조건은

$$\begin{pmatrix} 2x_1 \\ -2x_2 \end{pmatrix} + u\begin{pmatrix} 2x_1 \\ 8x_2 \end{pmatrix} = \begin{pmatrix} 0 \\ 0 \end{pmatrix},$$

$$x_1^2 + 4x_2^2 = 1$$

이 된다. 이 연립방정식을 풀면 $(x_1^*, x_2^*, u^*) = (0, -\frac{1}{2}, \frac{1}{4}), (0, \frac{1}{2}, \frac{1}{4}), (-1, 0, -1)$ $(1, 0, -1)$ 의 4개 설루션을 얻을 수 있다. 목적 함숫값은 앞의 두 개의 설루션의 경우 $f(\boldsymbol{x}^*) = -\frac{1}{4}$, 뒤의 두 개의 설루션의 경우 $f(\boldsymbol{x}^*) = 1$이 된다. 앞의 두 개 설루션에서는 라그랑주 함수 $L(\boldsymbol{x}^*, u^*)$의 헤세 행렬이

$$\nabla^2_{xx} L(\boldsymbol{x}^*,\ u^*) = \nabla^2 f(\boldsymbol{x}^*) + u^* \nabla^2 g(\boldsymbol{x}^*) = \begin{pmatrix} \frac{5}{2} & 0 \\ 0 & 0 \end{pmatrix}$$

이 된다. 앞의 두 개 설루션에 대한 제약 함수 g의 기울기 벡터는

$$\nabla g(\boldsymbol{x}^*) = \begin{pmatrix} 0 \\ \pm 4 \end{pmatrix}$$

이 된다. $\nabla g(\boldsymbol{x}^*)^\top \boldsymbol{d} = 0$을 만족하는 벡터 $\boldsymbol{d}$의 집합은 파라미터 t를 이용하면

$$V(\boldsymbol{x}^*) = \{\boldsymbol{d} = (t,\ 0)^\top \mid t \in \mathbb{R}\}$$

이라고 쓸 수 있다. 이때 $\boldsymbol{d}^\top \nabla^2_{xx} L(\boldsymbol{x}^*) \boldsymbol{d} = \frac{5}{2} t^2$ 가 되며, $t \neq 0$이면 양숫값을 가지므로, 앞의 두 개의 설루션은 최적성의 2차 충분조건을 만족한다.

(2) $\boldsymbol{x} = \{x_1, x_2\}^\top, f(\boldsymbol{x}) = 4x_1^2 - 4x_1x_2 + 3x_2^2 - 8x_1, g(\boldsymbol{x}) = x_1 + x_2 - 4$로 한다. 목적 함수 f와 제약 함수 g의 기울기 벡터와 헤세 행렬은

$$\nabla f(\boldsymbol{x}) = \begin{pmatrix} 8x_1 - 4x_2 - 8 \\ -4x_1 + 6x_2 \end{pmatrix}, \quad \nabla^2 f(\boldsymbol{x}) = \begin{pmatrix} 8 & -4 \\ -4 & 6 \end{pmatrix},$$

$$\nabla g(\boldsymbol{x}) = \begin{pmatrix} 1 \\ 1 \end{pmatrix}, \quad \nabla^2 g(\boldsymbol{x}) = \begin{pmatrix} 0 & 0 \\ 0 & 0 \end{pmatrix}$$

이 된다. 여기에서 목적 함수 f와 제약 함수 g의 헤세 행렬은 모두 반정정값이므로, 이 최적화 문제는 볼록 계획 문제가 된다. 제약조건의 라그랑주 제곱수를 $u \in \mathbb{R}$이라고 하면, 최적성의 충분조건은

$$\begin{pmatrix} 8x_1 - 4x_2 - 8 \\ -4x_1 + 6x_2 \end{pmatrix} + u \begin{pmatrix} 1 \\ 1 \end{pmatrix} = \begin{pmatrix} 0 \\ 0 \end{pmatrix},$$

$$x_1 + x_2 - 4 \leq 0,$$

$$u(x_1 + x_2 - 4) = 0,$$

$$u \geq 0$$

이 된다. 첫 번째와 두 번째 조건에서 $x_1 = \frac{24-5u}{16}$, $x_2 = \frac{8-3u}{8}$ 가 된다. $u > 0$의 경

우에는 $x_1+x_2<4$가 되어 네 번째 조건을 만족하지 않는다. 따라서 최적 설루션 $(x_1^*, x_2^*, u)=\left(\frac{3}{2}, 1, 0\right)$을 얻을 수 있다.

3.10 2차 계획 문제의 라그랑주 완화 문제는

최소화 $L(\boldsymbol{x}, \boldsymbol{u}, \boldsymbol{v})=\frac{1}{2}\boldsymbol{x}^\top\boldsymbol{Q}\boldsymbol{x}+\boldsymbol{c}^\top\boldsymbol{x}-\boldsymbol{u}^\top(\boldsymbol{A}\boldsymbol{x}-\boldsymbol{b})-\boldsymbol{v}^\top\boldsymbol{x}$

조건 $\boldsymbol{x}\geq\boldsymbol{0}$

으로 정의할 수 있다. 행렬 $\boldsymbol{Q}$는 정정값이므로 목적 함수는 볼록 함수이며, 최적성의 1차 필요조건

$$\nabla_{\boldsymbol{x}}L(\boldsymbol{x}, \boldsymbol{u}, \boldsymbol{v})=\boldsymbol{Q}\boldsymbol{x}+\boldsymbol{c}-\boldsymbol{A}^\top\boldsymbol{u}-\boldsymbol{v}=\boldsymbol{0}$$

을 만족하는 $\boldsymbol{x}$가 라그랑주 완화 문제의 최적 설루션이 된다. 여기에서 $\boldsymbol{Q}$는 정칙 행렬이므로

$$\boldsymbol{x}=\boldsymbol{Q}^{-1}(\boldsymbol{A}^\top\boldsymbol{u}-\boldsymbol{v}-\boldsymbol{c})$$

로 나타낼 수 있다. 이를 라그랑주 함수 $L(\boldsymbol{x}, \boldsymbol{u}, \boldsymbol{v})$에 대입하면, 다음 라그랑주 쌍대 문제를 정의할 수 있다.

최대화 $-\frac{1}{2}(\boldsymbol{A}^\top\boldsymbol{u}-\boldsymbol{v}-\boldsymbol{c})^\top\boldsymbol{Q}^{-1}(\boldsymbol{A}^\top\boldsymbol{u}-\boldsymbol{v}-\boldsymbol{c})+\boldsymbol{b}^\top\boldsymbol{u}$

조건 $\boldsymbol{v}\geq\boldsymbol{0}.$

3.11 $(\boldsymbol{s}^{(k)})^\top\tilde{\boldsymbol{y}}^{(k)}>0$을 나타낸다. $(\boldsymbol{s}^{(k)})^\top\boldsymbol{y}^{(k)}\geq\gamma(\boldsymbol{s}^{(k)})\boldsymbol{B}_k\boldsymbol{s}^{(k)}$이면, $\tilde{\boldsymbol{y}}^{(k)}=\boldsymbol{y}^{(k)}$이므로, $(\boldsymbol{s}^{(k)})^\top\boldsymbol{y}^{(k)}<\gamma(\boldsymbol{s}^{(k)})\boldsymbol{B}_k\boldsymbol{s}^{(k)}$의 경우를 생각해보면,

$$\begin{aligned}(\boldsymbol{s}^{(k)})^\top\tilde{\boldsymbol{y}}^{(k)}&=\beta_k(\boldsymbol{s}^{(k)})^\top\boldsymbol{y}^{(k)}+(1-\beta_k)(\boldsymbol{s}^{(k)})^\top\boldsymbol{B}_k\boldsymbol{s}^{(k)}\\&=(\boldsymbol{s}^{(k)})^\top\boldsymbol{B}_k\boldsymbol{s}^{(k)}-\beta_k((\boldsymbol{s}^{(k)})^\top\boldsymbol{B}_k\boldsymbol{s}^{(k)}-(\boldsymbol{s}^{(k)})^\top\boldsymbol{y}^{(k)})\\&=(\boldsymbol{s}^{(k)})^\top\boldsymbol{B}_k\boldsymbol{s}^{(k)}-(1-\gamma)(\boldsymbol{s}^{(k)})^\top\boldsymbol{B}_k\boldsymbol{s}^{(k)}\\&=\gamma(\boldsymbol{s}^{(k)})^\top\boldsymbol{B}_k\boldsymbol{s}^{(k)}\end{aligned}$$

가 된다. 근사 행렬 $\boldsymbol{B}_k$가 정정값이므로 $(\boldsymbol{s}^{(k)})^\top(\tilde{\boldsymbol{y}}^{(k)})>0$이 성립한다. 따라서 근사 행렬 $\boldsymbol{B}_{k+1}$은 정정값이다.

4장 연습 문제 정답 및 해설

4.1 x_{vk}와 y_k는 변수이며 꼭짓점 v에 색 k를 할당하면 $x_{vk}=1$, 그렇지 않으면 $x_{vk}=0$, k번째 색을 이용하면 $y_k=1$, 그렇지 않으면 $y_k=0$ 값을 갖는다. 이때 색의 수가 최소가 되는 채색을 구하는 꼭짓점 채색 문제는 다음 정수 계획 문제로 정식화할 수 있다.

$$
\begin{array}{lll}
\text{최소화} & \displaystyle\sum_{k=1}^{|V|} y_k & \\
\text{조건} & x_{uk} + x_{vkj} \leq y_k, & \{u,v\} \in E,\ k=1,\ldots,|V|, \\
& \displaystyle\sum_{k=1}^{|V|} x_{vk} = 1, & v \in V, \\
& x_{vk} \in \{0, 1\}, & v \in V,\ k=1,\ldots,|V|, \\
& y_k \in \{0, 1\}, & 1,\ldots,|V|.
\end{array}
$$

여기에서 색의 수는 $|V|$ 이하인 것에 주의한다. 첫 번째 제약조건은 각 변 $\{u, v\} \in E$의 양끝점 $u, v \in V$에 동일한 색 k를 할당하는 것을 의미한다. 두 번째 제약조건은 각 꼭짓점 $v \in V$에 단 한 가지 색만 할당하는 것을 의미한다.

그런데 위 정식화에서는 사용하는 색의 수가 최소이면 그 색들의 조합은 관계없으므로 여러 최적 설루션이 발생한다. 그래서 반드시 첨자 k의 숫자가 작은 색부터 순서대로 사용하는 제약조건을 추가하면 최적 설루션의 수를 줄일 수 있다.

$$y_k \geq y_{k+1}, \quad k=1,\ldots,|V|-1.$$

4.2 x_{uv}와 t_v는 변수이며 도시 u 다음 도시 v를 방문한다면 $x_{uv}=1$, 그렇지 않으면 $x_{uv}=0$ 값을 갖는다. 또한 도시 v의 출발 시각을 $t_v(>0)$로 한다. 이때 이동 시간이 최소가 되는 순회 경로를 구하는 시한부 외판원 문제는 다음 정수 계획 문제로 정식화할 수 있다.

$$
\begin{aligned}
\text{최소화} \quad & \sum_{u \in V} \sum_{v \in V,\, v \neq u} d_{uv} x_{uv} \\
\text{조건} \quad & \sum_{v \in V,\, v \neq u} x_{uv} = 1, && v \in V, \\
& \sum_{v \in V,\, v \neq u} x_{vu} = 1, && v \in V, \\
& t_u + d_{uv} - M(1 - x_{uv}) \leq t_v, && v \in V \setminus \{s\},\ u \in V,\ u \neq v, \\
& x_{uv} \in \{0, 1\}, && u, v \in V,\ u \neq v, \\
& t_s = 0, \\
& a_v \leq t_v \leq b_v, && v \in V \setminus \{s\}.
\end{aligned}
$$

여기에서, M은 충분히 큰 상수이다. 세 번째 제약조건에 따라 도시 u 다음에 도시 v를 방문한다면, 도시 v의 출발 시각 t_v가 $t_u + d_{uv}$ 이후가 됨을 나타낸다. $x_{uv} = 0$의 시각 $M \geq t_v + d_{uv} - t_v$가 되며, 모든 실행 가능 설루션에 대해 제약조건을 충족하도록 상수 M을 설정해야 한다. $y_u \leq b_u$와 $t_v \geq a_v$로부터 $M = \max\{b_u + d_{uv} - a_v, 0\}$으로 설정하면 좋음을 알 수 있다.

다른 정식화를 소개한다. t_{uv}는 변수이며, 도시 u 다음에 도시 v를 방문한다면 t_{uv}는 도시 u에서 출발한 시각, 그렇지 않으면 $t_{uv} = 0$ 값을 갖는다. 이때 이동 시간을 최소로 하는 순회 경로를 구하는 시한부 외판원 문제는 다음 정수 계획 문제로 정식화할 수 있다.

$$
\begin{aligned}
\text{최소화} \quad & \sum_{u \in V} \sum_{v \in V,\, v \neq u} d_{uv} x_{uv} \\
\text{조건} \quad & \sum_{u \in V,\, u \neq v} x_{uv} = 1, && v \in V, \\
& \sum_{u \in V,\, u \neq v} x_{vu} = 1, && v \in V, \\
& \sum_{u \in V,\, u \neq v} t_{uv} + \sum_{u \in V,\, u \neq v} d_{uv} x_{uv} \leq \sum_{w \in V,\, w \neq v} t_{uw}, && v \in V \setminus \{s\}, \\
& a_v x_{uv} \leq t_{uv} \leq b_v x_{uv}, && u, v \in V,\ u \neq v, \\
& x_{uv} \in \{0, 1\}, && u, v \in V,\ u \neq v.
\end{aligned}
$$

세 번째 제약조건에서는 도시 u의 출발 시각은 $\Sigma_{u \in V, u \neq v}\, t_{uv}$ 가 도시 v의 출발 시각은 $\Sigma_{w \in V,\, w \neq v} t_{uw}$ 이하임을 나타낸다. 도시 u 다음으로 도시 v를 방문한다면, 도시 v의 출발 시각 $\Sigma_{w \in V,\, w \neq v} t_{uw}$ 가 $\Sigma_{u \in V, u \neq v}\, t_{uv} + d_{uv}$ 이후가 되는 것을 나타낸다.

4.3 x_{jt}는 변수이며, 발전기 j의 시기 t의 발전량 합계를 나타낸다. y_{jt}와 s_{jt}는 변수이며, 발전기 j의 각 시기 t의 '기동 중인' 대수와 '새롭게 기동한' 대수를 의미한다. 이때 조업비와 기동비의 합계가 최소가 되는 발전기의 조업 계획을 구하는 발전 기동 정지 계획 문제는 다음 정수 계획 문제로 정식화할 수 있다.

$$
\begin{array}{lll}
\textbf{최소화} & \sum_{j=1}^{n} c_j \sum_{t=1}^{T} (x_{jt} - l_j y_{jt}) + \sum_{j=1}^{n} C_j \sum_{t=1}^{T} y_{jt} + \sum_{j=1}^{n} f_j \sum_{t=1}^{T} s_{jt} & \\
\textbf{조건} & \sum_{j=1}^{n} x_{jt} \geq d_t, & t = 1, \ldots, T, \\
& l_j y_{jt} \leq x_{jt} \leq u_j y_{jy}, & j = 1, \ldots, n,\ t = 1, \ldots, T, \\
& s_{j1} = y_{j1}, & j = 1, \ldots, n, \\
& s_{jt} \geq y_{jt} - y_{jt-1}, & j = 1, \ldots, n,\ t = 2, \ldots, T, \\
& y_{jt},\ s_{jt} \in \mathbb{Z}_+, & j = 1, \ldots, n,\ t = 1, \ldots, T, \\
& y_{jt},\ s_{jt} \leq q_j, & j = 1, \ldots, n,\ t = 1, \ldots, T.
\end{array}
$$

첫 번째 제약조건은 각 시기의 전력 수요를 만족함을 나타낸다. 두 번째 제약조건은 발전기 j의 발전량의 합계가 범위 $[l_j, u_j]$ 안에 있음을 나타낸다. 네 번째 제약조건에서는 발전기 j의 각 시기 t에 기동하고 있는 대수가 전 시기 $t-1$의 그것보다 증가했다면, 그 대수의 증분이 s_{jt}가 된다.

4.4 연속해서 처리되는 두 개의 업무에 대해 앞의 업무의 완료 시각에서 뒤의 업무의 시작 시각까지의 시간을 휴지 시간(대기 시간)이라 한다. 대기 시간을 갖지 않는 최적 설루션이 존재하는 것은 귀류법을 이용해 간단히 나타낼 수 있으므로, 이후에는 대기 시간을 갖지 않는 설루션만 생각한다. 최적 설루션에 대해 어떤 업무 i가 $d_i > d_j$가 되는 업무 j보다 먼저 처리된다고 가정한다. 이를 반전이라 한다.

먼저 반전도 대기 시간도 갖지 않는 설루션은 모두 납기 지연 시간의 최댓값을 갖고 있음을 의미한다. 두 개의 다른 설루션 모두가 반전도 대기 시간도 갖지 않는다면, 같은 기한을 갖는 여러 업무가 존재한다. 설루션에 관계없이 같은 기한을 갖는 업무는 연속으로 처리되고, 마지막에 처리된 업무의 납기 지연이 이 업무 중 최대가 된다. 즉, 같은 기한을 갖는 여러 업무의 납기 지연의 최댓값은 그 처리 순서와 관계없다.

다음으로 최적 설루션이 반전을 갖는다면, 연속한 업무의 조합이 반전했음을 의미한다. 최적 설루션이 반전을 갖는다면 어떤 업무 i가 $d_i > d_j$인 업무 j보다도 먼저 처리되었다는 것이다. 이때 업무 i에서 업무 j까지의 처리 순서에서의 업무 기한을 조사하면, 도중에 기한이 감소로 바뀌는 업무가 나타난다. 즉, 그곳에서 연속된 업무의 조합이 반전한다.

최적 설루션 $\boldsymbol{s}^*$가 반전을 가질 때 연속이면서 반전하는 업무의 조합 i, j의 처리 순서를 바꾸면(새로운 반전은 발생하지 않으므로) 반전을 하나 줄일 수 있다. 이때 업무 i와 업무 j의 처리 순서를 바꿔서 얻은 설루션 $\boldsymbol{s}$의 납기 지연의 최댓값이 증가하지 않는 것을 나타낸다. 처리 순서를 바꾸면 업무 j의 완료 시각은 빨라지며, 그 납기 지연은 $t_j \le t_j^*$가 된다. 한편, 업무 i의 완료 시각은 최적 설루션 $\boldsymbol{s}^*$에 대해 업무 j의 완료 시각 $s_i = s_i^* + p_j$가 된다. 업무 i의 완료 시각이 납기보다 늦는다면, 그 납기 지연은 $t_i = s_j^* + p_j - d_i$가 된다. 여기에서 $d_i > d_j$로부터

$$t_i = s_j^* + p_j - d_i < s_j^* + p_j - d_j = t_j^* \le \max_{k=1, \ldots, n} t_k^*$$

가 성립한다. 즉, 연속이면서 반전한 업무의 조합의 처리 순서를 바꾸어도 납기 지연의 최댓값은 증가하지 않는다. 이 절차를 반복하면 반전도 대기 시간도 갖지 않는 최적 설루션을 얻을 수 있다. 반전도 대기 시간도 갖지 않는 설루션은 모두 동일하게 잡기 지연의 최댓값을 가지므로 탐욕 알고리즘이 출력하는 설루션이 최적 설루션이 된다.

4.5 최소화 문제임에 주의한다. 동적 계획법의 실행 사례를 [표 A.1]에 나타냈다. 최적 설루션은 $(x_1, x_2, x_3) = (0, 3, 1)$, 최적값은 2.25가 된다.

표 A.1 투자 배분 문제에 대한 동적 계획법의 실행 예

		자원				
		0	1	2	3	4
사업	1	0.00	1.25	1.92	2.49	3.00
	2	0.00	1.00	1.59	2.00	2.33
	3	0.00	0.25	1.00	1.83	2.25

4.6 (1) 귀납법을 이용한다. 시기 $t \le k$에서 $x_t^* s_{t-1}^* = 0$ 을 만족하는 최적 설루션 $(\boldsymbol{x}^*, \boldsymbol{s}^*, \boldsymbol{y}^*)$가 존재한다고 가정한다. 이때 시기 $t \le k+1$에서 $x_t^* s_{t-1}^* = 0$ 을 만족하는 최적 설루션 $(\boldsymbol{x}^*, \boldsymbol{s}^*, \boldsymbol{y}^*)$가 존재하는 것을 보인다. $s_k^* > 0$으로 하면 어떤 시기 $j \le k$에 대해 $x_j^* > 0,\ x_{j+1}^* = \ldots = x_k^* = 0,\ s_j^*, \ldots, s_k^* > 0$ 이 성립한다. 즉, 시기 j에서 생산된 제품이 시기 $k+1$에 재고로 남는다. $x_{t+1}^* > 0$으로 한다. 여기에서 변수 x_j값을 $+\varepsilon$, 변수 x_{k+1}의 값을 $-\varepsilon$ 변화시키면 $(\boldsymbol{x}^*, \boldsymbol{s}^*, \boldsymbol{y}^*)$의 최적성으로부터

$$c_j x_j^* + \sum_{t=j}^{k} g_t s_t^* + c_{k+1} x_{k+1}^* \le c_j(x_j^* + \varepsilon) + \sum_{t=j}^{k} g_t(s_t^* + \varepsilon) + c_{k+1}(x_{k+1}^* - \varepsilon)$$

가 성립한다. 여기에서 ε은 양수 및 음수를 모두 가지므로, 이 식에서

$$c_{k+1} = c_j + \sum_{t=j}^{k} g_t$$

를 얻을 수 있다. 따라서 최적 설루션 $(\boldsymbol{x}^*, \boldsymbol{s}^*, \boldsymbol{y}^*)$로부터 목적 함숫값을 늘리지 않고 변수 x_{k+1}의 값을 0까지 감소시킬 수 있다. 이렇게 얻어진 새로운 최적 설루션은 $x_t^* s_{t-1}^* = 0$을 만족한다.

(2) 계획 기간을 $1, \ldots, k\ (\le T)$로 한정한 부분 문제를 생각한다. 이 부분 문제의 최적값을 $z(k)$로 한다. [그림 A.1]에 표시한 것과 같이 [정리 4.16]에 $x_t > 0$이 되는 가장 마지막 시기 t의 생산에 의해 기간 k까지의 모든 수요가 포함되므로, 함수 $z(k)$ 값은 다음 점화식으로 구할 수 있다.

$$z(0) = 0,$$
$$z(k) = \min_{t=1,\ldots,k} \{z(t-1) + \bar{z}(t, k)\},\ k = 1, \ldots, T.$$

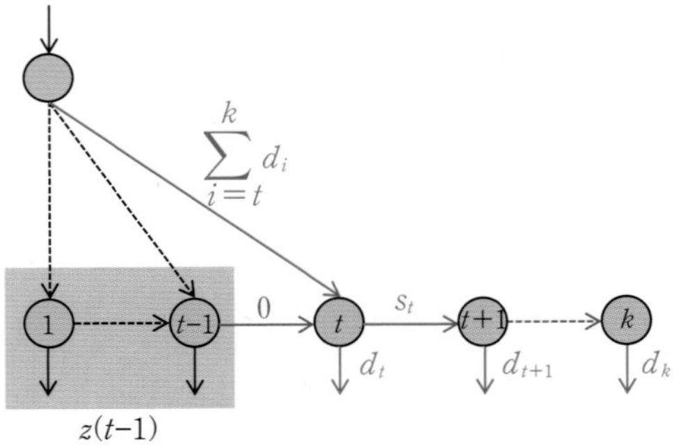

그림 A.1 로트 크기 결정 문제의 부분 무제의 최적화 특징

여기에서,

$$\overline{z}(t,\ k)=f_t+c_t\sum_{i=t}^{k}d_i+\sum_{j=t}^{k-1}g_j\sum_{i=j+1}^{k}d_i$$

이며, 시기 t의 생산에 의해 시기 k까지의 모든 수요를 포함할 때의 비용의 합계를 나타낸다.

(3) 동적 계획법의 실행 예는 다음과 같다.

$$z(1)=\min\{\underline{z(0)+8}\}=8,$$
$$z(2)=\min\{z(0)+22,\ \underline{z(1)+18}\}=18,$$
$$z(3)=\min\{z(0)+31,\ \underline{z(1)+16},\ z(2)+12\}=24,$$
$$z(4)=\min\{z(0)+55,\ \underline{z(1)+34},\ z(2)+36,\ z(3)+21\}=42,$$
$$z(5)=\min\{z(0)+75,\ z(1)+50,\ z(2)+56,\ z(3)+37,\ \underline{z(4)+15}\}=57.$$

최적 설루션은 $\boldsymbol{x}^*=(5, 16, 0, 0, 4)^\top$, $\boldsymbol{s}^*=(0, 9, 6, 0, 0)^\top$, 최적값은 57이 된다.

4.7 다이크스트라 알고리즘의 실행 예는 [그림 A.2]와 같다.

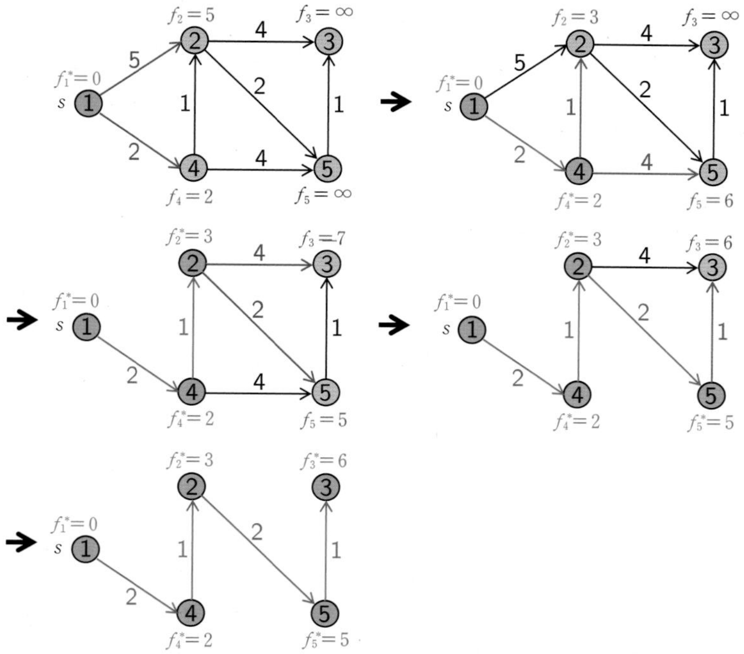

그림 A.2 다이크스트라 알고리즘의 실행 예

4.8 플로이드-워셜 알고리즘의 실행 예는 다음과 같다.

$$\boldsymbol{F}^{(0)} = \begin{pmatrix} 0 & 5 & \infty & 3 & \infty \\ \infty & 0 & -3 & \infty & \infty \\ \infty & \infty & 0 & 2 & \infty \\ \infty & 1 & \infty & 0 & 2 \\ \infty & \infty & -5 & \infty & 0 \end{pmatrix}, \quad \boldsymbol{F}^{(1)} = \begin{pmatrix} 0 & 5 & \infty & 3 & \infty \\ \infty & 0 & -3 & \infty & \infty \\ \infty & \infty & 0 & 2 & \infty \\ \infty & 1 & \infty & 0 & 2 \\ \infty & \infty & -5 & \infty & 0 \end{pmatrix},$$

$$\boldsymbol{F}^{(2)} = \begin{pmatrix} 0 & 5 & 2 & 3 & \infty \\ \infty & 0 & -3 & \infty & \infty \\ \infty & \infty & 0 & 2 & \infty \\ \infty & 1 & -2 & 0 & 2 \\ \infty & \infty & -5 & \infty & 0 \end{pmatrix}, \quad \boldsymbol{F}^{(3)} = \begin{pmatrix} 0 & 5 & 2 & 3 & \infty \\ \infty & 0 & -3 & -1 & \infty \\ \infty & \infty & 0 & 2 & \infty \\ \infty & 1 & -2 & 0 & 2 \\ \infty & \infty & -5 & -3 & 0 \end{pmatrix},$$

$$\boldsymbol{F}^{(4)} = \begin{pmatrix} 0 & 4 & 1 & 3 & 5 \\ \infty & 0 & -3 & -1 & 1 \\ \infty & 3 & 0 & 2 & 4 \\ \infty & 1 & -2 & 0 & 2 \\ \infty & -2 & -5 & -3 & -1 \end{pmatrix}.$$

이때 $f_{55}^{(4)} = -1$ 이 되며, 꼭짓점 5을 지나는 음의 길이의 닫힌 경로를 찾을 수 있다.

4.9 증가 경로법의 실행 예는 [그림 A.3]과 같다.

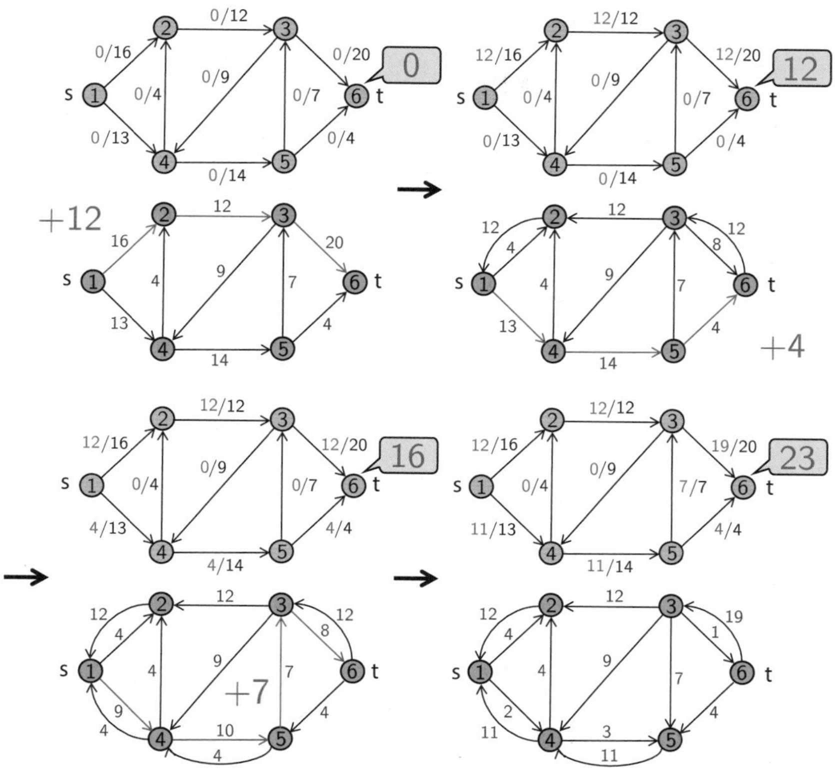

그림 A.3 증가 경로법의 실행 예

4.10 (1) 음의 닫힌 경로 소거법의 실행 예는 [그림 A.4]와 같다.

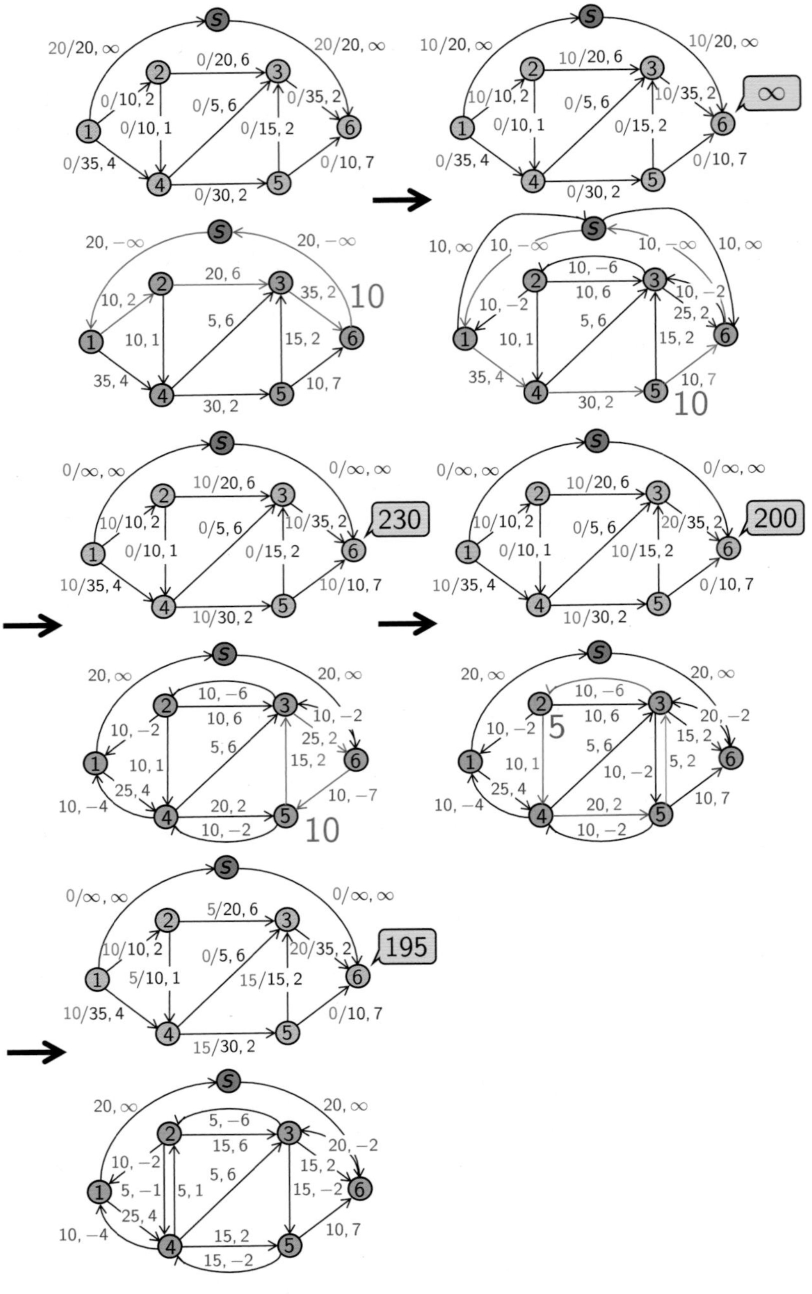

그림 A.4 음의 닫힌 경로 소거법의 실행 예

(2) 최단 경로 반복법의 실행 예는 [그림 A.5]와 같다.

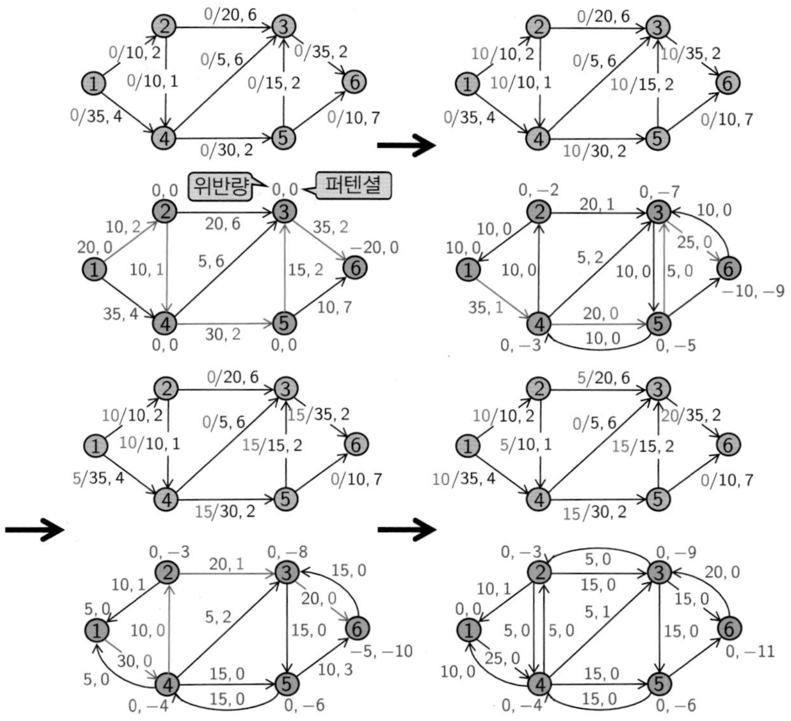

그림 A.5 최단 경로 반복법의 실행 예

4.11 먼저 꼭짓점 t와 꼭짓점 s를 연결하는 변을 추가하고, 그 변의 흐름량의 하한과 상한을 [0, ∞]로 한다(그림 A.6).

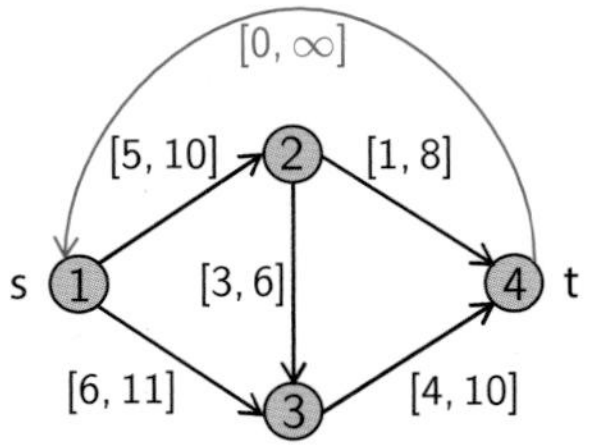

그림 A.6 흐름량에 하한이 있는 최대 흐름 문제의 변환

다음으로 각 변 $e \in E$의 용량을 $u'_e = u_e - l_e$로 한다. 이때 각 꼭짓점 $v \in V$에서는 흐름량 보존 제약이 만족된다고 단정할 수 없으므로, 각 꼭짓점으로부터 흘러나가는 흐름량을 $b'_v = \Sigma_{e \in \delta+(v)} l_e - \Sigma_{e \in \delta-(v)} l_e$로 한다(그림 A.7).

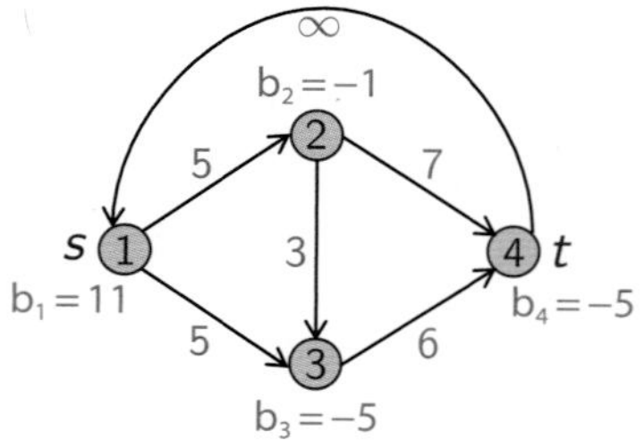

그림 A.7 흐름량에 하한이 있는 최대 흐름 문제의 변환

마지막으로 새로운 입구 s'와 출구 t'를 추가하고, 입구 s'와 $b'_v < 0$이 되는 각 꼭짓점 $v \in V$를 연결하는 변 (s', v), $b_v > 0$이 되는 각 꼭짓점 $v \in V$와 출구 t'를 연결하는 변 (v, t')를 추가한다(그림 A.8).

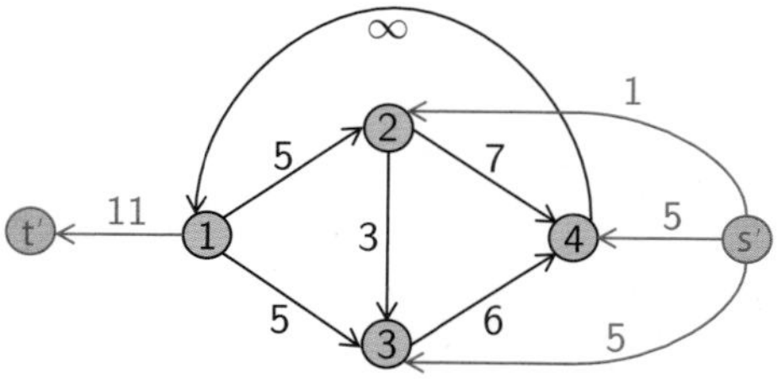

그림 A.8 흐름량에 하한이 있는 최대 흐름 문제의 변환

변환한 그래프에서의 각 변의 최적의 흐름량을 x'_e로 하면, 원래 그래프에서 각 변의 실행 가능한 흐름량은 $x_e = x'_e + l_e$가 된다(그림 A.9).

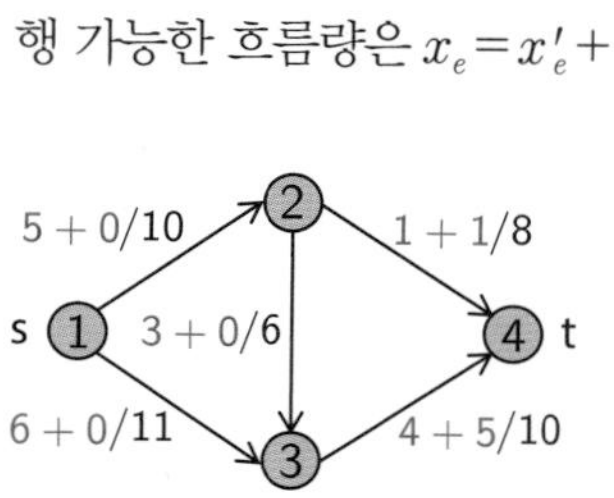

그림 A.9 흐름량에 하한이 있는 최대 흐름 문제의 실행 가능한 흐름

이 실행 가능한 흐름을 초기 설루션으로 해서 원래 그래프의 최대 흐름 문제를 푼다. 최적 설루션을 [그림 A.10]에 표시했다.

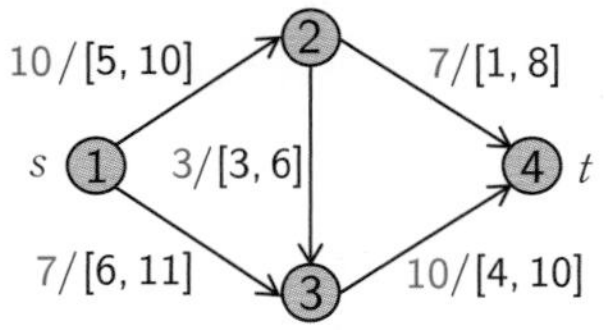

그림 A.10 흐름량에 하한이 있는 최대 흐름 문제의 최적 흐름

4.12 최적 설루션 $\boldsymbol{x}(\neq \bar{\boldsymbol{x}})$가 존재한다면 $j_1 \leq k+1 \leq j_2$ (단, $j_1 < j_2$)에 대해 $\bar{x}_{j_1} > x^*_{j_1}$, $\bar{x}_{j_2} < x^*_{j_2}$가 성립한다. 여기에서 $\Delta = \min\{w_{j_1}(\bar{x}_{j_1} - x^*_{j_1}),\ w_{j_2}(x^*_{j_2} - \bar{x}_{j_2})\}$를 이용해 새로운 설루션 $\boldsymbol{x}'$를

$$x'_j = \begin{cases} x^*_j + \dfrac{\Delta}{w_j} & j = j_1, \\ x^*_j - \dfrac{\Delta}{x_j} & j = j_2, \\ x^*_j & \text{그 외} \end{cases}$$

으로 한다. $\boldsymbol{x}'$는 제약조건을 만족하며, $j_1 < j_2$에서

$$\sum_{j=1}^{n} p_j x'_j = \sum_{j=1}^{n} p_j x^*_j + \Delta\left(\frac{p_{j_1}}{w_{j_1}} - \frac{p_{j_2}}{w_{j_2}}\right) \geq \sum_{j=1}^{n} p_j x^*_j$$

가 성립하므로, $\boldsymbol{x}'$도 최적 설루션이다. $\boldsymbol{x}' \neq \bar{\boldsymbol{x}}$ 이면, $\boldsymbol{x}'$를 $\boldsymbol{x}^*$로 간주해 다시 동일한 변형 절차를 적용한다. 변형의 절차를 반복할 때마다 $\boldsymbol{x}^*_j = \bar{x}_j$가 되는 첨자의 수는 단조로 증가하기 때문에 $\bar{\boldsymbol{x}}$도 최적 설루션임을 알 수 있다.

4.13 (1) 동적 계획법의 실행 예를 [표 A.2]에 나타냈다. 최적 설루션은 $\boldsymbol{x}^* = (0, 1, 1, 0)^\top$, 최적값은 $z(\boldsymbol{x}^*)=35$가 된다.

표 A.2 냅색 문제에 대한 동적 계획법 실행 예

	주머니 용량													
		0	1	2	3	4	5	6	7	8	9	10	11	12
물품	1	0	0	0	0	17	17	17	17	17	17	17	17	17
	2	0	0	10	10	17	17	17	27	27	27	27	27	27
	3	0	0	10	10	17	17	17	27	27	27	35	35	35
	4	0	0	10	10	17	17	17	27	27	27	35	35	35

(2) 분기 한정법의 실행 예를 [그림 A.11]에 표시했다.

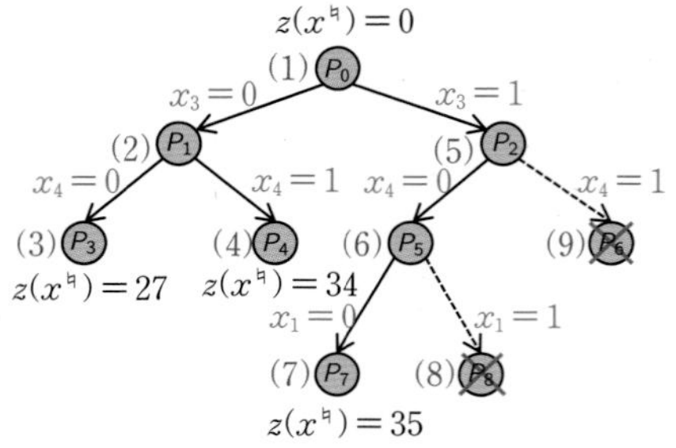

그림 A.11 냅색 문제에 대한 분기 한정법의 실행 예

각 부분 문제에 대한 선형 계획 완화 문제의 최적 설루션 $\bar{\boldsymbol{x}}$ 와 최적값 $z(\bar{\boldsymbol{x}})$는 다음과 같다.

$$P_0 : \textbf{최대화} \quad 17x_1 + 10x_2 + 25x_3 + 17x_4$$
$$\textbf{조건} \quad 5x_1 + 3x_2 + 8x_3 + 7x_4 \le 12,$$
$$x_1,\ x_2,\ x_3,\ x_4 \in \{0, 1\}.$$

$\bar{\boldsymbol{x}} = (1,1,\frac{1}{2},0)^\top$, $z(\bar{\boldsymbol{x}}) = 39.5$다.

$$P_1 : \textbf{최대화} \quad 17x_1 + 10x_2 + 17x_4$$
$$\textbf{조건} \quad 5x_1 + 3x_2 + 7x_4 \le 12,$$
$$x_1,\ x_2,\ x_4 \in \{0, 1\}.$$

$\bar{\boldsymbol{x}} = (1, 1, 0, \frac{4}{7})^{\top}$, $z(\bar{\boldsymbol{x}}) \approx 36.71$ 이다.

P_3 : 최대화 $17x_1 + 10x_2$

조건 $5x_1 + 3x_2 \le 12,$

$x_1, x_2 \in \{0, 1\}.$

$\bar{\boldsymbol{x}} = (1, 1, 0, 0)^{\top}$, $z(\bar{\boldsymbol{x}}) = 27$이다. 잠정 설루션을 $\boldsymbol{x}^{\natural} = (1, 1, 0, 0)^{\top}$, 잠정값을 $z(\boldsymbol{x}^{\natural}) = 27$로 업데이트한다.

P_4 : 최대화 $17x_1 + 10x_2 + 17$

조건 $5x_1 + 3x_2 \le 5,$

$x_1, x_2 \in \{0, 1\}.$

$\bar{\boldsymbol{x}} = (1, 0, 0, 1)^{\top}$, $z(\bar{\boldsymbol{x}}) = 34$다. 잠정 설루션을 $\boldsymbol{x}^{\natural} = (1, 0, 0, 1)^{\top}$, 잠정값을 $z(\boldsymbol{x}^{\natural}) = 34$로 업데이트한다.

P_2 : 최대화 $17x_1 + 10x_2 + 17x_4 + 25$

조건 $5x_1 + 3x_2 + 7x_4 \le 4,$

$x_1, x_2, x_4 \in \{0, 1\}.$

$\bar{\boldsymbol{x}} = (0, 1, 1, \frac{1}{7})^{\top}$, $z(\bar{\boldsymbol{x}}) \approx 37.42$다.

P_5 : 최대화 $17x_1 + 10x_2 + 25$

조건 $5x_1 + 3x_2 \le 4,$

$x_1, x_2 \in \{0, 1\}.$

$\bar{\boldsymbol{x}} = (\frac{4}{5}, 0, 1, 0)^{\top}$, $z(\bar{\boldsymbol{x}}) = 38.6$다.

P_7 : 최대화 $10x_2 + 25$

조건 $3x_2 \le 4,$

$x_2 \in \{0, 1\}.$

$\bar{\boldsymbol{x}} = (0, 1, 1, 0)^{\top}$, $z(\bar{\boldsymbol{x}}) = 35$다. 잠정 설루션을 $\boldsymbol{x}^{\natural} = (0, 1, 1, 0)^{\top}$, 잠정값을 $z(\boldsymbol{x}^{\natural}) =$

35로 업데이트한다. $\overline{\boldsymbol{P}}_8$과 $\overline{\boldsymbol{P}}_6$는 실행 불능이다. 그러므로 최적 설루션은 $\boldsymbol{x}^* = (0, 1, 1, 0)^\top$, 최적값은 $z(\boldsymbol{x}^*) = 35$다.

4.14 절제 평면법의 실행 예를 [그림 A.12]에 표시했다.

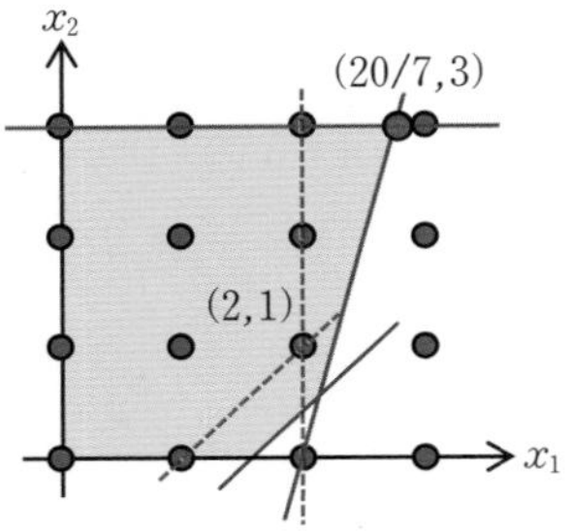

그림 A.12 정수 계획 문제에 대한 절제 평면법 실행 예

선형 계획 완화 문제에 여유 변수 x_3, x_4, x_5를 도입해서 초기 사전을 만들면

$$
\begin{aligned}
z &= 4x_1 - x_2, \\
x_3 &= 14 - 7x_1 + 2x_2, \\
x_4 &= 3 - x_2, \\
x_5 &= 3 - 2x_1 + 2x_2
\end{aligned}
$$

이 된다. 이 사전에 단체법을 적용하면 다음과 같은 최적의 사전을 얻을 수 있다.

$$
\begin{aligned}
z &= \frac{59}{7} - \frac{4}{7}x_3 - \frac{1}{7}x_4, \\
x_2 &= 3 - x_4, \\
x_5 &= \frac{23}{7} + \frac{2}{7}x_3 - \frac{10}{7}x_4, \\
x_1 &= \frac{20}{7} - \frac{1}{7}x_3 - \frac{2}{7}x_4,
\end{aligned}
$$

사전의 기저 변수 x_1에 대응하는 행을 변형하면,

$$x_1 + \left\lfloor \frac{1}{7} \right\rfloor x_3 + \left\lfloor \frac{2}{7} \right\rfloor x_4 \le \left\lfloor \frac{20}{7} \right\rfloor$$

에서 다음 절제 평면을 얻을 수 있다.

$$x_1 \le 2.$$

여기에서 새롭게 여유 변수 x_6을 도입하면

$$x_1 + x_6 = 2$$

가 된다. 사전의 기저 변수 x_1에 대응하는 행과 이 등식과의 차를 구하면 다음과 같이 여유 변수 x_6을 기저 변수로 하는 등식 제약을 얻을 수 있다.

$$x_6 = -\frac{6}{7} + \frac{1}{7}x_3 + \frac{2}{7}x_4.$$

이 제약조건을 추가하면 다음 사전을 얻을 수 있다.

$$\begin{aligned}
z &= \frac{59}{7} - \frac{4}{7}x_3 - \frac{1}{7}x_4, \\
x_2 &= 3 - x_4, \\
x_5 &= \frac{23}{7} + \frac{2}{7}x_3 - \frac{10}{7}x_4, \\
x_1 &= \frac{20}{7} - \frac{1}{7}x_3 - \frac{2}{7}x_4, \\
x_6 &= -\frac{6}{7} + \frac{1}{7}x_3 + \frac{2}{7}x_4.
\end{aligned}$$

이 사전에 쌍대 단체법을 적용하면 다음과 같은 최적의 사전을 얻을 수 있다.

$$\begin{aligned}
z &= \frac{15}{2} - \frac{1}{2}x_5 - 3x_6, \\
x_1 &= 2 - x_6, \\
x_2 &= \frac{1}{2} + \frac{1}{2}x_5 - x_6, \\
x_3 &= 1 + x_5 + 5x_6, \\
x_4 &= \frac{5}{2} - \frac{1}{2}x_5 + x_6.
\end{aligned}$$

사전의 기저 변수 x_2에 대응하는 행을 변형하면

$$x_2 + \left\lfloor -\frac{1}{2} \right\rfloor x_5 + x_6 \le \left\lfloor \frac{1}{2} \right\rfloor$$

에서 다음 절제 평면을 얻을 수 있다.

$$x_2 - x_5 + x_6 \le 0.$$

여기에서 새로운 여유 변수 x_7을 도입하면

$$x_2 - x_5 + x_6 + x_7 = 0$$

이 된다. 사전의 기저 변수 x_2에 대응하는 행과 이 등식과의 차를 구하면 다음과 같이 여유 변수 x_7을 기저 변수로 하는 등식 제약을 얻을 수 있다.

$$x_7 = -\frac{1}{2} + \frac{1}{2} x_5.$$

이 제약조건을 추가하면 다음 사전을 얻을 수 있다,

$$\begin{aligned} z &= \frac{15}{2} - \frac{1}{2} x_5 - 3x_6, \\ x_1 &= 2 - x_6, \\ x_2 &= \frac{1}{2} + \frac{1}{2} x_5 - x_6, \\ x_3 &= 1 + x_5 + 5x_6, \\ x_4 &= \frac{5}{2} - \frac{1}{2} x_5 + 6x_6, \\ x_7 &= -\frac{1}{2} + \frac{1}{2} x_5. \end{aligned}$$

이 사전에 쌍대 단체법을 적용하면 다음과 같은 최적의 사전을 얻을 수 있다.

$$
\begin{aligned}
z &= 7 - 3x_6 - x_7, \\
x_1 &= 2 - x_6, \\
x_2 &= 1 - x_6 + x_7, \\
x_3 &= 2 + 5x_6 + 2x_7, \\
x_4 &= 2 + 6x_6 - x_7, \\
x_5 &= 1 + 2x_7.
\end{aligned}
$$

따라서 최적 설루션은 $\boldsymbol{x}^* = (2, 1)^{\top}$, 최적값은 $z(\boldsymbol{x}^*) = 7$이 된다.

4.15 동일 병렬 기계 스케줄링 문제의 문제 사례 I의 최적값을 $OPT(I)$, 탐욕 알고리즘을 이용해 구한 실행 가능 설루션의 목적 함숫값을 $A(I)$로 한다. 탐욕 알고리즘이 출력한 설루션에 대해 각 기계 k의 최대 완료 시각을 L_k라고 한다. 가장 마지막에 완료한 업무를 i^*라고 한다. 그리고 업무 i^*를 처리한 기계를 k^*로 하면 $A(I) = L_{k^*}$이다. 만약, $A(I) - P_{i^*} \geq L_k$가 되는 기계 $k(\neq k^*)$가 존재하면 탐욕 알고리즘은 업무 i^*를 그 기계에 할당하므로, 모든 기계 k=1, ..., m에 대해 $A(I) - p_{i^*} \leq L_k$가 성립한다. 이 식을 모든 기계 k=1, ..., m에 대해 더하면 $A(I) - p_{i^*} \leq \frac{1}{m}\Sigma_{k=1}^{m} L_k$ 가 된다. $\Sigma_{k=1}^{m} L_k = \Sigma_{i=1}^{n} p_i$, $OPT(I) \geq \max_{i=a,\ldots,m} p_i$, $OPT(I) \geq \frac{1}{m}\Sigma_{i=1}^{n} p_i$ 에서

$$A(I) \leq \frac{1}{m}\sum_{k=1}^{m} L_k + p_{i^*} \leq \frac{1}{m}\sum_{i=1}^{n} p_i + \max_{i=1,\ \ldots,\ n} p_i \leq 2OPT(I)$$

이 성립한다.

INDEX

INDEX

INDEX

ㅊ

INDEX

INDEX